INTRODUCTION & APPLICATION TO

2차전지 소재 개론 및 적용

MATERIALS OF SECONDARY CELL

2차전지 소재 개론 및 적용

초판 인쇄 | 2025년 8월 20일
초판 발행 | 2025년 8월 30일

저 자 | 이국환
발 행 인 | 조규백
발 행 처 | 도서출판 **구민사**
(07293) 서울특별시 영등포구 문래북로 116, 604호(문래동 3가 46, 트리플렉스)
전 화 | (02) 701-7421
팩 스 | (02) 3273-9642
홈페이지 | www.kuhminsa.co.kr

신고번호 | 제2012-000055호 (1980년 2월 4일)
I S B N | 979-11-6875-577-2(93500)

값 | **38,000원**

2차전지(Secondary cell)

제1회 세계 한인 과학기술인대회가 2023년 7월 4일(화) ~ 7월 7일(금)까지 서울 강남구 한국과학기술회관에서 개최되었다.

과학기술정보통신부와 한국과학기술단체총연합회 주관으로 열린 이 대회는 세계 각지의 한인 과학기술자들과 함께 공동연구와 협력의 장을 마련하고 교류하며 대한민국이 세계적 과학기술 중심국가로 거듭나 선도적인 역할과 위상을 갖추고, 발판을 마련하겠다는 취지이다.

프로그램을 살펴보면 다음과 같다.

프로그램

	첫째날 7.4(화)	둘째날 7.5(수)	셋째날 7.6(목)	넷째날 7.7(금)
09:30~10:00		기조강연1	기조강연2	기조강연3
10:00~10:30		Break	산학연 Tech 포럼 (산학연 사례 중심) / 우수 논문 시상식 (10:00 ~ 11:30)	차세대 리더스 포함
10:30~10:50		제1회 세계 한인 과학기술인 대회 개회식		
10:50~12:00		사이언스 토크 콘서트		
12:00~13:00		오찬	오찬	오찬
13:00~15:00		미래과학기술: 우주항공·해양 / 첨단모빌리티 / 인공지능 / 기초1	미래과학기술: 수소·2차전지 / 차세대원자력 / 종합1; 세계여성과학기술인포럼	세계한인스타트업포럼 / 차세대 Job Fair / 과학외교포럼 / 한인석학과의 대화
15:00~15:30		Break	Break	Break
15:30~17:00	등록	미래과학기술	미래과학기술	세계한민족 과학기술자 공동협의회 총회(19개 과협회장단, Invitation Only)
17:00~17:30	환영연	사이버보안 / 차세대통신 / 첨단로봇·제조 / 기초2	첨단바이오 / 양자 / 반도체·디스플레이 / 종합2	
17:30~18:00	특별강연1		특별강연2	
18:00~20:00	환영만찬, 공연		환송만찬	

PREFACE

현재 4차 산업혁명시대에 있어 2차전지는 국가의 과학기술과 산업 경쟁력 핵심 중의 한 산업분야이다. 기술 패권의 한 축인 것이다.
친환경의 대표적인 전기자동차를 비롯한 전동화 모빌리티(Mobility)는 물론 차세대 모빌리티를 포괄하는 동력원으로 없어서는 안되는 2차전지는 전기차 원가의 40% 이상을 차지하는 핵심요소기술의 집합체로 전 세계적으로 수요가 폭발적으로 증가하고 있는 산업이다. 그 만큼 2차전지에 있어 기본 셀(Cell)을 구성하고 있는 주요 핵심요소인 양극재, 음극재, 분리막, 전해질 분야에 있어 연구개발과 기술의 고도화 경쟁력은 우리가 상상하는 그 이상이다.
현재 배터리 소재에 있어 기술개발은 아주 뜨겁다.
향후 하이니켈(니켈 함량 90%) 양극재, 실리콘 함유량 10% 이상의 음극재, 고체 전해질 등의 배터리 소재가 2차전지 기술의 핵심이 될 것이며, 차세대 고용량 · 고출력에 가성비 높은 배터리가 미래시장을 주도할 것이다.

한편 전기자동차 배터리 팩은 차량 공차중량(空車重量, 실제 완성된 차량의 무게)의 약 25~29% 정도(실제 미국 테슬라 모델 S의 경우 배터리 팩 비중이 공차중량의 약 29% 수준)이다.
최근 출시되고 있는 전기차의 경우 고전압 배터리의 경우에는 무게가 500~700kg 정도로 차량 전체 무게의 1/3에서 절반 1/2 가까이 차지하고 있다. 일반적으로 주행거리 400㎞일 경우 배터리 무게만 400~450㎏ 정도이다.
따라서 2차전지 셀의 핵심 4대 구성요소 양극재, 음극재, 분리막, 전해질과 배터리 모듈, 배터리 팩을 비롯한 2차전지 소재뿐 만 아니라 전장(전기장치)에 대해 사용 소재와 용도, 소재의 상세한 물성 그리고 특징 등을 자세히 서술하였다.
소재의 물성은 기계적 물성, 전기적 물성, 물리적 물성, 화학적 물성을 모두 포함하고 있다.

저자는 학부와 대학원에서 전기자동차를 비롯한 전장, 메커니즘, 배터리와 관련된 플라스틱 소재와 물성, 응용 등을 비롯한 구조설계와 기계시스템응용설계 그리고 창의적 공학설계특론 등을 가르치며 역공학설계와 기능분석 방법론에 의한 문제해결과 창의적 · 개념적 선도기술 구현 등을 동반으로 고도화 선행개발 등을 가르치며, 연구해왔다.

실제로도 저자는 전동 모빌리티에 있어, 주행 시 차체의 안정성과 안전성을 유지하는 핵심요소기술인 자세복원 메커니즘에 대한 미국, 중국 등에 등록특허와 함께 연관된 특허를 수 십개 보유한 연구 및 기술개발 전문가이기도 하다.
전동 모빌리티에 들어가는 메커니즘과 시스템은 물론 리튬이온 배터리(LIB), 리튬인산철 배터리(LFP), 슈퍼커패시터 배터리 등의 개발에도 참여했다.

PREFACE

2차전지의 중요성을 이론적으로 그리고 개인용 이동장치인 PM(Personal Mobility)을 연구개발하여 양산하는 과정에서 절실히 깨달아 '2차전지공학 개론'에

이어 소재의 중요성과 의미가 아주 크기에 이번에 '2차전지 소재 개론 및 적용'을 저서로써 출간하게 된 것이다.

연구개발의 결과인 전문적인 내용보다는 우선 2차전지와 배터리 팩 등의 종류, 원리, 특성, 소재, 활용 등을 폭넓게 이해하고, 알기 쉽게 개론적으로 저술하고자 하였다. 향후 2차전지 산업에 필요한 소재 내용도 자세히 언급하였다.

이는 대한민국 미래산업을 선도하고 있는 한 축인 2차전지에 대한 관심은 물론 핵심 내용에 대한 이해와 습득이 용이하도록 하여, 향후 보다 전문적인 학업과 연구개발 그리고 산업기술 현장에서 실무와 적용에 도움이 되도록 한 것이다.

2차전지는 미래를 향한 국가 경쟁력의 상징 중 한 품목이다.
미래 먹거리의 창출이며, 고용효과에 있어서도 위대한 동력이 된다.

2차전지 산업분야에서 묵묵히 헌신하며, 땀과 노력과 열정을 가지고 종사하는 많은 분들이 있다. 그 분들의 노고에 진심으로 감사드린다.
화학, 물리를 비롯한 화학공학, 소재공학, 전기공학, 전자공학, 기계공학, 컴퓨터공학 등을 비롯한 관련 융복합기술이 적용된 종합기술(개발기술과 공정기술)의 집합체는 그 분들의 그 동안 헌신의 결과인 놀랍고 자랑스런 업적이며 결과물이다.

저자는 이러한 축적된 훌륭한 결과물을 조사하고, 분석하고, 검토하고, 탐구하면서, 거기에 직접 PM(Personal Mobility)용 2차전지(리튬이온, 리튬인산철, 슈퍼커패시터 등)를 연구개발하고, 전기바이크 및 전동킥보드에 직접 실장 · 탑재하여 수 년에 걸친 현장시험과 수 차례 개선보완을 거친 후 초기 제품을 판매해 본 기술개발과 현장실무 경험을 바탕으로 본 저서를 집필하게 되었다.
전문적인 연구개발(R&D) 결과 내용을 가능한 배제하면서, 현재 사용되고 있는 범용 플라스틱, 엔지니어링 플라스틱, 수퍼엔지니어링 플라스틱, 복합재료를 비롯한 제조 공정 등까지 아주 상세하고 광범위하게 저술하고자 한 것이다.

저자는 근 40년 가까이 오직 한길을 걸으며 연구개발과 기술사업화에 전념을 해오고 있다. 그리고 그 오랜 기간 갈고 닦은 이론과 실무를 통합한 성과물로 논문, 수 백개의 특허(상용화 특허 포함)를 비롯한 80권이 넘는 공학기술 분야, R&D 및 기술사업화 분야, 창의성 분야 등 다양한 분야의 저서를 출간하였다.
그동안 공학자, 연구개발자, 발명가, 엔지니어로서의 신념은 "과학기술(Science & Technology)이란 인간의 일상생활을 풍족하고 편리하게 해주는 도구이자 수단이 되어야 한다는 것이다. 그것도 인간의 문명 발전과 번영에 유익한 도구이며 수단으로서."

PREFACE

"급격히 변화하는 시대에 적응하고, 현실을 직시하며 좀 더 나은 미래를 개척하기 위해서는 오로지 끈기와 열정으로 자기계발에 힘쓰는 것이다"라고 강조하고 싶다.

각자가 꿈꾸고 희망하고 목표로 삼고 있는 미래 개척과 도전에는 본인들의 땀과 노력과 눈물이 비례한다는 것을 확신한다.

보다 나은 미래 도약을 위해서 독자분들 모두의 꾸준한 호기심과 탐구심, 도전정신을 기대해 본다.

아무쪼록 본서가 기술개발과 산업발전에 있어 훌륭한 길잡이가 되었으면 한다. 그리고 기술보국(技術報國)의 현장에서 최선을 다하는 독자들에게 큰 도움이 되기를 바라며, 끝으로 이 책을 펴내는데 있어 수고해 주신 도서출판 구민사 사장님과 전무님을 비롯한 편집부 여러분께 진심으로 감사를 드린다.

공학박사
이 국 환(李國煥)

PREFACE

CONTENTS

CHAPTER 04

수퍼 엔지니어링 플라스틱

CHAPTER 05

적용 사례연구

CONTENTS

CONTENTS

CHAPTER 09

문제분석 및 해결방안

CONTENTS

CHAPTER 01

고분자 재료(Polymer, Plastic)

1 고분자 재료 개론

1장에서는 충전이 가능한 2차전지를 구성하고 있는 주요 구성요소에 있어 각 핵심요소에 사용되는 플라스틱(고분자 화합물 · 고분자 재료 · 폴리머) 재료(소재)에 있어, 2차전지와 관련된 고분자 재료란 어떠한 것인지에 대한 고분자 재료의 정의, 고분자 재료의 구분 및 종류를 비롯한 특징, 물성, 특성, 사용 용도 등의 기본적인 사항부터 전문적 기술 내용에 대한 전반적인 개론을 폭넓게 그리고 아주 다양하게 설명하고자 한다.

1.1 고분자 재료(高分子 材料)

1) 고분자 재료의 정의

플라스틱(plastic)이라 함은 "고분자 물질을 주원료로 하여 인공적으로 유용한 형상으로 만든 고체이다. 고분자 재료, 중합체(polymer, 폴리머), 합성수지(resin)라고도 한다. 단, 섬유, 고무, 도료, 접착제 등은 제외한다."라고 정의하고 있다.

고분자 재료로 알려져 있는 플라스틱은 분자량이 10,000개 이상이 되는 것으로, 대체로 간단한 구조의 원자 집단(단량체, monomer, 고분자를 만드는 '단위분자'이다)이 열이나 압력 또는 촉매 등의 작용으로 다수 결합하여 생긴 중합체(重合體)이다. 의미 그대로 많은 분자들(高分子, high polymer)로 구성되어 있다. 분자의 구성은 고분자 재료의 기본적인 성질을 결정한다.

고분자는 모노머라는 비교적 간단한 단위로부터 화학적인 중합공정을 통해 만들어지는 폴리머(중합체, polymer)이다. 산업용, 생활용품 등 상업적으로 사용되는 대부분의 고분자 재료는 가소성(可塑性, plasticity) 등과 같은 특수한 기능을 부여할 목적으로 가소제, 안정제, 충전제 및 다른 첨가제와 함께 사용한다.

가소성이란 어떤 고체에 잠시 변형되거나 탄성을 일으키는 힘보다는 크고, 파손되거나 깨뜨리는 힘보다는 작은 중간 정도의 힘을 가했을 때 그 형태가 영구히 변해버리는 성질이다. 고체는 이 가소성 때문에 힘을 가해도 파열되지 않고 영구적인 변형을 하는데 이를 소성변형(塑性變形, plastic deformation)이라고 한다.

고분자 재료인 수지는 열가소성과 열경화성 수지로 구분하며, 일반적으로 널리 사용되는 열가소성 수지는 다시 결정성, 비결정성, 액정 고분자 재료로 분류된다.

힘(외력, 하중, 부하)이나 열과 같이 외부로부터 자극을 받으면 그 형상이 변하는 현상, 즉 변형(deformation)이 생긴다. 이 때 상반되는 2가지 성질이 있다.

✦ 탄성(elasticity)

물체나 소재(재료)는 외부로부터 힘이나 열 등의 자극을 받으면 변형에 저항하려는 성질이 생긴다. 이는 일단 변형이 생긴 후 복구되어 원래의 상태를 유지하려는 성질이다.

✦ 소성(plasticity)

가소성(可塑性)이라고 한다. 일단 변형이 생기면 그 변형된 상태를 유지하려는 성질로, 그 형태가 영구히 변해버린다. 가공의 대부분이 소성변형을 일으켜 제품과 소재를 만드는 소성가공이다.

2) 고분자 재료의 분자구조, 결합방법 및 제조

고분자는 분자간의 상호작용이나 중합과정을 통하여 분자나 모노머(monomer)가 연속된 사슬형태의 구조를 갖는 집합체, 즉 중합체이다. 모노머(단량체)는 고분자 재료를 형성하는 기초단위인 단위분자이다. 분자는 탄소(C) 원자와 다른 원소들 간의 공유결합으로 연결되어 있다. 탄소는 주로 수소(H), 질소(N), 산소(O), 불소(F), 실리콘(Si), 황(S) 그리고 염소(Cl) 등과 연결을 이룬다.

그림 1-1과 같이 가장 단순한 형태의 모노머는 에틸렌(ethylene)이다.

고분자를 합성하는 방법 중 하나는 단위분자를 계속 연결시켜 주어 분자량을 늘려가는 것이다. 열과 압력이 가해지는 상태에서 촉매에 의하여 단위분자가 연속·중복해서 결합하게 된다. 안정된 상태에서는 에틸렌의 탄소원자가 이중결합을 유지하지만 중합상태에서는 풀어져 다른 에틸렌과 결합한다. 이처럼 이웃한 분자 또는 단량체(모노머, monomer)가 아주 많이 결합한 결과로서 분자량이 10,000개 이상이 되는 고분자 재료가 생성된다. 이 과정을 중합(重合,

polymerization)이라고 하며, 고분자의 종류에 따라 여러 가지 중합방법이 사용된다.

그림 1-2는 에틸렌의 중합체인 폴리에틸렌(Polyethylene)의 분자 구조이다.

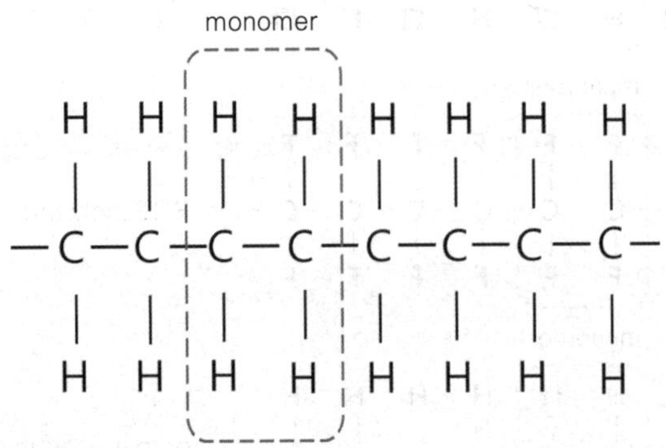

그림 1-1 중합(polymerization)을 통한 고분자 재료인 폴리에틸렌(Polyethylene) 중합체의 형성

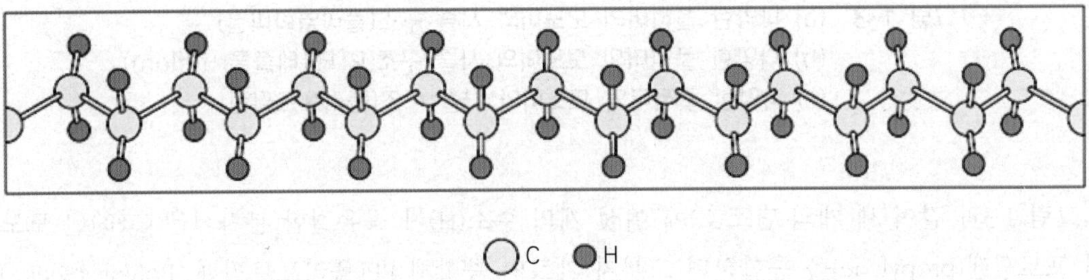

그림 1-2 폴리에틸렌의 지그재그식 등뼈모양(zigzag backbone)의 분자 구조

그림 1-3과 같이 에틸렌 모노머의 수소 한 개를 염소(Cl)로 치환하면 염화비닐(vinyl chloride)이 되고, 이를 중합하면 PVC(Polyvinyl chloride, 폴리염화비닐)가 만들어진다. 그림 1-3과 같이 네 개의 수소 모두를 불소(F)로 치환시킨 모노머를 중합하면 불소수지(PTFE, Polytetrafluoroethylene, 폴리테트라플루오로에틸렌) 즉, 테플론(teflon)을 제조할 수 있다. 이 테플론은 미국 듀폰(DuPont)사에서 개발해 판매하는 불소수지를 말한다. 불소수지는 내열성과 전기 절연성 등이 뛰어나 자동차 부품과 같은 기계나 전기분야에 널리 쓰이는 엔지니어링 플라스틱(engineering plastic)의 하나이다.

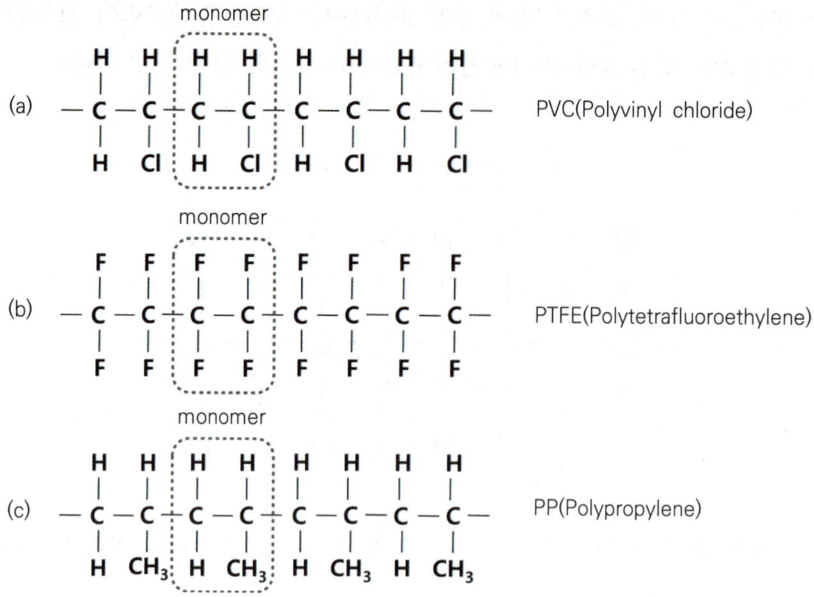

그림 1-3 (a) 다양한 폴리머의 모노머와 사슬 구조(폴리염화비닐)
(b) 다양한 폴리머의 모노머와 사슬 구조(PTFE(테플론, teflon))
(c) 다양한 폴리머의 모노머와 사슬 구조(폴리프로필렌)

그림 1-3과 같이 세 개의 탄소(C)에 여섯 개의 수소(H)가 공유결합(분자식은 C_3H_6)된 모노머인 프로필렌(propylene)을 중합하면 고분자 재료인 중합체 PP(폴리프로필렌, Polypropylene)을 제조할 수 있다.

고분자는 같은 성질의 모노머를 계속 결합시키거나 서로 다른 모노머를 일정단위나 교대로 연속해서 결합시키는 중합 방법으로 다양한 성질을 갖는 고분자 재료를 만드는 것이다.

3) 고분자 재료의 결합구조

그림 1-4와 같이 고분자 사슬(chain, 체인)은 비교적 느슨한 결합(선형결합)의 직선모양 선형구조와 교차점에서 화학적으로 강하게 결합(가교결합, 교차결합)된 그물구조가 있다. 가지를 가진 선형 분자사슬은 열에 의하여 쉽게 결합이 해제되었다가 냉각되면서 고화(固化, solidification)가 이루어져 액체가 고체 상태로 변화하게 된다.

열가소성 수지는 가열과 냉각을 통하여 액체에서 고체로의 물리적인 상변화를 반복적으로 보여주며 원하는 형태로 형상화할 수 있어 산업용 · 공업용으로 널리 사용된다. 반복적인 상변화는 제품을 재사용할 수 있는 리사이클링(recycling, 재활용)이 가능하다. 그러나 반복되는 열과 전단에 의한 응력은 분자결합을 영구히 해제하여 재료의 분자량을 감소시키는 원인이 된다. 분자량의 감소는 재료의 물리적, 기계적 성질을 후퇴시키는 열화현상(劣化, degradation, 재료의 물성이나 성능이 시간이 지남에 따라 저하되는 현상)이 발생되기 때문에 반복 사용에 있어 횟수가 제한된다. 즉, 수명 또는 내구성(durability)이 저하된다.

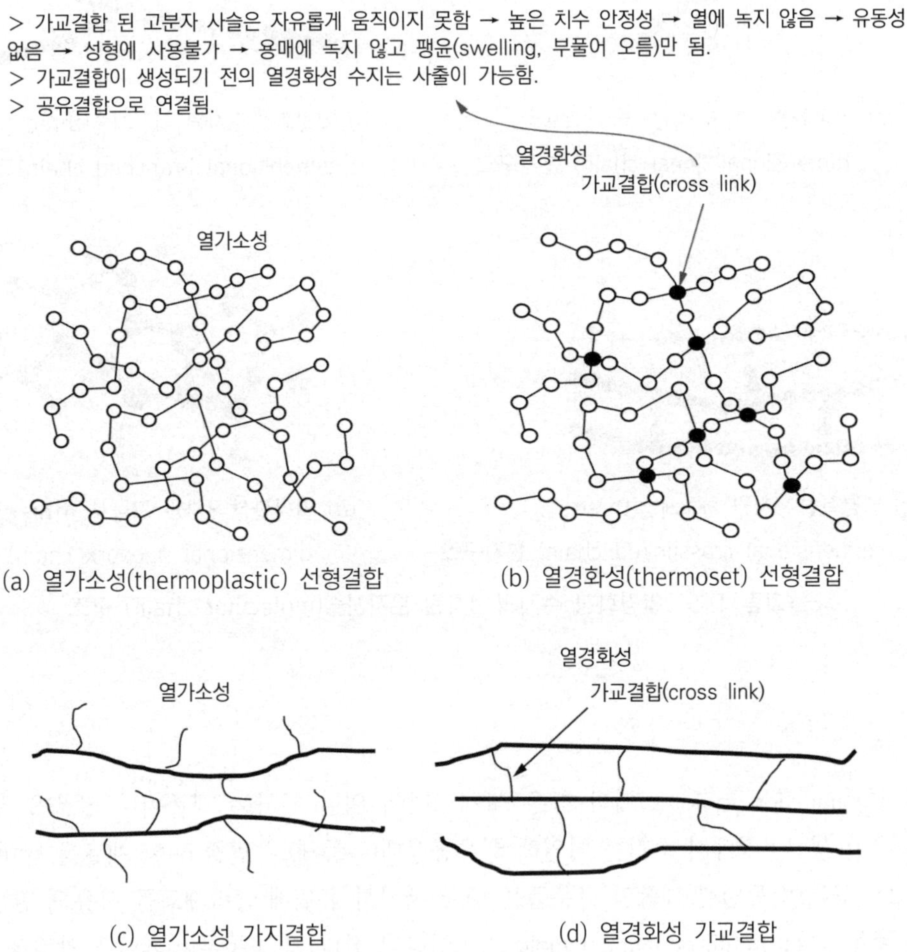

그림 1-4 열가소성과 열경화성 수지의 분자사슬 구조

그림 1-5에서와 같이 열경화성 수지는 일정한 온도에 도달하면 화학적 반응을 수반하여 3차원 가교결합(cross linking, 교차결합)을 이루게 된다. 열가소성 수지의 분자사슬(molecular chain)이 직선이나 직선에 가지(branch)를 갖는 단순한 결합인데 반하여 열경화성 수지는 3차원 그물구조(network structure, 망상구조, 망목구조)를 가지고 있으며 그물의 연결부는 강하게 결합되어 있다.

(a) 열경화성 3차원 직선사슬(three dimensional linear chain) 분자구조

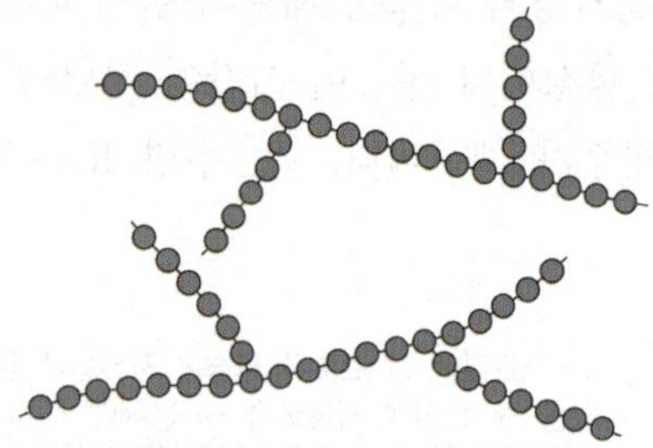

(b) 열경화성 3차원 가지사슬(three dimensional branched chain) 분자구조

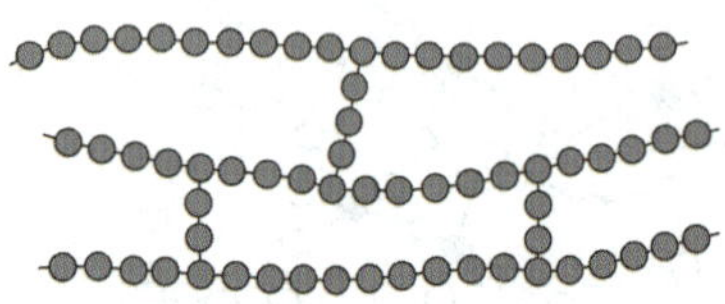

(c) 열경화성 3차원 가교사슬(three dimensional crosslinked chain) 분자구조

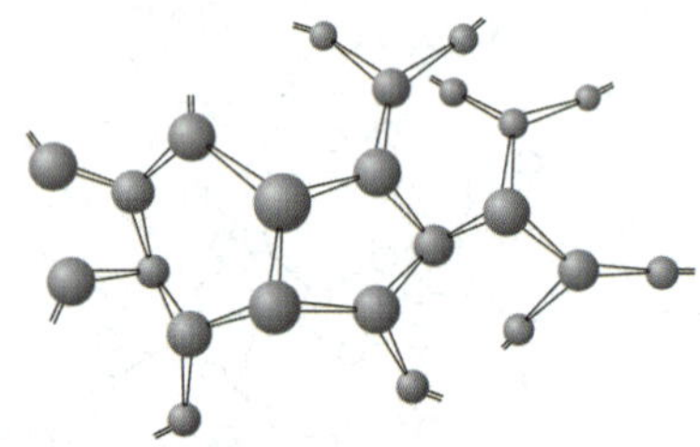

(d) 열경화성 3차원 그물사슬(three dimensional network chain) 분자구조

그림 1-5 열경화성 수지의 3차원 분자사슬(molecular chain) 구조

4) 사출성형용 고분자 재료

사출성형(injection molding)이라 함은 설계도면에 의한 원하는 제품이나 상품을 생산하기 위하여 우선 생산공정에서 수지를 가열해서 유동상태(유동체)로 만들고 이 재료를 닫혀진 금형[金型, die, 규격이 동일한 제품인 표준품을 대량 생산하기 위해 금속재료를 사용해 만든 '틀'로 금속제 주형(metal mold, permanent mold, die)이라고 한다]의 공동부(cavity)에 압력을 주어(가압) 주입하여 금형(die) 내에서 고화(solidification)시킨 후 제품 모양을 갖춘 성형품(molded part)을 만드는 방법을 일컫는다. 스마트폰 등 IT 제품, 자동차, 전장, 가전, 전기전자 제품은 물론 2차전지(배터리)를 비롯한 각종 산업기계, 생활용품 등을 표준화하여 대량생산으로 만드는 데 활용된다.

1.2 열가소성 플라스틱과 열경화성 플라스틱

플라스틱을 구분하면 기본적인 성질에 따라 열가소성 플라스틱(thermoplastic)과 열경화성 플라스틱(thermosetting plastic)의 2종으로 나누어진다.

1) 열가소성 플라스틱

상온(常溫, 일정한 온도를 뜻하며 대개 20±5℃를 의미하며 실온과 같은 뜻으로 쓰이기도 한다)에서는 고체이지만 열을 가하면 녹아서 연화하여 유동체로 되고, 냉각되면 굳어져서 고체가 된다. 이 상태에서 다시 가열하면 앞의 과정을 반복할 수 있는 성질을 가진 플라스틱이다. 열가소성 플라스틱은 전체 고분자 재료로 만든 제품의 70% 이상을 차지한다. 성형(forming)이 쉽고, 재사용이 가능하여 재활용이 되며, 용도에 적합한 다양한 성질을 가지고 있다. 열가소성 플라스틱은 일반적으로 기능, 성능, 용도에 따라 범용 플라스틱(general purpose plastic)과 엔지니어링 플라스틱(engineering plastic)으로 분류할 수 있다.

2) 범용 플라스틱(General purpose plastic, commodity polymer)과 엔지니어링 플라스틱(Engineering plastic)

플라스틱은 가공성이 좋고, 녹이 슬지 않으며 가볍고 강인하고 전기부도체(電氣不導體, 전기절연체)이며, 생산성이 우수하며(대량생산이 가능), 가격이 싸다는 점에서 기존의 금속 재료에 대체해서 또는 그것을 능가하는 기능성 재료로 아주 폭넓게 사용하게 되었다. 현재 급속한 과학기술의 발전과 재료·소재기술의 발전은 그 중심에 플라스틱과 관련 재료가 있기에 가능하다. 새로운 첨단 산업분야와 사용자의 요구에 대응하여 사용 용도에 따른 기능성이 세분화됨과 고도화되고 동시에 광범위한 용도에 적합한 재료로서 중요성이 날로 커지게 되어 재료·소재에 있어서 확고한 위치를 차지하기에 이르렀다.

석유를 원료로 하여 싼값으로 얻어지는 폴리스티렌(PS), 폴리프로필렌(PP), 폴리에틸렌(PE), 폴리염화비닐(PVC) 등을 범용 플라스틱이라 하며, 보다 내열성, 고강도, 내구성, 내충격성, 내식성, 치수정밀도가 좋은 재료가 요구되는 것은 당연하다. 결국은 금속재료의 우수한 점과 플라스틱 특유의 장점을 함께 가진 재료의 개발을 최상의 목표로 하고 있다. 이와 같은 플라스틱의 고성능화·고기능화는 원료, 제조공정, 생산량 등에서 자연히 원가구조의 상승으로 가격이 비싸게 되어 가성비(가격 대비 성능)와 연계되어지므로 성능과 가격의 균형이 사용자, 특히 제품설계자에 있어서 중요한 재료비(material cost) 구성에 있어서 해결해야 할 숙제로 남게 된다.

현재 일반적으로 범용 플라스틱은 가격도 싸고 성형이 용이한 것으로 정의되고 있으며, 엔지니어링 플라스틱(Engineering plastic, ENPLA, '엔플라'라고 약칭한다)은 기계부품에 적합한 고성능의 플라스틱으로 정의되며, 플라스틱 재료의 역사적 추세로 보아 범용 플라스틱에 비하여 보다 '금속과 같은 물성치를 갖는 재료'로 생각해도 좋다.

이를 간략하게 정의하면 다음과 같다.

(1) 범용 플라스틱(General purpose plastic)

가격도 싸고 성형이 용이한 것으로 다음의 예와 같은 플라스틱이다. 일상생활에 주로 사용된다.

예 ABS, PS, PE, PP, SAN, PMMA 등

(2) 엔지니어링 플라스틱(Engineering plastic)

기계부품에 적합한 고성능의 플라스틱으로 내열성, 탄성이 좋고, 기계적 강도 등의 특성을 향상시켜(고강도) 금속을 대체할 수 있도록 개발하여 주로 산업용·공업용에 많이 사용되며, 내열성 100℃ 이상, 인장강도 500 kgf/cm^2 이상의 플라스틱을 말한다.

예 PC, PA(Nylon), POM, PBT, PET(이상을 5대 엔지니어링 플라스틱이라 한다), PPE, PPS 등

금속이나 열경화성 수지의 대체 소재로 개발된 엔지니어링 플라스틱은 범용 플라스틱에 비해 투명성, 내열성, 내마모성 및 기계적 특성이 우수하여 전기, 전자, 자동차, 항공기, 2차전지 및 기계부품 등에 사용되는 고기능성 수지이다. 특히 최근에는 유리섬유나 탄소섬유 등을 합금(alloy)하여 금속의 특성에 한층 근접한 형태의 소재로 발전해 나가고 있다.

(3) 범용(일반) 엔지니어링 플라스틱(엔플라, ENPLA, Engineering plastic)과 특수(수퍼) 엔지니어링 플라스틱(엔플라)

나일론(PA, Nylon), 폴리아세탈(POM), 폴리카보네이트(PC), 폴리에틸렌테레프탈레이트(PET), 폴리부틸렌테레프탈레이트(PBT)를 5대 엔지니어링 플라스틱(ENPLA)이라고 한다. 생산량도 많고 용도도 광범위하게 사용되고 있다.

엔지니어링 플라스틱은 그 물성, 가공성, 보급도를 고려하여 표 1-1과 같이 분류하고 있다.

▶▶ 표 1-1 엔지니어링 플라스틱(ENPLA)의 종류와 분류

- 엔지니어링 플라스틱 (ENPLA)
  - 범용 (일반) 엔지니어링 플라스틱(ENPLA)
    - 열가소성
      - 1) 나일론(PA, Nylon)
      - 2) 폴리아세탈(POM)
      - 3) 폴리카보네이트(PC)
      - 4) 변성 폴리페닐렌옥사이드(PPO)
      - 5) 폴리부틸렌테레프탈레이트(PBT)
      - 6) 강화 폴리에틸렌테레프탈레이트(PET)
      - 7) 초고분자량 폴리에틸렌(PE)
      - 8) 메틸펜텐폴리머(TPX)
      - 9) 비닐알콜공중합체
  - 특수 (수퍼) 엔지니어링 플라스틱(ENPLA)
    - 비가교형
      - 열가소성
        - 1) 폴리설폰
        - 2) 폴리에테르설폰(PES)
        - 3) 폴리페닐렌설파이드(PPS)
        - 4) 폴리아릴레이트(U폴리머)
        - 5) 폴리아미드이미드
        - 6) 폴리에테르이미드(ULTEM)
        - 7) 폴리에테르에테르케톤(PEEK)
      - 압축성형
        - 1) 폴리이미드〈베스펠〉, SP, 폴리이미드 2080
        - 2) 폴리아릴레이트〈에코놀〉 1000
        - 3) 불소수지
    - 가교형
      - 1) 폴리아미노비스말레이미드
      - 2) 폴리트리아진
      - 3) 가교 폴리아미드이미드
      - 4) 폴리비닐 페놀/에폭시
      - 5) 프리델 그래프트 수지/에폭시
      - 6) 내열에폭시

(4) 결정성(Crystalline) 플라스틱과 비결정성(Amorphous) 플라스틱

열가소성 수지는 결정성(crystalline) 수지와 비결정성(amorphous) 수지로 구분된다. 분자가 임의로 배열되어 있는 비결정성 수지와 분자의 일부가 규칙적으로 정렬되어 주변에 강한 결합이 생기는 결정성 수지는 각각의 분자구조로 인하여 전혀 다른 특성을 보여준다.

반결정성(semi-crystalline)은 비결정성(amorphous) 수지보다 고화(固化, solidification)가 되었을 때 수축률이 비교적 더 크게 나타난다. 결정성 수지의 경우 고화되면서 결정구조에 변화가 생긴다. 이 과정에서 비결정성 수지보다 더 많이 수축한다.

열가소성 플라스틱은 고체일 때 고분자의 배열에 따라 그림 1-6과 같이 연쇄상의 고분자가 다수 모여 규칙적으로 다발로 묶인 상태의 배열된 결정성(結晶性)과 고분자의 배열에 규칙성이 없는 비결정성(非結晶性)의 2가지로 분류하고 있다. 결정 부분이 많아지면 밀도가 높고(고밀도) 강한 성질을 지니게 된다.

결정성 플라스틱에는 PE, PP, PA, POM, PBT 등이 있으며, 비결정 플라스틱으로는 ABS, PS, SAN, PC, PMMA 등이 있다. 사출성형시 결정성 플라스틱과 비결정성 플라스틱의 차이는 결정성 플라스틱은 금형 속에서 냉각고화(冷却固化)하는 과정에서 융해열에 상당하는 양의 결정화열을 내므로 냉각을 충분히 해야만 한다. 또한, 비교적 저온으로 사출한 경우에는 성형수축률도 크고 흐름방향에 의한 수축차도 크게 생긴다.

결정화 속도와 수축률 관계는 사출 후 서냉(徐冷)되면 고온으로 유지되는 시간이 길기 때문에 결정화가 진행되면서 수축은 커지며, 반면 급냉하면 결정화가 진행하기 전에 고화(固化)되기 때문에 수축은 작아진다.

(a) 비결정성 (b) 배열 안된 결정성 (c) 배열된 결정성

그림 1-6 결정화 모형도

다음 그림 1-7은 열가소성 플라스틱에서 고결정 구역과 비결정 구역이 혼합되어 공존하는 즉, 반결정성 플라스틱의 결정화 모형도이다.

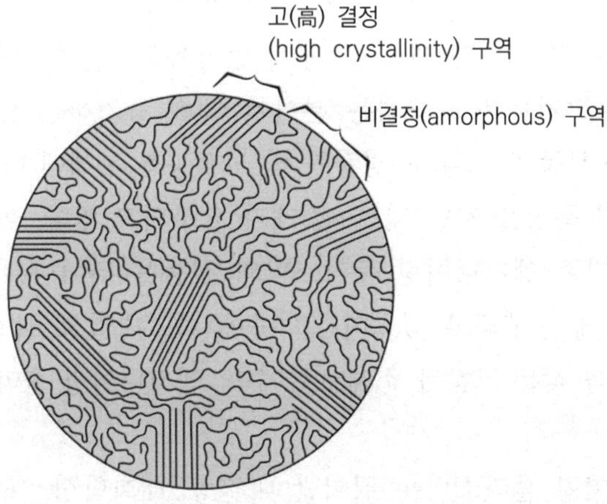

그림 1-7 열가소성 플라스틱의 고결정 및 비결정 구역의 공존하는 반결정성 폴리머(fringed-micelle model)

다음 그림 1-8은 열가소성 플라스틱에서 용융(melt)상태와 고화(solidification)된 상태의 분자구조의 개략적인 비교를 보여주고 있다.

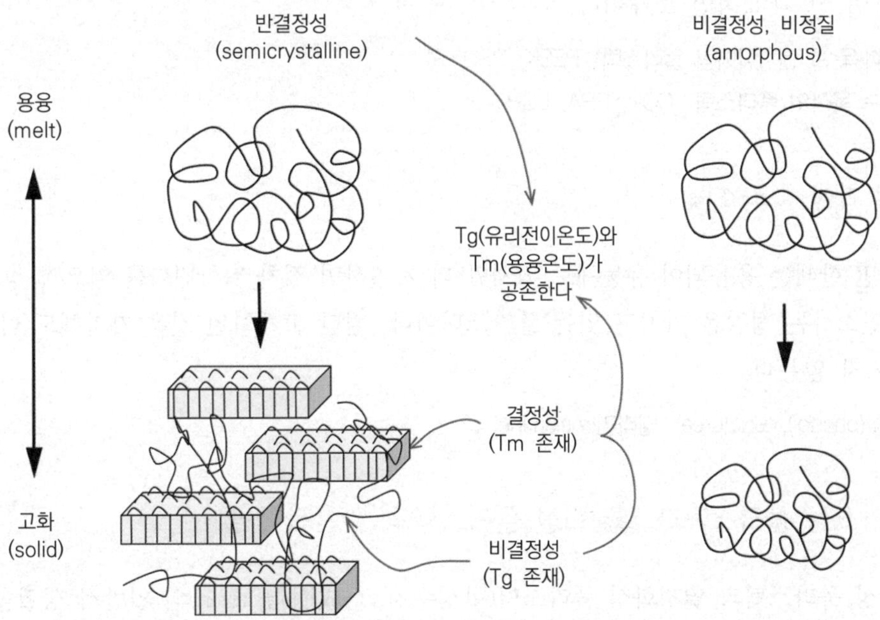

그림 1-8 용융(melt)상태와 고화(solid)된 상태의 분자구조의 개략적 비교

(5) 수퍼(특수) 엔지니어링 플라스틱(Super engineering plastic)

산업이 첨단화, 고도화됨에 따라 고분자 재료 · 소재에 있어서도 내열성, 내화학성, 내충격성, 경량성, 난연성, 고강도 등의 고기능을 요구하는 분야가 계속 증가하고 있다. 특히 자동차, 전장(電裝), 2차전지, 전기전자 부품의 소형화, 경량화 및 고성능화 추세에 따라 내열성, 내충격성, 내화학성, 기계적 고강도의 특성을 지닌 재료 · 소재가 요구되고 있다. 이러한 시장의 수요 및 요구에 따라 세계적으로 기존 엔지니어링 플라스틱의 성능을 뛰어넘는 고기능성을 지닌 고분자 소재의 개발이 활발하게 진행되고 있으며, 그 중에서도 내열성, 내화학성, 난연성 및 기계적 물성에서 우수한 특성을 갖는 고분자 소재로서 수퍼 엔지니어링 플라스틱에 대한 수요가 커지게 되었다.

1970～80년대 수퍼 엔지니어링 플라스틱은 뛰어난 내열성, 내화학성, 내마모성 및 기계적 물성을 가진 최적의 소재이기는 하지만 가격이 비싼(고가) 문제와 수요를 충당하기에는 생산능력이 부족한 실정이었다. 그러나 1990년대 접어들면서 고가의 수퍼 엔지니어링 플라스틱에 대한 수요가 증가함에 따라 시장 규모 및 생산 능력이 해마다 증가하였다. 현재 세계적인 기업들은 더욱 고기능화된 높은 특성의 새로운 수퍼 엔지니어링 플라스틱 종류를 경쟁적으로 개발하여 선보이고 있다.

그 중 가장 대표적인 PPS, LCP, PI, PEEK, Sulfone계를 중심으로 한 '5대 수퍼 엔지니어링 플라스틱'이 그 대표적인 소재이다.

예 수퍼(특수) 엔지니어링 플라스틱 : PEEK, PSU, PI
특수 목적의 플라스틱 : COP, PPA, LCP

1) 열경화성 플라스틱

가열하면 한때는 용융되어 유동체로 되지만 더 가열하면 점차 화학변화를 일으켜 경화(硬化)하거나, 연소하는 성질을 가지고 있는 플라스틱이다. 일단 고체화된 것은 가열해도 다시는 유동체로 되지 않는다.

예 페놀(phenol), 요소(urea), 멜라민(melamine) 등

2) 열가소성 플라스틱과 열경화성 플라스틱의 일반적 성질

열가소성 플라스틱과 열경화성 플라스틱(합성수지, 合成樹脂, resin)의 일반적 성질을 표 1-2에 나타냈다.

▶▶ 표 1-2 열가소성과 열경화성 플라스틱의 일반적인 성질

구 분	열가소성 플라스틱	열경화성 플라스틱
열에 대한 반응 특성	1) 직선 또는 가지 분자구조 2) 분자들 간의 화학결합 없음 3) 재사용 가능(자유로운 상변화)	1) 가교 및 그물 분자구조 2) 분자들 간의 화학결합 3) 재사용 불가
일반적인 물성	1) 쉬운 가공공정 2) 복잡한 설계에 적합	1) 기계적 강도 우수 2) 치수 안정성 우수 3) 열과 수분에 대한 높은 저항성

1.3 플라스틱의 일반적 장·단점

1) 장점

① 가공이 용이하고 생산성이 높다.
② 가볍고 튼튼하다.
③ 전기, 열에 대해 절연성이 좋다.
④ 착색(着色)이 자유롭고 아름답다.
⑤ 여러 가지 화학약품에 잘 견딘다[내산(耐酸), 내알칼리성이 있다].

2) 단점

① 고온에서 사용하기 어렵다.
② 기계적 강도가 부족하다(약하다).
③ 온도변화에 의해 치수변화가 크다.
④ 내후성(耐候性)에 한계가 있다.
⑤ 흠이 생기기 쉽고 더러워지기 쉽다.
⑥ 연소성이 있다.

이 장점과 단점은 모든 플라스틱에 해당하는 것은 아니다. 예를 들어, 장점 중에서 전기절연성은 특수용도에서는 결점으로 되어, 이 점을 해결하기 위한 전도성 플라스틱도 있으며, 결점으로 열거된 온도에 의한 치수변화를 개선한 플라스틱과 연소하기 쉬운 점을 개선한 난연성 플라스틱도 있다.

2 사출성형용 플라스틱 각론(최근 플라스틱의 분류)

사출성형용으로 널리 사용되고 있는 플라스틱은 30종 이상이다. 이 많은 플라스틱 중에서 그 성질(물성), 특징과 특성, 목적 및 사용 용도, 가격 등을 충분히 이해 · 파악하고 제품에 적용해야 할 것이다.

본 절에서는 일반적으로 사용되고 있는 플라스틱의 성질과 용도에 대해 설명한다.

플라스틱(polymer, 합성수지)은 대량생산이 우수하고(양산성), 아주 가벼워서(경량성), 소형이 가능하며(소형화), 전기가 안통하고(전기절연성), 녹슬거나 부식되지 않은 성질(내식성) 등 다른 소재보다 우수한 성질을 가지고 있어 기존에 사용되는 소재의 대체는 물론, 아주 다양하고 많은 새로운 용도로 개발되어져 현재는 범용 및 첨단 소재로서의 사용범위를 넓혀가고 있다. 그 적용분야는 일용잡화품 · 생활용품에서부터 첨단 정보통신제품, 자동차, 전기전자분야, 반도체, 기계전장부품, 가전제품, 화학장치, 드론(drone, 무인비행기), 2차전지 및 첨단 산업인 항공우주산업 분야에 이르기까지 폭넓게 활용되고 있으며, 그 종류도 용도에 따라 아주 다양하다. 그림 1-9는 일반적인 플라스틱의 분류이다.

기본적인 성질과 기능 또는 사용하는 용도에 따라 여러 가지 방법으로 분류된다.

용도에 따라서는 범용 플라스틱(general purpose plastic, commodity polymer)와 엔지니어링 플라스틱(engineering polymer)로 나뉜다. 엔지니어링 플라스틱은 아래의 그림 1-9와 같이 엔지니어링 플라스틱(1그룹)과 수퍼 엔지니어링 플라스틱(2그룹)으로 나뉜다.

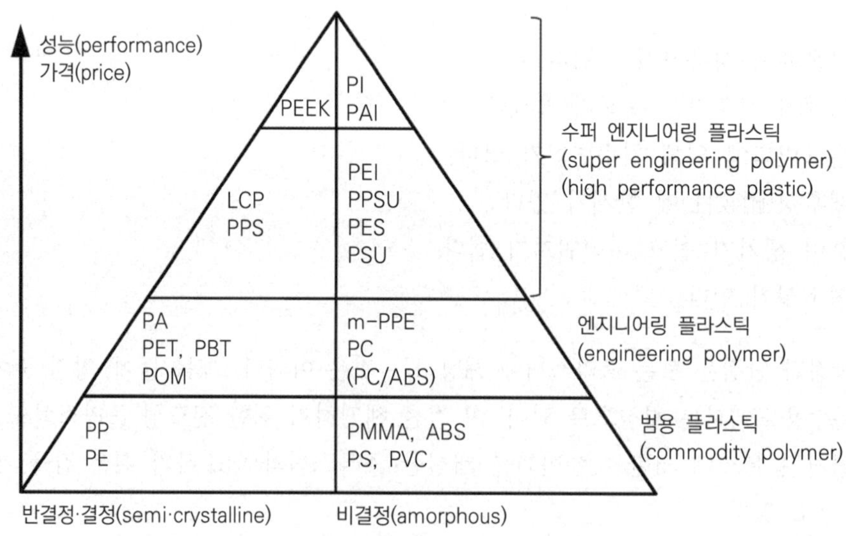

그림 1-9 최근 플라스틱의 분류

2.1 열가소성 플라스틱

열가소성 플라스틱은 전체 고분자 제품의 70% 이상을 차지한다. 성형과 재사용, 재활용이 쉽고 다양한 성질을 가지고 있다.

범용 플라스틱은 그 사용량은 많지만, 내열성, 기계적 강도가 금속에 비해 취약하기 때문에 소재로서의 사용영역에는 한계가 있다. 따라서 이러한 특성을 향상시켜 적극적으로 금속을 대체할 수 있도록 개발한 플라스틱이 있으며, 이 소재를 엔지니어링 플라스틱이라고 부르고 있다. 최근에는 급속한 산업발전으로 엔지니어링 플라스틱의 사용분야가 넓어지면서 수요가 크게 확장되고 있으며, 또한 혁신적인 제품에 적합한 새로운 플라스틱들이 개발, 시판되어짐에 따라 산업계에서 크게 주목을 받고 있다.

엔지니어링 플라스틱의 시장 상황을 살펴보면 5대 엔지니어링 플라스틱(PA, POM, PC, PBT, PET)을 중심으로 안정적으로 크게 성장을 하고 있다.

① 범용 플라스틱(commodity polymer) : PS, PP, HDPE, LDPE, PVC, ABS, PMMA 등
② 엔지니어링 플라스틱(engineering polymer) : PC, POM, PA, MPPO, PBT, PET 등
③ 수퍼(특수) 엔지니어링 플라스틱 : PEEK, PSU, PI 등
④ 특수 목적의 플라스틱 : COP, PPA, LCP 등

1) PS (폴리스티렌, Polystyrene)

(1) 성질

단순히 PS라 하면 일반용 PS(GPPS, General purpose PS)를 가리킨다. 성질은 투명하고 강성(剛性)이 있으며 성형가공성이 좋고, 전기적 성질이 우수한 비결정성 플라스틱이다. 사출성형 특성도 우수해 대표적인 범용 플라스틱으로서 광범위하게 사용되고 있다. 반면에 취약하고 내열온도가 낮으며 내유성(耐油性)이 없다.

GPPS의 쉽게 깨어지는 단점을 보완하고자 고무(rubber) 성분을 보강하여 내충격성을 강화시킨 HIPS(High Impact Polystyrene)을 개발하게 되었다. 내충격성 PS(HIPS)는 일반 PS의 결점인 취약성을 부타디엔(butadiene)과 그래프트(graft) 중합(벌집처럼 생긴 망상중합)에 의해 개선한 것이다. 그러나 반투명이며 내후성은 좋지 않다. 일반용 PS, 내충격성 PS 모두 사출성형성은 매우 용이하며 성형조건의 허용범위가 넓고 유동성이 우수하다.

일반용 PS는 앞서 지적한 것과 같이 취약성이 있으므로 이형성(離型性)이 좋은 금형이 필요하고 내부변형에 의한 크레이징(crazing, 성형물 내부에 생기는 가느다란 균열)이 발생하기 쉽기 때문에 사출시 과충전(過充填)되지 않도록 주의해야 한다.

(2) 용도

PS는 일용품 분야에는 투명성, 강성의 성질 때문에 널리 사용되고 내충격용 PS는 완구, 문방구류 등에 사용되고 있다. 또한, PS는 무독성이므로 의약품, 식기, 식품용기, 냉장고 야채박스, 일회용 투명 커피컵에도 사용된다. 공업용품 분야에서도 널리 사용되고, 테이프 카세트(tape cassette), 냉장고, 세탁기 등의 각종 가전품을 비롯하여 각종 제품의 하우징(housing), 캐비닛(cabinet), 케이스(case), 내부 부품, 명판 등으로 용도 범위는 매우 넓다. 난연제를 첨가한 자기 소화성의 내충격성 PS(HIPS)는 TV, 라디오(radio), 캐비닛(cabinet), 선풍기 날개(blade) 등에 널리 사용된다.

2) PE (폴리에틸렌, Polyethylene)

(1) 성질

PE는 대표적인 결정성 플라스틱이다. PE는 결정화도에 의해 약간의 성질을 달리하나, 모두 반투명이며 강인하고 전기적 성질, 내약품성, 내한성이 우수하다. 반면, 상온에서는 완전히 용제에는 녹지 않아 접착제에 의한 접착 및 인쇄는 성형품에 표면처리를 하지 않는 한 견고하게 부착시킬 수 없다. PE의 사출성형특성은 매우 양호하고 성형도 용이하다.

그러나 수축률이 크고, 흐름방향에 의해 성형수축률의 차이가 커서 정밀 치수는 얻기 힘들며, 제품 중앙에 다이렉트 게이트(direct gate) 또는 핀 포인트 게이트(pin point gate)로 성형하면 성형품에 비틀림이 생기고 더욱이 게이트(gate) 부근이 갈라질 수 있다. 또한 PE는 계면활성제라든가 약품류에 의한 응력균열(stress cracking, 파괴강도보다 작은 응력에 의해 성형품의 표면 혹은 내부에 생기는 균열)에 주의해야 한다.

PE는 제조공정에 의해 저밀도 PE(LDPE, 밀도 0.925 이하), 중밀도 PE(MDPE, 밀도 0.926~0.940) 및 고밀도 PE(HDPE, 밀도 0.941 이상)의 3종류로 나누어진다.

(2) 용도

PE(Polyethylene, 폴리에틸렌)은 에틸렌(ethylene) 중합에 의해 만들어진 결정성의 열가소성 수지이며, 특성에 따라 LDPE(Low Density Polyethylene, 저밀도 폴리에틸렌)과 HDPE(High Density Polyethylene, 고밀도 폴리에틸렌)으로 구분된다.

통상 LDPE는 고중압법에 의해, HDPE는 저중압법에 의해 제조된다. LDPE는 영국 CI사에서 고압 라디칼 중합에 의해 개발되어 2차대전 중 미국에서 상용화되었으며, HDPE는 이태리 몬테카티니 에디슨사에 의해 치글러 촉매의 방법으로 공업화되었다. 또한 미국의 필립스사는 산화크롬계 촉매에 의한 중압법을 개발하였다.

저밀도 PE(LDPE)는 유연성이 있기 때문에 농업용 필름, 부엌용품, 물통, 완구, 화장품 포장재, 약품뚜껑, 비닐장갑, 용기의 뚜껑 등의 유연성을 필요로 하는 용도에 널리 사용되며, 고밀도 PE(HDPE)는 강인성이 있으므로 쇼핑백, 종량제 백, 하수관 파이프, 일용잡화, 식기, 약품통, 용기, 컨테이너 등 일용품에서 공업용품에 걸쳐 널리 사용된다. 특히 PE는 무해하므로 식품 관련용기로도 적합하다.

3) PP (폴리프로필렌, Polypropylene)

(1) 성질

PP는 반투명으로 강인하고 가벼우며 내열성(결정융점 160～168℃)이 있는 결정성 플라스틱이다. 그러나 PE와 같이 성형수축률이 크고 상온에서는 용제에 녹지 않는다.

호모폴리머(homopolymer, 단독중합체)는 저온에서 취약한 결점이 있으며, 코폴리머(copolymer)는 그 결점이 약간 개선된 것이지만 0℃ 이하의 저온에서는 역시 취약하다.

PP는 동(Cu)과 접촉하면 취약화되는 성질이 있어 황동 재질의 인서트(insert)를 사용할 경우에는 동해방지(銅害防止)가 된 품종을 사용해야 한다.

PP의 특이한 장점으로는 굴곡피로에 견디는 강한 성질을 가지고 있는 것이다. 이것은 다른 플라스틱에 비해 우수하여 성형품 일체형으로 힌지(hinge)를 만들 수가 있다. 일체형 힌지는 뚜껑, 몸체 및 힌지를 일체형으로 성형시켜 뚜껑을 여닫을 수 있게 한 케이스(case)류이다.

PP의 사출성형성은 매우 우수하나 성형수축률이 크며, 사출성형품이 휘거나 비틀리기 쉽고 치수가 정밀한 성형품은 얻기 힘들다. PP는 물리적 성질이 PE보다 뛰어나지만, 대기 중에 노출된 상태에서 빛이나 열에 산화 및 열화하는 결점이 있어 안정제를 필요로 한다.

(2) 용도

PP는 100℃에 견디며 강하고 미려해서 주방용품, 세면기, 쓰레기통, 의자, 가정용품인 정수기 하우징, 바가지 등 소형에서 대형의 일용품, 컨테이너, 오토바이 및 전동킥보드의 하우징 등 공업용품에 이르기까지 널리 사용된다.

4) ABS (아크릴로니트릴-부타디엔-스티렌, Acrylonitrile-Butadiene-Styrene)

(1) 성질

ABS는 내충격성 PS의 내유성의 부족을 아크릴로니트릴(acrylonitrile)을 공중합(共重合)시킨 플라스틱이다. 극히 균형이 잡힌 기계적 성질을 가지고 있으며 좋은 광택을 가지고 있다. 한편, 결점으로서는 폴리부타디엔(polybutadiene)을 함유하고 있는 관계로, 옥외에서 사용하면 강도의 저하가 현저하고, 특히 오존에 침투된다.

ABS는 3원(元) 공중합체(共重合體, copolymer)이므로 제조방법 및 성분의 비율에 따라 기계적 성질이 크게 변화한다.

중충격성 ABS 및 고충격성 ABS도 있는데 이들은 고강성 ABS에 비해 충격강도가 크나 고강성 ABS에 비해서는 강성이 낮다.

내열성 ABS는 내열성을 개선한 것으로 하중에 의한 처짐온도(deflection temperature under load, 일정 하중하에서 시험편이 일정량의 변형을 생기게 하는 온도, 플라스틱의 내열성을 표시하는 기준)가 100℃ 이상의 것도 있다. ABS의 성형성은 PS에 비해 유동성은 약간 떨어지고 흡습성이 있기 때문에 예비건조를 하지 않으면 안된다.

(2) 용도

ABS, 특히 고강성 ABS는 고급 범용 플라스틱이다. 따라서, PS라든가 내충격성 PS가 사용되고 있는 용도 중에서 약간의 유지, 가솔린, 윤활유에 접촉되고 있는 경우 또는 PS라든가 PP에서 치수정밀도, 싱크(sink, 수축), 외관에 문제가 있는 경우에 널리 사용된다. 즉, 일용품에서 공업용품에 이르기까지 광범위하게 사용된다.

중충격, 고충격 및 내열의 각 품종은 각각의 필요한 물성 요구에 대응해 사용되고 있다. 난연제를 첨가한 자기소화성 ABS는 가전제품(전화기, TV, 컴퓨터 모니터 · 본체, 마우스, 냉장고 내외장재 등)과 전기제품의 하우징(복사기, 자동차 내장재 및 전장 등) 등에 광범위하게 사용된다.

ABS의 중요한 용도의 하나는 플라스틱 도금의 바탕재료가 된다. ABS는 폴리부타디엔(poly-butadiene) 입자가 함유되어 있기 때문에 화학적으로 산화(etching)시키면 표면이 미조화면(微粗化面)으로 되어 이 면에 금속이 밀착하여 도금층을 이루게 된다.

5) SAN (스티렌-아크릴로니트릴, Styrene-Acrylonitrile)

(1) 성질

PS의 내유성(耐油性)을 개선한 플라스틱으로, 투명하고 내유성이 있으며 강성이 큰 비결정성 플라스틱이다. SAN은 흡습성이 있기 때문에 예비건조가 필요하고 PS에 비해 사출성형에 있어 유동성은 좋지 않다.

(2) 용도

SAN은 내유성과 투명성을 요구하는 용도에 사용된다. 주된 용도는 선풍기의 날개, 배터리 케이스(battery case) 등이고, 그밖에 내약품성이 요구되는 일회용 라이터 케이스, 화장품 케이스 등의 일용잡화에도 널리 사용된다.

6) PMMA (폴리메틸 메타크릴레이트, 폴리메타 크릴산메틸, Polymethyl Methacrylate)

(1) 성질

PMMA는 완전투명으로 내후성, 내약품성, 내긁힘(scratch)성이 있으며 착색성이 뛰어나고 외관이 미려하며, 강성이 큰 플라스틱이다. 광선투과율은 100%에 가까우며 옥외에 노출되어도 강도저하율이 낮고 황색으로 변색하는 일도 없다. 그러나 작은 응력하에서도 크레이징(crazing, 미소한 균열)이 발생되기 쉬우며 내열성도 그다지 높지 않다.

PMMA는 흡습성이 있기 때문에 사출성형 전에 예비건조가 필요하며, 유동성도 PS에 비해 떨어지며, 또한 취약한 성질이 있어 금형구조는 이젝팅(ejecting)시 성형품에 무리가 가해지지 않도록 해야 한다.

(2) 용도

PMMA의 최대 특징은 투명한 것이므로 투명성을 중시하는 용도에 사용된다. 주된 용도는 자동차 후미등, 실내등의 커버, 렌즈(lens), 카세트 도어, 광고판, 전등의 갓, IT기기의 윈도우(window), 평면스크린 등에 사용되고 또한 인조대리석, 피아노 건반, 수족관 투명창 등 고급 일용품에도 사용된다.

그림 1-10은 최근 거실등, 형광등, 전구 등 조명용으로 널리 사용되는 LED(Light Emitting Diode, 발광 다이오드)용 렌즈(lens)의 구조이다. 여기서 빛을 광범위하게 확산시키는 LED용 광학구조인 확산렌즈의 재질은 PC, PMMA와 같은 비결정성 열가소성수지를 성형재료로 하여 설계된 성형조건에 따라 투명(transparent), 반투명으로 확산렌즈를 사출성형함으로써 요구되는 조도(照度)를 가지는 확산렌즈이다.

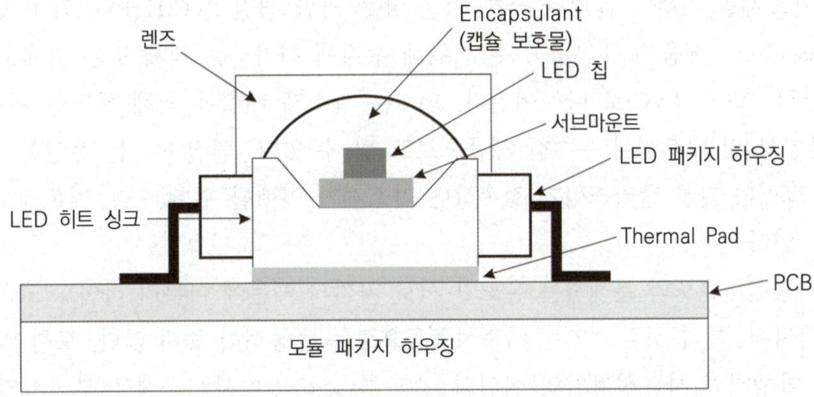

그림 1-10 조명용으로 널리 사용되는 LED의 확산 렌즈

참고로 범용 플라스틱과 엔지니어링 플라스틱의 광학적 성질은 표 1-3과 같다.

▶▶ 표 1-3 플라스틱의 광학적 성질

플라스틱		광선투과율 Tt	굴절률 Nd	아이조드충격치 kgf · cm/cm	하중휨온도 ℃
종류	상품명				
PMMA	CR-39 Lucitel47 PLEXIGLAS V, M1-7	89~90 92 91	1.50 1.491 1.49	12.5~15.2 1.9 2.1	140 92 75~88
PS		88~90	1.59	1.4~2.8	70~100
AS	Litac 100-PC	90	1.57 1.5695	13.6~16.3	80~95
MS	MAS20(다이셀)	90	1.5677	1.5~2.5	85~95
PMP	TPXMX001	>90	1.466	0.3~12	40.5
PC	Lexan101, 103 Panlite L 1225Y	86~89	1.586 1.5695	12~16	129~138
PA	Amidel TN540	85	1.535	5.9	124
EP	Isochemrez TransLV	96	1.53	8.7	100
PEI	Uitem1000(GEP)		1.558	5.4	200
PES	Victrex20P(ICI)	70.5~74.2	1.650	8.7	203

7) PVC (폴리비닐 클로라이드, Polyvinyl Chloride)

(1) 성질

PVC는 가소제를 가하지 않거나 극히 적은 양을 가한 경질 PVC(H-PVC)와 PVC 100에 대해 가소제(plasticizer : 제품에 유연성을 주기 위해 수지에 첨가하는 액체 또는 고체물질) 50~80%를 가한 연질 PVC(S-PVC)로 나누어진다. PVC는 가소제 배합에 의해 투명한 제품으로 될 수 있으며, 난연성 및 내후성이 우수한 제품으로도 될 수 있다. 연질 PVC는 유연한 플라스틱으로 투명하다. 그러나 다른 플라스틱과 접촉하면 가소제가 이행될 수 있으며, 저온에서는 딱딱해지는 결점이 있다.

PVC는 사출성형온도와 분해하는 온도가 서로 가깝기 때문에 아무리 하여도 고온으로 성형될 수 없다. 따라서, 특히 경질 PVC는 사출성형용으로는 유동성이 좋지 않다. 또한 약간 분해하여도 염산을 발생하여 사출성형기의 실린더, 스크류(screw, 나사), 금형을 부식시키므로 내식성 재료를 사용하지 않으면 안 된다.

분해를 방지하기 위해 고가의 안정제가 요구되며, 내식성을 요하는 등으로 인해 PVC 사출성형품은 고가로 되는 것은 피할 수 없다.

(2) 용도

PVC 수지는 널리 사용되고 있으며, 세계 전체 수요 중 PE 수지 다음으로 많은 양을 차지하고 있다.

경질 PVC는 압출성형품으로 제조되는 파이프 등의 부품으로 사용된다. 또한 연질 PVC는 유연성을 요구하는 용도 즉, 전선의 피복, 플러그(plug) 등에 사용된다. 인조모(합성섬유, synthetic hair) 소재로도 사용한다(이는 잦은 세척에도 처음 스타일이 계속 유지되는 형태유지 기능이 우수하기 때문이다). PVC는 PVC만이 아니면 안 되는 특수용도 외에는 사용하지 않는 것이 좋다.

8) PC (폴리카보네이트, Polycarbonate)

(1) 성질

PC는 무색, 투명으로 극히 강인한 비결정성 플라스틱이다. 특히 충격강도가 큰 것이 특징이다. 또한, 하중에 의한 처짐온도는 130℃ 이상으로서 내열성이 우수하다. 그러나 내약품성에는 한계가 있으며 강한 산성, 알칼리성에 의해 가수분해를 일으키고 내(耐)용제성도 그다지 양호하지 않다. 특히 염소 탄화수소 또는 방향족 탄화수소에 접하면 극히 취약하게 되어 변형(strain)에 의해 파괴되기 쉬운 결점이 있다.

PC는 습기를 제거하기 위해 150℃ 이상 가열하면 가수분해하고 분자량이 저하되어 취약하게 된다. 그 때문에 PC의 사출성형 시에는 적어도 120℃로 5시간 이상 건조하고, 흡수율을 0.02% 이하로 하도록 하며, 성형기의 호퍼(hopper) 내에서도 흡습을 방지하기 위해 호퍼 드라이어(hopper drier) 등으로 호퍼(hopper) 내의 온도가 100℃ 이하로 되지 않도록 해야 한다. 또한 PC의 유동성은 그다지 좋지 않기 때문에 사출성형용 금형의 스프루(sprue), 런너(runner)는 압력손실이 적은 것이 요구되며, 얇은 벽의 제품이라든가 L/t(길이와 벽두께 비)가 큰 제품의 성형은 어렵다.

(2) 용도

PC는 1956년 독일 바이엘(Bayer)사에서 처음으로 개발한 열가소성 수지이다. PC의 투명성, 내충격성, 내열성이 가장 강하고, 양호한 수지(합성수지)인 것을 이용하여 렌즈(lens), 전등의 커버(cover), 릴레이 케이스(relay case), 스마트폰 내·외장재, 광디스크 재료, 자동차 부품, 의료기기 부품, 휴대용 IT기기, 전기·전자 부품, 광학기기 부품 등에 널리 이용된다. 특히 난연성의 품종은 가전제품에 널리 사용된다. 또한 내충격을 이용한 용도로서는 안전모, 각종 하우징

(housing)류가 있다. 유리(glass)섬유 강화 PC는 카메라, 정밀공업부품에 널리 사용도 되고 공업용으로도 자동차 분야, 의료기 분야 등 광범위하게 사용되고 있다. 사출성형, 압출성형, 진공성형, 압축성형 등 모든 성형가공법이 가능한 최첨단 소재이다.

9) PA (폴리아미드, Polyamide, 나일론 · Nylon)

PA는 아미드(amide) 결합(-NH-CO-)으로 규칙적인 연쇄상으로 연결된 선상 폴리머(polymer)의 총칭이다. PA는 미국의 듀폰(DuPont)사에 의해 합성섬유로서 개발되어 나일론이라는 상품명으로 실용화된 것이다. 각종 나일론 중에서 중요한 것으로는 나일론 6, 66, 11, 12이며, 그밖에 나일론 46, 특수 나일론이 있다. 이 중에서도 나일론 6과 66이 PA 전 수요량의 96%를 차지하고 있다.

(1) 나일론 6과 66

나일론 6, 66은 대표적인 결정성 플라스틱으로 내유성, 내열성, 마찰, 마멸, 내충격성의 특성이 우수한 유백색 불투명 플라스틱이다.

그러나 흡습성이 큰 관계로 흡수율에 의한 특성이 변화한다. 즉, 흡수율이 커지면 인장강도, 탄성률, 경도가 감소하고, 신도(伸度 ; elongation, 재료를 인장하였을 때 일어나는 변형. 보통 재료의 늘어난 길이와 원래의 길이의 비를 백분율로 표시한다), 충격강도 및 치수가 증대한다. 나일론 6, 66의 사출성형에 있어서 흡수된 채로 성형하면 모노머(monomer)로 되돌아오므로 반드시 건조가 요구되나, 이때 공기 중에서 건조하면 황색으로 변색하므로 진공건조를 해야 한다.

사출성형 시 용융된 나일론은 그 점도가 극히 낮아 버(burr) 발생이 쉽다. 따라서, 사출성형기의 노즐은 역 테이프 노즐 등을 사용하는 것이 좋은 방법이다. 나일론 6, 66은 마찰, 마멸에 대한 성질이 양호하고 강인한 것이기 때문에 기어나 캠 등에 사용되고, 내유성 또한 양호하여 가솔린과 접촉되는 용도에도 이용된다.

(2) 나일론 11과 12

나일론 11 및 12는 나일론 6 및 66의 흡수성의 큰 결점을 개선한 것이다. 즉, 아미드(amide) 결합간의 알킬(alkyl)기의 탄소수를 높임으로써 흡수성을 떨어뜨린 것이다. 나일론 11 및 12도 결정성 플라스틱이나 나일론 6 및 66에 비해 약간 유연하다. 다른 물성은 나일론 6 및 66과 유사하나 흡수에 의한 치수변화는 거의 무시될 수 있다. 나일론 11 및 12의 용도는 나일론 6 및 66에서 흡수성 때문에 사용하기 어려운 용도에 사용된다.

(3) 특수 PA

PA 결합을 가진 비결정성의 투명한 나일론이다. 내유성이 있고 투명을 요구하는 용도에 사용된다.

10) POM (폴리아세탈, Polyacetal)

폴리아세탈(Polyacetal)은 화학구조가 폴리옥시메틸렌(Polyoxymethylene)인 관계로 POM이라는 약호로 부르고 있다. 종류로서는 호모폴리머(homopolymer, 단독중합체)와 에틸렌 옥사이드(ethylene oxide, 산화에틸렌)와의 코폴리머[copolymer, 공중합체(共重合體)]의 2종이 시판되고 있다.

(1) 성질

POM은 전형적인 결정성 플라스틱으로 마찰, 마멸특성이 우수하며 반발탄성이 우수하다. 그러나 결정성 플라스틱이므로 성형수축률이 크다. 그 외에 내용제성은 극히 우수해 용제 접착 또는 접착제 접착이 매우 어렵다. POM 중에서 특히 호모폴리머(homopolymer)는 수중에서 가열하면 분해되는 결점이 있어 뜨거운 물에서는 사용할 수 없다.

POM은 유동성이 좋으며 사출성형특성이 우수한 플라스틱이나 과도하게 실린더 온도를 높여 사출성형하면 좋지 않다.

(2) 용도

POM(Polyoxymethylene 혹은 acetal, Polyacetal, Polyformaldehyde)은 포름알데히드를 주원료로 제조되는 결정성 수지로서 장기간의 광범위한 사용온도 범위에서도 기계적, 열적, 화학적 성질이 우수하고, 부품설계 및 적용이 용이한 엔지니어링 플라스틱이다. 아세탈 코폴리머(acetal copolymer) 구조에 의해 열안정성이 뛰어나며, 우수한 기계적 강도와 플라스틱 중 내피로성이 가장 뛰어난 특징을 가지고 있다. 아세탈은 내마찰, 내마모성이 우수하므로 플라스틱 기어(gear)류, 자동차, 전기 · 전자, 산업용 소재의 부품에 적합한 수지이며, 기능면에서 금속소재 및 열경화성 수지를 대체할 수 있는 소재이다.

11) PBT (폴리부틸렌 테레프탈레이트, Polybutylene Terephthalate)

PBT는 1970년 미국 셀라니즈(Celanese)사(社)에 의해 유리(glass)섬유 강화형 엔지니어링 플라스틱(engineering plastic)으로서 상품화된 5대(大) 엔지니어링 플라스틱 중 강성, 내열성, 내약품성, 전기특성, 정밀성형성 및 내마멸성의 면에서 최고로 균형 잡힌 플라스틱이다.

(1) 성질 및 특징

PBT는 다음의 성질 및 특징을 가지고 있다.

① 결정화 특성이 우수하고, 빠른 성형시간에서도 우수한 표면의 성형품을 얻을 수 있다.

② 유리(glass)섬유 강화에 의해 강성, 열변형온도, 내크리프(耐creep, 재료에 응력이 가해졌을 때 생기는 변형 중 시간의존성의 부분)을 향상시킬 수 있다.

③ 전기특성이 우수하고 난연화가 가능하다.

④ 흡수성이 적으며 흡수에 의한 물성저하, 치수변화가 무시될 수 있으며 선팽창계수(온도 1℃ 변화했을 때 길이의 변화율)도 작기 때문에 정밀치수의 성형품을 얻을 수 있다.

⑤ 가솔린, 윤활유 등 각종 약품에 내성이 있다.

⑥ 장기내열, 내산화열화성(degradation, 제품이 열, 빛 또는 화공약품에 의해 화학적 구조가 유해한 변화를 일으키는 것으로 특히, 물리적으로 영구변화를 일으켜 특성이 저하되는 성질로 노화라고도 한다)이 양호하고, 120℃~140℃에서 연속사용(10만 시간)이 가능하다.

⑦ 내후성(weatherability)이 우수하다.

PBT의 성형시 주의점은 에스테르(ester)기의 본질적 성질이 있어서 가수분해될 수 있어, 이에 따라 분자량이 저하되어 특히, 충격강도가 낮아지므로 수분율 0.02% 이하까지 건조해야 한다.

제품설계 시 주의점은 응력집중을 피하기 위해 각 코너에 R/T(반지름/두께)=0.2 이상의 R을 줌으로써 충격강도의 향상을 기할 수 있다.

(2) 용도

전 수요량에 대한 분야별 구성비는 전기, 전자가 약 55%, 자동차가 약 30%, 기타 분야가 약 15%로 추정된다. 종래 나일론 66이 주류였던 자동차용 커넥터(connector)가 흡수에 의한 탄성 및 강성이 저하되는 문제점 때문에 PBT로 대체되면서 수요가 증가하고 있다.

PBT는 나일론의 흡수 시의 강인성, POM의 내마찰, 마멸성, PPS의 치수안정성, 내약품성의 견지에서 볼 때 개별의 특성은 특출하지는 못하나 각종 특성을 고루 가지고 있어 수요가 확대되고 있다.

PBT는 제품의 가공성으로서는 승화인쇄(sublimation printing), 각종 기계적 결합법, 용접법, 접착법에 의해 접합이 가능하다. 후가공상의 유의점은 제품의 가열 후에 결정화 증대가 원인이 되어 후수축으로 치수가 변화하고, 워프(warp ; 휨, 평면상의 제품에서 가공 후, 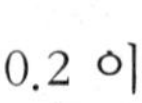,  또는 비틀리는 변형) 발생, 인성저하, 색조변화가 발생하는 것에 주의해야 한다.

PBT의 용도는 자동차 도어 핸들, 커넥터(connector) 등의 자동차 부품이나 형광램프 소켓, 전자레인지 도어 래치(door latch), 에어컨 프레임(frame)류와 날개(blade) 등의 전기전자용품,

펌프 케이스(pump case), 토스터(toaster) 및 쿠커(cooker) 등의 하우징, 기어, 수도계량기 하우징, 통신케이블 접속관 등 산업용품과 기타 가전기기용품에 사용된다.

12) 변성 PPE (변성 폴리페닐렌 에테르, Modified Polyphenylene Ether)

변성 PPO(Modified Polyphenylene Oxide)라고도 부르며, 1967년 미국 제너럴 일렉트릭(GE)사에서 공업화되어 노릴(noryl)이라는 상품명으로 불려지고 있다.

일반적인 노릴(noryl)은 ABS나 PC와 같이 비결정성의 열가소성 수지로 성형수축률은 POM이나 PA 등의 결정성 수지와 비교하면 작아 치수정밀도를 필요로 하는 용도에 적당하다. 고내열성이며 성형성도 엔지니어링 플라스틱(engineering plastic)으로서는 양호하며 주로 난연성을 요구하는 제품에 많이 사용된다.

13) PET (폴리에틸렌 테레프탈레이트, Polyethylene Terephthalate)

PET는 1948년 영국 임피리얼케미컬 인더스트리스(ICI), 이후 미국 듀폰(DuPont)의 양사에 의해 공업화된 이래 우수성이 인정되어 현재에는 일반화된 플라스틱이다.

(1) 성질

역학적 특성은 유리(glass)섬유의 함유량에 의존한다. 유리섬유를 배합하는 것에 의해 충격강도, 굽힘강도(flexural strength), 인장강도 등의 각종 역학 특성이 대폭 향상된다. 예를 들면, 열변형온도와 같은 열적 성질도 유리섬유의 배합에 따라 비약적으로 개량된다. 또한 PET는 열적성질도 거의 손색이 없어 전기 · 전자 용도에도 사용되는 재료이다.

(2) 용도

약 50%가 전기 · 전자 분야이다. 복합화에 의해 용이하게 난연화가 되는 것과 PET의 전기적, 열적 특성 때문에 난연성이 필요한 해당 분야에서 사용이 활발하다. 코일용 보빈(bobbin), 모터 하우징, 커넥터, 페트(PET)병 등에 사용한다. 또한 조명기구, 다리미 등의 가정용 전기기구에도 사용되고 자동차 분야가 약 30%, 기계 분야는 약 10% 정도로 사용되고 있다.

14) PPS (폴리페닐렌 설파이드, Polyphenylene Sulfide)

PPS는 페닐렌(phenylene)기를 유황으로 연결한 구조를 가진 플라스틱으로, 내열성, 치수안정성 및 내약품성이 우수하다. 사출성형으로서는 주로 유리(glass)섬유강화품이 사용되고 있다. 그 품종은 특히 강성과 내열성이 우수하며, 강성은 일반적으로 사용되고 있는 열가소성 플라스틱 중에서 가장 높다.

PPS는 미국 필립스 석유회사(Phillips Petroleum)의 에드먼드(Edmond)와 힐(Hill)이 1963년 특허출원 후 1973년 연산 3,000톤의 상업 플랜트를 완성하여 상업화된 고성능의 열가소성 수퍼 엔지니어링 플라스틱이다. 최초 필립스 석유회사(Phillips Petroleum)에서 개발된 PPS는 가교형 PPS 수지였으나 1980년대 들어서면서 PPS 중합에 관한 특허 기한이 만료됨에 따라 일본 업체들이 중합반응 개선을 통한 고분자량의 선형 PPS 중합에 성공하면서 본격적으로 PPS 사업에 진출하였다. 현재 세계적으로 PPS 시장은 쉐브론 필립스와 일본기업들이 주도하고 있다. PPS는 뛰어난 내열성, 내약품성, 난연성, 전기특성을 가지고 있어 자동차 부품 및 전자부품 수요로 큰 성공을 거두고 있다.

PPS(Polyphenylene Sulfide)는 화학적으로 매우 안정된 구조를 갖는 고결정성 수지로서 내열성, 내약품성 및 치수 안전성, 강성 등이 매우 우수한 고기능성 엔지니어링 플라스틱이다.

PPS는 기존의 범용 엔지니어링 플라스틱으로 대체하지 못한 금속 및 열경화성 수지를 대체할 수 있는 소재이다.

주요 용도로는 스위치(switch), 커넥터(connector), 소켓(socket) 등의 전기, 전자용품과 배기가스 순환밸브 등의 자동차 부품 및 전장, 카메라, 시계 등 각종 측정기 부품, 기타 산업용품 등에 사용된다.

15) TPE(열가소성 엘라스토머, Thermo Plastic Elastomer)

TPE는 열가소성 탄성체(thermoplastic elastomer)로서 폴리올레핀(Polyolefin)계와 폴리에스테르(Polyester)계가 있다. 열가소성 탄성체는 기존의 고무가 가진 탄성과 열가소성 수지가 가진 가공성을 동시에 가지는 소재이다. PP/EPDM, 폴리우레탄, 폴리에스테르, 폴리아미드 등의 다양한 제품군이 있으며, 소재의 재활용과 환경친화라는 전 세계적 추세에 부응하여 그 용도 및 시장이 확대되고 있다. 그림 1-11은 TPE 수지를 활용한 제품의 예이다.

(a) 열가소성 폴리우레탄(Polyurethane)

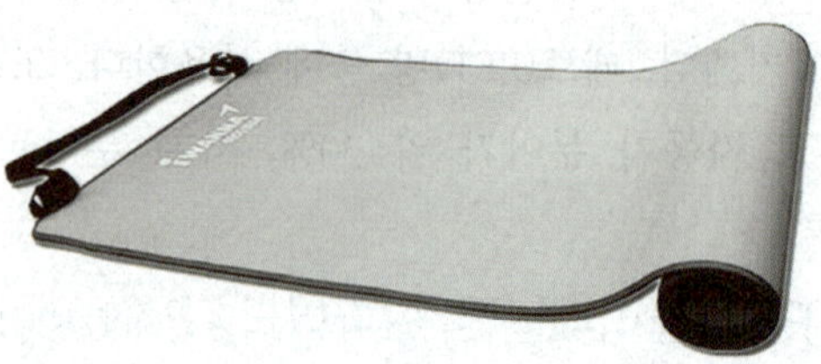

(b) 요가용 매트

그림 1-11 TPE 수지를 활용한 제품

상업적으로 TPE는 6가지로 클래스[styrenic block copolymers, polyolefin blends, elastomeric alloys(TPE-v or TPV), thermoplastic polyurethans, thermoplastic copolyester, thermoplastic poly-amides]로 구분한다.

TPE는 내열성, 내한성, 내환경성(방음성, 내후성)이 뛰어나고, 리사이클(recycling)을 통한 재활용성이 뛰어나다.

주요 용도는 범퍼(bumper), 에어 스포일러(air spoiler), 가스켓(gasket) 등 자동차 내외장재로 사용되며, 세탁기, 청소기의 호스나 포장(packing)류 등에 사용되며, 전선 피복용으로도 사용된다.

16) PC/ABS

PC/ABS는 PC와 ABS 수지를 얼로이(alloy, 혼합)함으로써 각각의 수지가 갖는 단점을 상호 보완하고 장점을 최대한 살린 엔지니어링 플라스틱으로서 기계적 강도, 열적 성질, 가공성 및 내후성이 우수하다.

주요 용도로는 자동차 콘솔박스(console box), 계기판(instrument panel), 글러브 박스(glove box, 밀폐상자), 휠 커버(wheel cover) 및 캡(cap) 그리고 모니터 하우징, 팩스(fax) 하우징, 노트북 컴퓨터 하우징, 무선전화기 케이스, 디지털 카메라 케이스 등 가전용품과 단자함, 농사용 배전함, 공중전화박스, IT기기 등 산업용으로 사용된다.

17) 폴리올레핀 (Polyolefin)

폴리올레핀(Polyolefin)은 알켄족 탄화수소(olefin, 올레핀) 중합체(polymer)의 일반 명칭이다. 내열성이 우수하고 가벼우며, 결정성 고분자이면서 투명하고, 내약품성, 안전성도 우수하므로 가전용 전자부품, 글러브 박스(glove box), 에어 클리너(air cleaner, 공기 청정기) 등 자동차 부품, 프로펠러 팬(propeller fan, 프로펠러 송풍기) 등 산업용품과 기타 레저용품의 성형에 사용된다.

다음과 같이 2가지 종류로 크게 분류한다.

- Thermoplastic polyolefins : polyethylene(PE), polypropylene(PP), polymethylpentene(PMP), polybutene-1(PB-1)
- Polyolefin elastomers(POE) : polyisobutylene(PIB), ethylene propylene rubber(EPR), ethylene propylene diene monomer(M-class) rubber(EPDM rubber)

18) LCP (액정 결정성 플라스틱, Liquid Crystalline Polymer)

LCP는 액정 결정성 플라스틱으로 고분자 액정 혹은 액정 고분자라고도 한다. LCP는 용액 또는 용융 상태에서 즉, 녹아있는 상태에서 액정성을 나타내는 고분자로 이것으로 만드는 섬유나 그 밖의 소재는 높은 내열성과 강도를 가진다.

LCP는 액정 폴리머로 1976년 미국 이스트먼 코닥(Eastman Kodak)사의 잭슨(Jackson)이 PET의 내열성 향상 목적으로 PHB로 변성시킨 액정 폴리에스테르(polyester)를 1984년 미국 아모코(Amoco)사가 자이다(Xydar) 상표로 처음 상업화하였으며, 빠른 시장 확장세를 보이고 있는 대표적인 수퍼 엔지니어링 플라스틱이다. LCP는 고체결정과 등방성액체의 중간 형태로 액체와 같은 유동성이 있으며, 규칙성이 있는 질서 구조를 갖는 폴리머로서 제조사마다 제조 기술 및 조성이 다르다.

대표적인 LCP 제조사는 미국 셀라니즈 티코나(Celanese Ticona)와 듀폰(DuPont)사가 있으며 미국 셀라니즈의 엔지니어링 플라스틱(Celanese의 EP) 사업부인 티코나(TICONA)와 일본 다이셀과의 합작사인 폴리플라스틱스(Polyplastics)사가 아시아 지역을 집중적으로 시장을 확대하고 있는 실정이다. 또한 벨기에 솔베이(Solvay), 일본 스미토모(Sumitomo), 우에노(Ueno) 등의 후발업체들 역시 시장 확대를 위해 맹추격을 벌이고 있으며 티코나(TICONA)와 듀폰(DuPont) 역시 플랜트 증설을 통한 생산량 증대로 시장 확대를 위해 노력하고 있다. LCP의 시장 성장은 뛰어난 유동성, 플래시(flash) 특성 및 내열특성으로 광디스크 드라이브(ODD), 커넥터(connector) 등의 전기, 전자부품을 중심으로 성장하였으며 특히 아시아 지역의 성장세가 두드러졌다.

19) PEEK (폴리에테르 에테르케톤, Polyether Etherketone)

PEEK는 1980년 영국 임피리얼케미컬 인더스트리스(ICI)에서 개발한 내열성, 내마모성, 내화학성이 우수한 수퍼 엔지니어링 플라스틱이다. 내열성은 PI(폴리이미드, Polyimide) 대비 떨어지기는 하지만 성형가공성이 우수한 특성이 있다. 베이스 레진은 영국 빅트렉스(Victrex)사가 독점공급하고 있으며 생산능력은 2,000톤 규모이다. PEEK의 응용분야는 항공기 커넥터 및 엔진부품, 자동차 엔진부품, 반도체 부품 등 첨단산업에 응용되고 있다.

20) PI (폴리이미드, Polyimide)

PI는 1964년 미국 듀폰(DuPont)에서 개발한 수퍼 엔지니어링 플라스틱 중 내열성이 가장 우수한 수지이나 가격 역시 최고 수준의 고가의 수지이다. 그러나 최근 PI 시장의 공급 부족이 발생하면서 PSU, PES, PPSU 등의 설폰(sulfone)계 수지들로의 대체가 진행되고 있다.

PI는 듀폰(DuPont)이 품질과 시장면에서 선두를 지키고 있으나 이 외에도 DSM, 엔싱어, 도레이 등의 기업들이 분포되어 있다.

화학섬유 제조업체인 코오롱인더스트리가 2016년 접을 수 있는 스마트폰을 생산하기 위한 핵심 소재인 '투명 폴리이미드' 필름 생산설비에 882억 원을 투자했다. 접는 스마트폰이란 화면을 휘어지게 만든 기존 스마트폰에서 한 단계 더 나아가 화면을 폴더폰처럼 접을 수 있도록 만든 것이다. 큰 화면을 탑재하더라도 접으면 크기가 작아지기 때문에 휴대하기 편리하다.

투명 폴리이미드 필름은 코오롱인더스트리가 세계 최초로 개발한 소재다. 유리처럼 강도가 세면서 수십만 번 접어도 흠집이 나지 않는다. 기존 폴리이미드 필름은 투명하지 않아 스마트폰 등에 활용하기 어려웠는데, 최초로 투명한 폴리이미드 필름을 개발해 이 문제를 해결했다. 투명 폴리이미드 필름은 접을 수 있는 스마트폰에 없어서는 안될 핵심소재이다.

기존 스마트폰 디스플레이에 쓰이는 유리는 접으면 깨져버리지만, 유리 대신 CPI(colorless · clear polyimide, 투명 폴리이미드) 필름을 사용하면 수십만 번 접어도 깨지지 않고 흠집도 나지 않는다. 향후 CPI 필름 기술은 스마트폰 외에 말았다가 펼칠 수 있는 '롤러블(rollable) 디스플레이', 종이처럼 벽에 쉽게 붙일 수 있는 '월(wall) 디스플레이', 종이처럼 접고 펼 수 있는 '폴더블(foldable) 디스플레이' 등 다양한 차세대 디스플레이 소재에 적용할 수 있다. 또한 투명 폴리이미드 액상 소재를 활용하면 대형 투명 창을 컴퓨터 모니터처럼 사용할 수도 있다.

표 1-4는 수퍼 엔지니어링 플라스틱(super engineering plastic)의 비교 특성을 나타낸다.

▶▶ 표 1-4 수퍼 엔지니어링 플라스틱(super engineering plastic)의 특성

플라스틱명	주요 제조사	특 징	용 도
PPS	Chevron Phillips TORAY DIC TICONA	난연성, 내열성, 내약품성, 치수안정성	전기전자부품 자동차부품 정밀기기부품
LCP	DuPont TICONA Polyplastics AMOCO	내열성, 낮은 흡수율, 난연성, 내약품성, 기계적 성질	전기전자부품 기계부품 광학정밀기기부품
PI	DuPont TORAY DSM	내열성, 내크리프 특성, 치수안정성, 내마모성, 내약품성, 정밀부품 성형	전기전자분야 (항공우주, 군사용) FPC, 반도체 다층화용 층간 절연막, 자기기록 매체의 기판
케톤계 수지 (PEEK, PEK)	VICTREX	내열성(300℃ 이상) 내마모성 내충격성 내약품성	컴퓨터, 항공기, 원자력 발전소의 전선피복재, 열수 펌프하우징, 내열패킹

2.2 충전(充塡) 열가소성 플라스틱(Plastic)

열가소성 플라스틱에 무기물 등을 혼합하여 특성을 변화시키고 있다. 그 목적은 다음과 같다.

① 강도 및 강성 향상
② 성형수축률의 감소
③ 도전성 부여
④ 도금부착성의 향상
⑤ 난연성 향상
⑥ 윤활성 향상
⑦ 전자파 차폐성(실드, shield성)의 부여

✦ **강도(強度, strength)**

소재(재료)나 물체의 강한 정도 또는 단단함이란 뜻으로 인장강도, 압축강도, 굽힘강도 등이 있다.

✦ **강성(剛性, stiffness·rigidity)**

강한 성질, 즉 외력에 대한 변형 저항이다. 어떤 물체나 소재가 힘을 받을 때, 그 모양이나 부피 등이 변형에 대해 저항하려는 성질이다. 따라서 강성이 큰 재료는 같은 힘에 대해 작은 변형이 생긴다. 주로 수직강성, 비틀림강성, 굽힘강성 등이 있다.

충전 열가소성 플라스틱의 종류로서는 다음과 같은 것이 있다.

1) 섬유강화 열가소성 플라스틱(FRTP, Fiber Reinforced Thermoplastics)

열가소성 플라스틱에 강도가 큰 섬유상 물질인 유리섬유(glass fiber), 탄소섬유(carbon fiber, or graphite fiber), 티탄산 갈륨[gallium(Ga)] 등을 10~30% 혼합하면 하중변형온도가 상승되고, 강성도 커지며 성형수축률에서도 기본 플라스틱에 비해 1/2로 된다. 그런 이유로 거의 모든 열가소성 플라스틱에 유리(glass)섬유 등을 혼합한 품종이 시판되고 있다.

유리(glass)섬유로는 10~13μ 직경(지름)의 것을 플라스틱에 혼입하여 펠레트[pellet : 직경 또는 한 변의 길이가 2~5 mm 정도의 구형(球形), 원주형(圓柱形) 또는 각주형(角柱形)으로 한 성형재료]한 것이 대부분이나, 일부 펠레트(pellet)에 유리(glass)섬유를 피복만 한 것도 있다.

유리(glass)섬유강화 플라스틱(GFRP, Glass fiber reinforced plastic)의 성형조건은 유리(glass) 섬유를 충전(充塡)하지 않은 것과 큰 차는 없으나 금형온도를 낮게 성형하면 유리(glass)섬유가 성형품의 표면에 나타나 비강화의 것에 비해 성형품의 외관이 좋지 않게 되며, 웰드 라인(weld line) 부위는 유리섬유가 결합되지 않은 곳이 되므로 강도가 떨어진다. 또한, 유리섬유는 노치 효과(notch effect : 구멍, 홈이 있는 재료에 응력을 가하면 그 집중효과에 의해 강도가 떨어지는 효과)의 원인이 되므로 일반적으로 충격강도는 떨어진다.

유리섬유강화 플라스틱은 사출성형 시 유리섬유가 플라스틱의 흐름방향으로 배치되는 경향이 있어 흐름방향과 직각방향과의 성형수축률은 다르게 된다. 특히, 결정성 플라스틱과 같이 수축률이 큰 것에서는 그 차가 크게 되어 성형품이 비틀리는 경향이 있다. 유리섬유강화 플라스틱 중 비결정성 플라스틱인 SAN, PC 등의 유리섬유강화품은 선팽창계수가 금속에 가까워 특히 정밀공업용품에 적합하다.

탄소섬유강화 플라스틱(CFRP, Carbon fiber reinforced plastic)은 유리섬유강화 플라스틱보다 강도의 정도가 높으며, 탄소섬유가 표면에 노출됨으로 윤활성이 향상될 수 있는 특징이 있다.

티탄산 갈륨(Ga)은 매우 미세하므로 이것이 표면으로 노출되어도 외관상으로는 지장이 없으나 순백색인 관계로 착색에는 한계가 있다.

첨단 산업용 섬유(fiber)

산업용 섬유란 자동차 공장, 건설 현장 등에 쓰이는 섬유를 가리킨다. 철보다 강도가 5배 이상 높아 방탄조끼 재료로 쓰이는 아라미드 섬유[aramid fiber, 폴리아미드(polyamide)로부터 나오는 합성수지이다]로, 철(철의 비중은 7.87)의 5분의 1 수준으로 가볍고 10배 이상 강해 전투기, 항공기 동체와 고층 빌딩에도 사용되는 탄소섬유(carbon fiber)와 내열성이 좋아 화력 발전소의 여과장치에도 쓰이는 PPS 섬유(폴리페닐렌 설파이드 섬유, Polyphenylene sulfide fiber) 등이 대표적이다.

새로운 먹거리로 자리잡은 화학섬유 산업도 더 크게 키워야 한다는 의견이 많다. 세계 시장에서 점유율 1위를 차지하고 있는 한국산 스판덱스(spandex, 폴리우레탄을 주성분으로 한 신축성이 큰 섬유)가 대표적이다. 부가가치가 높아 '섬유의 반도체'로 불리는 스판덱스는 실용성이 커 꾸준히 수요가 늘고 있다. 원래 길이보다 5~8배 이상 늘어날 정도로 탄력성이 좋으면서도 고무줄보다 3배 이상 강도가 세다. 여러 번 빨아도 쉽게 변형되지 않는 등 내구성도 좋다. 효성이 세계 시장 1위 점유율(32%)을 자랑한다.

자동차 타이어에 들어가는 타이어코드(tire cord)도 각광받고 있다. 타이어코드는 타이어의 모양을 잡아주면서 내부를 채우는 보강재로 쓰인다. 자동차의 안전과 성능에 지대한 영향을 미치는 핵심 소재다. 비포장 도로용 타이어에는 나일론 타이어코드를, 포장 도로를 주로 달리는 일반 승용차에 많이 사용되는 포장도로용 래디얼 타이어코드에는 가격이 비싼 폴리에스테르 타이어코드가 사용된다. 고속 주행용 차량(유럽 아우토반 등)에는 레이온(rayon, 순수한 셀룰로오스로 된 인조섬유로 인견이라고도 불린다) 타이어코드를 주로 사용한다. 한국 업체들은 주로 폴리에스테르(polyester) 소재 타이어코드를 생산하고 있다. 표 1-5에서와 같이 2018년 세계 시장 점유율 1위인 효성(45%)과 3위인 코오롱인더스트리(15%) 등 국내 업체들이 주도하고 있다.

한국산 저융점 섬유(LMF, Low Melting Fiber)도 고부가가치 섬유 시장을 주도하고 있다. LMF는 265℃ 이상에서 녹는 일반 폴리에스테르 섬유와 달리 110℃ 정도의 낮은 온도에서 녹기 시작한다. 이 같은 낮은 온도에서 녹는(저융점) 특성 때문에 열을 가하면 소재와 소재 사이에서 쉽게 녹아내려 접착제 역할을 한다. 친환경 물질이어서 자동차 트렁크와 천장 등의 내장재, 매트리스와 소파 등 가구뿐만 아니라 기저귀, 생리대와 같은 위생용품에도 접착제로 쓰이는 친환경 섬유이다. 연간 30만 t의 LMF 생산능력을 갖춘 국내 기업 휴비스(Huvis)가 세계 시장 점유율 30%로 1위에 올라 있다.

표 1-5 세계 1등 화학섬유 상품별 점유율(2018년)

업체명	상 품	세계순위	점유율
효성	스판덱스	1위	32%
효성	폴리에스테르 타이어코드	1위	45%
코오롱인더스트리	폴리에스테르 타이어크드	3위	15%
휴비스	저융점 섬유(LMF)	1위	30%

2) 무기물 충전 열가소성 플라스틱

PA, PP 등에 무기물, 예를 들면 유리알(glass beads), 활석(talc), 운모(mica), 점토, 탄산 갈륨(gallium) 등을 혼합한 것이다. 이 무기물은 충전하면 유리(glass)섬유보다 강도의 향상은 얻을 수 없지만 강성이 높아져 성형수축률은 작아지며 하중에 의한 처짐온도가 상승하고 경우에 따라서는 용적 당의 플라스틱의 가격도 떨어지며, 유리섬유강화 플라스틱에서와 같은 유동방향에 의한 성형수축률의 차이는 없다. 그러나 충격강도는 본래의 플라스틱에 비해 떨어지는 것은 피할 수 없다.

3) 윤활성 향상 열가소성 플라스틱

베어링, 캠 등에 열가소성 플라스틱을 사용할 경우, 윤활성과 마찰, 마멸특성이 필요하다. 이를 위해 플라스틱에 흑연(graphite), 2유화 몰리브덴[molybdenum(Mo)], 실리콘 오일(silicone oil) 등을 혼합하여 만들어지고 있다. 탄소섬유는 흑연의 조성을 가지고 있으므로 윤활성 향상이 가능하다.

4) 전도성 플라스틱과 전자파 실드(Shield : 차폐)용 플라스틱

플라스틱은 일반적으로 전기절연성이 우수하여 전기절연용 재료로 많이 사용된다. 그런데 플라스틱의 발전과 더불어 역으로 플라스틱에 전도성이 요구되는 경우가 생기고 있다. 전도성은 금속분말을 다량으로 혼합한 도료를 사용한 도장에 의해 그 성질을 부여한 것이 있으며, 플라스틱 재료 자체로서 전도성을 가질 수 있도록 한 것도 있다. 이를 위해서는 금속분말(powder), 금속박(foil) 또는 도전성이 높은 카본 플레이크(carbon flake, 탄소 조각), 탄소섬유 등을 혼입함으로써 가능하다. 카본 플레이크를 10% 혼입함으로써 체적고유저항을 10Ωm 정도 얻을 수 있으며, 또한 30%의 탄소섬유를 혼입하는 것도 같은 효과를 얻을 수 있다.

2.3 열경화성 플라스틱

열경화성 수지는 성형 중에 일정한 온도에 도달하면 가교결합(cross linking)이 발생하여 3차원 그물구조(network structure, 망상구조, 망목구조)의 매우 견고한 형태를 가지게 된다. 결합이 이루어지는 수지는 특별한 목적 외에는 사용이 제한적이다. 높은 신뢰성이 요구되는 반도체 사출(encapsulation) 공정이나 내화학성 또는 내열성이 요구되는 제품에 사용된다.

열경화성 플라스틱으로는 페놀 수지[phenol resin(PF)], 요소 수지[urea resin(UF)], 멜라민 수지[melamine resin(MF)], 멜라민/페놀 수지[melamine/phenol resin], 에폭시 수지[epoxy resin(EF)], 실리콘 수지[silicone resin(SI)] 등이 있으며 모두 성형사출이 가능하다.

열경화성 플라스틱의 사출성형은 특별한 사출성형기가 사용되어야 한다. 사출성형에 있어서는 실린더 내의 온도로 유동성을 생기게 함과 동시에 실린더 내에서 잠시 정체하여도 화학반응에 의해 경화가 생기지 않도록 하는 것이 필요하다. 이를 위해서는 압축성형 및 트랜스퍼 성형[열경화성 플라스틱 성형법의 하나로 가열실 중에서 가소화된 재료를 가열된 금형 캐비티(cavity) 내에 압입으로 성형하는 방법]용의 열경화성 플라스틱과는 달리 사출성형용에서는 유동하는 온도에서 경화의 속도가 극히 늦은 것, 금형온도에서는 경화속도가 가속되는 것이 요구되므로 이에 적합한 품종을 선택하지 않으면 안 된다.

주로 사용되는 열경화성 플라스틱 즉 수지는 다음과 같다.

멜라민(melamine), 실리콘(silicon), 불포화 폴리에스테르(unsaturated polyester), 에폭시(epoxy), 페놀(phenol), EMC(Epoxy Molding Compound, 반도체 사출에 사용되며, 에폭시 수지에 무기충전재를 혼합한 것) 등이 있다.

그림 1-12는 LED 패키지 및 모듈의 단면도이다. 여기서 LED 칩(chip)을 실장하는 PCB[Printed Circuit Board, 인쇄회로기판 또는 인쇄배선기판(PWB, Printed Wiring Board)이라고도 한다]의 재질로 에폭시(epoxy)를 사용하고 있다.

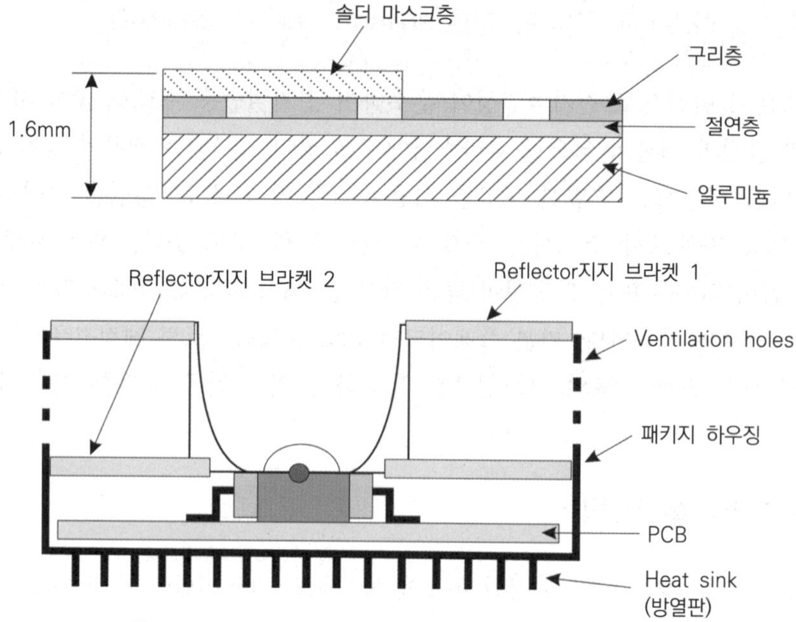

그림 1-12 LED 패키지 및 모듈의 단면도

그림 1-13은 LED 패키지 하우징(캡슐, capsule) 내부에 있는 형광물질을 에워싸고 있는 단면도이다. 백색광을 만들기 위해 3가지 형광물질을 사용하고 이를 적절하게 혼합하여 육안으로 보게되는 빛인 백색광을 출력한다.

그림 1-13에서와 같이 실리콘(silicon)으로 형광물질을 에워싸고 있다.

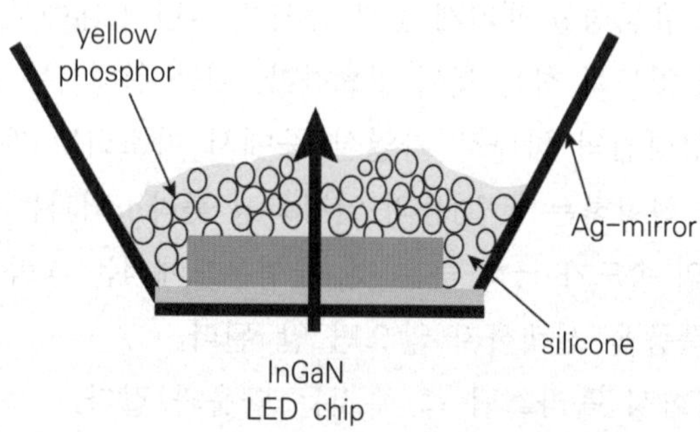

그림 1-13 LED 패키지 하우징(캡슐) 내부

다음 그림 1-14는 반도체 사출에 사용되는 EMC(Epoxy Molding Compound)의 예이다.

반도체 봉지재란 실리콘 칩, 골드와이어, 리드프레임 등의 반도체 소자를 열, 수분, 충격 등으로부터 보호하기 위해 밀봉하는 재료로서 EMC가 가장 많이 쓰인다. EMC는 실리카, 에폭시수지, 페놀수지, 카본블랙, 난연제 등 10여 가지의 원료가 사용되는 복합소재이다. 주요 용도로는 트랜지스터, 다이오드, 마이크로프로세서, 반도체 메모리 칩 등의 봉지재로 쓰이고 있다. EMC는 반도체 가격에 비해서는 그 비중이 작지만 반도체 소자를 보호하는 구조재료이기 때문에 반도체의 기능에 매우 중요한 영향을 준다.

특히 EMC 컴파운딩(compounding, 합성 또는 혼합) 기술은 반도체의 품질을 좌우할 정도로 핵심기술에 속한다. 그림 1-14에서 나타낸 'Si_3N_4 passivation' 의미는 Si_3N_4(질화규소, 질소와 규소가 화학식 Si_3N_4의 조성으로 결합한 무기화합물인 세라믹이다. 녹는점이 1,900°C로, 열에 강한 세라믹으로 널리 응용되는 물질이다)이 수동적이 되도록, 즉 환경에 덜 쉽게 영향을 받거나 부식이 안되도록 재료를 코팅하는 것으로, 높은 강도와 밀도(3.17g/cm³)로 인해 외부 충격과 오염을 방지하기 위한 보호막(passivation, 패시베이션)으로 사용되는 것이다.

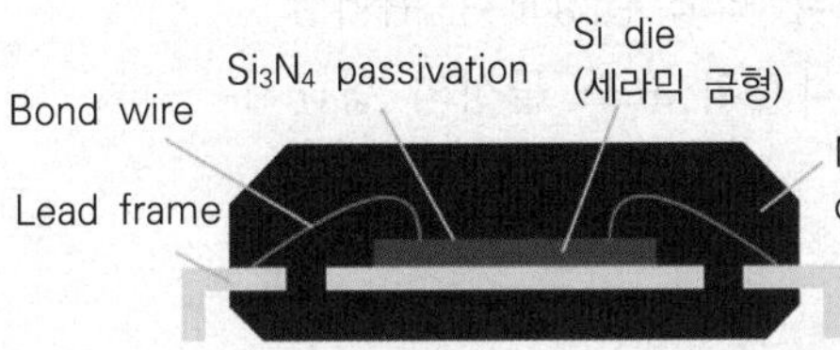

(a) 마이크로칩 구성도

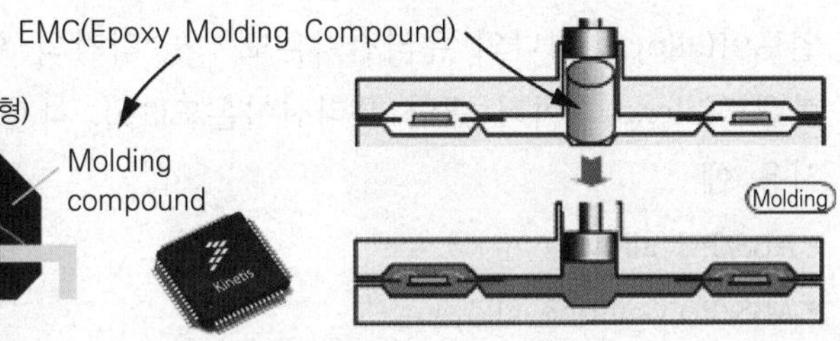

(b) 마이크로칩 인캡슐레이션(encapsulation, 캡슐화) 사출

그림 1-14 반도체 사출에 사용되는 열경화성 수지의 예

그림 1-15는 최근 거실등, 형광등, 전구 등 조명용으로 널리 사용되는 LED(Light Emitting Diode, 발광 다이오드) 구조이다. 여기서 빛을 광범위하게 확산시키는 LED용 광학구조인 확산렌즈의 재질은 PC, PMMA와 같은 비결정성 열가소성수지를 성형재료로 하여 설계된 성형조건에 따라 투명, 반투명으로 확산렌즈를 사출성형함으로써 요구되는 조도(照度)를 가지는 볼록형 확산렌즈이다. 백색광 LED에 EMC 렌즈(lens)를 적용하고 있다.

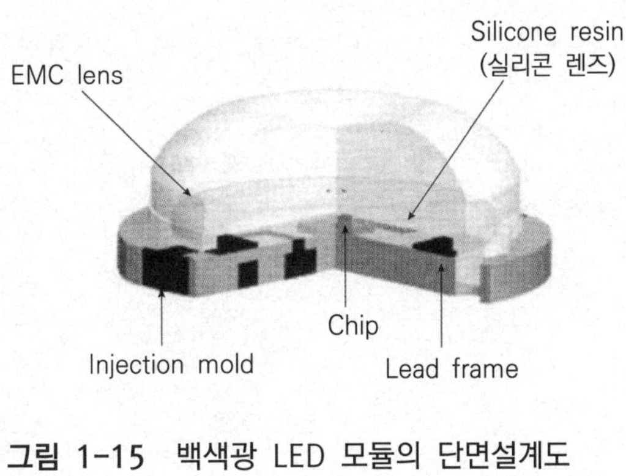

그림 1-15 백색광 LED 모듈의 단면설계도

2.4 기타 플라스틱(고분자 재료)

1) 얼로이(Alloy)와 블렌드(Blend)

고분자 얼로이와 블렌드는 둘 또는 그 이상의 완성된 고분자의 혼합시스템이다. 얼로이와 블렌드의 차이를 살펴보면 아래와 같이 구분할 수 있다. 고분자들의 조합이 하나의 유리전이온도[Tg, Glass Transition Point : 전이온도라 함은 물질의 성질이 비연속적으로 변화하는 온도를 의미한다. 전이온도에는 1차 전이온도(first order temperature)와 2차 전이온도(second order temperature) 또는 glass 전이점이 있다]를 가지며 시너지 효과(즉, 혼합물성이 개개의 물성보다 뛰어남)를 나타내는 고분자를 얼로이(alloy)라 한다. 반면, 여러 개의 유리전이온도를 가지고 그것의 물성이 개개 요소의 평균을 나타낼 때 이를 블렌드(blend)라 한다.

① 얼로이(alloy) : 하나의 유리전이온도(Tg), 각각의 요소 물성보다 뛰어남

② 블렌드(blend) : 여러 개의 유리전이온도(Tg), 각각의 요소 물성의 평균치

③ 사용 예

- ABS/PC alloy
- ABS/Polysulfone alloy
- ABS/Nylon alloy
- ASA/MMA blend
- SAN/EPDM blend

ABS/PC alloy의 사용 예를 들자면, 현재 LG화학에서 생산하고 있는 제품명 LUPOY는 PC/ABS alloy의 엔지니어링 플라스틱으로 노트북, 빔프로젝터, 디지털 카메라, 테블릿 컴퓨터, MP3 player, 전자사전, 게임기, 모니터 케이스(case), 커버(cover) 등 IT 제품에 널리 사용되고 있다.

아래 그림 1-16은 PC/ABS alloy를 재질로 사용하고 있는 제품들의 조립도 및 구성도를 상세하게 나타내고 있다.

(a) 노트북

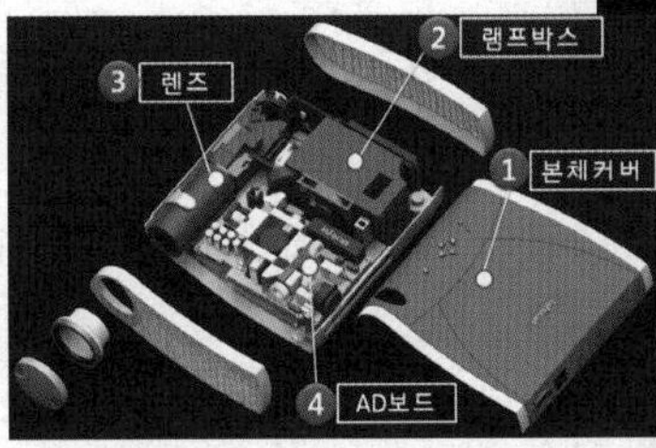

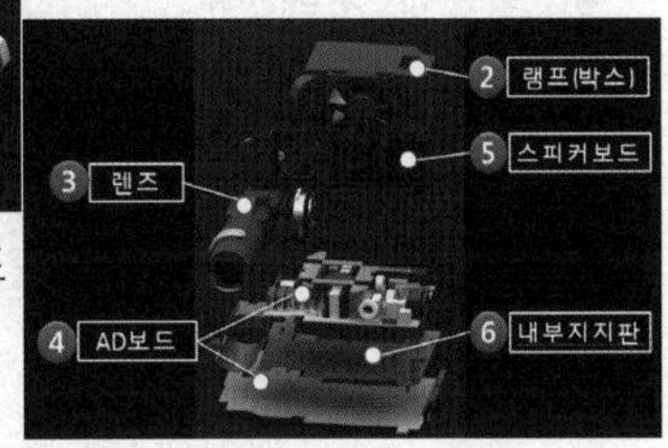

(b) 빔프로젝터의 조립도 및 구성도
(본체 커버의 재질)

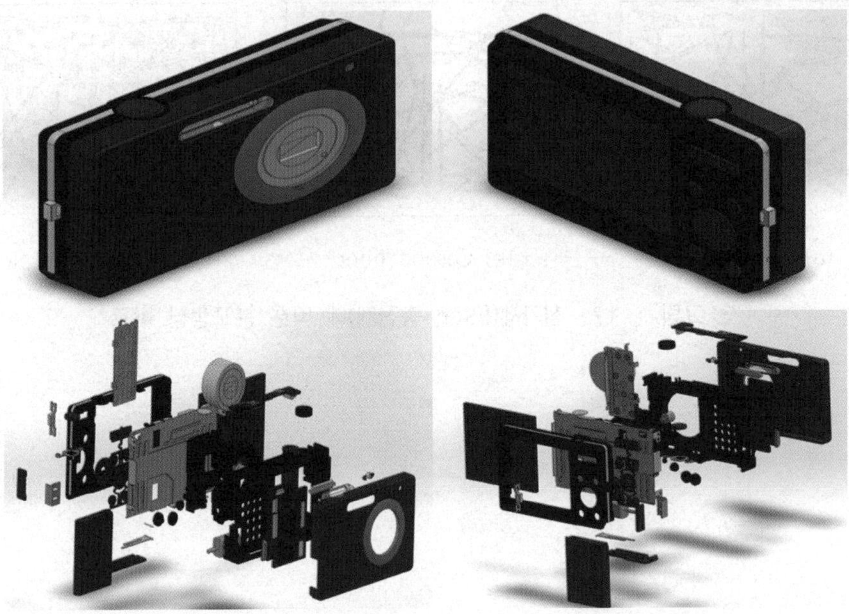

(C) 디지털 카메라의 조립도 및 구성도(본체 케이스의 재질)

그림 1-16 PC/ABS alloy를 재질로 사용하고 있는 제품들의 조립도 및 구성도

2) 고분자 복합 재료(Composites)

고분자 복합 재료는 원하는 물성을 얻기 위하여 고분자 모재에 다양한 강화제(첨가제)를 혼합한 것이다. 낮은 종횡비를 갖는 첨가제는 강성을 증가시키며, 높은 종횡비를 갖는 강화제는 인장강도와 강성을 모두 증가시킨다.

일반적으로 많이 사용되는 첨가제(filler, 충전제)의 종류와 형태는 다음과 같다.

① 섬유형태 : Glass fiber, Carbon fiber, Kevlar

② 충전제 형태 : Talc, Clay, Carbon powder, Glass bead

③ 금속 충전제 : 니켈, 알루미늄

그림 1-17은 일반적으로 주로 사용되는 첨가제(filler, 충전제)에 따른 종류와 분포형상의 비교를 보여준다.

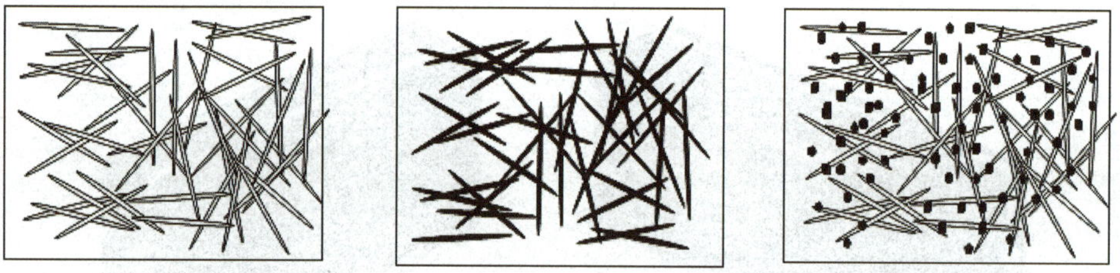

(a) Glass fiber (b) Carbon fiber (c) Glass fiber+Talc

그림 1-17 첨가제(filler, 충전제)에 따른 분포형상 비교

CHAPTER

02

고분자 재료(Polymer, Plastic)의 선택과 물성

이 장에서는 2차전지를 구성하고 있는 주요 구성요소에 있어 각 사용되는 플라스틱(고분자 화합물, 폴리머) 재료(소재)에 있어 현재 일반적으로 광범위하게 사용되고 있거나, 양산을 위해 준비 중 이거나, 미래 차세대 소재로 연구 중이거나, 대체 재료(소재)에 대한 물성(material property, 물질이 지니고 있는 고유의 성질로 물질의 기계적, 전기적, 자기적, 광학적, 역학적, 열적 성질 따위를 통틀어 이르는 말)에 대해 자세히 설명하고자 한다.

또한 사출성형용 플라스틱의 여러 시험법에 대해서도 알아보기로 한다.

1 유동성 [流動性]

사출성형에서 가공성의 표준으로서 유동성(흐름성, flow · fluidity)이 사용되고 있으나 유동성은 온도, 압력 및 전단속도에 의존성이 크므로 전체를 파악하는 시험법은 현재로서는 없다. 점도(粘度, viscosity)의 물리적 단위로 P(poise)가 있으나 별로 사용되지 않고 있다. 유동성의 실제적인 측정법으로는 맴돌이 형상의 금형을 실제의 사출성형기에 걸고 유동거리를 측정하는 나선형 유동성(spiral flow) 시험이 행해지고 있다. 그 금형의 예는 그림 2-1과 같다.

사출압력, 온도 등을 일정하게 해야 되는 것은 당연하나 사출속도의 변화에 주의해야 한다. 또 다른 유동성 시험방법으로는 압출의 원리를 이용한 것으로서 2중으로 장치된 가열통에 일정량의 시료를 넣고 플라스틱의 종류에 따라 각각 정해진 가열온도와 가압력으로 저부(底部)의 가는 구멍(orifice)으로 수지를 압출시켜 10분간의 압출된 양(g/10min)을 구하고, 이것을 용융 흐름지수[melt-flow index(MFI)] 또는 용융 흐름률[melt-flow rate(MFR)]이라 정의하며, 재료의 유동성의 척도로 한다.

따라서 이 값이 큰 것이 유동성이 좋은 것이나, 수지의 종류에 따라 시험조건도 다르기 때문에 MFI 값만 가지고 그대로 다른 수지와의 유동성을 비교할 수는 없다.

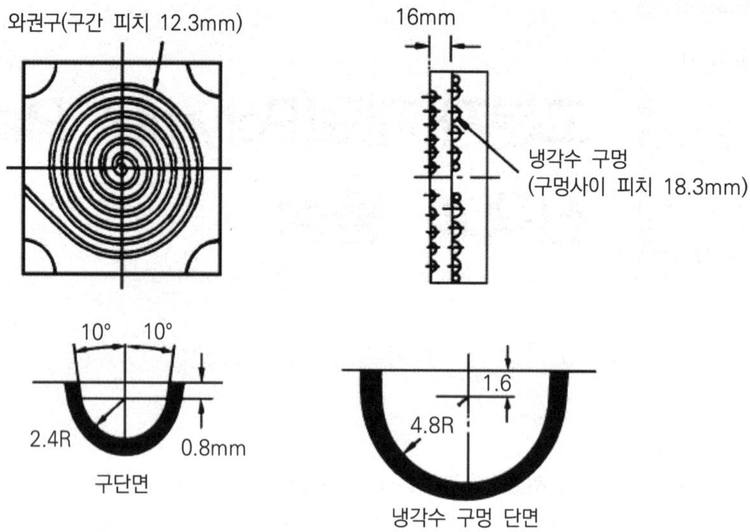

그림 2-1 나선형 유동성(spiral flow) 시험용 금형 예

그림 2-2는 본 시험법의 원리이다.

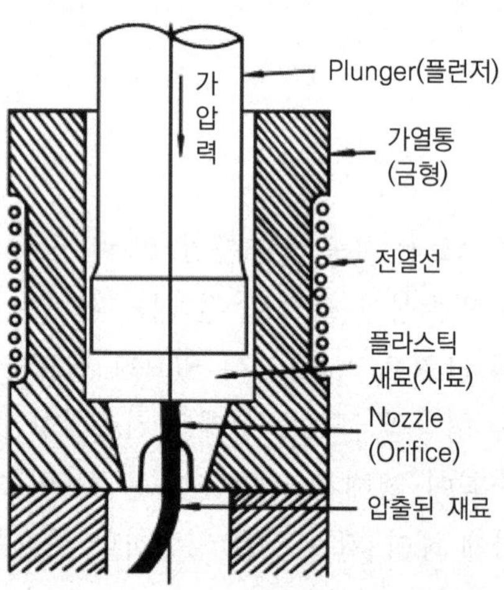

그림 2-2 압출식 유동성 시험법의 원리

그림 2-3은 열가소성 플라스틱 재료를 사출 또는 압출할 경우 중요한 물성 자료인 유동성을 측정하기 위한 유동성 시험기이다. 용융성 시험기라고도 한다.

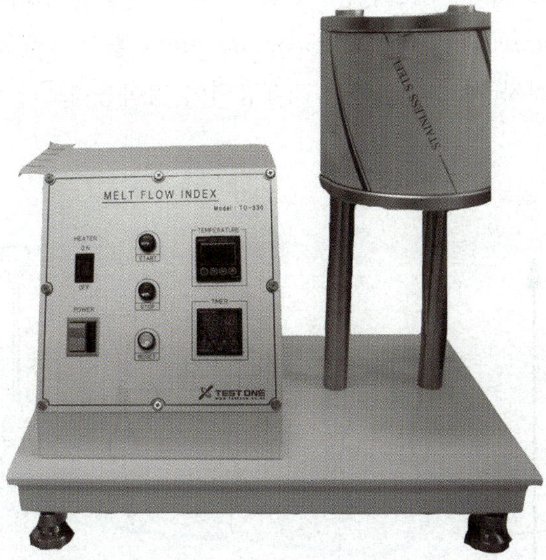

그림 2-3 열가소성 플라스틱의 유동성 시험기

여기서는 플라스틱 소재의 여러 물성(material property)에 대해 구체적으로 설명하려고 한다. 물성(物性)이란 소재(재료)가 갖는 고유의 성질을 뜻한다.

1.1 기계적 성질

기계적 특성의 시험법으로서 다음과 같은 것이 있다.

① 인장강도(tensile strength)
② 전단강도(shear strength)
③ 굽힘강도(flexural strength)
④ 충격강도(impact strength)
⑤ 경도시험(hardness test)
⑥ 기타

1) 인장강도시험

인장강도는 플라스틱 재료의 특성 중에서 가장 중요한 것의 하나이다. 일정 치수, 형상의 시험편 양단에 외력(인장하중)을 가해 그 재료가 파단할 때까지의 응력과 변형과의 관계를 표시하는 기계적 성질이다.

그림 2-4는 상온에서 고분자 재료 인장시편을 통해서 시험한 결과이다. 보통 금속 재료의 경우는 항복응력(yield stress)과 최대응력(maximum stress)을 비교했을 때 대부분 극한응력이 높게 나온다. 하지만 고분자 재료의 경우는 최대응력이 항복응력보다 낮게 나오거나 비슷하게 나온다.

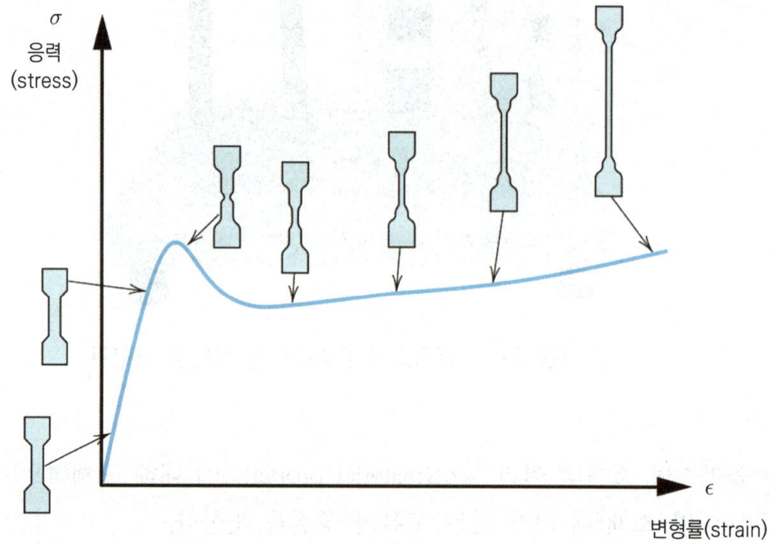

그림 2-4 응력(stress) 및 변형률(strain) 곡선(반결정성 고분자 재료)

또한 고분자 재료 인장시험의 경우 시편온도에 매우 민감하므로 시험할 때 온도관리를 잘해야 한다. 즉, 고분자 재료가 사용되는 환경(온도)과 동일하게 할 필요가 있다.

표 2-1에서는 다양한 고분자 재료의 상온에서 인장시험한 결과값을 보여주고 있다. 비중(specific gravity), 탄성계수(elastic modulus, 정확히 말하자면 종탄성계수), 인장강도(tensile strength), 항복강도(yield strength), 연신율(elongation)을 보여주고 있다. 비중은 1.0 전후에서 대부분이 존재하는 것을 알 수 있다. 또한 연신율도 고분자 재료에 따라서 변화가 심하다는 것도 알 수 있다. 예를 들어 저밀도 PE(LDPE, Low Density Polyethylene)는 100~650%인데 반해, PMMA(Polymethyl methacrylate)는 2.0~5.5% 정도로 많은 차이가 난다. PMMA는 PE에 비해서 취성파괴에 훨씬 취약하다는 것을 알 수 있다.

표 2-2는 여러 고분자 재료의 비중과 인장강도를 비교한 대표값이다.

미국 ASTM(미국재료시험학회, American Society for Testing and Materials) 규격을 기준으로 했다. ASTM D638 규격(Standard Test Method for Tensile Properties of Plastics)은 강화 및 비강화 플라스틱의 인장 특성을 측정하기 위한 가장 일반적인 시험 표준이다.

▶▶ 표 2-1 일반 고분자 재료의 상온에서의 기계적 특성

수지명	비 중	종탄성계수 (GPa)	인장강도 (MPa)	항복강도 (MPa)	연신율 (%)
Polyethylene (low density, LDPE)	0.917~0.932	0.17~0.28 (25~41)	8.3~31.4 (1.2~4.55)	9.0~14.5 (1.3~2.1)	100~650
Polyethylene (high density, HDPE)	0.952~0.965	1.06~1.09 (155~158)	22.1~31.0 (3.2~4.5)	26.2~33.1 (3.8~4.8)	10~120
Polyvinyl chloride (PVC)	1.30~1.58	2.4~4.1 (350~600)	40.7~51.7 (5.9~7.5)	40.7~44.8 (5.9~6.5)	40~80
Polytetrafluoro-ethylene* (PTFE)	2.14~2.20	0.40~0.55 (58~80)	20.7~34.5 (3.0~5.0)	–	200~400
Polypropylene (PP)	0.90~0.91	1.14~1.55 (165~225)	31~41.4 (4.5~6.0)	31.0~37.2 (4.5~5.4)	100~600
Polystyrene (PS)	1.04~1.05	2.28~3.28 (330~475)	35.9~51.7 (5.2~7.5)	–	1.2~2.5
Polymethyl methacrylate (PMMA)	1.17~1.20	2.24~3.24 (325~470)	48.3~72.4 (7.0~10.5)	53.8~73.1 (7.8~10.6)	2.0~5.5
Phenol-formaldehyde*	1.24~1.32	2.76~4.83 (400~700)	34.5~62.1 (5.0~9.0)	–	1.5~2.0
Nylon 66 (PA)	1.13~1.15	1.58~3.80 (230~550)	75.9~94.5 (11.0~13.7)	44.8~82.8 (6.5~12)	15~300
Polycarbonate (PC)	1.20	2.38 (345)	62.8~72.4 (9.1~10.5)	62.1 (9.0)	110~150

* Polytetrafluoroethylene(폴리테트라플루오로에틸렌) : PTFE라는 약자나 테플론(Teflon)이라는 상품명으로 알려진 폴리테트라플루오로에틸렌은 거의 모든 화학약품에 대해 내화학성이 있으며, 매끄러운 표면으로 유명한 합성수지이다.
* Phenolformaldehyde(페놀포름알데히드) : 페놀과 포름알데히드를 축합하여 만든 합성수지이다. 페놀 포름알데히드 수지의 상표명이 베이클라이트(Bakelite)이다.

▶▶ 표 2-2 고분자 재료의 비중과 인장강도(대표값)

수지명	비 중	인장강도(kgf/cm^2) ASTM D638	비 고
POM	1.41	630	열가소성
PC	1.20	650	〃
PA 6*	1.14	820	〃
PBT	1.32	550	〃
PSF*	1.24	710	열가소성
PTFE*	2.18	280	〃
Epoxy	1.12~1.40	280~910	열경화성
Phenol	1.25~1.30	490~560	〃
알루미늄 합금	2.80	770~5,800	금속

* PA 6 : 나일론은 폴리아미드 섬유로부터 되는 합성수지의 총칭이고, 미국 듀폰(DuPont)사의 나일론 6(Nylon 6), 나일론 66(Nylon 66)이 유명하다.
* PSF : Polyester Staple Fiber의 약어로 폴리에스테르 단섬유라고 한다.
* PTFE : 테플론(Teflon)이라는 상품명으로도 널리 알려져 있다.

시험기로서는 유압 프레스(press)의 원리를 응용한 암슬러식 만능시험기(Amsler's universal testing machine)가 가장 일반적이나 인장강도가 작은 재료는 진자식 레버(lever)를 응용한 쇼퍼가 사용되고 있다. 최근에는 CRT 장치를 이용하여 인장력과 각 순간의 변형량도 정확히 측정할 수 있는 인스트론(instron)식 만능시험기도 사용되고 있다.

2) 굽힘강도시험

그림 2-5의 (a)와 같은 가늘고 길쭉한 각형의 단면을 가진 시험편을 만들어서 (b)와 같이 지점 위에 올려놓고 중앙부에 일정속도로 하중을 가해서 최대파괴응력을 측정한다.

굽힘강도는 다음의 식으로 계산된다.

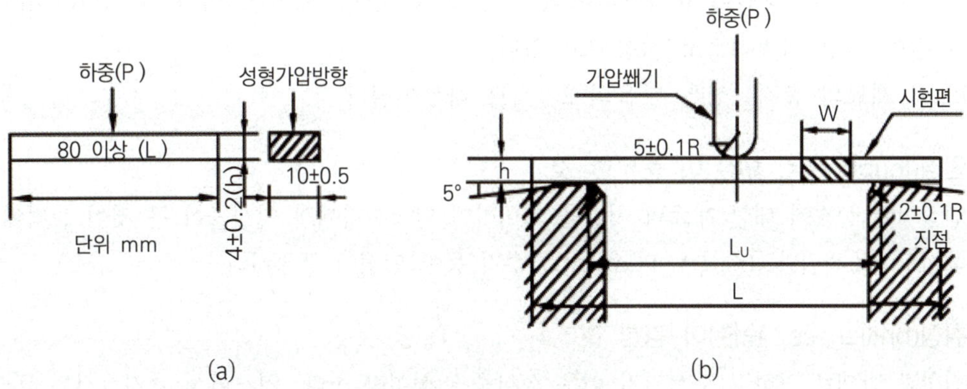

그림 2-5 굽힘강도시험

$$\sigma_b(\text{kgf/mm}^2) = \frac{3PL_U}{2Wh^2}$$

P : 시험편이 절단되었을 때의 하중(kgf)
L_U : 지점간의 거리(mm)
W : 시험편의 폭(mm)
h : 시험편의 높이(mm)

3) 충격강도시험

충격강도는 물체가 충격을 받았을 때 나타나는 저항에 대한 강도를 나타내며, 열경화성과 열가소성 플라스틱의 기계적 성질을 대표하는 중요한 특성이다. 충격강도는 인장강도처럼 시료 파단시의 응력으로 나타내지 않고 파단시에 소요되는 총에너지나 시료의 단위 길이당 흡수된 파단에너지로 나타낸다. 일반적으로 분자량이 클수록, 유리전이온도(Tg)가 높을수록 충격강도는 감소한다.

범용 플라스틱의 충격강도의 크기는 다음과 같다.

LDPE > HDPE > PP(impact, 내충격성) > PP(random) > PP(homo) > PVC >PS

충격시험에는 많은 방법이 규격화되어 있으며 그 중 아이조드(Izod)법과 샤르피(Charpy)법에 의한 값이 가장 일반적으로 사용되고 있다.

플라스틱 재료의 충격특성은 다음의 2가지로 나누어진다.

① **인성(toughness, 靭性)이 풍부한 것**

인성이란 충격에 대한 재료의 저항을 의미하며 인장시험에서 연신율이 큰 것이 충격에 대해서도 잘 견딘다. PC, PA, POM, ABS 수지 등이 인성이 풍부하다.

② **취성(brittleness, 脆性)이 강한 것**

인성과 반대로 약하고 부서지기 쉬운 성질을 취성이라 한다. 열경화성 수지로서는 유리아 수지(urea resin, 요소수지), 멜라민 수지(melamine resin)가 그 경향이 강하고, 열가소성 수지로는 PS, PMMA 재료가 취성이 있다.

충격시험법으로는 다음과 같은 것이 있다.

(1) 아이조드(Izod) 충격시험법

그림 2-6에 표시한 것과 같이 시험편의 한끝을 지지대에 고정하고 망치를 규정된 높이까지 올렸다가 시험편의 끝을 때리면 시험편이 부러지면서 망치는 반대방향으로 올라간다.

측정할 때는 망치의 속도는 일정하게 하도록 정해졌고 반대방향으로 올라간 망치의 각도로 충격강도를 측정할 수 있게 정해져 있다. 단위는 kgf · cm/cm이다.

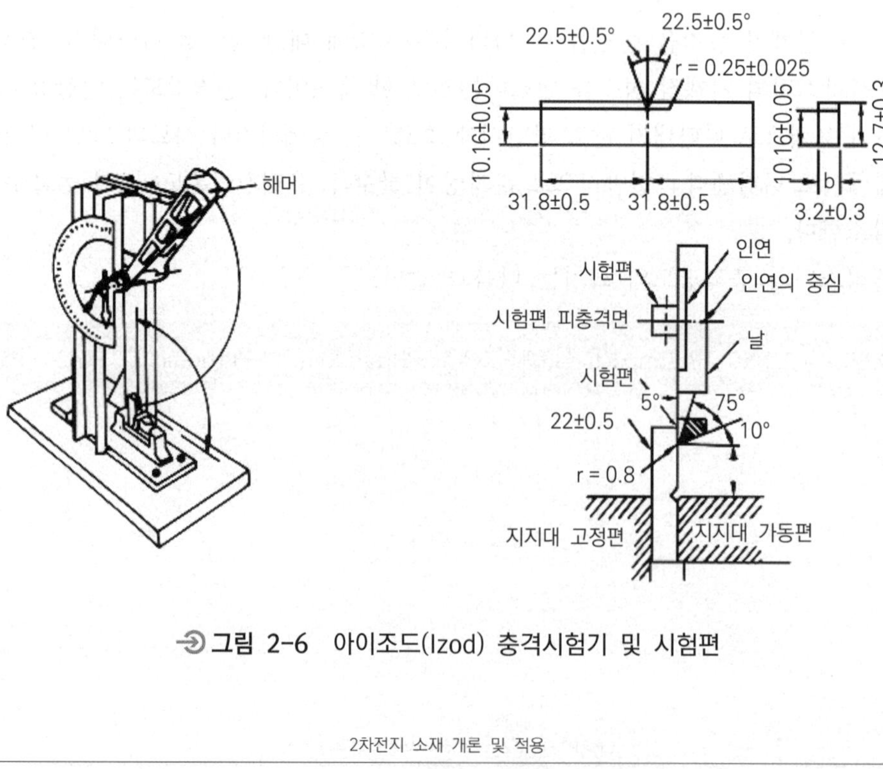

그림 2-6 아이조드(Izod) 충격시험기 및 시험편

(2) 샤르피 (Charpy) 충격시험기

그림 2-7에 표시한 것과 같이 시험편의 양단을 지지하고 시험편 중앙을 망치로 때려 절단될 때의 흡수에너지를 측정하는 방법이다. 측정할 때 성형재료의 경우 그림 2-8과 같은 노치(notch)가 있는 막대기 형상의 성형품을 시험편으로 사용하고, 적층판, 봉, 관의 경우에는 원재료에서 각각 소정의 형상치수로 자른 것을 시험편으로 사용한다. 단위는 kgf · cm/cm이다.

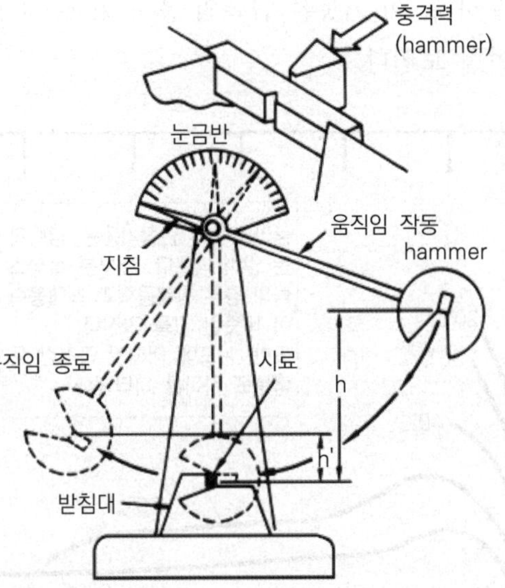

그림 2-7 샤르피(Charpy) 충격시험법

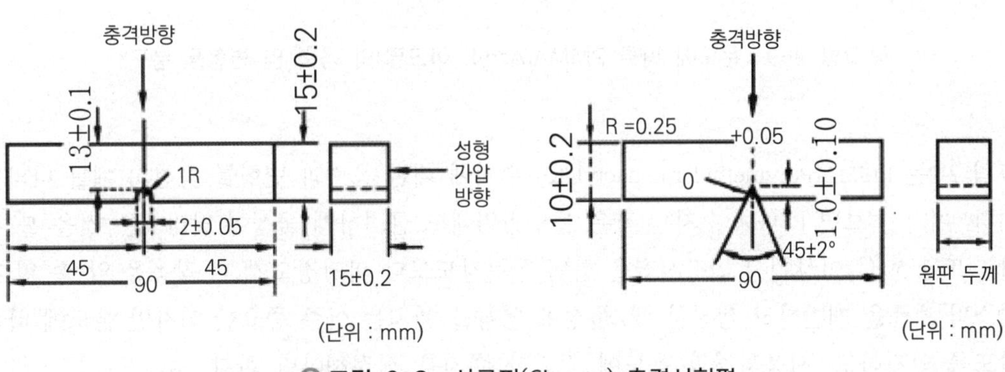

그림 2-8 샤르피(Charpy) 충격시험편

(3) 응력(Stress)과 변형률(Strain)

고분자 재료인 플라스틱을 사출(injection)하는 사출금형에서 변형문제가 발생했다고 가정해 보자. 변형이 발생한 금형소재에서 채취한 시험편과 금형 원소재에서 채취한 시험편의 항복강도는 서로 다른 것을 알 수 있다. 그러므로 문제의 원인을 규명할 때 이러한 사실을 간과하고 단순히 소재의 잘못으로만 판단해서는 안되는 것이다.

플라스틱 사출에 주로 사용되는 플라스틱(폴리머, polymer) 재료의 응력(stress)과 변형률(strain) 곡선을 살펴보도록 하자. 이 거동은 금속의 응력(stress)과 변형률(strain) 곡선과는 그림 2-9에서와 같이 많은 차이를 보인다.

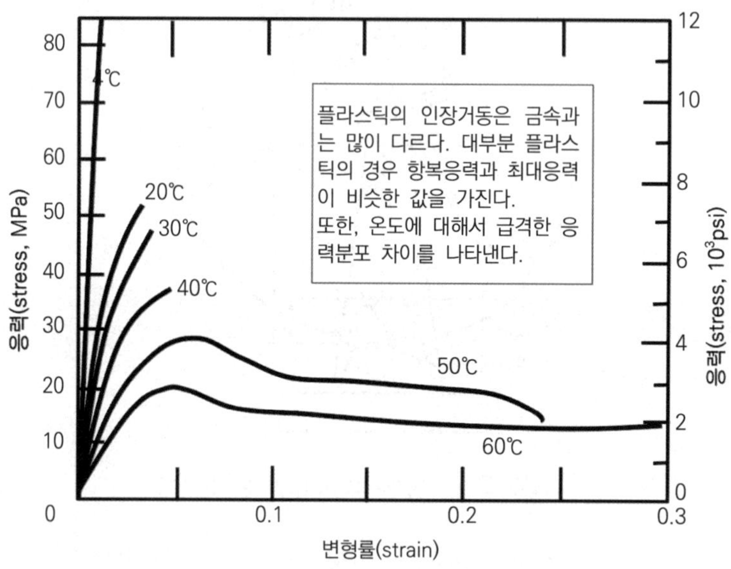

그림 2-9 온도에 따른 PMMA(Acryl, 아크릴)의 응력 및 변형률 분포

그림 2-9는 PMMA(Polymethyl methacrylate) 수지에 대한 응력과 변형률 곡선의 예를 나타낸 것이다. 여기서 보면 PMMA 수지는 작은 온도범위에도 급격하게 물성이 달라지는 것을 볼 수 있다. 또한 50℃ 이상에서 인장시험을 하면 항복강도보다 파단강도가 더 작음을 알 수 있다. 플라스틱 제품을 개발하고 생산할 때, 물성에 영향을 끼치는 아주 중요한 인자인 온도에 따른 민감도를 인지하고, 사용환경과 용도에 적합한 수지를 선정해야만 한다.

그림 2-10은 취성, 연성, 고무재료에 대한 응력과 변형률 곡선(선도)을 나타냈다.

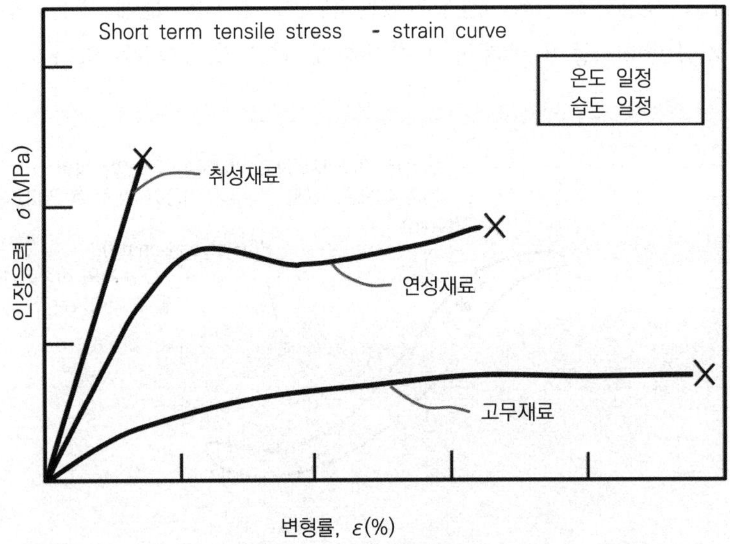

그림 2-10 취성, 연성, 고무의 응력 대(vs.) 변형률 선도

4) 밀도 (Density)와 강도 (Strength)의 관계

현재 첨단기술의 발전에 따라서 다양한 용도의 재료들이 개발되고 있다. 사출현장에서도 가벼우면서 적절하며 성능이 우수한 고강도를 가지는 재료를 요구할 때가 있다. 플라스틱은 금속에 비하여 아주 가볍기 때문에 주로 무거운 금속소재 등을 대체하는데 있어서 많은 용도로 사용되며, 그 적용 분야도 전기자동차, 수소자동차를 비롯한 스케일업(scale-up)된 2차전지 등 지금까지 없던 새로운 혁신적 기술의 개발에 따라 급속히 확장되고 있다.

일반적으로 밀도가 높은 것(고밀도)이 강도가 높을 것이라는 일반 통념이다. 그러나 다이아몬드(diamond)의 경우는 밀도가 알루미늄 2.7 g/cm^3 보다 조금 크다. 그런데 강도는 알루미늄보다 약 100배 크다는 것이다.

플라스틱의 밀도는 약 1.0 g/cm^{3}이고, 물의 밀도도 그와 유사하다. 엄밀히 말하면 플라스틱의 경우 수지에 따라서 1.0 g/cm^{3}에서 약간씩의 차이(가감)가 있다. 실무 현장에서 플라스틱(정확히는 합성 수지) 종류를 모를 때, 사출물을 물속에 넣어보면 물에 뜨는지 가라앉는지 알 수 있다. 만약 가라앉으면 밀도가 1.0 g/cm^3 보다 큰 수지임을 알 수가 있다.

PC(Polycarbonate, 폴리카보네이트)의 경우는 밀도가 1.0 g/cm^3 보다 크기 때문에 정상적인 경우는 물속으로 가라앉게 되어 있다. 스마트폰을 비롯한 휴대용 IT기기의 케이스(case, casing) 소재가 주로 PC로 되어 있는데, 이것을 물에 한번 넣어보면 그 느낌을 알 수 있다.

소재의 '무게= 비중 x 부피(체적)' 이기 때문이다.

그림 2-11과 같이 제품이나 런너(runner)를 물속에 넣었는데 반은 뜨고 반은 가라앉아서 비스

듬하게 떠 있다고 가정하면 어떤 경우이겠는가? 이 경우는 물에 뜨는 쪽 제품이나 런너(runner) 속에 기공(void) 등이 존재하여 부유하게 됨을 추측할 수 있다.

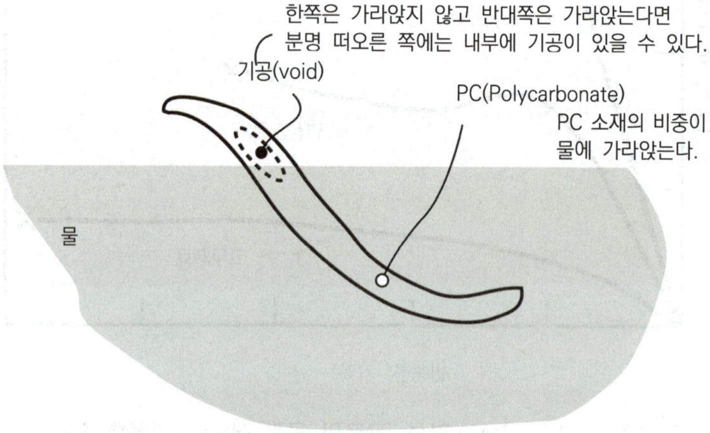

그림 2-11 고화된 PC(Polycarbonate)의 비중(밀도)을 통한 재료의 구분사례

5) 경도시험

경도(hardness)라 함은 물질(물체나 소재)에 외부에서 국부적인 집중하중을 단시간 내에 가했을 때 생기는 물질의 변형도에 대한 저항의 대소이다.

사출현장에서 엔지니어를 비롯한 많은 실무자들이 경도에 대해 오류를 범하기 쉽다. 금형재질에서는 주로 록크웰 경도 HRC(Rockwell hardness, scale C) 경도를 많이 활용한다.

그러다 보니 자연스럽게 플라스틱 사출제품에도 HRC 경도를 적용하려고 하는 오류를 범하는 것이다.

경도는 각각 측정범위를 가지고 있으므로 용도에 맞게 적절한 측정방법을 선택해야 한다. 또한 현장에서 잘 사용하는 경도의 경우는 자기만의 기준을 기억할 필요가 있다. 기억된 기준과 상응하는 다른 경도표기법의 값도 동시에 기억해 두면 현장에서 문제에 접근하기가 한결 쉬어진다. 예를 들면, 록크웰 경도 HRC 40을 기준으로 용도와 사용 경험을 가지고 있을 경우는 자기만의 기준경도를 통해서 다른 경도를 비교 판단 및 평가할 수 있다. 또한, HRC 40이 브리넬 경도로 HB 370정도라는 사실을 기억해 둔다면 현장에서 환산할 필요 없이 즉석에서 문제를 직시하며 해결할 수가 있다.

경도측정에는 다음과 같은 종류가 사용되고 있다.

(1) 브리넬 경도(Brinell Hardness, HB)

주로 열경화성 수지의 경도측정에 사용되고 있으며, 10 mm 직경의 강구(鋼球)를 사용해 시험편에 500 kgf의 정하중으로 30초간 눌렀을 때 생기는 영구변형의 직경을 측정하고, 표면적을 계산해서 소정의 계산식에 대입하여 경도를 구한다. 브리넬 경도는 다음의 식에서 산출된다.

$$H_B = \frac{500}{S} = \frac{500 \times 2}{\pi D(D - \sqrt{D^2 - d^2})}(\mathrm{kgf/mm^2})$$

S : 영구변형의 면적
d : 영구변형의 직경
D : 강구의 직경

또한, 영구변형의 길이가 측정되었을 때는 다음의 식으로 계산한다.

$$H_B = \frac{P}{\pi h D}(\mathrm{kgf/mm^2})$$

P : 하중(kgf)
h : 영구변형의 길이(mm)

(2) 록크웰 경도(Rockwell Hardness, HR)

플라스틱의 종류에 따라 강구의 크기, 하중의 크기로 분류되어 있으며, 시험편에 대한 측정 형상이나 치수는 정해져 있지 않다. 측정방법은 시험편에 정해진 치수의 강구를 대고 처음에는 작은 하중을 주어 눈금을 0점에 맞추고 규정된 하중 60 kgf 또는 100 kgf를 주어 15초 후의 변형길이를 눈금으로 읽어서 경도의 값으로 한다. 강구의 치수와 하중의 크기로 R scale(ϕ12.7, 하중 60 kgf), L scale(ϕ6.35, 하중 60 kgf), M scale(ϕ6.35, 하중 100kgf) 등이 있다.

본 시험법의 특징은 시험기의 눈금에 의해 경도가 표시되어 바로 읽을 수 있어 계산이 필요 없고, 측정이 간단하고 신속하다. 각종 플라스틱의 록크웰 경도값은 표 2-3과 같다.

표 2-3 각종 플라스틱의 록크웰(Rockwell) 경도

플라스틱의 종류	HR	플라스틱의 종류	HR
PS	M65~M80	Nylon 6	R103~R118
ABS	R85~R120	PP	R85~R110
PMMA	M85~M105	PC	M62~M91
POM	M94		

(3) 듀로미터 경도(Durometer Hardness)

쇼어(Shore) 경도라고도 부르며 그림 2-12에서 보는 바와 같이 바늘형태의 압자(壓子)를 사용하는 시험법으로, 사용되는 바늘의 형상에 따라 A형과 D형이 있다. A형(HSA)은 비교적 연질(예 : 고무 등)의 재료에, D형(HSD)은 경질의 재료에 적용한다. 경질은 일반적으로 경도가 70 이상으로 HSD 70으로 표기한다.

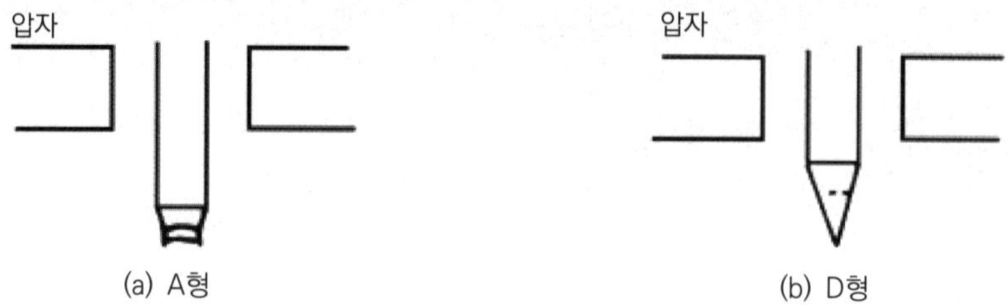

그림 2-12 듀로미터(Durometer) 압자

시험방법은 바늘형상의 압자를 측정할 재료면을 누르면 스프링의 힘에 의해 바늘의 끝이 재료면을 누르고 들어가게 되며, 이 누르고 들어간 길이가 눈금판에 나타나게 된다. 이 방법은 측정기가 소형이고 취급이 간단한 특징이 있으나, 오차가 많은 것이 결점이다.

(4) 바콜 경도(Barcol Hardness)

원리적으로는 듀로미터(durometer) 경도와 유사하다. 바콜 경도는 재료의 표면경도의 사용에만 이용되지 않고, 열경화성수지 성형품이 가열되어 있을 때의 표면경도를 측정하고 시간 경과에 따른 경화도(rate of cure)의 판정 척도로도 이용된다. 그림 2-13은 바콜 경도계의 구조이고, 그림 2-14는 에폭시(epoxy) 수지의 경화시간과 바콜 경도와의 관계를 표시한 것이다.

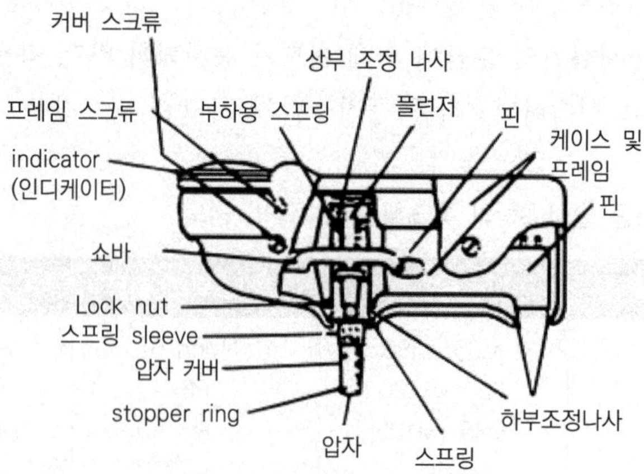

그림 2-13 바콜(Barcol) 경도계

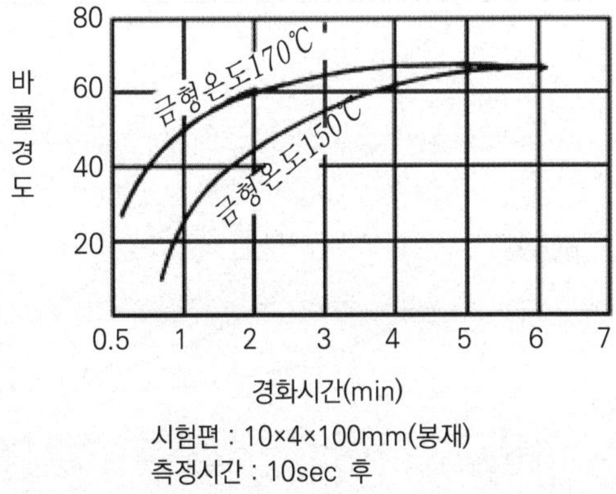

그림 2-14 에폭시(epoxy) 수지의 경화시간과 바콜 경도

6) 기타의 기계적 강도 시험법

(1) 크리프(Creep) 시험

플라스틱 재료는 하중을 준 그대로 방치하면 점차 늘어나는 성질이 있다. 이것을 크리프(creep) 특성이라고 부른다. 크리프 특성(현상)은 특히 고온에서 주로 발생하며 시간 의존성 변형이다. 하중이 일정한 상태에서도 고온에서는 시간이 지남에 따라 열에 의한 열응력으로 열변형이 생긴다. 이것을 측정하기 위해서는 시험편에 하중을 주고 그대로 장시간 방치해서 늘어남을 측정한다. 크리프(creep) 특성은 하중의 크기, 온도, 진동 등에 많은 영향을 미치므로 이와 같은 조건을 일정하게 정하고 측정해야 한다.

(2) 피로 시험

플라스틱 재료는 반복변형을 부여하면 기계적 강도가 감소하는 성질이 있다. 이 시험은 규정된 시험편을 사용해서 반복굽힘으로 파괴했을 때의 응력과 반복횟수를 구한다.

그림 2-15는 여러 가지 종류 플라스틱의 피로수명을 나타낸 피로수명(SN)곡선이다. 여기서 PET와 나일론(Nylon)은 피로사이클이 진행되면서 급격하게 응력(stress amplitude, 응력 진폭)이 감소하는 것을 볼 수 있다. 그러므로 정적인 시험인 인장강도만 믿고 피로파괴 측면을 생각하지 못하면 큰 문제가 생겨서 낭패를 볼 수 있다.

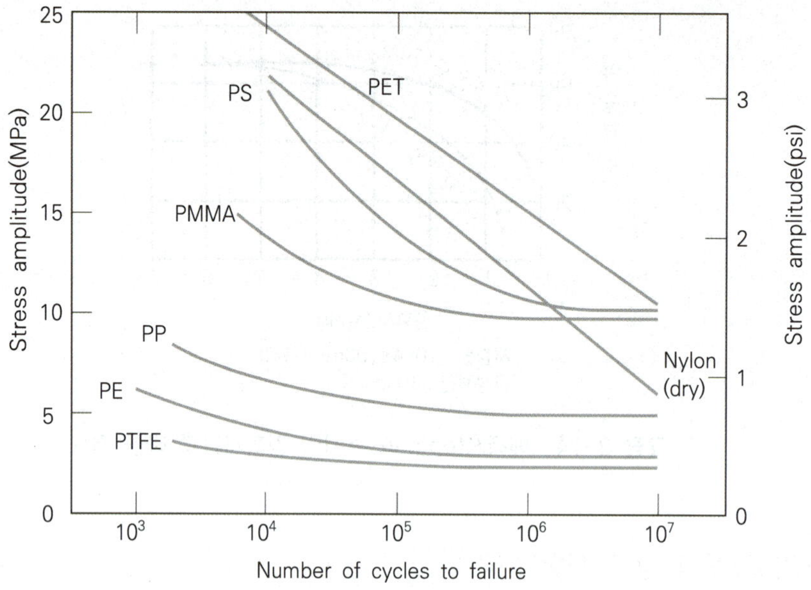

그림 2-15 여러 가지 플라스틱 재료의 피로수명(SN)곡선(시험 frequency : 30 Hz)

응력 단위

> 1 Pa(Pascal) = 1 N/m^2 이다. 그리고
> 1 kgf=9.8 N

1.2 열적 성질

플라스틱의 열특성 시험으로서는 다음과 같은 것이 있다.

① 내열성 시험
② 내한성 시험
③ 연소성 시험
④ 기타

1) 내열성 시험(Thermal endurance test)

내열성 시험방법에는 하중변형온도 시험과 바이캣(vicat) 연화온도 시험이 있다. 하중변형온도는 종래에는 열변형온도라고 부른 것이지만, 표현이 오해를 살 우려가 있어 ASTM(미국시험재료학회, American Society for Testing and Materials), ISO, JIS 모두 하중변형온도라고 개정되었다.

(1) 하중변형온도(Deflection Temperature Under Load) 시험

그림 1-16과 같이 막대기 형상의 시험편 중앙에 하중을 가하면서 2℃/분의 속도(2℃/min)로 온도를 상승시키고 0.25 mm(0.01 inch) 변형이 생겼을 때의 온도를 하중변형온도라 한다. 하중은 플라스틱의 종류 및 시험편의 두께에 따라 4.6 kgf/cm²(66 psi) 혹은 18.6 kgf/cm²(264 psi)가 사용된다.

하중변형온도는 시험방법에서 알 수 있는 것과 같이 플라스틱의 강성에 따라 그 결과치가 변화한다. 비결정성 플라스틱에서는 하중변형온도는 *유리(glass) 전이점(Tg) 이하에 가까운 온도를 표시하므로 어느 정도 실용적일 수 있으나, 결정성 플라스틱에서는 하중변형온도는 유리(glass) 전이점과 결정융점(Tm)의 사이 온도를 나타낸다. 따라서, 논리적으로 또한 실용적으로 의미없는 온도가 되고 측정오차도 크다.

> ✦ **유리(glass) 전이점(Glass Transition Point, 유리전이온도 Tg)**
> 전이온도라 함은 물질의 성질이 비연속적으로 변화하는 온도를 의미한다. 전이온도에는 1차 전이온도(first order temperature)와 2차 전이온도(second order temperature) 또는 유리(glass) 전이점이 있다.

다음 표 2-4는 플라스틱(폴리머, 수지)의 유리전이온도 및 용융온도를 나타낸다.

▶▶ 표 2-4 플라스틱 재료의 유리전이온도 및 용융온도

수지명	유리전이온도 (Tg, glass transition temperature) [℃]	용융온도 (melting temperature) [℃]
LDPE (Low density Polyethylene)	−110	115
PTFE (Polytetrafluoroethylene, Teflon)	−97	327
HDPE (High density Polyethylene)	−90	137
PP (Polypropylene)	−18	175
PA (Nylon 6, Nylon 66)	57	265
PVC (Polyvinylchloride)	87	212

수지명	유리전이온도 (Tg, glass transition temperature) [℃]	용융온도 (melting temperature) [℃]
PS (Polystyrene)	100	240
PC (Polycarbonate)	150	265

1차 전이온도는 융점과 같이 물리적 성질의 불연속적인 변화 즉, 체적 자체가 급격히 변화하는 온도이고, 2차 전이온도는 유리(glass) 상태와 같은 굳은 상태에서 고무와 같이 연질상태로 변화하는 온도이다(그림 2-16 참조). 그림 2-17은 유리(glass) 전이점의 예를 보여주는 곡선이다.

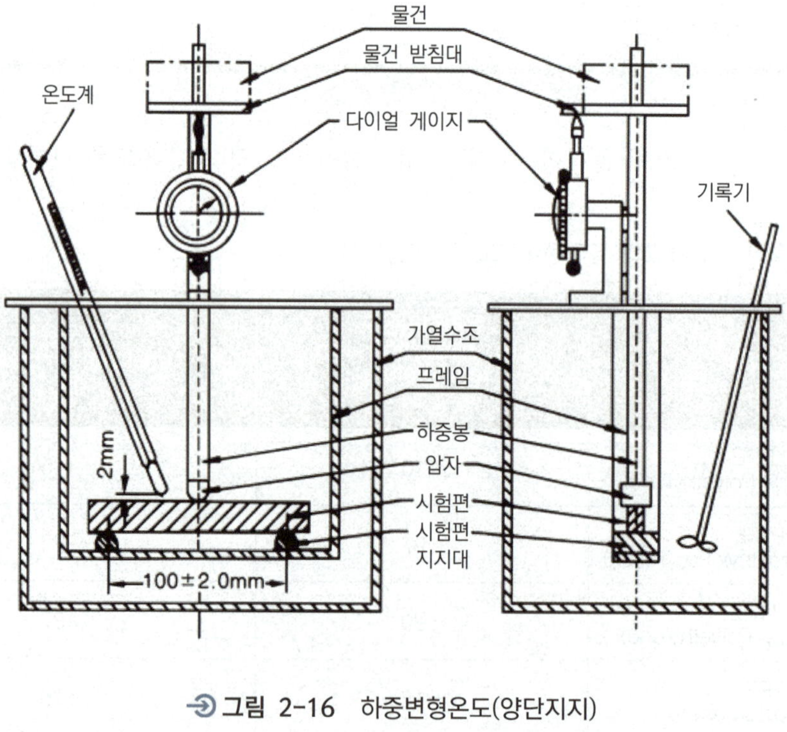

그림 2-16 하중변형온도(양단지지)

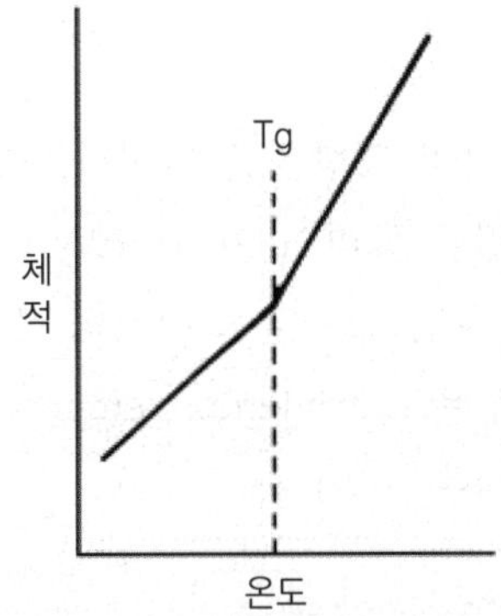

그림 2-17 유리(glass) 전이점

(2) 바이켓(Vicat) 연화점(軟化点) (Vicat Softening Temperature)

그림 2-18과 같은 단면 $1mm^2$ 원주형의 침에 1,000gf/의 하중을 가하고, 침이 1mm 침입할 때의 온도이다. 수조의 시험개시온도는 25~30℃로 하고 상승온도는 0.8~2℃/min으로 한다.

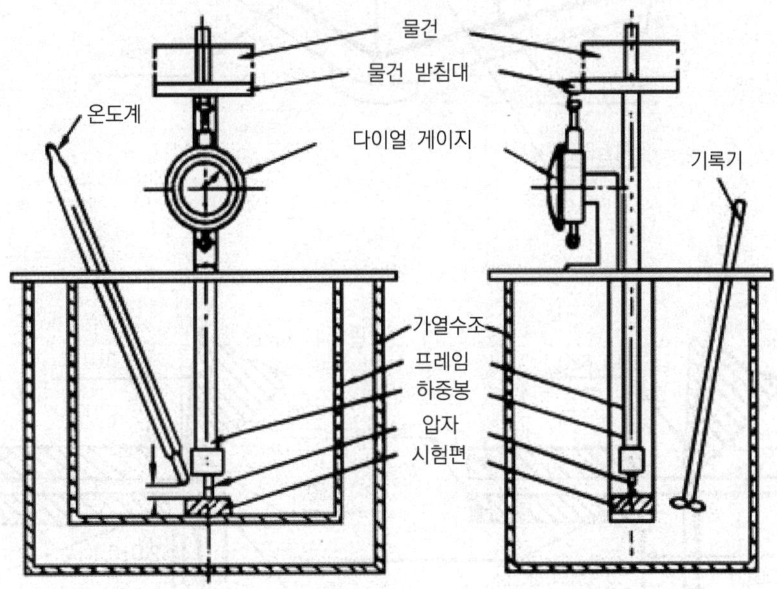

그림 2-18 바이켓(vicat) 연화점 시험장치

2) 내한성 시험 (Cold test)

내한성은 빙점 이하의 저온도에서의 저항성을 말한다. 시험방법으로서는 그림 2-19와 같이 일정치수의 판(sheet) 상태의 시험편을 드라이 아이스(dry ice)로 냉각한 저온도 욕조에 담그고 아이조드(izod) 충격시험과 유사한 방법으로 일정 크기의 충격력을 가해 파괴되었을 때의 욕조 온도가 내한성이 된다. 이것은 취성온도(brittleness temperature) 시험이라 할 수 있으며, 취성으로 인해 파괴되는 온도를 표시하는 것이다.

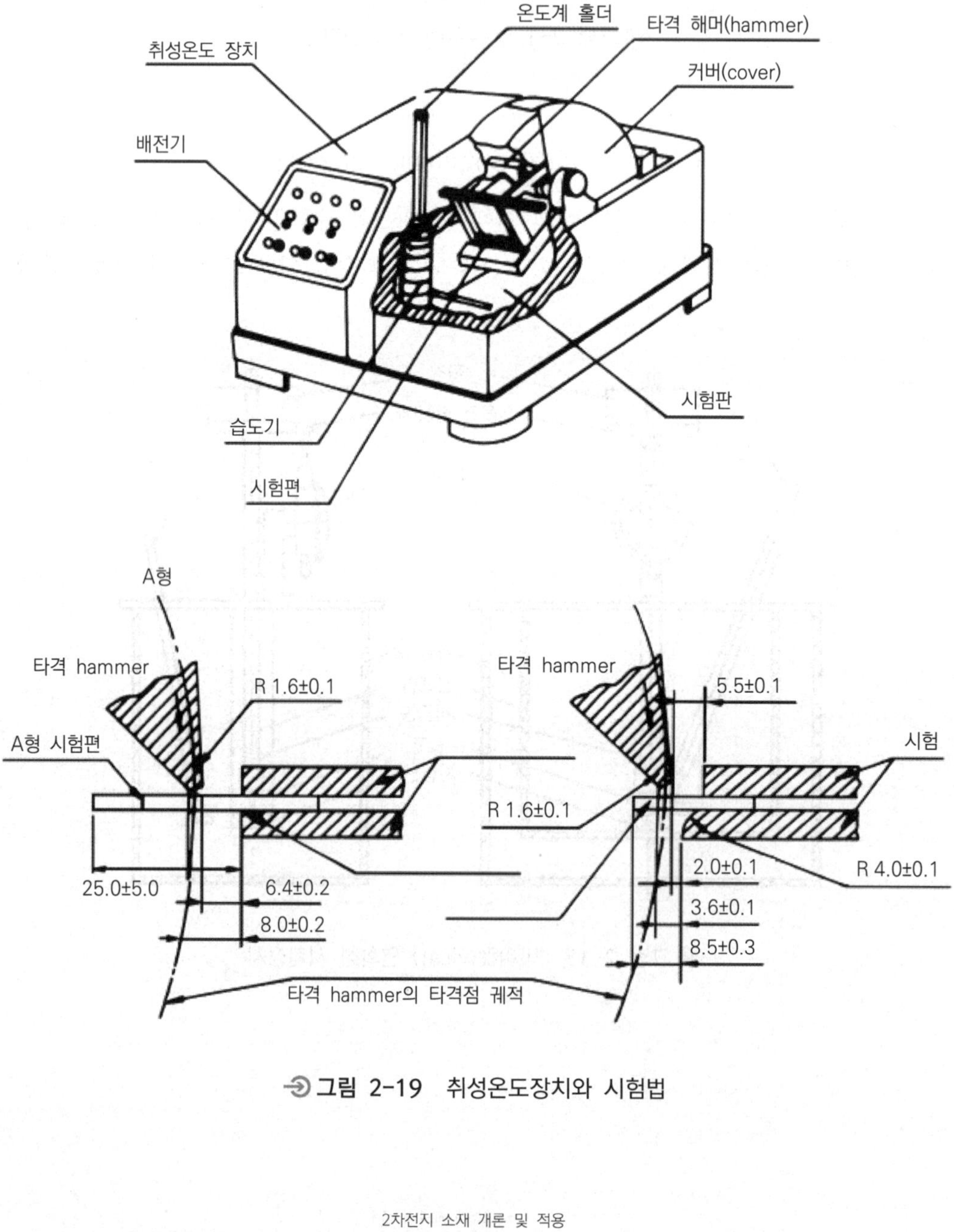

그림 2-19 취성온도장치와 시험법

3) 내연성 시험(Flammability Test)

플라스틱 재료는 아무리 내열성이 좋은 것이라 해도 유기합성물질이므로 화염을 직접 댈 때 절대 연소하지 않는 것은 없다. 따라서 플라스틱 재료의 내연성(연소성이라고도 한다)이라고 말하는 것은 철강이나 콘크리트와 같이 내화성을 의미하는 것이 아니고 연소에 대해 어느 정도 저항이 있는가를 표시하는 것이다. 그림 2-20은 UL 94HB 등급용 수평으로의 화염시험법을 보여주고 있다.

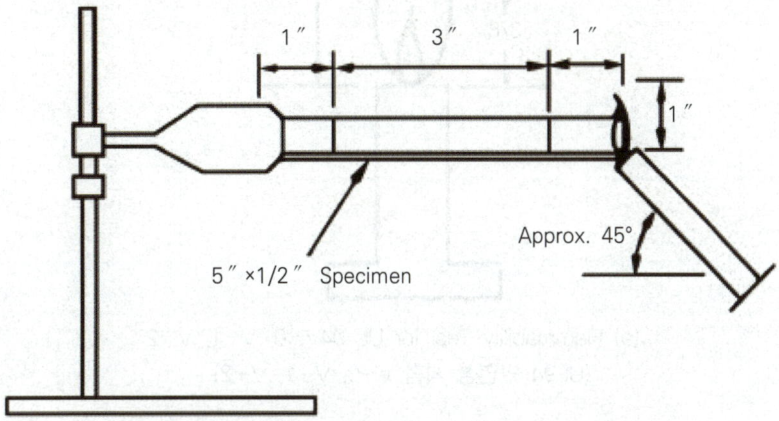

Horizontal Burning Test for UL 94HB Classification

94HB Horizontal Flame Class Requirements	
Thickness	Burning Rate
≥ 1/8 in.	≤ 1-1/2 in./min.
< 1/8 in.	≤ 3 in./min.

그림 2-20 UL 94HB 시험법

그림 2-21은 UL 94V-0, V-1, V-2 등급용 수직으로의 내연성 시험법을 보여주고 있다.

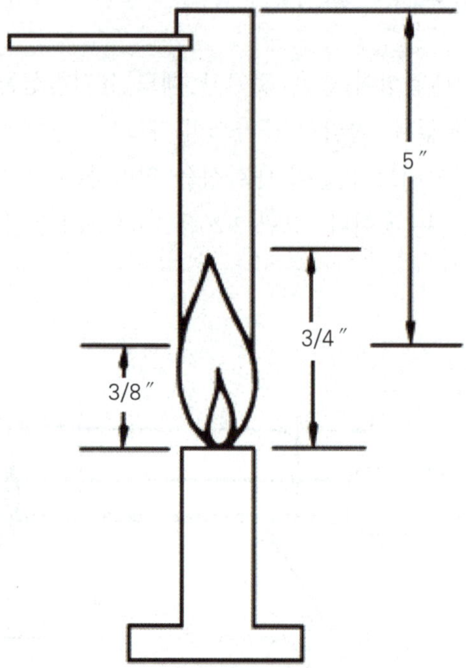

(a) Flammability Test for UL 94V-0, V-1, V-2
(UL94 난연성 시험 V-0, V-1, V-2)

Vertical Flame Class Requirements			
	94V-0	94V-1	94V-2
Individual Flame Time,	≤10	≤30	≤30
seconds Total Flame Time, seconds (5 specimens)	≤50	≤250	≤250
Glowing Time, seconds (individual specimens)	≤30	≤60	≤60
Particles Ignite Cotton	No	No	Yes

그림 2-21 UL 94V-0, V-1, V-2 시험법

시험방법으로는 UL 시험법이 일반적으로 사용되고 있다. UL 시험법은 미국 Underwriters Laboratories Inc.(약칭 UL)가 제정한 시험법으로 미국 국내에서 사용하는 전기기구 및 구성재료는 이 시험법에 합격해야 하는 것이 실제상 필수조건으로 되어 있고, 특히 미국 수출품에도 이 시험에 합격해야 하는 것이 절대 필수조건으로 되어 있다. UL 시험법에는 지연성(94HB), 자기소화성(94V-0, 94V- 1, 94V-2) 등으로 구분되어 있다(그림 2-20, 2-21 참고).

표 2-5는 UL 시험법의 각 등급에 따른 결과 판정의 내용이다.

▶▶ 표 2-5 결과판정

94HB	A. 두께 0.12in(3.048mm)~0.5in(12.7mm)의 시험편은 중간 3in 구간에서 분당 1.5in 이상 속도로 연소하지 않아야 한다. B. 두께 0.12in(3.048mm) 이하의 시험편은 중간 3in 구간에서 분당 3in 이상 속도로 연소하지 않아야 한다.
94V-0	A. 어느 시험편도 착화 후 10초 이상 화염을 내면서 연소하지 않아야 한다. B. 5개의 시험편에서 10회의 착화시험에서 연소시간합계는 50초 이내일 것. C. 어느 시험편도 홀딩 클램프(holding clamp)까지 연소하지 않아야 한다. D. 시험편 12in 아래에 위치한 건조된 외과용 흡수솜을 떨어진 불똥에 의해 연소시키지 않아야 한다. E. 어느 시험편도 두번째 착화시험에서 30초 이상 착화되지 않아야 한다.
94V-1	A. 어느 시험편도 착화 후 30초 이상 화염을 내면서 연소하지 않아야 한다. B. 5개의 시험편에서 10회의 착화시험에서 연소시간합계는 250초 이내일 것. C. 어느 시험편도 홀딩 클램프(holding clamp)까지 연소하지 않아야 한다. D. 시험편 12in 아래에 위치한 건조된 외과용 흡수솜에 떨어진 불똥에 의해 연소시키지 않아야 한다. E. 어느 시험편도 두번째 착화시험에서 60초 이상 착화되지 않아야 한다.
94V-2	A. 어느 시험편도 착화 후 30초 이상 화염을 내면서 연소하지 않아야 한다. B. 5개의 시험편에서 10회의 착화시험에서 연소시간합계는 250초 이내일 것. C. 어느 시험편도 홀딩 클램프(holding clamp)까지 연소하지 않아야 한다. D. 시험편 12in 아래에 위치한 건조된 외과용 흡수솜에 떨어진 불똥에 의한 착화는 단시간이어야 한다. E. 어느 시험편도 두번째 착화시험에서 60초 이상 착화되지 않아야 한다.

4) 열전도도 (Thermal conductivity)

열전도도는 재료의 온도를 1°K(Kelvin 온도 = °C + 273) 변화시키는데 요구되는 단위길이당 전도에 의한 열전달률로 정의되고, 단위는 W/m · °K이다. 재료가 열을 손실시킬 수 있는 열전달 속도를 계산하기 위하여 필수적이며 고분자 수지의 성형구간 내에서 혹은 중간지점에서 측정한다.

사출성형 과정에서 수지는 급격한 열적인 변화를 겪는다. 재료의 가열과 냉각속도를 계산하기 위해서는 유입된 열이 얼마나 실제 온도변화로 전환될 수 있는지에 대한 정량적인 값이 필요하다. 열전도도는 재료의 다른 열적인 특성, 즉 비열이나 용융점도값들과 함께 사용되어 공정 중에 겪는 재료의 열적인 변화를 좌우하여 냉각속도, 냉각시간, 용융온도변화 및 고화층의 성장에 중요하게 영향을 미친다.

열전도 방정식은 성형공정 중 재료의 열적인 변화를 계산하는데 사용된다. 열전도 방정식은 용융밀도 및 비열과 함께 사용되어 재료의 열확산 속도를 결정한다. 열확산 속도는 열이 재료를 통하여 퍼져나가는 비율이다. 열확산이 빠르면 열이 보다 빠른 속도로 재료를 통하여 전달되고 결과적으로 재료의 냉각이 급속하게 이루어진다. 열확산은 다음의 식에 따른다.

열전도도 (thermal conductivity, W/m·°K) → k

$$\text{열확산도(thermal diffusivity, } m^2/s) \ \alpha = \frac{k}{\rho C_p}$$

밀도 (density, kg/m³) → ρ
비열 (specific heat, J/kg·°K) → C_p

재료의 열확산 속도는 금형내로 유입되는 수지의 흐름에 영향을 준다. 재료의 점도(viscosity)를 변화시켜 결과적으로 충전압력상승(혹은 마찰열 발생에 따른 감소)의 원인이 된다. 또한 열확산 속도는 고화층 형성에 영향을 주고 재료의 냉각속도를 지배한다. 점도의 감소와 고화층 형성에 따른 유로내의 유효두께감소는 사출압력상승의 주된 요인이 된다.

참고로, 공기의 열전도도는 0.025 W/m°K로 낮으며, 구리의 열전도도는 약 401 W/m°K이다. 자기만의 고유 기준값을 가지고 있는 것도 중요하다. 어떤 물체를 두고 열전도도를 유추하거나 평가를 할 때 기준값은 유용하게 사용된다. 다르게 보면 판단의 기준이라고 볼 수 있다.

재료의 열전도는 제품설계 및 기구설계를 위한 필수 내용이다.

재료의 열전도도를 표 2-6에 요약하였다. 이것은 제품설계 및 사출실무에서 다양하게 활용된다. 제품 및 금형의 경우에는 금속과 플라스틱을 포괄하는 다양한 재료들의 조합으로 이루어지는데 이 경우 열전도도를 고려해야 한다.

▶ **표 2-6 일반적인 재료의 열전도도(25℃ 기준)**

재 료	열전도도 [Watts/meter·°K (W/m·°K)]	재 료	열전도도 [Watts/meter·°K (W/m·°K)]
Acrylic	0.200	Nickel	91.0
Air	0.025	Paper	0.05
Aluminum	250.0	PTFE(Teflon)	0.25
Copper	401.0	PVC	0.19
Carbon steel	54.0	Silver	429.0
Concrete	1.05	Steel	46.0
Glass	1.05	Water	0.58
Gold	310.0	Wood	0.13

즉, 제품설계의 조건 및 금형설계 · 가공 · 제작 등에 있어서 가열 및 냉각 등 열전달이 지속적으로 이루어진다. 또한 개발하는 제품의 설계를 위해서도 용도에 맞는 재료의 선택이 중요하다. 물론, 열전도도뿐만 아니라 열팽창계수 등도 복합적으로 고려되어야 하는 경우도 많다.

플라스틱 소재의 열전도도를 표 2-7에 요약하였다.

▶▶ 표 2-7 플라스틱 소재의 열전도도(thermal conductivity)

재 료	열전도도 (W/m·°K)	재 료	열전도도 (W/m·°K)
Elastomer		Polyethylene	
– Acrylonitrile butadiene rubber	0.25	– Low density(LDPE)	0.33
– Styrene butadiene rubber(SBR)	0.25	– High density(HDPE)	0.15
– Silicone rubber	0.23	– Ultrahigh molecular weight(UHMWPE)	0.33
Epoxy	0.19	Polyethylene terephthalate(PET)	0.15
Nylon 6, 66	0.24	Polyethylene methacrylate(PMMA)	0.17~0.25
Phenolic	0.15	Polypropylene(PP)	0.12
Polybutylene terephthalate(PBT)	0.18~0.29	Polystyrene(PS)	0.13
Polycarbonate(PC)	0.20	Polyvinyl chloride(PVC)	0.15~0.21

5) 점도 (Viscosity)

재료의 열적인 성질은 고분자의 유동성에 영향을 준다. 열전도도와 비열, 밀도 및 유동정지 온도는 재료의 점도와 상관관계를 갖는다. 열전도도와 비열 및 밀도는 열확산도(thermal diffusivity, α)와 전단발열을 계산하기 위하여 필요하다. 열확산도는 고분자 유체 내의 열전달 계산에 사용되며, 전단발열효과를 고려한 점도 수정에 특히 중요한 값이다.

$$\alpha = \frac{k}{\rho C_p}$$

열확산도(thermal diffusivity, m²/s) α

열전도도 (thermal conductivity, W/m·°K) k

밀도 (density, kg/m³) ρ

비열 (specific heat, J/kg·°K) C_p

열확산도에 대해서 먼저 알아보도록 하자. 어떤 물질의 열확산도(thermal diffusivity)는 시간에 대해 온도가 변화하는 동안 그 물질의 전도성에 의해 열이 전파되는 속도를 결정하는 열물성이다.

열확산도가 높을수록 열 전파가 빠르다. 위 식에 의하면, 열확산도는 어떤 물질 내부에서의 일시적인 열전도 과정에 영향을 미친다는 것을 알 수 있으며, 시간당 길이제곱의 형태이고 표현단위는 m^2/s이다.

유동정지 온도는 고화층의 두께를 결정한다. 고화층이 발달하면 용융 고분자가 움직일 수 있는 유효두께가 감소하며 유동저항의 증가에 따라 압력에 영향을 준다. 용융 고분자의 온도가 감소하여 고화층이 형성되기 시작하면 점도가 따라서 증가하므로 유동정지 온도를 사용하여 고화층 성장과 압력변화를 정확히 계산한 후 점도값을 수정해 주어야 한다.

참고로, 몇 가지 친숙한 물질의 상온에서의 점도를 살펴보면 표 2-8과 같다.

▶▶ 표 2-8 물질의 상온에서의 점도

액 체	개략적인 점도 (Pa.s)
유리	10^{40}
용융 유리(500℃)	10^{12}
역청(bitumen)	10^{8}
용융 고분자	10^{3}
금 시럽	10^{2}
액체 꿀(100%)	10^{1}
글리세롤	10^{0}
올리브 기름	10^{-1}
자전거 기름	10^{-2}
물	10^{-3}
공기	10^{-5}

점도의 SI 단위는 Pa.s로 간략히 쓰는 Pascal-second이다. 예전에 cgs계에서 널리 쓰였던 점도의 단위는 Poise인데, Pa.s보다 10배 작은 단위이다. 예를 들어 20.2℃에서의 물의 점도는 1 mPa.s (milli-Pascal second)로 1 cP(centi-poise)이다. 대표적인 전단변형률속도를 표 2-9에 나타내었다.

▶▶ **표 2-9** 대표적인 전단변형률속도(shear strain rate, 1/s)

현 상	전단변형률속도(1/s)	응용 분야
현탁 액체 속에서의 미세분말의 침전	10^{-6}~10^{-4}	의약품, 페인트
표면장력에 의한 평활(leveling)	10^{-2}~10^{-1}	페인트, 인쇄용 잉크
중력에 의한 배수	10^{-1}~10^{1}	페인트칠과 코팅, 변기 표백제
압출기	10^{0}~10^{2}	고분자
저작 및 삼키기	10^{1}~10^{2}	식품
함침 코팅	10^{1}~10^{2}	페인트, 제과류
혼합 및 교반	10^{1}~10^{3}	액체류 제조
관 흐름	10^{0}~10^{3}	펌핑, 혈액 흐름
분무 및 솔질	10^{3}~10^{4}	분무 건조, 페인트칠, 연료분무
문지름	10^{4}~10^{5}	피부에 크림과 로션의 응용
유체 속에서의 안료의 밀링	10^{3}~10^{5}	페인트, 인쇄용 잉크
고속 코팅	10^{5}~10^{6}	종이(제지)
윤활	10^{3}~10^{7}	가솔린 엔진

6) 비열(Specific heat)

비열은 재료의 단위질량을 온도 1℃ 상승시키는데 필요한 열의 총량이다. 비열은 재료에 유입된 열이 실질적인 온도 상승으로 전환될 수 있는 능력을 판단하는데 사용된다.

재료의 비열은 용융고분자가 금형을 충전할 때 열적인 영향을 준다. 비열은 열전도도 및 용융밀도와 함께 열확산에 기여하므로 수지의 점도를 변화시키고, 고화층 형성에 영향을 주어 유로의 유효두께를 감소시키고 결과적으로 사출압력상승의 원인이 된다.

DSC(Differential Scanning Calorimetry, 시차주사열량법)에서 측정된 비열 곡선은 또 다른 유용한 정보를 제공한다. 결정성 수지의 융점은 DSC에서 측정된 비열곡선으로부터 명확하게 알아낼 수 있다. 비결정성 수지의 유리전이온도(glass transition temperature, Tg) 역시 비열곡선으로 측정된다. 재료의 열화온도는 비열 곡선상에서 날카로운 피크(peak, 정점)를 나타내거나 불규칙한 파동을 관찰하여 알아낼 수 있다.

DSC는 기본적으로 시료의 온도를 일정속도로 상승시킬 때 발생하는 기준시료와 측정시료간의 열흐름(heat flow)의 차이를 측정하여 시료의 흡열, 발열 혹은 열용량(heat capacity)의 변화에 의한 전이점을 측정하는 가장 일반적인 열분석법이다. DSC 실험장치 내의 온도가 올라감에 따라 시료는 흡열을 한다. 그런데 어느 온도에서 그림 2-22와 같이 열흐름이 변화하는 부분이 있다. 이때의 온도를 유리전이온도(Tg)라고 한다. 이 온도는 열흐름이 변화하기 시작하는 온도와 변화가 끝나는 온도의 중간값으로 결정한다.

플라스틱 수지가 금형 내에 사출되면 그 수지는 충전, 보압, 냉각 과정에서 비열(Cp)과 열전도도(k)에 의하여 유동선단의 온도 및 고화시간이 결정된다.

비열용량(比熱容量, specific heat capacity) 또는 비열은 단위질량의 물질을 1도(℃) 높이는데 드는 열에너지를 말한다. 비열은 물질의 종류에 따라서 결정되는 상수이며, 밀도라든가 저항률 등과 같이 물질의 성질을 서술하는 데 중요한 물리량이다. 1 g의 물의 온도를 1°K만큼 올리는데 필요한 열량은 1cal이므로 물의 비열은 1이 된다. 그러나 비열은 단순한 숫자가 아니라 단위를 갖는 양이다. 1 g을 1°K 올리는 데 필요한 칼로리수가 비열이므로 비열의 단위는 cal/g · °K이다. 따라서 정확하게 말하면 물의 비열은 1 cal/g · °K가 된다. 예를 들어 황동의 비열은 0.091 cal/g · °K이므로 15 g의 황동으로 된 물체의 온도를 100°K 올리는 데 필요한 열량은 15×0.091×100≒137(cal)가 된다.

표 2-10에서 비열의 단위는 칼로리(cal) 대신 주울(J, Joule)로 표기되어 있다. 여기서, 1 cal는 4.1805 J이다.

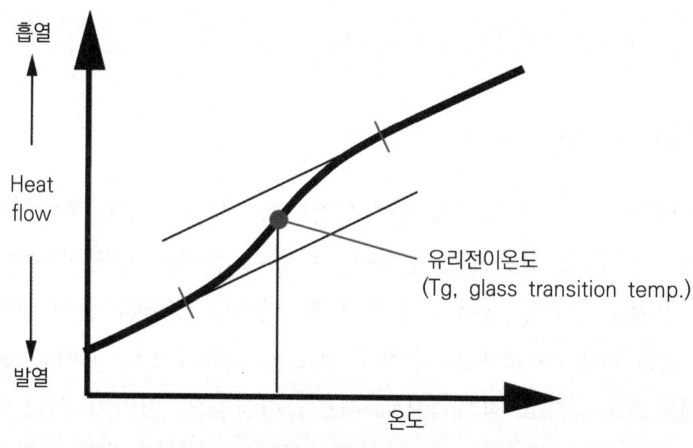

그림 2-22 DSC 그래프에서 Tg(유리전이온도, glass transition temperature)

비열이 크다는 것은 냉각과 가열에 의한 열량 변화에 따라 그 수지(resin)의 온도 변화가 크지 않다는 의미이다.

▶▶ **표 2-10** 물질에 따른 비열의 차이(1cal=4.1805J)

물질	비열(cal/g·°K)	물질	비열(cal/g·°K)
물	1	얼음	0.5
구리	0.0924	나무	0.41
철	0.107	유리	0.2
은	0.056	알코올	0.58
금	0.0309	수은	0.033
납	0.0305	알루미늄	0.215
금강석	0.121	납	0.0309
염화나트륨	0.206	황동	0.091
백금	0.0316	우라늄	0.027

1.3 전기적 시험

플라스틱 재료의 전기적 특성은 다음과 같은 것이 있다.

① 체적저항률

② 표면저항률

③ 내전압

④ 유전율(tanδ, 유전정접)

⑤ 아크(arc) 저항

1) 체적저항률 및 표면저항률

플라스틱 재료의 체적저항률과 표면저항률은 그림 2-23의 (a), (b)와 같은 장치로 측정한다. 시험편을 수은용기 속에 띄우고 3개의 금속제 링을 동심원으로 놓고 그 사이에 수은을 넣어 전극으로 하여 측정한다.

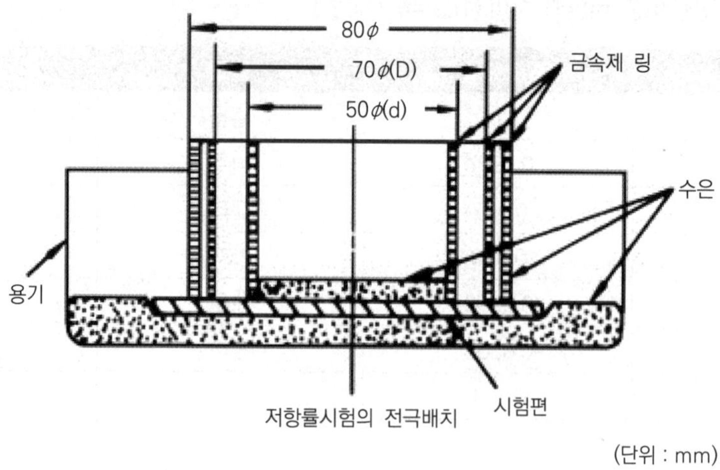

(a) 체적저항률 및 표면저항률 측정장치

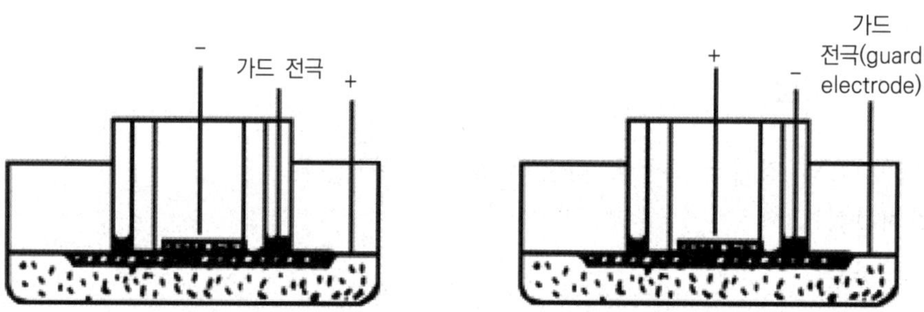

(b) 체적저항률 및 표면저항률 측정방법(전극접속방법)

그림 2-23 체적저항률, 표면저항률 측정장치와 측정방법

다음과 같은 식에서 체적저항률과 표면저항률을 계산한다.

$$\rho_v = \frac{2d^2}{4t} \times R_v, \qquad \rho_s = \frac{\pi(D+d)}{D-d} \times R_s$$

ρ_v : 체적저항률(MΩ·cm), ρ_s : 표면저항률(MΩ)
d : 안쪽 금속 링의 내경(cm), t : 시험편의 두께(cm)
R_v : 체적저항(MΩ), D : 중앙 금속 링의 내경(cm)
R_s : 표면저항(MΩ), π : 원주율

2) 내전압

그림 2-24와 같이 판상(plate shape, sheet type)의 시험편을 절연유에 넣어 양 전극 사이에 있도록 하고 교류전압을 점차 높여 가하면 방전이 일어나고 시험편은 녹아 파괴된다. 이 현상을 절연파괴(dielectric breakdown)라 하고, 파괴를 일으키는 전압의 임계치를 파괴전압(breakdown voltage)이라 한다.

시험편의 두께 2±0.15 mm이고, 절연유의 최초 온도는 20±10℃로 한다.

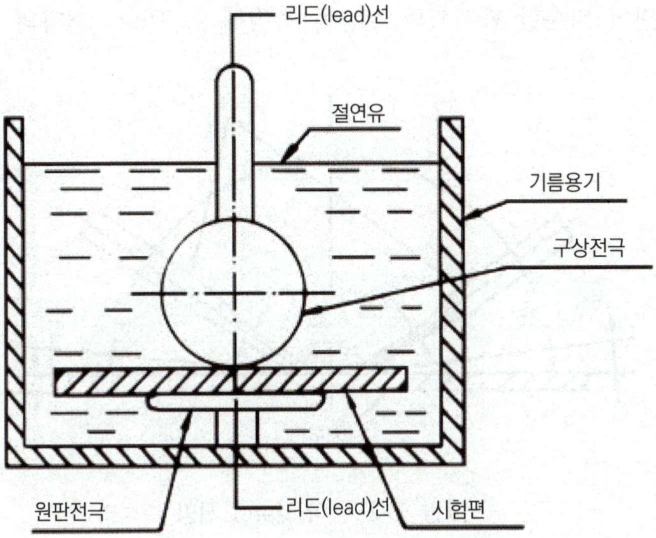

그림 2-24 내전압 측정방법

3) 유전율 및 유전정접 (tanδ)

유전율(dielectric constant)이라 함은 단위전계(單位電界)에서 단위체적 중에 축적된 정전기 에너지의 크기 정도를 표시한 것으로 콘덴서(condenser) 유전체에 축적된 정전용량과 공기에 축적된 정전용량의 비이다. 그리고 tanδ(dielectric dissipation factor or dielectric or dielectric loss tangent)라 함은 유전체에 정현파(正弦波)전압을 가할 경우, 유전체 내를 흐르는 전류의 인가전압과 동일주파수를 가진 전류성분과의 상차각(相差角)의 여각(余角) δ를 정접(正接) tan δ라고 한다.

유전율과 tanδ는 플라스틱 재료를 높은 주파수에서 사용할 때 매우 중요한 값이 된다. 이 값을 측정하기 위해서는 평판상의 시험편을 극사이에 끼우든가 알루미늄 박(箔, foil)을 시험편에 붙여 전극으로 하든가, 은분(銀粉)의 전도성 페인트를 도포한 전극을 만들어 브리지(bridge)

회로를 구성시켜서 측정한다.

4) 아크(Arc) 저항

절연재료의 표면이 아크(arc)에 노출되면 표면이 탄화(炭化)하거나 녹아서 변질함으로써 전기 절연성이 열화(劣化)한다. 플라스틱 절연재료에서는 그 종류에 따라서 내아크(耐arc)성의 정도가 다르므로 아크(arc) 저항치를 구해 그 저항성의 강도를 비교하고 있다.

그림 2-25는 아크(arc) 저항시험장치로 전극간에 정해진 전압을 단계적으로 가해서 아크(arc)를 발생시켜 시험편이 파손할 때까지의 시간을 측정해 아크(arc) 저항의 값을 구한다.

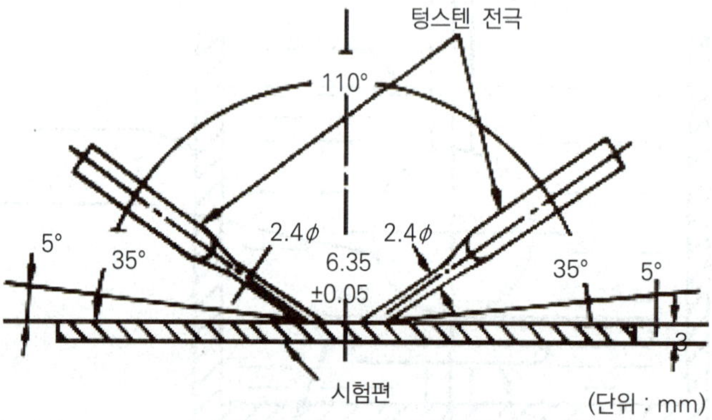

그림 2-25 아크(arc) 저항 측정법

1.4 그 밖의 시험

1) 내후성(耐候性) 시험

플라스틱은 장기간 옥외 노출하거나 계속해서 열을 받으면 물성이 저하한다. 즉 빛, 온도, 습도 및 강우 등에 의해 물성이 열화(劣化)해 균열이 생기기도 하고 깨어지기도 한다. 내후성 시험으로서 가장 좋은 방법으로는 직접 옥외에 시료를 내놓고 태양광의 자외선 등에 노출시키는 방법이지만, 이 방법으로는 몇 년간의 시간이 걸리므로 가속시험을 행하기 위해 내후성촉진 시험기(weather-o-meter)에 의한 시험을 하고 있다.

다음 그림 2-26은 내후성촉진시험기(또는 촉진내후성시험기, accelerated weathering tester) 사진이다.

그림 2-26 내후성촉진시험기

2) 응력균열 (Stress cracking) 시험

플라스틱에 변형을 주어 아세톤, 저급알코올과 같은 극성이 높은 액 또는 식염수, 물 등에 장기간 침적하면 균열이 생기고 무르게 된다. 이 현상을 응력균열이라고 부르는데, 이 응력균열 특성의 측정에는 시료를 일정한 치수로 절단하고 그 시료에 정해진 깊이로 칼질을 넣어 180° 구부려 고정하고 일정온도의 액속에 일정시간 동안 담갔다가 갈라진 시험편의 개수를 조사하는 것이다.

3) 성형수축률

고화(固化, 단단한 고체 상태로 변화)에 따른 수축에 의하여 금형 캐비티(cavity) 내에서 성형된 제품(사출 후의 성형품)은 거의 대부분 캐비티(cavity)의 치수보다는 작다. 따라서 금형의 캐비티를 가공할 때는 항상 제품 수축률을 고려해야 한다. 표 2-11은 열가소성 플라스틱(수지)에 있어 각종 수지별 성형수축률을 비교해 나타낸다.

성형수축은 수지의 특성이나 성형조건에 따라 큰 차이가 난다. 일반적으로 비결정성 수지는 3/1,000~5/1,000(0.3~0.5%), 결정성 수지는 10/1,000~20/1,000(1~2%) 정도이다.

$$S = \frac{(M_D - P_S)}{M_D} \times 100(\%)$$

$$P_S = M_D\left(1 - \frac{S}{100}\right)$$

$$M_D = \frac{P_S}{\left(1 - \frac{S}{100}\right)}$$

S : 성형수축률(%)

M_D : 상온에서의 금형의 치수(mm)

Ps : 상온에서의 성형품(제품)의 치수(mm)

계산예 제품 치수가 100 mm이고, 수지는 일반적인 ABS 수지(수축률 : 0.5%)인 경우의 금형치수를 구하면 다음과 같다.

답 금형치수, $M_D = 100/[1-(0.5/100)] = 100.5$ mm

▶▶ 표 2-11 수지별 성형수축률

성형재료				충전제(강화제)	성형수축률(%)
열가소성 수지	결정성	PE	저밀도		1.5~5.0
열가소성 수지	결정성	PE	중밀도		1.5~5.0
열가소성 수지	결정성	PE	고밀도		2.0~5.0
열가소성 수지	결정성	PP			1.0~2.5
열가소성 수지	결정성	PP		GF(유리섬유)	0.4~0.8
열가소성 수지	결정성	PA(Nylon)	나일론(6)		0.6~1.4
열가소성 수지	결정성	PA(Nylon)	나일론(6/10)		1.0
열가소성 수지	결정성	PA(Nylon)	나일론	GF 20~40%	0.3~1.4
열가소성 수지	결정성	POM			2.0~2.5
열가소성 수지	결정성	POM		GF 20%	1.8~2.8
열가소성 수지	비결정성	PS	일반용(GPPS)		0.3~0.6
열가소성 수지	비결정성	PS	내충격용(HIPS)		0.3~0.6
열가소성 수지	비결정성	PS		GF 20~30%	0.1~0.2
열가소성 수지	비결정성	AS			0.2~0.7
열가소성 수지	비결정성	AS		GF 20~30%	0.1~0.2
열가소성 수지	비결정성	ABS	내충격용		0.3~0.8
열가소성 수지	비결정성	ABS		GF 20~40%	0.1~0.2
열가소성 수지	비결정성	PMMA	아크릴		0.2~0.8
열가소성 수지	비결정성	PC			0.5~0.7
열가소성 수지	비결정성	PC		GF 10~40%	0.1~0.3
열가소성 수지	비결정성	PVC	염화비닐수지(경질)		0.1~0.5
열가소성 수지	비결정성	CA	셀룰로우스, 아세테이트		0.3~0.6

2 사출성형용 플라스틱의 선택

2.1 범용 플라스틱

많은 플라스틱이 사출성형용으로 사용되고 있으나, 범용 플라스틱으로서는 폴리스티렌(Polystyrene), 내충격성 폴리스티렌, 폴리에틸렌(Polyethylene), 폴리프로필렌(Polypropylene)과 ABS 등이 있다.

범용 플라스틱은 사출성형이 용이하며 가격도 저렴하기 때문에 어떤 특별한 물성(物性)이 요구되지 않는 용도로 사용되며, 현재 사출성형품의 70% 이상이 이 범용 플라스틱 제품으로써 일용잡화, 생활용품 및 공업부품의 재료로 쓰이고 있다.

폴리스티렌과 내충격성 폴리스티렌에서의 치수정밀도는 플라스틱의 표준값을 나타낼 수 있으므로 사출성형용 플라스틱 재료 중 가장 우수한 재료 중의 하나이지만 일반용 폴리스티렌은 취약하고, 내충격성 폴리스티렌은 투명성이 없으며 또한 최고 사용온도는 90℃ 이하이며 내유성(耐油性)이 부족하다.

고밀도 폴리에틸렌(HDPE)과 폴리프로필렌은 가볍고 튼튼하고 성형이 용이하며 100℃ 이상에서도 잘 견디지만, 성형수축률이 커서 정밀도를 필요로 하는 제품의 제조에는 곤란하다. 또한 접착제에 의한 접착이 거의 불가능하여 견고한 인쇄, 도장은 하기가 힘들어 공업부품 외에 외관을 필요로 하는 제품에는 사용하기가 어렵다.

ABS는 조성(組成)의 변화에 따라 고강성(高剛性), 중충격성, 고충격성(高衝擊性), 내열성, 초내열성, 투명한 여러 종류가 있으며 공업용 부품뿐만 아니라 범용 플라스틱으로 널리 사용되고 있다. 그러나 내후성(耐候性)이 부족하여 실외용으로는 부적격하다.

2.2 특히 투명성(透明性)을 필요로 하는 용도

범용 플라스틱에서는 일반용 폴리스티렌이 투명하지만 광선 투과율이 낮고 크레이징(crazing)이 생기기 쉽다. 메타크릴수지인 아크릴(acrylic)수지는 광선 투과율이 90% 이상이고 내후성(耐候性)이 좋고 변형이 없기 때문에 고급스런 가정용 전자제품, 조명, 명판류(銘板類), 고급잡화 등에 사용되고 있다. 그러나 아크릴수지는 쉽게 깨어지는 취성(脆性)을 가지고 있는 결점이 있다.

2.3 내충격성을 필요로 하는 용도

내충격성의 플라스틱으로서는 먼저 내충격성 ABS가 선택될 수 있다. 그러나 ABS는 품종에 따라 내충격성의 정도가 다름에 주의해야 한다. 따라서 내충격성 용도에 ABS를 지정하는 경우에는 그 충격치를 규정할 필요가 있다. 단순히 ABS라 지정하면 고유동성 ABS로 되므로 주의해야 한다.

ABS 이외의 것으로는 PC 및 PA를 들 수 있다. 이들의 선택에서도 물성에 따라 정해야 하나 제일 충격강도가 높은 것은 PC이다. 또한 나일론 6, 66은 흡습성이 있으나 너무 건조되면 취약해진다.

2.4 투명성(透明性)과 내충격성(耐衝擊性)을 필요로 하는 용도

일반용 폴리스티렌이나 메타크릴수지인 아크릴수지는 깨지기 쉽고, 내충격성을 갖고 있지 않다. 투명성과 내충격성용으로 사용되는 플라스틱으로는 섬유소계(纖維素係) 에스테르(ester)와 폴리카보네이트(PC, Polycarbonate), 투명 ABS, 염화비닐수지(PVC, Polyvinyl chloride) 등이 있다. 이 중에서 폴리카보네이트(PC)가 내충격성이 가장 좋다(크다. 우수하다).

2.5 내열성을 필요로 하는 용도

열가소성 플라스틱은 당연히 그 연화온도(softening point : 플라스틱에 일정 하중을 가하고 규정의 온도로 가열할 때 변형을 시작하는 온도) 이상으로는 사용될 수 없다.

범용 플라스틱 중 내열성이 제일 높은 것은 PP이고, 연화점이 120~130℃이다. 일반적으로 내열성의 판정에는 하중에 의한 변형온도가 적용되나 이것은 18.5 kgf/cm^2 혹은 4.6 kgf/cm^{2}의 하중하에서 규정의 변형을 생기게 하는 온도인 것에 주의할 필요가 있다. 즉 하중이 작은 또는 하중이 거의 없는 용도에는 하중변형온도 이상으로 사용이 가능하다. 예를 들면, 나일론 6은 18.5 kgf/cm^2 하중하에서의 하중변형온도는 55~75℃이나, 하중이 작으면 120℃까지도 충분히 사용할 수 있다.

또한, 고밀도 PE(HDPE, High Density PE)도 18.5 kgf/cm^2 하중에서는 43~52℃, 4.6 kgf/cm^2 하중에서는 60~82℃의 하중온도를 표시하나, 100℃ 이상에도 하중이 걸리지 않는 용도에는 충분히 사용할 수 있다. 한편, 하중변형온도가 충분하여도 그 온도에서 연속 사용하면 열열화(熱劣化, degration ; 물리적인 영구변형)의 염려가 있는 것은 PP의 예가 있으며 크리프(creep)에서도 주의해야 한다.

내열성은 그 용도에 따라 필요한도가 다르나, 100℃ 혹은 그 정도 범위에는 내열성 ABS가, 이것보다 약간 높은 120~130℃ 정도의 재료에서는 PC, 변성 PPE(noryl)가 사용된다.

특히 고온을 요하는 경우에는 PBT, PPS, Nylon 6, Nylon 66 등이 사용된다. 내열성 열가소성 플라스틱에 유리(glass)섬유 20~30%를 혼입한 FRTP(Fiber glass Reinforced Thermo Plastics,

유리섬유강화 열가소성 수지)는 원래의 플라스틱보다 강성이 높기 때문에 당연히 하중변형온도가 상승한다.

열경화성 플라스틱은 가열에 의해 연화하지 않으므로 내열용도로 사용되나, 사용하는 충전제(filler) 종류에 따라 내열성이 다르다. 예를 들면, 페놀(Phenol) 수지는 120℃에서 260℃의 폭으로 변화한다.

2.6 치수정밀성과 강성을 필요로 하는 용도

열가소성 플라스틱 사출성형품의 결점의 하나는 치수정밀성이 나오기 어렵고 강성이 부족한 것이다. 열가소성 플라스틱의 사출성형에는 성형수축률이 2/1,000에서 30/1,000 범위의 여러 가지 수지가 있으며, 같은 재료라도 수지의 흐름방향에 따라 변동한다. 따라서, 성형수축률이 큰 결정성 플라스틱은 비결정성 플라스틱에 비해 훨씬 정밀성 제품을 얻기 어렵다. 이들의 결점을 보완한 것이 유리(glass)섬유강화 열가소성 플라스틱(FRTP)이다. FRTP로서 시판되고 있는 것으로는 PS, SAN, ABS, PC, PP, PA, POM, PBT, 변성 PPE(noryl) 등이 있으며, 거의 모든 플라스틱에 이른다.

열경화성 플라스틱에 있어서는 특히 BMC[Bulk Molding Compound : 가늘게 자른 유리(glass) 섬유를 충전한 퍼티(putty)상의 불포화 폴리에스테르(Polyester) 수지]는 성형수축률이 0이며 강성도 크다.

2.7 유연성과 탄성을 필요로 하는 용도

본 용도에는 열가소성 엘라스토머(elastomer : 주원료는 고분자 물질로 상온에서 고무상 탄성을 가지고 있는 고체)가 사용된다. ‘엘라스토머’라는 합성수지는 플라스틱처럼 가공하기 쉽고, 고무처럼 탄성이 뛰어나 자동차 소재부터 전선 케이블 피복재, 운동화 충격흡수용 밑창, 기능성 필름 등에 고루 쓰인다. 폴리에틸렌과 같은 일반 범용 제품 대비 10% 이상 비싼 고부가가치 제품이다.

특히 최근 자동차 업계에서 연비 향상을 위해 경량화 경쟁에 나서면서 자동차 범퍼에 강철 대신 엘라스토머를 쓰는 경우가 늘고 있다. 또한 유연성 용도로는 연질 PVC가 사용된다. 그러나 열가소성 엘라스토머(elastomer)에는 폴리스티렌(Polystyrene)계, 폴리올레핀(Polyolefine)계, 폴리우레탄(Polyurethane)계, 폴리에스테르(Polyester)계, 나일론(Nylon)계, 그 밖의 것이 있으나, 모두 고무에 비해 응력, 탄성은 약간 떨어지는 것은 피할 수 없다. 열가소성 엘라스토머(elastomer)도 그 성질은 폭넓게 변화하므로 용도에 따라 선택을 검토해야 한다.

2.8 난연성을 필요로 하는 용도

열가소성 플라스틱 중에서 그대로 불연성의 것은 불소수지(flurocarbon resin) 이외는 없다. 그러나 불을 갖다 대면 연소하지만 불을 떼면 붙은 불이 스스로 꺼지는 자기소화성(自己消化性) 플라스틱은 여러 종류가 많이 생산되고 있다.

미국 UL 94 규격의 94HB, V-0, V-1, V-2에 합격한 시판되고 있는 플라스틱으로는 PE, ABS, PS, PP, SAN, PC, 변성PPE, PA, PBT, PMMA, 페놀(phenol), 멜라민(melamine), 에폭시(epoxy) 등이 있다.

위의 플라스틱은 모두 유기 혹은 무기화합물의 난연제를 첨가하거나 공중합(共重合, copolymerization)한 것이다. 따라서, 난연성 플라스틱의 물성은 원래의 플라스틱보다 차이가 있음을 주의해야 한다. 즉, 물리적 성질에 있어서도 강도, 내충격성이 낮아지는 것도 많고, 내열성도 하락되는 경우도 있다.

2.9 내약품성을 필요로 하는 용도

일반적으로 열가소성 플라스틱은 강산(强酸), 강알칼리를 함유해 산, 알칼리 및 염기성에 침식되는 일은 거의 없다. 그러나 농질산에 견디는 플라스틱은 불소수지 외는 없다. 또한 일부 플라스틱 중에는 산, 알칼리에 약한 것도 있다. 예를 들면, PA, POM은 약산에 분해되고, PC, PBT는 약알칼리에 분해된다.

내용제성은 플라스틱에 따라 현저히 다르므로 표기하기는 곤란하다. 즉, 거의 모든 용제에 녹지 않는 PE, PP가 있으며, 비교적 넓은 범위에서 용제에 녹지 않는 PS가 있다. 플라스틱에는 응력균열(stress cracking)이 발생되는 성질을 가지고 있다. 예를 들면, PE에 응력을 걸고 세제용액에 담그면 PE 자체의 외관적으로는 변하지 않지만 갈라지는 수가 있다. 이 성질은 PC의 경우 4염화탄소 또는 휘발유에서 일어난다.

따라서, 플라스틱의 내용제성의 판정에 있어서는 단순히 그 플라스틱과 접촉하는 용제에 용해 혹은 팽창 유무만 아니고, 응력균열(stress cracking)이 발생하는가, 하지 않는가도 유의해야 한다. 표 2-12는 주요 플라스틱의 내약품성 자료이다.

▶▶ **표 2-12 주요 플라스틱의 내약품성(耐藥品性)**

	물	약산	강산	약 알칼리	강 알칼리	알코올	에스테르	케톤	에테르	4염화탄소	벤젠	가솔린	광유
PS	+	+	0~+	+	+	0~+	−	−	−	−	−	−	0
내충격성 PP	+	+	−~0	+	0	0	−	−	−	−	−	−	0
SAN	+	+	0	+	0	+	−	−	+	−	−~0	+	+
ABS	+	+	−~0	+	0	+	−	−	−	−	−~0	0~+	+
LDPE	+	+	0	+	+	0	0	0	0	−	−~0	0~+	+
HDPE	+	+	0	+	+	0~+	0	0	0	−~0	0	0~+	+
PP	+	+	0	+	+	+	0	0	0	−	0	0~+	+
PMMA	+	+	0	+	+	0	−	−	−	−	−	0	+
PA	+	−~0	−	+	−	+	+	+	+	0	+	+	+
POM	+	+	−	+	−	+	+	+	+	0	0~+	+	+
CAB	+	+	−	−	−	0	−	−	−	−	−	−~0	0
PVC	+	0	−~0	+	+	−	−	−	−	−	−	−	0~−
PC	+	+	0	−	−	0	−	−	−	−	−	−	+

(+ : 사용 가능, 0 : 조건에 따라 사용 가능, − : 사용 불가)

2.10 하중을 받는 용도

플라스틱은 탄성물질이므로 고온도에서 사용하는 경우를 제외하고는 탄성한계 내에서 그 성질이 변화하지 않는다. 금속의 경우, 하중을 걸면 변형하나, 하중을 제거하면 원래 상태로 되돌아오고 하중의 크기에 따라 변형량은 정해진다.

이에 대해 플라스틱은 하중을 걸면 변형을 일으키나 그 변형량은 시간에 따라 증대하고, 하중이 크게 되면 장시간 경과 후 파괴되고 만다. 또한 하중을 제거하여도 변형의 회복은 늦고 완전히 원형으로 되돌아오지 않는다. 이것을 크리프(creep) 현상이라 한다. 크리프 특성은 인장강도, 신율, 하중변형온도 등의 단시간 시험결과로는 알 수 없고 크리프 시험에 의해서만 나타난다.

또한, 크리프(creep) 특성은 온도 의존성이 매우 크므로 동일 플라스틱에서도, 예를 들면 ABS는 등급(grade)마다 크리프(creep) 특성을 달리한다. 따라서, 하중을 받는 용도에 대한 재료의 선정은 단순히 인장강도만이 요인(factor)이 될 수 없고 크리프(creep)강도, 탄성계수(modulus) 등을 고려해야 한다.

2.11 마찰, 마멸에 대한 특성을 필요로 하는 용도

플라스틱 중에는 내마멸성이 우수하고, 마찰계수가 작은 것이 있다. 이의 판정에는 마멸량, 정지마찰계수(μ_s, coefficient of static friction : 접촉정지상태에서 물체간에 미끄럼 이동을 생기게 하는 필요최소의 값으로 마찰력과 법선방향의 하중과의 비), 운동마찰계수(μ_k, coefficient of kinetic friction : 물체가 미끄럼을 시작해 운동상태로 될 때 접선방향의 마찰력과 법선방향의 하중과의 비) 및 pV값이 사용된다. 후자는 면하중(kgf/cm^2)과 미끄럼속도(cm/sec 또는 cm/min)의 곱의 최대치로 pV값을 넘는 마찰용도에 사용하면 플라스틱의 마찰면이 녹아붙는 수가 있다.

본 용도에 우수한 특성을 가진 플라스틱으로서는 POM, PA, PBT 등이 있다. 불소수지는 마찰계수가 매우 작은 재료로 미끄럼에 대해 상당히 우수하나 pV값 및 마멸에 대한 특성은 반드시 우수하지는 않다.

표 2-13은 마멸량 자료이고, 표 2-14와 2-15는 재료간 마찰계수이다.

마찰계수표를 종합하여 보면 동일재료간의 μ_k와 μ_s는 일반적으로 $\mu_k < \mu_s$이고, μ_k의 범위는 0.083~0.55이다. 그리고 결정성 플라스틱의 μ_k는 0.1~0.25의 낮은 값의 범위이고 상대재료에는 그다지 영향을 받지 않음을 알 수 있다.

▶▶ 표 2-13 열가소성 플라스틱의 pV값

재 료	pV값 (kgf/cm^2 · cm/sec)	마멸량 (mg/100회)
POM	약 600	14
Nylon 66	약 600	12
PBT*	약 800	40
PC	약 50	13

* 30% glass 섬유충전재료(GF 30%)

기어(gear), 캠(cam), 베어링(bearing)을 일체화한 부품은 POM, PA, PBT가 사용되며, 모두 결정성 플라스틱이므로 성형수축률이 커서 정밀치수의 부품제조가 어려운 문제가 있다.

마찰, 마멸특성이 우수하지 않은 플라스틱, 예를 들어 SAN, PC의 경우는 윤활제와 폴리테트라플루오로에틸렌[Polytetrafluoroethylene(PTFE)] 분말을 혼합해 사용하고 있다. 첨가제로는 흑연(graphite), 이유화(二硫化) 몰리브덴[molybdenum(Mo)], 실리콘 오일(silicone oil) 등이 있으며 POM에도 첨가하는 경우도 있다. 성형수축률을 낮추기 위해 유리(glass)섬유강화로 하는 경우도 있으나 상대부품을 마멸시킬 위험이 있다.

다음의 표 2-16~2-17은 열가소성, 열경화성 플라스틱의 여러 성질을 표시한 것이다.

▶▶ 표 2-14 정지마찰계수 일람표

시험편상 / Plate	Steel	Al	POM	Nylon	PMMA	PC	ABS	PVC	PP	PE	Phenol	Urea	Melamine	PS	Epoxy no filler	Epoxy (10%)	불소 수지	평균
Steel	0.194	0.258	0.286	0.400	0.237	0.299	0.305	0.404	0.258	0.417	0.204	0.224	0.237	0.321	0.246	0.240	0.271	0.282
Al	0.264	0.550	0.431	0.441	0.466	0.565	0.491	0.383	0.448	0.424	0.390	0.350	0.308	0.367	0.491	0.441	0.350	0.421
POM	0.131	0.246	0.318	0.227	0.283	0.227	0.308	0.328	0.363	0.243	0.206	0.237	0.283	0.252	0.194	0.230	0.200	0.251
Nylon	0.203	0.596	0.334	0.731	0.505	0.484	0.524	0.459	0.445	0.407	0.524	0.344	0.350	0.484	0.581	0.387	0.380	0.455
PMMA	0.293	0.704	0.452	0.441	0.462	0.637	0.434	0.417	0.484	0.459	0.653	0.469	0.502	0.476	0.491	0.494	0.357	0.484
PC	0.249	0.546	0.308	0.441	0.498	0.524	0.604	0.407	0.452	0.558	0.302	0.441	0.380	0.441	0.427	0.360	0.414	0.449
ABS	0.243	0.509	0.331	0.407	0.484	0.498	0.539	0.441	0.469	0.438	0.473	0.400	0.364	0.577	0.621	0.509	0.337	0.449
PVC	0.215	0.535	0.328	0.448	0.370	0.484	0.466	0.397	0.498	0.704	0.363	0.363	0.344	0.341	0.395	0.321	0.387	0.409
PP	0.249	0.383	0.305	0.383	0.321	0.360	0.373	0.367	0.393	0.347	0.331	0.286	0.299	0.404	0.350	0.367	0.224	0.338
PE	0.188	0.243	0.261	0.215	0.315	0.243	0.261	0.209	0.277	0.354	0.360	0.233	0.249	0.271	0.289	0.367	0.200	0.267
Phenol	0.179	0.296	0.280	0.377	0.47	0.531	0.407	0.321	0.513	0.596	0.367	0.274	0.252	0.305	0.277	0.277	0.274	0.348
Urea	0.164	0.321	0.200	0.312	0.344	0.448	0.457	0.308	0.360	0.410	0.233	0.240	0.243	0.367	0.264	0.230	0.255	0.427
Melamine	0.176	0.227	0.206	0.299	0.331	0.354	0.387	0.347	0.360	0.387	0.299	0.286	0.229	0.334	0.308	0.230	0.277	0.296
PS	0.221	0.438	0.261	0.328	0.390	0.459	0.581	0.370	0.494	0.849	0.484	0.455	0.448	0.462	0.431	0.367	0.383	0.437
Epoxy no filler	0.203	0.440	0.315	0.462	0.360	0.328	0.271	0.370	0.434	0.542	0.400	0.397	0.318	0.441	0.377	0.427	0.283	0.372
Epoxy (10%)	0.233	0.535	0.293	0.462	0.400	0.527	0.434	0.347	0.539	0.491	0.380	0.410	0.370	0.452	0.380	0.431	0.407	0.401
불소수지	0.146	0.312	0.274	0.283	0.331	0.173	0.249	0.182	0.252	0.237	0.255	0.373	0.305	0.312	0.246	0.237	0.134	0.253
평 균	0.208	0.386	0.304	0.391	0.382	0.420	0.417	0.356	0.417	0.438	0.366	0.340	0.322	0.389	0.375	0.348	0.302	

▶▶ 표 2-15 운동마찰계수 일람표 (단, 0.8 kgf/cm^2 · 6.2 cm/sec)

상부 / 하부	강	Phenol	Melamine	Urea	PC	Nylon	POM	PMMA	PVC	ABS	PP	PS	PE	불소 수지	평균
강	0.448	0.524	0.686	0.711	0.362	0.104	0.180	0.385	0.216	0.376	0.316	0.517	0.109	0.100	0.359
Phenol	0.468	0.373	0.083	0.495	0.418	0.154	0.112	0.308	0.200	0.195	0.271	0.403	0.074	0.100	0.261
Melamine	0.567	0.397	0.071	0.076	0.028	0.050	0.067	0.260	0.101	0.158	0.065	0.273	0.025	0.082	0.158
Urea	0.453	0.067	0.089	0.153	0.058	0.087	0.071	0.078	0.071	0.282	0.352	0.127	0.075	0.092	0.146
PC	0.302	0.429	0.286	0.468	0.429	0.100	0.195	0.549	0.442	0.487	0.478	0.479	0.088	0.092	0.344
Nylon	0.192	0.152	0.073	0.101	0.120	0.077	0.074	0.088	0.076	0.191	0.075	0.099	0.066	0.099	0.105
POM	0.129	0.190	0.090	0.136	0.142	0.092	0.177	0.091	0.124	0.190	0.180	0.161	0.092	0.095	0.134
PMMA	0.568	0.464	0.470	0.395	0.418	0.168	0.109	0.551	0.386	0.177	0.472	0.452	0.123	0.099	0.436
PVC	0.219	0.256	0.087	0.110	0.222	0.112	0.143	0.313	0.250	0.216	0.317	0.391	0.088	0.128	0.202
ABS	0.366	0.229	0.087	0.125	0.269	0.126	0.167	0.185	0.176	0.180	0.213	0.138	0.096	0.100	0.175
PP	0.300	0.314	0.139	0.308	0.326	0.124	0.188	0.479	0.249	0.316	0.350	0.292	0.133	0.112	0.259
PS	0.368	0.392	0.310	0.438	0.375	0.171	0.153	0.345	0.333	0.263	0.246	0.467	0.156	0.108	0.274
PE	0.139	0.147	0.130	0.092	0.090	0.079	0.086	0.068	0.102	0.127	0.122	0.160	0.141	0.106	0.114
불소수지	0.117		0.075	0.101	0.105	0.094	0.104	0.108	0.097	0.093	0.111	0.106	0.095	0.083	0.092
평 균	0.331	0.302	0.191	0.264	0.240	0.109	0.130	0.271	0.201	0.232	0.254	0.290	0.104	0.099	0.218 0.215

▶▶ 표 2-16 열가소성 플라스틱의 성질

성 질 \ 플라스틱 종류			PS (Polystyrene)				PE (Polyethylene)		
			일반용	내 충격성	내 열성	30% glass	저 밀도	고 밀도	30% glass
성형조건	예비조건	온도 ℃							
		시간 hr							
	사출성형 조건	실린더 온도 ℃	200~280	220~280	220~280	220~280	150~270	200~300	200~300
		금형 온도 ℃	20~60	10~80	20~80	20~80	20~60	10~60	10~60
	성형수축율 %		0.4~0.7	0.4~0.7	0.2~0.6	0.1~0.3	1.5~5	1.5~5	0.2~0.6
	유동비 L/t (두께 2mm일 때)		200~500	200~500			550~600	200~600	
2차가공	화학도금			+					
	도장인쇄		++	++	++	++	+	+	+
	진공 증착, Sparkling		++	++	++	++	+	+	+
	Hot Stamping		++	++	++	++	+	+	+
	초음파 용착		++	++	++	++	−	−	−
	용제 접착 · 접착제 접착		++	++	++	++	−	−	−
밀도 JIS K7112 g/cm³			1.03~1.05	1.03~1.06	1.05~1.09	1.20~1.22	0.9~0.925	0.941~0.965	1.28
기계적성질	인장강도 JIS K7113 kgf/cm³		350~550	200~350	350~530	730~870	50~170	200~370	600
	신율 JIS K7113 %		3~4	13~50	2~60	1~2	90~800	20~130	1.5
	인장탄성율 JIS K7113 10^9 kgf/cm²		23~33	17~32	21~32	50~80	1~2.5	4~12	
	충격강도(Izod) JIS K7110 kgf·cm/cm		1.4~2.2	3.3~20	2.2~1.9	6~12	파손안됨	2.7~110	6
	경 도	Rockwell JIS K7202	M60~75	M19~80	1.80~108	M80			R75
		Durometer JIS K7215					D41~50	D60~70	
열적성질	융 점	결정 융점 ℃					95~130	120~140	120~140
		Glass 전위점 ℃	85~100	90~110	110~128	85~105			
	하중변형온도 JIS K7207	(4.6 kgf/cm²) ℃		70~95			40~100	60~90	
		(18.5 kgf/cm²) ℃	70~100	70~95	95~120	110~125	35~40	40~55	121
	선팽창계수 10^{-9} cm/cm/℃		7~8	6~10	6~7	3.6~4.1	10~22	11~13	4.8
기타	투명성		투 명	유 백	투 명		반투명	반투명	
	흡수성(24 hr) JIS K7209 %		0.03~0.10	0.03~0.10	0.03~0.12	0.1~0.3	<0.01	<0.01	0.02

성질			PP	PP 40% glass	ABS 고강성	ABS 고충격성	ABS 내열성	ABS 20% glass
성형조건	예비조건	온도 ℃			80	80	80	80
성형조건	예비조건	시간 hr			2	2	2	2
성형조건	사출성형 조건	실린더 온도 ℃	200~300	200~300	200~260	200~260	250~300	200~260
성형조건	사출성형 조건	금형 온도 ℃	20~90	20~90	50~80	50~80	50~80	50~80
성형조건	성형수축율 %		1.0~2.5	0.3~0.5	0.9~0.9	0.4~0.9	0.4~0.9	0.2
성형조건	유동비 L/t (두께 2mm일 때)		250~700					
2차 가공	화학도금		++(특수 grade		++	++	++	+
2차 가공	도장인쇄		+	+	++	++	++	++
2차 가공	진공 증착, Sparkling		+	+	+	+	+	+
2차 가공	Hot Stamping		+	+	++	++	++	++
2차 가공	초음파 용착		–	–	++	++	++	++
2차 가공	용제 접착 · 접착제 접착		–	–	++	++	++	++
밀도 JIS K7112 g/cm^3			0.90~0.91	1.22~1.28	1.03~1.06	1.01~1.04	1.05~1.08	1.22
기계적 성질	인장강도 JIS K7113 kgf/cm^2		210~400	560~1000	400~500	320~420	400~500	735
기계적 성질	신율 JIS K7113 %		100~800	2~4	5~25	5~70	3~20	
기계적 성질	인장탄성율 JIS K7113 10^9 kgf/cm^2		7~15	73~100	20~27	15~22	20~23	50
기계적 성질	충격강도(Izod) JIS K7110 kgf · cm/cm		2.2~110	7.6~11	16~33	33~87	11~35	6.5
기계적 성질	경 도	Rockwell JIS K7202	R50~110	R102~111	R110~115	R85~105	R110~115	M85
기계적 성질	경 도	Durometer JIS K7215						
열적 성질	융 점	결정 융점 ℃	160~168	160~168				
열적 성질	융 점	Glass 전위점 ℃			110~125	100~110	105~125	105~115
열적 성질	하중변형온도 JIS K7207	(4.6 kgf/cm^2) ℃	85~120		102~108	98~108	110~118	
열적 성질	하중변형온도 JIS K7207	(18.5 kgf/cm^2) ℃	50~60	148~155	95~105	95~102	105~115	100
열적 성질	선팽창계수 10^{-9} cm/cm/℃		7~10	2.7~3.2	8~10	9.5~11	6~9.3	2.1
기타	투명성		반투명		유 백	유 백	유 백	
기타	흡수성(24 hr) JIS K7209 %		0.01~0.03	0.05~0.06	0.2~0.45	0.2~0.45	0.2~0.45	

성 질		플라스틱 종류	SAN		PMMA	PVC	
				30% glass		연질	경질
성형조건	예비조건	온도 ℃	80	80	80	80	
		시간 hr	2	2	2~6	2	
	사출성형 조건	실린더 온도 ℃	200~260	200~260	190~290	160~190	170~210
		금형 온도 ℃	50~80	50~80	40~90	10~20	10~60
	성형수축율 %		0.2~0.7	0.1~0.2	0.1~0.4	1~5	0.1~0.5
	유동비 L/t (두께 2mm일 때)				200~500	150~500	160~250
2차가공	화학도금						
	도장인쇄		++	++	++	++	++
	진공 증착, Sparkling		+	+	+	+	+
	Hot Stamping		++	++	++	++	++
	초음파 용착		++	++	++	++	++
	용제 접착 · 접착제 접착		++	++	++	++	++
밀도 JIS K7112 g/cm^3			1.07~1.08	1.22	1.17~1.20	1.16~1.35	1.30~1.58
기계적 성질	인장강도 JIS K7113 kgf/cm^2		600~800	1000~1200	470~750	100~240	400~500
	신율 JIS K7113 %		1~4	2	2~10	200~450	40~800
	인장탄성율 JIS K7113 10^9 kgf/cm^2		27~38	75~120	25~30		23~40
	충격강도(Izod) JIS K7110 kgf·cm/cm		1.9~2.7	5.4	1.6~2.7	크게 변함	2.2~110
	경 도	Rockwell JIS K7202	M80~90	R122	M85~105		
		Durometer JIS K7215				A50~100	D68~85
열적 성질	융 점	결정 융점 ℃					
		Glass 전위점 ℃	115~125	115~125	90~105	75~105	75~105
	하중변형온도 JIS K7207	(4.6 kgf/cm^2) ℃			85~107		60~85
		(18.5 kgf/cm^2) ℃	85~105	96~100	74~100		60~85
	선팽창계수 10^{-9} cm/cm/℃		6.5~6.8	3.8~4	5.9	7~25	5~10
기타	투명성		투 명		투 명	투 명	투 명
	흡수성(24 hr) JIS K7209 %		0.2~0.3	0.15~0.3	0.1~0.4	0.04~0.4	0.15~0.75

성 질		플라스틱 종류	PC (Polycarbonate)			PA (Polyamide)				
				10% glass	30% glass	Nylon 6 →	30% glass	Nylon 66 →	30% glass	Nylon 11
성형조건	예비조건	온도 ℃	120	120	120	80	80	80	80	80
		시간 hr	> 4	> 4	> 4	8~15	8~15	8~15	8~15	80~15
	사출성형 조건	실린더 온도 ℃	270~380	270~380	270~380	240~290	240~290	260~300	260~300	190~270
		금형 온도 ℃	80~120	80~120	80~120	40~120	40~120	420~120	40~120	20~100
	성형수축율 %		0.5~0.7	0.2~0.5	0.1~0.2	0.5~1.5	0.4~0.6	0.8~1.5	0.5	0.3~1.5
	유동비 L/t (두께 2mm일 때)					400~600		800		200~500
2차가공	화학도금		+							
	도장인쇄		++	++	++	++	++	++	++	++
	진공 증착, Sparkling		+	+	+	+	+	+	+	+
	Hot Stamping		++	++	++	++	++	++	++	++
	초음파 용착		++	++	++	++	++	++	++	++
	용제 접착 · 접착제 접착		++	++	++	++	++	++	++	++
밀도 JIS K7112 g/cm^3			1.19~1.20	1.27~1.28	1.4	1.12~1.14	1.35~1.42	1.13~1.15	1.38	1.05
기계적 성질	인장강도 JIS K7113 kgf/cm^2		550~700	630	1250	700~850	1650	700~850	1850	530~550
	신율 JIS K7113 %		100~130	5	3~5	200~300	3~6	150~300	3	300~500
	인장탄성율 JIS K7113 10^9 kgf/cm^2		18~25	33	83	25	97	28		12~12.5
	충격강도(Izod) JIS K7110 kgf·cm/cm		75~100	6.5	11	3.3~5.4	16	4.3~5.4	12	10~30
	경 도	Rockwell JIS K7202	R115~125	M75	M92	R119	M101	R120	M100	R106~109
		Durometer JIS K7215								
열적 성질	융 점	결정 융점 ℃				216	216	265	265	194
		Glass 전위점 ℃	140	142	146					
	하중변형온도 JIS K7207	($4.6\ kgf/cm^2$) ℃				185~195		250		145~150
		($18.5\ kgf/cm^2$) ℃	130~142			70~85	210	75	250	55
	선팽창계수 10^{-9} cm/cm/℃		6~7			8~8.3	2~3	8	1.5~2	10
기타	투명성		투 명			반투명		반투명		반투명
	흡수성(24 hr) JIS K7209 %		0.15	0.15	0.14	1.3~1.9	1.2	1.0~1.3	1.0	025~0.3

성 질		플라스틱 종류	PA	POM		PETP	
			Nylon 12		25% glass		30% glass
성형조건	예비조건	온도 ℃	80			120	120
		시간 hr	8~15			> 4	> 4
	사출성형조건	실린더 온도 ℃	190~270	180~230	180~230	260~300	260~300
		금형 온도 ℃	20~100	60~120	60~120	130~150	130~150
	성형수축율 %		0.3~1.5	2~2.5	0.4	2~2.5	0.2~0.9
	유동비 L/t (두께 2mm일 때)		200~500	500		500	
2차가공	화학도금			+			
	도장인쇄		++	+	+	+	+
	진공 증착, Sparkling		+	+	+	+	+
	Hot Stamping		++	+	+	+	+
	초음파 용착		++	++	++	++	++
	용제 접착 · 접착제 접착		++	−	−	−	−
밀도 JIS K7112 g/cm^3			1.01	1.41~1.42	1.61	1.34~1.39	1.5~1.6
기계적성질	인장강도 JIS K7113 kgf/cm^2		530~550	580~800	1250	560~700	1500
	신율 JIS K7113 %		300~500	25~75	3	50~300	3
	인장탄성율 JIS K7113 10^9 kgf/cm^2		12~12.5	27~37	83	27~40	96
	충격강도(Izod) JIS K7110 kgf · cm/cm		10~30	5.4~13	10	1.4~3.5	10
	경 도	Rockwell JIS K7202	R106~109	M78~94	M90	M90	M100
		Durometer JIS K7215					
열적성질	융 점	결정 융점 ℃	179	175~181	175~181	245	245
		Glass 전위점 ℃				73	73
	하중변형온도 JIS K7207	(4.6 kgf/cm^2) ℃	145~150	155~170			
		(18.5 kgf/cm^2) ℃	55	110~125	163	38~41	280
	선팽창계수 10^{-9} cm/cm/℃		10	8.5~10		6.5	2.9
기타	투명성		반투명	유 백		투명유백	
	흡수성(24 hr) JIS K7209 %		0.25~0.3	0.22~0.4	0.29	0.1~0.2	0.05

성 질		플라스틱 종류	PBT		변성 PPE		PPS	
				30% glass		30% glass		40% glass
성형조건	예비조건	온도 ℃	120	120	100	100		
		시간 hr	> 4	> 4	2	2		
	사출성형 조건	실린더 온도 ℃	230~280	230~280	260~310	260~310	315~330	315~330
		금형 온도 ℃	40~80	40~80	40~110	40~110		
	성형수축율 %		1.5~2.0	0.2~0.8	0.5~0.7	0.1~0.4	0.6~0.8	0.2
	유동비 L/t (두께 2mm일 때)		250~600		260	260		
2차가공	화학도금				+			
	도장인쇄		+	+	++	++	−	−
	진공 증착, Sparkling		+	+	+	+	+	+
	Hot Stamping		+	+	++	++	++	++
	초음파 용착		++	++	++	++	++	++
	용제 접착 · 접착제 접착		−	−	++	++	−	−
밀도 JIS K7112 g/cm^3			1.31~1.38	1.52	1.06~1.10	1.27~1.36	1.30	1.64
기계적 성질	인장강도 JIS K7113 kgf/cm^2		550	1100~1250	520~640	1100~1250	1630	1450
	신율 JIS K7113 %		50~300	2~4	50~60	3~5	1	1.3
	인장탄성율 JIS K7113 10^9 kgf/cm^2		19	87	24	80	32	79
	충격강도(Izod) JIS K7110 kgf · cm/cm		4.4~5.4	7.0~8.7	27	8~11	> 2.7	
	경 도	Rockwell JIS K7202	M68~78	M90	R115~119	R115~116	R123	R121
		Durometer JIS K7215						
열적 성질	융 점	결정 융점 ℃	232~267	232~267				
		Glass 전위점 ℃			110~135	110~135	290	290
	하중변형온도 JIS K7207	(4.6 kgf/cm^2) ℃			110~135		88	88
		(18.5 kgf/cm^2) ℃	50~85	220	110~129	110~135		
	선팽창계수 10^{-9} cm/cm/℃		6.0~9.5	2.5	3.3~6.9	1.4~2.5	135	> 260
기타	투명성		유 백				4.9	3.6
	흡수성(24 hr) JIS K7209 %		0.08~0.09	0.06~0.08	0.7~1.1	0.06	> 0.02	0.03

▶▶ 표 2-17 열경화성 플라스틱의 성질

성 질		플라스틱 종류	수분(水粉) 충전	Phenol resin			
				고강도 glass	고충격 면충전	고충격 섬유소	고충격 포충전
성형조건	예비조건	온도 ℃					
		시간 hr					
	사출성형 조건	실린더 온도 ℃					
		금형 온도 ℃	165~205	165~200	165~205	165~205	165~205
	성형수축율 %		0.1~0.4	0.4~0.9	0.4~0.9	0.4~0.9	0.4~0.9
	유동비 L/t (두께 2mm일 때)						
2차가공	화학도금						
	도장인쇄		++	++	++	++	++
	진공 증착, Sparkling		+	+	+	+	+
	Hot Stamping		+	+	+	+	+
	초음파 용착		–	–	–	–	–
	용제 접착 · 접착제 접착		++	++	++	++	++
밀도 JIS K7112 g/cm^3			1.37~1.46	1.69~2.0	1.38~1.42	1.38~1.42	1.37~1.45
기계적 성질	인장강도 JIS K7113 kgf/cm^2		330~600	460~1500	400~670	240~430	400~530
	신율 JIS K7113 %		0.4~0.8	0.2	1~2	1~2	1~4
	인장탄성율 JIS K7113 10^9 kgf/cm^2		50~115	125~200	173~193	173~180	160~173
	충격강도(Izod) JIS K7110 kgf·cm/cm		1.1~3.3	2.7~10	1.6~10	2.3~6	6~20
	경 도	Rockwell JIS K7202	M100~115	E51~101	M105~120	M95~115	M105~115
		Durometer JIS K7215					
열적 성질	융 점	결정 융점 ℃					
		Glass 전위점 ℃					
	하중변형온도 JIS K7207	(4.6 kgf/cm^2) ℃					
		(18.5 kgf/cm^2) ℃	150~190	175~315	150~180	150~175	160~200
	선팽창계수 10^{-9} cm/cm/℃		3~4.5	0.8~2.1	1.5~2.2	2.0~3.1	1.8~2.4
기타	투명성						
	흡수성(24 hr) JIS K7209 %		0.3~1.2	0.03~1.2	0.6~0.9	0.5~0.9	0.6~0.8

성질		플라스틱 종류	Phenol resin 내열 석면충전	Phenol resin 30% 광물충전	Urea 수지	Melamine 수지	Melamine /Phenol	Epoxy 수지
성형조건	예비조건	온도 ℃						
		시간 hr						
	사출성형 조건	실린더 온도 ℃						
		금형 온도 ℃	165~205	165~195	140~160	140~170	175~205	120~150
	성형수축율 %		0.1~0.9	0.2~0.26	0.6~1.4	0.5~1.5	0.9~1.0	0.6~1.0
	유동비 L/t (두께 2mm일 때)							
2차가공	화학도금							
	도장인쇄		++	++	++	++	++	++
	진공 증착, Sparkling		+	+	+	+	+	+
	Hot Stamping		+	+	+	+	+	+
	초음파 용착		–	–	–	–	–	–
	용제 접착 · 접착제 접착		++	++	++	++	++	++
밀도 JIS K7112 g/cm^3			1.45~2.0	1.42~1.84	1.47~1.52	1.47~1.52	1.5~1.7	0.75~1.0
기계적성질	인장강도 JIS K7113 kgf/cm^2		300~600	400~650	365~870	330~870	400~530	165~270
	신율 JIS K7113 %		0.1~0.5	0.1~0.5	< 1	0.6~1.0	0.4~0.8	
	인장탄성율 JIS K7113 10^9 kgf/cm^2		165~200	165~200	67~100	73~93	53~80	
	충격강도(Izod) JIS K7110 kgf · cm/cm		1.4~2	1.4~2	1.4~2.2	1.1~2.2	1.1~2.2	0.8~1.4
	경 도	Rockwell JIS K7202	M105~115	E88	M110~120	M115~125	E95~100	
		Durometer JIS K7215						
열적성질	융 점	결정 융점 ℃						
		Glass 전위점 ℃						
	하중변형온도 JIS K7207	(4.6 kgf/cm^2) ℃						
		(18.5 kgf/cm^2) ℃	150~260	180~250	115~120	175~200	140~155	93~120
	선팽창계수 10^{-9} cm/cm/℃		1.0~4.0	1.9~2.6	2.2~3.6	1.0~4.0	1.0~4.0	
기타	투명성							
	흡수성(24 hr) JIS K7209 %		0.1~0.5	0.1~0.3	0.4~0.8	0.3~0.65	0.3~0.65	0.2~0.1

CHAPTER 03

엔지니어링 플라스틱 (Engineering Plastic)

1 Engineering Plastic의 종류(美 GE社)

GE사(社) 플라스틱은 성형성이 좋고 높은 성능의 엔지니어링 플라스틱(engineering plastic) 수지들을 제공해 준다. 새로운 수지의 개발과 새로운 산업 분야에 적합한 높은 성능의 엔지니어링 플라스틱의 사용이 더욱 현저하게 증가하게 되었다.

GE 플라스틱의 엔지니어링 플라스틱(engineering plastic) 수지들은 다음과 같은 독특한 장점들을 갖고 있다.

① 여러 부품의 기능을 통합시킴으로써 부품수를 감소시킨다.
② 성형과 동시에 조립이 가능한 특성이 있다.
③ 도장이나 다른 후공정이 거의 불필요하다.
④ 제품 중량에 대한 강도의 비가 높다.
⑤ 내화학성이 있고 내충격성이 높다.

또한 외관제품에 사용 시 고광택의 제품을 성형할 수 있으며 무광 또는 표면부식무늬의 제품도 성형할 수 있다. 제품의 가치를 높이기 위하여 도장이나 인쇄 또는 나뭇결 모양의 표면장식(wood graining)이나 핫스탬핑(hot stamping) 등의 일반적인 후가공 방법들을 사용할 수 있다.

성형품을 조립하는 방법으로는 기존의 기계적 방법이나 화학적인 방법으로 조립이 가능하다. 사무기기, 가전제품, 자동차 부품, 전장, 전기 · 전자 부품, 조명기구 및 안전장구와 같은 안전과 관련되어 있는 경우에는 높은 내열온도와 높은 충격강도를 갖는 GE 플라스틱의 난연수지 등을 사용하는 것이 좋다. 기존의 금속 부품들은 기계적 강도가 증가된 유리섬유가 보강된 그레이드(grade)를 사용하여 필요한 강도를 갖도록 설계함으로써 중량감소와 비용절감을 이루면서 플라스틱으로의 대체를 가능하게 하여 준다.

단순히 기존의 금속 부품을 플라스틱으로 대체시키는 것을 생각할 뿐 아니라 플라스틱으로 생각하고 플라스틱 고유의 장점을 충분히 이용하는 방법을 배워야 할 필요가 있다. 한 번 더 생각하고 재설계를 시도함으로써 기존의 금속 조립품들을 치수적으로 안정되고, 충격강도, 전기적 특성 및 내화학성 등의 우수한 물성을 갖는 엔지니어링 플라스틱(engineering plastic)으로 부품수를 반 정도 줄인 채 자동으로 조립을 하면서 생산할 수도 있다.

GE 플라스틱은 창조적이고 혁신적인 제품에 적용할 수 있는 가격과 성능(가성비)이 잘 조화된 우수한 엔지니어링 플라스틱(engineering plastic)을 공급하고 있다. 따라서 제품의 성능과 질도 향상될 것이다.

1.1 렉산(Lexan)-GE사 '폴리카보네이트(Polycarbonate(PC))'의 상품명

비스페놀 A(bisphenol A)로부터 만들어진 렉산(lexan)은 탄산에스테르(ester carbonate)를 갖고 있다.

1) 렉산(Lexan)의 특징

① 내크리프(耐creep)성을 포함한 우수한 기계적 특성이 있다.
② 투명성이 우수하다.
③ 미국식품 규정(FDA, Food and Drug Administration, '미국 식품의약국'으로 제품의 안전성과 유효성을 검증하여 국민의 건강을 지키는 기관)에 맞도록 개발된 식품용 그레이드가 있다.
④ 열가소성 수지 중에서 가장 높은 충격강도를 갖고 있다.
⑤ 치수정밀도와 치수안정성이 우수하다.

2) 렉산(Lexan)의 종류

표 3-1과 같은 렉산(lexan)의 종류가 있다.

▶▶ **표 3-1** 렉산의 종류에 따른 등급 및 특징

구 분	그레이드	특 징
고유동성	HF1110	아주 얇은 제품 사출성형용(MFI 22g/10min)
일반 그레이드	121 141 101 131 151	저점도로서 얇은 제품 사출성형용 중점도로서 일반적인 사출성형용 고점도로서 두꺼운 제품사출용 고점도로서 압출판재용 고점도로서 압출 블로우성형용

구 분	그레이드	특 징
유리섬유 보강	3412 3413 3414	20% 유리섬유 보강 30% 유리섬유 보강 40% 유리섬유 보강
유리섬유 보강 난연	500 LGN1500 LGN2000 LGN3000	10% 유리섬유 보강 15% 짧은 유리섬유 보강 20% 짧은 유리섬유 보강 30% 짧은 유리섬유 보강
고탄성이방성 개량	LGK3020 LGK4030 LGK5030	30% 유리섬유 및 미네랄 보강 40% 유리섬유 및 미네랄 보강 50% 유리섬유 및 미네랄 보강
난연 그레이드	920 920A 940 940A 950 950A	저점도로서 1.47mm에서 V-0 저점도로서 3.05mm에서 V-0 중점도로서 1.47mm에서 V-0 중점도로서 3.05mm에서 V-0 고점도로서 1.47mm에서 V-0 고점도로서 3.05mm에서 V-0
내후성	LS-1 LS-2 LS-3	저점도로서 자동차 외장조명용 중점도로서 자동차 외장조명용 고점도로서 자동차 외장조명용
광디스크용	OQ1020	콤팩트디스크 및 비디오 디스크용
광반사용	ML4351 LX2801	UL94V-2 UL94V-0
내수증기성 개량	SR1000 SR1400	UL94V-2 중점도 UL94V-2 고점도
탄소섬유 보강	LC108 LC112 LC120 LCG2007	8% 탄소섬유 보강 12% 탄소섬유 보강 20% 탄소섬유 보강 20% 탄소섬유 보강+7% 유리섬유 보강
내마모성 개량	LF1000 LF1010 LF1510 LF1520 LF1030	10% PTFE 10% PTFE+10% 유리섬유 보강 15% PTFE+10% 유리섬유 보강 15% PTFE+20% 유리섬유 보강 10% PTFE+30% 유리섬유 보강
내화학성 개량	LCR200	HB에 해당
사무기기용	BE2130R	우수한 이형성 및 고유동성(MFI 18g/10min)
SP 그레이드	SP1010 SP1110 SP1210	초고유동성(MFI 45g/10min) 고유동성 일반그레이드(MFI 16g/10min)

구 분	그레이드	특 징
	SP1310 SP7112 SP7114 SP7116	고점도(MFI 10g/10min) 10% 유리섬유 보강 외관 개량 20% 유리섬유 보강 외관 개량 30% 유리섬유 보강 외관 개량
발포 성형용	FL400 FL410 FL900 FL910 FL920 FL930	3.2mm에서 UL94V-0/5V인 제품두께 4mm용 4.0mm에서 UL94V-0/5V인 10% 유리섬유 보강 6.1mm에서 UL94V-0/5V인 5% 유리섬유 보강 6.1mm에서 UL94V-0/5V인 10% 유리섬유 보강 6.1mm에서 UL94V-0/5V인 20% 유리섬유 보강 6.1mm에서 UL94V-0/5V인 30% 유리섬유 보강
압출블로우 성형용	PK2870 EBL2061 EBL9001	5GAL 생수통용 투명성과 내충격성의 사무기기용 투명성과 내충격성의 자동차용
고내열 PPC 그레이드	PPC4501 PPC4701	하중 18.6kgf/cm^{2}에서의 열변형 온도가 152℃ 하중 18.6kgf/cm^{2}에서의 열변형 온도가 163℃

1.2 스마트폰(Smart phone)의 기구 케이스(Case)의 플라스틱 재질

① PC(Polycarbonate, LEXAN 141) : 메이커 미국 GE회사

충격에 대단히 강하다(내충격성 우수). 일반 ABS에 비하여 수지 흐름성이 좋지 않다.

예 LG 휴대폰 사이언(Cyon), 스마트폰 옵티머스(Optimus)

② PC(Polycarbonate, LEXAN 121) : 메이커 미국 GE회사

PC(LEXAN 141)보다는 내충격성이 약간 떨어지나 ABS가 더 많이 섞여 있어 수지 흐름성이 좋다. 살두께는 고속사출기를 사용하여 0.55 t(즉 0.55 mm)까지 사출이 가능하며 휴대폰의 무게를 80~85 gr까지 경량화시킬 수 있다.

예 모토로라(Motorola) 휴대폰 스타택(StarTac)

③ PC(Polycarbonate, SR1210R-701 : Black) : 메이커 미국 GE회사

살두께 1.0 t 이하로 성형이 가능하며, 사출조건을 좋게 하기 위해 PC표준품인 PC(LEXAN 141) 등급보다 ABS가 더 많이 함유되어 있다.

예 맥슨(Maxon)의 휴대폰

④ PC(Polycarbonate, SR1220R) : 메이커 삼성 제일모직

살두께를 얇게 사출성형할 수 있으며, 경량화가 가능하다.

예 삼성 휴대폰 애니콜(Anycall), 스마트폰 갤럭시(Galaxy), 삼성 갤럭시 노트(Galaxy Note)

다음 그림 3-1은 삼성 스마트폰의 앞면과 뒷면을 3차원으로 각각 3D 모델링을 한 입체도면이다.

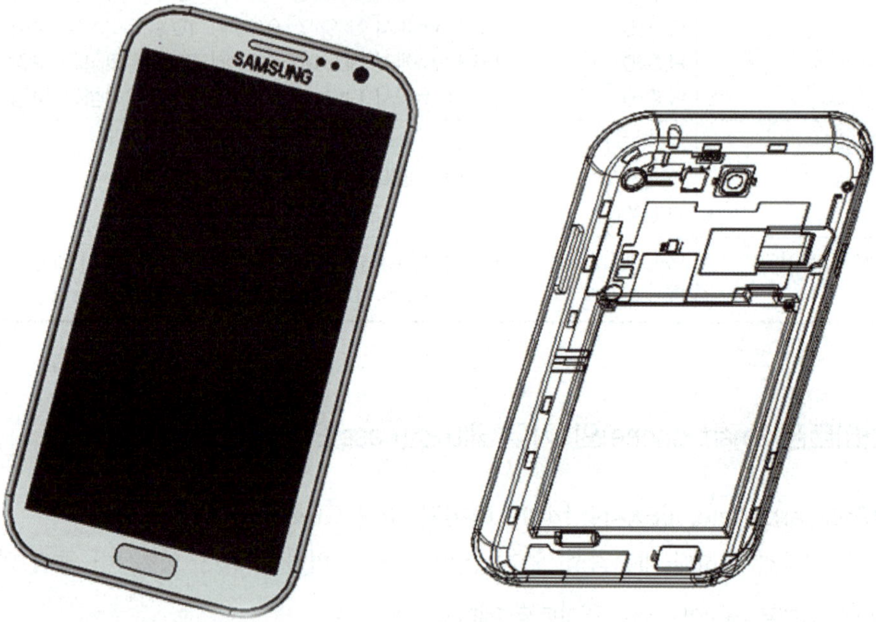

그림 3-1 삼성 스마트폰 앞면과 뒷면의 3D 모델링

1.3 노릴(Noryl, 변성 폴리페닐렌 옥사이드, Modified Polyphenyleneoxide(MPPO))

노릴(Noryl) 수지의 주원료인 폴리페닐렌 옥사이드(Polyphenylene oxide, PPO)는 2,6자이레놀(xylenol)의 중합에 의해 만들어진 방향족 폴리에테르(Polyether)로서 내열온도가 현저하게 높다. 노릴(Noryl)은 이 폴리페닐렌 옥사이드(PPO)를 변성시켜 만들었다.

1) 노릴(Noryl)의 특징

① 내열온도가 높다.
② 기계적 특성이 온도나 습도의 영향을 거의 받지 않는다.
③ 치수안정성이 우수하다.
④ 성형성이 우수하고 성형수축률이 적어 고품질의 정밀제품에 적합하다.
⑤ 광범위한 주파수에 대한 전기적 특성이 우수하다.
⑥ 물이나 산 및 알칼리에 견디고 수분 흡수성이 낮다.
⑦ 부식이 되지 않고 난연 그레이드를 쉽게 이용할 수 있다.
⑧ 경제적이다.

2) 노릴(Noryl)의 종류

표 3-2와 같은 노릴(noryl)의 종류가 있다.

▶ 표 3-2 노릴의 종류에 따른 등급 및 특징

구 분	그레이드	특 징
일반 그레이드	115	UL94HB인 일반 내열용
	731	UL94HB인 일반 내열용
	SE90	UL94V-1/5V인 고유동성 하우징용
	SE100	UL94V-1/5V인 내열 및 고유동성 하우징용
	SE1	UL94V-1인 내열성
	PPO534	UL94V-1인 내열성
난연 그레이드	N85	대형 성형품용
	N190	대형 성형품용
	N225	내열성
	N300	초내열성
유리섬유 보강	GFN1	10% 유리섬유 보강된 강성
	GFN2	20% 유리섬유 보강된 고강성
	GFN3	30% 유리섬유 보강된 고강성
	SE1-GFN1	10% 유리섬유 보강된 UL94V-1의 강성
	SE1-GFN2	20% 유리섬유 보강된 UL94V-1의 고강성
	SE1-GFN3	30% 유리섬유 보강된 UL94V-1의 고강성
	PX-2922	20% 유리섬유 UL94V-0/5V의 고강성 및 고유동
	PX-2923	30% 유리섬유 UL94V-0/5V의 고강성 및 고유동

구 분	그레이드	특 징
고탄성	HM3020 HM4025 HM5030 PX-2926 HFG100 HFG200 HFG300 BHM510	UL94V-1/5V인 고탄성 및 치수정밀도 UL94V-1/5V인 고탄성 및 치수정밀도 UL94V-1/5V인 초고탄성 및 치수정밀도 UL94V-1/5V인 고탄성, 치수정밀도 및 유동성 개선 UL94V-0/5V인 유동성, 우수한 외관 및 강성 UL94V-0/5V인 유동성, 우수한 외관 및 강성 UL94V-0/5V인 유동성 및 고강성 UL94V-0/5V인 우수한 외관 및 강성
탄소섬유 보강	NC108 NC112 NC120	8% 탄소섬유 함유된 대전방지 효과 12% 탄소섬유 함유된 고강성 및 도전성 20% 탄소섬유 함유된 고강성 및 도전성
탄소섬유 보강	NC208 NC212 NC220 HMC3008	8% 탄소섬유 함유된 내열성 및 대전방지 효과 12% 탄소섬유 함유된 내열성, 고강성 및 도전성 20% 탄소섬유 함유된 내열성, 고강성 및 도전성 8% 탄소섬유 함유된 고강성, 높은 치수정밀도 및 대전방지효과
내마모성 개량	NF1020 NF2020 NF1030	10% PTFE+20% 유리섬유 보강된 중속고하중용 20% PTFE+20% 유리섬유 보강된 고속고하중용 10% PTFE+30% 유리섬유 보강된 고속고하중용, 고강성 및 적은 선팽창 계수
내열 및 내화학성 개량	CRN500 CRN520 CRN530 CRN720 CRN730	UL94HB 20% 유리섬유 보강된 UL94HB 30% 유리섬유 보강된 UL94HB 20% 유리섬유 보강된 UL94V-0 30% 유리섬유 보강된 UL94V-0
도금용	PN-235	내열성 및 내충격성
자동차용	PX-0844 PX-0888 PX-1222 PX-1265 PX-1390 PX-1391	기본 그레이드 내열성 높은 충격강도 초내열성 극초내열성 극초내열성
발포성형용	FN-150 FN-170 FN-215 FM-3020 FM4025 FMC3008 SFG100 SFG200	4.0mm에서 UL94V-0/5V인 제품두께 4mm용 6.35mm에서 UL94V-1/5V인 일반 그레이드 6.1mm에서 UL94V-0/5V인 기본 그레이드 20% 유리섬유+10% 미네랄이 보강된 고탄성 25% 유리섬유+15% 미네랄이 보강된 고탄성 8% 탄소섬유 함유된 고탄성 및 대전방지 효과 10% 유리섬유 보강된 유동성 개량 20% 유리섬유 보강된 유동성 개량

구 분	그레이드	특 징
	SFG300	30% 유리섬유 보강된 유동성 개량
압출용	EN185 EN212 EN265 ENG265	UL94V-1인 기본 그레이드 UL94V-1인 내열 UL94V-1인 초내열 UL94HB인 초내열
압출블로우 성형용	EBN2001 EBN2002 EBN2003 EBN3001 EBN7501 EBN9001 EBN9002 EBN9003 EBN9004 BN11 BN13 BN15 BN25	UL94V-0/5V인 사무기기용 UL94V-1인 사무기기용 내후성이 보강된 사무기기용 외관 및 성형성이 개선된 사무기기용 충격강도 및 내화학약품성 고내열 및 고충격의 자동차용 고내열의 자동차용 고충격 및 고내열의 자동차용 외관이 개선된 자동차용 내열, 작업성 및 외관이 개선된 기본 그레이드 내열, 작업성 및 외관이 개선된 PX-1222와 유사 초내열, 작업성 및 외관이 개선된 PX-1265와 유사 UL94V-0/5V
압출블로우 성형용	BN30 BN31 BN41 BN43 EBG9051	UL94V-2 UL94V-0/5V UL94V-1/5V UL94V-1 내열성 및 내화학성이 좋은 GTX 그레이드
GTX 그레이드	GTX-901 GTX-910 GTX-810 GTX-820 GTX-830 GTX-600	내열성 및 내화학성이 우수한 휠카바용 내충격 및 초내열의 휀다 온라인 페인트용 10% 유리섬유 보강 20% 유리섬유 보강 30% 유리섬유 보강 초내열 및 높은 충격강도

1.4 바록스(Valox, 열가소성 폴리에스테르, Polyester)

바록스(Valox)는 디메틸 텔레프타레이트(DMT)와 1.4부탄디올(1.4 DB)과의 응축중합에 의하여 얻어지는 폴리부칠렌 텔레프타레이트(PBT)가 주제품이고, 최근에 폴리에틸렌 텔레프타레이트(PET)와 폴리 사이클로 헥산 디메칠렌 텔레프타레이트(PCT) 등의 다양한 그레이드가 개발되었다.

1) 바록스(Valox)의 특징

① 내화학성 및 내유성이 우수하다.
② 표면 마찰 저항이 낮고 내마모성이 높다.
③ 내피로성이 우수하다.
④ 내열성이 매우 높다.
⑤ 사용 중 뒤틀림(warp)이 매우 적고 치수안정성이 좋다.
⑥ 수분 흡수율이 적고 기계적 및 전기적 물성의 저하가 적다.

2) 바록스(Valox)의 종류

표 3-3과 같은 바록스(valox)의 종류가 있다.

표 3-3 바록스의 종류에 따른 등급 및 특징

구 분	그레이드	특 징
300 시리즈	310 310SEO 325 210HP	기본 그레이드 UL94V-0 성형성 개량 UL94HB인 식품용(FDA)
400 시리즈	DR51 420 414 457 DR-48 420SEO	15% 유리섬유 보강된 UL94HB 30% 유리섬유 보강된 UL94HB 40% 유리섬유 보강된 HB에 상당 7.5% 유리섬유 보강된 UL94V-0 15% 유리섬유 보강된 UL94V-0 30% 유리섬유 보강된 UL94V-0
500 시리즈	507 508 553	30% 유리섬유 보강된 변형이 적은 UL94HB 30% 유리섬유 보강된 변형이 적은 UL94HB 30% 유리섬유 보강된 변형이 적은 UL94V-0
700 시리즈	735 745 750 780 721	변형이 적고 내열성의 UL94HB 변형이 적은 UL94HB 내아크성 및 내트래킹성이 개선된 UL94V-0 내아크성이 개선된 UL94V-0 전기특성이 좋은 HB상당
800 시리즈	815 830 855 865	15% 유리섬유 보강된 외관 개량 30% 유리섬유 보강된 외관 개량 15% 유리섬유 보강된 외관 개량 UL94V-0 30% 유리섬유 보강된 외관 개량 UL94V-0

구 분	그레이드	특 징
VC 시리즈	VC108 VC112 VC120 VC130 PDR7904	8% 탄소섬유가 보강된 대전방지용의 UL94V-0 12% 탄소섬유가 보강된 도전성 및 고강성의 UL94V-0 20% 탄소섬유가 보강된 도전성 및 고강성의 UL94V-0 30% 탄소섬유가 보강된 도전성 및 고강성의 UL94V-0 변형이 적은 대전 방지용
900 시리즈	9230 9530 9730 VSM730 VSM731 VSM741	PET가 30% 보강된 UL94HB PET가 30% 보강된 UL94V-0 PCT가 30% 보강된 UL94V-0인 일반 그레이드 PCT가 30% 보강된 유동성이 개선된 UL94V-0 PCT가 30% 보강된 인성이 개선된 UL94V-0 PCT가 40% 보강된 인성이 개선된 UL94V-0
인성이 개선	357 PDR4912 PDR4908	UL94V-0인 일반 그레이드 15% 유리섬유 보강된 UL94V-0 30% 유리섬유 보강된 UL94V-0
변형이 적음	VDS4350 VDS5350	유리섬유와 미네랄이 35% 보강된 UL94V-0 유리섬유와 미네랄이 35% 보강된 UL94V-0
가수분해성 개량	VSR4150 VSR4350	15% 유리섬유 보강된 UL94V-0 30% 유리섬유 보강된 UL94V-0
고유동성	PDR4910 PDR4911	15% 유리섬유 보강된 UL94V-0 30% 유리섬유 보강된 UL94V-0
에폭시 접착성 개량	VIC4101 VIC4311	15% 유리섬유 보강된 UL94HB 30% 유리섬유 보강된 고유동성의 UL94HB
발포성형	FV600 FV608 FV699	30% 유리섬유 보강된 고강성의 UL94V-0/5V 30% 유리섬유 보강된 고강성의 UL94HB 10% 유리섬유 보강된 고강성의 UL94V-0/5V

1.5 울템(Ultem , 폴리에테르이미드, Polyetherimide(PEI))

울템(Ultem)은 비결정성의 열가소성 폴리에테르이미드(PEI) 수지로서 이미드(imide)결합에 의해 내열온도가 높고 기계적 강도가 우수하며 또한 에테르(ether)결합에 의한 좋은 성형성을 갖고 있다.

1) 울템(Ultem)의 특징

① 난연성이 우수하다.

47 이상의 높은 산소지수(oxygen index)를 갖고 화재 시 연기 방출이 가장 적은 UL94V-0

/ 5V인 난연수지이다.

② **전기적 특성이 우수하다.**

광범위한 온도와 주파수에 대하여 유전율과 유전손실이 아주 안정되어 있고 절연파괴강도가 높다.

③ **내열성이 우수하다.**

하중 하에서의 열변형 온도가 200℃ 이상이고 UL의 장기연속사용온도가 170℃ 이상이다.

④ **기계적 강도가 우수하다.**

⑤ **성형성이 좋다.**

⑥ **내화학성이 좋다.**

2) 울템(Ultem)의 종류

표 3-4와 같은 울템(ultem)의 종류가 있다.

표 3-4 울템의 종류에 따른 등급 및 특징

구 분	그레이드	특 징
일반 그레이드	1000	UL94V-0인 기본 그레이드
	1010	UL94V-0인 유동성이 개선된 저점도
유리섬유 보강	2100	10% 유리섬유가 보강된 UL94V-0
	2110	10% 유리섬유가 보강된 UL94V-0의 저점도
	2200	20% 유리섬유가 보강된 UL94V-0
	2210	20% 유리섬유가 보강된 UL94V-0의 저점도
	2300	30% 유리섬유가 보강된 UL94V-0
	2310	30% 유리섬유가 보강된 UL94V-0의 저점도
	2400	40% 유리섬유가 보강된 UL94V-0
	2410	40% 유리섬유가 보강된 UL94V-0의 저점도
내마모성 개량	4000	내부윤활용 보강된 UL94V-0
	4001	내부윤활용 보강되지 않은 UL94V-0
내약품성 개량	CRS5001	UL94V-0
초고온용	6000	보강되지 않은 그레이드
	6100	10% 유리섬유 보강
	6200	20% 유리섬유 보강
	6202	20% 미네랄 보강
특수 그레이드	JD7201	20% 탄소섬유가 보강된 도전성의 감지장치용
	JD7401	20% 탄소섬유에 20% 유리섬유가 보강된 고탄성의 CD 부품용
	JD4901	10% 탄소섬유에 PTFE가 보강된 내마모성의 I.C 소켓용
	JD7902	대전방지성의 I.C 소켓용

1.6 사이콜로이(Cycoloy , PC/ABS 얼로이)

사이콜로이(Cycoloy)는 폴리카보네이트(Polycarbonate)와 아크릴로 니크릴 부타디엔 스티렌(Acrylo nitrile butadiene styrene, ABS)을 얼로이(alloy, 합성)한 수지로서 두 수지의 특성을 모두 갖고 있다. 특히 충격강도와 내후성이 우수하고 성형성이 좋다.

1) 사이콜로이(Cycoloy)의 특징

① 내후성이 우수하다.
② 충격강도가 현저하게 높다.
③ 성형성이 좋다.
④ 내열 온도가 높다(80~120℃).

2) 사이콜로이(Cycoloy)의 종류

표 3-5와 같은 사이콜로이(cycoloy)의 종류가 있다.

표 3-5 사이콜로이의 종류에 따른 등급 및 특징

구 분	그레이드	특 징
C1000 시리즈	C1000	고유동성 및 내충격성으로 대형이나 복잡한 제품용
	C1100	내열성 및 내충격성으로 자동차 부품용
	C1100HF	고유동성 및 내열성으로 자동차 부품용
	C1200	내열성 및 내충격성
	C1200HF	고유동성, 내열성 및 내충격성으로 복잡한 제품용
C2000 시리즈	C2800	UL94V-0/5V에 유동성
	C2950	UL94V-0/5V에 내열성
MC5000 시리즈	MC5000	UL94V-1에 내열성
	MC5001	UL94V-0에 내열성 및 유동성
	MC5003	UL94V-0/5V에 내열성 및 유동성
	MC5101	UL94V-0에 초내열성으로 도금용

2 GE 플라스틱 수지의 특성

2.1 수지의 특성과 용어

플라스틱은 인간이 만들어낸 유기물로서, 그 물리적인 거동을 결정하는 구성요소인 수지 중합체(polymers)는 하나 또는 여러 형태의 단량체(monomeric) 그룹의 반복되는 부가 중합에 의해 분자량이 증가되는 특성이 있다.

플라스틱에 사용되는 수지 중합체(polymers)는 셀룰로오스와 같은 천연 유기물을 화학적으로 변형시켜 생산하거나 단순한 단량체(monomers)의 중합(polymerization)에 의해 생산된다. 이들 단량체들은 보통 석유 화학산업의 부산물이다. 플라스틱은 화학적 거동에 따라 열가소성 수지와 열경화성 수지의 2개의 그룹으로 나누어진다. 열가소성 수지는 그 구조상으로 결정성 수지와 비결정성 수지로 구분될 수 있고 또한 공중합체, 세 개의 공중합체, 복합(합금)수지 및 열가소성 엘라스토머(elastomer)로도 구분될 수 있다. 플라스틱에는 수지 중합체만 포함되어 있는 것이 아니고 첨가제와 보강제 및 충전제 등도 포함되어 있어 성형성이나 플라스틱의 물리화학적(physiochemical) 특성 및 기계적 특성을 높여 준다.

1) 열가소성 수지와 열경화성 수지

(1) 열가소성 수지(Thermoplastics)

열가소성 수지는 수지별로 특정 온도 범위 내에서 반복적으로 가열에 의해 연화되고 냉각에 의해 경화되는 수지이다. 열가소성 수지는 그림 3-2에서 보는 바와 같이 많은 수의 독립된 분자사슬들이 얽혀져 있다.

이들 분자사슬들은 가열되면 미끄러져 플라스틱 흐름을 일으키고 냉각되면 다시 고정된다. 다시 가열을 하면 미끄럼을 촉진시키나 계속해서 가열과 냉각을 시킬 수 있는 횟수는 제한되어 있다. 단, 가열시에는 수지의 외관과 기계적 특성에 영향을 받지 않는 한도 내에서 이루어져야 한다.

(2) 열경화성 수지(Thermosets)

열경화성 수지(thermosets 또는 thermosetting plastics, thermosetting polymers)는 가열에 의해 경화되어 영구히 용해되지 않고 용융되지 않는 수지이다. 열경화성 플라스틱은 성형 전에 사슬과 유사한 구조를 하고 있다. 경화시 부근의 분자들 사이에 교차 결합이 일어나서 그림 3-3에서와 같이 복잡하게 서로 연결된 망상 구조가 된다.

이 교차 결합은 각각의 분자 사슬의 미끄러짐을 방지하고 성형 시의 부수적인 열에 의해 플라스틱 흐름이 일어난다. 이때 너무 많은 열이 가해지면 수지의 물성 저하가 일어난다.

➔ 그림 3-2 열가소성 플라스틱의 분자사슬

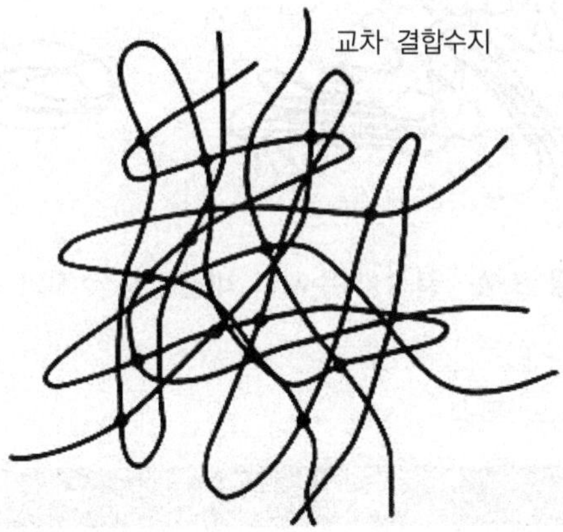

➔ 그림 3-3 열경화성 플라스틱의 교차 결합분자

2) 결정성 수지(Crystalline polymers)와 비결정성 수지(Amorphous polymers)

어떤 열가소성 수지들은 용융 수지가 고화될 때 분자사슬이 부분적으로 결정체를 형성시킨다. 이들 결정체를 갖는 수지를 결정성 또는 반결정성 열가소성 수지라 한다.

전체의 수지 중합체 중에서 완전한 결정성 구조는 존재하지 않으므로 반결정성 수지라는 용어를 주로 사용한다. 분자가 결정체를 형성시키지 않는 부위를 비결정성 구조라 부른다.

그림 3-4에 대표적인 결정성 구조와 비결정성 구조를 2차원적으로 설명하였다. 물성과 기계적 성질은 모두 그 수지의 구조에 의하여 영향을 받는다. 일반적으로 잘 정렬된 구조의 결정성 수지는 비결정성 수지보다 단단하고 강하나 충격강도에는 약하다. 표 3-6에 수지(중합체)의 일반적인 특성을 나타냈다.

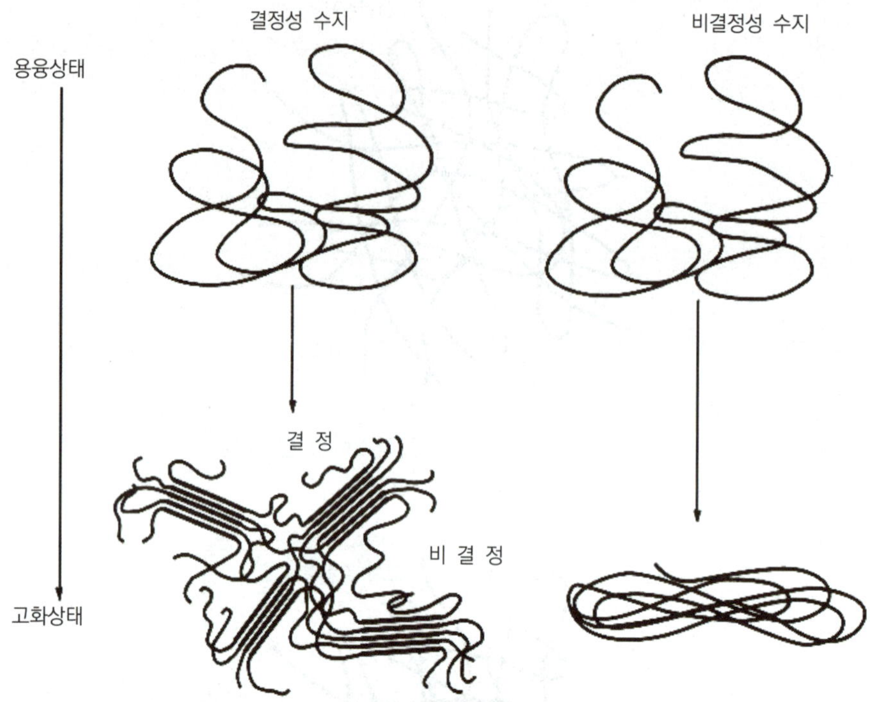

그림 3-4 결정성 수지와 비결정성 수지의 구조도

표 3-6 수지의 특성

수 지	결정성 수지	비결정성 수지
비중	높다	낮다
인장강도	높다	낮다
인장 탄성계수	높다	낮다
연성, 신율	낮다	높다
내크리프성	높다	낮다
연속사용 온도	높다	낮다
수축률	높다	낮다
뒤틀림	높다	낮다
용융 수지 흐름	높다	낮다
내화학성	높다	낮다

3) 단일 중합체(Homopolymers)와 공중합체(Copolymers)

단일 형태로 반복되는 구성단위 즉 단량체로만 구성된 중합체를 단일 중합체라 하고 반복되는 구성단위의 수가 증가된 경우의 중합체를 공중합체라 한다. 반복되는 단량체가 무작위로

나타나는 경우를 무작위 공중합체라 하고 블록으로 나타나는 경우를 블록 공중합체라 하며, 교대로 나타나는 경우를 얼터네이팅(alternating) 공중합체라 한다.

4) 수지합금과 복합수지(Alloys and Blends)

수지합금이 무엇인지에 대하여 명확한 정의는 없지만 화학적 결합이라기보다는 기계적으로 혼합된 중합체의 화합물이라고 생각할 수 있다. 그와 같은 화합물을 얻기 위해서는 특수한 혼합제(com-patibilisers)가 필요하다. 수지합금은 각 성분들의 약점을 보완하고 하나의 수지로는 이룰 수 없는 각 성분의 최적특성을 모두 갖추도록 만들어졌고 그 물성 범위를 나타낼 수 있다.

5) 엘라스토머(Elastomers)

열가소성 엘라스토머(TPE, Thermo Plastic Elastomer, 열가소성 탄성중합체)는 단단한 부분과 연한 부분이 혼합되어 있는 복잡한 분자 구조로 구성되어 있다. 열가소성 엘라스토머(elastomer)는 일반적으로 낮은 계수(moduli)를 갖고 있어 상온에서 원래 길이의 최소 2배까지 늘어났다가 응력이 제거되면서 거의 원래의 길이로 줄어드는 것을 반복적으로 할 수 있다.

열가소성 엘라스토머(elastomer)의 주요 용도 중의 하나는 견고한 열가소성 플라스틱의 충격특성을 보완하기 위하여 사용하는 것이다.

6) 첨가제, 보강제 및 충전제(Additives, Reinforcements and Fillers)

첨가제나 보강제 및 충전제는 일반적으로 수지 중합체의 물리적 특성과 기계적 특성 범위를 변화시키기 위하여 사용된다. 섬유 보강은 기계적 특성을 개선시키는데 사용되고 가소제는 탄성계수(modulus)치를 낮추어 유연성을 높여 주는 반면에 충전제는 보통 탄성계수치를 증가시킨다. 첨가제로 난연성이나 자외선 안정성과 산화방지 특성을 개선시킬 수 있으나 어떤 용도에서는 첨가제의 사용이 재료에 도움이 되지 않는 경우가 있다. 특히 전기적 용도에서 그와 같은 현상이 일어난다.

▶▶ **표 3-7 충전제, 보강제 및 다른 첨가제**

구 분	종 류
충전제	유리구슬, 목분, 카본 블랙, 세라믹 분말, 금속 분말, 운모 조각, 규사, 몰리브덴 황화물
보강제(섬유)	유리섬유, 황마섬유, 탄소섬유, 나일론섬유, 아라미드섬유, 폴리에스테르(에스터)섬유
기타 첨가제	자외선 안정제, 방부제, 가소제, 윤활제, 살균제, 안료/염료, 연기 억제제, 난연제, 발포제, 산화방지제, 점도 보완제, 정전기 방지제, 충격 보강제, 성형성 보완제(processing aids)

카본 블랙과 같은 전도성 충전제는 재료의 내트래킹(tracking)성을 상당히 감소시키므로 전기적인 용도에서는 피해야 한다. 일반적인 수지용 충전제, 보강제 및 첨가제를 표 3-7에 표기했다.

7) 수지의 기본 성질과 물리적 특성(Fundamental characterics and Physical properties)

(1) 밀도 (Density)

수지의 밀도나 비중은 거의 모든 재료의 물성표에 포함되어 있다. 두 용어가 서로 호환성 있게 자주 사용되나 그 의미와 수치에 명백한 차이가 있으므로 구분하여 사용해야 한다.

밀도는 일정 온도(플라스틱의 경우는 23℃)에서 재료의 단위 체적당 질량으로 정의되며 g/cm^3으로 표기한다.

(2) 비중/상대밀도 (Specific gravity/Relative density)

비중은 23℃에서 물에 의한 체적의 질량에 대한 재료에 의한 체적의 질량의 비로서 정의된다.
23℃에서 물의 밀도가 1보다 약간 작기 때문에 두 수치 사이에 차이가 발생한다.
비중을 밀도로 환산하기 위해서는 다음의 공식이 사용된다.

$$\text{밀도} = \text{비중} \times 0.99756$$

(3) 점탄성 (Viscoelasticity)

응력의 작용 하에서 점성과 탄성 거동을 나타내는 재료를 설명하는 용어이다. 주로 측정하는 방법은 온도에 따른 응력이나 변형률의 크기, 작용기간 및 속도에 의하여 결정된다.

(4) 탄성 (Elasticity)

재료의 항복점 아래에서 변형 후 원상태로 되돌아오는 재료의 능력이다. 여기서는 명시되지 않는 한 일반적인 플라스틱의 탄성을 의미한다.

(5) 소성 (Plasticity)

재료가 항복점 이상으로 응력을 받았을 때는 응력이 제거된 후에도 원상태로 되돌아가지 않는다. 이와 같이 소성은 탄성의 반대로 생각할 수 있다. 또한 소성은 열가소성 플라스틱의 냉간 가공성을 나타내 주기도 한다.

(6) 연성/취성 (Ductility/Brittleness)

응력 · 변형률 거동은 재료가 연성인지 취성인지를 구분하는데 도움을 준다. 응력 · 변형률 선도에서 취성 재료의 특성은 초기에 변화량이 적은 급격한 경사의 직선을 갖고 파손시 변형량이 적고 거의 구부러지지 않는다. 연성 재료는 초기에 경사가 취성 재료보다 완만한 변화량이 큰 직선을 갖고 파손시 변형량이 크다.

(7) 인성 (Toughness)

인성은 파손되지 않는 한도 내에서 재료의 기계적 에너지를 흡수하는 능력을 나타내는 측정치이다. 이 기계적 에너지는 재료의 탄성 또는 소성 변형에 의하여 흡수된다.

인성은 그림 3-5의 응력 · 변형률 선도의 아래에 표시된 부위의 면적으로 계산될 수 있다.

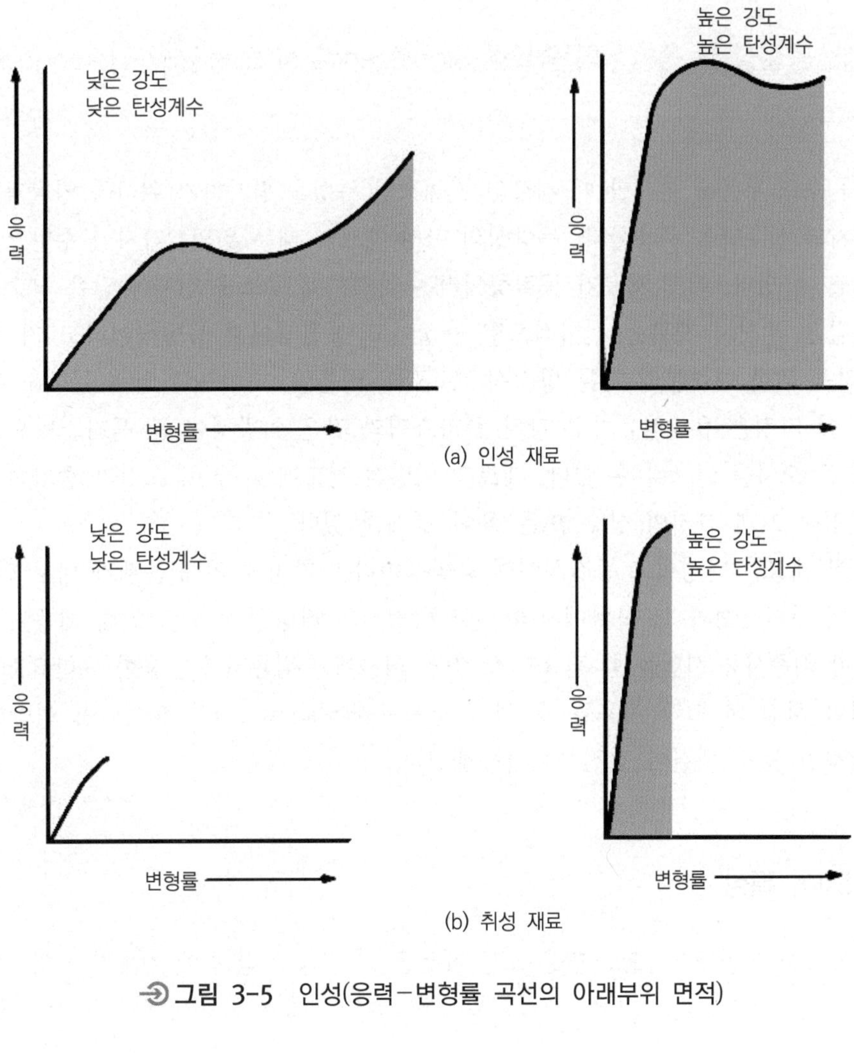

그림 3-5 인성(응력-변형률 곡선의 아래부위 면적)

8) 동질성과 이질성(Homogeneous and Heterogeneous)

동질성이란 용어의 의미는 균일하고 부위별 재료의 조성이 일정하다는 것을 말한다. 보강되지 않은 열가소성 플라스틱은 동질성을 갖는 재료의 좋은 예이다. 이질성이란 균일하나 부위별 재료의 조성이 다른 것을 말한다. 유리섬유가 보강된 열가소성 플라스틱은 이질성 재료이다. 단, 제품설계 시에는 이질성 재료도 재질의 대부분이 동질성일 때는 동질성 재료로 취급하여 설계해야 한다.

9) 등방성과 이방성(Isotropic and Anisotropic)

등방성 재료는 측정된 물성치가 방향과 관계가 없다. 이방성 재료는 측정된 물성치가 방향과 관계가 있다.

10) 탄성, 동질성 및 등방성의 중요성(Significance of Elasticity, Homogeneity and Isotropy)

설계자가 구조 부품을 분석할 때 재료의 기계적인 특성을 평가하기 위하여 영률과 포아송의 비 단 2가지의 상수만을 사용한다. 등방성의 탄성 재료일 때는 위의 2가지 상수만으로도 정확하게 분석될 수 있다. 이때 재료가 동질성이라는 가정하에 구조물 전체에 같은 상수를 적용한다. 이와 같은 분석시 재료는 선형적으로 탄성이고 동질성이며 등방성이라고 가정한다.

구조해석을 위한 대부분의 기본 방정식 즉 굽힘, 비틀림, 파이프의 압력 등에도 위와 같이 가정한다. 이 가정은 유리섬유가 보강된 플라스틱과 같은 이방성이 큰 플라스틱으로 제품을 설계할 때 큰 오차를 일으킬 수 있다. 재료의 이방성 정도에 따라 이 오차가 증가하게 되므로 재료별로 최대 21개 까지의 상수 또는 율이 정해져 있다.

이와 같이 재료는 탄성이고 동질성이며 등방성이라는 가정에 의해 문제가 너무 단순화되고 재료 특성의 불확실성과 그 상황에서의 기본 방정식의 타당성 여부로 인해 제품이 출하되기 전에 엄격한 최종사용 시험을 할 필요가 생긴다. 최근에는 컴퓨터를 이용한 유한요소법(FEA)에 의한 분석이 점점 더 쉽게 이용될 수 있고 소프트웨어(software)가 개선되어 이방성 재료로 인한 수학적인 문제 해결이 점점 더 가능해졌다.

2.2 기계적 특성

실제로 열가소성 플라스틱으로 만든 모든 제품은 그 수명 기간 중에 기계적인 하중의 영향을 받는다. 인장강도, 탄성계수, 충격강도 및 신율 같은 기계적 특성이 재료 선정 시의 기준으로 자주 사용된다. 제품 설계자가 수지의 기계적 특성과 제품의 용도에 따른 성능요구 사항과의 정확한 관계를 파악하기보다는 다양한 수지의 종류와 그레이드별 물성치 비교에만 너무 치중하는 경향이 있다.

열가소성 플라스틱 제품의 대부분의 용도는 환경이나 온도와 같은 다른 요소의 영향이 없이 기계적 하중만을 받는 경우는 거의 없다. 재료의 물성표에 나와 있는 물성치는 일정한 실험 시의 조건에서 표준시험 장비와 표준시험 방법으로 시험하여 나온 결과치로서 재료의 사양 결정 시와 재료 선정 시에 이 자료만을 의존하는 것은 상당히 위험하다. 그러므로 기계적 특성과 그의 환경과 온도에 따른 영향을 완전히 이해하는 것이 필요하다.

1) 단기 응력/변형률 거동

수직 응력은 원래의 단면적에 대한 가해진 하중의 비로서 정의되고 N/m^2으로 표기한다.

$$\text{응력} = \frac{\text{하중}}{\text{면적}} \text{ 또는 } \sigma = \frac{F}{A}$$

수직 변형률은 하중이 가해진 결과로 인하여 재료에 일어난 변형량의 측정치로서 정의된다. 변형률은 동일한 단위를 갖는 두 치수의 비로서 단위가 없다.

$$\text{변형률} = \frac{\text{길이의 변화량}}{\text{원래의 길이}} \text{ 또는 } \epsilon = \frac{\Delta L}{L}$$

일반적인 재료에서 응력과 변형률과의 관계는 온도에 따라 다르다. 열가소성 플라스틱에서는 시간과 변형률 속도에 따라서도 다르다. 열가소성 플라스틱은 점탄성 재료로서 응력이 가해졌을 때 소성 변형(또는 점성 흐름)과 탄성의 2가지 현상이 나타난다.

탄성은 에너지를 저장하고 시간이 지남에 따라 재료의 변형이 원위치로 되돌아가는 반면에 점성 흐름은 마찰열로서 에너지를 방출하고 재료에 영구 변형을 일으킨다. 이와 같이 제품에 나타나는 현상은 적용 응력과 변형률의 크기, 기간 및 속도에 의하여 온도와 관계되어 결정된다.

그림 3-6은 일반적인 응력 · 변형률 곡선(stress-strain curve)이다. 이 곡선에 대한 A점부터 F점까지의 상세 내용을 아래에 설명하였다.

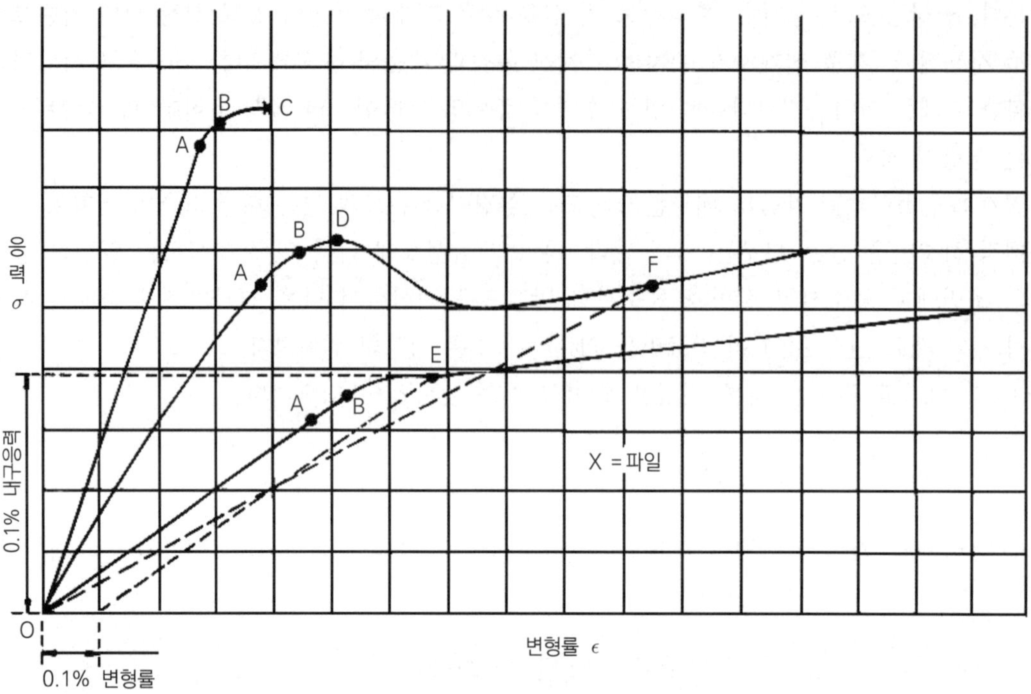

그림 3-6 일반적인 응력-변형률 곡선(stress-strain curve)

(1) 비례한도 (Proportional limit)

대부분의 재료는 응력 · 변형률 곡선의 어느 지점에서 구배가 변하고 직선이 끝나는 지점이 있다. 곡선의 O점과 A점 사이에는 재료가 후크의 법칙(Hooke's law)에 따른 탄성 거동을 나타내고, 변형이 응력에 비례하고 이 비례상태를

$$\frac{\text{응력}}{\text{변형률}} = \text{상수}$$

로 표현한다. 이 비례한도는 재료가 견딜 수 있는 최대 하중(응력)으로서 변형률에 대한 응력의 비에서 벗어나지 않는 그림 3-6의 A점을 말한다.

(2) 탄성한계 (Elastic limit)

대부분의 재료는 비례한도 이상으로 하중을 가하면 하중이 제거된 후에 변형이 0으로 되돌아간다. 어떤 특정 플라스틱은 응력이 변형에 비례하는 지역이 없기 때문에 비례한도가 없는 경우도 있으나 대부분의 플라스틱은 큰 하중을 견디고 하중이 제거된 후 변형이 0으로 되돌아 온다. 탄성한계는 하중이 제거된 후에도 변형이 원위치로 되지 않고 재료에 영구 변형이 생기기 시작하는 그림 3-6의 B점을 말한다.

(3) 항복점 (Yield point)

응력 · 변형률 곡선에서 응력이 증가되지 않고 변형만 증가되는 점으로 그림 3-6의 C점을 말한다. 이 점에서의 곡선의 구배는 0이다. 단 어떤 재료는 항복점이 나타나지 않는 경우가 있다.

(4) 최대 강도 (Ultimate strength)

하중이 가해질 때 견딜 수 있는 최대 응력으로서 그림 3-6의 D점을 말한다.

(5) 항복강도/내구응력 (Yield strength/Proof stress)

항복강도는 재료가 구부러질 때의 강도(nominal strength)를 말한다. 많은 재료들이 응력 · 변형률 곡선에서 이 점을 찾기가 매우 어려우므로 이와 같은 경우는 내구응력을 사용하는 것이 더 좋다.

내구응력은 점진적으로 늘어나는 재료에 대하여 개발되었으나 항복점에서 매우 큰 변형이 일어나는 플라스틱 재료에 대하여 자주 사용된다. 내구응력은 보통 0.1%(또는 0.2%)의 영구 변형시 곡선의 O점과 A점 사이의 비례되는 부분과 평행한 직선으로 구성되어 결정된다.

내구응력은 주어진 영구 변형의 %로 표시되고 그림 3-6의 E점을 나타낸다.

(6) 교차 탄성계수 (Secant modulus)

이것은 응력 · 변형률 곡선의 어느 점에서의 변형률에 대한 응력의 비로서 그림 3-6의 F점을 말한다. 교차 탄성계수는 곡선의 O점과 F점을 연결하는 직선의 기울기이다. 어떤 플라스틱의 경우에는 응력 · 변형률 곡선의 직선부를 설정하기가 매우 어렵다. 그러므로 탄성계수를 얻기 위하여 곡선의 초기부에 접하는 직선을 구성하여 초기 탄성계수를 유도한다.

어떤 플라스틱 재료는 직선이 아닌 탄성을 갖기 때문에 잘못될 수 있다. 어떤 수지 공급처에서는 재료의 거동을 잘 나타내기 위하여 1%의 교차 탄성계수를 제공하는 경우가 있다. 온도의 변화나 변형률 속도의 변화는 열가소성 플라스틱의 응력 · 변형률 거동에 상당한 영향을 줄 수 있다.

낮은 온도나 높은 변형률 속도에서의 응력 · 변형률 곡선은 초기 경사가 급하고 초기 직선으로부터의 변화가 적고 파손 변형률이 적은 취성재료의 특성을 나타낸다. 높은 온도나 낮은 변형률 속도에서는 같은 재료의 응력·변형률 곡선이 초기 경사가 줄어들고 초기 직선으로부터의 변화가 심하고 파손 변형률이 높은 연질재료의 특성을 나타낸다.

앞에서 설명한 바와 같이 취성재료는 초기 직선과의 변화가 거의 없으며, 파손 변형률이 낮고 항복점이 없는 응력·변형률 곡선을 나타낸다. 응력·변형률 거동은 초기 재료 선정 시에 도움이 된다.

이와 같은 자료는 제품설계 시에 비례 도(그림 3-6의 *A*점) 내에서 사용해야 하나 특별한 요구 조건이 있는 경우는 곡선의 어느 부위에서도 사용될 수 있다. 열가소성 플라스틱 부품의 대부분은 비례한도 내에서 설계되기 때문에 탄성론에 입각한 설계 계산공식을 사용할 수 있다.

2) 인장응력 · 변형률

인장응력·변형률 자료는 인장시험기에 시편의 양끝단을 치구에 고정시킨 후 설정된 시험조건으로 시편의 양끝을 잡아 당기면 힘이나 응력이 신장이나 변형률의 함수로서 그래프로 나타내진다. 같은 온도에서의 인장 시험 시에 같은 계통의 수지도 그레이드에 따라 현저하게 다른 응력·변형률 현상이 나타난다.

그림 3-7은 일정한 변형률 속도하에서 열가소성 플라스틱의 응력·변형률 거동의 온도에 따른 영향을 나타낸다.

그림 3-8은 응력·변형률 거동의 변형률 속도에 따른 영향을 나타낸다. 높은 변형률은 탄성론과 기존의 설계 한도를 벗어나기 때문에 약 4~5%를 넘는 변형률의 경우는 거의 고려하지 않는다.

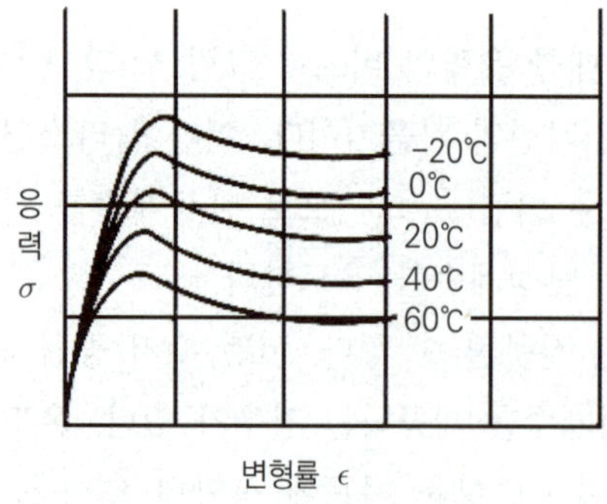

그림 3-7 응력-변형률 거동의 온도에 의한 영향 (일정한 변형률 속도시)

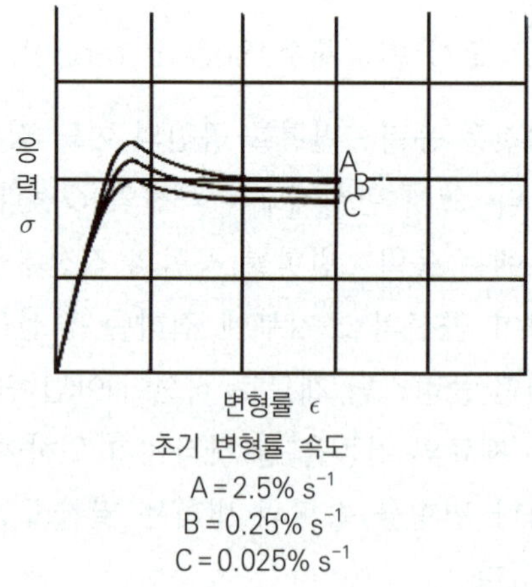

그림 3-8 응력-변형률 거동의 변형률 속도 변화에 따른 영향(일정 온도시)

(1) 이방성 (Anisotropy)

응력 · 변형률 특성은 사용한 성형 방법에 따른 분자의 방향성에 따라 변한다는 것을 알 수 있다. 분자의 방향에 평행한 경우의 강도가 직각인 경우의 강도보다 높다(연성의 경우는 그와 반대이다).

(2) 시편의 크기 (Specimen size)

동일한 인장 속도로 시험하는 경우라도 시편의 크기가 다르면 변형률 속도의 %가 달라지므로 인장강도와 연성에 변화를 가져온다.

(3) 성형 요소 (Processing parameters)

게이트 크기, 런너 크기, 수지 온도, 금형 온도, 금형 상태, 웰드라인 위치, 사출압 및 사이클 타임과 같은 성형 요소들이 사출성형 시편의 응력 · 변형률 거동에 영향을 미친다.

3) 굴곡응력/변형률 (Flexural stress/strain)

열가소성 플라스틱 부품은 대개 굽힘응력(하중)을 받기 때문에 재료의 굴곡 성질을 측정하는 것이 필요하다. 굴곡 응력 · 변형률 자료는 그림 3-9에서와 같이 재료의 시편 양끝을 일정 거리 떨어진 채로 지지하고 중앙부를 일정 속도로 변형시키는 3점 굽힘시험으로 측정한다.

단순 보(beam) 굽힘 이론은 다음과 같은 여러 가정을 설정하는 것이 필요하다.

① 보의 재료는 선형적으로 탄성이고 등방성이며 동질성을 갖는다.

② 보는 초기에 직선이고 응력을 받지 않으며 대칭이다.

③ 보의 재료에 대한 인장 시의 영률과 압축 시의 영률은 같다.

④ 비례한도는 초과하지 않는다.

⑤ 평평한 단면은 굽힘 전과 후의 평면에 남아 있다.

기존의 보의 공식과 단면 특성으로부터 다음의 관계식을 설정할 수 있다.

$$\text{굽힘응력 } \sigma = \frac{3FL}{2bh^3}, \qquad \text{굴곡 탄성계수 } \epsilon = \frac{FL^3}{4bh^3Y}$$

여기서 Y는 하중이 가해지는 지점에서의 변형을 나타낸다. 이들 관계식을 사용함으로써 실험실에서의 시험에 의한 굴곡(항복)강도와 굴곡 탄성계수를 결정할 수 있다.

분자의 방향성, 변형률 속도 및 온도가 변수로서 위의 결과에 영향을 미친다.

4) 압축응력/변형률 (Compressive stress/strain)

선형적으로 탄성이고 동질성이며 등방성인 엔지니어링 플라스틱(engineering plastic)은 인장 특성과 압축특성을 동일하게 고려해야 한다. 그러므로 압축특성은 측정할 필요가 없다.

이 원칙은 기존의 보의 굽힘 이론을 고려할 때도 마찬가지로 적용된다. 그러나 대부분의 플라스틱이 선형적이 아니고 이방성인 특성을 갖기 때문에 이들 특성들 특히 굴곡특성이 열가소성 재료의 기계적 물성 자료집에 나와 있다. 일반적으로 재료의 탄성계수는 인장 값으로서 측정되고 나타난다.

설계자의 관점에서 보면 압축하중에 대한 응력 · 변형률 관계가 설계 시에 사용되는 더 유익한 물성치이다. 압축응력 · 변형률 조사는 시험기의 납작하고 평평한 면 사이에 재료의 시편을 넣고 양면을 일정한 속도로 움직이면서 실시한다. 압축 탄성계수가 결정되는 곳에서부터 응력이 변형률의 함수로 그래프에 나타난다.

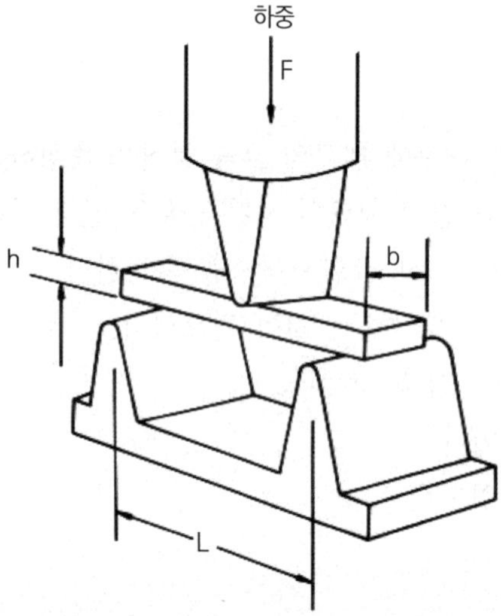

그림 3-9 3점 굽힘 치구

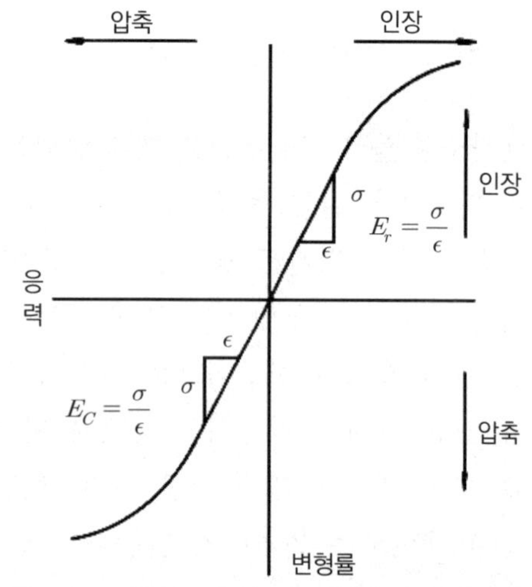

그림 3-10 일반적인 인장과 압축 탄성계수

이 압축 응력 · 변형률 선도는 인장응력 · 변형률 선도와 유사하나 응력이 높은 곳에서는 압축변형률이 인장변형률보다 적다. 일반적으로 유리섬유가 보강된 재료의 압축 탄성계수는 인장 탄성계수보다 상당히 적다. 재료에 압축응력을 적용 시에 파손은 거의 일어 일어나지 않고 저속으로 무한하게 늘어난다.

일반적인 압축응력과 인장응력 대 변형률 선도가 그림 3-10에 나와 있다. 여기에서 인장 탄성계수와 압축 탄성계수를 유도할 수 있다.

5) 전단응력/변형률 (Shear stress/strain)

그림 3-11의 (a)는 재료의 블록이 힘의 크기가 같고 방향이 반대인 전단력 F를 받을 때 전단 형태로 변형되거나 전단력의 크기가 충분하게 작용될 때 파손이 일어난다.

$$\text{전단응력 } \tau = \frac{\text{전단력}}{\text{전단력에 저항하는 면적}} = \frac{F_s}{A}$$

로 정의된다. 전단응력은 전단변형률을 일으킨다.

그림 3-11의 (b)에서와 같이 재료의 블록이 ω만큼 옆으로 비스듬하게 전단변형이 작용 시 전단변형률은 $\gamma = \frac{\omega}{\delta} = \tan\theta$로 정의된다. 여기서 θ는 라디안(radian)으로 표기되는 전단각이다. 모든 탄성 변형률은 거의 대부분이 매우 작으므로 개략적으로 $\gamma = \theta$로 표기할 수 있다.

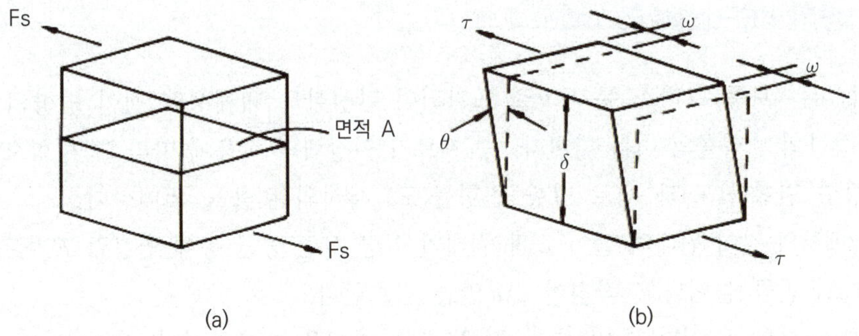

그림 3-11 전단응력과 전단변형

(6) 탄성계수

응력 · 변형률 선도의 각각 다른 특징을 검토할 때 후크의 법칙(Hooke's law)에서 참조된 비례의 원칙은 $\frac{\text{응력}}{\text{변형률}} = \text{상수} = E$이다. 탄성계수를 나타내는 상수 E는 보통 인장응력 · 변형률 선도의 초기 부위에서 유도된 영률(Young's modulus)을 말한다.

플라스틱 산업에서는 인장 탄성계수를 더 보편적으로 사용한다. 변형에 비례하는 응력이 없으면 그 원상태로 되돌아 갈 수 있는 탄성 재료는 후크의 법칙을 따를 필요가 없을 것이다.

탄성계수는 하중이 가해진 부품의 단기간의 강도와 변형 특성을 결정하는 데 사용된다. 굽힘응력하에서 측정된 탄성계수는 발포 성형된 부품이나 유리섬유 보강제가 보강된 재료로 성형된 부품의 단기간의 물성을 파악하는 데와 굽힘응력을 받는 경우에 사용하는 것이 더 적절하다. 탄성계수는 부품의 강성을 결정하기 위하여 단면적의 단면 2차모멘트와 같이 사용된다. 강성은 영률과 단면 2차모멘트에 의해 $R = EI$로 정의된다.

(7) 전단 탄성계수

직접적인 응력이 적용되는 경우에 대하여 후크의 법칙을 따르면 전단응력은 전단변형률의 합에 비례한다.

$$\frac{\text{전단 응력}}{\text{전단 변형률}} = \text{상수} = G$$

여기서 상수 G는 강성 탄성계수 또는 전단 탄성계수를 나타내고 탄성계수와 직접 비교되며 직접 응력이 적용되는 용도에 사용된다.

(8) 포아송의 비(Poisson's ratio)

포아송의 비는 보통 그리스 문자 ν로 표기되며 탄성한도 내에서의 길이 방향의 변형률에 대한 측면 방향의 변형률의 비를 말한다. 즉 재료가 인장력의 작용에 따라 그 방향으로 늘어날 때, 가로 방향 변형률(도)과 세로 방향 변형률(도) 사이의 비율을 의미한다.

그림 3-12에서와 같이 원래의 길이 L과 원래의 직경 D인 둥근 봉에 인장력 F가 작용되었을 때 길이가 ΔL만큼 늘어나고 직경이 Δd만큼 감소한다.

여기서 $\Delta d = D - D_1$이다. ν의 수치 값은 다음 공식을 이용하여 결정한다.

$$\nu = \frac{\text{측면 방향의 변형률}}{\text{길이 방향의 변형률}} = \frac{\dfrac{\Delta d}{D}}{\dfrac{\Delta L}{L}}$$

포아송의 비는 인장 시험으로부터 직접 결정되거나 다음 공식에 의해 3개의 탄성계수 중 2개의 탄성계수를 이용하여 계산할 수 있다.

$$\nu = \frac{E}{2G} - 1 = \frac{\dfrac{K}{2} - \dfrac{G}{3}}{K + \dfrac{G}{3}} = \frac{1 - \dfrac{E}{3K}}{2}$$

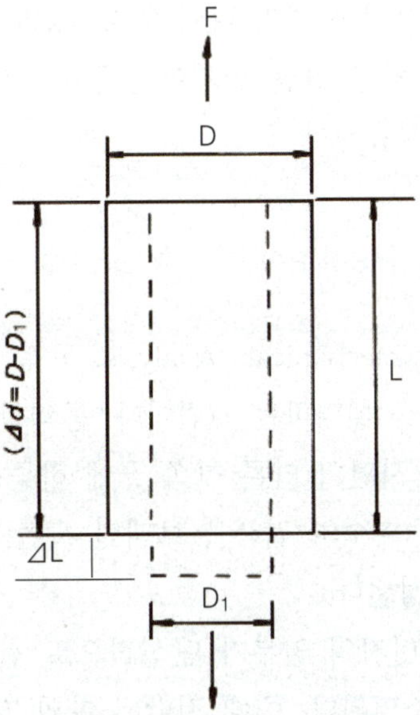

그림 3-12 인장하중이 가해진 봉에서의 직경과 길이 변화

여기서 K는 체적변형률에 대한 체적응력의 비인 체적탄성계수(bulk modulus)이고, G는 전단탄성계수(shear modulus)이다.

포아송의 비는 탄성계수와의 함수관계이기 때문에 0과 0.5 사이에 있다. 0이란 값은 인장응력이 작용하여 재료가 늘어날 때 측면 방향의 수축이 없는 경우를 나타내고 같은 조건하에서 0.5란 값은 일정한 체적과 밀도를 유지하기 위하여 측면 방향의 수축이 일어나는 경우를 말한다. 0.5보다 적은 값은 밀도의 감소가 일어나는 경우를 말한다. 대부분의 엔지니어링 플라스틱(engineering plastic)에 대한 포아송의 비(Poisson's ratio)는 0.2와 0.45 사이에 있다.

표 3-8 일반적인 포아송의 비(Poisson's ratio)

구조용 재료	포아송의 비
알루미늄	0.33
탄소강	0.29
고무	0.50
순수한 강성 열가소성 플라스틱	0.2~0.4
보강 또는 충전된 강성 열가소성 플라스틱	0.1~0.4
발포 성형된 강성 열가소성 플라스틱	0.3~0.4
순수한 강성 열경화성 플라스틱	0.2~0.4
보강 또는 충전된 열경화성 플라스틱	0.2~0.4

표 3-8에 구조용 재료에 대한 포아송 비가 나와 있다. 평판 원통형 및 구형이 부품에서 응력과 변형률을 정의하는 방정식과 같은 표준 설계이론에서 포아송의 비가 자주 사용된다. 또한 회전하는 부품의 분석 시에도 사용된다.

9) 동역학적 분석(Dynamic Mechanical Analysis, DMA)

동역학적 분석(DMA, Dynamic Mechanical Analysis, 동적기계적 분석) 방법은 광범위한 온도에 대하여 수지의 기계적 특성을 설명하는 기법이다. 동역학적 분석시험은 시편의 한쪽 끝에 진동하는 구동 헤드를 부착하고 시편의 다른 한쪽 끝에 하중을 감지하는 헤드를 부착한 후에 시편의 한쪽 끝에서 알고 있는 주파수와 진폭을 보내면 시편의 다른 한쪽 끝에서 시편을 통하여 전달된 기계적인 파동이 측정된다.

수지는 점탄성이기 때문에 에너지의 일부가 탄성적으로 전달되고 나머지 에너지는 구조물 안에서 열과 분자 운동에 의해 소멸된다. 이때 전달된 파의 진폭과 상의 지체를 측정함으로써 재료의 탄성계수를 결정하고 시편에서 손실된 에너지의 양을 계산하는 것이 가능하다.

이 시험을 각각의 여러 온도에서 실시함으로써 온도에 따른 저장 탄성계수(storage modulus) 그래프와 온도에 따른 손실 탄성계수(loss modulus) 그래프를 얻을 수 있다. 열의 변환도 동역학적 분석으로 쉽게 파악된다. 주변환은 유리전이온도와 용융수지온도에서의 수지 구조 재배열과 관련이 있으므로 손실 탄성계수가 이들 온도에서 최고치를 나타낼 것이다.

동역학적 분석방법으로 유도되는 또 다른 특성은 저장되는 탄성계수에 대한 손실되는 탄성계수의 비, 즉 탄젠트 델타 또는 탄 델타(tangent delta or tan delta)이다.

위의 두 가지 탄성계수가 열변환 시에 약간의 편차가 있으므로 그들의 비가 극도로 민감한 이들 변환의 위치와 폭의 지침이 된다. 이 동역학적 분석으로 수지가 사용되어질 수 있는 한계, 즉 유용한 열적 범위를 파악할 수 있고 또한 재료에 충격강도가 작용 시 열적 변환을 통한 관련된 변화를 파악할 수 있다는 것을 설계자는 알 필요가 있다.

10) 시간과 관련된 기계적 특성/크리프 (Creep)

열가소성 플라스틱에서 나타나는 중요한 특성 중의 하나는 장기간 사용 시의 점탄성 특성이다. 즉 장기간의 응력 작용하에서 점성과 탄성 거동이 둘 다 동시에 일어나는 현상이다.

점탄성의 중요한 형태의 하나가 크리프(creep)이다. 단기간의 응력 · 변형률 거동은 앞에서 설명한 바와 같이 보통 1시간 이내에서 일어나고 가끔 순간적으로 일어나는 경우도 고려된다. 그러나 크리프(creep)는 부품의 수명 내내 계속되거나 때로는 수 년간 지속된다.

(1) 크리프(Creep)

일정한 응력(하중)의 작용하에서 점탄성 재료는 시간에 따라 변형량이 증가하게 된다. 이를 크리프(creep) 또는 냉간 흐름이라 한다. 그러므로 크리프(creep)는 일정 하중하에서 기간에 따라 증가되는 변형률을 말한다. 어떤 재료에 대한 크리프(creep)의 속도는 가해지는 응력, 온도 및 시간에 따라 다르다.

크리프(creep) 현상은 주어진 온도에서 일련의 하중에 대한 시간의 함수로서 변형률을 그래프로 나타내는 방법으로 초기에 시험한다. 측정은 인장시험, 굴곡시험 및 압축시험 방법으로 실시된다.

인장시험 방법에서는 시편이 일정한 인장 응력을 받을 때 시간의 함수로서 길이의 변화량을 측정한다. 이 결과로 생기는 응력-변형률-시간의 크리프(creep) 자료는 보통 변형률에 대한 측정시간의 곡선으로 그림 3-13과 같이 나타내진다.

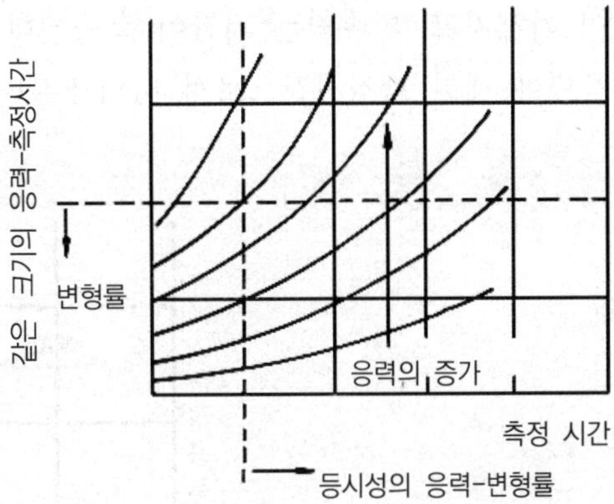

그림 3-13 크리프(creep) 곡선(변형률 대 측정시간)

다른 두 방법 즉 굴곡시험과 압축시험 방법에서는 시편이 일정한 굽힘하중이나 압축하중을 받을 때 시간의 함수로서 변형량이나 압축량을 측정한다. 그림 3-13에 나와 있는 자료는 특정 요구 조건에 맞도록 다른 형식으로 나타내어질 수 있다.

일정 시간에서의 크리프(creep) 곡선을 통해 얻어진 자료가 그림 3-14의 (b)와 같은 등시성의 응력 · 변형률 곡선을 만든다. 이와 같이 같은 크기의 응력에 대한 측정시간의 곡선이 그림 3-14의 (a)와 같이 일정 변형률로부터 얻어진다.

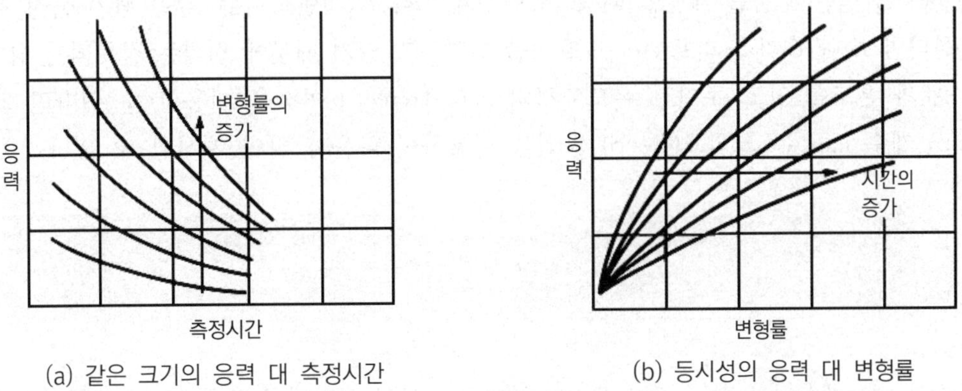

(a) 같은 크기의 응력 대 측정시간 (b) 등시성의 응력 대 변형률

그림 3-14 크리프(creep) 곡선에서의 응력 대비 측정시간과 변형률의 관계

(2) 크리프 파손(Creep rupture)

크리프(creep)로 인하여 파손되는 경우는 2가지 형태가 있다. 첫 번째는 부품의 허용 변형량을 초과하는 경우이고, 두 번째는 부서지거나 터지는 경우이다. 크리프(creep) 파손은 취성 파손 또는 연성 파열을 일으킨다.

크리프(creep) 파손의 측정은 크리프(creep) 시험에서와 같은 방법으로 실시되나 높은 응력이 가해지고, 파손되는 시간이 측정된다. 결과는 보통 그림 3-15에서와 같이 파손되는 측정 응력에 대한 측정시간으로서 나타내진다.

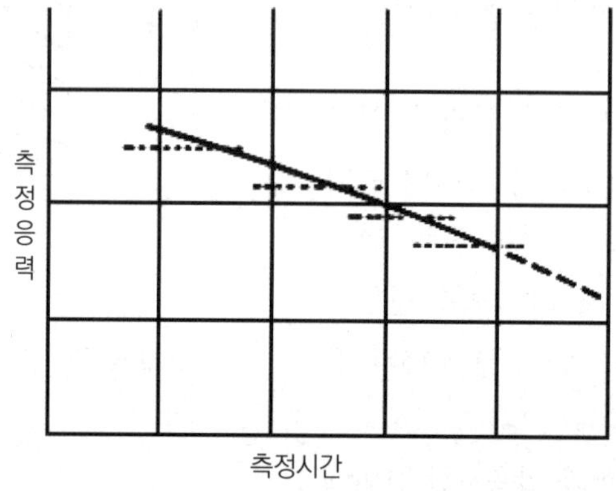

그림 3-15 크리프(creep) 파열 자료(1사이클 시간측정)

(3) 크리프 계수(Apparent or Creep modulus)

크리프(creep) 자료와 크리프(creep) 파손자료가 재료의 장기 사용 시의 현상에 대한 지침을 주더라도 제품설계용으로는 시간에 대한 계수로 변형시켜 사용하는 것이 상당한 가치가 있다. 연속 하중을 받는 부품을 계산할 때 E(종탄성계수)나 G(횡탄성계수) 같은 단기 물성 계수를 사용한다면 E나 G가 크리프(creep) 효과를 반영하지 않기 때문에 결과는 잘못되기 쉽다. 응력 수준과 온도를 알고 주어진 온도에서의 크리프(creep) 곡선을 이용할 수 있다면 크리프(creep) 계수 Eapp는 크리프(creep) 곡선을 이용하여 다음과 같이 계산할 수 있다.

$$Eapp = \frac{\sigma}{\epsilon_c}$$

여기서 σ는 계산된 응력 수준이고 ϵ_c는 주어진 온도와 시간에서 크리프(creep) 곡선으로부터 얻어진 변형량이다. Eapp값을 E에 대체하여 계산한다.

그림 3-16과 같이 일정 응력이나 변형률에서 측정된 크리프(creep) 계수에 대한 측정시간으로 나타내지는 크리프(creep) 계수 곡선은 보통 크리프(creep) 자료로부터 유도된다.

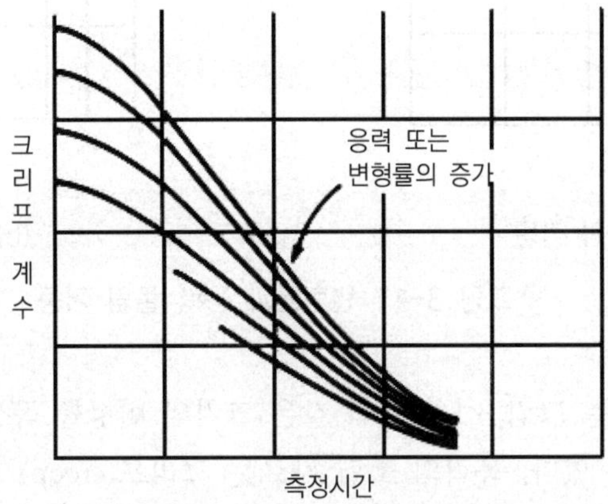

그림 3-16 크리프(creep) 계수

(4) 응력의 풀림(Stress relaxation)

이 과정은 점탄성체에 일정한 변형률이 작용할 때 시간에 따라 응력의 감소가 일어나는 것이라고 설명할 수 있다. 나사로 조립하거나 강제 압입 및 스프링과 같은 장기간 변형을 받는 부품설계 시에 재료에 나타나는 응력의 풀림 정도를 파악하는 것이 중요하다.

그림 3-17에 이 현상에 대한 그래프가 나타나 있다. 그림 3-17의 (a)는 시간 t_0에서 변형률 ϵ가 재료에 작용하여 오랫동안 유지되어야 하는 경우의 예이다.

그림 3-17의 (b)는 시간 t_0에서 재료에 가해지는 응력이 즉시 0에서 σ_0로 증가되고 시간이 지남에 따라, 이 응력치는 계속해서 감소되는 경향이 있다. 또한 응력의 풀림은 온도에 따라 다르다. 응력의 풀림 자료는 시편에 고정된 변형률을 가하여 시간에 따른 응력의 점진적인 감소를 측정함으로써 얻을 수 있다.

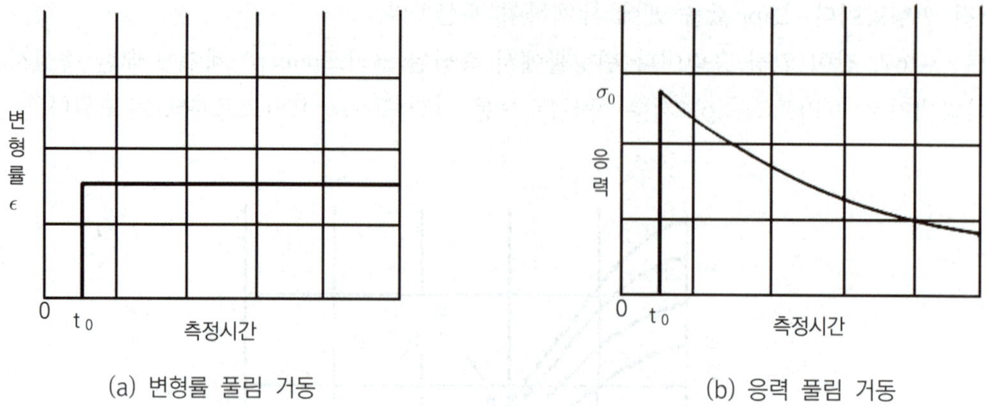

그림 3-17 변형률과 응력 풀림 거동

위의 결과에 의한 자료는 그림 3-14에서와 같은 크기의 변형률 곡선과 유사한 응력의 풀림곡선을 만드는데 사용될 수 있다. 응력의 풀림 자료는 크리프(creep) 계수와 유사한 풀림계수를 유도하기 위하여 사용될 수 있다. 그러나 풀림 자료는 크리프(creep) 자료에서와 같이 보편적으로 이용되지는 않는다. 그와 같은 경우에 크리프(creep) 곡선으로부터 계산된 크리프(creep) 계수 Eapp를 사용함으로써 응력의 풀림에 의한 하중의 감소를 개략적으로 계산할 수 있다. 탄성계수 자료(E 또는 G)는 응력의 풀림 효과가 반영되지 않았기 때문에 구조적인 성능 계산에 사용하는 것은 부적합하다.

(5) 크리프와 응력 풀림 자료의 보외법(Extrapolation of creep and stress relaxation data)

시간에 다른 재료의 거동을 예측하는 것은 자료를 이용하여 재료의 거동을 예측하는 것보다 크므로 크리프(creep) 계수와 크리프(creep) 파손자료는 특히 보외법(補外法)이 자주 사용된다.

측정되는 물성에 대한 측정시간으로 그래프가 그려지는 크리프(creep)와 응력의 풀림자료의 덜 뚜렷한 곡선은 일반적으로 보외법이 아주 유용하다. 어떻든 보외법은 대수의 한 시간 단위를 초과하지 말아야 하고 응력 · 신율의 한도인 최대(또는 항복) 응력 · 강도값의 20%를 넘지 말아야 한다.

보외법 (extrapolation, 補外法)

보외법 (extrapolation, 補外法) 또는 외삽법(外揷法)이라고도 한다. 이 방법은 얻을 수 있는 자료가 한정되어 그 이상의 한계를 넘는 값을 얻고자 할 때 쓰는 방법을 일컫는 용어이다. 여기에 더해 이전의 경험과 실험으로부터 얻은 데이터에 비추어 예측해보는 기법이다.
수학에서는 원래의 관찰 범위를 넘어서서 다른 변수와의 관계에 기초하여 변수의 값을 추정하는 과정으로 사용되고 있다.

11) 충격강도 (Impact strength)

충격강도는 순간적인 하중을 견디는 재료의 능력을 말한다. 운동 중의 물체는 운동에너지를 갖고 있고, 이 운동이 정지됐을 때 운동에너지는 없어진다. 이 에너지를 흡수하기 위한 플라스틱 부품의 능력을 결정하는 요소는 그 원료의 종류, 두께, 형상 및 크기이다.

현재까지 설계자가 분석하는데 사용할 수 있는 물성 자료를 제공하기 위한 재료의 물성을 나타내는데 사용할 수 있는 시험방법은 없다. 그러나 재료의 상대적인 노치(notch, 표면이나 모서리 등에 작은 v자, u자 모양으로 파인 흠집 내지는 그 모양으로 잘려나간 부분)에 대한 민감도나 상대적인 충격저항을 비교하는 유용한 자료가 있다. 이들 자료는 용도에 맞는지를 평가하기 위한 초기 재료 선정 시나 일련의 재료들의 성능에 대한 등급을 매기는데 유효하게 사용된다.

아래에 플라스틱 재료의 평가나 적정 양인가를 판단하기 위하여 사용되는 가장 적절한 충격 시험방법에 대한 두 가지 방법이 있다.

(1) 펜듈럼 방법 (Pendulum methods)

이와 같은 시험방법은 펜듈럼(pendulum, 흔들리는 추)이 재료의 시편을 정해진 조건으로 때려서 파손시키는데 필요한 에너지를 측정하는 방법이다.

① 샤피 충격(Charpy impact) 시험

그림 3-18의 (a)와 같이 노치가 나있는 시편을 치구에 올려 놓고 펜듈럼을 놓으면 이 펜듈럼이 시편의 중앙부를 때려 파손시킨다. 시편에 흡수된 에너지는 펜듈럼의 운동에 의해 작동되는 시스템으로 나타내진다.

② 아이조드 충격(Izod impact) 시험

샤피 충격시험과 유사하나 노치 형상과 시편 고정방법이 다르다. 이 시험 방법은 그림 3-18의 (b)에서 보는 바와 같이 시편이 수직으로 설치되고 노치에서 떨어진 곳에 충격을 가한다. 이 시험은 노치가 없는 시편으로도 시험할 수 있고 노치부를 뒤로 돌려 놓고서도 시험할 수 있다. 시험 결과는 노치의 존재 여부와 위치에 따라 정리되어야 한다.

③ 인장 충격(Tensile impact) 시험

이 시험은 위의 시험 방법에서와 유사한 흔들리는 펜듈럼을 사용한다. 인장 시편을 사용하여 인장 충격하에서 시편을 파손시키는데 필요한 에너지를 측정하기 용이하도록 그림 3-18의 (c)와 같이 설치된다.

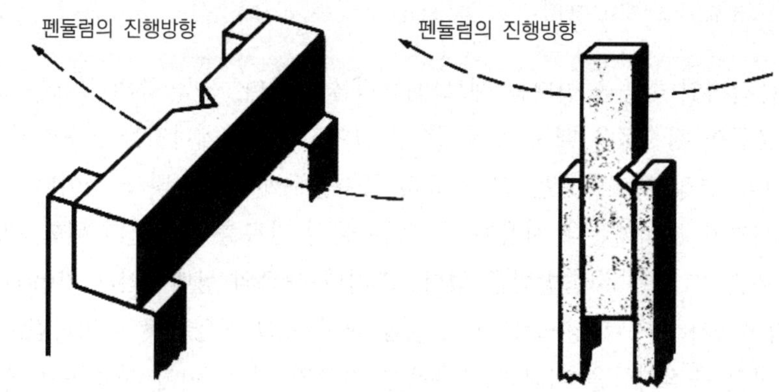

(a) 샤피 충격(charpy impact) 시험 (b) 아이조드 충격(izod impact) 시험

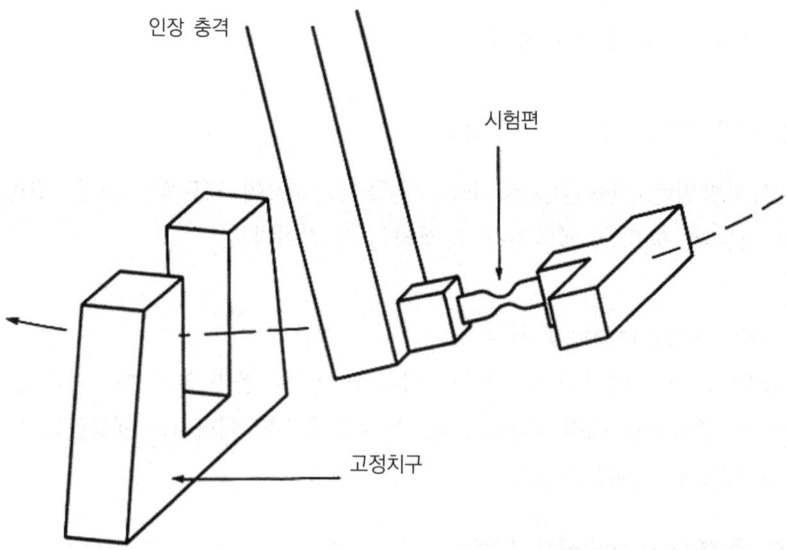

(c) 인장 충격(tensile impact) 시험

그림 3-18 여러 가지 충격 시험법

(2) 낙추 시험 방법(Falling weight methods)

펜듈럼(pendulum) 시험은 재료의 물성을 파악하는데 적합한 시험인 반면에 낙추 시험 방법은 완성품을 평가하는데 사용한다.

이 시험 방법은 정해진 조건으로 화살촉 모양의 추를 시편 위로 떨어뜨리는 방법으로 추의 높이와 중량을 증가시키면서 반복하여 시험한다. 가장 적절한 방법은 추의 높이를 일정하게 하고 충격 순간의 속도를 같게 한 상태에서 추의 중량을 변화시키는 방법이다.

그림 3-19에 이 시험 방법에 대하여 개략적으로 설명되어 있다. 개선된 낙추 시험 방법들이 사용되고 있고, 이 개선된 방법의 시험 원리는 같지만 충격 과정 동안에 재료의 물성이 계기 시스템에 나타난다. 추에 압력 감지장치를 설치한 후 마이크로 프로세서(micro-processor)로 된 시스템에 연결하여 힘 · 시간 곡선과 같은 더 유익한 자료를 얻을 수 있다.

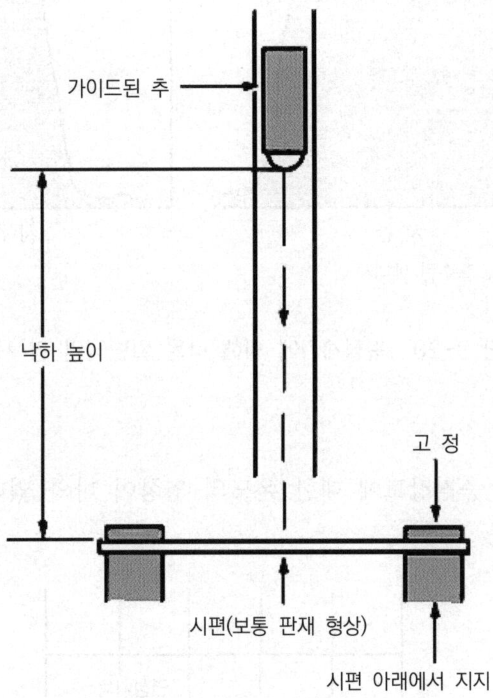

그림 3-19 낙추 충격 시험

그림 3-20에 연성 수지와 취성 수지에 대한 에너지 흡수 능력의 차이를 나타내는 일반적인 예가 나와 있다. 더 자세한 분석을 하기 위해 고속으로 작동되는 낙추 시스템이 사용된다. 충격강도는 온도의 영향에 따라 변하므로 설계 시에 최종 제품의 작동 온도도 고려해야 하고, 충격시험도 그 온도에서 실시되야 한다.

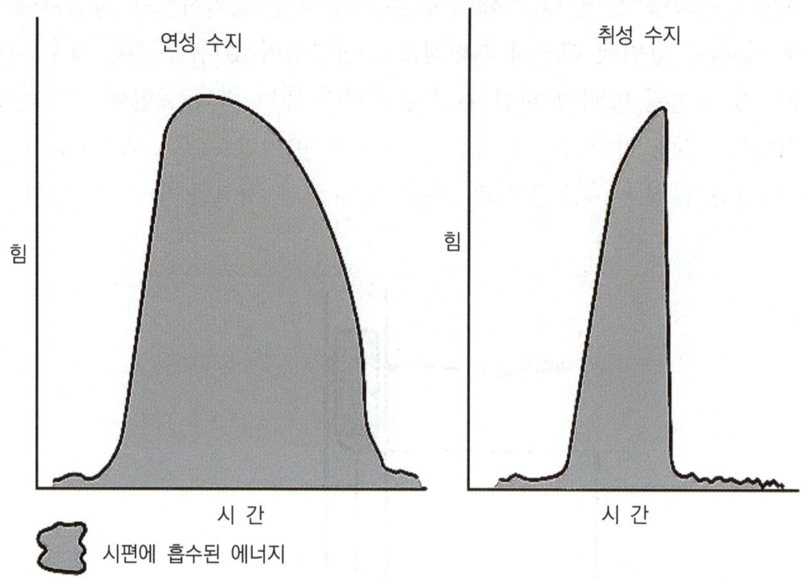

그림 3-20 측정계기에 의해 나온 일반적인 힘·시간 곡선

그림 3-21에 일반적인 충격강도에 대한 온도의 영향이 나와 있다.

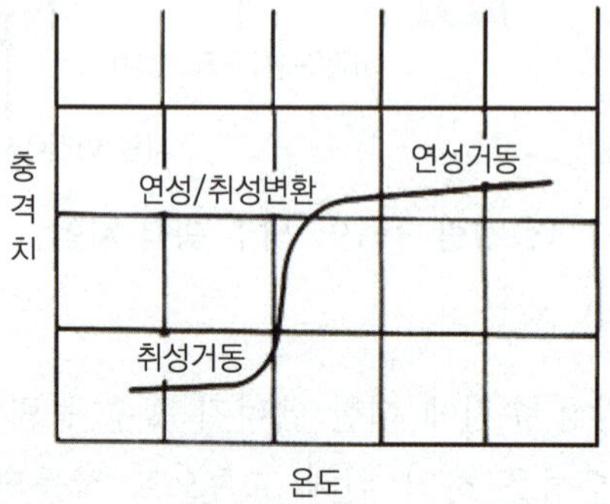

그림 3-21 일반적인 충격값 대(對) 온도 곡선

12) 피로(Fatigue)

피로는 재료가 반복적으로 응력을 받거나 어떤 일정한 주기적인 조건으로 응력을 받는 것을 말한다. 하중의 크기는 보통 한 번 정도 가해져서는 제품이 파손되지 않을 정도로 낮다. 또한 용도별로 하중치와 그 주기가 다르다.

진동을 받는 구조 부품, 반복되는 충격을 받는 부품, 왕복 운동을 하는 기계부품 및 플라스틱 스냅 핏(snap-fit, hook라고도 하며 강제끼움 구조이다)을 이용한 조립품들이 모두 피로 환경 조건의 예이다. 주기적인 부하는 재료의 기계적 성질을 약화시키고 재료에 파열을 진전시켜 결국에는 제품을 파손시킨다.

시험은 인장이나 비틀림 방법으로도 가능하지만 보통은 굽힘 조건하에서 실시된다. 재료의 시편에 일정한 주기로 일정한 변형을 반복적으로 가하여 파손을 일으키는 횟수를 파악한다. 일정한 범위의 변형량에 대해 시험하며 보통 S-N곡선이라고 불리는 측정된 응력에 대한 측정된 사이클 수의 그래프로 시험자료가 나타내진다.

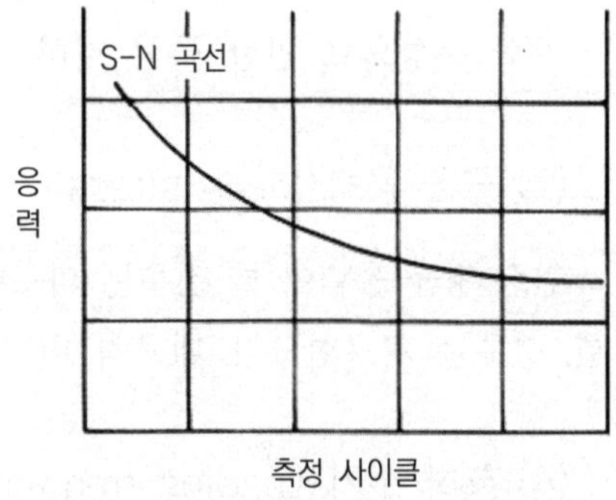

그림 3-22 일반적인 피로곡선

그림 3-22에 일반적인 S-N곡선이 설명되어 있고, 이들 곡선의 중요한 특징은 다음과 같다.

① 적용 응력 또는 변형률이 크면 클수록 시편이 견디는 시험 횟수는 줄어든다.

② 곡선은 점차적으로 피로한도라고 하는 일정한 값으로 접근한다.

그림 3-23에서 보는 바와 같이, 응력이나 변형률이 이 피로한도 이하에서는 피로로 인한 파손을 거의 일으키지 않는다. 피로한도를 나타내지 않는 재료도 있다. 그와 같은 재료는 내구력 한도가 주로 사용된다.

내구력 한도는 그림 3-24에서 보는 바와 같이 정해진 사이클 횟수에서 파손을 일으키는 응력이나 변형률의 값이다. 실험실 조건하에서 얻어진 S-N곡선은 이상적인 결과라고 생각할 수 있다. 실제의 사용 조건에서는 다른 요소들이 성능에 영향을 미칠 수 있으므로 수정된 피로한도나 내구력 한도를 이용해야 한다.

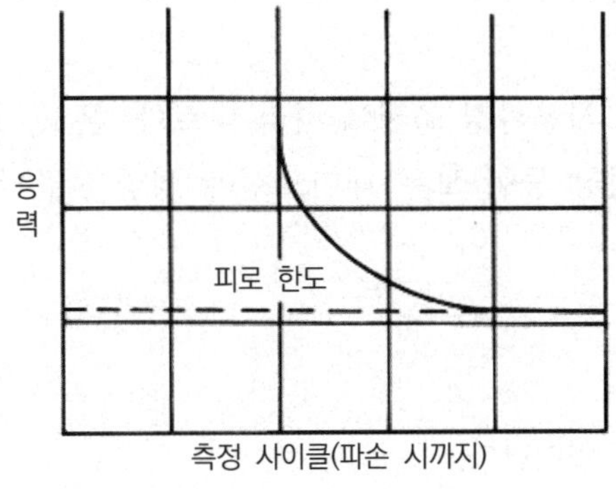

그림 3-23 피로한도

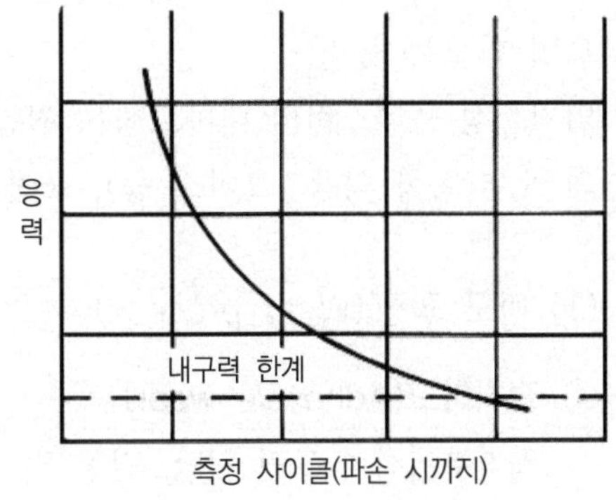

그림 3-24 내구력 한도(한계)

(1) 하중의 종류(Type of loading)

굴곡하에서 실시된 시험결과는 축하중이나 비틀림하중을 받는 부품에 직접 이용할 수 있다.

(2) 치수(Size)

피로 특성으로 인한 물성 저하 시 보통 제품치수가 증가한다.

(3) 평균 응력(Mean stress)

인장 평균 응력이 클 경우는 피로한도나 내구력 한도를 감소시키는 반면에 압축 평균 응력이 클 경우는 피로한도나 내구력 한도가 증가된다.

(4) 부하 주기(Loading frequency)

열방출에 대한 대책이 잘 안 되어 있을 경우 높은 주기에서 온도가 증가한다. 이것은 피로 특성을 약화시킨다.

(5) 피로에 의한 파손의 개시(Onset of fatigue failure)

피로에 의한 파손의 개시는 진폭이 큰 조건하에서 낮은 주기에서도 가속화된다. 피로시험은 주어진 플라스틱 재료에 대한 피로에 견디는 상대적인 능력에 대한 지침을 준다. 그러므로 피로시험은 그 부품의 피로에 대한 정확한 내구력을 결정하기 위해 실제로 성형된 부품을 실제의 사용조건 하에서 작동시켜 실시하는 것이 필수적이다.

(13) 내마모성

마모는 기계적인 마찰의 결과로서 분자 접착의 손실에 의한 접촉 표면이 감소되는 것을 말한다. 마찰과 마모 사이에 뚜렷한 상관관계는 없으나, 마찰이 높으면 마모는 낮고 역으로 마찰이 낮으면 마모는 높다.

열가소성 플라스틱의 내마모성은 최종 제품 용도의 사용환경 조건에 따라 다르다. 온도, 표면의 오염(화학 약품, 그리스 등), 표면의 구조 및 형상 등이 모두 내마모성에 영향을 준다.

(1) 마모 과정(Wear process)

① 접착마모(Adhesive wear)

접착부에서의 표면 전단, 변형 및 재료의 이동이 일어난다.

② 마멸(Abrasive wear)

연한 재질에 그루브(groove, 홈)가 설치된 채로 경도가 다른 표면끼리 접촉 시 마멸된 조각이 표면에 부딪쳐서 마멸된 가루가 생기거나 표면침식이 일어난다.

③ 피로(Fatigue)

표면 또는 표면 사이에 재료의 내구 한도 이상의 응력이 발생하여 표면에 피로로 인한 파손이 일어난다.

위의 결과는 접촉 재료의 표면거칠기 정도에 따라 다르게 나타난다. 플라스틱 경우는 사용되는 재료의 탄성계수(E-modulus)에 따라 다르다. 예를 들면 바록스(valox) 수지(열가소성 수지인 PBT에 기초를 둔 결정성 수지)로 비교적 매끄럽게 표면이 잘 형성된 부품은 표 3-9에서 보는 바와 같이 광범위한 사용조건에서 마찰이 낮고 내마모성이 높은 용도에 적합하다. 일반적으로 바록스(valox) 수지는 금속이나 바록스(valox) 수지 계통의 부품에 대하여 정적 마찰계수와 동적 마찰계수가 매우 낮다. 다른 반결정성 수지들은 일반적으로 금속에 대하여 적절한 내마모성이 있으나 그들끼리 접촉되는 용도에는 적합하지 않다.

표 3-9의 바록스(valox) 수지에 대한 마찰계수는 실험실 조건에서 나온 자료로서 그레이드별 일반적인 값이다. 그러므로 설계 시에 이 마찰계수를 사용 시에는 최종 용도의 사용환경을 고려해야 한다.

▶▶ 표 3-9 바록스(valox) 수지에 대한 마찰계수의 변화

구 분	마찰계수					PV 한계 ($N/mm^2 \times mm/s$)		
	ASTM D 1894 정적	축 와셔 시험				250 mm/s	500 mm/s	1,000 mm/s
		wear sciences 정적	wear sciences 동적	whitford co. 정적	whitford co. 동적			
바록스 325								
강철과의 마찰	0.13	0.25	0.20	0.12	0.19	330	140	105
같은 재료끼리 마찰	0.17	0.30	0.40				28	
바록스 310-SEO								
강철과의 마찰	0.14	0.30	0.20	0.11	0.19	315	230	175
같은 재료끼리 마찰	0.16	0.35	0.40				33	
바록스 420								
강철과의 마찰	0.14	0.26	0.20	0.19	0.24	1,400	200	700
같은 재료끼리 마찰	0.16	0.38	0.35				63	
바록스 420-SEO								
강철과의 마찰	0.14	0.28	0.30	0.24	0.38	220	210	175
같은 재료끼리 마찰	0.16	0.38	0.35				49	

2.3 열적 특성

주어진 용도에 맞는 일정한 수준의 기계적 성능과 치수 안정성을 유지할 수 있는 수지를 선정할 때 설계자는 최종 제품이 사용되는 작동환경과 극한환경을 고려해야만 한다.

다음에 열가소성 플라스틱 수지에 관한 기본적인 열적 특성에 대하여 설명하였다.

1) 용융 온도

열가소성 플라스틱 수지는 온도가 증가함으로써 점도가 낮아진다.

결정성 수지는 명확하게 구분되는 용융온도(T_m)를 갖고 있고 그 용융온도 이상에서는 모두 구조적 성질을 잃고 자유롭게 흐른다.

비결정성 수지는 유리전이온도(T_g) 이상의 광범위한 온도에서 연화되고 실제로 명확한 용융 온도는 없다.

2) 유리전이온도

모든 열가소성 플라스틱 수지는 물성에 중요한 변화를 일으키는 유리전이온도(T_g)가 있다.

보통 유리전이온도 이하에서는 하중이 가해졌을 때 수지가 딱딱하고 유리같이 깨지기 쉬운 상태를 하고 있다. 유리전이온도 이상에서는 수지가 더 연성이 되고 고무같이 질긴 상태로 된다.

3) 바이켓 연화 온도

이것은 시편에 작고 가벼운 하중이 가해진 가열된 시험침(probe)이 일정 거리만큼 침투될 때의 온도이다.

비결정성 수지는 시험 중에 크리프(creep) 현상을 일으키기 쉬우나 결정성 수지는 시험치가 상당히 크다. 이 시험의 목적은 가열된 물체와 접촉 시에 제한된 짧은 기간동안 견딜 수 있는 수지의 성능에 대한 지침을 제공하기 위한 것이다.

4) 열변형 온도

하중 하에서의 변형온도(DTUL, Deflection Temperature Under Load) 또는 열변형 온도(HDT, Heat Deflection Temperature)는 하중이 가해지는 동안 높은 온도에서 견디는 수지의 성능에 대한 상대적인 측정치이다. 비결정성 수지의 열변형 온도는 거의 유리전이온도(T_g)와 일치한다. 결정성 수지는 열변형 온도가 낮으나 그보다 높은 온도에서도 구조적 성질을 유지한다.

수지에 충전제를 보강하면 보통 열변형 온도는 증가한다. 이것은 충전제의 보강에 의해 탄성계수가 증가하기 때문이다. 열변형 온도는 일정한 탄성계수(설정된 응력하에서 미리 선정된 변형률)를 나타내므로 탄성계수의 증가는 열변형 온도를 증가시킨다. 충전제의 보강은 비결정성 수지보다 결정성 수지에 더 큰 영향을 미친다.

5) 선팽창 계수

재료가 가열되거나 냉각되면 재료의 화학적 성질에 의하여 결정되는 범위까지 팽창되거나 수축이 일어난다. 선팽창 계수(CLTE, Coefficient of Linear Thermal Expansion)는 단위 온도 변화(보통 ℃로 표기)마다의 길이 변화의 비이다.

사출 성형품은 온도 증가에 비례하여 길이가 변하고 팽창한다. 사출성형 수지는 대개 이방성이기 때문에 그 팽창은 측정 방향에 따라 다르다. 비결정성 수지는 일반적으로 광범위한 온도 범위에 대하여 일정한 팽창률을 나타낸다.

결정성 수지는 유리전이온도에서 결정성 구조에 변화가 일어나 선팽창 계수가 급격히 변하고 일반적으로 유리전이온도 이상에서는 팽창계수가 증가한다. 충전제로서 유리섬유를 사용 시 흐름방향으로 정열이 되므로 수지가 가열되면 유리섬유가 그 축을 따라서 팽창을 제한하여 수지의 선팽창 계수를 감소시킨다.

보강된 수지들은 흐름방향으로의 팽창이 제한되고 흐름 반대 방향과 두께 방향으로 팽창이 일어나기 때문에 흐름 반대 방향과 두께 방향의 선팽창 계수가 증가된다.

만약 부품이 온도 조건이 변하는 곳에서 사용된다면 설계 단계에서 부품의 팽창이나 수축 가능성을 고려해야 한다. 유사하지 않은 수지를 같이 조립할 때는 특히 주의해야 하고 다음 사항들이 추천된다.

① 부품에 전체적으로 큰 반경[radius(R)]과 적은 곡선들을 사용한다.
② 가능한 한 유사한 선팽창 계수를 갖는 재료를 사용한다.
③ 선팽창 계수가 다른 부품을 조립할 때 볼트나 리벳 또는 스크류 같은 기계적 조립 방법을 사용한다.
  - 구멍 크기를 약 40% 이상 크게 한다.
  - 팽창이나 수축 방향으로 구멍에 슬롯(slot)을 낸다.
  - 높은 압축응력을 피하기 위하여 큰 와셔를 사용한다.
  - 높은 압축응력을 피하기 위하여 안전한 회전력을 사용하여 체결한다.
④ 낮은 온도에서도 연성을 유지하고 응력에 의한 크랙(crack)을 일으키지 않는 접착제나 봉합제(sealants)를 사용한다.

⑤ 선정된 수지의 화학 약품에 대한 적합성 여부를 확인해야 한다.

표 3-10에 미국 GE 플라스틱 수지와 다른 구조용 재료에 대한 선팽창 계수가 나와 있다.

▶▶ **표 3-10** 선팽창 계수 (℃$^{-1}$×10^{-6})

구조용 재료	선팽창 계수	구조용 재료	선팽창 계수
GE 플라스틱 수지		울템 2300/2310	20
사이콜락 AM	88	울템 2400/2410	14
사이콜락 T	96	울템 6000	51
사이콜락 TCA	90	울템 6100	25
사이콜락 LA	110	울템 6202	45
사이콜락 GSM	95	바록스 325/310-SEO	130
사이콜락 XMM	67	바록스 420/420-SEO	25~75*
사이콜락 DH	85	바록스 752	27~50*
사이콜락 X37	62	바록스 815	55
사이콜락 KJY	94	바록스 855	43
사이콜락 KJB	95	다른 수지	
사이콜락 XMA-AS	82	아세탈	85
렉산 미보강 그레이드	70	아크릴	68
렉산 500(10% GF)	40	나일론	99
렉산 3412(20% GF)	30	폴리에틸렌	169
렉산 3414(40% GF)	20	폴리프로필렌	86
노릴 SEO/110/SE 100	70	열가소성 폴리에스테르	124
노릴 731/SE1	60	다른 재료	
노릴 GFN1/SE1-GFN1	50	알루미늄	23
노릴 GFN2/SE1-GFN2	40	황동	18
노릴 GFN3/SE1-GFN3	30	콘크리트	14
수펙 6401	22	구리	16
수펙 6402	22	유리(조질 처리)	3
울템 1000/1010	56	소나무(나무결이 있는)	5
울템 2100/2110	32	아연	39
울템 2200/2210	25	강철	11

6) 열전도도

열전도도는 재료의 길이 방향이나 두께 방향으로 열이 전도되는 재료의 성질을 측정하는 것이다. 열전도도는 온도에 따라 길이 방향으로 약간씩 변화하고 시편의 수분함량에 의해 영향을 받는다. 플라스틱이 단열체나 발산체(dissipators)로서 자주 사용되기 때문에 열전도도가 중요한 요소이다.

표 3-11에 GE 플라스틱 수지와 다른 재료에 대한 열전도도 값이 나와 있다.

▶▶ 표 3-11 열전도도(W/mk) 23℃

구조용 재료	선팽창 계수	구조용 재료	선팽창 계수
GE 플라스틱 수지		**다른 수지 및 재료**	
사이콜락	0.17~0.22	나일론	0.260
렉산	0.19~0.22	폴리프로필렌	0.121~0.109
렉산 발포성형	0.13~0.16	폴리스티렌	0.052~0.121
노릴	0.16~0.28	고무(연질)	0.138
노릴 발포성형	0.12~0.13	유리	0.346~1.038
바록스	0.16~0.19	물(60℃)	0.652
지노이	0.18~0.19	공기	0.024
노릴 GTX	0.23~0.26	강철	45.35
울템	0.22	알루미늄	224.99
		구리	403.26

7) 뒤틀림 온도

부품에 허용할 수 없을 정도의 변형이 일어나는 온도를 말한다.

바이켓 연화 온도(vicat softening point)나 열변형 온도(HDT, Heat Deflection Temperature)는 높은 온도에서 변형에 견디는 고유의 열가소성 플라스틱 성질에 대한 확실한 지침을 주지만 최종 제품에는 수지의 방향성, 부품 두께, 체결력 같은 가해지는 하중 등과 관계가 있으므로 최종 제품 성능에는 직접 적용할 수 없다. 만약 지지되지 않은 큰 공간이 있는 경우는 부품자체 중량도 크게 영향을 미친다.

이와 같은 이유에서 뒤틀림 온도가 명시되어야 하고 성형조건의 변수나 설계상의 변수 때문에 최종제품 생산자가 보통 사양을 결정한다.

8) 고온에서의 노화

이것은 장기간 동안 특정 온도에서 많은 수의 샘플을 저장하고 미리 정해진 시간 간격마다 샘플을 채취하여 표준 시험조건에서 기계적 특성, 물리적 특성, 열적 특성 및 전기적 특성을 시험한다. 결과는 다양한 노화 온도에서의 물성 대 시간의 그래프로 나타나며 이 결과는 설계 시에 허용되어야 할 재료의 열안정성에 대한 지침을 제공한다.

9) 상대 열적 지수/상대 온도 지수

미국의 UL[Underwriter's Laboratories(보험사의 실험실)]에서 전기적인 용도에 사용되는 플라스틱 수지의 연속 사용온도를 시험한다. 또한 전기적인 특성, 충격하의 기계적인 특성 및 충격이 없는 상태에서의 기계적인 특성에 대하여 개별적으로 평가하여 작성한다. 최종 제품이 UL의 인정을 받아야 하는 경우에 이들 시험결과가 중요한 항목이 된다.

표 3-12에 GE 플라스틱 수지의 연속 사용온도치가 나와 있다.

표 3-12 상대 열적 지수(℃)

구 분	모든 특성	충격 없음
사이콜락		
AM/T/TCA/DH/X37/KJY/KJB/XMA	60	60
GSM	70	70
렉산		
미보강 그레이드	115	125
자외선 안정 그레이드	100	100
2014/2034	110	125
3412/3414	120	130
940/940A	110	125
노릴		
731	90	105
110	85	95
SE90	75	95
SE100	80	95
SE1	105	110
Vo-150	115	135
유리섬유 보강 그레이드	105	110
울템		
미보강 그레이드	170	170
유리섬유 보강 그레이드	170	170
2300	170	180
바록스		
325/31-SE0	120	140
420	140	140
420-SEO/752	130	140
815/855	110	125
수펙 G401/G402	220	220
지노이 6120	120	140

10) 난연성

난연성은 점화 후 재료가 불에 타는 특성을 엄밀하게 평가하여 구분한 것이다. 난연성은 전기적 용도에 중요할 뿐만 아니라 주택의 방과 같이 크거나 제한된 공간에서 플라스틱 성분이 대부분 노출되는 경우에도 중요하다는 것을 설계자는 알아야 한다.

공인된 시험방법으로 가연성, 연기 방출 및 점화 온도를 측정한다. UL94의 난연성 구분은 V-0, V-1, V-2, 5V HB 등이 보통 사용되는 등급이다. 이 시험은 시편을 특정 표준 불꽃에 노출시켜 시험한다. 불꽃이 제거된 후 시편에 연소가 되는 성능이 구분하는 기준이 된다. 일반적으로 불이 빨리 꺼지고 불에 탄 재가 떨어지지 않는 재료가 높은 등급으로 구분된다. 등급은 1.6 mm나 3.2 mm의 일정한 두께를 기준으로 평가되므로 특히 제품 벽 두께에 대한 평가 등급과 직접 관련된 설계자에게 필요하다.

11) 기계적 특성에 대한 온도의 영향

설계자가 열가소성 플라스틱으로 제품설계 시에 이해해야 하는 기본적인 재료의 특성은 변형률 속도와 온도 사이의 반비례 관계이다. 매우 높은 변형률 속도나 매우 낮은 온도에서 재료에 나타나는 현상은 유사하다.

역으로 말하면 높은 온도에서 변형률이 매우 낮을 경우는 크리프(creep) 효과가 가속화된다. 재료의 성질을 파악하고 장기 사용 성능에 대한 지침을 주기 위하여 여러 가지 이론적이고 실험적인 방법을 사용하여 시험에 의해 자료를 얻는다(단, 전이온도 부근과 그 이상에서와 용융 온도 부근에서의 시험은 제외되었다). 앞에서 설명한 기계적 특성에 대한 온도의 영향에 대해 검토해보면 다음과 같다.

(1) 강도, 탄성계수와 신장(Strength, Modulus and Elongation)

이들 3가지 재료의 특성은 인장, 압축, 굴곡 및 전단 하중에서의 성질이 유사하게 나타난다. 보통 온도가 증가하면 강도와 탄성계수는 감소하고 신율은 증가한다.

그림 3-25에 여러 온도에서 일정한 변형률 속도를 사용할 때 생기는 일반적인 응력변형률 선도가 나와 있다. 또한 그림 3-25에 일정한 온도에서 여러 변형률 속도를 사용할 때 생기는 일반적인 응력-변형률 선도가 나와 있다.

온도가 유리전이온도까지 증가함으로써 탄성계수는 점차 감소한다. 결정성 수지는 용융온도에 근접할 때까지는 탄성계수가 어느 정도 유지되나 비결정성 수지는 유리전이온도 이상에서는 탄성계수가 급격히 내려간다. 결정성 수지에 유리섬유 같은 보강제를 보강 시 유리전이온도 이상에서 탄성계수가 현저히 개선되나 비결정성 수지는 이와 같은 보강 시 유리전이온도 이상에서 거의 영향이 없다.

그림 3-26은 비결정성 수지(미보강 및 보강 시)와 결정성 수지(미보강 및 보강 시)에 대한 온도에 따른 탄성계수의 변화를 나타냈다. 그림 3-27은 일반적인 온도 증가에 따른 신율의 증가를 나타냈다.

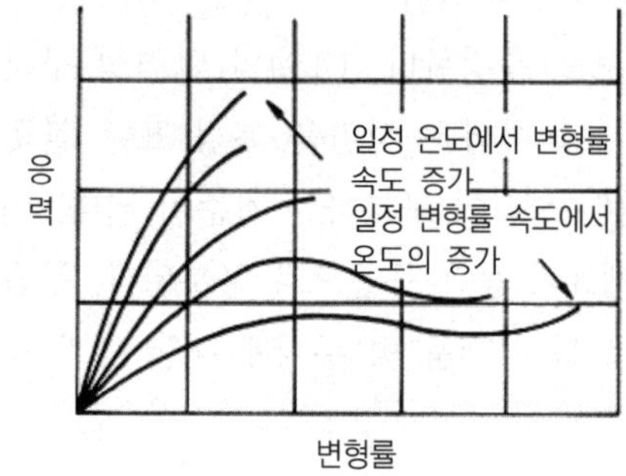

그림 3-25 응력-변형률 곡선에 온도나 변형률 속도의 영향

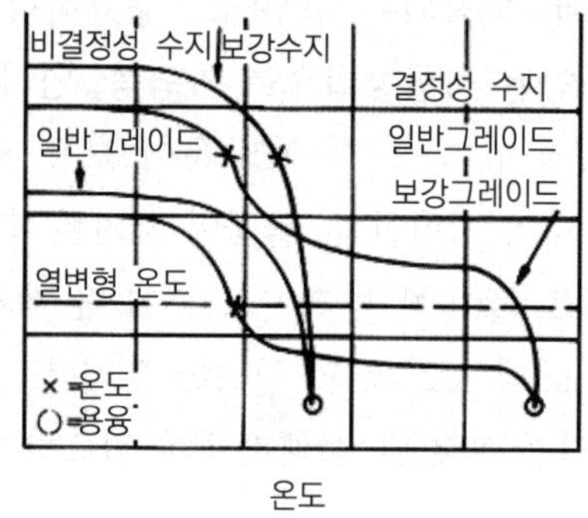

그림 3-26 온도와 탄성계수의 관계

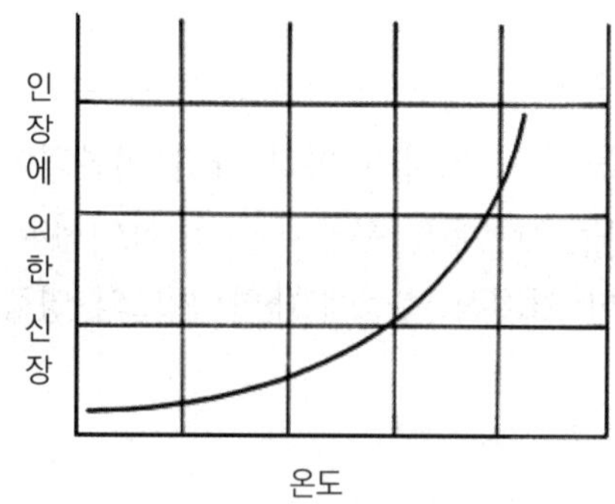

그림 3-27 온도 증가에 따른 신장의 증가

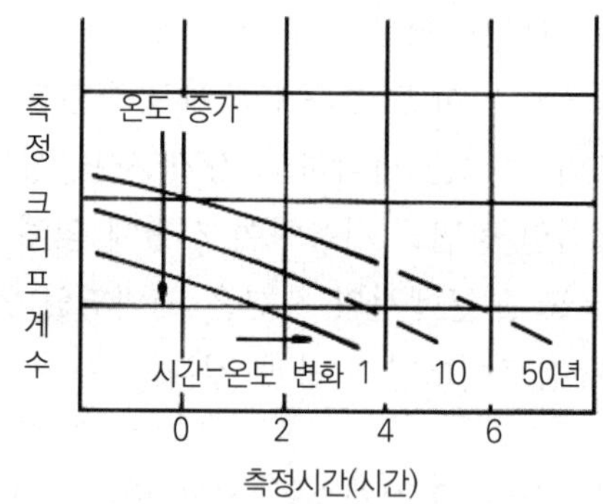

그림 3-28 크리프(creep) 탄성계수 곡선의 시간-온도 변화

(2) 크리프 (Creep)

크리프(creep)에 대한 곡선으로서 일정 온도에서의 등시(等時)의 응력-변형률 곡선과 같은 크기의 응력곡선이 있다. 필요한 경우 각각의 다른 온도에서 이와 같은 곡선을 만든다. 크리프(creep) 파손이나 실제의 탄성계수 곡선은 측정시간에 대한 변수로서 온도가 관련되어 있다. 그림 3-28에서 장기 사용 시 재료의 성질을 나타내는 시간-온도 변화에 따른 실제의 크리프(creep) 탄성계수 곡선을 보여준다.

그림 3-29는 여러 온도에서의 크리프(creep) 파손(파열)곡선이다. 곡선은 가장 낮은 온도 곡선에서 긴 시간동안 직선으로 나타나서 파열강도를 미리 예측할 수 있도록 되어야 한다.

(3) 충격 (Impact)

다양한 온도에서의 충격시험은 앞의 그림 3-21에 설명된 곡선과 유사하게 충격강도 대 온도의 그래프로 구성되어 있다. 일반적으로 온도가 대기 온도(23℃) 이하로 현저하게 떨어졌을 때 플라스틱은 충격강도가 현저하게 감소한다.

아즈델, 아즈로이 및 아즈멧 같이 길이가 아주 긴 유리섬유가 보강된 재료는 대기 온도에서 비교적 높은 충격강도를 나타내고 또한 -40℃ 정도의 낮은 온도에서도 높은 충격강도를 유지한다.

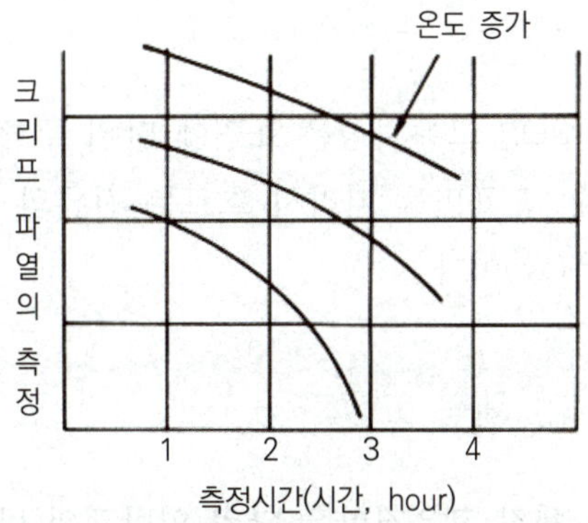

그림 3-29 저온에서 오랜 시간 동안에 나타나는 일반적인 크리프(creep) 파열곡선

(4) 피로 (Fatigue)

재료는 온도가 증가함에 따라 피로값이 감소한다. 실험실에서 나온 피로에 대한 자료는 환경에 대한 피로성능을 거의 나타내지 못한다. 그러므로 이들 자료는 최종사용 성능시험에 대한 초기 재료선정 시의 지침으로만 사용해야 한다.

2.4 전기적 특성

미국 GE(General Electric, 제너럴 일렉트릭) 플라스틱의 다양한 엔지니어링 플라스틱(engineering plastic)은 전기공업 분야에 적용하는데 이상적인 전기적 특성과 기계적 특성을 갖고 있다.

전기 공업분야의 용도로는 소형의 전자부품과 전선피복 절연제로부터 큰 전기적인 제품(enclosure, 엔클로져는 일반적으로 전자기기나 전기제품, 기계 등의 부품이나 회로를 보호하기 위한 케이스나 하우징을 의미한다)까지의 모든 것을 포함한다. 플라스틱 고유의 절연성은 이와 같은 용도에 사용되어지는 플라스틱의 여러 특성 중의 하나에 불과하다. 또한 용도에 따라서는 사용될 국가의 관련된 인증 증명이 필요한 경우에는 관련된 국내 또는 국제적인 인증기관에 확인하여 조사해야 한다.

아래에 전기공업분야에 사용되는 플라스틱 시험과 관련된 여러 표준과 시험기관에 의해 구분된 전기적 특성의 정의가 설명되었다.

1) 표면 고유저항

표면 고유저항은 표면에 단위 두께와 단위 간격을 띠고 설치된 전극 사이에 직류가 가해질 때 그 표면을 따라서 흐르는 전류의 흐름을 저항하는 재료의 능력을 측정하는 것으로 단위는 옴(Ω)이다.

2) 체적 고유저항

체적 고유저항은 단위 입방체의 반대면 사이에 전위가 가해질 때 측정되는 재료의 전기적 저항을 말하고 단위는 Ω-cm 또는 Ω-m가 사용된다.

3) 절연저항

이것은 두 전극 사이의 전체 전류에 대한 두 전극 사이에 가해진 직류의 비를 말한다. 이 특성은 표면 고유저항 및 체적 고유저항과 시스템의 기하학적인 특정 형상과의 복합적인 관계를 나타내고 단위는 Ω으로 측정된다.

4) 전기절연강도

이것은 전기적 특성에서의 최대강도와 유사한 특성으로서, 가해진 전압하에서 재료의 전기절연 파괴저항을 측정하는 것이다. 파손이 일어나기 직전에 도달한 전압을 재료의 두께로 나눔으로써 전기절연강도의 값이 나오고 보통 kV/mm로 표시한다.

이 측정치는 다음과 같은 많은 요소에 의해 영향을 받는다.

① 가해지는 전압의 주파수와 파형

② 시편의 두께와 동질성

③ 분위기 온도와 압력 및 습도

④ 시험 전극의 치수와 열전도성

⑤ 분위기 물질의 전기적 특성과 열적특성

⑥ 시편의 미세 가공이나 오염

그러므로 전기절연강도를 나타낼 때는 주의를 해야 한다.

표 3-13은 상온에서 여러 종류의 GE 열가소성 플라스틱의 체적고유저항, 전기절연상수 및 소실률을 보여준다.

▶▶ 표 3-13 열가소성 플라스틱의 체적고유저항, 전기절연상수 및 소실률(상온에서)

구 분	체적고유저항(Ω-cm)	전기절연상수	소실률
GE 플라스틱 수지			
사이콜락	10^{16}	2.9~3.4	0.006~0.021
렉산	10^{14}~10^{15}	2.9~3.4	0.006~0.026
렉산발포성형품		2.33	0.008
노릴	10^{13}~10^{15}	2.6~3.0	0.009~0.003
노릴발포성형품		2.20	0.003
바록스	10^{14}	1.5~4.0	0.010~0.003
지노이	10^{14}	3.1~4.0	0.010~0.100
수펙	10^{13}	3.9(1kHz)	0.001(1kHz)
다른 수지			
아세탈	10^{14}~10^{16}	3.7~3.9	0.001~0.007
아크릴	10^{16}~10^{18}	2.1~3.9	0.001~0.060
나일론	10^{12}~10^{16}		
나일론 6/6		3.1~8.3	0.006~0.190
열가소성 폴리에스테르	10^{14}~10^{17}	3.0~4.5	0.0012~0.022
폴리 프로필렌	10^{14}~10^{17}	2.3~2.9	0.003~0.014
폴리 설폰	10^{15}~10^{17}	2.7~3.8	0.008~0.009
폴리 페닐렌 설파이드	10^{16}	2.9~4.5	0.001~0.002
폴리 아릴레이드	10^{16}~10^{17}	2.6~3.1	0.001~0.002

5) 상대적 허용치/전기절연상수

상대적 허용치 또는 전기절연상수는 절연체로서 진공으로 이루어진 시스템의 정전용량에 대한 플라스틱으로 이루어진 시스템의 정전용량의 비를 말한다. 교류의 전기절연 용도에서는 좋은 고유저항만큼 낮은 에너지 소멸이 바람직하다.

재료분자의 이중극 운동은 전기적 에너지를 효과적으로 소멸시키는 재료의 능력을 감소시키므로 이 비효율성이 열로서 나타난다. 상대적 허용치 또는 전기절연상수는 이 비효율성을 측정하는 것이다. 그러므로 상대적 허용치 또는 전기절연상수가 낮은 값이 전기절연체로서의 재료 성능이 더 좋다는 것을 말한다.

6) 소실률/손실정접

완전히 전기절연이 될 때는 전압파와 전류파의 상(phase, 위상이라고도 하며 이는 반복되는 파형의 한 주기에서 첫 시작점의 각도 혹은 어느 한 순간의 위치를 말한다)이 정확하게 90° 떨어져 있다. 전기절연 효율이 100%보다 떨어지면 그에 비례하여 전류파가 전압파보다 지연되기 시작한다.

전류파의 상이 전압파의 상과 90° 떨어진 상태에서 이탈된 양을 소실률 또는 손실정접이라 한다. 전파 탐지기나 초단파 장비(microwave equipment)와 같은 고주파용에 사용되는 플라스틱 절연체는 낮은 소실률이 중요하게 요구된다.

상대적 허용치(전기절연상수)와 소실률(손실정접)은 같은 시험장비를 사용하여 측정하고 이들 시험치들은 온도, 습도, 주파수 및 전압에 따라 크게 영향을 받는다는 것을 알아야 한다.

(7) 아크 저항

아크 저항은 고전압의 낮은 전류 특성의 아크가 간헐적으로 일어날 때 재료의 표면에 전도 통로의 형성이 방해받아 지연되는 시간을 초로 나타낸 것이다.

이 시험은 일반 사용 환경에서는 거의 있을 수 없는 건조되고 오염이 안 된 상태의 시편으로 시험된다. 오염된 환경에서의 추적(tracking) 시험은 비교추적계수(CTI, Comparative Tracking Index, 재료의 전기분해 특성에 대한 측정값)가 더 적합하다.

8) 비교추적계수

비교추적계수(CTI, Comparative Tracking Index)는 오염된 용액에서 전류가 가해질 때 전기전도 통로의 형성을 방해하는 재료의 능력을 측정하는 것이다. 이 시험은 염화암모늄 용액이나 용제가 섞인 염화암모늄 용액을 시편의 표면에 묻히고 시험한다.

비교추적계수(CTI)는 50회 강하 전에 파손이 되지 않는 최대전압치를 말하고 이 최대전압치에서 25V 낮추었을 때 100회 강하 시까지 파손되지 말아야 한다. 단 전압은 600V까지로 제한되어 있다. 전기적인 시험은 아니지만 다음과 같은 구압력 시험이 전기공업분야의 열가소성 플라스틱에 중요하다.

(9) 구압력 시험

이 시험은 전기적 에너지가 충전된 회로에 의해 발생되는 열을 견디는 재료의 능력에 대한 지침을 준다. 사용 중에 일어날 수 있는 위험한 상황인지에 대한 지침을 주기 위하여 열과 압력을 가한 후 재료의 변형을 측정한다. 전류가 통하는 부위가 있는 부품은 최소 125℃ 이상 되어야 한다.

2.5 환경적인 영향

어떤 용도에 사용할 재료 선정 시에 설계자는 그 용도의 사용 환경조건을 주의깊게 고려해야 한다. 금속은 녹이 슬고 부식이 되는 것을 잘 알고 있는 바와 같이 플라스틱도 에너지원이나 복사체 또는 화학적 물질이 있는 곳에서 변색, 미세균열(crazing), 균열(cracking), 물성저하, 용융 또는 용해가 일어난다는 것을 알아야 한다. 또한 부품이 최종 용도로 사용되기 전에 환경적인 영향을 받을 수 있는 성형공정, 조립공정, 사상공정 및 세척공정에 대해서도 고려되어야 한다.

1) 내환경성에 영향을 주는 요소

(1) 응력수준 (Stress level)

내환경성에 중요한 영향을 미치는 요소는 성형 시나 조립 등에 의해 생기는 제품 내부응력과 외부에서 가해진 하중에 의한 외부응력의 수준이다. 일반적으로 응력의 수준이 높아지면 내환경성은 감소된다.

(2) 온도 (Temperature)

플라스틱은 온도가 높아지면 특정 물질에 의한 악영향이 보다 더 심해진다.

(3) 노출 (Exposure)

어떤 환경조건에 대한 플라스틱의 적합성에서 노출의 정도가 결정적인 영향을 미친다. 고려되어야 할 요소들은 다음과 같다.

① 불리한 환경조건에서의 노출기간
② 강한 영향을 미치는 용액의 농도
③ 물질의 종류(기체, 액체, 고체)
④ 발열의 수준과 세기
⑤ 보호물질 여부(도장, 코팅 등)

2) 화학적 적합성

플라스틱에 나타나는 화학적인 영향에 의해 예측하기 어려운 화학적 적합성이 만들어진다. 어떤 화학약품은 같은 계통의 수지나 같은 계통의 다른 그레이드에 대해 완전히 다른 반응이 일어날 수 있다.

역으로 말하면 어떤 재료는 유사한 화학약품들에 대해 완전히 다른 반응이 일어난다. 플라스틱에 영향을 주는 화학약품에 의한 작용(mechanisms)에 대한 설명은 다음과 같다.

(1) 반응(Reaction)

강한 영향을 미치는 화학약품은 수지 체인(chain, 사슬)에 영향을 주어 점진적으로 수지의 분자량을 감소시킨다. 이 결과로서 단기 사용 시의 기계적 특성이 변한다.

(2) 용해(Solvation)

대부분의 열가소성 플라스틱은 가용성 요소가 있다. 분자량이 높은 수지는 일반적으로 천천히 용해된다. 이 결과로서 제품에 중량과 치수변화가 일어나고 물성저하와 함께 팽창이 일어난다.

(3) 가소화(Plasticization)

화학약품이 수지와 혼합될 때 흡수하여 가소화를 일으킨다. 이 결과로서 강도, 견고도 및 크리프(creep) 저항이 감소하고 충격강도가 증가한다. 또한 제품이 팽창되고 응력이 풀려 가끔 휨이 발생한다.

(4) 응력부식파손(Stress corrosion failure)/환경응력크랙(Environmental stress cracking)

응력을 받고 있는 부품이 화학물질과 접하고 있는 어떤 환경조건에서 파손이 일어난다. 이 현상을 결정성 수지에 대해서는 응력부식파손이라 하고 비결정성 수지에 대해서는 환경응력크랙(ESC)이라 한다.

3) 내화학성

비결정성 수지인 렉산(lexan), 노릴(noryl), 사이콜락(cycolac) 및 울템(ultem) 수지의 화학적 적합성은 극한적인 화학환경조건에서 용제와 접촉시간, 응력의 존재 여부와 크기, 온도 및 다른 조건에 의해 상당히 많은 영향을 받는다. 즉 응력이 없는 제품에 대하여 전혀 영향을 미치지 않는 환경조건이라도 높은 응력이 있는 제품에 대해서는 부적합할 수 있다.

반결정성 수지로 된 제품의 경우에도 높은 응력이 존재할 때는 어떤 환경조건에서 영향을 받는다. 바록스 수펙(valox supec) 및 로모드(lomod) 수지는 반결정성 수지의 특성 때문에 극한적인 화학환경조건에서도 잘 사용된다.

지노이(xenoy) 수지와 노릴 지티엑스(noryl GTX) 수지는 중간 정도의 좋은 화학적 적합성을 갖고 있으므로 반결정성 수지로 고려한다.

(1) 렉산 (Lexan)

폴리카보네이트 수지로서 높은 온도의 건조된 공기에서는 우수하나 물이나 습기가 있는 조건하에서는 60℃ 이하의 온도에서만 연속적으로 사용할 수 있다. 렉산(lexan) 수지는 희석된 무기물과 유기산에는 견디나 알칼리 용액에는 천천히 분해된다. 또한 지방성 탄화수소, 에스테르 및 알코올에는 용해되지 않으나 방향족 탄화수소에는 부분적으로 용해되고 할로겐화 탄화수소에는 완전히 용해된다.

(2) 노릴 (Noryl)

노릴(noryl) 수지는 광범위한 온도에서 물에 대한 안정성이 매우 좋다. 실온에서부터 높은 온도까지에서의 수분흡수율이 모든 엔지니어링 플라스틱 중에서 노릴 수지가 가장 낮다. 이것이 노릴 수지 제품의 치수 안정성에 상당히 기여한다. 노릴 수지는 세척제, 약산, 강산 및 알칼리에서 사용할 수 있으나 방향족 탄화수소에 부분적으로 용해되고 할로겐화 탄화수소에 용해된다.

(3) 사이콜로이 (Cycoloy)

폴리카보네이트(PC) 수지와 아크릴로니트릴 부타디엔 스티렌(ABS) 수지가 합성된(alloy) 수지로서 다양한 가정용 및 상업용의 화학약품에 견디고 산, 희석된 알칼리 용액, 식물성 기름 및 광유에도 잘 견딘다.

휘발유는 응력의 수준과 노출시간에 따라 사이콜로이(cycoloy) 수지에 악영향을 준다. 방향족 탄화수소는 사이콜로이 수지를 팽창시키고 환경응력크랙(ESC, Environmental Stress Cracking)을 일으킨다. 또한 사이콜로이 수지는 에스테르, 케톤 및 어떤 염화물계 탄화수소(chlorinated hydrocarbons)에 용해되나 약한 가정용의 세척제나 희석된 가정용 표백제로 세척될 수 있다.

(4) 사이콜락 (Cycolac)

사이콜락(cycolac) 수지의 환경저항 특성은 아크릴로니트릴, 부타디엔 및 스티렌 성분의 배합비에 따라 다르다. 사이콜락 수지는 물, 수성 소금용액, 희석된 산과 알칼리, 포화된 탄화수소, 낮은 방향족 가솔린, 식물성 및 동물성 지방과 기름에 사용될 수 있다. 그러나 계속적인 물과의 접촉 시 재료의 내열온도(HDT, Heat Deflection Temperature, 열변형온도)가 내려가고 내열성이 감소된다는 것을 주의해야 한다. 사이콜락 수지는 방향족 탄화수소, 농축된 무기산 및 산화제에 의해 영향을 받는다.

(5) 울템(Ultem)

비결정성 수지로서 어닐링(annealing, 풀림)된 상태에서는 100℃의 고온에서 물과 접촉 시 10,000시간 후에도 그 인장강도의 95%를 보유하고 있으나 어닐링이 되지 않은 상태에서는 위와 같은 환경조건에서 장기사용 시 크랙이 일어난다.

울템(ultem) 수지는 증기상태와 상온의 진공건조상태를 교대로 하는 환경조건에서 기본물성의 주요변화 없이 시험되었다. 또한 지방성 탄화수소, 알코올 및 약한 수성 소금용액, 산과 알칼리에는 적합하게 사용할 수 있으나 할로겐화 탄화수소에는 용해된다.

(6) 바록스(Valox)

반결정성 열가소성 플라스틱으로 지방성 탄화수소, 휘발유, 기름과 지방, 알코올, 글리콜, 에테르, 고분자량의 에스테르와 케톤, 희석된 산과 알칼리, 세척제와 수성 소금용액과 같은 다양한 화학약품에 견디는 우수한 특성을 갖고 있으나 높은 온도에서 물이나 수성 알칼리용액과의 접촉 시 가수분해에 의한 영향을 받는다.

(7) 수펙(Supec)

반결정성 수지로서 광범위한 온도에서의 화학환경조건에서 잘 견디나, 온도수준이나 접촉시간이 한계점일 때의 어떤 순간에 강산, 할로겐, 아민 및 염화탄화수소에 의해 영향을 받는다.

(8) 로모드(Lomod)

로모드(lomod) 수지는 강 알칼리, 뜨거운 산과 염화탄화수소에 의해 영향을 받고 케톤, 방향족 용제와 약산에 부분적으로 견딘다.

(9) 지노이(Xenoy)

비결정성 수지와 반결정성 수지의 혼합된 수지로서 용제, 기름, 그리스에 잘 견디고 자동차 산업에서 사용되는 페인트류에 대한 화학적 적합성이 있다. 지노이(xenoy) 수지는 결정성이 증가함으로써 내화학성이 개선되나 유기용제나 지방성 탄화수소에 의해 영향을 받는다.

(10) 노릴 지티엑스(Noryl GTX)

비결정성 수지와 반결정성 수지의 혼합된 수지로서 수지 자체의 특성 때문에 고온에서 수분을 흡수하고 물에 장기간 노출 시 팽창하여 조기 파손을 일으킨다. 노릴 지티엑스(noryl GTX) 수지는 자동차 산업에서 차체와의 동시 페인트 및 건조조건과 같은 한정된 시간 내에서 180℃까지의 뜨거운 공기에서도 견딘다. 또한 노릴 지티엑스(noryl GTX) 수지는 기름, 그리스, 지방 및 자동차 산업에서 사용되는 여러 화학약품에 잘 견딘다.

위의 자료는 적절한 조건하에서 만들어진 시편을 사용하여 실험실에서 시험평가된 자료를 기준으로 만들어졌다. 또한 같은 계통의 화학약품이라도 완전히 다른 현상이 나온다는 것을 알아야 한다. 즉 메틸알코올이 일부 사이콜락(cycolac) 수지에 영향을 미치나 에틸알코올은 거의 영향을 미치지 않는다.

실제로 우리는 지구상에서 사용 중인 수천 종의 화학약품이 섞인 것과 같은 상태에서 각각의 제품을 취급하고 있으므로, 제공된 자료를 기준으로 어떤 결론을 내거나 추천을 할 수는 없고 다만 재료의 성능 차이를 설명함으로써 비교만 할 수 있다.

4) 내후성

열가소성 플라스틱의 물성에 좋지 않는 영향을 미칠 수 있는 또 다른 환경조건은 기후 조건과 자외선 방출 같은 대기 조건이다. 기후조건은 온도, 산소, 상대습도 및 자외선 방출하에서 재료의 질이 저하되는 것을 말한다.

위의 조건들이 합쳐진 상태에서는 기본적인 물성과 색상을 모두 잃어버리고 수지의 물성을 완전히 저하시킨다.

(1) 렉산(Lexan)

렉산(lexan) 수지로 만든 제품은 자외선 방출과 온도가 같이 작용하는 환경조건에 매우 민감하여 재료에 변색이 나타나고 미세한 금이나 균열이 발생한다. 자외선 안정제는 상기 조건에 의한 영향을 개선시키고 성형품의 수명을 증가시킨다.

(2) 노릴(Noryl)

노릴(noryl) 수지로 만든 제품은 자외선 빛과 습도의 영향하에 변색이 나타나나 기계적 물성은 감소되지 않는다. 새로운 안정제 기술의 발전으로 자외선 안정성이 크게 개선되고 변색이 대폭 줄어들었다.

(3) 사이콜로이(Cycoloy)

사이콜로이(cycoloy) 수지로 만든 제품은 대부분의 다른 수지와 마찬가지로 기후 조건에 의한 영향을 받고 변색과 미세한 금이 나타나며 심한 경우에는 기본적인 물성의 저하를 가져온다.

(4) 사이콜락(Cycolac)

사이콜락(cycolac) 수지로 만든 제품은 기후조건이나 자외선에 계속 노출 시 악영향을 받는다. 주로 부타디엔 성분의 산화로 인해 변색이 일어나고 충격강도가 감소한다.

(5) 울템(Ultem)

울템(ultem) 수지로 만든 제품은 기후 조건과 자외선 방출에 잘 견디고 수지 자체의 기본적인 특성인 고온에 견디고 가수분해에 안정되어 내후성에 어느 정도 도움이 된다.

(6) 바록스(Valox)

바록스(valox) 수지로 만든 제품은 자외선 방출에 상당히 잘 견디나 변색이 나타난다. 심한 하중과 악조건인 환경하에서 기본적인 물성이 약간 감소한다.

(7) 수펙(Supec)

수펙(supec) 수지로 만든 제품은 기후조건 하에서 약간의 변색만 나타난다. 수지 자체의 기본적인 특성인 고온에 견디는 성질 때문에 기계적 특성의 현저한 감소는 일어나지 않는다.

(8) 로모드(Lomod)

로모드(lomod) 수지로 만든 제품은 기후조건과 자외선 방출하에서 변색이 나타나고 기본적인 물성이 감소한다. 영향을 받는 정도는 로모드 수지의 배합 성분에 따라 다르나 견고도가 감소하고 종탄성계수(E, 종탄성계수(縱彈性係數)는 E로 표기하며, modulus of longitudinal elasticity 또는 longitudinal elastic modulus)가 증가한다.

(9) 지노이(Xenoy)

지노이(xenoy) 수지로 만든 제품은 기후 조건과 자외선 방출에 잘 견디나 극한적인 기후 조건과 자외선 환경하에서 계속 노출 시 약간의 물성저하가 일어난다.

(10) 노릴 지티엑스(Noryl GTX)

노릴 지티엑스(noryl GTX) 수지로 만든 제품은 일반적인 대기 조건하에서 변색이 일어나므로 페인트나 라카로 제품에 보호용 칠을 한다.

(11) 테크노 폴리머 구조(Techno-polymer structure)

아즈델, 아즈멧 및 아즈로이 수지로 만든 제품은 요구되는 특성에 따라 다양한 기본 수지로 만들어졌다. 그러므로 어떤 그레이드에 대한 내후성이나 자외선 안정성은 사용된 기본 수지에 의한 특성이 그대로 나타난다.

제품에 자외선 및 내후성 코팅을 함으로써 기후조건과 자외선으로부터 열가소성 수지를 보호할 수 있다. 이 경우 가격이 비교적 높아지기 때문에 일반적으로 열가소성 플라스틱의 기본적인 기계적 물성 보유치가 크게 문제가 될 때만 사용한다.

3 PC(Polycarbonate, 폴리카보네이트)

3.1 PC(Polycarbonate, 폴리카보네이트)

1) 분류

폴리카보네이트는 다음과 같은 일반식으로 나타낸다.

$$-[\ \mathrm{OR}\overset{\displaystyle\mathrm{O}}{\overset{\|}{\mathrm{C}}}\ ]-_n$$

대별하면 R이 지방족 디옥시 화합물 잔기(殘基)에 의해 이룩되는 지방족 폴리카보네이트, R이 방향환을 함유 지방족 디옥시 화합물 잔기에 의해 이룩되는 방향족-지방족 폴리카보네이트, R이 방향족 디옥시 화합물 잔기에 의해 이룩되는 방향족 폴리카보네이트로 된다. 보통 엔플라(enpla) 또는 성형재료로서 사용되고 있는 것은 방향족 폴리카보네이트에 속하고 다음의 구조를 주요 골자로 하는 것을 말한다.

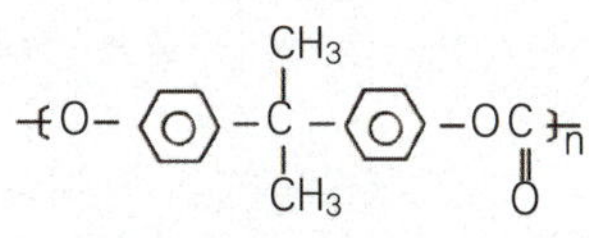

그밖에 주목되는 재료로서 안경용 주형재 CR-39(디에틸렌글리콜 디아릴카보네이트(diethylene glycol diallyl carbonate), PPG)가 있다. 경화물(硬化物)은 투명성이 좋고 표면 경도가 높고 굴절률도 크다.

(1) 내추럴(Natural)

수지 모재 그대로의 것을 가리키고 일반 그레이드(grade, 등급)라 불리우기도 한다. 투명한 성형품이 얻어진다.

(2) 유리섬유 강화

강화 그레이드로서 가장 일반적인 것은 유리섬유 강화 그레이드인데 최근에는 요구성능에 맞춰 여러 가지의 그레이드가 개발되고 있다. 특히 최근에는 정밀성형 용도로 수요가 증가됨에 따라서 성형 수축률이나 선팽창계수의 이방성이나 휨방지 등에서 그 유리섬유의 길이를 적당히 조절한 그레이드도 커스토머 그레이드(customer grade)로 사용되고 있다.

(3) 난연 그레이드

폴리카보네이트는 연소성이 낮고 자기 소화성에 속하는 재료인데 또한 난연제 등을 첨가하는 것에 의해 UL94V-0 난연성으로 한 것도 있다.

2) 제조법

다음의 2종류의 방법이 알려지고 있다. 그 하나는 솔벤트법 또는 용제법이라는 것으로 2가의 하이드록시 화합물의 알칼리 수용액과 유기용제(예를 들면 메틸렌 클로라이드)와의 현탁액(懸濁液)에 기화 포스겐(phosgene)을 불어 넣는 것에 의해 고중합도의 폴리카보네이트를 얻는 방법이다. 이 방법은 대단히 고중합도의 것까지 자유로이 제조 가능하다는 특징을 갖는 반면 유기용제에 용해하고 있는 수지의 정제, 분리라는 공정을 필요로 한다.

제2의 방법은 에스테르 교환법 또는 용융법이라는 것으로 제1방법과 비교하면, 간접법이라고 말할 수가 있다. 즉 1가 하이드록시 화합물과 포스겐에 의해 미리 폴리카보네이트 결합을 형성시킨 후 용융상태에 있어서 1가 하이드록시 화합물과 2가 하이드록시 화합물과를 교환·축합을 행한 것이다. 이 방법은 제품이 균일 용융물로 취출된다는 특징이 있는데 고분자량의 것은 얻기 힘들다.

3) 물성 일반

폴리카보네이트의 성질에 영향을 끼치는 큰 인자로서 분자량이 있다. 폴리카보네이트의 제(諸, 여러) 성질은 움직이기 어려운 페닐프로판 그룹과 움직이기 쉬운 카르복시 그룹에 규정되는 분자쇄의 강성, 긴 구조단위, 회전의 속박(束縛) 등의 분자구조상의 특징에서 생기고 있다. 분자량과 강도의 관계를 그림 3-30에 나타낸다. 폴리카보네이트의 여러 성질이 실제 사용상의 의미를 갖게 되는 것은 분자량이 적어도 20,000개 이상이 필요하다.

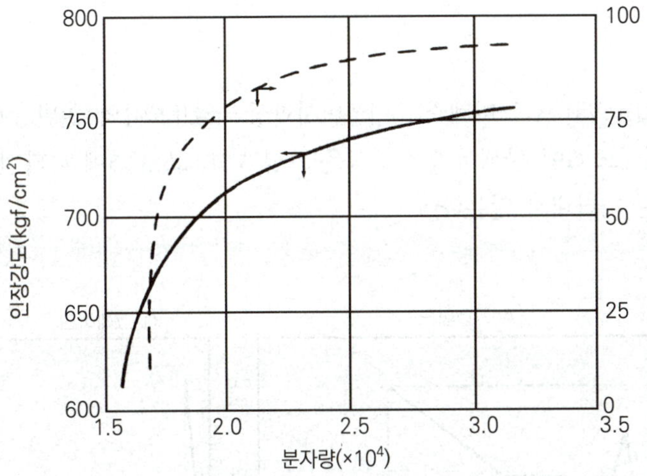

그림 3-30 분자량과 강도의 관계

열가소성 플라스틱은 결정성 수지와 비결정성 수지로 구별되고 결정성 수지의 비중은 결정화도에 의해 변화한다. 폴리카보네이트는 10% 전후에 있는 비결정성의 수지라고 생각해도 좋다. 대표적인 플라스틱과 금속재료의 비중은 표 3-14에 나타낸다.

폴리카보네이트의 비중은 대표적인 엔지니어링 플라스틱의 비중과 비교하면 나일론 6이나 노릴(noryl)보다 크지만 PBT나 폴리아세탈(POM)보다 작다. 또한 금속에 비해 반 이하의 비중이라는 점으로 대체에 의한 경량화가 가능하다. 또한 플라스틱의 분자량 분포는 성형가공성이나 플라스틱 성형품의 치수안전성, 잔류변형에 큰 영향을 끼친다. 일반적으로 분자량 분포가 좁은 플라스틱은 성형가공시의 유동성이 조금 떨어지는데 성형품의 치수 안전성이 좋고 잔류변형도 작다.

▶▶ 표 3-14 플라스틱과 금속의 비중

수지명	비 중	수지명	비 중
폴리카보네이트	1.20	폴리스티렌	1.05
나일론 6	1.13	폴리메틸메타크릴레이트	1.18
PBT	1.31	폴리염화비닐	1.35
HDPE	0.96	ABS	1.05
폴리프로필렌	0.90	주 철	7.4
폴리아세탈	1.42	알루미늄	2.7
변성 PPO	1.06	마그네슘	1.7

(1) 기계적 성질

① 인장특성

폴리카보네이트[novarex(노바렉스), 미쓰비시화성(三菱化成)]의 일반 그레이드 A와 유리섬유 강화 그레이드 G에 관해서 인장특성을 그림 3-31, 표 3-15에 나타낸다. A는 항복값을 나타내는데 G는 나타내지 않는다.

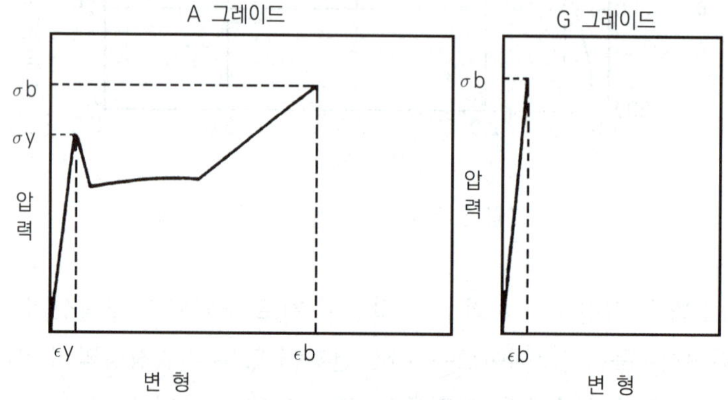

그림 3-31 노바렉스(novarex)의 인장응력 변형곡선

▶▶ 표 3-15 인장특성

그레이드명	항복강도(kgf/cm^2) σy	파단강도(kgf/cm^2) σb	탄성률 (kgf/cm^2)	파단점 신율 (%)
7022A	634	713	22,300	102
7025A	633	724	21,900	101
7027A	630	741	21,800	101
7030A	627	753	21,600	101
7025G10	–	730	37,500	7
7025G20	–	1,120	63,500	4
7025G30	–	1,440	75,900	4

※ 측정방법 : ASTM D638

대표적인 엔지니어링 플라스틱(engineering plastic, ENPLA)의 인장강도의 온도 의존성을 그림 3-32에 나타낸다.

폴리카보네이트는 넓은 온도범위에서 안정한 인장강도를 갖는다. 폴리카보네이트의 기계적 성질은 기타 수지에 없는 우수한 성질을 갖고 있다. 특히 저온(-100℃ 이하)에서 고온(120℃)까지 넓은 온도범위에서의 특성이 큰 변화가 없다는 것이다. 상온에서 금속과 같은 항복점을 알 수 있다. 일반적으로 플라스틱은 응력을 가하면 신장률이 크게되어 절단되든가 늘어나지 않게되며 파단되든가 한다. 상온에서 파단점이 있다는 것은 이 이하의 응력에서는 응력을 제거하면 변경이 원래로 돌아가는 후크의 법칙(Hooke's law)에 따른 것이다. 이와 같이 응력이 비례한계 내에서는 강도계산을 실시하는 경우에 금속의 공식이 사용된다.

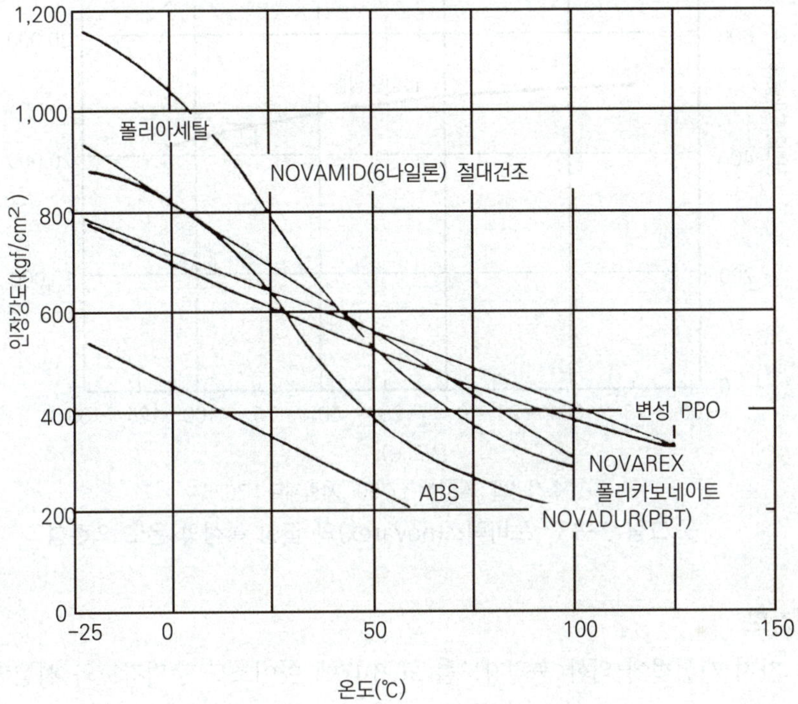

그림 3-32 인장강도의 온도 의존성

② 굽힘특성

노바렉스(novarex)의 굽힘특성의 대표값을 표 3-16에 나타낸다. 또한 굽힘특성의 온도 의존성을 그림 3-33에 나타낸다.

표 3-16 노바렉스(novarex)의 굽힘 특성

그레이드명	굽힘강도 (kgf/cm^2)	굽힘탄성률 (kgf/cm^2)
7025A	920	24,000
7025G30	1,660	67,000

※ 측정방법 : ASTM D790

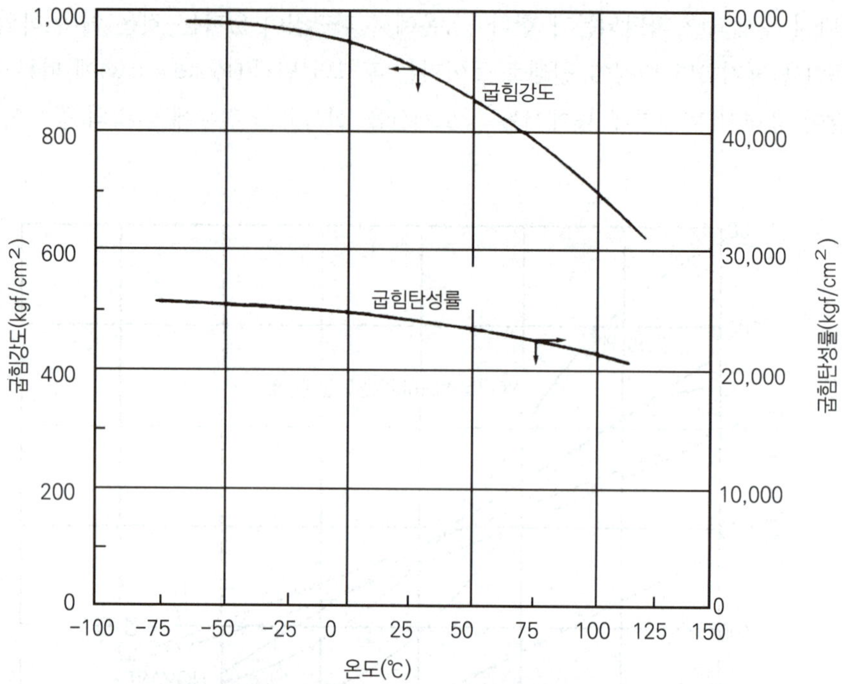

측정방법 : ASTM D790, 시험재료 : 7025A

그림 3-33 노바렉스(novarex)의 굽힘 특성의 온도 의존성

③ 충격강도

여러 가지 시험법에 의한 충격강도를 표 3-17에 아이조드 충격강도와 시험편의 두께 관계를 그림 3-34에 나타낸다. 충격강도는 시험편에 의해 변화한다. 즉 파괴상태가 시험편의 두께 5 mm 부근에서 연성파괴에서 취성파괴로 변하고 충격강도도 크게 변화한다.

표 3-17 노바렉스(novarex)의 충격강도

시험법	두께(mm)	충격강도
아이조드 충격강도 (ASTM D256)		
노치있음	3.2	90kgf · cm/cm
노치없음	3.2	270~300kgf · cm/cm
듀폰 낙추 충격강도 중추(重錐) R 1/8" 받침대 지름 1/4"	3.2	280~330kgf · cm/cm
인장 충격강도 (ASTM D1822)	3.2	250~300kgf · cm/cm
	1.6	500~550kgf · cm/cm

※ 시료 : 7025A

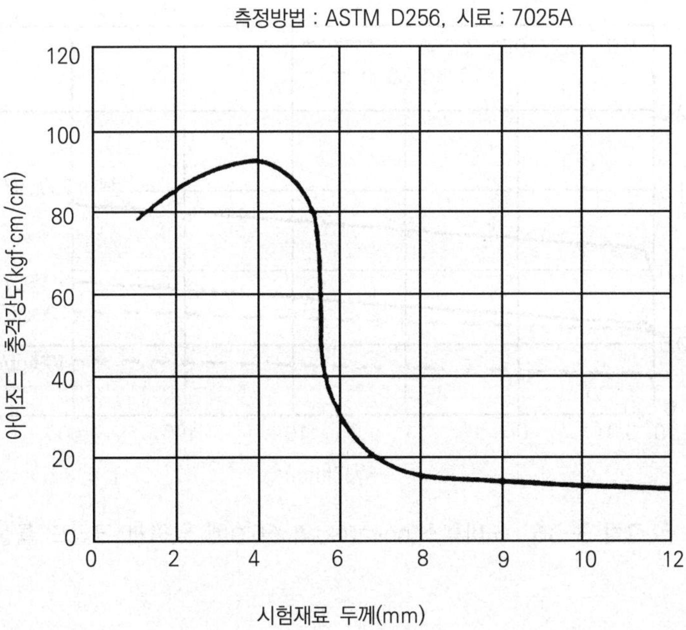

그림 3-34 노바렉스(novarex)의 아이조드 충격강도의 두께 의존성

④ 크리프(creep) 특성

크리프 특성의 응력 의존성, 온도 의존성을 그림 3-35, 그림 3-36, 그림 3-37에 나타낸다. 폴리카보네이트는 대단히 양호하여 장기간 응력하에서 사용하여도 변형을 일으키지 않는다.

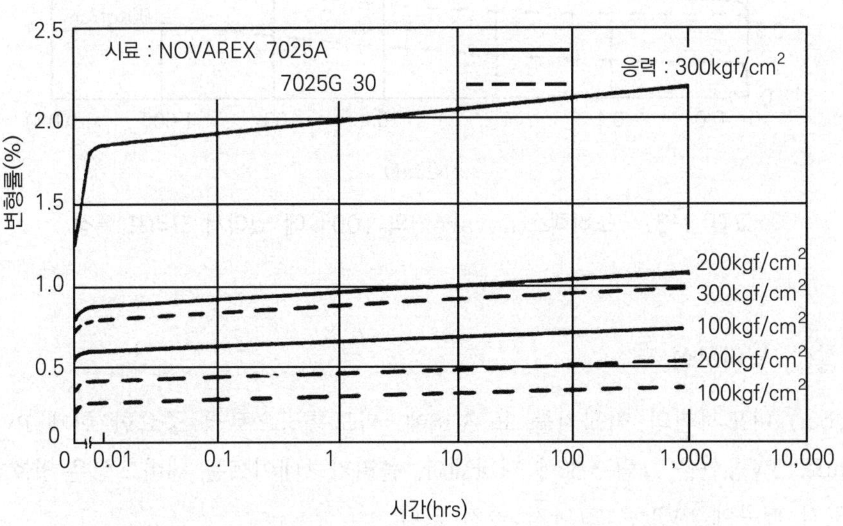

그림 3-35 노바렉스(novarex)의 23℃에 있어서 크리프 특성

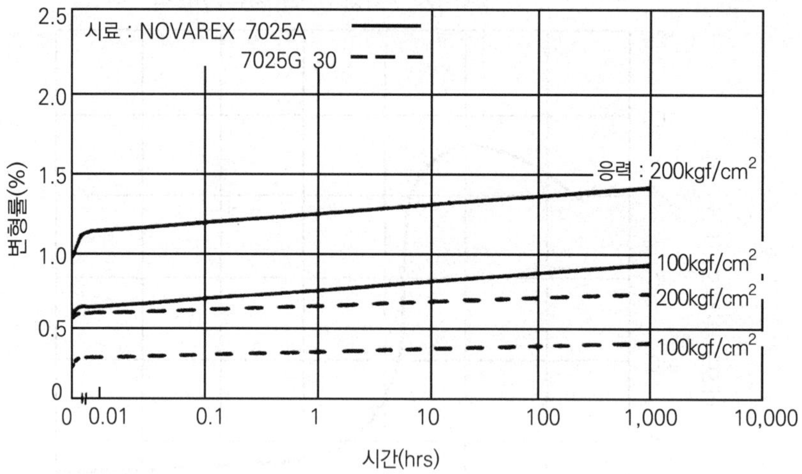

➲ 그림 3-36 노바렉스(novarex)의 60℃에 있어서 크리프 특성

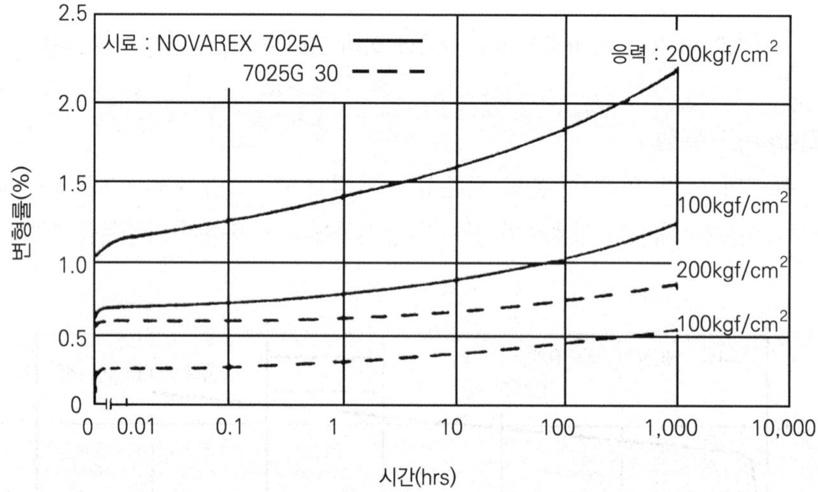

➲ 그림 3-37 노바렉스(novarex)의 100℃에 있어서 크리프 특성

(2) 내마찰성, 내마모성

테이버(taber) 마모시험의 비교치를 표 3-18에, 마모특성으로서 중요한 한계 PV값은 600 $kgf/cm^2 \cdot cm$로 PV곡선을 그림 3-38에 나타낸다. 폴리카보네이트는 내마모성은 양호한데 자기 윤활성이 없기 때문에 PV값은 그다지 좋지 않다.

▶▶ **표 3-18** 테이버(taber) 마모량

수지명	테이버 마모량 (mg/1,000 cycle)
NOVAREX(폴리카보네이트)	13
NOVAMID(나일론 6)	7(절대건조)
NOVADUR(PBT)	8
NOVATEC(HDPE)	3
폴리프로필렌	14
폴리아세탈	14
변성 PPO	20
폴리스티렌	20
폴리메틸메타크릴레이트	15
폴리염화비닐	14
ABS	19

※ 측정방법 : ASTM D1044(CS-17wheel)

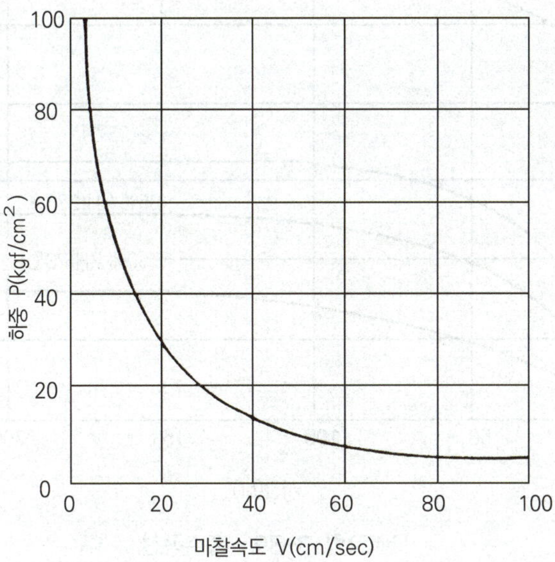

그림 3-38 노바렉스(novarex)의 PV곡선

(3) 치수안정성

치수안정성의 개념 중에는 흡수팽창, 열팽창, 열수축, 크리프 변형 등이 포함되어 있다. 폴리카보네이트는 치수안정성에서는 결정성 수지 등에 비교하면 대단히 우수한 성질을 갖고 있다. 폴리카보네이트의 흡수에 의한 치수변화는 0.002 m/m%로써 100 mm의 성형품이 성형 시의 절대건조상태에서 실온의 흡수율 0.23%에 달하면 0.04 mm 정도의 흡수팽창량이다.

(4) 흡수성(吸水性)

폴리카보네이트는 주쇄(主鎖)말단의 OH기를 제하고는 친수기(親水基)를 갖고 있지 않기 때문에 흡수성이 작다(표 3-19, 그림 3-39 참조)

▶▶ 표 3-19 노바렉스(novarex)의 흡수율

그레이드명	흡수율 (%)
7025A	0.15
7025G30	0.11

※ 측정방법 : ASTM D570(23℃ 수중 24시간)

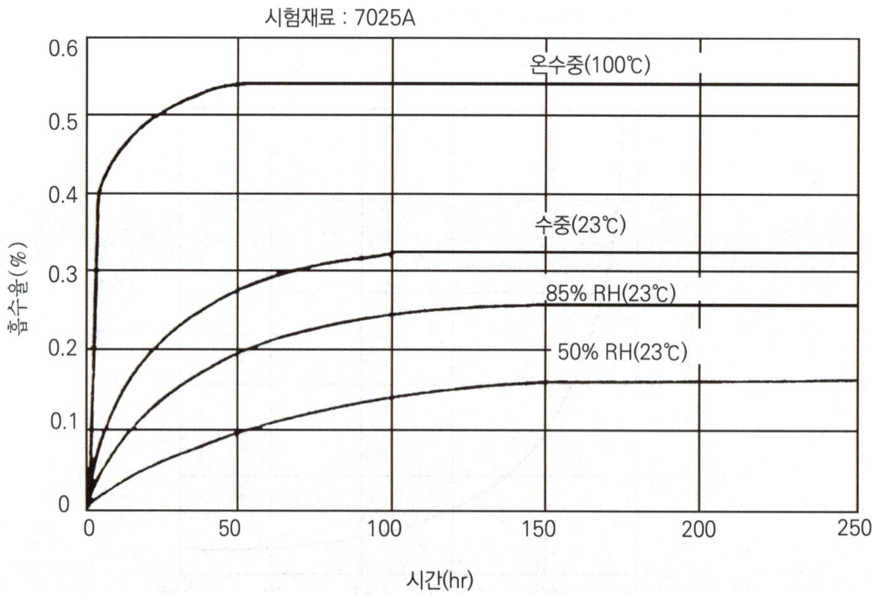

그림 3-39 흡수곡선

그러나 흡수에 장시간 침적되는 경우에는 가수분해를 일으켜 분자량이 저하하기 때문에 크레이징(crazing)을 일으키고 기계적 강도를 저하하기도 한다. 수증기의 폭로[1]를 받을 때에는 가수분해는 또한 가속된다. 이를테면 120℃의 수증기 폭로에서 10시간으로 표면에 크레이징이 발생한다.

이와 같은 곳에서의 사용에는 주의할 필요가 있다. 표 3-20에서는 100℃ 온수침지 후의 물성 저하를 나타낸다.

1) 폭로(暴露) : 자연환경에서의 성능 조사를 위해 옥외에 방치하는 것.

▶▶ 표 3-20 노바렉스(novarex)의 내온수성

침지시간 (hrs)	분자량	인장강도 (kgf/cm^2)	아이조드 충격강도 ($kgf \cdot cm/cm^2$)
0	29,100	750	90
24	29,000	800	88
48	28,500	810	83
100	26,400	810	80
200	25,100	830	75
500	20,900	830	8
1,000	18,200	130	2

※ 시료 : 7030A, 온수온도 : 100℃

(5) 열적 성질

유리전이온도, 열변형온도, 융점을 표 3-21에 나타낸다. 열가소성 수지에는 높은 편에 속하고 중온부터 고온특성이 좋은 것을 나타내고 있다.

▶▶ 표 3-21 열적 성질

수지명	유리전이온도 (℃)	열변형온도(℃)		융점 (℃)
		하중 : 4.6 kgf/cm^2	하중 : 18.6 kgf/cm^2	
폴리카보네이트	153~156	145~148	134~138	240
나일론 6	30~49	158	68	224
PBT	20~25	150~160	60	224
HDPE	−21~−24	60~82	43~52	125~135
폴리프로필렌	−10~−35	99~110	60~70	160~170
폴리아세탈	10~20	158	120	160~170
변성 PPO	140~150	133	114	−
폴리스티렌	80~100	69~97	66~91	−
폴리메타크릴레이드	60~105	74~99	71~91	−
폴리염화비닐	70~80	82	54~74	−
ABS	70~105	88~113	74~107	−

(6) 전기적 성질

폴리카보네이트의 전기특성, 특히 절연파괴 전압이 높고 우수한 절연재료이다. 고주파 특성은 스티롤(styrol, 스티렌을 중합하여 만드는 무색투명한 합성수지), 폴리에틸렌과 비교하여 약간 떨어지는데 주파수와 온도에 대해 안정하고 내열성이 높고 기계적 강도가 매우 크기 때문에 우수한 고주파 절연재료이다. 절연파괴전압은 체적고유저항이 $10^{17}\Omega \cdot cm$로 크기 때문에 높은 값을 나타냄과 동시에 온도와 습도에 대해서 안정하다. 표 3-22는 노바렉스(novarex)의 절연파괴 전압을 보여준다.

유전율의 주파수 특성은 1 MHz에서 10 MHz까지 변화가 있고 2.8 전후이다. 10 MHz 이상이 되면 약간 적게 되고 1,150 MHz에서 2.6으로 되는데 변화가 작고 우수하다. 온도에 대해서도 안정하고 저온(-20℃)에서 고온(130℃)까지 변화가 적다.

유전정접의 주파수 특징은 100 MHz 전후까지 안정한 값을 나타내고 온도특성도 상온에서 2차 전이점(150℃)까지 안정하지만 그 이상의 온도에서 급격히 증가한다. 내아크는 측정 시의 전극에서 값이 변하는데, 백금, 카본 전극에서 120초이다.

▶▶ **표 3-22 노바렉스(novarex)의 절연파괴 전압**

그레이드명	두께	전선파단 전압 (단시간 유압)
NOVAREX 7025A	1/16" 1/8"	30~33(kV/mm) 14~16
7025G30	1/16"	31

※ 측정방법 : ASTM D149

(7) 광학적 특성

폴리카보네이트의 광선투과율과 파장 시료두께의 관계를 그림 3-40, 그림 3-41에 나타낸다. 가시부(可視部)[2]에서 광선투과율은 80~94%로써 300 m 이하의 자외선은 거의 투과하지 않는다.

폴리카보네이트는 290 m 부근의 자외선에 의해 광산화(光酸化)[3] 반응이 일어나 열화가 진행된다. 열화는 표면층에 발생하여 황변(黃變) 기계강도의 저하가 서서히 진행되어 최종적으로 균열(crack, 크랙)을 일으킨다. 옥외사용의 경우에는 사용 후 2~3년에서 황변이 급속히 진행하여 그 후에는 황변보다는 표면의 균열이 현저하게 나타난다. 자외선 흡수제를 첨가하는 것에 의해 열화는 어느 정도 억제된다. 또한 카본블랙도 자외선 열화방지에 효과가 있고 흑색에서 옥외 사용의 성형품에서는 카본블랙의 배합으로 커버되고 있다. 또한 굴절률은 1.584~1.586으로 높고 렌즈용 재료로서 우수하다.

2) 가시부(可視部) : 빛 중 육안으로 감지되는 가시광선부(빨강, 주황, 노랑, 초록, 파랑, 남색, 보라의 7가지색)
3) 광산화(光酸化) : 산화성 물질과 환원성 물질을 함유한 계열에 빛을 쪼이면 산화 또는 환원반응이 일어나는 현상

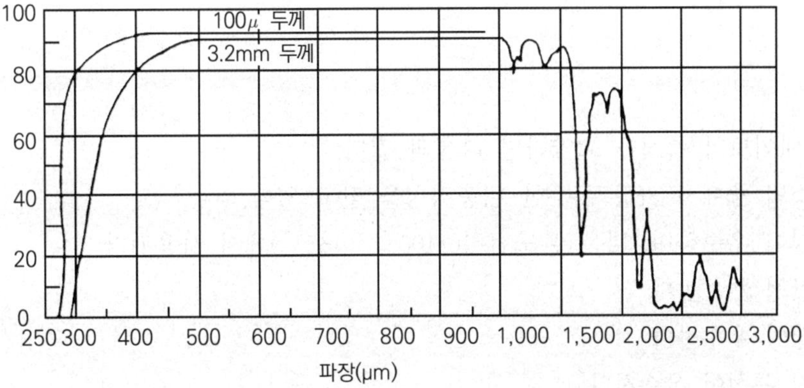

그림 3-40 노바렉스(novarex)의 광선투과율의 파장 의존성

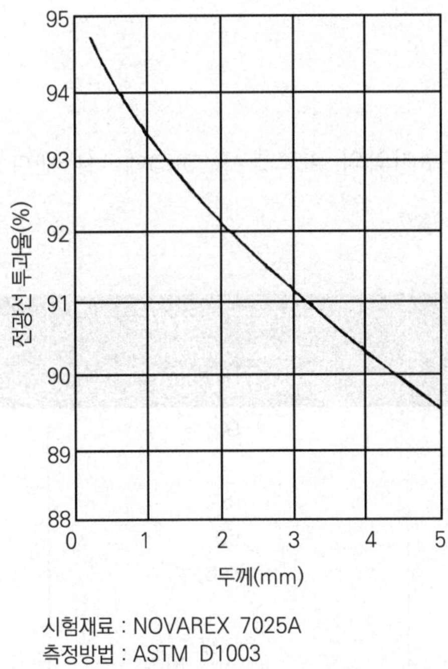

그림 3-41 노바렉스(novarex)의 광선투과율의 두께 의존성

(8) 내약품성

노바렉스(novarex)는 일반적으로 알코올류, 유지류, 염류와 산류에는 비교적 안정한데 그 주쇄(主鎖) 중에 에스테르 결합이 있기 때문에 알칼리성 약품에 의해 가수분해가 일어나기도 하고 방향족 탄화수소나 염소화 탄화수소에는 팽윤(膨潤, 용적이 늘어가는 현상)이나 용해한

다. 따라서 노바렉스의 실용(實用)에 관해서는 약품의 영향에 주의하지 않으면 안 된다.

4) 특징

폴리카보네이트의 특징을 요약하면 다음과 같다.

① 플라스틱 중에서 가장 우수한 내충격성을 갖고 있다.
② 내열성이 우수하며, 넓은 온도범위(-100℃ ~ 135℃)에서 사용된다.
③ 치수안정성이 높다.
④ 투명성이 우수하다.
⑤ 전기적 특성이 우수하다.
⑥ 흡수성이 적다.
⑦ 내후성(耐候性)이 우수하다.
⑧ 자기소화성이다.
⑨ 독성이 없다.

충격강도에 관해서 다른 수지와의 비교를 표 3-23에 나타낸다.

▶▶ 표 3-23 충격강도

수지명	아이조드 충격강도 (kgf · cm/cm) (ASTM D256)	인장 충격강도 (kgf · cm/cm) (ASTM D1822)
NOVAREX (폴리카보네이트)	90	400
NOVAMID (나일론 6)	5 60	100
NOVADUR (PBT)	4~6	150
NOVATEC (HDPE)	6~27	200~250
폴리프로필렌	3~10	100
폴리아세탈	3~11	60~100
변성 PPO	14~18	170
폴리스티렌	1.5~3	20
폴리메틸메타크릴레이트	2~4	25
폴리염화비닐	2~6	40~90
ABS	6~23	200~300

5) 용도

(1) 전자·전기기기 용도

① 이용 특성

치수정밀도, 치수안정성, 전기적 특성, 내열성, 자기소화성, 내약품성

② 제품 예

스마트폰 케이스, 전동드릴 하우징, 헤어드라이어의 하우징, 조명기기 커버, 릴 케이스, 단자대, 컴퓨터 테이프 릴과 케이스, 커넥터, 가스기구 등의 손잡이, 어댑터, 보안기 등

(2) 자동차 용도

① 이용 특성

치수정밀도, 치수안정성, 내충격성, 내열성, 자기소화성, 내후성, 투명성

② 제품 예

애프터도어 핸들, 디스플레이 패널, 인스트루먼트 패널, 프론트 그릴, 호일캡, 램프 렌즈, 보디(body), 시트 등

(3) 조명기기 용도

① 이용 특성

투명성, 내열성, 내충격성, 내후성, 자기소화성

② 제품 예

장식조명 글로브, 전기스탠드, 방폭 글로브, 안전등

(4) 공업용 전기부품, 전기공사 부품 용도

① 이용 특성

치수정밀도, 치수안정성, 내충격성, 전기적 특성, 내열성, 자기소화성, 내약품성

② 제품 예

스위치 박스, 모터부품, 전동공구 하우징, 배전박스, 시로코 팬(sirocco fan) 에어필터 케이스, 정화조 등

(5) 기계용도

① 이용 특성

치수정밀도, 치수안정성, 내충격성, 내열성, 내약품성

② 제품 예

카메라 몸체, 에어유닛 볼, 펌프 임펠라, 방적 보빈, 온도계 눈금판, 자동차 부품, 낚시도구, 광학기기, 자동판매기 부품, 표시판 등

(6) 일반공업, 보안용도

① 이용 특성

내충격성, 강성, 투명성, 내약품성

② 제품 예

헬멧, 보호면, 방호벽, 창문 유리, 수중안경, 적층판, 스코프 등

(7) 일용잡화용도

① 이용 특성

내충격성, 내열성, 무독성

② 제품 예

소화기 부품, 우유병, 식기, 커피포트, 카레 용기, 초콜릿 금형, 샌들 밑창, 안약 용기 등

6) 일본 제조사(메이커)

표 3-24는 소재 분야에서 전세계 최고의 경쟁력을 가진 일본 제조사(maker)들이다.

▶▶ 표 3-24 일본 제조사(maker)

메이커	상품명
아사히글라스(旭硝子)	렉산(Lexan)
이데미쓰석유화학(出光石油化學)	이데미쓰 폴리카보네이트
엔지니어링플라스틱(EPL)	렉산(Lexan)
테이진(帝人)	판라이트(Panlite)
미쓰비시(三菱)가스화학	유피론(Iupilon)
미쓰비시화학(三菱化學)	노바렉스(Novalex)

7) 기타 용도

자동차와 같은 기계분야로 분류되고 있는 카메라 분야에서도 오토포커스 일안(一眼) 리플렉스 카메라 쪽이 순조롭게 진행되고 있고, 카메라 렌즈 주위 부품에서도 스마트폰으로 인해 높은 성장세를 나타내고 있다. 폴리카보네이트 수지에서는 그레이드의 다양화도 급속히 진행되고 있다. 자동차 바디에 사용된 PC/ABS 외에 PC/PET, PC/PBT 등 알로이(alloy)용 블렌드(blend) 수지의 수요 증가도 대규모에 달하고 있다. 수요의 주요 용도 구성은 자동차, 정밀, 광학기계, 전기 · 전자, 필름 시트, 잡화, 의료 · 보안 등으로 널리 사용되고 있다.

8) 대표적인 판매제품 물성 데이터

표 3-25에 노바렉스(novarex)의 그레이드별 물성 데이터를 나타낸다.

▶▶ 표 3-25 노바렉스(novarex)의 일반적 물성

항 목		측정방법 (ASTM)	단위	7022A	7025A
물리적 비중	비중	D792		1.20	1.20
	흡수율	D570(23℃수중 24hrs)	%	0.15	0.15
기계적 성질	인장강도	D638	kgf/cm^2		
	항복			630	630
	파단			710	720
	파단점신율	D638	%	90~110	90~110
	인장탄성률	D638	kgf/cm^2	22,000	22,000
	굽힘강도	D790	kgf/cm^2	920	920
	굽힘탄성률	D790	kgf/cm^2	24,000	24,000
	압축강도	D695	kgf/cm^2	780	780
	아이조드 충격강도 (노치있음)	D256	kgf · cm/cm	80	90
	로크웰 경도	D785	M스케일	M80	M80
	테이버 마모	D1044	mg/1,000RPM	13	13
열적 성질	열변형온도	D648	℃		
	$4.56kgf/cm^2$			145	146
	$18.6kgf/cm^2$			134	135
	선팽창계수	D696	cm/cm/℃	5.6×10^{-5}	5.6×10^{-5}
	열전도율	C177	$cal/sec/cm^2$/℃/cm	5.3×10^{-4}	5.3×10^{-4}
	성형수축률	D955	%	0.6	0.6
광학적 성질	굴절률	D542	–	1.585	1.585
	광선투과율	D1003(두께 3m)	%	91	91
	담도		%	1.4	1.4
전기적 성절	절연파단 전압	D149(두께 1/8")	kV/mm	16	16
	체적고유저항	D257	Ω · cm	4×10^{16}	4×10^{16}
	유전율	D150	–		
	60Hz			2.91	2.91
	10^3Hz			2.90	2.90
	10^6Hz			2.85	2.85
	유전손실	D150	–		
	60Hz			0.00066	0.0006
	10^3Hz			0.0011	0.0011
	10^6Hz			0.0092	0.0092
	내아크성	D495	sec	120	120
연소성		UL-94		92V-2	92V-2

7027A	7030A	I그레이드 U그레이드	R그레이드 B그레이드	S그레이드	7025NB	7025G30
1.20	1.20	1.20	1.20	1.20	1.24	1.43
0.15	0.15	0.15	0.15	0.15	0.14	0.11
630	630	630	630	630	680	–
740	750	710~750	710~750	710~750	730	1,440
90~110	90~110	90~110	90~110	90~110	90~110	4
22,000	22,000	22,000	21,000	23,000	22,000	76,000
930	930	920~930	920~930	920~930	960	1,660
24,000	24,000	24,000	23,000	25,000	23,000	67,000
780	780	780	780	780	850	2,180
90	90	80~90	80~90	80~90	15	16
M80	M80	M80	M80	M80	M85	M95
13	13	13	13	13	12	33
147	148	145~148	143~146	146~149	150	152
136	138	134~138	132~136	135~139	142	148
5.6×10^{-5}	5.6×10^{-5}	5.6×10^{-5}	5.6×10^{-5}	5.6×10^{-5}	5.5×10^{-5}	1.9×10
5.3×10^{-4}	5.3×10^{-4}	5.3×10^{-4}	5.3×10^{-4}	5.3×10^{-4}	5.3×10^{-4}	6.9×10
0.6	0.6	0.5~0.7	0.5~0.7	0.5~0.7	0.5~0.7	0.2~0.5
1.585	1.585	1.585	1.585	1.585	1.585	–
91	91	90.5	91	91	90.5	–
1.4	1.4	1.5	1.4	1.4	1.4	–
16	16	16	16	16	15	16
4×10^{16}	4×10^{16}	4×10^{16}	4×10^{16}	4×10^{16}	4×10^{16}	4×10^{16}
2.91	2.91	2.91	2.91	2.91	2.85	3.33
2.90	2.90	2.90	2.90	2.90	2.85	3.32
2.85	2.85	2.85	2.85	2.85	2.85	3.26
0.00066	0.00066	0.00066	0.00066	0.00066	0.0007	0.00147
0.0011	0.0011	0.00110	0.00110	0.00110	0.0010	0.00149
0.0092	0.0092	0.00920	0.00920	0.0092	0.0082	0.00985
120	120	120	120	120	90	120
92V-2	92V-2	94V-2	94V-2	94V-2	94V-0	94V-0

4 PA(Polyamide, 폴리아미드)

4.1 폴리아미드(Polyamide)계 수지

1) 분류 · 종류

아미드 결합(-NHCO-)에 의해 고분자화된 장쇄상(長鎖狀, 긴 쇠사슬 모양) 고분자의 총칭으로 다른 이름으로는 나일론(nylon)이라고도 한다.

나일론은 다음과 같이 분류된다.

① 환상(環狀, 고리처럼 동그랗게 생긴 모양) 지방족 락탐(lactam, 고리모양 구조를 가진 분자 안에서, '-CONH-' 결합을 가지는 유기화합물)의 개환 중합(開環重合, 고리모양의 화합물에서 고리가 끊어져서 사슬모양의 중합체가 되는 반응)에 의한 것으로 이것은 지방족 락탐의 탄소수를 취해 '나일론 *l*'이라고 부른다.

② 지방족 다이아민[분자 속에 두 개의 아미노기 '-NH_2'를 가지고 있는 화합물. 세균의 작용으로 단백질이 썩을 때 생기는 카다베린(cadaverine) 따위가 있다. 규범 표기는 '디아민'이다]과 지방족 다이카복실산(@dicarboxylic酸, 한 개의 분자 안에 두 개의 카복시기를 가진 유기산) 또는 방향족 다이카복실산의 중축합(重縮合, 축합반응의 반복에 의해 고분자화합물을 만드는 반응)에 의한 것으로 이것은 지방족 다이아민의 탄소수 m, 지방족 다이카복실산의 탄소수 n을 취해 '나일론 mn'이라고 부른다.

③ 아미노산의 중축합에 의한 것.
아미노산의 탄소수를 취해 '나일론 *l*'이라고 부른다.

이 밖에 공중합(共重合, 두 가지 이상의 서로 다른 단위체가 중합하여 각 성분을 함유하는 중합체를 생성하는 반응) 나일론, 최근에는 고무성분을 미크로(micro)로 분산시켜 내충격성을 개량한 수퍼 터프 나일론(super turf nylon) 등이 있다.

(1) 나일론 6

ε-카프로락탐(caprolactam, 아미노카프로산의 고리 아라미드(aramid)의 하나. 무색의 결정으로, 물, 에탄올, 에테르, 벤젠 따위에 잘 녹는다. 나일론의 중간원료로 중요하게 쓰인다. 화학식은 $C_6H_{11}NO$이다)의 개환중합[4]에 의해 얻어진다.

---

4) 개환중합(開環重合) : 고리모양 화합물의 고리가 열려 선모양의 중합체가 되는 중합반응. 고리열림중합이라고도 한다.

$$nCO(CH_2)_5NH \rightarrow HO[-CO(CH_2)_5NH-]nH$$

나일론 중에서 가장 많이 사용되고 있다. 메이커(maker)는 다음과 같은 그레이드(grade, 등급)를 갖고 있다.

- 일반 사출성형용
- 내열성, 내후성(耐候性)용
- 고충격성용
- 내마찰성, 내마모성용
- 미네랄 필러(mineral filler) 강화용
- 중 · 고점도 압출용
- 난연성(難燃性)용
- 유연성(柔軟性)용
- GF강화성(범용, 내열, 고강성, 고충격)용

나일론 재질에 있어 대표적인 그레이드인 나일론 6의 일반적인 성질을 표 3-26에 나타낸다.

▶▶ 표 3-26 나일론 6 (nylon 6)의 여러 가지 성질

성 질	단 위	1013B		1011GC		1011GB		측정법 (ASTM)
		절건시*	실사용시	절건시	실사용시	절건시	실사용시	
인장파단점 강도	kgf/cm^2		500~550	1,320	700~750	1,650	800~900	D638
인장항복점 강도	kgf/cm^2	750	380~420					D638
항복시 신율	%	5.5	30					D638
인장탄성률	kgf/cm^2	26,400	8,000~9,000	49,300	30,000~31,000	61,000	43,000~44,000	D638
신 율	%	150	270~290	4.7	5.0	5.5	5.0	D638
굽힘강도	kgf/cm^2	1,100	340~390	1,720	850~900	2,300	1,300~1,400	D790
굽힘탄성률	kgf/cm^2	24,000	6,500~7,500	60,800	30,000~31,000	77,000	46,000~47,000	D790
1% 변형 압축강도	kgf/cm^2	200	80~100	250	120~140	260	160~170	D695
강도(아이조드 노치 있음)	kgf · cm/cm	7.2	28~40	7.6	8~10	10.4	14~16	D256
경도(로크웰)	R-scale	120	85	120	100	120	105	D785
	M-scale	85	54	99	54	99	60	D785
전단강도	kgf/cm^2	650	450~470	710	500~530	830	560~580	D732
열변형 온도 ($18.56kgf/cm^2$)	℃	60		199	177	204	194	D648
열변형 온도 ($4.6kgf/cm^2$)	℃	151		217	215	217	215	D648
선팽창계수	cm/cm℃	0.8×10^{-4}		0.5×10^{-4}		0.3×10^{-4}		D696
비 중	–	1.14		1.28		1.34		D792

주1) 절건시* : 절대 건조시킨 수분이 전혀 없는 상태를 의미한다.

주2) 1013B : UBE 나일론 6, 일반 사출성형용(비강화)

1011GC : UBE 나일론 6, 유리섬유 20% 함유[초프드 스트랜드(choped strand); GRP 파이프 접합 등에 사용되는 라미네이션(lamination) 매트 재질)]

1011GB : UBE 나일론 6, 유리섬유 30% 함유(섬유길이 4.5 mm)

(2) 나일론 66(nylon 66)

헥사메틸렌다이아민과 아디핀산을 탈수중축합하여 얻어진다.

$$nH_2N(CH_2)_6NH_2 + nHOOC(CH_2)_4COOH \rightarrow H - E[HN(CH_2)_6NHCO(CH_2)_4CO]_n OH$$

나일론 6 다음으로 사용량이 많다. 물성은 전체적으로 나일론 6보다 우수하다. 다음에 우수한 여러 가지 특징을 나열하였다.

① 내열성이 우수하고 자기소화성이다[융점이 높다(260℃)].

② 탄성률이 크고 강인하다. 내크리프성이 우수하다(기계적 성질이 우수하다).

③ 내마모성이 좋다(마모량이 적고, 자기윤활성이다).

④ 내약품성이 좋다[내유(耐油), 내용제성이 우수하다].

나일론 66 대표적인 그레이드의 일반적 성질을 표 3-27에 나타낸다. 그림 3-42, 그림 3-43에 나일론 6와 나일론 66의 압축 크리프곡선을 나타낸다. 제조사(메이커)는 나일론 6과 같은 그레이드를 생산하고 있다.

▶▶ 표 3-27 나일론 66의 각종 성질

성 질	단 위	2015B 2020B		2020GC		2020GB		측정법 (ASTM)
		절건시	실사용시	절건시	실사용시	절건시	실사용시	
인장파단점 강도	kgf/cm^2	650	600~650	1,350	800~850	1,700	1,050~1,150	D638
인장항복점 강도	kgf/cm^2	780	530~580					D638
신 율	%	60	230~250	5.0	5.5	5.0	4.5	D638
인장탄성률	kgf/cm^2	30,000	12,000~13,000	50,000	32,000~33,000	64,000	49,000~50,000	D638
굽힘강도	kgf/cm^2	1,100	420~460	1,800	1,050~1,100	2,400	1,450~1,550	D790
굽힘강도율	kgf/cm^2	29,000	10,000~11,000	61,000	35,000~36,000	82,000	58,000~59,000	D790
1% 변형 압축강도	kgf/cm^2	210	100~110	260	140~160	300	170~180	D695
충격강도 (아이조드 노치 있음)	kgf · cm/cm	3.0	7~10	6	7~8	9	10~11	D256

성 질		단 위	2015B 2020B		2020GC		2020GB		측정법 (ASTM)
			절건시	실사용시	절건시	실사용시	절건시	실사용시	
경도(로크웰)		R-scale	120	100	120	105	120	110	D785
		M-scale	92		101	71	101	78	D785
전단강도		kgf/cm^2	700	600~620	780	600~630	860	680~700	D732
열변형 온도	($18.56kgf/cm^2$)	℃	70		240	225	249	239	D648
	($4.6kgf/cm^2$)	℃	235		256	254	256	254	D648
선팽창계수		cm/cm℃	0.8×10^{-4}		0.5×10^{-4}		0.4×10^{-4}		D696
비 중		–	1.14		1.28		1.34		D792

주) 2015B : UBE 나일론 66, 일반 사출성형용(비강화)
2020B : UBE 나일론 66, 일반 사출성형용(비강화)
2020GC : UBE 나일론 66, 유리섬유 20% 함유(초프트 스트랜드, choped strand)
2020GB : UBE 나일론 66, 유리섬유 30% 함유(섬유길이 4.5mm)

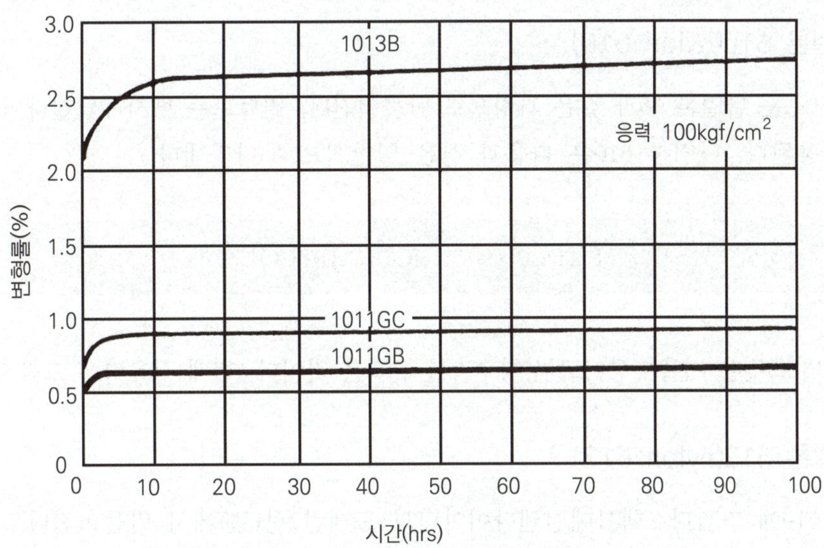

1013B, 1011GC, 1011GB의 압관 크리프곡선(대기중 평행 수분 시)

그림 3-42 나일론 6 압축 크리프 곡선

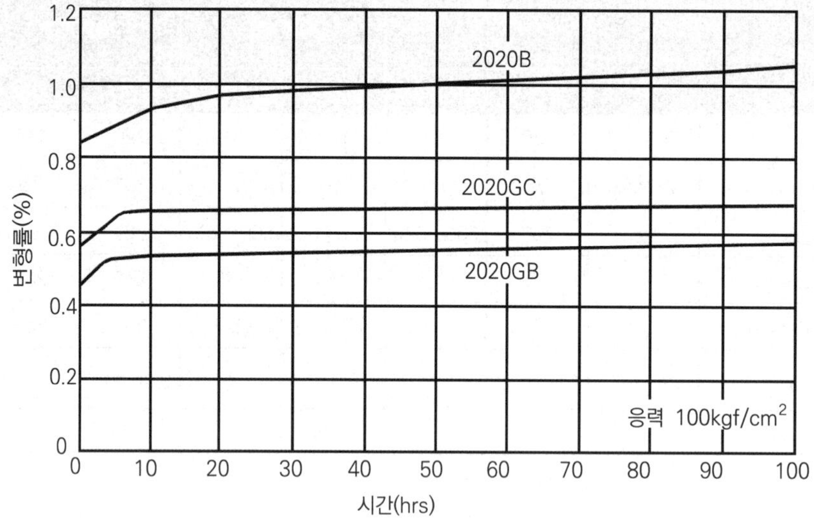

2020B, 2020GC, 2020GB의 압축 크리프곡선(대기중 평행 수분 시)

그림 3-43 나일론 66 압축 크리프곡선

(3) 나일론 610(nylon 610)

기본적으로는 나일론 66과 같은 과정으로 만들어진다. 원료로는 헥사메틸렌다이아민과 세바틴산이 사용된다. 나일론 610은 다음과 같은 일반식으로 나타낸다.

$$H\,[HN\,(CH_2)_6\,NHCO(CH_2)_8\,CO]_n\,OH$$

이 수지의 특징은 저흡수성이고 성형수축률이 작은 것이다. 현재 사용량은 그다지 많지 않다.

(4) 나일론 612(nylon 612)

나일론 610에 가깝다. 헥사메틸렌다이아민과 도데칸2산(酸)에서 만들어진다.

나일론 610, 612의 물성 비교를 표 3-28에, 나일론의 흡수율을 표 3-29에 나타냈다. CH_2/NHCO와 흡수율에는 밀접한 관계가 있다.

▶ 표 3-28 나일론 66, 610, 612의 물성 비교

성 능	단위	나일론 66		나일론 610		나일론 612	
		표준품	30% CF강화	표준품	30% CF강화	표준품	30% CF강화
비중	–	1.14	1.37	1.09	1.32	1.07	1.30
융점	℃	260	260	213	213	210	210
성형수축률	%	0.8~1.5	0.5	1.2	0.4	1.1	0.3
인장강도	kg_f/cm^2	800	1,700	600	1,400	620	1,450
인장탄성률	kg_f/cm^2	2.9×10^4	7.5×10^4	2.0×10^4	7×10^4	2.0×10^4	7×10^4
신율	%	60	5	200	5	200	5
굽힘탄성률	kg_f/cm^2	3.0×10^4	8.0×10^4	2.2×10^4	7×10^4	2.0×10^4	7×10^4
아이조드 충격강도	kg_f-cm/cm	4.0	8.0	5.6	9.0	5.4	9.5
경도 (로크웰)	–	R118	R121	R116	R120	R114	R120
열변형온도 (18.6 kg_f/cm^2)	℃	70	240	57	190	60	190
내열온도 (연속사용)	℃	105	125	–	–	–	–
흡수율 (24hr, 1/8 in 두께)	%	1.3	1.0	0.5	0.3	0.4	0.3

▶ 표 3-29 나일론의 흡수성

종 류	CH_2/NHCO	흡수율 (%)	
		20℃, 65%RH평균	20℃ 수중포화
나일론			
6	5	3.0~4.2	9~11
66	5	2.8~3.4	7.5~9
610	7	1.8~2.0	3~4
11	10	1.1	1.6~1.8
12	11	1.0	1.5

(5) 나일론 11(nylon 11)

ω-아미노운데칸산의 중축합5)에 의해 얻어진다.

$$nH_2N(CH_2)_{10}COOH \rightarrow H-[HN(CH_2)_{10}CO]_n-OH+(n-1)H_2O$$

5) 중축합(重縮合) : 축합반응을 하면서 고분자 화합물이 생성되는 반응

(6) 나일론 12(nylon 12)

ω-아미노운데칸산의 중축합에 의해 얻어진다.

$$nH_2N(CH_2)_{11}COOH \rightarrow H-[HN(CH_2)_{11}CO]_n-OH+(n-1)H_2O$$

나일론 11보다 인기가 있다. 물성은 둘 다 거의 비슷하다. 이 수지의 특징을 기술하면 다음과 같다.

① 비중이 작다(1.01).
② 흡수율이 작다(나일론 6의 약 1/7).
③ 저온특성이 우수하다(취화온도 -70℃ 이하).
④ 내충격성 인장특성이 좋다.
⑤ 내약품성이 우수하다.
⑥ 내마모특성이 우수하다.
⑦ 금속과의 밀착성이 우수하다.

제조사(메이커)에서는 사출성형용(표준, 내충격, 플렉시블), 유리섬유강화 그레이드, 유리비즈(beads) 강화, 분체도장용, 핫멜트(hot melt) 접착제용 등을 갖추고 있다. 대표적인 그레이드의 물성을 표 3-30, 표 3-31에 나타낸다.

▶▶ **표 3-30** 나일론 12 (nylon 12)의 일반적 특성, 열적 특성

성 질	측정방법 (ASTM)		단위	L20G	L22G	L20 W20	L20 W40	L22 N150	L25	L25 W20	L25 W40	LV-3H	LKN-5H
융 점	D789		℃	176~180	176~180	174~178	174~178	162~170	176~180	174~178	174~178	176~180	176~180
밀 도	D792		g/cm³	1.01	1.01	1.02	1.03	1.05	1.01	1.02	1.03	1.22	1.44
흡수율	D 570	20℃65%RH 공기중포화	%	0.5	0.75	0.7	0.6	0.55	0.75	0.7	0.6	0.45	0.35
		20℃ 수중포화	%	1.55	1.55	1.5	1.45	1.4	1.55	1.5	1.45	1.1	0.75
		23℃, 24hr	%	0.25	0.25	0.2	0.2	0.15	0.25	0.2	0.2	0.15	0.1

성 질	측정방법 (ASTM)	단위	L20G	L22G	L20 W20	L20 W40	L22 N150	L25	L25 W20	L25 W40	LV-3H	LKN-5H
열전도도	C177	cal/m·hr℃	0.30	0.30	0.30	0.30	0.30	0.30	0.30	0.30	0.22	0.22
선팽창계수	D696	10^6/℃	120	120	130	140	150	120	130	140	50	80
열변형온도	D648 4.6kgf/cm^2	℃	145	145	140	135	125	145	140	135	175	150
	18.5kgf/cm^2	℃	55	55	52	48	40	55	52	48	170	95
단시간사용 온도한계		℃	140	140	100	100	100	140	100	100	150	140

▶▶ 표 3-31 나일론 12(nylon 12)의 기계적 성질

성 질	측정방법 (ASTM)	단위		L20G	L22G	L20 W20	L20 W40	L22 N150	L25	L25 W20	L25 W40	LV-3H	LKN-5H
인장강도 (항복점)	D638	kgf/cm^2		460	460	310	280	160	460	310	280	1120	570
신율 (항복점)	D638	%		20	20	40	45	40	20	40	45	10	10
인장강도 (파단점)	D638	kgf/cm^2		660	660	490	440	280	660	490	440	1120	490
신율 (파단점)	D638	%		250	250	350	350	370	250	350	350	10	25
압축강도	D695	kgf/cm^2		530	530	360	200	120	530	360	200	610	560
곡선강도	D790	kgf/cm^2		660	660	280	210	130	660	280	210	1430	1070
볼 인덴테이션 (ball indentation) 경도 (60초)	(VDE0302)	kgf/cm^2		660	660	410	360	200	660	410	360	820	1170
탄성률	D790	10^2 kgf/cm^2		122	122	51	36	19	122	51	36	449	306
충격강도	D256	kgf-cm /cm^2	20℃	*	*	*	*	*	*	*	*	51	71
			0℃	*	*	*	*	*	*	*	*	41	56
			-20℃	*	*	*	*	*	*	*	*	31	51
			-40℃	*	*	*	*	*	*	*	*	25	46
충격강도 노치 있음	D256	kgf-cm /cm	20℃	15	25	61	*	*	25	92	*	10	7
			0℃	8	10	51	*	*	12	82	*	7	5
			-20℃	7	8	41	*	*	9	61	*	6	4
			-40℃	6	7	31	*	*	8	51	*	5	3.5
쇼어 경도 D	-	-		72	73	65	62	50	73	65	62	78	81

주1) * : 파괴되지 않음

주2) 시험편은 20℃, 65%RH의 상태

표 3-32은 미쓰비시화성(三菱化成)의 나일론 12(그릴아미드)의 주요 성분과 첨가물의 내용이다.

▶▶ 표 3-32 그릴아미드[미쓰비시화성(三菱化成), 나일론 12] 그레이드

구 분	기 호	내 용
주성분	L	나일론 12, 점도지표 20 (보통점도)
	LV	유리섬유 강화품, 점도지표 22 (약간 고점도)
	LKN	유리비즈필러 강화, 점도지표 25 (고점도)
첨가물	G	활제와 이형제 첨가
	H	열과 광(光) 안정제 첨가
	W	가소제 첨가
	X	전기특성에 영향 받지 않는 안정제 첨가

(7) 나일론 MXD6

메타크실렌다이아민과 아디핀산의 중축합에 의해 얻어지는 결정성 열가소성 수지로 나일론 6, 나일론 66과는 다소 성질이 다르다. 화학식은 다음과 같다.

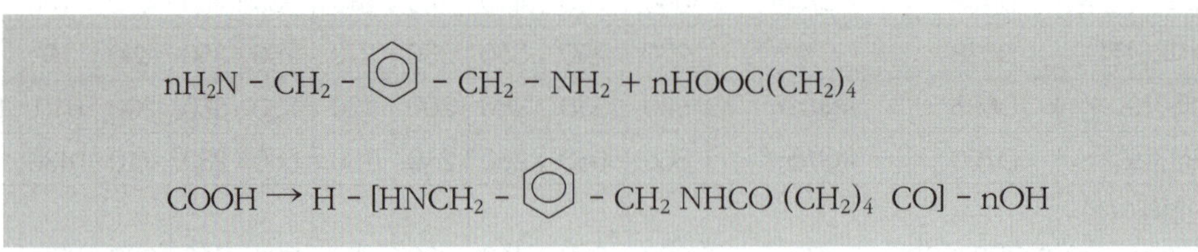

표 3-33에 나일론 6, 나일론 66과의 물성 비교를 나타낸다. 일본 미쓰비시(三菱)가스화학에서는 나일론 MXD와 유리섬유, 무기필러(filler, 충전제) 등을 복합 강화한 신규 엔플라(ENPLA, 엔지니어링 플라스틱) 레니(reny)를 판매하고 있다. 표 3-34에 레니의 그레이드 성질과 특성을 나타냈다.

▶▶ 표 3-33 나일론 MXD6의 성질 비교

성 질		조 건	나일론 6	나일론 66	나일론 MXD6
비중		20℃	1.14	1.14	1.21
흡수율	(%)	20℃ 수중포화	11.5	9.9	5.8
흡수율	(%)	65%RH 평행	6.5	5.7	3.1
열변형온도	(℃)	18.5 kg_f/cm^2	57	60	96
융점	(℃)	결정	225	268	243
유리전이점	(℃)	결정화상태	60	80	102
열팽창률	(10^{-5} cm/cm℃)		8	10	5.1

성 질		조 건	나일론 6	나일론 66	나일론 MXD6
인장강도	(kg_f/cm^2)		630	780	1,010
신율	(%)		200	60	2.3
인장탄성률	(kg_f/cm^2)		26×10^3	32×10^3	48×10^3
굽힘강도	(kg_f/cm^2)		1,250	1,300	1,600
굽힘탄성률	(kg_f/cm^2)		24×10^3	30×10^3	45×10^3
충격강도	(kg_f-cm/cm)	1/4 Izod 노치있음	6	4	2
로크웰 경도		M 스케일	85	89	108

▶▶ **표 3-34 레니(reny) 그레이드 일람표**

용 도	그레이드	특 징	참 고	비 중
일반용	RENY 1002	일반사출용	유리섬유 강화	1.43
	RENY 1022	고강도, 고탄성, 고내열		1.53
	RENY 1042	고강도, 고탄성, 고내열		1.64
	RENY 9010	일반사출용		1.48
	RENY 2031	하이싸이클 · 표면광택	유리섬유 강화 무기질필러 강화	1.62
	RENY 9115	일반사출용		1.68
	RENY 9130	일반사출용		1.60
난연용	RENY 1501	UL94V-0(1/8")	유리섬유 강화	1.51
	RENY 1502	UL94V-1(1/8")		1.50
	RENY 1511	UL94V-0(1/8")		1.60
	RENY 1521	UL94V-0(1/8")		1.69
	RENY 2501	UL94V-0(1/8")	유리섬유 강화 무기질필러 강화	1.75
	RENY 2502	UL94V-0(1/8") 저휨		1.67
고충격용	RENY 1313		유리섬유 강화	1.42
도장용	RENY 1722	고강도, 고탄성		1.61
저휨용	RENY 2620		유리섬유 강화 무기질필러 강화	1.63
저휨 도장용	RENY 2714			1.60
일반용	RENY 6002		비강화	1.21
고충격용	RENY 6301			1.17
특수용	RENY 1802	화학발포 그레이드		
		도전성 그레이드		
		탄소섬유 강화 그레이드		
		자석용		

레니(reny)는 다음과 같은 특징을 가지고 있다.

① 넓은 온도범위에 걸쳐 강도와 탄성률이 높다.
② 열변형 온도가 높고 열팽창률이 합금과 같은 정도로 작다.
③ 폴리아미드 수지로는 흡수율이 낮고 흡수에 의한 치수 변화와 기계강도 저하가 작다.
④ 성형성이 우수하고 성형수축, 싱크 마크[6], 휨이 작고 정밀성형에 적당하다.
⑤ 도장성이 우수하고 특히 고온열처리 도장이 가능하다.

표 3-35에 유리섬유강화 엔플라(ENPLA)와의 비교를 나타낸다.

▶▶ 표 3-35 레니(reny)와 판매되고 있는 소성강화 엔지니어링 플라스틱과의 물성 비교

수지의 종류 (약칭)		시험법 ASTM	단위	나일론 MXD6		나일론 6	나일론 66	폴리에틸렌 테레프탈레이트	폴리부틸렌 테레프탈레이트	폴리페닐렌 설파이드
				RENY 1002	RENY 1022	PA6G	PA66G	PETG	PBTG	PPSG
유리섬유함유량 (%)				30	50	30	30	30	30	40
처리상태				건조(乾燥) (65%RH)	건조(乾燥) (65%RH)	건조(乾燥) (65%RH)	건조(乾燥) (65%RH)	건조 (乾燥)	건조 (乾燥)	건조 (乾燥)
물리적 성질	비중	D792		1.43	1.64	1.36	1.38	1.61	1.52	1.64
	흡수율(20℃수중 24hr)	D570	%	0.20	0.12	1.1	0.8	0.03	0.01	0.01
	흡수율 (65%RH평형)	D570	%	1.87	1.53	2.5	2.2	–	–	–
열적 성질	열변형온도 ($18.5kgf/cm^2$)	D648	℃	228	231	205	250	240	214	〉260
	열팽창률	D696	10^{-5}cm/cm · ℃	1.5	1.1	2.2	2.5	1.8	2.9	1.8
	열전도율	C177	kcal/m · hr · ℃	0.13	0.47	0.23	0.28	0.19	0.15	
	성형수축률	D955	%	0.56	0.44	0.4~0.8	0.2~1.0	0.2~1.0	0.4~1.1	0.15
	연소성 (1/8")	UL94		94HB	94HB					
기계적 성질	인장강도	D638	kgf/cm^2	1,850 (1,220)	2,550 (1,710)	1,660 (1,050)	1,750 (1,140)	1,240	1,290	1,470
	신장률	D638	%	2.0 (2.0)	1.9 (1.8)	3.3 (4.0)	2.0 (2.0)	1.5	2.3	1.1
	인장탄성률	D638	$10^3kgf/cm^2$	118 (97)	200 (168)	93 (68)	105 (90)	93	88	163
	굽힘강도	D790	kgf/cm^2	2,250 (1,940)	3,390 (2,300)	2,420 (1,186)	2,390 (1,650)	1,640	1,990	1,790
	굽힘탄성률	D790	$10^3kgf/cm^2$	113 (94)	177 (140)	82 (43)	83 (52)	90	89	131
	압축강도	D695	kgf/cm^2	2,290 (1,720)	2,310 (1,830)	1,280 (660)	1,710 (1,170)	1,220	1,290	1,790

6) 싱크 마크(sink mark) : 사출성형품 표면에 생기는 오목하게 들어간 자국

수지의 종류 (약칭)		시험법 ASTM	단위	나일론 MXD6		나일론 6	나일론 66	폴리에틸렌 테레프탈레이트	폴리부틸렌 테레프탈레이트	폴리페닐렌 설파이드
				RENY 1002	RENY 1022	PA6G	PA66G	PETG	PBTG	PPSG
유리섬유 함유량(%)				30	50	30	30	30	30	40
처리상태				건조(乾燥) (65%RH)	건조(乾燥) (65%RH)	건조(乾燥) (65%RH)	건조(乾燥) (65%RH)	건조 (乾燥)	건조 (乾燥)	건조 (乾燥)
기계적 성질	충격강도 아이조드 노치있음	D256	kgf · cm/cm	7.5	10.7	8.7	8.2	4.2	6.7	5.6
	충격강도 아이조드 노치없음	D256	kgf · cm/cm	39	90	109	91	14	65	24
	인장충격강도	D1822	kgf · cm/cm	105	216	122	133	65	141	61
	로크웰경도	D785	M 스케일	112	110	93	98	91	94	106
	테이퍼마모(CS-17)	D1044	mg/1000회	23	16	28	30	33	58	56
전기적 성질	체적/표면 고유저항	D257	Ω · cm/Ω	$1.3\times10^{16}/7.1\times10^{14}$	$1.3\times10^{16}/9.0\times10^{14}$	$1.2\times10^{15}/1.6\times10^{14}$	$4.2\times10^{15}/1.8\times10^{15}$	$1.5\times10^{15}/4.3\times10^{15}$	$3.2\times10^{16}/2.9\times10^{16}$	4.5×10^{16}
	절연파괴전압(단시간)	D149	kV/mm	30.4	32.2	24.2	22.6	13.9	21.9	17.7
	유전율 110 Hz	D150		3.9	4.2	9.5	3.5	3.4	3.6	
	유전율 10^3 Hz	D150		3.8	4.2	8.1	3.5	3.4	3.6	3.9
	유전율 10^6 Hz	D150		3.6	4.0	스케일아웃	3.3	3.3	3.5	3.8
	유전정접 110 Hz	D150		0.010	0.009	0.120	0.011	0.002	0.002	
	유전정접 10^3 Hz	D150		0.010	0.009	0.110	0.011	0.004	0.002	0.001
	유전정접 10^3 Hz	D150		0.010	0.009	스케일아웃	0.015	0.013	0.002	0.001
	내아크성(텅스텐전극)	D495	sec	85	129	92~148	130~140	90~120	120	35

(8) 나일론 46(nylon 46)

테트라메틸렌다이아민과 아디핀산의 중축합에 의해 얻어진다.

$$H - [HN(CH_2)_4\ NHCO(CH_2)_4\ CO] - nOH$$

이 폴리아미드(polyamide) 수지는 오래전부터 알려져 있었지만, 원료의 테트라메틸렌다이아민이 비싸기 때문에 실용적이지 못했다. 네덜란드 DSM사(社)는 이 테트라메틸렌다이아민을 비교적 싼값으로 합성하는 방법을 고안해 내어 새로운 나일론 스탠리(STANLY)의 개발을 시작했다.

다음에 스탠리(stanly)의 특징을 열거하고 표 3-36에 나일론 66과의 물성 비교를 나타낸다.

① 융점이 높다(300℃, 나일론 6보다 80℃, 나일론 66보다 40℃ 높다).
② 고온특성이 우수하다(열변형온도가 높다).
③ 인성이 매우 높다(내충격성이 크다).
④ 기계적 특성이 우수하다(고강도 고탄성률).
⑤ 내마찰성, 내마모성이 우수하다.

또한 유의해야 할 점은 수분성이 크고 성형온도가 높아 과열에 주의를 요한다.

▶▶ 표 3-36 스탠리(stanly)의 물성 비교

항 목		단 위	시험법 (ASTM)	STANLY		나일론 66	
				절건	흡습	절건	흡습
비중	23℃, 65%RH	–	D792	1.18		1.14	
흡수율		%	–	4.5~5.0		3.5~4.0	
성형수축률		%	–	1.5~1.8		1.9~2.1	
인장강도		kg_f/cm^2	D638	700	670	570	520
인장신도		%	D638	50	55	60	100
굽힘강도		kg_f/cm^2	D790	1,100	950	1,100	900
굽힘탄성률		kg_f/cm^2	D790	26,000	22,000	27,000	22,000
충격강도	노치있음 (1/8)	kg_f · cm/cm	D256	9.3	18.0	5.7	6.3
	노치없음 (1/8)	kg_f · cm/cm	D256	NB	–	65	
표면강도	로크웰		D785	R86		R84	
융점		℃	–	300		260	
열변형온도	18.6kgf/cm^2	℃	D648	190		71	
연소성	LOI	–	–	23	29	23	31

(9) 공중합(共重合)[7] 나일론

2종 이상의 호모(homo) 나일론(나일론만의 단일결합으로 구성되어 있다)의 원료를 혼합하여 중합[8]에 의해 여러 가지 공중합 나일론이 얻어진다. 공중합에 의해 보통은 결정성의 저하, 융점의 저하, 투명성, 용해성, 유연성이 향상된다. 이와 같은 경향은 공중합 성분이 많을수록

7) 공중합(共重合) : 2종 또는 그 이상의 단위체를 혼합, 중합하여 생성하는 반응
8) 중합(重合) : 하나의 화합물이 2개 이상의 분자가 결합하여 분자량이 큰 화합물을 생성하는 반응

현저하게 되어 알코올 가용성 나일론에는 3원 공중합의 것이 많다.

판매되고 있는 가용성 나일론의 대부분은 6/66/610의 3원 공중합체인데 독일 바스프(BASF)의 울트라미드(Ultramid)가 6/66/비즈(-4아미노 미크로 헥실)메탄-6의 등량(等量) 공중합체[9]인 것과 같이 일부에 11, 12 또는 그 밖의 나일론을 공중합시킨 것이다. 중합조작은 나일론 66의 경우와 같은데 결정성이 낮기 때문에 제조 직후는 펠릿[pellet, 조립물(造粒物)을 의미한다]이 붙어버리기 쉬운 등의 곤란한 점이 있어 냉각의 강화, 그 밖의 연구가 필요하다.

(10) 투명 특수 폴리아미드

나일론 6, 66, 610, 11, 12 등에 속하는 것은 모두 결정성으로 유백색을 띄고 있다. 또한 성형은 투명해도 시간의 경과에 따라서 결정화가 진행되어 불투명하게 된다. 비대칭 구조의 다이아민의 사용 또는 다른 원료의 공중합에 의해 비결정 · 투명 나일론이 얻어진다.

① 트로가미드 T

트리메틸 헥사메틸렌다이아민과 테레프탈산을 중합시켜 제조한다. 독일 다이나밋 노벨(Dynamit Nobel) AG사(社)에서 제조하여 일본에서는 마루베니(丸紅)가 총대리점으로 되어 있다.

② 그릴아미드 TR55

지방족계, 지환족(指環族)계, 방향족계의 공축합체로 불리워진다. 독일 엠서 베르크(Emser Werke) AG사(社)가 개발한 새로운 수지로 일본 미쓰비시화성(三菱化成)이 독점으로 판매하고 있다. 특징은 다음과 같다.

㉠ 대단히 두꺼운 것도 투명하다.
㉡ 흡수율은 대단히 작다.
㉢ 비등수(沸騰水, 끓는 물)에서도 백화(白化)하지 않는다.
㉣ 성형이 용이하며 표면경도가 우수하다.
㉤ 높은 치수안정성을 갖고 있다.
㉥ 내약품성이 좋다.
㉦ 내가수분해성이 우수하고 열화(劣化)가 적다.
㉧ 스프링 특성이 우수하다.
㉨ 전기 특성이 우수하다.

표 3-37에 트로가미드 T의 물성을, 표 3-38에 그릴아미드 TR55의 물성을 나타낸다.

9) 공중합체(共重合体) : 2종 이상의 단량체로 형성된 폴리머. 코폴리머(copolymer)라고도 한다.

▶▶ 표 3-37 트로가미드 T의 물성

항목 (성질, 물성)	단 위	트로가미드 T
밀도	g/cm^3	1.12
인장탄성률	kg_f/cm^2	29,000
충격강도(노치없음)	$kg_f \cdot cm/cm$	n.g.
충격강도(노치있음)	$kg_f \cdot cm/cm$	10~15
인장항복점	kg_f/cm^2	840
압축강도	kg_f/cm^2	1,200
열변형(마르텐스)	℃	100
열변형(비캣, vicat)	℃	150
선팽창률	10^6/℃	60
마모저항	mg/300 Zyklen	70
표면고유저항	Ω	$>5\times10^{13}$
유전체손실률	$\tan\delta \cdot 10^4$Hz	0.023
역률	10^6Hz	3.4
트래킹 전류저항	Gütestufe	KA 3b, KB>600
수액률	%	0.5

▶▶ 표 3-38 그릴아미드 TR55의 물성

항목 (성질, 물성)	시험방법	단 위	값(値)
밀도	ASTM D1505	g/cm^3	1.06
흡수율(포화상태)	공기중(65%RH, 20℃)	%	1.3
흡수율(포화상태)	수중(20℃)	%	3.3
흡수율	ASTM D570(23℃, 24hr)	%	0.33
굴절률	ASTM D542	–	1.535
광선투과율	ASTM D1003	%	90
투명도	–	%	2.5
인장 항복점강도	ASTM D638	kg_f/cm^2	760
인장 항복점신율	ASTM D638	%	10
인장 파단점강도	ASTM D638	kg_f/cm^2	700
인장 파단점신율	ASTM D638	%	130
압축강도	ASTM D695	kg_f/cm^2	950
굽힘강도	ASTM D790	kg_f/cm^2	950
탄성률	ASTM D790	kg_f/cm^2	19,300
볼 인덴테이션 경도(60초)	VDE 0302	kg_f/cm^2	970

항목(성질, 물성)		시험방법	단 위	값(値)
쇼어 경도 D		–	–	84
인장충격강도		ASTM D1822	$kg_f \cdot cm/cm^2$	파괴되지 않음
충격강도	(노치없음)	ASTM D256	$kg_f \cdot cm/cm$	
	23℃			파괴되지 않음
	0℃			파괴되지 않음
	−20℃			파괴되지 않음
	−40℃			
충격강도	(노치있음)	ASTM D256	$kg_f \cdot cm/cm$	
	23℃			6
	0℃			6
	−20℃			5
	−40℃			4
열전도율		ASTM C177	kcal/hr · m · ℃	0.19
선팽창률		D696	10^{-6} ℃$^{-1}$	78
열변형온도		ASTM D648 4.6kgf/cm^2	℃	140
		18.6kgf/cm^2	℃	134
전위온도		DAT	℃	160
비캣(vicat) 연화점		–	℃	157
단기간 내열온도		–	℃	140
장기간 내열온도 (수년간)		공기중	℃	80
		수 중	℃	80
		유 동	℃	90
난이성		ASTM D635	mm/min	자기소화성
요소 인덱스(index)		–	LOI값(値)	26
도전성		UL−94		94V−2

(11) 나일론 RIM(Reaction Injection Molding, 반응사출성형)

카프로락탐(caprolactam)의 급속중합기술을 최초로 적용한 나일론 RIM(Reaction-Injection Molding)과 이것을 유리섬유 등으로 강화한 나일론 R-RIM이 자동차 외장품 등 대형 성형품의 성형법으로 주목을 끌고 있다. 카프로락탐이나 라우로락탐 등의 락탐류의 알칼리금속/N-아실락탐 촉매계 등에 의한 급속중합기술은 1960년대부터 활발하게 검토되었다. 이 기술은 현재

락탐을 그 융점 이상 또는 폴리머의 융점 이하의 온도에서 중합하여 환봉, 펄프, 기어 등의 대형 또는 두께가 두꺼운 성형품을 주형(注型) 중합성형하는 모노머 캐스팅(monomer casting) 나일론의 제조에 이용되고 있다.

나일론 6 RIM의 원료 플로우(flow) 및 장치를 계통도로 나타내면 그림 3-44와 같이 된다. 원료 카프로락탐이 융점 69℃의 고체인 것, 중합이 150℃ 전후에서 급속히 진행하는 등 우레탄 RIM에 비교하여 상당히 높은 온도조건이 필요하게 되는데 주 촉매 내지 보조 촉매를 제각기 함유하는 카프로락탐을 혼합 · 사출하는 방법은 우레탄 RIM의 이소시아네이트와 폴리올의 혼합 · 사출 시스템과 거의 비슷하다. 급속중합에 의한 나일론 6는 용융중합 나일론 6의 사출성형품에 비교하여 일반적으로 결정화도, 강성 등이 높고 흡습성은 적다. 표 3-39는 나일론 RIM과 우레탄 RIM 성형품의 특성을 비교한 것이다.

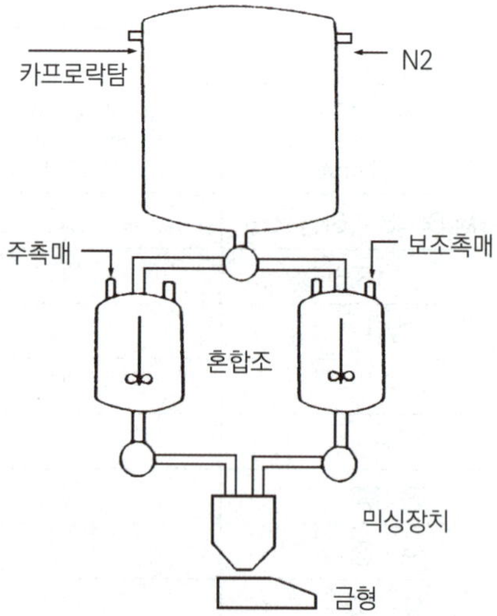

그림 3-44 나일론 RIM의 플로우(flow) 계통도

표 3-39 나일론 RIM과 우레탄 RIM 성형품의 특성 비교

물 성	단 위	나일론		우레탄	
		GF0%	GF25%	GF0%	GF16%
쇼어 D경도		70	–	70	–
인장강도	kgf/cm^2	360	–	290~315	
굽힙탄성률	kgf/mm^2	85	193	88	1.48
가드너 충격강도	kgf-m/cm	>1.8	1.6	0.9	0.2
히트 내구(1hr)	mm	1.5 (163℃)	–	8~15 (120℃)	0

미국 몬산토(Monsanto)사(社)는 카프로락탐과 20% 정도의 폴리프로필렌글리콜을 급속중합하여 충격강도가 높은 나일론 블록 코폴리머(copolymer, 공중합체)를 얻는 기술을 기초로 한 나일론 RIM의 개발을 진행했다. 유리섬유로 강화한 이 나일론 R-RIM 성형품은, 우레탄 R-RIM 성형품보다 충격강도가 높고 고온강성도 우수하여 자동차 펜더(fender) 등 외장품을 인라인으로 열처리 도장이 가능하다는 특징이 있다.

2) 제조법

(1) ε-카프로락탐(Caprolactam)의 개환중합(나일론 6)

ε-카프로락탐의 중합방법으로는 물첨가중합, 알칼리중합과 카리온중합이 알려져 있는데, 공업화되어 있는 것은 물첨가중합과 알칼리중합으로 그 대부분이 물첨가중합이다.

무수(無水)락탐은 가열해도 중합하지 않는데, 적량의 물, 산, 염기, 아미노산, 다이아민 다이카복실산염 등을 가하여 불활성 가스 분위기에서 220∼300℃로 가열하면 용이하게 중합하여 고중합체로 된다. 락탐(lactam)의 물첨가중합은 다음과 같이 진행한다.

① 개환반응(開環反應)

$$HN-(CH_2)_5-C=O+H_2O \rightarrow H_2N-(CH_2)_5-COOH$$

ε-카프로락탐(R_1) ε-아미노카프론산(S_1)

② 락탐의 부가반응

$$S_n + HN-(CH_2)_5-C=O \rightarrow S_{n+1}$$

쇄상 n량체(量體) ε카프로락탐 쇄상(鎖狀)[10] $_{n+1}$량체

③ 축합반응(縮合反應)

$$S_n + S_m \rightleftarrows S_{n+m} + H_2O$$

10) 쇄상(鎖狀) : 사슬을 길게 이어놓은 것 같은 모양

종합평형정수

$$K = \frac{[-NHCO-]\,[H_2O]}{[-NH_2]\,[-COOH]}$$

④ 아미드 교환반응

$$S_{n+m} + S_p \rightleftarrows S_m + S_{n+p}$$

$$S_m \rightleftarrows S_{m-n} + R_n \qquad \text{환상 }_{n}\text{량체}$$

이들의 반응은 헤만스(Hemans)나 윌로스(Wiloth)에 의해 상세히 검토되었다.

폴리머의 중합도는 모노카르본산 등의 점도 안정제를 첨가하는 것에 의해 조절되는데, 계(系) 중의 수분율에 의해서도 조절이 가능하다. 계(系) 중의 수분율과 증기압과의 사이에는 그림 3-45에 표시한 바와 같이 헨리의 법칙[Henry's law, 헨리의 법칙은 기체법칙으로 액체에 용해된 기체의 무게는 기체압력에 비례한다는 물리의 법칙이다. 즉, 헨리 상수(K)의 단위가 압력/농도(atm/M)이면, "압력(P) = 헨리 상수(K) × 농도(M)" 공식을 사용한다. K(atm/M) × M = atm.(atmosphere)]이 성립하여 폴리머상의 공간의 압력(즉 폴리머상의 수증기압)을 조제하는 것에 의해 희망하는 중합도의 폴리머가 얻어진다.

K의 값은 에스테르화의 축합 평형정수와 비교하여 대단히 크기 때문에 상압계(常壓系)나 경우에 따라서는 가압계(加壓系)에서도 상당히 분자량이 높은 나일론이 얻어진다. 또한 이 중축합 반응에도 카르복실기가 촉매로 하여 작용하는 것이 알려지고 있다.

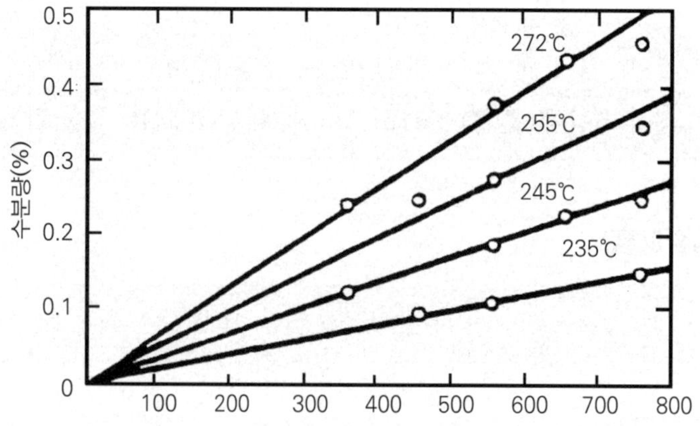

그림 3-45 용융 나일론 6 중의 물의 용해도

(2) 나일론 66의 중축합

HMD(Hexamethylenediamine, 헥사메틸렌디아민)의 수용액에 당량[11]의 아디핀산을 가하면 아디핀산 헥사메틸렌디암모늄염(AH기)의 수용액이 얻어진다. 또는 헥사메틸렌다이아민의 메탄올 용액에 아디핀산의 메탄올 용액을 가하여 석출하는 AH염을 분리하여 이것에 물을 가하여 수용액으로 한다. 적당히 농축하는 등으로 하여 60~90% 수용액으로 중합한다.

적량의 점도안정제(예를 들면 초산 등)를 가한 AH염 수용액을 가열하여 발생하는 수증기압을 10~20기압 사이에 적당한 값을 유지하면서 농축한다. 농축과 동시에 중축합반응도 진행된다. 최후로 서서히 수증기압을 빼어 상압(常壓) 또는 감압으로 주 10~수십 시간 유지한 후 폴리머를 취출 · 냉각하여 펠릿형으로 절단한다. 중합 시의 압력-온도-폴리머 중합도의 추이의 일례를 그림 3-46에 나타낸다.

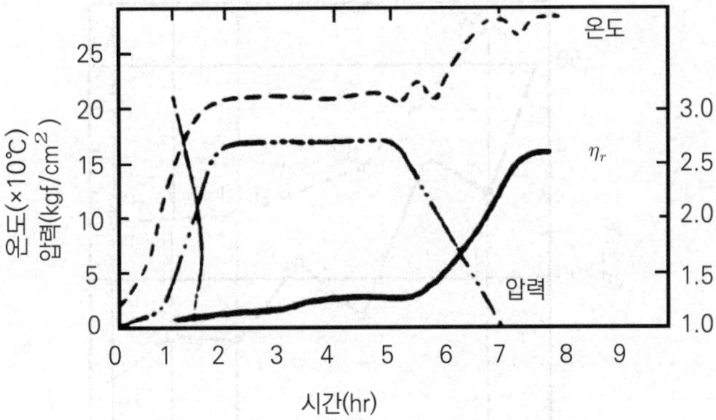

그림 3-46 나일론 66의 중합과정

AH염의 융점(197~198℃) 또는 폴리머의 융점이 높으므로 ε-카프로락탐의 중합보다도 온도를 높게 할 필요가 있고 고체의 석출을 막기 위해 반드시 수용액에서 중합을 개시하여 가압하에서 탈수, 중축합을 충분히 진행한 후 방압(放壓)을 시작한다.

계내(系內)의 수분율-압력-온도-중합도와 수분율-고체석출온도-중합도의 사이에는 일정한 관계가 있어 압력의 증가는 수분율을 증가시키고 따라서 석출온도의 저하로 연결된다. 중합의 전 기간을 통하여 계내(系內)의 온도를 고체석출온도 이상으로 유지할 필요가 있고 이보다 조작압력의 하한을 결정한다. 헥사메틸렌다이아민(HMD)의 유출을 막기 위해서 압력하에서의 농축반응이 좋은 경우에 있는 것도 가압중합의 다른 한가지의 이유이다.

11) 당량(當量) : 화학반응에서 화학량론적으로 각 원소 또는 화합물에 할당된 일정한 물질량으로, 일반적으로 화학당량을 말하며 화학반응의 성질에 따라 정해진다.

3) 물성일반

(1) 열적 성질

지방족 나일론의 유리전이온도(Tg)는 절대건조(절건, 絕乾) 상태에서 대략 40~50℃이다. 융점은 주쇄(主鎖, main chain) 중의 아미드기 농도에 관계하며, 한편 농도가 같아도 나일론 66쪽이 나일론 6보다 약 40℃ 높으며 꽤 규칙성을 갖고 있다.

폴리아미드(Polyamide, PA) 수지에서 주목되는 것은 유리섬유 강화에 의해 현저하게 열변형 온도가 향상하는 것이다. 나일론 6에서는 약 60℃에서 약 200℃로, 나일론 66에서는 약 70℃에서 약 250℃로 향상한다. 이것은 고온보다 저온에 이르는 사이의 기계적 특성의 변화가 적다는 것을 의미한다. 그림 3-47은 나일론의 융점을 나타내는 그래프이다.

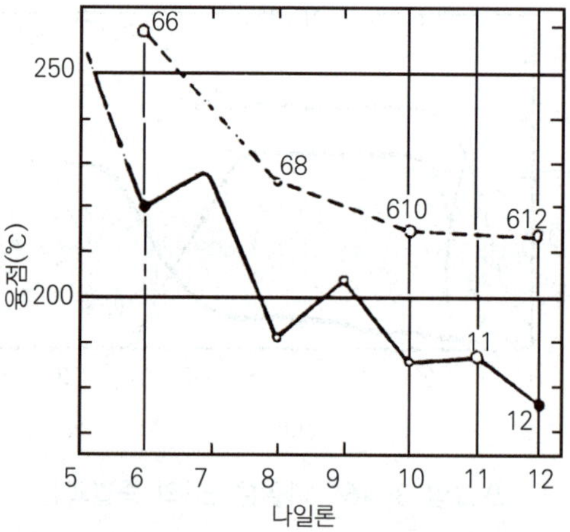

그림 3-47 나일론의 융점

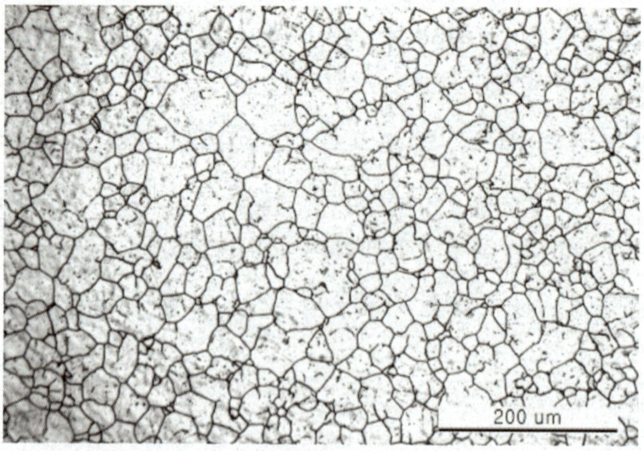

사진 3-1 나일론 66 구정(球晶) 상태

(2) 구정(球晶), 밀도, 결정화도(結晶化度)

나일론은 용융상태에서 냉각고화시키면 일반적으로 유백색을 띠고 불투명하게 된다. 단면을 편광현미경으로 관찰하면 사진 3-1에서 보이는 바와 같이 구심적으로 집합한 구상(球狀)의 결정상태, 즉 구정(球晶)이 보인다. 냉각조건에 의해 큰 것, 작은 것이 가능하다. 구정(球晶)은 결정만의 집합체는 아니고 비정질(非晶質)도 포함해 실제 결정화하고 있는 부분(결정화도)은 10～40%이다.

결정화도는 X선, 적외선흡수, 융해열, 밀도, 체팽장(體膨張, 체적팽창, cubical expansion) 등에서 구해지는데 보통 성형품의 결정화도를 알고 싶을 목적으로 측정하여 결정화도를 계산하는 것이 간편하다. 결정화도가 높게 되면 밀도가 증가하여 양자 사이에는 비례적으로 관계가 있으므로 밀도를 측정하면 다음과 같은 시료의 결정화도를 구하는 것이 가능하다.

- 시료의 결정화도 : x
- 결정질의 밀도 : dc
- 비정질(非晶質)의 밀도 : da
- 시료의 밀도 : d

$$x = \frac{dc(d - da)}{d(dc - da)}$$

dc, da에 관해서는 이미 많은 측정치가 있으므로 이것을 이용하면 좋다.

표 3-40에 각종 나일론 dc, da의 값을 나타낸다.

▶▶ 표 3-40 각종 나일론의 밀도

나일론	결정질의 밀도 dc	비정질의 밀도 da	보상성형에 의해 얻어지는 밀도
6	1.23	1.10	1.12~1.16
66	1.24	1.09	1.12~1.16
610	1.17	1.04	1.06~1.09
11	1.12	1.01	1.03~1.05
12	(1.11)	0.99	1.01~1.04

※ 온도 : 25℃, 단위 : g/cm^3

결정형, 결정화도, 구정(球晶)의 크기 등은 나일론의 기계적, 화학적, 열적성질 등 많은 특성에 중대한 영향을 줄 수 있다. 일반적으로 그림 3-48에 표시한 바와 같이 결정화도의 상승과 같이 강도, 강성의 증가, 선팽창계수의 저하에 의한 치수안정성의 향상, 흡수율의 저하, 내약품성의 향상, 경도의 증가 등 바람직한 영향을 준다. 충격강도에 관해서는 결정화도가 높게되는 만큼 저하하는 경향이 있는데 결정화도 보다는 오히려 구정(球晶)의 크기, 분포와의 관계가 강하다.

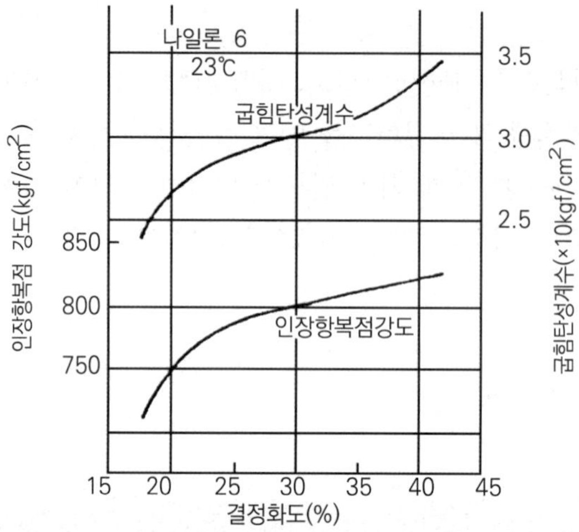

그림 3-48 나일론 6의 인장항복강도와 굽힘 탄성계수에 미치는 결정화도의 영향

결정화도에 가장 영향을 주는 것은 금형온도로, 금형온도가 낮을 때는 성형품은 급냉되어 결정화도는 낮고 반대로 금형온도가 높으면 성형품은 서냉되어 결정화도는 높게 된다.

이 결정화도는 구정(球晶)과 함께 성형품의 물성에 커다란 영향을 주기 때문에 나일론 성형에 있어서는 금형온도의 컨트롤(control)이 극히 중요한 요인이 된다.

(3) 기계적 성질, 흡수율과의 관계

나일론은 기계적 성질, 내열성, 내약품성 등의 여러 면에서 우수한 특성을 갖고 있는데 그 성질은 결정화도, 온도, 수분율에 의해 영향을 받는다.

유리섬유 강화 나일론은 일반 나일론에 비교해 다음과 같은 특징을 갖고 있다.

① 기계적 성질이 향상한다.
인장강도, 인장탄성률, 압축강도, 굽힘강도, 굽힘탄성률, 크리프(creep) 변형 등의 기계적 성질이 몇 배로 좋아진다.

② 치수안정성이 좋게 된다.
흡수율과 선팽창계수가 작기 때문에 치수안전성이 몇 배로 좋아진다.

③ 열적 성질이 향상된다.

열변형 온도가 현저하게 향상하며 고온보다 저온에 이르는 사이의 기계적 성질의 변화가 적어진다. 또한 무기질 강화 나일론은 기계적 강도에서는 유리섬유 강화 나일론에 미치지 못한 점이 많지만, 다음과 같은 특징이 있다.

① 충전제의 이방성이 작기 때문에 변형 휨이 적은 성형품을 얻을 수 있다.

② 성형품의 표면 사상[12)]이 좋다.

③ 흡수율과 선팽창계수가 작기 때문에 치수안전성이 극히 좋다.

④ 성형기의 마모손상이 작다.

나일론은 본질적으로 흡습성의 폴리머인 것을 유의할 필요가 있다. 나일론은 그 사용 시에 있어서 평형 흡습상태에 있으므로 나일론 성형품의 설계 데이터 등은 평형 흡습 시의 물성을 기본으로 생각하지 않으면 안된다.

나일론은 흡습에 의해 강도, 강성이 저하하여 치수변화를 일으킨다. 충격강도는 크고 증대하며 흡습상태의 나일론은 모든 플라스틱 중에서도 가장 강인성(强靭性)이 우수한 재료의 하나이다.

표 3-41에 각종 나일론의 종류에 따른 건조 시와 흡습 시의 기계적 성질의 일례를 나타낸다.

상대습도(Relative Humidity)를 줄여서 RH로 표시하며, 임의의 온도에서 공기의 실제 증기압 값에 동일한 온도에서의 최대 증기압 값을 백분율한 것이며(100×수증기의 부분압력/수증기의 포화압력), 단위는 %를 사용한다. 따라서 표 3-41에서는 50%RH 이하의 흡수율을 나타낸 것이다.

▶▶ 표 3-41 23℃에서의 각종 나일론의 기계적 성질

나일론	융점 (℃)	50%RH 이하 흡수율 (%)	포화흡수율 (%)	절대 건조상태		50%RH	
				항복강도 (kgf/cm^2)	굽힘탄성률 $10^3 \times kgf/cm^2$	항복강도 (kgf/cm^2)	굽힘탄성률 $10^3 \times kgf/cm^2$
66	255	2.5	8.5	845	28.8	600	12.3
6	218	2.7	9.5	740	24.0	443	9.8
69	210	1.6	5.0	600	20.4	520	10.9
610	217	1.5	3.5	580	18.5	520	11.2
612	215	1.3	3.0	620	20.7	535	12.6
11	187	0.8	1.9	415	11.9	550	10.5
12	177	0.7	1.4	440		535	

12) 사상(仕上, surface lapping, 표면 다듬질) : 가공물체의 표면을 평활하게 정밀다듬질, 마무리하는 작업

(4) 전기적 성질

나일론의 전기적 성질은 흡수정도에 따라 영향을 받고 특히 우수하다고는 할 수 없지만 기계적, 열적, 화학적 성질이 우수한 점을 이용하여 전기부품에도 많이 사용하고 있다. 나일론 610의 피복전선이나 나일론 66의 절연부품은 그 좋은 예이다.

표 3-42에 대표적 나일론의 전기적 성질을 나타낸다.

▶▶ 표 3-42 나일론의 전기적 성질

성 질	시험법		나일론 6	나일론 610	나일론 66	나일론 11	나일론 12
절연파단강도 (kV/mm)	ASTM D149 (단시간)		31.0	28.5	15.4	17	30
체적고유저항 (Ω · cm)	ASTM D257		7×10^{14}	4×10^{14}	4.5×10^{13}	6×10^{13}	8×10^{14}
유전율	ASTM D150	60 Hz	4.1	3.9	4.0	–	–
		10^3 Hz	–	3.6	3.9	3.7	4.5
		10^6 Hz	3.4	3.1	3.3	–	–
역 률	ASTM D150	60 Hz	–	0.04	–	–	–
		10^3 Hz	0.06	0.04	0.02	0.05	0.05
		10^6 Hz	0.02	0.02	0.02	–	–

(5) 내약품성

나일론이 다른 플라스틱에 비해 가장 특징적인 것은 탄화수소계 용매에 침투하기 어려운 것이다. 특히 가솔린, 윤활유에 대한 강한 저항성을 갖고 있기에 자동차부품, 기계부품에 바람직하다.

4) 특징

나일론이 다른 엔플라(ENPLA)와 비교하여 현저하게 우수한 특징은 내마모성이다. 베어링을 포함하여 미끄럼을 동반하는 부품, 기어 등에 무윤활상태로서 사용가능하고, 또한 소음이 작은 특징을 갖고 있다. 보통은 2유화 몰리브덴, 흑연, 폴리에틸렌 분말, 폴리4불화에틸렌 분말을 첨가하여 내마모성을 증대시킨다.

그림 3-49는 나사기어용 동력흡수식 기어시험기를 이용하여 마모량을 측정한 결과이다[MC 나일론 : 일본 폴리펜코(주) 모노머캐스트 나일론].

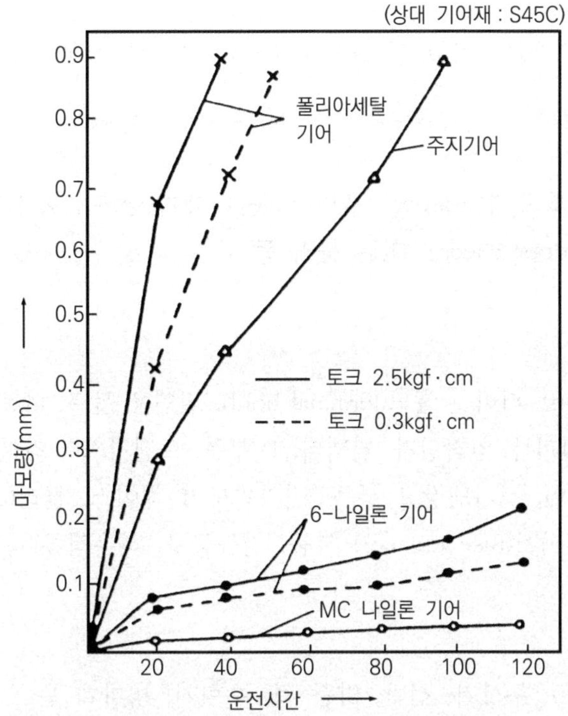

그림 3-49 플라스틱 나사기어의 마모시험결과

5) 용도

(1) 기계부품

① 일반기계부품

각종 기어, 베어링, 각종 볼 베어링, 오일실, 패킹, 캠, 튜브, 파이프, 컨베이어 체인, 공기 필터, 프로펠러, 벨로우즈(bellows), 세병기(洗瓶機) 홀더, 열교환 인서트 튜브, 공업용 파스너(fastener, 조임기구)류, 냉각기 팬(fan), 바인더랙, 백업 링(ring) 등

② 자동차부품

트리밍 기어, 와이퍼 기어, 스피드미터 기어, 라디에이터 팬, 필터 캡, 엔진 커버, 볼조인트 시트, 도어 캐치(catch), 브레이크 오일 탱크, 도어 레귤레이터 부품, 스트레이너(strainer) 등

③ 철도부품

스프링, 지지대, 레일 절연부품 등

④ 방직기계부품

톱 롤러(top roller), 롤러 메탈(roller metal), 보빈(bobbin, 실 등을 감는 통 모양의 실패), 캐리어 등

⑤ 화학기계부품

배관용 각종 패킹, 밸브, 축류 팬 블레이드(blade) 및 허브(hub) 등

(2) 건재부품

알루미늄 새시부품, 스토퍼(stopper), 풀리(pulley), 대차(台車), 호차(戶車), 도어 핸들(door handle), 도어 체크(door check), 커튼 롤러 등

(3) 전기부품

코일 보빈(coil bobbin), 터미널 홀드(terminal hold), 절연용 볼트, 너트, 스위치 케이스, 알칼리 배터리 케이스, 전선피복, 압착단자, 커넥터, TV부품, 트랜지스터 라디오 부품, 선풍기 부품, 전기세탁기 풀리(pulley), 전기냉장고 부품, 전기면도기 케이스, 쿨러(cooler) 부품, 코드 릴(cord reel), 퓨즈 브레이커(fuse breaker) 부품, 전동공구, 하우징류 등

(4) 의료용품

수술용 브러시(brush), 주사기, 선반, 약품 컵, 수혈기, 병마개 등

(5) 가정용품

나이프 및 포크 손잡이, 구두뒷축, 프로판 용기, 의자의 바퀴(caster), 나일론(touchmen), 모사편직기 케이스, 양산용 선반(旋盤), 헤어컬러, 접시 등

(6) 필름 기타

식료품 저장용, 유지 기계류 포장용, 의료기구 고온살균의 외장용 등

(7) 파이프, 튜브, 블로우 성형품 기타

분체, 액체 수송 파이프, 급유 튜브, 에어 슈터 부품(blow 성형), 포터블 엔진 연료 탱크, 약병 등

6) 제조사 (maker)

나일론 소재에서 세계적으로 가장 앞서있는 일본(日本)의 폴리아미드 수지메이커, 상품명, 취급품목을 표 3-43에 참고로 나타낸다.

▶▶ 표 3-43　일본 폴리아미드 제조사 (메이커)와 취급품목

제조 또는 취급품종 / 메이커〈상품명〉	나일론 6	나일론 66	나일론 610 나일론 612	나일론 11 나일론 12	기타
아사히화성(旭化成) 〈레오나(Reona)〉		○			
우베흥산(宇部興産) 〈우베 나일론〉	○	○		○	
쇼와전공(昭和電工) 〈테크닐(Technyl)〉		○	○		
다이셀화학 〈다이아미드(Daiamid)〉				○	
다이니혼(大日本)잉크 〈다이콤프(Dicomp)〉	○	○			
테이진(帝人) 〈테이진 나일론〉	○				
듀폰 파이스트 〈자이텔(Zytel)〉		○	○		
도요보(東洋紡) 〈도요보 나일론〉	○				
도레이(東レ) 〈아밀란(Amilan)〉	○	○	○	○	분말 나일론
일본 폴리펜코 〈MC 나일론〉	○				
일본 릴산 〈릴산〉				○	
바이엘(Bayer) 일본 〈듀레탄(Durethane)〉	○			○	
바스프(BASF) 일본 〈울트라미드(Ultramid)〉	○	○	○		
폴리플라스틱 〈폴리플라 나일론〉		○			
마루베니(丸紅) 〈트로가미드 T〉					투명 나일론
미쓰비시가스화학(三菱瓦斯化學) 〈레니(Reny)〉					나일론 MXD6
미쓰비시화성(三菱化成) 〈노바미드(Novamid)〉	○				투명 나일론
유니티카 〈유니티카(Unitica) 나일론〉	○				

○ 표시 : 제조 또는 취급품목

7) 자동차 분야 추세 및 그레이드 별 사용 비율

자동차 분야에서는 계속 신장세를 보이고 있다. 엔진룸 내의 기능부품, 각종 전장부품을 중심으로, 폴리머 알로이(polymer alloy)의 개발로 범퍼, 팬더 호일캡 등 외장부품으로의 상용화가 활발하게 되었다. 품종별 시장점유율은 나일론 6이 62%, 나일론 66이 32.4%, 나일론 11 · 12 및 기타 공중합나일론이 5.4%로 추정되고 단지 근래에는 나일론 66의 대두가 현저한 추세로 볼 수 있다.

참고로 표 3-44는 일본 주요 회사의 폴리아미드 생산설비능력의 추이를 보여주고 있다.

표 3-44 일본의 폴리아미드 생산설비능력의 추이

회사명 \ 년	1984	1985	1986	비 고
도레이(東レ)	23,000	35,600	35,600	6, 66, 610, 11 · 12 타입을 포함
우베흥산(友部興産)	28,800	29,400	29,400	6, 66, 12 흡입공중합 타입
유니티카	12,000	12,000	12,000	66 배합설비
아사히화성(旭化成)	20,000	20,000	20,000	66
산요화성(三洋化成)	10,000	10,000	10,000	6, 66
다이셀(Daicel) 휼스	2,520	2,520	2,520	12 타입 배합능력
도요방적(東洋紡績)	2,160	4,000	4,000	
일본 폴리펜코				
일본 릴산				11, 12 타입 유입판매
듀폰 일본		8,000	8,000	배합능력
폴리플라스틱				
합 계	98,480	121,520	121,520	

나일론 46의 등장이 화제를 모으고 있다. 이 나일론은 다이아민부탄과 아디핀산의 합성에 의해 얻을 수 있는 것으로 네덜란드 DMS사(社)가 디아미노산의 합성을 포함, 공업화기술의 개발에 성공했다. 이 회사는 1985년 말 생산 150톤의 파일럿 플랜트[13]의 건설을 완료, 샘플 출하로 시장개척을 진행했다.

13) 파일럿 플랜트(pilot plant) : 새로운 제품을 도입할 때 시험적으로 건설하는 소규모의 시험설비로, 실험장치와 생산공장의 중간규모의 시험공장이다.

일본에서는 일본합성(日本合成)고무, 유니티카, 도요방적(東洋紡績), 테이진(帝人), 도레이(東レ) 등이 선도에 나섰고, 이 중 소위 엔플라(ENPLA)로서의 시장은 일본합성고무, 유니티카, 테이진, 도레이 4개 회사, 합성섬유로서의 시장은 도요방적, 도레이, 유니티카의 3개 회사, 필름으로서는 도요방적, 유니티카 2개 회사가 시장의 많은 부분을 점유하고 있다.

물성적으로는 범용 엔플라와 특수 엔플라의 중간적인 영역에 있고 내열성, 내충격성, 내약품성, 도장성이 우수하기 때문에 전기 · 전자부품을 비롯한 자동차 분야에서도 큰 수요가 이뤄지고 있다.

네덜란드 DMS사(社)가 1989년부터 생산 2만 톤의 상업플랜트를 가동했고, 일본에서도 일본합성고무가 DMS사 기술도입으로 연생산 수만 톤 이상을 생산하고 있다.

(8) 대표적인 판매제품의 물성데이터

표 3-45에서는 UBE 나일론의 그레이드별 물성을 자세히 보여주고 있다. UBE 나일론(폴리아미드, PA)은 아미드기를 함유한 열가소성 수지로서 강인하고 피로 및 충격, 용제에 강한 내구성을 보유하며, 미량의 물을 가역적으로 흡수하는 성질이 있다. UBE 나일론은 일본 UBE 인더스트리즈(Industries)사에서 중합 및 컴파운드 공정으로 제조된 엔니지어링 플라스틱으로 폴리아미드 6. 66. 12 등의 그레이드(grade, 등급)가 있다.

▶▶ 표 3-45 UBE 나일론 그레이드별 물성

성질	단위	측정법 (ASTM)	나일론 6						나일론 66		나일론 12	
			1013B		1013NB 1013NU		1022B		2020B 2020U		3024B 3024U	
			절건시 (절대건조)	실사용시 (수분율 3.5%)	절건시	실사용시 (수분율 3.5%)	절건시	실사용시 (수분율 3.5%)	절건시	실사용시 (수분율 2.5%)	절건시	실사용시 (수분율 0.9%)
상대점도	–		2.6		2.6		3.6		2.95		2.45	
융점	℃		215~225		215~225		215~225		253~263		176~180	
인장강도	kgf/cm^2	D-638	750	500~550	800	560~610	720	490~540	780	600~650	550	480~530
신율	k%	D-638	150	270~290	20	220~240	210	240~260	60	230~250	250 이상	250 이상
인장탄성률	kgf/cm^2	D-638	26,400	8,000~9,000	31,000	8,600~9,600	24,500	8,000~9,000	30,000	12,000~13,000	15,000	12,500
굽힘강도	kg/cm^2	D-790	1,100	340~390	1,150	360~410	1,050	310~360	1,100	420~460	650	500~550
굽힘탄성률	kgf/cm^2	D-790	24,000	6,500~7,500	28,700	8,000~9,000	22,000	6,000~7,000	29,000	10,000~11,000	15,000	12,000
충격강도 (아이조드 노치있음)	kgf · cm /cm	D-256	7	28~40	5	20~32	8	35~50	3	7~10	7	8
전단강도	kgf/cm^2	D-732	650	450~470	650	500~520	650	450~470	700	600~620	450	350~370
1%변형 압축강도	kgf/cm^2	D-695	200	80~100	200	80~100	200	80~100	210	100~110	120	80~90
경도 (로크웰)	R-스케일	D-785	120	85	120	90	120	85	120	100	110	105
	M-스케일	D-785	85	54	85	55	85	54	92			
열변형온도 18.6 kgf/cm^2	℃	D-648	60		60		60		70		55	
열변형온도 4.6 kgf/cm^2	℃	D-648	151		197		150		235		145	
선팽창계수	cm/cm℃	D-696	8×10^{-5}		8×10^{-5}		8×10^{-5}		8×10^{-5}		10×10^{-5}	
테이퍼마모량 (CS-17 1,000gr 1,000회전)	mg	D-1044	7		6		7		5		5	
비중	–	D-792	1.14		1.14		1.14		1.14		1.02	
흡수율 23℃수중 24hr	%	D-570	1.8		1.8		1.8		1.3		0.25	
흡수율 수중 포화	%	D-570	10.7		10.7		10.7		8.8		1.5	
체적고유저항	Ω · cm	D-257	1.3×10^{15}		1.4×10^{15}		1.2×10^{15}		2.5×10^{15}		2×10^{15}	1×10^{14}
절연파단강도 (단시간)	kV/mm	D-149	19.6		18.4		18.1		18.0		30	
유전율 (60Hz)	–	D-150	2.8		3.3		3.5		4.0		4	6
유전체적률 (60Hz)	–	D-150	0.0053		0.0056		0.0054		0.0086		0.06	0.11

유리섬유 강화 나일론 6						유리섬유 강화 나일론 66		무기질 강화 나일론 12		공중합 나일론		주형 나일론
1011GB 6 (유리섬유 30%)		1011GC 4 (유리섬유 20%)		1015GC 9 (유리섬유 45%)		2020GC 4 (유리섬유 20%)		1013R		5013B 5033B		UMC-1
절건시	실사용시 (수분율 2.5%)	절건시	실사용시 (수분율 2.0%)	절건시	실사용시 (수분율 1.9%)	절건시	실사용시 (수분율 2.0%)	절건시	실사용시 (수분율 2.1%)	절건시	실사용시 (수분율 4.0%)	절건시
215~225		215~225		215~225		253~263		215~225		195~205		215~225
1,650	800~900	1,320	700~750	2,040	1,330	1,350	800~850	860	510	640	270~280	800~950
6	5	5	5	4	5	5	6	5	7	235	310 이상	15~30
61,000	43,000 ~ 44,000	49,300	30,000 ~ 31,000	91,600	69,100	50,000	32,000 ~ 33,000	47,900	25,800	20,200	3,400 ~ 3,600	26,000 ~ 31,000
2,300	1,300~1,400	1,720	850~900	2,900	1,600	1,800	1,050~1,100	1,360	580	780	170~180	1,200~1,400
77,000	46,000 ~ 47,000	60,800	30,000 ~ 31,000	120,000	62,300	61,000	35,000 ~ 36,000	59,100	19,900	19,600	4,300~4,500	40,500 ~ 42,500
10	14~16	8	8~10	15	23	6	7~8	4	14	5	108 이상	3~4
830	560~580	710	500~530	960	700	780	600~630	720	470			750~800
260	160~170	250	120~140	310	200	260	140~160	270	150	170		300
120	105	120	100	120	115	120	105	120	105	118	76	118~120
99	60	99	54	103	82	101	71	90	55			
204	194	199	177	204	182	240	225	143	125	58		190~200
217	215	217	215			256	254	197	169	141		
3×10^{-5}		5×10^{-5}		2×10^{-5}		5×10^{-5}		5×10^{-5}		8×10^{-5}		7.3×10^{-5}
15		13				9		13		10		4
1.34		1.28		1.48		1.28		1.50		1.14		1.6
1.2		1.3		1.0		1.0				2.0		
6.6		7.4		5.5		6.6				12.0		
1.1×10^{15}		1.5×10^{15}				2.8×10^{15}				2.9×10^{15}		6.4×10^{14}
21.6		20.0				21.8				17.6		14.0
4.3		4.2				4.1				4.1		4.1
0.0051		0.0081				0.0078				0.0123		0.021

5 변성 PPO(Modified-Polyphenylene Oxide, 變性 폴리페닐렌 옥사이드)

1) 분류 및 종류

2, 6-크실레놀(xylenols)의 촉매 존재하에 있어서 산화 커플링에서 폴리(2, 6디메틸페닐렌 옥사이드)가 얻어진다. 이것은 내열성이 극히 높은 폴리머인데 성형가공성이 좋지 않다. 고온에서의 특성을 다소 희생하고 성형성을 개량하여 동시에 낮은 가격화(코스트화) 한 것이 변성 폴리페닐렌 옥사이드(변성 PPO)이다. 당초 미국 GE사가 공업화하여 '노릴(noryl)'의 상품명으로 판매하고 있다.

다음과 같은 화학식을 가진다.

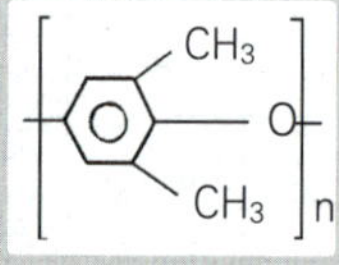

일본에서는 1971년에 완전 국산화와 시장 수요의 다양화에 대응하기 위해 미국 GE사(社)와 나가세산업(長瀨產業)과의 합작에 의해 엔지니어링 플라스틱 주식회사(약칭 EPL)이 설립되어 현재 마오카(真岡)공장에서 노릴(noryl)이 생산되고 있다. 근년에 이르기까지 PPO는 GE그룹의 독점상태에 있었는데 1979년에 아사히 다우[현 아사히화성(旭化成)]가 같은 종류의 수지(PPE, Polyphenylene ether, 폴리페닐렌에테르)를 개발하여 '자이론(xyron)'이란 상품명으로 시판한 것을 비롯해 미쓰비시가스화학(三菱瓦斯化學)은 미국 보그워너(Borg Warner chemical)사(社)와 합작회사 다이어멀을 1981년에 설립하여 1983년 4월부터 '유피에스'란 상품명으로 변성 PPO 시장에 진출했다.

PPO는 올드위치의 메틸기를 여러 가지로 치환하는 것에 의하여 코폴리머(co-polymer, 공중합체)나 브랜치 폴리머(branch polymer, 갈래중합체)를 만드는 것이 가능하다. 또한 다른 수지와 브랜드에 의해 변성품을 만들 수 있고 현재 변성 PPO로 부르는 것은 스티렌계 폴리머에서 변성된 것이다. 따라서 변성에 의해 여러 가지의 내열성 강도, 가격수준을 갖는 것이 생산 가능하다. '유피에스'는 페닐렌에테르 코폴리머로 불리고, 스티렌계 폴리머를 주성분으로 한 '자이론(xyron)'은 그래프트화 폴리페닐렌에테르 수지라고 불린다.

(1) 일반

열변형 온도 100℃ 전후까지의 것으로 스티렌계 수지의 함유량이 많다고 생각해도 좋다.

(2) 내열

열변형 온도 140℃ 전후까지의 것으로 이 그레이드에 속하는 것에는 유리섬유 강화제품도 많다.

(3) 난연

폴리머의 난연화에는 여러 가지 방법이 있고 가장 단순한 방법은 크롬화합물, 인화합물, 3산화 안티몬 난연제를 혼입한 것이다. 난연제의 혼입은 폴리머의 물성을 저하시키는 것이 많다. 변성 PPO는 그 자체가 자기소화성으로 비적하성(非滴下性, 물이 뚝뚝 떨어지지 않는 성질)이기 때문에 소량의 난연제 첨가로 난연화하는 것이 가능하기에, 따라서 물성저하를 거의 일으키지 않는다. 열변형 온도에 의한 구분은 없다.

(4) 유리섬유 강화

유리섬유 함유량은 10%, 20%, 30%로 나눠진다. 함유량이 많아지면 고강도, 고강성으로 된다.

(5) 시트용

진공, 압공 성형용에 의한 OA(Office Automation, 사무자동화) 기기, 전자기기 케이스 등을 위한 플라스틱판으로써 판매되는 것이 있다.

(6) 저발포 성형용

사출성형 시 성형체 중심부만 발포시켜 표면은 균일한 수지층으로 만드는, 다시 말해 스트럭처 폼(SF, Structure Foam)이다. 변성 PPO의 저발포 성형(低發泡成形, low expansion molding)도 그 고도한 특성을 살려서 종래 금속이 주류였던 대형 외장품, 구조부품 등의 분야에 이용되고 있으며, 컴퓨터 하우징 등에 응용 용도가 확대되고 있다.

저발포 성형은 보통 솔리드(solid) 성형에서는 싱크마크(sink mark) 때문에 성형할 수 없는 두꺼운 성형품을 얻게 되며, 두께를 늘리는 것에 따라 강성을 유지시킬 수가 있으며 또한 높은 리브(rib) 등을 정밀도 좋게 하는 것도 가능하며 싱크마크나 휨 등도 방지할 수 있고 대형 성형품의 치수정밀도나 강성이 요구되는 용도에 가장 적합하다.

2) 제조법

메탄올 2몰과 페놀 1몰에서 2, 6-크실레놀(xylenol)을 얻을 수 있다. 이 2, 6-크실레놀을 3급 아민, 제1구리염을 촉매로 해서 산화 커플링 반응에 따라 합성시킨다. 이와 같은 반응조건하에서는 페놀의 올드위치와 파라위치는 활성이고 메타위치는 불활성이다. 올드위치는 메틸로 치환되어 있으므로 실활(實活) 상태에 있고 파라위치만 작용해서 고분자량의 폴리머가 얻어진다. 고순도(高純度)의 2, 6-크실레놀을 사용하는 것이 폴리머 제조상 중요하다. 더욱 치환기 메틸기로 바꿔서 지나치게 탄소수가 많은 치환기를 가진 것을 사용하면 입체장해[立體障礙(steric hindrance), 입체효과(立體效果, steric effect)는 분자의 입체 구조로 인한 반응성의 변화를 말하며, 이때문에 반응속도가 느려지는 것을 입체장애(立體障礙, steric hindrance)라고 한다] 때문에 그다지 높은 고분량(高分量)의 폴리머는 얻을 수 없다.

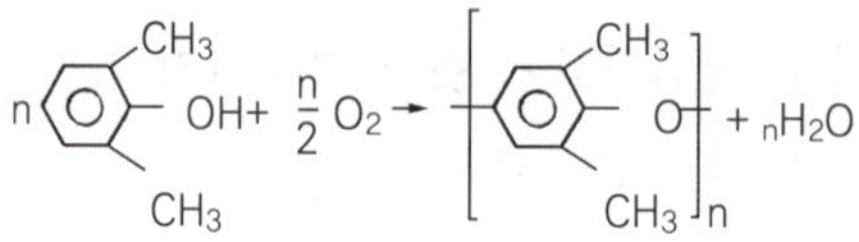

또한 2, 6의 치환으로 페놀과 알칼리 촉매 존재하에서 폴리머로 하는 방법도 있다.

3) 물성일반

열변형온도, 난연도 유리섬유 함유 품종을 어느 정도 구분할 수 있다. 스티렌계 수지의 함유량이 많아지면 열변형 온도는 저하되고 따라서 내열성도 저하된다. 한 예로써 '유피에스'의 그레이드 표를 표 3-46에 나타낸다.

▶▶ 표 3-46 유피에스 그레이드 표

유피에스 그레이드	UL94	열변형 온도	타사 상응 그레이드		표준색 (색상-No)				
			노릴	자이론	흑	그레이	베이지	백	
GV10	V-1	130	SE-1 GFN1J	X2210	9001	9801	9601		GF 10%
GV20	V-1	140	SE-1 GFN2J	G702V	9001	9801	9601		GF 20%
GV30	V-1	140	SE-1 GFN3J	G703V	9001	9801	9601		GF 30%
GH10	HB	130	GFN1J	X2007	9001	9801	9601		GF 10%
GH20	HB	140	GFN2J	G702H	9001	9801	9601		GF 20%
GH30	HB	140	GFN3J	G703H	9001	9801	9601		GF 30%
AN45	V-0	105	N225J	300Z	9001	8001	3002	7001	
AV60	V-1	120	SE-1J	500V	9001	8001	3001	7001	
AH60	HB	120	731J	500H	9001	8001	3001	7001	
AV40	V-1	100	SE-100J	300V	9001	8001	3001	7001	

(1) 기계적 성질

유피에스는 저온에서 고온까지의 폭넓은 온도 범위로 인장강도, 굽힘강도, 굽힘탄성률, 내충격성의 균형이 있고 특히 내피로성, 내크리프성도 양호하기 때문에 구조재료로써 가장 적합하다.

① 인장특성

그림 3-50에 나타난 유피에스의 인장강도는 저온부터 고온까지 상당히 넓고 특히 AV60, AH60은 80℃에서도 300 kgf/cm² 이상의 인장강도를 유지하고 있다. GH 그레이드에 대해서도 같은 모양으로 그림 3-51에 나타낸다. 또 그림 3-52에서처럼 저온에서 유연성의 목표가 되는 파단신율(破斷伸率)은 -20℃에서도 10% 이상이고 취성(脆性) 파괴도 없다.

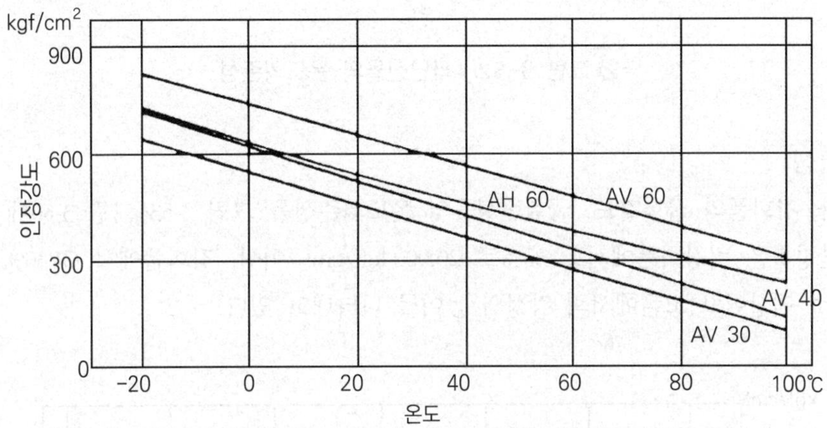

그림 3-50 인장강도의 온도의존성

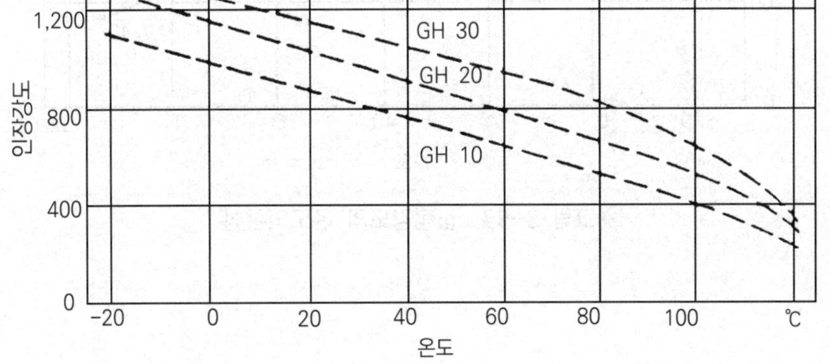

그림 3-51 인장강도의 온도의존성(GH 그레이드)

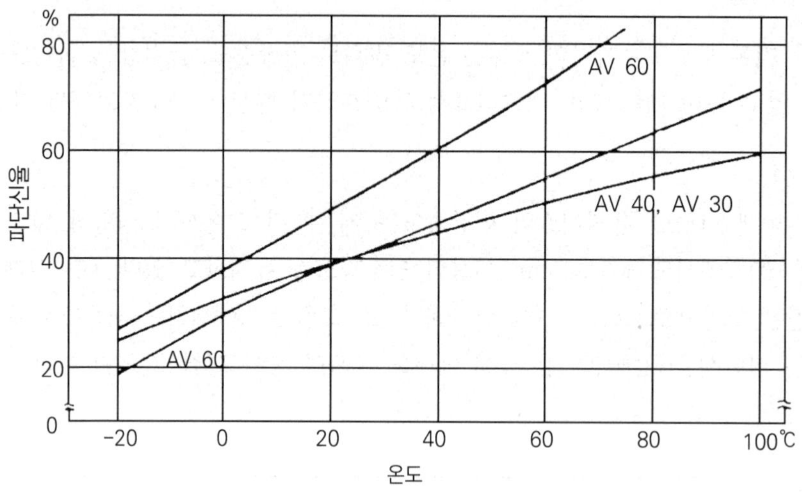

그림 3-52 파단신율의 온도의존성

② 굽힘특성

비강화, 강화품의 굽힘강도, 굽힘탄성률의 온도의존성을 그림 3-53~그림 3-56에 나타낸다. 굽힘탄성률은 비강화품에서도 80%로 20,000 kgf/cm² 이상, 강화품에서 GF30%로 60,000 kgf/cm² 이상이고 고온에서의 강성의 높이를 나타내고 있다.

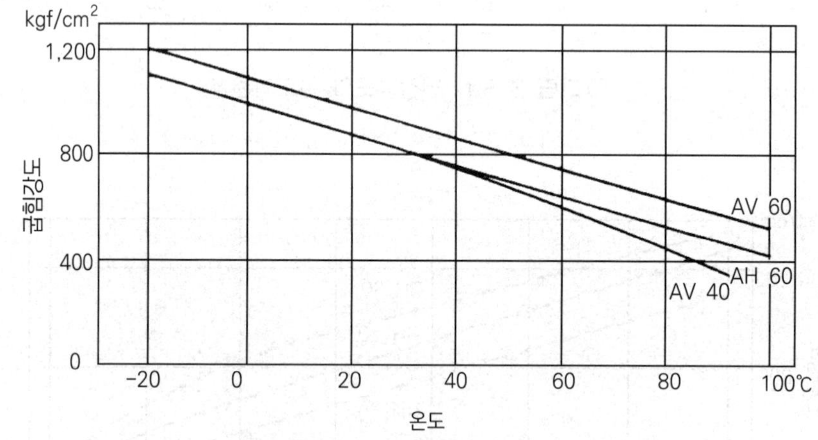

그림 3-53 굽힘강도의 온도의존성

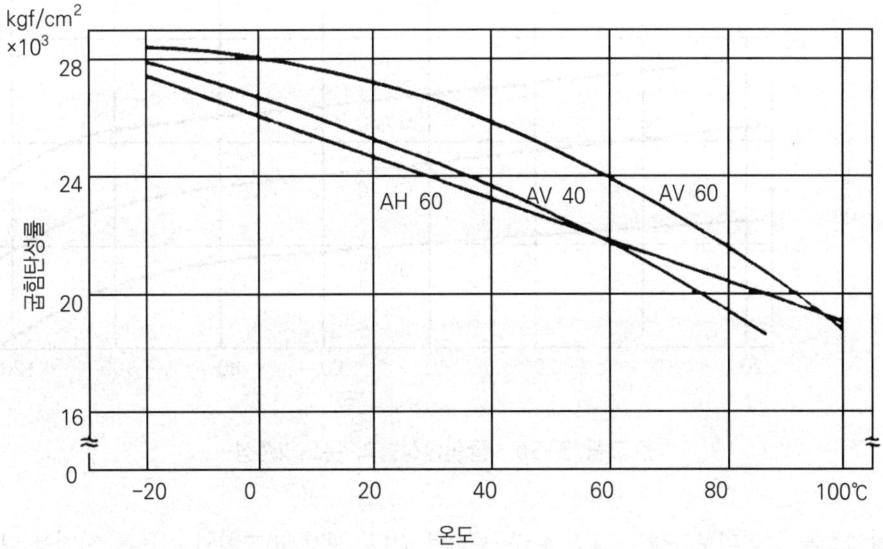

➲ 그림 3-54 굽힘탄성률의 온도의존성

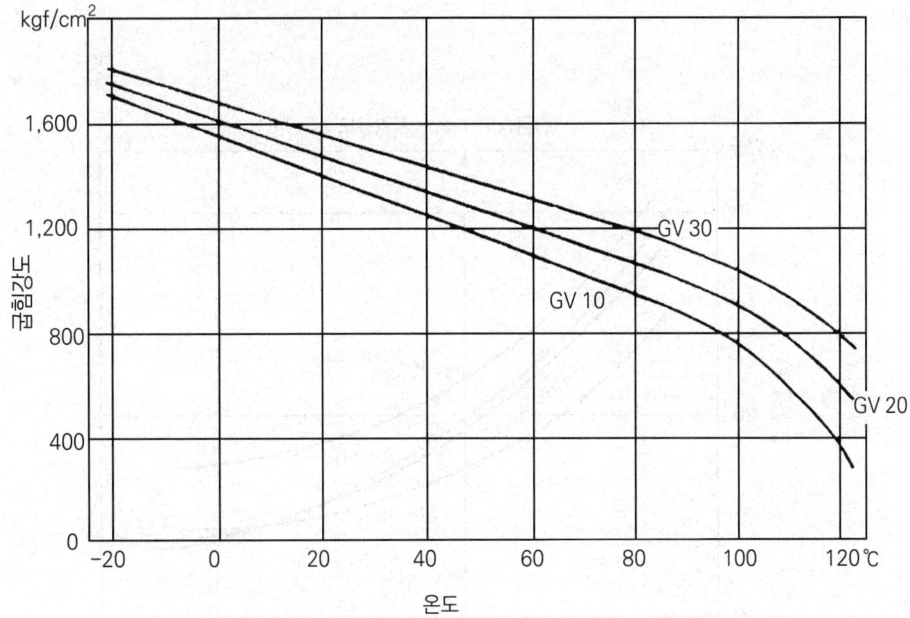

➲ 그림 3-55 굽힘강도의 온도의존성(GV 그레이드)

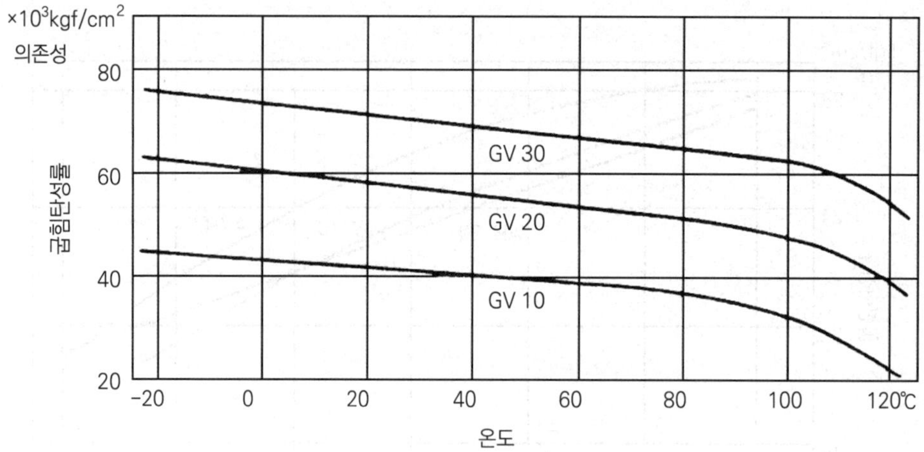

➲ 그림 3-56 굽힘탄성률의 온도의존성

유피에스의 굽힘피로특성은 그림 3-57, 3-58와 같다. 보통 1077회의 진동을 시켰을 때 파괴하는 응력을 피로한계[14] 응력으로 정의하지만, 유피에스에서의 피로한계 응력은 135 kgf/cm² 이상이 된다. 따라서 23℃에서 135 kgf/cm²보다 작은 굽힘응력을 반복해도 파괴되는 일은 없다.

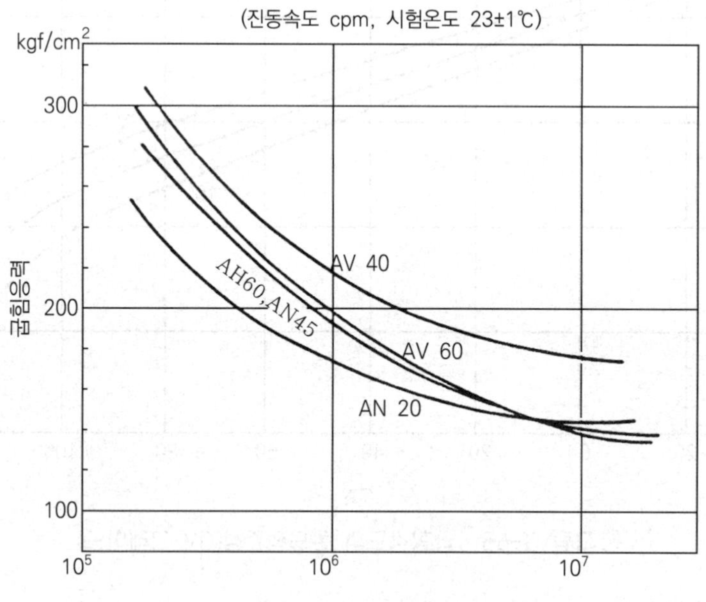

➲ 그림 3-57 굽힘피로특성

14) 피로한계(疲勞限界) : 재료에 반복응력을 작용시켜 영구히 파괴되지 않는 응력의 한도(내구한계라고도 한다.)

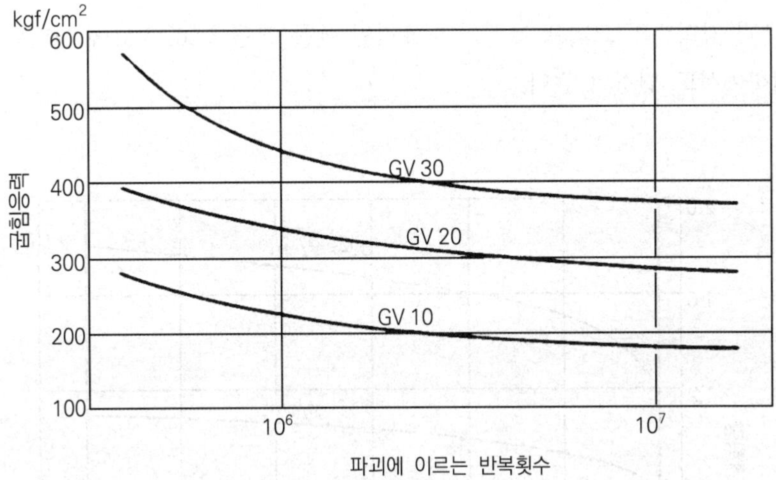

그림 3-58 GV 그레이드의 굽힘피로특성

③ 내충격성

아이조드 충격강도의 온도의존성은 그림 3-59와 같이 -40℃라도 5 kgf · cm/cm보다 크고, 실온에서는 18 kgf · cm/cm 이상을 유지한다.

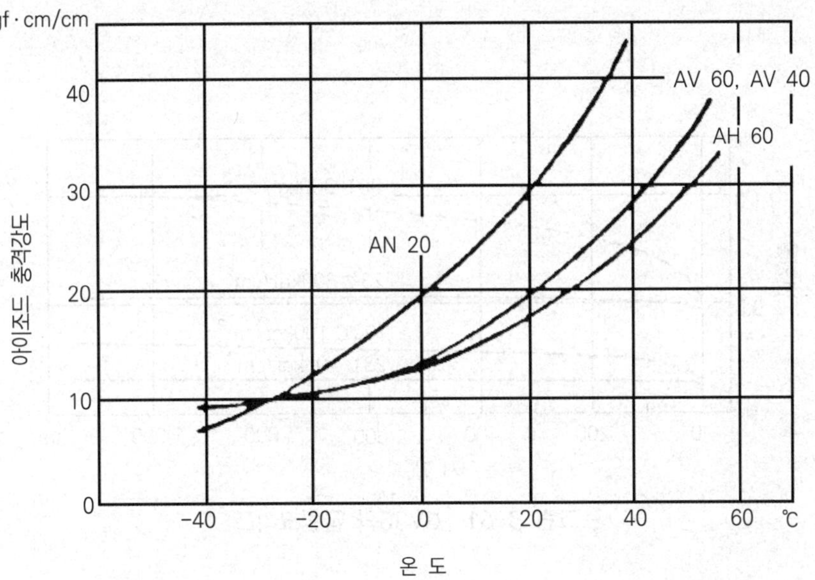

그림 3-59 아이조드 충격강도의 온도의존성(두께 3.2mm)

④ 굽힘크리프 특성

비강화품과 강화품의 크리프 특성의 대표적인 예를 그림 3-60, 3-61에 나타낸다. 장시간 높은 응력하에서도 변형이 적다.

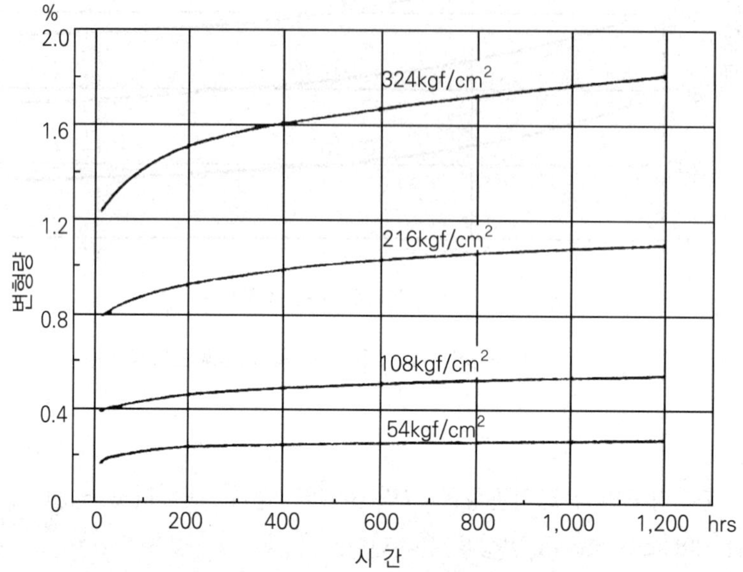

그림 3-60 AV40의 굽힘크리프(시험온도 23℃)

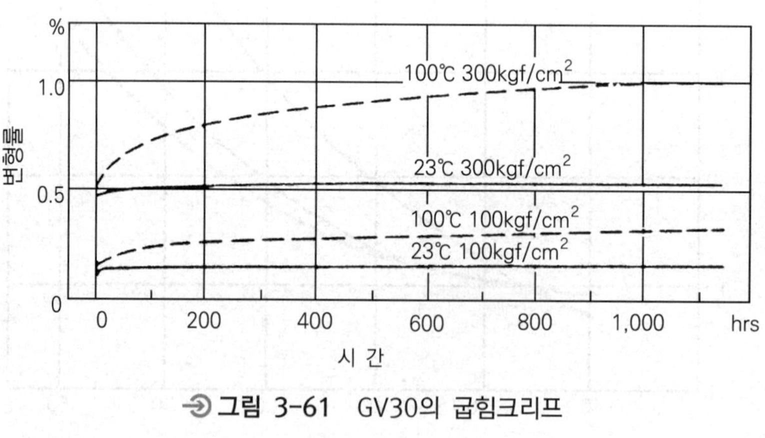

그림 3-61 GV30의 굽힘크리프

(2) 열적 성질

고온에서의 열처리 시간과 물성 유지율의 관계를 그림 3-62, 63에 나타낸다. 고온에서의 장시간 사용에 적당한 재료인 것을 나타내고 있다.

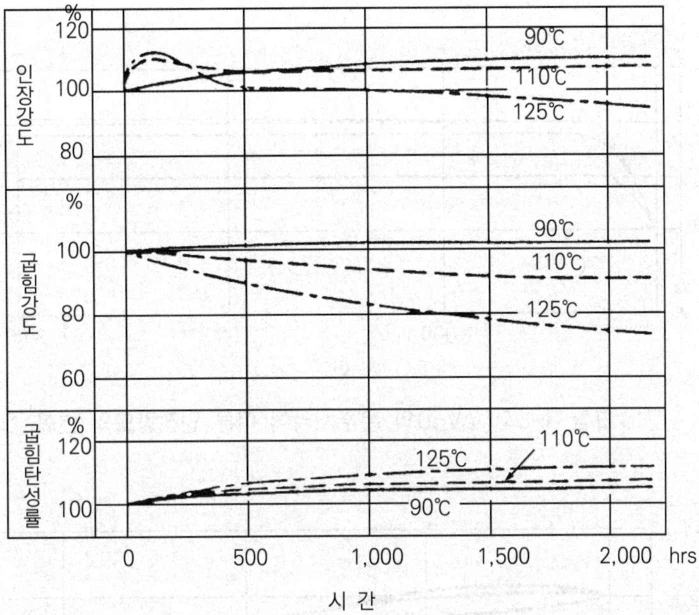

그림 3-62 GV10의 열처리에 의한 물성 유지율의 변화

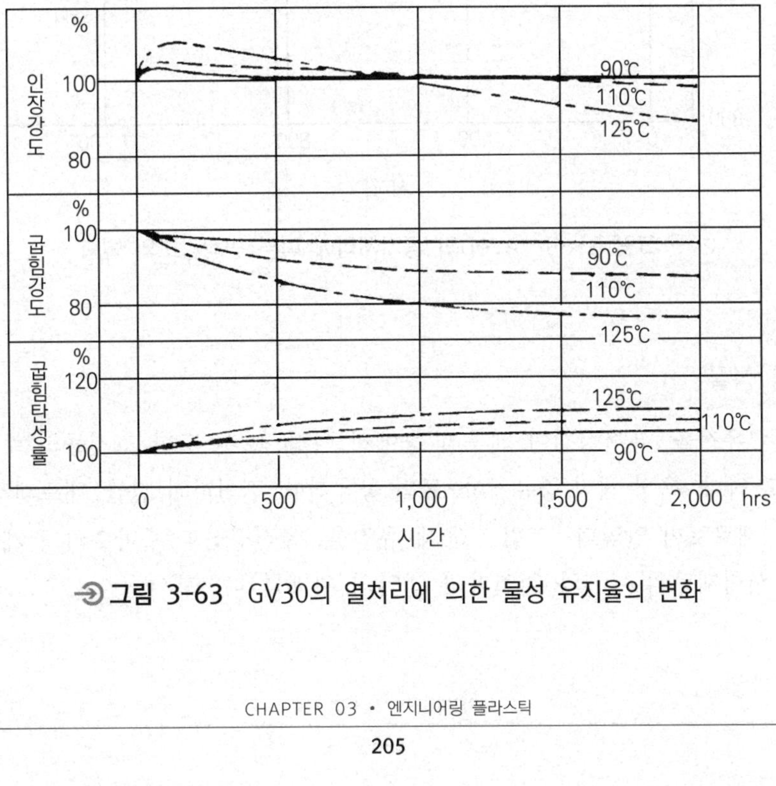

그림 3-63 GV30의 열처리에 의한 물성 유지율의 변화

(3) 내온·열수성

변성 PPO는 엔플라(ENPLA) 중에서는 흡수율, 흡습률이 가장 작고, 흡수에 따른 치수변화가 적은 특징이 있다(23℃, 24시간 침적에 흡수율 0.10~0.12%). 또한 온수 증기처리에도 물성의 저하가 작다. 그림 3-64, 65에 처리시간과 인장강도의 관계를 나타낸다.

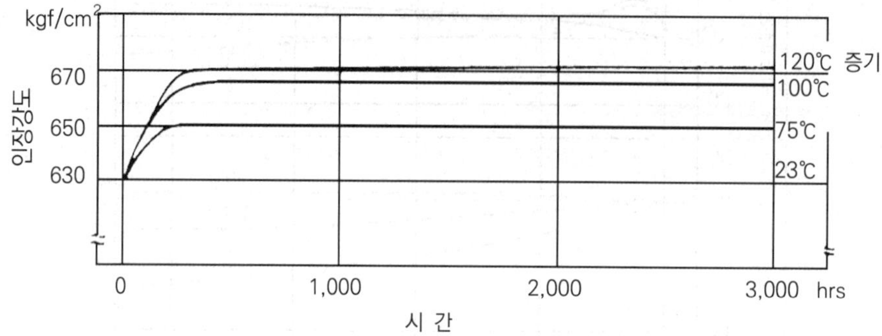

그림 3-64 AV60의 온수처리에 따른 인장강도의 변화

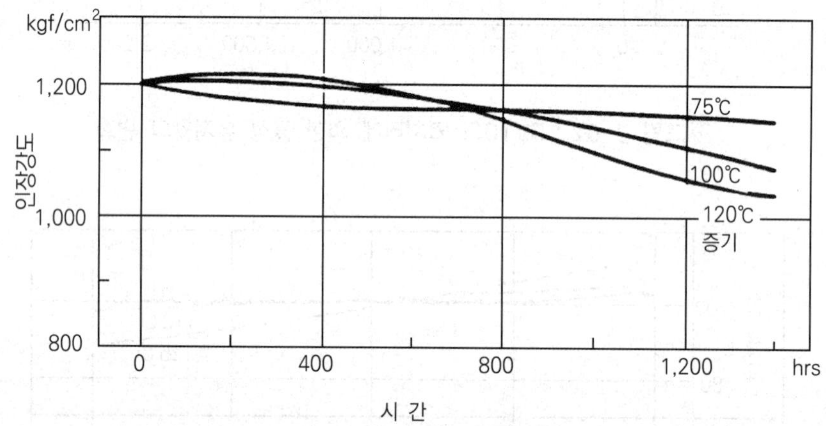

그림 3-65 AV60의 증기처리에 따른 인장강도의 변화

(4) 전기적 성질

변성 PPO는 유전율, 유전정접이 엔플라 중에서 가장 작다. 또한 그것들의 주파수 의존성, 온도 의존성도 작다. 특히 체적 공유저항, 표면 공유저항, 절연파괴 전압, 내트래킹성이 우수하고, 전기절연 재료로써 알맞다. 그림 3-66에 유전율, 유전정접과 주파수의 관계를 나타내고, 그림 3-67에 시험재료의 두께와 절연파괴 전압의 관계를 나타낸다.

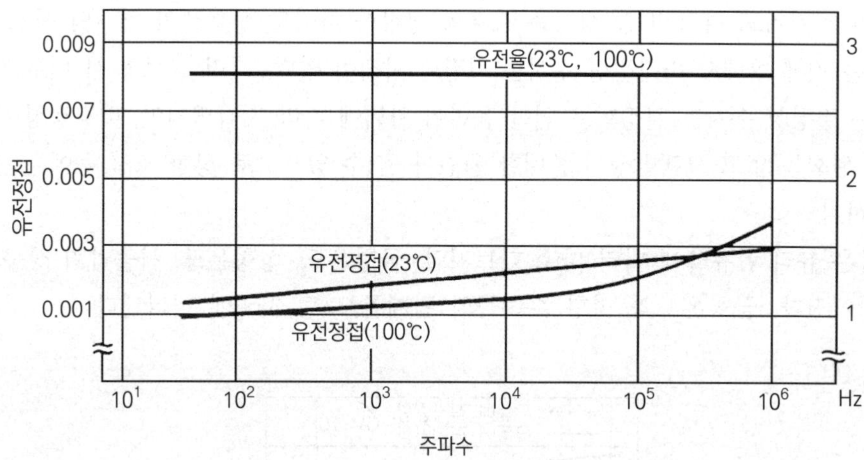

그림 3-66 AV60의 유전정접, 유전율의 주파수 의존성

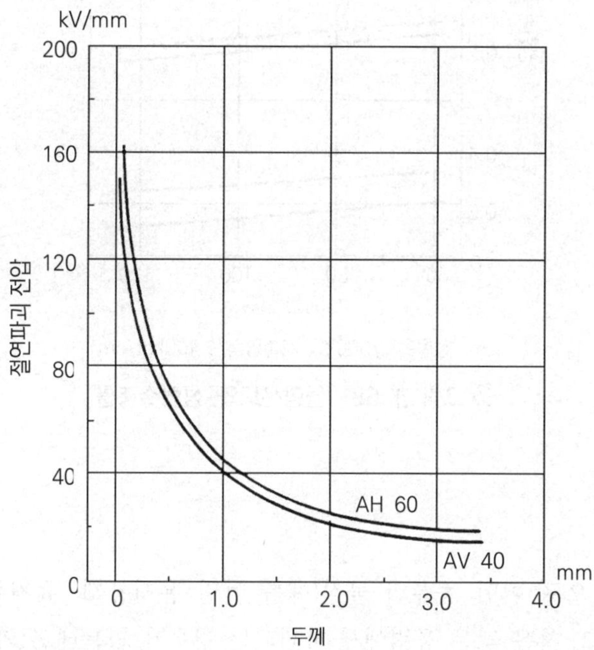

그림 3-67 절연파괴 전압과 시험편 두께와의 관계

(5) 성형수축률

변성 PPO는 폴리아세탈이나 폴리아미드 등의 결정성 수지와는 다른 비결정성 열가소성 수지이고, 폴리카보네이트 등과 같이 치수안정성이 우수하다.

결정성 수지는 결정화로 인해 밀도가 증가하기 때문에 휨이나 싱크마크가 발생하거나, 성형수축률 자체가 커지기도 하고 또한 성형품 각부의 결정화 차이도 성형품의 치수의 산포(散布)가 쉽게 생기는 것에 반해서 비결정성 수지는 결정화 과정이 없다. 그러나 성형 시 내부 잔류응력에 대해서는 결정성 수지는 결정화로 인한 응력이 완화에 따라 저감되지만, 비결정성 수지는 그 같은 응력 완화는 없고 크랙발생의 중대한 원인이 될 수 있으므로 성형 조건 등에는 충분한 주의가 필요하다.

성형수축률은 유리 함유율에 따라 다소 다르지만, 금형온도, 성형온도, 사출압력 상승과 동시에 다소 작아진다. 금형온도와 성형 수축률의 관계를 그림 3-68에 나타낸다.

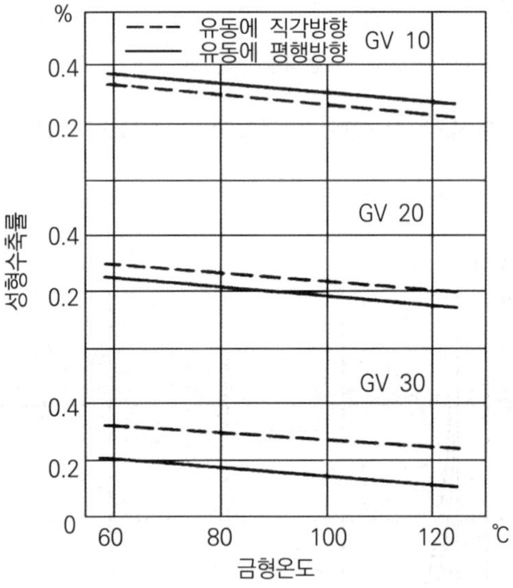

그림 3-68 금형온도와 성형수축률

(6) 내약품성

플라스틱은 일반적으로 어떤 종류의 물질(예를 들면 유기용제, 유지류)과 접촉하면 용해, 팽윤(膨潤)하기도 하고, 혹은 낮은 응력에서 파괴되는 경우가 있는데 이와 같은 낮은 응력에서 파괴되는 현상을 환경응력 부식이라 한다. 따라서 사용 중에 용해, 팽윤, 응력 부식 작용을 일으키지 않는 것이 대단히 중요하다.

표 3-47에 유피에스의 내약품성을 조사하기 위해 23℃에서 0 및 200 kgf/cm^2의 굽힘응력을 가해서 약제에 48시간 침적한 경우의 시험 결과를 나타낸다.

① 산, 알칼리, 무기염류 등의 수용액, 알코올, 그리콜류에 대해 안정

② 할로겐화 탄소, 방향족 탄화수소에 의해 용해 또는 팽윤(膨潤)

③ 케톤류, 에스테르류에 의해 크레이징 또는 크랙이 발생

따라서 할로겐화 탄화수소, 방향족 탄화수소, 케톤류, 에스테르류 등과 접촉 가능성이 있을 경우는 유피에스의 내약품성에 배려할 필요가 있다.

▶▶ 표 3-47 유피에스의 내약품성(23℃, 48시간 처리)

시 료	AV60		AH60		시 료	AV60		AH60	
굽힘응력(kgf/cm^2)	0	200	0	200	굽힘응력(kgf/cm^2)	0	200	0	200
염화나트륨 포화수용액	○	○	○	○	인프로필 알코올	○	○	○	○
인산암모늄 포화수용액	○	○	○	○	에틸렌글리콜	○	○	○	○
인산 50%수용액	○	○	○	○	n-헵탄	×	×	×	×
수산화나트륨 10%수용액	○	○	○	○	아세톤	△	△ ×	△	△×
초산(硝酸) 10%수용액	○	○	○	○	메틸에틸케톤	×	×	×	×
초산(酢酸) 10%수용액	○	○	○	○	초산(酢酸) 에틸	×	×	×	×
유산(硫酸) 10%수용액	○	○	○	○	벤젠	△	△	△	△
염산(鹽酸) 10%수용액	○	○	○	○	톨루엔	△	△	△	△
암모늄	○	○	○	○	메틸렌클로라이드	△	△	△	△
메탄올	○	○	○	○	클로로포름	△	△	△	△
에탄올	○	○	○	○	사염화탄소(四鹽化炭素)	×	×	×	×
n-부틸알코올	○	○	○	○	가솔린	×	×	×	×

주) ○ : 외관변화 없음
△ : 팽윤 또는 용해
× : 크레이징(crazing) 또는 크랙(crack) 발생

4) 특징

변성 PPO는 다른 엔플라에 비해서 다음과 같은 특징을 갖고 있다.

① 기계적 특성이 우수하다.

저온에서 열변형 온도 근처까지 넓은 온도 범위로 강성, 내충격성, 내피로성 등이 우수하고 또한 안정적이다.

② 전기적 특성이 우수하다.

절연성이 우수하고, 유전율, 유전정접이 낮고 또한 온도 의존성 및 주파수 의존성이 작으므로 전기적 용도로 안심하고 사용할 수 있다.

③ 내열수성(耐熱水性)이 우수하다.

흡수율이 작고, 열수(熱水)나 증기에 접촉해도 가수분해되지 않고, 강도에도 안정되어 있다.

④ 내열성이 우수하다.

열변형 온도는 80℃부터 165℃까지에 그레이드가 적용 가능하고, 열처리에 따른 물성 저하도 작고, 열안정성도 우수하다.

⑤ 난연성이다.

자체소화성이 있고 UL규격 94에 합격된 HB, V-0, V-1의 클래스(class)를 모두 갖추고 있다. 난연성이 우수하기 때문에 난연 규제가 엄격한 수출용 전기기기의 용도에 가장 적합하다.

⑥ 경제성 · 경량성이 우수하다.

흡수율이 작기 때문에 예비건조가 쉽고 비중이 작기 때문에 경제적으로 경량화가 가능해진다.

⑦ 치수안정성이 우수하다.

성형 수축률이 작고, 동시에 성형조건의 영향을 받을 염려가 없기 때문에 고도의 치수정밀도가 요구되는 정밀 성형분야에도 적합하다.

⑧ 성형성이 좋다.

이형성과 유동성이 좋고, 성형온도 범위가 넓어서 성형이 용이하다.

5) 용도

그 특성을 살린 용도의 범위는 넓다.

① 유동 난연

TV 하우징, VTR 하우징, 전자식 탁상 계산기 하우징, 금고(金庫) 하우징 등

② 내열 난연

복사기, 금고(金庫), 카오디오, 컴퓨터, 전자식 탁상 계산기, 난방기 등

③ 고내열 난연

TV 내부 부품, AC 어댑터, 헤어 드라이어, 전기 온풍기, 커넥터, 다리미, 터미널 스위치, 자동 판매기, 동전교환기 등

④ 고내열(高耐熱)

욕조 부품, 샤워헤드, 펌프 임펠러, 컴퓨터 카세트, 온수기, 스프링클러 헤드 등

⑤ **내열(耐熱), 내약품(耐藥品), 내유(耐油)**

인스트루먼트 패널(instrument panel, 계기판), 대시보드(dashboard, 차량 운전의 조작 및 제어 현황을 표시하는 제어반), 펜더 미러(fender mirror, 예전 아웃사이드 미러), 자동차 내장 부품, 허브 등

⑥ **유리섬유 강화**

라디에이터 탱크, 카메라 하우징, 섀시, 펌프 하우징, 전자식 탁상 계산기 키보드, 접시세척기 모터 섀시, 시로코 팬(sirocco fan, 다익송풍기(multi-blade fan)로 폭이 넓고 높이가 낮으며, 앞부분이 굽은 날개를 36~64개 정도 가지고 있는 송풍기) 등

6) 일본 제조사(메이커)

참고로 유명한 일본 제조사는 표 3-48과 같다.

▶▶ 표 3-48 유명한 일본 제조사

메이커	상품명
아시히화성(旭化成)	자이론(Xyron)
엔지니어링 플라스틱	노릴(Noryl)
미쓰비시가스화학(三菱瓦斯化學)	유피에스

7) 사용 용도 및 추세

사용 용도 구성으로는 OA기기를 주력으로 하는 기계기구 관계가 35%, 자동차가 25%, 기타가 10%로 나타나고 있다. 분야별로 OA기기에서 종래의 하우징에서 섀시 등 기구부품에 사용하는 등 수요 부위가 확대되었다. 전기 · 전자 분야에서도 TV 케이스, 코일 보빈, 어댑터 및 잭플러그(jack plug) 등 기능부품의 수요가 확대되고 있다. 또한 전자레인지, 에어컨, VTR 및 CD 플레이어 등에 실용화되고 있고, 수요구조도 변화 중이다.

한편, 최근 수요확대에 꽤 큰 자동차 분야에서는 인스트루먼트 패널, 호일캡, 미터후드(meter hood, 계기판 덮개), 그릴(grille, 그물망) 부위를 비롯한 사용 부위가 확대하고 있다. 또, 판금과의 일체화에 대한 온라인 도장이 가능한 신규 그레이드가 각 회사에 등장, 외장분야에서의 수요증가가 확대되었다.

이러한 상황하에 몇 년 사이에 원료 모노머를 포함한 생산체제의 정비가 급속하게 진전했다. 2, 6-크실레놀을 베이스(base)로 한 폴리머 PPO 즉, 변성 PPO의 일관 체제를 가장 빨리 확립

한 것은 일본 미쓰비시가스화학(三菱瓦菱化學)가 1993년 신규 참여와 동시에 동일체에서 시장 개척을 개시한 것이다.

또한 2, 6-크실레놀 PPO는 동사(同社)와 보그워너(Borg Warner)의 합병회사 다이야마루가 담당하고 있다.

이러한 기존 메이커의 움직임에 의해 기업화를 구상하고 있던 미쓰비시화학(三菱化學), 스미토모화학(住友化學)의 두 회사가 절반 투자에 의한 일본(日本)폴리에테르를 설립해, 1988년 봄부터 PPO 베이스(base, 기반)로 연생산 5,000톤의 설비를 가동, 동수지 메이커로서 두 회사가 탄생했다.

표 3-49는 일본 변성 폴리페닐렌옥사이드(MPPO) 및 폴리페닐렌에테르(PPE)의 생산설비능력의 추이를 보여준다.

표 3-49 일본 변성 폴리페닐렌옥사이드(MPPO) 및 폴리페닐렌에테르(PPE)의 생산설비능력의 추이

기업명	공장명	1986년
엔지니어링플라스틱(EPL)	마오카(眞岡)	*50,000
잼플리머	센보쿠(泉北) 센보쿠(泉北)	11,300 11,300
아사히화성(旭化成)	지바(千葉) 지바(千葉)	*20,000 10,000
일본 크레놀	가와사키(川崎)	10,000
미쓰비시가스화학 (三菱瓦斯化學)	욧카이치(四日市)	*7,000
다이야마루	욧카이치(四日市) 욧카이치(四日市)	4,000 4,000
일본(日本) 폴리에테르	욧카이치(四日市)	5,000
합계	서합품(西合品) (MPPE) 중간체(中間體) (PPE) 원료(原料) (2, 6-X NL)	*77,000 30,300 30,300

주) *는 배합설비의 능력(화학경제)

8) 대표적인 판매제품의 물성자료

표 3-50에 '유피탈(lupital)'의 물성데이터를 나타낸다.

▶▶ 표 3-50 유피탈(lupital)의 물성자료

그레이드					AH60	AV60	AV40
성질	내용 · 특징 / 장점 기타	시험방법 ASTM	조 건	단 위	일반 그레이드		
물리적 성질	충전제 · 강화제 함유율			%		0	0
	비중	D792			1.06	1.08	1.10
	흡수율	D570	23℃ 24hr 침지	%	0.12	0.10	0.10
열적 성질	열변형온도	D648	4.6kgf/cm^2	℃	130	130	110
			18.6kgf/cm^2	℃	120	120	100
	선팽창률	D696	20~80℃	$\times 10^{-5}$ cm/cm/℃	6.7	6.6	6.3
	전열성	UL94	1.6mm 두께		HB	V-1	V-1
기계적 성질	인장강도	D638	23℃	kgf/cm^2	520	630	500
	인장신도	D638	23℃	%	50	40	40
	굽힘강도	D790	23℃	kgf/cm^2	850	960	850
	굽힘탄성률	D790	23℃	$\times 10^4$kgf/cm^2	2.4	2.7	2.5
	전단강도	D732	2mm 두께	kgf/cm^2	620	680	570
	아이조드 충격강도	D256	노치있음 3.2mm 두께	kgf · cm/cm	18	20	20
	인장충격강도	D1822	1.6mm 두께 S 타입	kgf · cm/cm	140	180	130
	로크웰강도	D785			R119	R122	R119
	테이버마모	D1044	CS17 1,000g	mg/1,000회	51	39	59
전기적 성질	유전률	D150	10^6Hz	-	2.66	2.75	2.74
	유전정압	D150	10^6Hz	-	0.001	0.003	0.0036
	표면저항률	D257		Ω	10^{16}	10^{16}	10^{16}
	체적저항률	D257		Ω · cm	10^{17}	10^{17}	10^{17}
	내전압	D149			18	17	15
성형수축률		D955	3.2mm×100mm 원판 ϕ	%	0.5~0.7	0.5~0.7	0.5~0.7

AV30	AN45	AN20	GH10	GH20	GH30	GV10	GV20	GV30
일반 그레이드			유리섬유 강화 표준 그레이드			유리섬유 강화 표준 그레이드		
0	0	0	10	20	30	10	20	30
1.08	1.09	1.08	1.13	1.20	1.28	1.15	1.23	1.30
0.10	0.12	0.10	0.10	0.10	0.10	0.10	0.10	0.10
100	115	90	135	143	143	135	143	143
90	105	80	130	140	140	130	140	140
6.5	5.3	7.7	4.5	3.0	2.5	4.5	3.0	2.5
V-1	V-0	V-0	HB	HB	HB	V-1	V-1	V-1
440	580	420	830	1,050	1,200	850	1,050	1,200
40	40	40	–	–	–	–	–	–
720	930	700	1,250	1,400	1,500	1,300	1,400	1,500
2.5	2.6	2.4	3.9	5.5	7.2	4.1	5.5	7.2
530	650	520	660	680	700	660	680	700
20	25	30	12	10	10	12	10	10
120	200	140	87	100	100	105	120	130
R119	R122	R119	R118	R122	R125	R118	R122	R125
55	48	51	40	40	40	40	40	40
2.76	2.79	2.76	2.82	2.87	2.92	2.92	2.97	3.05
0.0038	0.0052	0.0062	0.0014	0.0015	0.0015	0.0014	0.0016	0.0018
10^{16}	10^{16}	10^{16}	$\geqq 10^{16}$	$\geqq 10^{16}$	$\geqq 10^{16}$	$\geqq 10^{16}$	$\geqq 10^{16}$	$\geqq 10^{16}$
10^{17}	10^{17}	10^{17}	$\geqq 10^{17}$	$\geqq 10^{17}$	$\geqq 10^{17}$	$\geqq 10^{17}$	$\geqq 10^{17}$	$\geqq 10^{17}$
15	16	16						
0.5~0.7	0.5~0.7	0.5~0.7	0.3~0.5	0.2~0.4	0.1~0.3	0.3~0.5	0.2~0.4	0.1~0.3

6 PET(Polyethylene terephthalate, 강화 폴리에틸렌 테레프탈레이트)

1) 분류 및 종류

폴리에틸렌 테레프탈레이트(PET)는 폴리에스테르 합성섬유나 폴리에스테르 필름으로 30여 년의 역사를 가진 친숙한 플라스틱이다. 성형재료로는 그 복잡한 결정성이나 파손되기 쉬운 것 때문에 비실용적이지만 일본 테이진(帝人)은 1965년 세계에서 선두로 유리섬유를 강화시킨 폴리에틸렌 테레프탈레이트가 사출성형 재료로서 우수한 물성을 지닌 것을 발견해서 〈FR-PET〉의 상품명으로 판매하기 시작했으며, 다음과 같은 종류가 있다.

(1) 내추럴(Natural)

필름 등과 같이 연신(延伸)[15]에 의한 분자쇄의 배향이 없으므로 결정화 정도만이 성형품의 물성을 좌우한다. PET는 PBT와 달라서 그대로 결정화하기 어려우므로 성형재료로서는 내추럴 그레이드는 없다.

(2) 유리섬유 강화

유리 함유율 30%가 기본이지만 고강성, 저수축용에는 더욱 고함유인 것도 있다. 또한 낮은 휨용, 폴리머의 유동 방향에 의한 물성의 차이를 최소로 억제하기 위한 마이카(mica, 운모) 등의 무기질 병용 그레이드가 있다.

(3) 난연(難燃)

일반 그레이드는 서연성(徐燃性)이지만 이 수지는 전기 · 전자용이 많기 때문에 난연화에 대해서도 많은 개선이 되어있다.

(2) 제조법

그림 3-69는 폴리에틸렌 테레프탈레이트(PET)의 제조공정을 보여준다.

15) 연신(延伸) : 섬유상 또는 필름상의 고분자 재료를 물리적으로 늘리는 것.

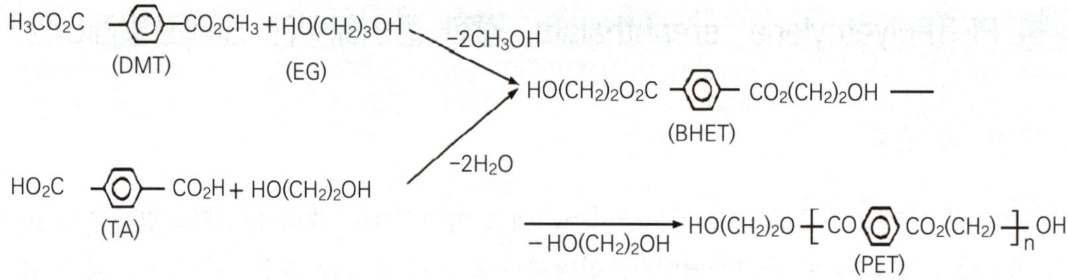

그림 3-69 PET 제조공정

PET는 공업적으로 그림 56과 같이 2단계법에 따라 생산되고 있다. DMT 또는 TA와 EG에서 비스(히드록시에틸) 테레프탈레이트(BHET)를 만들고 다음에 이 물성을 270~280℃ 고진공하에서 과잉의 글리콜을 증류(distillation)해서 중합한다. 또한 현재 성형재료, 필름에 사용되는 폴리에스테르를 표 3-51에 나타낸다.

표 3-51 판매되는 폴리에스테르의 종류

폴리머명	화학구조	융점(℃)	Tg(℃)
폴리에틸렌 테레프탈레이트 (PET)	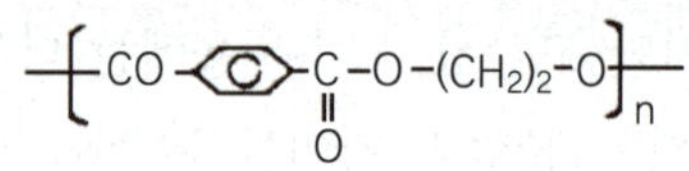	256	69
폴리부틸렌 테레프탈레이트 (PBT)	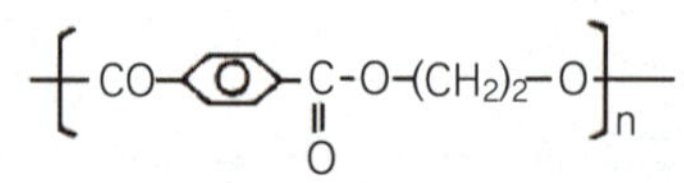	221	22
폴리 1.4-시클로헥산 디메틸렌테레프탈레이트 (PCHT)	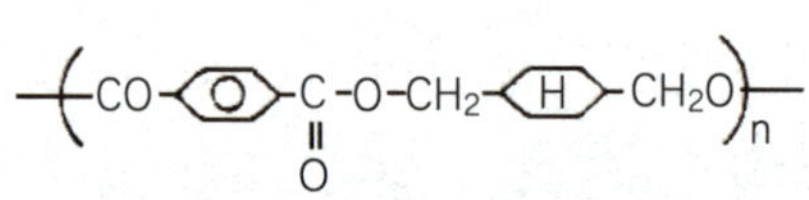	290	
폴리 2, 2-프로판비스(4페닐 테레/ 인프탈레이트) (PPT/I)	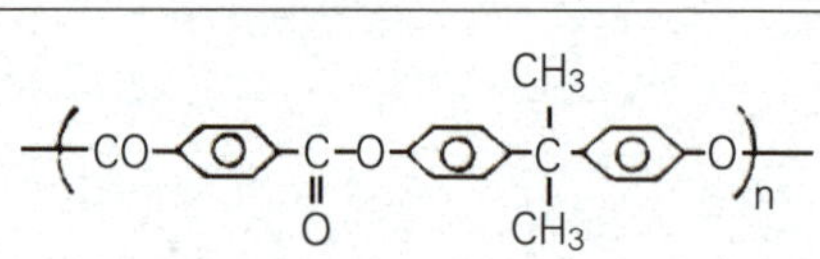	–	

유리섬유 그 밖의 충전제 혼입은 압출기를 사용해서 용융상태에서 혼입한다. 유리섬유 등 섬유상의 보강재를 배합할 경우에는 보강효과를 내기 위해 섬유절손을 억제하려면 압출기의 스크류 형상과 첨가조건을 선택할 필요가 있다. 압출기에는 단축과 2축이 이용된다. 압출된 뒤의 유리섬유 장분포(長分布, 길이분포)를 그림 3-70에 나타낸다.

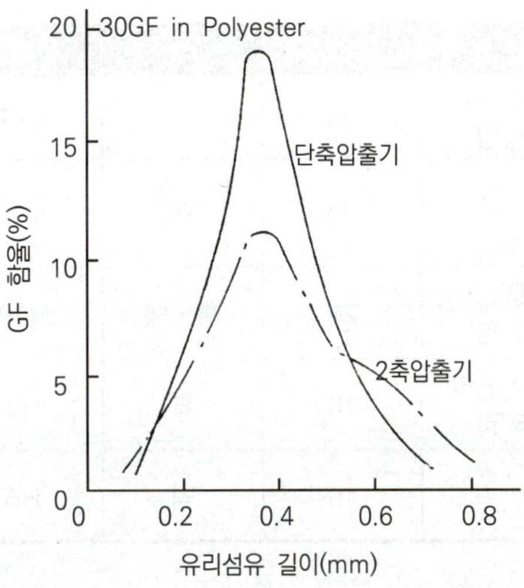

그림 3-70 유리섬유 장분포(長分布)

(Kunststoffe, 71[5], 269(1981))

3) 물성일반

유리섬유 함유량 30%가 기본이지만, 그 이하인 것도 있다. 난연도에 따라 그레이드를 구별할 수 있다. 또한 유리섬유와 무기필러(filler)의 하이브리드 타입도 있다.

표 3-52에 〈FR-PET〉의 종류, 명칭과 특성을 나타낸다.

표 3-52 FR-PET 종류 및 특성

	종 류	타 입	유리량	색	난연성	참 고
일반 그레이드	C3030	고강도 타입	30	자연색	HB	UL FILE No.E52857
	B3030	표준 타입	30	흑	HB	UL FILE No.E52857
	W3030		30	백	HB	UL FILE No.E52857
	C3015	저유리 타입	15	자연색	HB	UL FILE No.E52857
난연 그레이드	CNN3030	고강도 타입	30	자연색	V-0	UL FILE No.E52857
	BNN3030	난연표준 타입	30	흑	V-0	UL FILE No.E52857
	WNN3030		30	백	V-0	UL FILE No.E52857

	종 류	타 입	유리량	색	난연성	참 고
난연 그레이드	BNY3030	난연 V-II 타입	30	흑	V-2	UL FILE No.E52857
	WNY3030		30	백	V-2	UL FILE No.E52857
	ANN3050	내아크 타입	20	흑 · 백	V-0	내아크성 181초
특수 그레이드	BLR6001	무기필러 타입	10	흑	HB	UL FILE No.E52857
	WLR6001		10	백	HB	UL FILE No.E52857

(1) 기계적 성질

넓은 온도범위에서 안정된 기계적 성질을 갖고 있다. 그림 3-71에 인장강도, 그림 3-72에 굽힘강도, 그림 3-73에 탄성계수, 그림 3-74에 충격강도의 온도의존성을 다른 엔플라(ENPLA)와 비교해서 나타낸다.

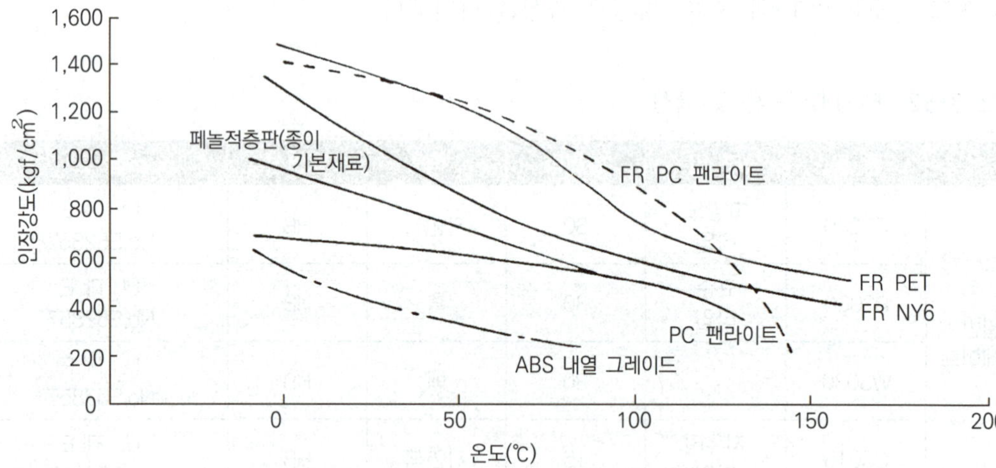

그림 3-71 인장강도의 온도특성

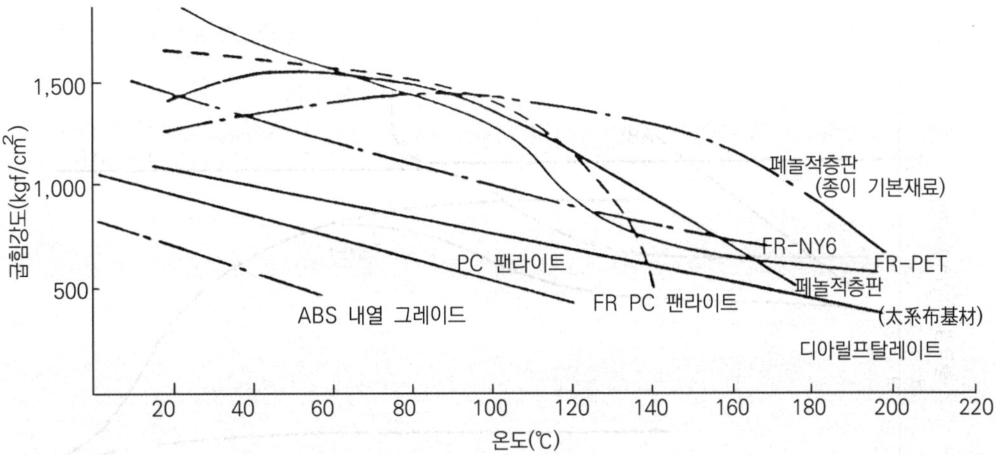

그림 3-72 굽힘강도의 온도특성

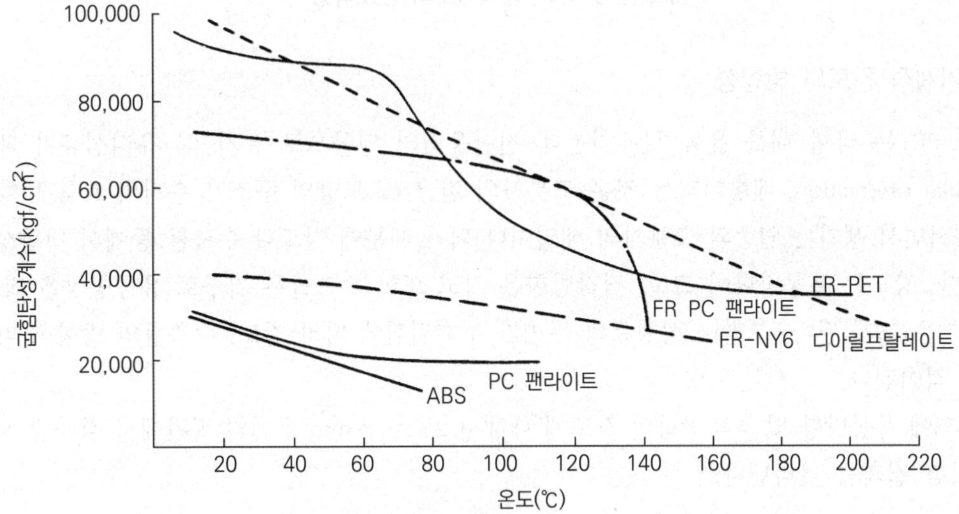

그림 3-73 굽힘탄성계수의 온도특성

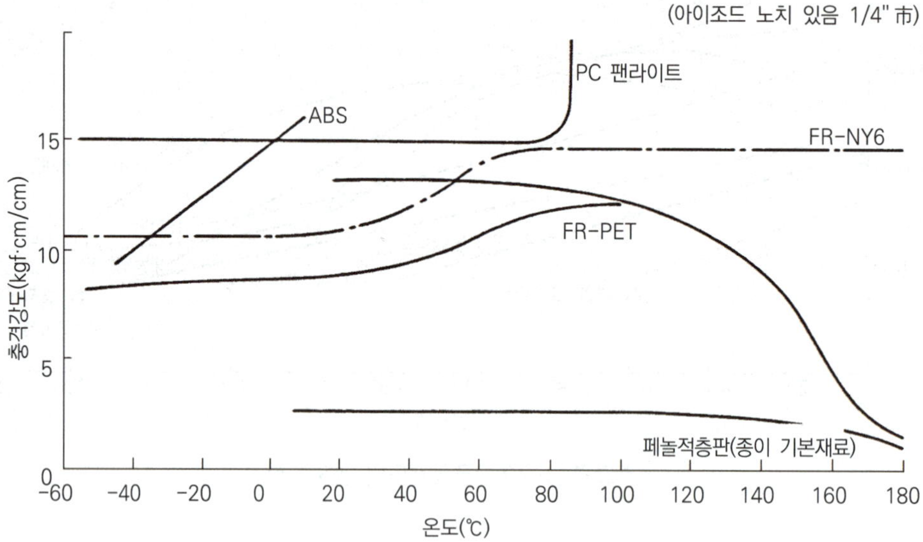

그림 3-74 충격강도의 온도특성

(2) 기계적 강도의 방향성

강화-PET는 금형 내를 유동하는 가운데 전단응력의 영향으로 분자 및 유리섬유가 배향(molecular orientation, 배향이라는 것은 고분자의 긴 사슬 모양의 구조가 수지의 흐름 방향으로 늘어서면서 생기는 일종의 고분자의 배열이다)되기 때문에 강도나 수축률 등에서 방향성이 나타난다. 강도는 유동방향이 크고, 직각방향은 작고 또한 수축률은 거꾸로 유동방향은 작고, 직각방향은 크게 된다. 그러나 성형품의 두께가 두꺼워짐에 따라 강도, 수축률의 방향에 따른 영향은 적어진다.

표 3-53에 유동방향 및 직각방향의 강도에 대해서 2 mm, 3 mm 두께의 평판에서 잘라낸 시험편의 시험 결과를 나타낸다.

표 3-53 기계적 강도의 방향성

특성 \ 살두께		2 mm		3 mm		참 고
		유동성 방향	직각 방향	유동성 방향	직각 방향	
인장강도	kgf/cm²	1,250	750	1,270	800	
굽힘강도	kgf/cm²	1,500	830	1,620	1,130	
굽힘탄성 계수	kg/cm²	74,000	58,000	78,000	58,000	
압축강도	kgf/cm²	–	–	–	–	12.7ϕ 25mmL 유동방향 1,280 직각방향 680
충격강도	kgf · cm/cm	12.5	5.8	8.0		3mm 유동성 방향의 샘플은 실제는 3.17mm

(3) 웰드강도(Weld strength)

강화 -PET의 웰드강도는 웰드가 없는 부분과 비교하면 상당히 작고 약 40~50%이다. 이것은 유리섬유가 웰드부에는 접합되지 않고 웰드 마크(weld mark)[16]에 평행하기 때문에 유리섬유의 보강 효과가 없고, 이 유리섬유는 수지의 용착면적 자체도 작기 때문이다. 따라서 웰드가 발생하지 않는 형상이 될 수 있게 게이트 위치를 변경하거나 강도가 필요치 않는 곳이나 단면적이 큰 곳에 생길 수 있게 제품을 설계할 필요가 있다. 또는 웰드부에 슬러그웰[slug well, 런너(runner) 금형의 특징으로 런너가 방향을 변경하는 곳에 변경되기 전의 런너가 연장되어 있는 구조]이나 가스빼기를 하는 것도 큰 효과가 있다.

(4) 동특성(動特性)-피로와 크리프

강화 -PET는 정적인 응력만이 아니고 동적인 응력에 대해서도 우수한 저항성을 갖고 있다. 하중에 대한 피로한계를 나타내는 SN곡선을 그림 3-75에 나타낸다. 또 강화 -PET는 탄성계수가 크고 응력에 따른 변형도 극히 작기 때문에 장시간 하중에 의한 크리프에 대해서도 우수한 내성(耐性)을 나타낸다. 이 시험결과를 그림 3-76, 그림 3-77에 나타낸다. 피로, 크리프 모두 유리섬유 강화 열가소성 수지 중에서 가장 우수하다.

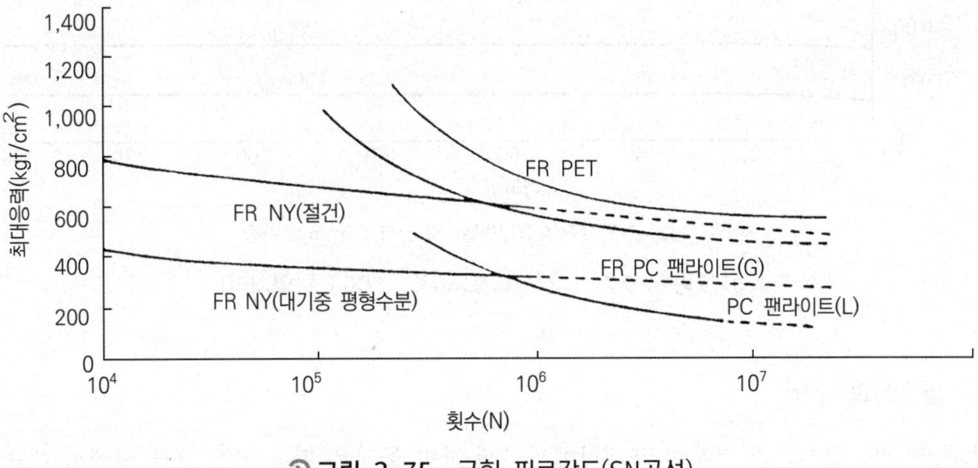

그림 3-75 굽힘 피로강도(SN곡선)

16) 웰드 마크(weld mark) : 열가소성 수지나 고무를 사출 또는 압출하여 성형할 때 수지에 둘 이상의 흐름이 완전히 융합되지 않은 경우 생기는 줄무늬 얼룩

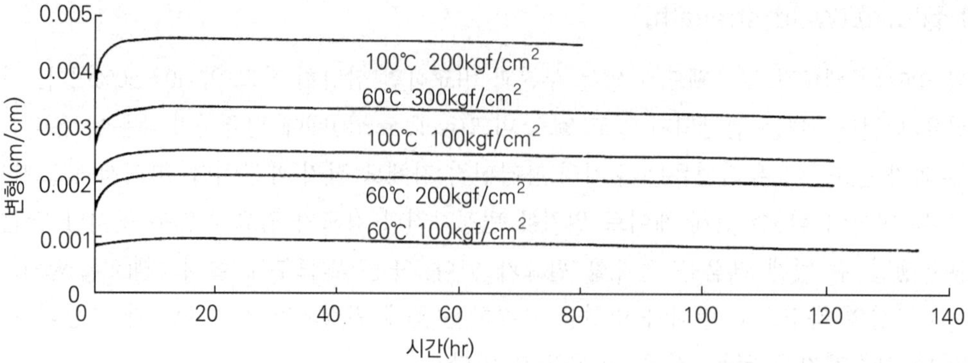

시료 : 1/2"×1/8 두께(ASTM덴벨) 척 간격 50mm로 측정

그림 3-76 크리프 특성(열처리)

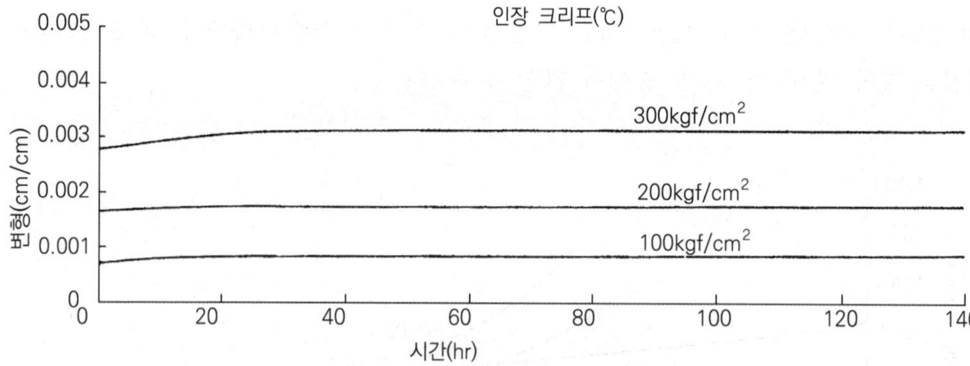

시료 : 1/2"×1/8 두께(ASTM덴벨) 척 간격 50mm로 측정

그림 3-77 인장크리프(60℃, 100℃)(열처리)

(5) 내구성과 수명

강화-PET도 장시간의 가혹한 조건하에서 사용하면 물성은 저하된다. 그들 중에서 대표적인 것으로 그림 3-78에서는 고온 환경에서의 열화(劣化), 그림 3-79에는 "고온의 물에 의한 열화" 그리고 표 3-54에는 "자외선에 따른 열화"의 시험결과를 나타냈다.

분명히 고온에 대해서는 처음의 단기간은 영향을 받지만, 나중에는 장기간에서도 안정된다. 열수(熱水)에서도 비등수는 문제가 되지만, 수온이 내려감에 따라 현저하게 내구력은 향상된다. 또한 강화-PET의 수명을 초기 강도의 60% 유지에서 추정하면 그림 3-80과 같이 된다. 예를 들면 100℃에서는 10년 이상이 된다.

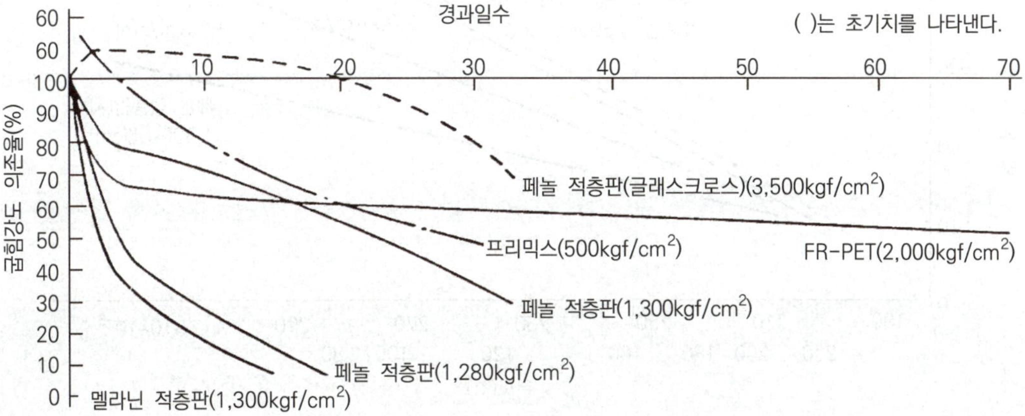

그림 3-78 건조열 200℃ 처리에 따른 굽힘강도 잔존율

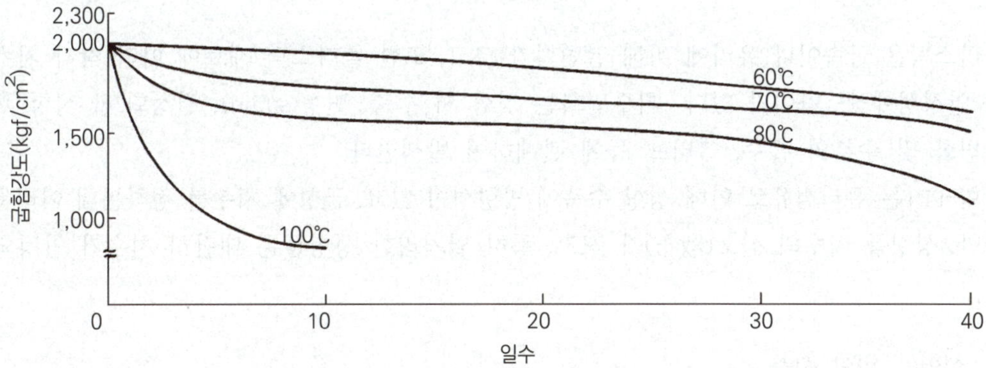

그림 3-79 열수처리에 의한 굽힘강도의 열화

표 3-54 내후성

조 건	브랭크	옥외 폭로(暴露)			키세논 램프 1.5kW 600hr
		1년	6년	9년	
인장강도 (kgf/cm^2)	1,350	1,150	1,140	1,150	
굽힘강도 (kgf/cm^2)	2,050	1,720	1,595	1,560	1,670
굽힘탄성계수 (kg/cm^2)	97,000	99,000	97,000	97,000	89,000
충격강도 (kgf · cm/cm)	12.5	9.1	7.7	7.5	9.5

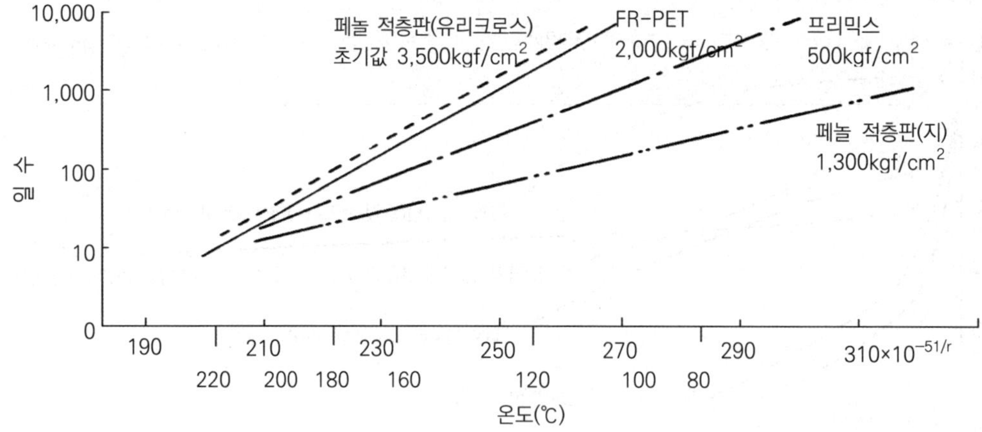

그림 3-80 굽힘강도에 따른 수명추정 직선(초기값의 60% 유지)

(6) 치수안정성

플라스틱은 금속이나 유리에 비해 열변화가 크고, 또한 플라스틱 재료에 따라 각각 치수의 변화 안정성에 큰 차이가 있다. 치수변화는 성형 시 수축, 변형(strain), 결정화도, 성형 후의 온도변화 및 수분의 흡수, 크리프 등에 관계하여 발생한다.

강화-PET는 유리섬유로 인해 성형 수축에 방향성이 있고, 금형에 치수를 정하는데 어려움이 있지만, 성형품 치수의 산포(散布)가 적고, 특히 열처리한 성형품은 대단히 치수가 안정되어 있다.

① 성형에 의한 수축

유리섬유의 배향성과 결정성 때문에 강화-PET는 수지의 유동방향과 직각방향에서는 0.2~10%의 큰 수축률의 차이가 생긴다. 동일한 금형인 경우에는 수지의 유동이 거의 일정하기 때문에 치수의 산포가 적은 성형품을 얻을 수 있다. 일반적으로 성형 수축률의 산포(散布) 정도는 유동방향에서 ±0.01%, 직각방향에서는 ±0.1% 정도이다.

② 열처리에 따른 수축

강화-PET는 성형 시의 금형 온도에 따라 표면의 결정상태가 달라진다. 저온금형의 성형품은 표면이 결정되지 않으므로 나중에 100℃ 이상으로 가열하면 그 부분은 결정이 되고 수축한다. 그러나 고온 금형에 의한 성형품은 표면도 결정화되기 때문에 이후의 열처리에 따른 치수변화는 거의 없다. 이러한 관계에 대해서 그림 3-81, 그림 3-82에 나타낸다.

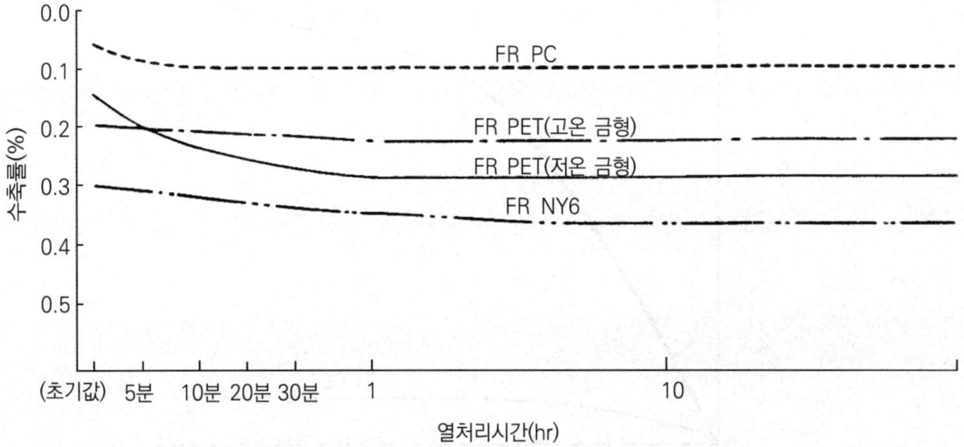

그림 3-81 열처리에 따른 치수변화(120℃)

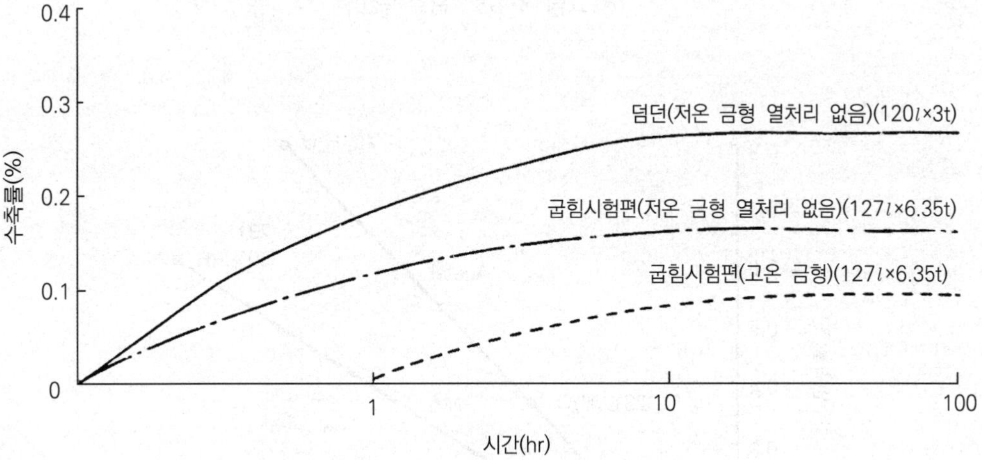

그림 3-82 고온에서의 치수변화(200℃)

③ 흡수에 따른 치수변화

강화-PET는 흡수율이 적은 것에 반해 치수변화는 거의 없다. 흡수는 약 10일간으로 평형에 달하지만 그 때의 치수변화는 0.1% 이하로 흡수에 따른 치수변화는 거의 없다(그림 3-83, 그림 3-84 참조).

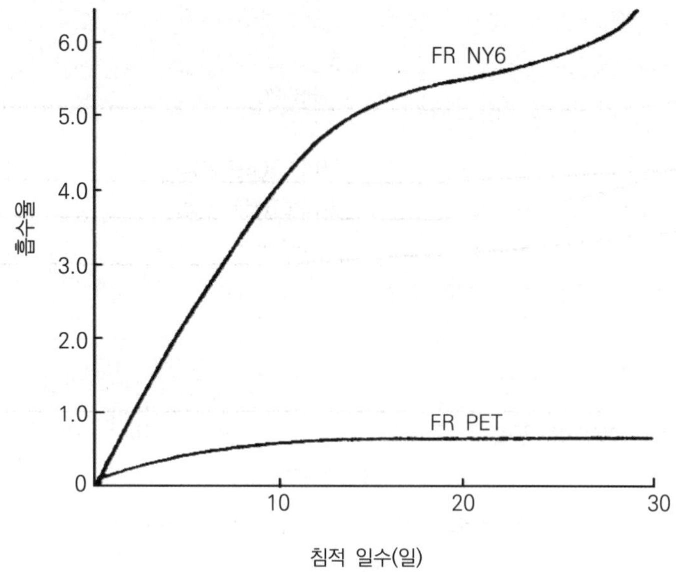

그림 3-83 흡수곡선

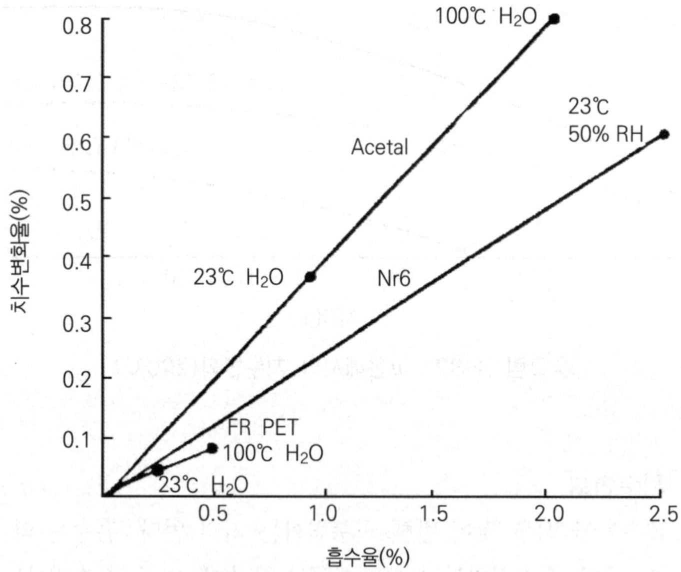

그림 3-84 흡수와 치수변화

④ 열팽창계수

유리섬유의 혼입에 따라 열팽창계수는 작고 유리섬유의 배향 방향에서는 알루미늄에 필적한다. 직각방향은 커진다. 이들의 관계를 표 3-55에 나타낸다.

▶▶ **표 3-55** FR-PET의 열팽창계수(cm/cm/℃)

금형온도와 유동방향		온도범위	팽창계수	온도범위	팽창계수	온도범위	팽창계수
FR-PET (저온금형)	종	-40℃~-20℃	4.8×10^{-5}	-20℃~-5℃	$0\sim8\times10^{-6}$	-5℃~6℃	2.7×10^{-5}
	횡	-40℃~-5℃	5.7×10^{-5}	-5℃~8℃	0	8℃~50℃	6.7×10^{-5}
FR-PET (고온금형)	종	-40℃~-20℃	4.2×10^{-5}	-20℃~-5℃	8×10^{-6}	-5℃~80℃	2.8×10^{-5}
	횡	-40℃~-5℃	5.7×10^{-5}	-5℃~2℃	0	2℃~80℃	6.5×10^{-5}

(7) 내약품성

강화-PET는 에스테르형 고분자를 모체로 하므로 강산, 알칼리, 수증기나 비등수 같은 고온의 물에서는 침적된다. 그러나 유기용제, 유류는 다른 열가소성 수지에서는 볼 수 없는 저항성을 갖는다. 예를 들면 기계공작유나 탈지세정류에 대해서도 문제는 없다. 각종 약품에 대한 시험결과는 표 3-56~표 3-58에 나타낸다. 다만, 내약품성은 응력과 온도에 따라 변하기 때문에 약액 존재하에서 사용하는 경우는 충분히 주의가 필요하다.

▶▶ **표 3-56** 무기약품에 대한 시험결과(25℃, 7일간)

약 품		중량변화(%)	인장강도변화(%)	외관변화
염산(鹽酸)	10%	+0.21	-2.9	없음
	Conc	+0.11	-24.1	조금 있음
초산(硝酸)	10%	+0.29	0.4	없음
	Conc	+14.38	-74.8	조금 있음
유산(硫酸)	30%	+0.10	+1.6	없음
	Conc	-	-	용해
가성소다	10%	-11.1	-	침투
	60%	-7.5	-16.1	침투
암모니아	10%	+0.78	-24.0	없음
	Conc	-13.0	-29.1	침투

▶▶ 표 3-57 유기약품에 대한 시험결과(25℃, 7일간)

약 품	중량변화(%)	인장강도변화(%)	외관변화
초산(醋酸)	+2.41	0	없음
초산에틸	+1.50	−7.6	없음
부탄올	−0.09	+6.1	없음
벤젠	+1.07	+3.8	없음
포르말린	+0.13	+3.8	없음
사염화탄소(四鹽化炭素)	+0.05	+0.7	없음
솔벤트 나프타	+4.0	−5.3	없음
메틸에틸케톤	+0.21	−12.1	없음
메틸셀로솔브 No.145	−0.04	−9.1	없음
메카닉 오일	+0.19	+4.5	없음

▶▶ 표 3-58 FR-PET의 내유성

기간(일)	실온의 가솔린 (kgf/cm^2)			60℃의 가솔린 (kgf/cm^2)			60℃의 모터오일 (kgf/cm^2)		
	인장강도	굽힘강도	곡탄성계수	인장강도	굽힘강도	곡탄성계수	인장강도	굽힘강도	곡탄성계수
0	1,450	2,130	91,000	1,450	2,130	91,000	1,450	2,130	91,000
7	1,430	2,100	106,700	1,380	2,040	97,700	1,410	1,930	92,200
15	1,420	2,140	94,500	1,220	1,970	89,200	1,130	1,860	92,100
30	1,320	2,150	93,500	1,230	1,900	93,000	1,170	1,810	92,500

(8) 전기적 성질

폴리에스테르 필름에서 이미 실증된 것처럼 전기특성이 우수하다. 여러 가지 온도 조건하에서나 고온에서 장시간 사용한 후에도 변화가 적고 안정되어 있다(표 3-59~표 3-60 참조).

▶▶ 표 3-59 온도와 전기특성(저온 금형 열처리품)

항 목	시험법	조 건	온도(℃)		
			20	100	140
유전율 ε	D-150	60Hz	4.26	4.66	4.88
		10^3Hz	4.20	4.50	4.76
		10^6Hz	3.78	4.26	4.53
유전정접 $\tan\delta$	D-150	60Hz	3×10^{-3}	2×10^{-2}	1.5×10^{-2}
		10^3Hz	4.5×10^{-3}	1.5×10^{-2}	1.1×10^{-2}
		10^6Hz	1.6×10^{-2}	2×10^{-2}	2.2×10^{-2}
체적저항률 Ωcm	D-257	DC1,000V	1.5×10^{16}	8×10^{14}	6×10^{12}
표면저항률 Ω	D-257	DC1,000V	5.0×10^{15}		
절연파괴전압 kV/mm(0.05mm)	D-149 단시간법	1,000V/sec	30~35	25~28	
내아크성 (sec)	D-495 12,500V	백금전극	70~120		
상대트래킹지수	IEC전해액 적하법	백금전극	230~260		

▶▶ 표 3-60 장기간 고온처리의 전기특성

항 목	단 위	브랭크	온도(℃)		
			120℃×3hr	160℃×30day	200℃×30day
체적저항률	Ωcm	1.5×10^{16}	1.5×10^{16}	1.4×10^{16}	1.7×10^{16}
유전율(60Hz)		4.41	4.26	4.20	4.27
유전정접(60Hz)		2.3×10^{-3}	3×10	1.9×10^{-3}	1.9×10^{-3}

(9) 원료중의 수분관리

강화-PET는 에스테르형의 수지로 성형 중 특히 작은 수분에서 가수분해를 일으키며 물성은 대폭 저하된다. 성형품의 강도가 불충분한 경우는 거의 대부분이 원료건조와 호퍼의 온도 관리의 불충분에 의한 것이다. 최저 건조조건은 130℃/5.0 hr 또는 150℃/4.0 hr이다.

(10) 금형온도와 물성

강화-PET는 금형온도의 고저에 따라 성형품 표면의 결정 상태가 달라진다. 금형온도의 설정은 두 종류가 있고, 고온(130~150℃) 또는 저온(70℃ 이하, 특히 70~50℃가 가장 적합하다)에서 양호한 성형품을 얻을 수 있다.

고온 금형에서는 사출된 재료 표면과 내면이 천천히 냉각되기 때문에 성형품 전체가 결정화된다. 표면의 광택이 좋고 고온 사용 시에 치수변화가 적은 성형품을 얻을 수 있다.

저온 금형에서는 사출된 재료의 표면이 급격히 냉각되어 결정화되지 않는다. 이 성형품은 80℃ 이하에서 사용할 경우에는 치수변화를 일으키지 않지만, 그 이상의 고온에서 사용할 경우에는 표면의 결정화가 생겨 수축하기도 하고, 하중(荷重)하에서는 변형하는 경우가 있기 때문에 열처리가 필요하다. 열처리 조건은 표 3-61에 나타내지만 열처리하면 표면은 반광택이 된다.

표 3-61 열처리 조건

열처리온도(℃)	시간 (min)
120	60
130	30
140	20
150	15
170	12

위에서 설명한 중간 온도(75~130℃)에서는 표면의 결정이 일어나기도 하고 일어나지 않기도 해서 곰보자국이 되고 이형(離型)도 나쁘게 되어 성형할 수 없게 된다. 성형 중에 이 같은 현상이 발생한 경우는 금형온도가 부분적으로 이 온도 범위에 들어 있으므로 금형온도의 조정이 필요하다.

4) 특성

강화-PET는 다음과 같은 특징을 갖고 있다.

① 열가소성 수지 가운데 최고의 내열성을 갖고 있다.
② 탄성률이 크고 크리프가 작아서 피로강도가 우수하다.
③ 전기특성이 우수해서 온도, 습도의 영향이 적다.
④ 유기용제, 유류에 대한 저항성이 크다.
⑤ 흡수성이 적고, 치수안정성이 우수하다.
⑥ 응력 크랙의 염려가 없다.

⑦ 유리섬유의 배향 방향에 따라 여러 가지로 물성이 변한다.

⑧ 웰드부의 강도가 저하된다.

⑨ 알칼리, 비수(沸水), 수중기하에서는 가수분해에 주의한다.

⑩ 미려한 외관을 목적으로 한 것은 금형온도를 약 130℃로 성형한다. 또 최근에는 결정이 쉽게 되는 그레이드도 있다.

⑪ 금형온도 70℃ 이하에서 성형한 성형품을 고온 하중에서 사용하면 변형되는 것이 있다.

이결정성(易結晶性) 강화 -PET의 Tg는 폴리머의 분자쇄(分子鎖)[17]가 동결상태에서 분자쇄 주위를 움직일 수 있는 온도이다. 즉, 이 온도 영역을 지나면 폴리머쇄가 보다 쉽게 움직이게 되고 고무탄성으로 된다(비결정성 폴리머). 또한 폴리머쇄가 서로 응집되고 보다 안정된 상태 즉, 결정형태로 이행하는 경우도 있다(결정성 폴리머). 일단 결정화하면 열안정성이 비약적으로 향상된다. PET, PBT는 동시에 결정성 폴리머이고 Tg가 22℃인 PBT는 저온에서도 충분히 결정화되지만 Tg가 69℃인 PET는 120℃ 이상으로 되지 않으면 결정화가 되지 않는다. 수지가 내열성인 점에서 Tm(융점, 녹는 온도)은 높고, 결정화 속도인 점에서 Tg(유리전이온도)는 낮은 편이 바람직하지만, Tg와 Tm의 사이에는 경험적인 관계가 있다(그림 3-85 참조). 내열성을 지배하는 Tm을 너무 내리지 않고 Tg를 내리는 데는 2가지 방법이 있다.

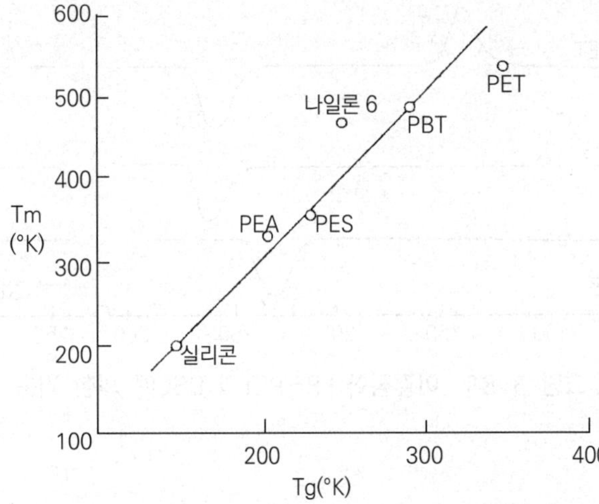

PEA : 폴리에틸렌 아지페트, PES : 폴리에틸렌 세퍼게트

그림 3-85 각종 폴리머의 Tg와 Tm의 관계

17) 분자쇄(分子鎖) : 분자가 길게 이어져 있는 것(동일 종류의 반복되는 단위들이 이어져야 한다).

제 1방법은 폴리머 분자쇄 중에 제 3성분을 공중합하면 코폴리머의 Tm은 제 3성분의 몰%에 따라서 저하하지만, Tg는 제 3성분의 중량 %에 따라서 각각 하강한다. 이 경험의 원칙을 이용해서 제 3성분으로 분자량이 큰 폴리머 내지 올리고머(oligomer)형의 것을 택해서 공중합하고, Tm의 저하를 억제해서 Tg를 비교적 크게 내릴 수 있다.

제 2방법은 폴리머쇄에 친화성이 있는 제 3의 성분을 혼융(混融)시킨 Tg(유리전이온도)를 내리는 방법이다. 이 방법은 폴리머의 분자구조를 바꿀 필요가 없기 때문에 경제적으로 유리하다.

또 결정화시키기 위해서는 결정핵의 존재가 필요하고, 핵제를 적극적으로 넣는다. 핵제로는 여러 종류의 것이 검토되고 있지만, 카본블랙, ZnO, $CaCO_3$, $BaSO_4$, 탈크, 수산칼슘, 스테아린산 마그네슘 등이 우수하다. 또 고융점 PET도 핵제로 된다.

종래에 충분히 결정화된 성형품을 얻기 위해서는 금형온도를 140℃로 올릴 필요가 있었지만, 이결정화(易結晶化) FR-PET®은 낮은 금형온도에서 성형해도 결정화는 진행된다. 그림 3-86에 차동주사열량계(差動走査熱量計, DSC, Differential Scanning Calorimeter)에 의한 거동을 나타낸다.

이 그림 3-86에서 알 수 있듯이 이결정화(易結晶化) 타입은 일반 PET에 비해서 융점(Tm)과 강온시의 결정화 피크(Tdc)는 큰 차이는 인정될 수 없지만, 승온 시의 결정 피크(Tic)는 크게 저온영역에서 결정화가 용이하다는 것을 나타낸다.

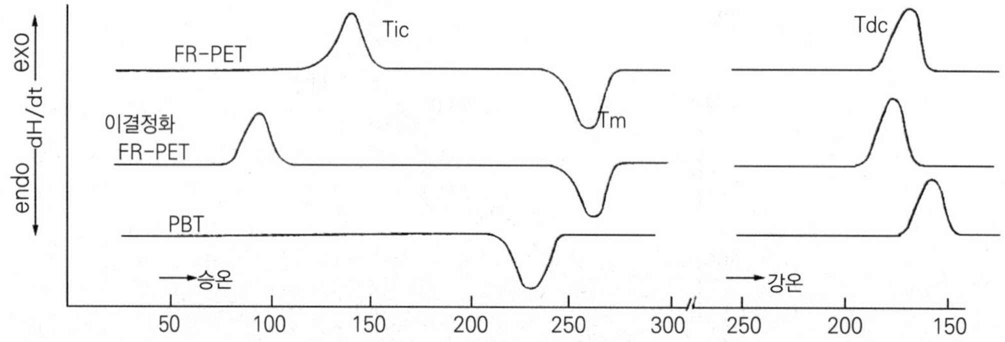

그림 3-86 이결정화 FR-PET의 DSC에 의한 거동

(1) 저휨성 강화-PET에 대해서

유리섬유 강화 플라스틱의 최대 결점은 수축률의 이방성이다. 특히 결정성 플라스틱의 경우 직각방향/유동방향의 수축률비가 3~4가 되어 휨의 원인이 된다. 운모(돌비늘)나 특수 미네랄을 유리섬유와 병용하면 휨을 최소로 할 수 있다. 그림 3-87은 결정화 속도의 비교를 나타낸 것이다.

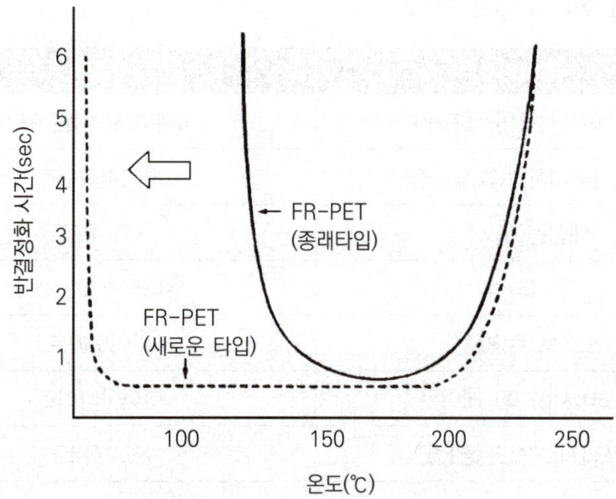

그림 3-87 결정화 속도의 비교

5) 용도

PBT와 같은 전기 · 전자부품에 차지하는 비율이 60%로 많다. 표 3-62에서 용도를 열거한다.

표 3-62 사용 용도

용 도
전자 · 전기부품, 펌프하우징, 기어, 스프라켓, 의자의 팔걸이, 캐스터, 가구부품 램프하우징, 컴프레서 하우징, 자동차프레임, 코일 보빈 하우징, 자동차 트랜스미션부품, 프로펠러, 자동차 스프라켓
바디 외장품, 구조품 하우징, 프레임류, 관개용 부품, 코일류 프레임, 외장부품, 서포트 등 구조부품용
펌프 하우징, 윈드실드 와이퍼 브레이드 서포트, 그 밖의 구조용 부품 자동차 관련 – 바디부품, 스티어링 호일팬, 각종 하우징(전동 공구류, 모터류), 스포츠용품, 자전거부품
전자부품, 커넥터, 코일 보빈류 릴레이, 스위치, 형광등 밸러스트, 터미널 블록, 커넥터, 코일 보빈
중 · 대형 성형품에 알맞다. 모터 하우징, 보빈류, 터미널 블록, 팬

6) 일본 제조사 (메이커)

일본 주요 제조사는 표 3-63과 같다.

▶▶ 표 3-63 일본의 주요 제조사

메이커	상품명
이데미쓰석화(出光石化)	이데미쓰(出光) PET
가네가후치화학(鐘淵化學)	하이퍼라이트
테이진(帝人)	FR-PET
유니티카	유니티카 G-PET
도요보(東洋紡)	바이오페트
미쓰비시(三菱) 레이온	다이아나이트
미쓰비시화성(三菱化成)	NOVAPET
듀폰 일본	라이나이트(Rynite)
클라레	크라페트

그림 3-88은 열가소성 폴리에스테르 수지의 수요 내역을 나타낸 것이다.

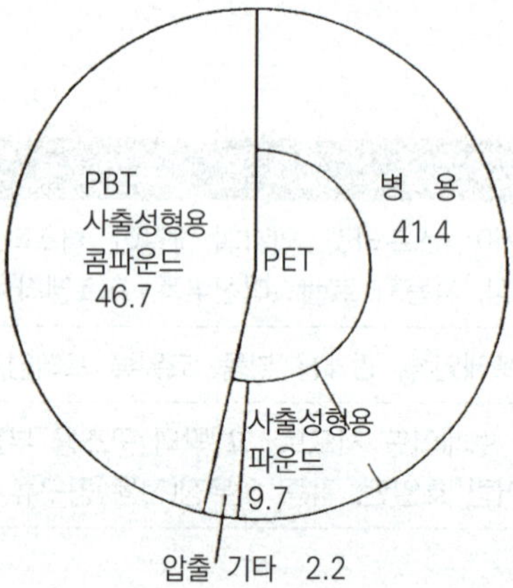

그림 3-88 열가소성 폴리에스테르 수지의 수요 내역

7) 대표적인 판매제품의 물성 자료

표 3-64에 FR-PET의 대표적인 명칭과 물성을 나타낸다.

▶▶ 표 3-64 FR-PET의 그레이드별 물성표

항 목	단 위	시험법 (ASTM)	C3030	B3030	W3030
비중		D-792	1.60	1.60	1.60
인장강도	kgf/cm^2	D-638	1,500~1,700	1,250~1,350	1,200~1,300
인장신율	%	D-638	1.6~1.8	1.4~1.5	1.4~1.5
굽힘강도	kgf/cm^2	D-790	2,200~2,500	1,850~2,000	1,800~1,900
굽힘탄성계수	$10^3 kgf/cm^2$	D-790	95~100	85~95	85~95
충격강도	kgf · cm/cm	D-256	9.0~10.0	5.5~7.0	5.0~6.5
압축강도	kgf/cm^2	D-695	1,500~1,700	1,300~1,400	1,300~1,400
표면경도	M스케일	D-785	95~100	95~100	95~100
열변형온도	℃	D-648	242	235	235
열팽창계수	$10^3 cm/cm \cdot ℃$	D-696	2.5	2.5	2.5
열전도율	$10^{-4} cm/sec\ cm^2/℃$	C-177	2~4	2~4	2~4
비열	cal/℃/g		0.28	0.28	0.28
절연파괴전압	kV/mm	D-149	32	34	34
체적저항률	Ω · cm	D-257	1.5×10^{16}	4.8×10^{16}	5.0×10^{16}
표면저항	Ω	D-257	5.0×10^{15}	6.1×10^{15}	6.0×10^{15}
유전율 60Hz		D-150	4.26	4.33	4.35
10^3Hz		D-150	4.26	4.30	4.33
10^6Hz		D-150	3.98	4.00	3.96
유전정접 60Hz		D-150	0.0027	0.0023	0.0032
10^3Hz		D-150	0.0045	0.0068	0.0070
10^6Hz		D-150	0.0160	0.0208	0.0210
내아크성	sec	D-495	116	73	112
흡수율	%	D-570	0.10	0.10	0.10
내연성		UL-94	HB	HB	HB
테이버(Tabor) 마모량	mg/1,000회		15.6	22.5	
사출성형온도	℃		260~280	260~270	260~270
사출성형압력	kgf/cm^2		800~1,000	600~1,000	600~1,000
성형수축률	%		0.2~1.0	0.2~1.2	0.2~1.2
			고강도 표준	흑 표준	백 표준

C3015	BNN-3030	CNN-3030	BNY-3030	WNY-3030	ANN-3030	BLR6001
1.47	1.65	1.65	1.63	1.63	1.90	1.60
950~1,050	1,200~1,300	1,300~1,400	1,200~1,300	1,150~1,250	850~1,000	800~950
1.4~1.5	1.4~1.5	1.5~1.6	1.4~1.5	1.4~1.5	1.0~1.5	1.3~1.4
1,350~1,450	1,750~1,900	1,900~2,100	1,750~1,850	1,700~1,850	1,300~1,450	1,200~1,300
60~70	85~95	90~100	85~95	85~95	110~125	60~70
3.0~4.0	5.0~6.5	7.5~8.5	5.0~6.5	4.5~6.0	4.5~5.5	2.5~3.5
1,000~1,100	1,300~1,400	1,400~1,500	1,300~1,400	1,300~1,400	1,000~1,100	1,000~1,100
85~95	85~95	90~100	85~95	85~95	90~100	90~95
220	235	235	235	235	240	220
3.5	2.5	2.5	2.5	2.5	2.5	2.6
2~4	2~4	2~4	2~4	2~4	2~4	2~4
0.28	0.28	0.28	0.28	0.28	0.30	0.28
35	32	33	33	34	33	34
4.0×10^{16}	2.0×10^{16}	3.5×10^{16}	2.0×10^{16}	3.5×10^{16}	2.0×10^{16}	4.8×10^{16}
7.0×10^{15}	7.5×10^{15}	5.5×10^{15}	7.5×10^{15}	5.5×10^{15}	5.0×10^{16}	6.0×10^{15}
4.05	4.21	4.15	4.21	4.15	4.10	4.22
4.03	4.19	4.12	4.19	4.12	4.10	4.20
3.90	3.97	3.87	3.97	3.87	3.90	3.98
0.0020	0.0028	0.0036	0.0028	0.0036	0.0039	0.0027
0.0045	0.0055	0.0068	0.0055	0.0068	0.0060	0.0059
0.0160	0.0170	0.0220	0.0170	0.0220	0.0020	0.0190
86	61	60	61	60	181	130
0.10	0.10	0.10	0.10	0.10	0.07	0.10
HB	V-0	V-0	V-II	V-II	V-0	HB
250~270	250~260	250~260	250~260	250~260	250~260	250~270
600~800	600~1,000	600~1,000	600~1,000	600~1,000	600~1,000	600~1,000
0.3~1.2	0.2~1.2	0.2~1.2	0.2~1.2	0.2~1.2	0.1~1.0	0.3~1.2
착색용 표준	흑 난연	고강도 난연	흑 V-II	백 V-II	내아크성	특수

7 PBT(Polybutylene Terephthalate, 폴리부틸렌테레프탈레이트)

1) 분류 및 종류

폴리부틸렌 테레프탈레이트(PBT)는 디메틸 테레프탈레이트 또는 테레프탈산과 1, 4-부탄디올을 중축합시켜 얻어진 폴리머를 기본으로 한 열가소성 엔지니어링 플라스틱으로, 화학식은 다음과 같다.

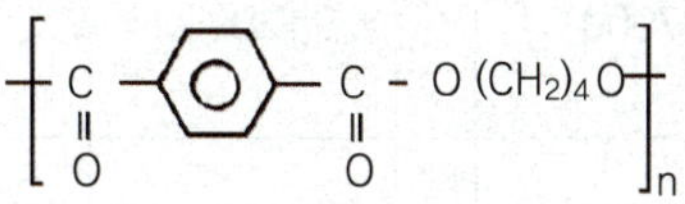

PBT는 그 전기 특성, 내열성, 내구성이 우수하여 전기 · 전자부품, 자동차 전장 분야 등에서 큰 성장세를 보이고 있다.

① 내추럴

보강제, 충전제가 혼입되어 있으므로, 비강화품으로 불리워진다. PET와 달리 성형 시 금형 내에서 용이하게 결정화된다. 성형재료로써 PET에는 비강화 그레이드는 없다.

② 유리섬유 강화

유리섬유 함유율 30%, 15%가 표준으로 되어 있다. 내열, 강도, 강성 모두 우수하다.

③ 난연

난연정도(UL규격)가 다른 것이 비강화이다. 강화된 그레이드가 있다.

2) 제조법

PBT는 테레프탈산 디메틸(DMT : Dimethyl Terephthalate, 디메틸테레프탈레이트)과 1 · 4부탄디올(1 · 4BG)의 에스테르 교환법 또는 테레프탈산(TPA, Terephthalic acid)과 1 · 4BG에 직접 에스테르화법(化法)에 따라 합성된 것이므로 거기에 유리섬유 외에 강화제, 난연제, 그 밖의 성형조제(助劑)를 첨가해서 컴파운딩(compounding, 플라스틱 성형품에 기능과 특성을 부여하기 위하여 2종 이상의 소재를 혼합하는 공정으로 최적의 배합과 공정설계를 통해 이뤄진다)한 것이다.

폴리머의 제조는 PET와 같은 설비로 생산하므로 제조 원가(cost, 코스트)는 1, 4부탄올의 가격 동향에 크게 영향을 받는다.

3) 물성일반

비강화, 유리섬유 강화, 특수 강화 등이 있고 각각 난연도가 다른 각 회사마다의 그레이드가 있다. 하나의 예로서 일본 테이진(帝人)사(社) PBT 수지의 종류와 특징을 표 3-65에 나타낸다.

▶▶ **표 3-65 일본 테이진(帝人) PBT 수지의 종류와 특징**

타 입		그레이드	UL 내열성**	특 징
비강화	일반	C7000	94HB	신도(伸度), 강핍성, 마찰특성, 내마모성, 내약품성
	난연	CN7000* CNN7000	94V-0 94V-0	전기적 특성, 내연성, 마찰특성, 내마모성
유리섬유 강화	일반	C7015 C7030	94HB 94HB	강도, 강성, 내열성, 내약품성
	난연	CN7015* CN7030* CNN7030	94V-0 94V-0 94V-0	내열성, 내연성, 전기적 특성
특수 강화	일반	C7640	94HB	강성, 내약품성, 내열성, 수축방향성 없음(저휨)
	난연	XCN7530*	94V-0	내열성, 비적하(非滴下)내연성, 내아크성
특수	연질	CE730	94HB상당	내형격, 내약품성
	차광 반사	C7000W6	94HB	광학적 고반사(光學的高反射), 내열성, 내약품성

주) * : 고성능 난연타입을 나타냄
** : Yellow Card, File No. E52857 참조

(1) 기계적 성질

① 강도 및 강성

비강화 일반 그레이드는 신도(伸度)가 크며 끈기가 강한 성질(인성, 靭性으로 질긴 성질이다)을 갖고 있고, 특히 노치(notch) 없는 형상의 성형품에서는 충격에 대한 저항이 매우 크게 나타난다.

유리섬유 강화 타입은 엔지니어링 플라스틱(수지)으로 최고 수준의 강도와 강성을 모두 갖추고 있다. 비강화 타입과 비교하면 신도는 작지만, 약간의 변형에 대한 끈기의 세기는 열경화성 수지 등에 비해 큰 특징을 갖고 있다. 유리섬유 강화 타입은 고온에서도 높은 강도와 강성을 유지한다. 그림 3-89, 그림 3-90 및 그림 3-91에 굽힘강도, 굽힘탄성률, 충격강도에 대한 온도 의존성을 각각 나타낸다.

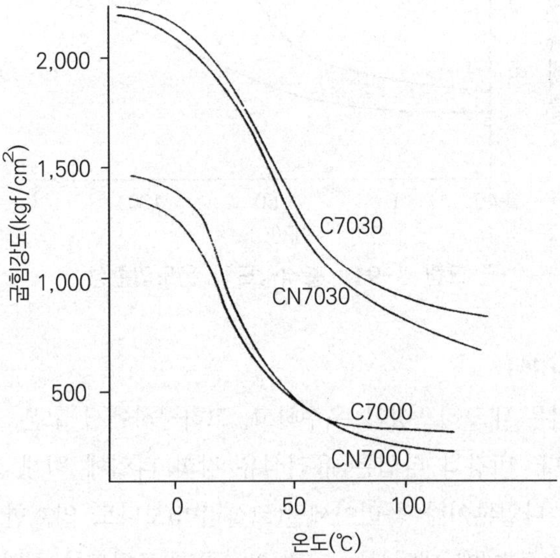

그림 3-89 굽힘강도의 온도의존성

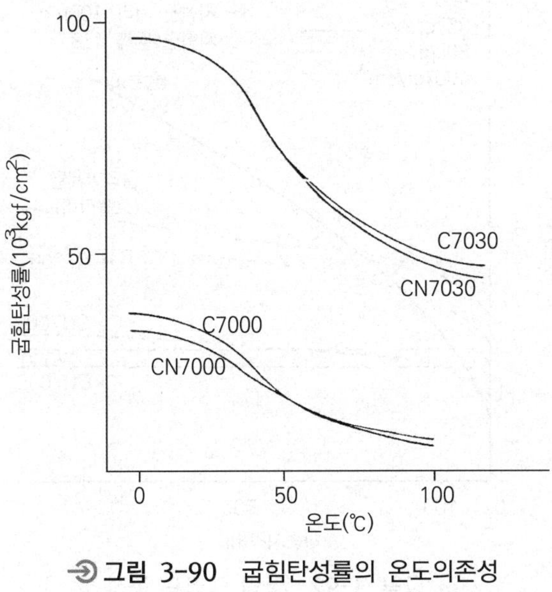

그림 3-90 굽힘탄성률의 온도의존성

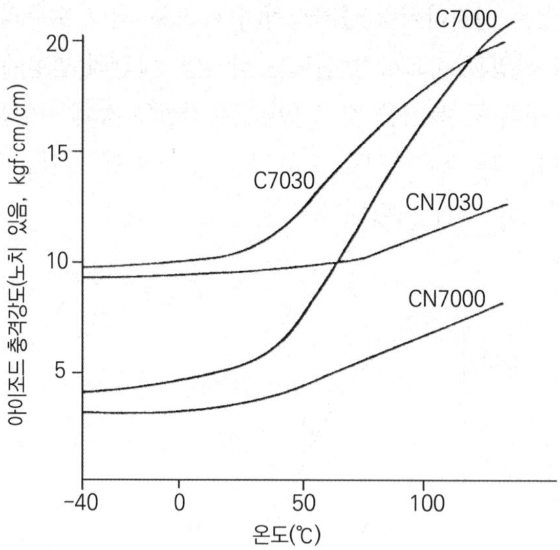

그림 3-91 충격강도의 온도의존성

② **내크리프성(耐creep性)**

유리섬유 강화 타입은 내크리프성이 우수하고, 고하중하에서 고온, 장기 연속에 사용되는 구조재료에 적합하다. 비강화 타입은 유리섬유 강화 타입에 비해 크리프 변형이 크지만, 일정한 온도에서는 나일론이나 폴리아세탈(코폴리머)보다도 양호한 내크리프성을 나타낸다. 내크리프성의 측정 예에 대해서는 그림 3-92를 참조하도록 한다.

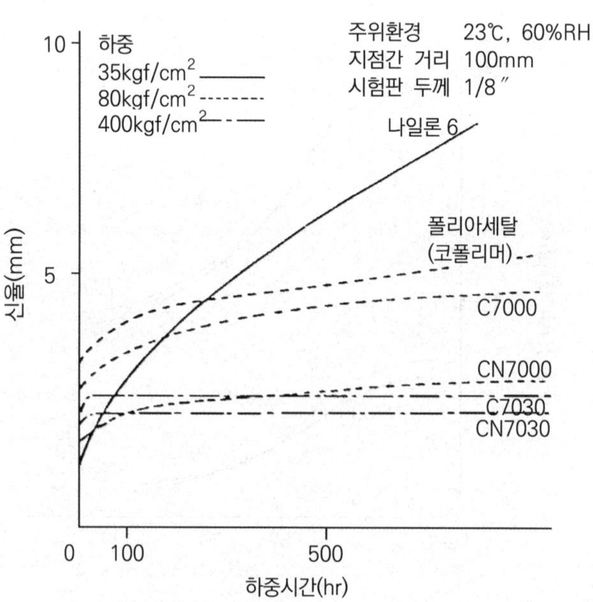

그림 3-92 굽힘 크리프 곡선

③ 내피로성

열가소성 수지 중에서 내피로성이 양호하다고 할 수 있는 폴리아세탈이나 나일론보다 우수한 내피로성을 갖고 있다. 굽힘 피로곡선에 대해서는 그림 3-93을 참조한다.

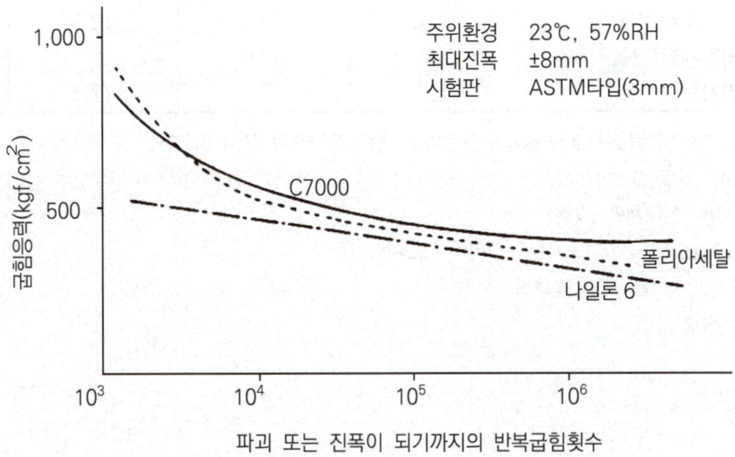

그림 3-93 굽힘 피로곡선

(2) 내마찰·내마모성

PBT 수지는 자체 윤활성이 있고, 마찰계수가 작은 엔지니어링 수지이다. 내마모성이 매우 우수하고, 표 3-66에서 나타낸 것처럼 폴리아세탈이나 나일론과 비교해도 양호하다. 유리섬유 강화 타입도 평활한 표면으로 성형할 수 있으므로 부품으로도 사용할 수 있다.

표 3-66 일본 테이진(帝人) PBT 수지의 마찰계수의 내마모성

타입	수 지	마찰계수		내윤활마모* mg	내균일마모** mg
		대강(對鋼)	대동(對同) 재료		
비강화	테이진 PBT				
	C7030	0.13	0.17	2.0	11
	CN7030	0.13	0.17	2.3	15
	폴리아세탈(코폴리머)	0.15	0.22~0.35	3.5	30
	나일론 6	0.14	0.22	10.1	
	나일론 66	0.15	0.22	11.2	
	폴리카보네이트	0.33	0.27	67	
	변성 PPO	0.30~0.36	0.20~0.33	24	

타입	수 지	마찰계수		내윤활마모* mg	내균일마모** mg
		대강(對鋼)	대동(對同) 재료		
	테이진 PBT				
유리	C7030	0.14	0.16	8.2	25
섬유	CN7030	0.14	0.16	10.7	33
강화	폴리아세탈(코폴리머)	0.35	0.15		54
	폴리카보네이트	0.35		17.4	

주) * : 중공(中空) 형평면간연유형(形平面間連流刑) 윤활마모시험기(동양측기 EFM III형)
하중 10kgf/cm^2, 속도 0.1m/sec
주행거리 1,000m, 상대재료 강(鋼)
** : 결합지립형(結合砥粒形) 균일마모시험기(테이버 마모시험기)
하중 1kgf, 1,000사이클, CS-17호일
※ 측정조건 : 23℃, 65%RH

(3) 열적 성질

유리섬유 강화 타입은 고하중(18.6kgf/cm^2) 하에서 210℃의 열변형 온도를 갖고 있기 때문에 순간적인 내열성에 매우 우수한 엔지니어링 수지라고 할 수 있다. 비강화 타입의 열변형 온도는 하중의존성이 있다. 그림 3-94에 나타낸 것과 같이 저하중 또는 무하중 하에서는 200℃에 가까운 온도에서도 견딘다. 또한 장시간 고온하에 두더라도 기계적 특성을 비롯한 여러 특성의 유지가 뛰어나다.

장기간 연속으로 사용 가능한 상한 온도는 유리강화 타입으로 130~140℃, 비강화 타입으로 120~130℃이다. 그림 3-95에 내열 열화 곡선을 나타낸다. 참고로 주요 엔지니어링 수지의 내열성 비교를 표 3-67에 나타낸다.

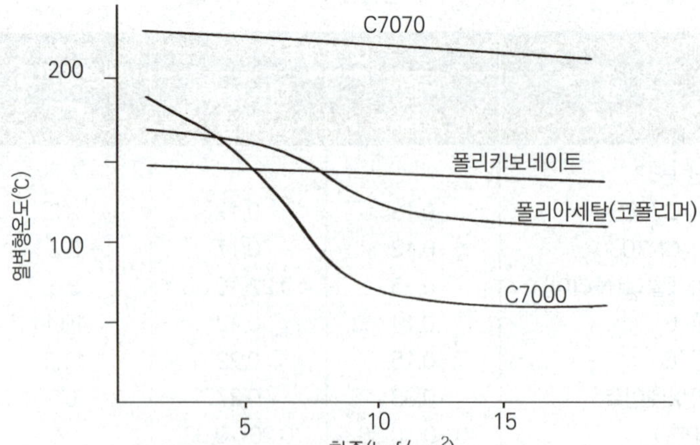

그림 3-94 열변형 온도의 하중 의존성

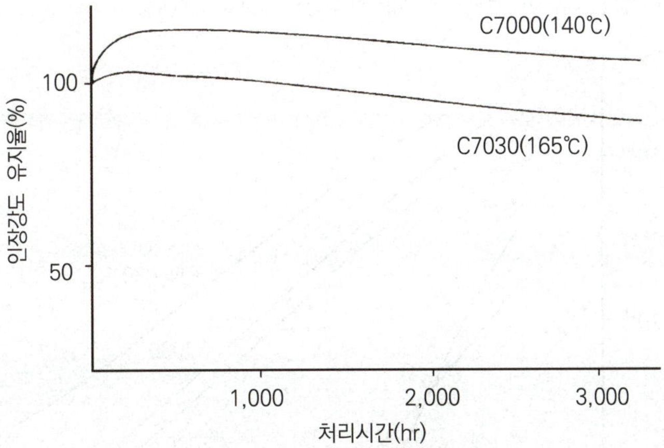

그림 3-95 내열 열화 곡선

표 3-67 주요 엔지니어링 수지의 내열성 비교

수 지	타 입	사용온도의 상한
PBT	비강화	120℃
	유리섬유 강화	135℃
폴리아세탈	비강화	100℃
	유리섬유 강화	120℃
나일론	비강화	90℃
	유리섬유 강화	120℃
폴리카보네이트	비강화	110℃
	유리섬유 강화	120℃
변성 PPO	비강화	75℃
	유리섬유 강화	100℃

(4) 전기적 성질

PBT 수지는 전기 절연성이 우수한 엔지니어링 수지이다. 흡수율이 작기 때문에 성형 후의 경시(經時, 시간의 경과) 흡수에 의한 전기적 성질의 변화가 거의 없다. 그림 3-96에서 밝힌 것처럼 다른 열가소성 수지와 비교하면 넓은 온도 범위에 걸쳐서 우수한 체적고유저항을 나타낸다.

그림 3-97에 나타낸 것처럼 고온 조건하에서 장시간 방치해도 안정된 체적고유저항을 유지한

다. 특수강화 난연 타입은 특히 우수한 내아크성을 갖고 있다.

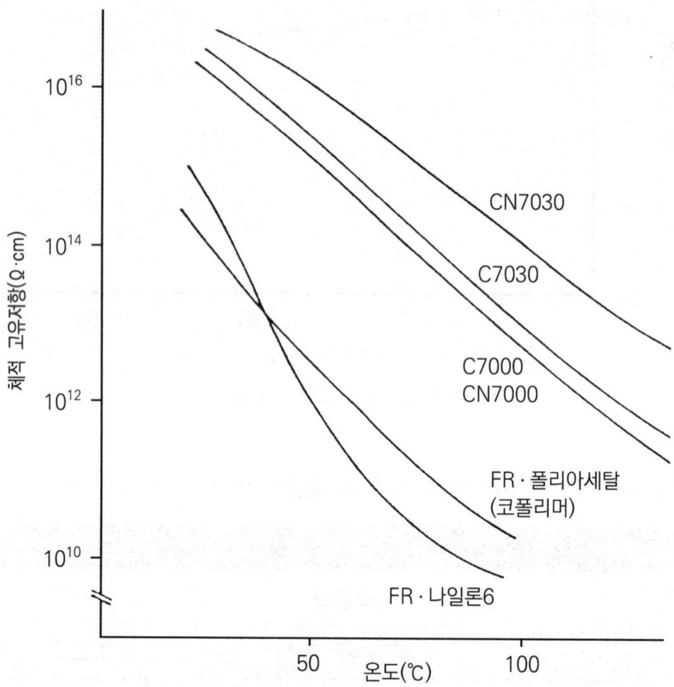

그림 3-96 체적 고유저항의 온도의존성

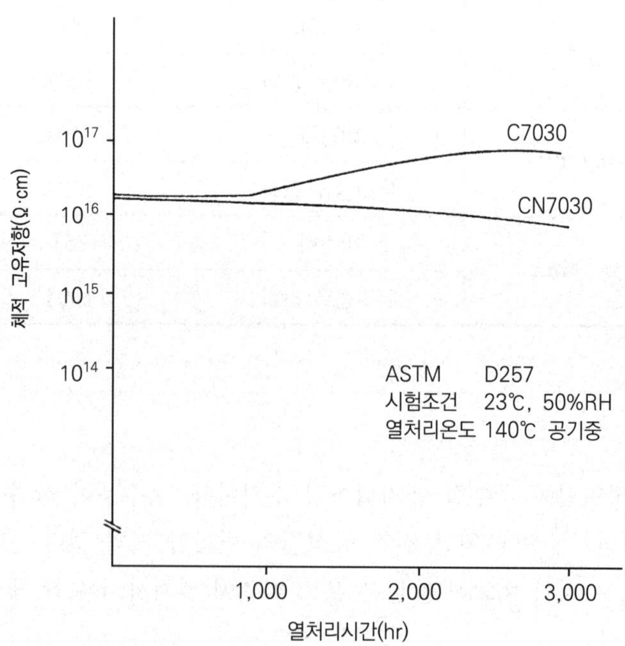

그림 3-97 체적고유저항의 열처리 시간의존성

(5) 내후성(耐候性)

PBT 수지는 양호한 내후성을 갖고 있다. 비강화 타입은 다른 엔지니어링 수지와 같이 강도의 저하보다 신도(伸度)의 저하가 먼저 생기는 경향이 있다. 흑착색품은 내추럴품보다도 내후성이 양호하다. 그림 3-98에 옥외 폭로에 따른 내후성의 측정 예를 나타낸다.

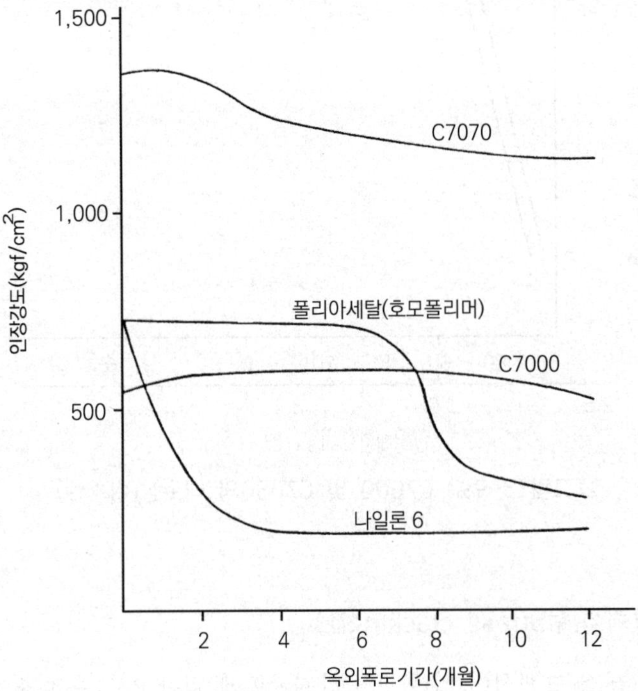

그림 3-98 내후성

(6) 내수성(耐水性)

PBT 수지는 에스테르계의 열가소성 수지 중에서는 내가수분해성이 양호한 편에 속한다. 그러나 열수나 가열 수증기에 장시간 경과시키는 환경하에서는 가수분해에 의해 기계적 특성의 저하가 생기기 때문에 주의할 필요가 있다.

가장 영향을 받기 쉬운 기계적 특성은 충격강도이지만, 그림 3-99에서 나타낸 것처럼 60℃ 이하의 온수(溫水) 중이면 장기간 연속 사용이 가능하다.

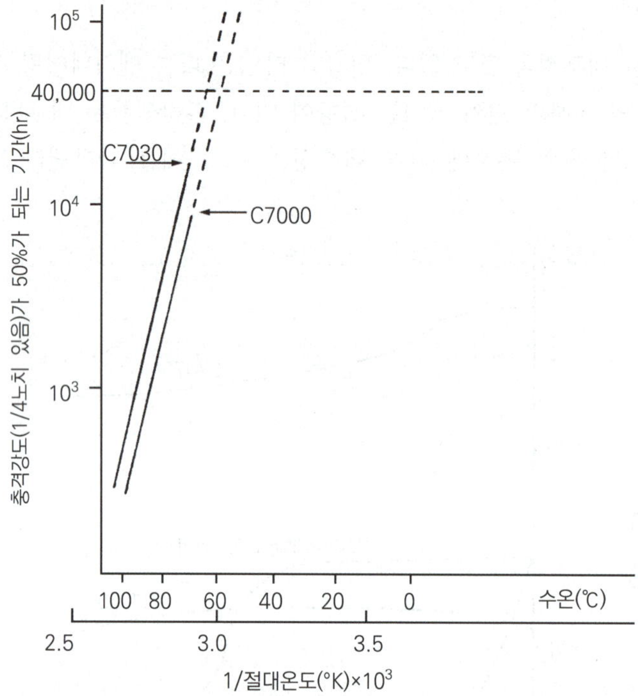

그림 3-99 C7000 및 C7030의 내수성(耐水性)

(7) 내스트레스 크랙성(耐Stress cracking性)

PBT 수지는 내스트레스 크랙성이 있다. 1/4 타원굽힘에 의한 PBT 수지와 폴리아세탈(코폴리머)과의 비교 결과를 표 3-68에 나타낸다. 그림 3-100은 측정방법을 나타낸 것이다.

표 3-68 내스트레스 크랙성 비교시험 결과

테스트 조건		크랙발생까지의 시간과 그때의 응력			
		C7000		폴리아세탈 (코폴리머)	
분위기 (雰囲氣)·환경	온도 (℃)	기간	응력 (kgf/cm^2)	기간	응력 (kgf/cm^2)
공기(空氣)	130	7일 이상	800	10시간	550
비수(沸水)	100	15일 이상	800	2일	800
엔진오일	130	3일 이상	800	20시간	800
가솔린	상온(常溫)	2개월 이상	800	1개월 이상	800
파크렌	120	20일 이상	800	7일	800

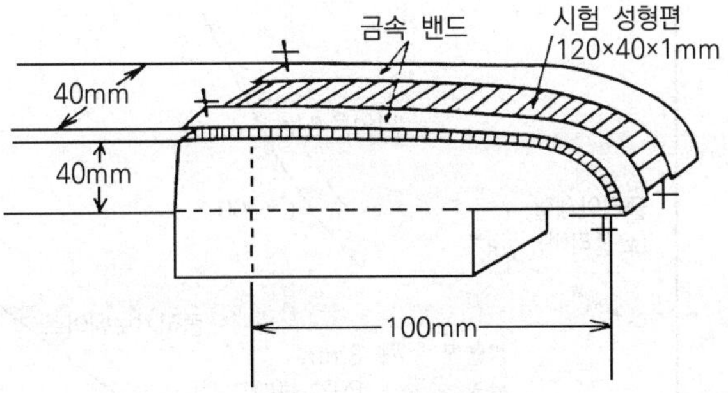

그림 3-100 내스트레스 크랙성의 측정방법

(8) 결정화 특성(結晶化特性)

PBT 수지는 2차 전위온도(二次轉位溫度)가 낮고(30℃ 이하), 결정화 속도가 극히 크기 때문에 사출성형 시에 비교적 저온(30~60℃)의 금형을 사용해도 그 이상 온도의 금형을 사용했을 때와 마찬가지로 결정화가 충분히 진행되므로 안정된 성형품을 얻을 수 있다. 따라서 금형온도를 저온에서 고온까지 광범위하게 선택할 수 있다. 결정화 속도가 빠르기 때문에 성형 시의 냉각시간이 단축되고 하이 사이클화(high cycle化)가 쉬워진다.

(9) 유동성(流動性)

PBT 수지는 다른 엔지니어링 수지에 비해 매우 우수한 유동성(흐름성)을 갖고 있다. 비교적 얇은 성형품이나 복잡한 형상을 가진 성형품의 성형도 용이하게 얻을 수 있다.

각 그레이드별 유동성을 그림 3-101에, 다른 엔지니어링 수지와의 비교를 그림 3-102에 나타낸다.

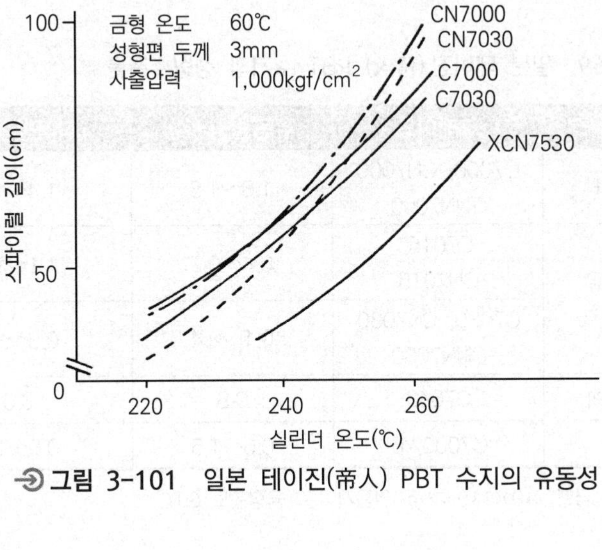

그림 3-101 일본 테이진(帝人) PBT 수지의 유동성

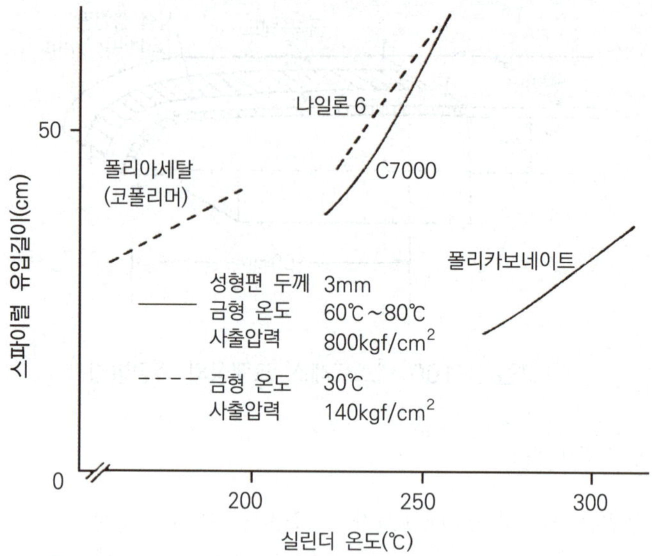

그림 3-102 주요 엔지니어링 수지의 유동성 비교

(10) 성형수축률

PBT 수지는 다른 결정성 수지와 같이 비교적 큰 성형수축을 나타낸다. 유리섬유 강화 타입은 비강화 타입에 비교해서 수축률이 작다. 그러나 수지의 유동(流動) 방향에 유리섬유가 배향(orientation, 配向, 배열에 어느 정도의 규칙성이 있는 것)하므로 성형수축의 이방성이 생긴다. 표 3-69에 일본 테이진(帝人) PBT 수지의 성형 시에 있어서 수지의 유동방향과 직각방향과의 성형수축률을 나타낸다. 무기 필러(filler, 충전제) 충전타입에서는 이 수축의 이방성 문제를 거의 해결하고 있다.

표 3-69 일본 테이진(帝人) PBT 수지의 성형수축률

타 입	그레이드	유동방향 (%)	직각방향 (%)
비강화	C7000, CN7000 CNN7000	1.3~1.8	1.4~1.8
유리섬유 강화	C7015, CN7015	0.4~0.7	1.1~1.6
	C7030, CN7030 CNN7030	0.1~0.4	0.8~1.3
특수강화	C7640	0.9	0.9
특 수	C7000W6	0.6~1.5	0.6~1.5

※(성형조건) 금형 110×110×2m, 필름게이트, 금형온도 60℃

성형수축률은 사출성형에 있어서 성형품의 두께나 금형온도 등의 조건에 의해서 변동한다. 그림 3-103 및 그림 3-104에 측정 예를 나타낸다. 사출압력에 의한 변동은 거의 무시할 수 있다.

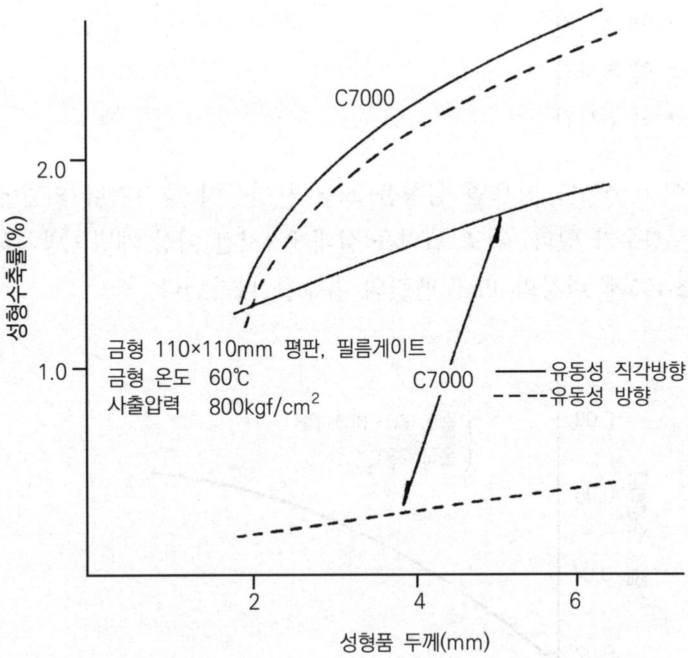

그림 3-103 성형수축률의 성형품 두께 의존성

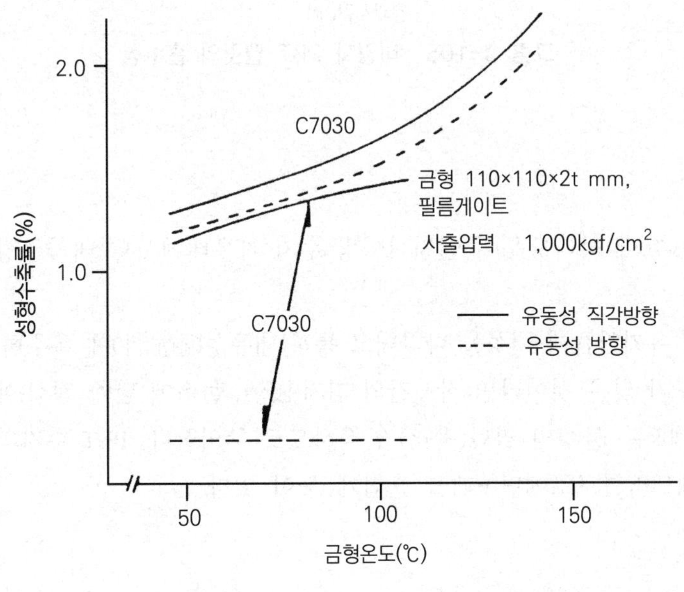

그림 3-104 금형온도 의존성

(11) 원료수지의 수분관리

사출성형에 있어서 원료수지 중의 수분은 물성저하의 원인이 되므로 사용 전에 반드시 건조시킬 필요가 있다. 열풍송풍하에서 최저 다음과 같은 조건에서 처리한다.

140℃의 경우 → 약 3시간

120℃의 경우 → 약 5시간

110℃의 경우 → 약 6시간

펠릿 중의 수분이 0.05%를 넘으면 성형품 표면의 이상이 생기거나 외관에 변화는 없어도 물성저하가 생기는 경우가 있다. 건조 펠릿을 실내에 1시간 이상 개방·방치하는 것은 피하는 것이 좋다. 그림 3-105에 비강화 PBT 펠릿의 흡수를 나타낸다.

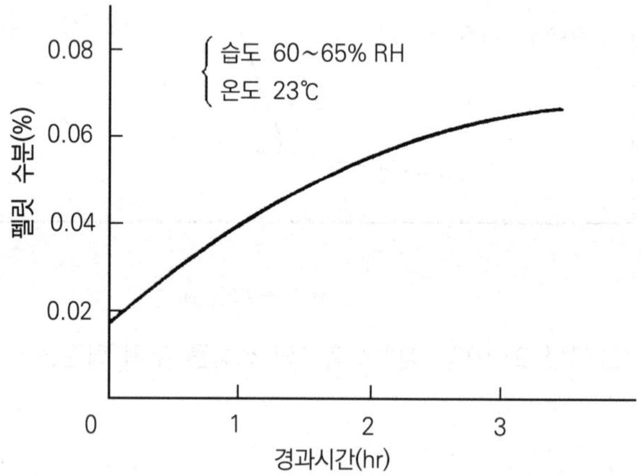

그림 3-105 비강화 PBT 펠릿의 흡수성

(12) 내약품성

PBT 수지는 표 3-70에 나타냈듯이 엔지니어링 수지 가운데에서도 내약품성이 가장 우수한 부류에 속한다.

실온에서는 거의 유기약품에 내성을 나타내고 특히 내유성(耐油性)에 우수하다. 산이나 알칼리에 대해서는 농도가 낮은 것이라면 장시간의 침지(浸漬, 물속에 담가 적심)에 견디지만 강산이나 강알칼리 속에서는 물성의 열화(劣化)가 심하므로 주의한다. PBT 수지의 용제에는 올소클로로페놀이나 테트라클로로에탄-페놀 혼합계 등이 있다.

▶▶ 표 3-70 일본 테이진(帝人) PBT 수지 및 다른 주요 엔지니어링 수지의 내약품성 비교

약 품	PBT C7000					PBT C7030					폴리아세탈 (코폴리머)					폴리카보네이트					변성 PPO				
	A	B	C	D	T	A	B	C	D	T	A	B	C	D	T	A	B	C	D	T	A	B	C	D	T
물	○	○	○	○	◎	○	○	○	○	◎	○	○	○	○	◎	○	○	○	○	◎	○	○	○	○	◎
5% 초산	○	○	○	○	◎	○	○	○	○	◎	○	○	○	△	○	○	○	○	○	◎	○	○	○	△	○
30% 유산	○	○	○	○	◎	○	○	○	○	◎	○	○	○	○	◎	○	○	○	○	◎	○	○	○	○	◎
10% 초산(硝酸)	○	○	○	○	◎	○	○	○	○	◎	○	○	○	△	○	○	○	○	○	◎	○	○	○	△	○
10% 염산	○	○	○	○	◎	○	○	○	○	◎	○	○	○	○	◎	○	○	○	○	◎	○	○	○	○	◎
10% 가성소다	○	○	○	○	◎	△	△	×	×	×	○	○	○	○	◎	△	×	×	△	×	○	○	○	○	◎
10% 암모니아	○	○	○	○	◎	○	○	○	○	◎	○	○	○	○	◎	×	×	×	×	×	○	○	○	○	◎
10% 식염수	○	○	○	○	◎	○	○	○	○	◎	○	○	△	△	○	○	○	○	○	◎	○	○	○	△	○
메탄올	○	○	○	○	◎	○	○	○	○	◎	○	○	○	△	○	△	△	△	○	△	○	○	○	△	○
에탄올	○	○	○	○	◎	○	○	○	○	◎	○	○	△	○	○	○	○	○	○	◎	○	○	△	○	○
아세톤	○	○	○	○	◎	○	○	○	○	◎	△	○	△	○	○	×	×	×	×	×	×	×	×	×	×
초산에틸	○	○	○	○	◎	○	○	○	○	◎	○	○	△	○	○	×	△	×	×	×	×	△	×	×	×
메틸렌클로라이드	△	△	△	△	△	○	△	△	△	△	×	△	×	○	×	×	×	×	×	×	×	×	×	×	×
4염화탄소	○	○	○	○	◎	○	○	○	○	◎	○	○	○	△	○	△	△	○	△	△	×	×	×	×	×
헵탄	○	○	○	○	◎	○	○	○	○	◎	○	○	○	△	○	○	○	○	○	◎	○	○	○	○	◎
5% 페놀	○	○	○	○	◎	○	○	○	○	◎	△	○	○	○	○	○	○	○	○	◎	○	○	○	○	◎
가솔린	○	○	○	○	◎	○	○	○	○	◎	○	○	○	○	◎	○	△	○	○	○	×	×	×	×	×
톨루엔	○	○	○	○	◎	○	○	○	○	◎	○	○	○	○	◎	×	×	×	×	×	×	×	×	×	×
시너	○	○	○	○	◎	○	○	○	○	◎	○	○	○	○	◎	×	×	×	×	×	×	×	×	×	×
페스트	○	○	○	○	◎											○	○	○	○	◎					
플로어오일	○	○	○	○	◎											○	○	○	○	◎					
등유	○	○	○	○	◎	○	○	○	○	◎	○	○	○	○	◎	○	○	○	○	◎					
엔진오일	○	○	○	○	◎	○	○	○	○	◎	○	○	○	○	◎										
그리스	○	○	○	○	◎	○	○	○	○	◎	○	○	○	○	◎										
종합평가					◎					◎					○					×					△

주)

평가 \ 항목	A	B	C	D	T
	치수변화	중량변화	인장강도 유지율	외관	평가
○	±0.2% 이내	±2% 이내	90% 이상	변화없음	
△	±0.2~±1.0%	±2~±10%	60~90%	변형, 크랙, 팽윤(경이)	
×	±1.0% 이상	±10% 이상	60% 이하	변형, 크랙, 팽윤, 용해	

※ 시험조건 : 20℃, 7일간 침적(沈積, 물속에 가라앉아 쌓임)

4) 특징

PBT 수지는 기계적 특성, 내열성, 내연성, 내약품성, 전기적 특성, 성형성, 치수안정성이 우수하고 나일론, 폴리아세탈, 폴리카보네이트, 변성 PPO 등과 비교해서 결점이 적고 가격이 약간 비싸며 강산, 강알칼리에 약한 정도이다. 다른 엔지니어링 플라스틱(엔플라, ENPLA)과의 비교를 표 3-71에 나타낸다.

▶▶ 표 3-71 일본 테이진(帝人) PBT 수지와 다른 엔지니어링 수지와의 성능비교

항 목	단 위	시험법 (ASTM)	테이진(帝人) PBT 수지		폴리아세탈 (코폴리머)	
			C7000	C7030	비강화	유리섬유 강화
유리섬유함유율	%		0	30	0	25
비중	–	D792	1.31	152	1.41	1.61
흡수유 24hr 수중	%	D570	0.09	0.06	0.22	0.29
성형수축률	%		1.1~2.2	0.1~1.3	2	0.4~1.8
인장강도	kgf/cm^2	D638	540	1,350	620	1,300
인장파단신도	%	D638	360	4	60	3
굽힘강도	kgf/cm^2	D790	850	1,900	910	1,970
굽힘탄성률	$10^3kgf/cm^2$	D790	24	90	26	77
충격강도 노치있음	kgf · cm/cm	D256	5.2	10.4	6.5	8.6
압축강도	kgf/cm^2	D695	800	1,250	1,100	1,200
표면강도(로크웰)	–	D785	M80	M96	M80	M79
마찰계수[대강(對鋼)]	–	D1894	0.13	0.14	0.15	0.35
[대동재질(對同材質)]	–	D1894	0.17	0.16	0.22~0.35	0.15
테이버 마모 CS-17, 1,000g	mg/1,000회	D1044	11	25	14	–
융점	℃		225	225	165	165
열변형온도 4.6kgf/cm	℃	D648	155	220	160	165
18.6kgf/cm	℃	D648	58	210	110	163
선팽창계수	10^{-5}cm/cm/℃	D696	8	3	8.5	4~8
내열성		D635	서연(徐燃)	서연(徐燃)	서연(徐燃)	서연(徐燃)
체적고유저항	Ω · cm	D257	$>10^{16}$	$>10^{16}$	10^{14}	10^{14}
절연파괴강도 1'8"t	kV/mm	D149	19	20	20	23
유전율 10^6Hz	–	D150	3.2	3.2	3.9	–
유전정압 10^6Hz	–	D150	0.02	0.02	0.007	–
내아크성	sec	D495	130	140	129	136

주) ( ) 안은 대기 중 평균 수분 시의 수치

출처 : 카탈로그 데이터

나일론 6		나일론 66		폴리카보네이트		변성 PPO	
비강화	유리섬유 강화	비강화	유리섬유 강화	비강화	유리섬유 강화	비강화	유리섬유 강화
0	30	0	30	0	30	0	30
1.14	1.40	1.14	1.39	1.20	1.40	1.06	1.27
1.5	1.2	1.5	1.0	0.24	0.24	0.07	0.06
0.8~2.2	0.4~1.5	0.8~1.5	0.5	0.5~0.7	0.05~0.3	0.5~0.7	0.1~0.3
740(300)	1,900(1,000)	780(530)	1,700(1,000)	600	1,320	670	1,200
200(300)	5.8(4.5)	60(200)	3(5)	100	4.8	20~30	4~6
1,250(385)	2,550(1,300)	1,300(650)	2,600(1,250)	950	1,690	950	1,400
28(10)	75(39)	29(12)	80(40)	23	70	25	77
8(56)	8.4(14.4)	4(14)	7(9)	10~13	11	–	–
840(450)	1,280(660)	910	–	780	–	1,150	–
R114(450)	R120(R112)	R118(100)	R120(113)	M75	M93	M78	M93
0.14	–	0.15	–	0.33	0.35	0.30~0.36	–
0.22	–	0.22	–	0.27	–	0.20~0.33	–
–	–	20	–	13	30	20	35
225	225	225	255	–	–	–	–
150	210	182	252	141	155	138	159
56	195	60	248	132	147	130	150
8	2~3	10	1.5~2.0	7.0	2.7	5.9	2.5
자소성(自消性)	자소성(自消性)	자소성(自消性)	자소성(自消性)	자소성(自消性)	자소성(自消性)	자소성(自消性)	자소성(自消性)
7×10^{14}	2×10^{14}	4.5×10^{13}	5.5×10^{15}	1.2×10^{16}	7.7×10^{16}	10^{17}	10^{17}
17	20	15	–	16	18	22	22
3.4	–	3.6	–	2.9	3.5	2.6	2.9
0.04	–	0.03	–	0.007	0.008	0.0009	0.0015
–	92~148	130~140	148	10~120	5~120	75	120

5) 용도

① 전기 · 전자기기 관련 : 커넥터, 스위치부품, 소켓류, 플러그, 모터부품, 반도체부품, 보빈류, 튜너부품, 릴레이, 트리머 포텐셔미터, 퓨즈 케이스, 스테레오부품, 타이밍 기어 등
② 수송기기 관련 : 스위치류, 모터부품, 이그니션 시스템 부품, 디스트리뷰터 시스템 부품, 카뷰레터(carburetor) 밸브류, 소켓류 등
③ 기계기구 관련 : 카메라부품, 시계부품, 재봉틀부품, 사무기부품, 전동공구부품, 기어, 캡, 샤프트, 밸브류 등
④ 일반공업 관련 : 가스기구부품, 압력기구부품, 스포츠용품, 화장품부품, 수기구(水器具)부품, 경보기부품 등

6) 일본 제조사(메이커)

일본 주요 제조회사는 표 3-72와 같다.

▶▶ 표 3-72 일본 주요 제조회사

제조사(maker)	상품명
엔지니어링 플라스틱	바록스(Valox)
쿠라레	쿠라레 MRT(PBT)
다이니혼(大日本)잉크	프라낙(Planac), 다이콤프(Dicomp)
테이진(帝人)	테이진 PBT 수지
도요보(東洋紡)	타프페트(Tufpet) PBT
도레이(東レ)	도레이 PBT 수지
나가세산업(長瀨産業)	테나이트
폴리플라스틱	듀라넥스(Duranex)
미쓰이석화(三正石化)	FR-PMT
미쓰비시화성(三菱化成)	노바두르(Novadur)

7) 일본 사용 추세

비강화 그레이드, 강화 그레이드. 난연등급으로 나뉜다.

현재 자동차 분야에서 수요가 크게 증가하고 있다. 특히 전기자동차용 커넥터에 주로 사용된다.

용도별 구성은 일본 수요를 대상으로 전기 · 전자가 62%, 자동차 30%, 기계 · 잡화 · 기타를 8%로 추정할 수 있다.

8) 대표적인 판매제품의 물성 데이터

표 3-73에 〈테이진 PBT 수지〉의 그레이드별 제반특성을 나타낸다.

▶▶ **표 3-73 일본 테이진(帝人) PBT 수지의 그레이드별 특성**

항 목		단 위	시험법 (ASTM)	비강화		
				일반	난연	
				C7000	CN7000	CNN7000
비중		–	D792	1.31	1.42	1.45
흡수율	23℃, 수중 24hr	%	D570	0.09	0.08	0.08
성형수축률		%		1.1~2.2	1.1~2.2	1.1~2.2
인장강도		kgf/cm^2	D638	540	620	650
인장파단신도		%	D638	360	50	20
굽힘강도		kgf/cm^2	D790	850	980	950
굽힘탄성률		kgf/cm^2	D790	24,000	27,000	29,000
충격강도	노치있음(1/4")	kgf · cm/cm	D256	5.2	3.5	3.2
	노치있음(1/8")	kgf · cm/cm	D256	6.0	3.5	3.2
	노치없음(1/4")	kgf · cm/cm	D256	NB	50	60
	노치없음(1/8")	kgf · cm/cm	D256	NB	55	70
압축강도		kgf/cm^2	D695	800	900	850
표면경도	로크웰	–	D785	M80	M85	M85
마찰계수	대강(對鋼)	–	D1894	0.13	0.13	0.13
	대동(對同) 재질	–	D1894	0.17	0.17	0.17
테이버마모	CS-17, 1,000g	mg/1,000회	D1044	11	15	16
융점		℃		225	225	225
열변형온도	4.6kgf/cm^2	℃	D648	155	160	160
	18.6kgf/cm^2	℃	D648	58	60	60
선팽창계수		10^{-5}cm/cm/℃	D696	8	7	7
내연성		–	UL94	94HB	94V-0	94V-0
체적고유저항		Ω · cm	D257	$>10^{16}$	$>10^{16}$	$>10^{16}$
절연파괴강도	단시간법, 1mmt	kV/mm	D149	31	27	27
유전성	60Hz	–	D150	3.3	3.2	3.2
	10^3Hz	–	D150	3.3	3.2	3.2
	10^6Hz	–	D150	3.2	3.1	3.1
유전정접	60Hz	–	D150	0.001	0.001	0.001
	10^3Hz	–	D150	0.001	0.001	0.001
	10^6Hz	–	D150	0.020	0.015	0.015
내아크성	백금전극 (白金電極)	sec	D495	130	120	120

유리섬유 강화					특수 강화		특 수	
일반		난연			일반	난연	연질	서광
C7015	C7030	CN7015	CN7030	CNN7030	C7640	XCN7530	CE7300	C7000W6
1.41	1.52	1.50	1.62	1.73	1.56	1.79	1.22	1.60
0.08	0.06	0.06	0.06	0.06	0.06	0.03	0.09	0.06
0.4~1.6	0.1~1.3	0.4~1.6	0.1~1.3	0.1~1.3	0.90	0.3~1.3	1.0~2.0	1.2
980	1,350	900	1,250	1,300	600	1,100	480	570
6	4	5	5	4	6	4	135	4
1,550	1,900	1,300	1,850	2,050	970	1,650	630	930
52,000	90,000	54,000	90,000	100,000	52,000	100,000	15,000	35,000
5.1	10.4	5.4	9.5	10.0	5.8	8.0	14	4.8
5.2	9.4	5.3	8.5	8.5	5.5	7.5	18	4.8
43	68	32	71	85	54	55	NB	4.5
53	83	34	68	90	70	48	NB	4.5
1,050	1,250	1,020	1,200	1,300	100	1,200	–	800
M92	M96	M93	M96	M96	M95	M95	–	M89
0.14	0.14	0.14	0.14	0.14	0.14	0.18	0.13	0.16
0.16	0.16	0.16	0.16	0.16	0.16	0.27	0.17	0.22
21	25	23	33	30	30	47	16	50
225	225	225	225	225	225	225	225	225
210	220	220	215	220	200	220	125	180
195	210	200	210	210	115	210	55	78
5	3	5	3	3	5	2	8	6
94HB	94HB	94V-0	94V-0	94V-0	94HB	94V-0	95HB(상당)	94HB
$>10^{16}$	$>10^{16}$	$>10^{16}$	$>10^{16}$	$>10^{16}$	$>10^{16}$	$>10^{16}$	$>10^{16}$	$>10^{16}$
32	32	27	30	30	30	26	30	30
3.5	3.7	3.6	3.8	4.1	4.3	4.6	3.3	4.0
3.5	3.7	3.6	3.8	4.1	4.3	4.6	3.3	4.0
3.2	3.2	3.5	3.6	4.0	4.2	4.5	3.2	4.0
0.001	0.002	0.001	0.001	0.001	0.005	0.007	0.001	0.004
0.001	0.002	0.002	0.002	0.002	0.012	0.012	0.001	0.012
0.020	0.020	0.012	0.012	0.012	0.020	0.020	0.020	0.020
130	140	130	130	130	180	180	130	150

8 스티렌계 수지-범용 플라스틱

1) 분류 및 종류

폴리스티렌(PS, Polystyrene)은 투명성, 성형성이 우수한 범용 플라스틱이지만, 깨지기 쉬운 결점이 있다. 내충격성 폴리스티렌(HIPS, High impact polystyrene)은 PS의 깨지기 쉬운 것을 개선하기 위해 합성고무[SBR(Styrene Butadiene Rubber, 스티렌부타디엔고무), BR(Butadiene Rubber)]를 배합한 그레이드이다. PS의 특징인 투명성을 잃지 않고 PS의 인장강도, 내열성의 저하를 막기 위해 개발된 것이 AS 수지(Styrene과 Acrylonitrile의 공중합체로 SAN이라고도 한다)이다. AS 수지의 특징은 인장탄성이 큰 것이다. 그 후에 개발된 ABS 수지는 AS, BR, PS의 세 성분으로 된 내충격성 플라스틱의 총칭이다. ABS 수지는 이들의 세 가지 성분에 의한 공중합체가 아니고 AS 수지에 BR, SBR, NBR(니트릴 고무, Nitrile-Butadiene Rubber) 등의 합성고무 성분이 미세분산(微細分散)하고 있는 이상계(二相系)의 구조이고 합성고무 강화 AS 수지이다.

AS 수지는 스티렌과 아크릴로니트릴의 공중합체로 PS를 그레이드 업(grade-up)한 것이고 HIPS는 합성고무와 PS의 그래프트 공중합체(graft copolymer)로, PS를 그레이드 업한 것이다. AS 수지의 성능을 개선한 것이 ABS 수지이다. 그러나 일반 ABS 수지에 사용되고 있는 합성고무, 부타디엔은 내후열화(耐候劣化)가 심하기 때문에 아크릴고무를 사용한 AAS 수지, 에틸렌프로필렌 폴리머를 사용한 AES 수지, 난연성을 부여하기 위해 염소화 폴리에틸렌을 사용한 ACS 수지 등이 판매되고 있다. 자동차, OA기기, 전자관련 제품의 발전과 성장에 이바지하였으며 스티렌계 수지의 고기능화의 요구가 계속 높아지고 있다. 그것의 중심이 되는 것은 내열성의 향상, 내후성의 향상, 난연화이다.

(1) 내열 ABS

스티렌 성분의 일부를 α-메틸스티렌에 대신한 것으로 스티렌의 대부분을 α-메틸스티렌으로 바꿔놓은 것에 의해 보통의 ABS 수지와 비교해서 10~25℃의 내열 상승을 꾀할 수 있다.

(2) 스티렌 말레이미드계 코폴리머

이 코폴리머는 스티렌 아크릴로니트릴 코폴리머(AS)보다 유리전이온도가 약 50℃ 높다. 미쓰비시(三菱)몬산토화성(주)은 초내열성을 가진 스티렌 말레이미드계 코폴리머의 개발, 공업화에 세계에서 처음으로 성공하여 1985년부터 판매를 시작했다. 상품명 〈수퍼렉스-M〉은 코폴리머와 부타디엔계 내충격성 부여제(impact modifien) 폴리 얼로이(alloy)이다. 히타치화성공업(日立化成工業)(주)은 주쇄(主鎖) 중에서 이미드기를 도입한 공중합체와 AAS 수지를 조합한 〈바이터드〉를 판매하고 있다.

(3) 스티렌-무수(無水) 말레인산 코폴리머

〈다이락〉은 미국의 아코 케미칼(Arco chemical)사(社)에 의해서 개발된 스티렌-무수 말레인산 공중합수지이다. 1976년경부터 본격적으로 시장에 소개된 이래 미국 GM사를 중심으로 자동차 내장용 성형원료로서 사용되면서 각 방면으로 급속도로 보급되고 있다. 다이락은 그 제조기술의 도입을 결정한 세키수이화성품공업(積水化成品工業)주(株)가 국산화에 앞서 아코 케미칼에서 수입판매하고 있다.

스티렌-무수 말레인산 코폴리머(SMA, Styrene Maleic Anhydride)는 무수 말레인산 함유량에 비례해서 내열성이 높아진다. 예를 들면 무수 말레인산 함유량 30%의 SMA는 폴리스티렌보다 50～60℃ 내열성이 높다. 그러나 SMA는 무수 말레인산 함유량이 높아지는 만큼 성형 시의 열분해가 일어나기 쉽게 된다는 결함을 갖고 있기 때문에 무수 말레인산 함유량 20%를 초과하는 성형재료인 SMA는 일본에서는 판매되고 있지 않다.

(4) 폴리 파라메틸스티렌

모빌 케미칼(Mobil chemical)사가 제오라이트계 촉매기술에 의해 개발한 모노머(Mobil PMS)를 중합해서 얻어진다. 모노머는 스티렌 동족체(同族體)[18]로 스티렌 모노머와 동일하게 취급할 수 있으며 공중합(共重合)으로 변성이 가능하다. 폴리머의 유리전이점은 높고 일반용(GP) 그레이드에서 약 10℃, 내충격성 그레이드로 약 5℃, ABS와 AS에서 약 3～4℃ 내열성이 향상된다.

2) 제조법

(1) 스티렌 말레이미드계 코폴리머

① 스티렌과 말레이미드의 공중합

스티렌과 말레이미드의 공중합 반응에서는 몰(mol)비율 1대 1의 교호 공중합체가 생기기 쉽기 때문에 임의의 말레이미드 함유량의 코폴리머를 만들 때는 모노머 조성비를 엄밀히 조절하면서 공중합을 할 필요가 있다. 이 공중합은 괴상중합(塊狀重合)[19], 현탁중합(懸濁重合)[20], 유화중합(乳化重合)[21], 용액중합(溶液重合)[22] 등의 방법으로 할 수가 있다.

---

18) 동족체(同族體) : 주기율표에서 동족의 열에 속하는 개개의 화합물
19) 괴상중합(塊狀重合) : 용제가 없는 상태에서 단위체만을 중합시키는 방법(벌크중합이라고도 한다.)
20) 현탁중합(懸濁重合) : 단위체를 거의 녹지 않는 매체(주로 물) 속에 분산시킨 다음 안정제를 가하여 매체에 녹기 어렵고 단위체에 잘 녹는 중합개시제를 써서 중합시키는 것. 중합체는 구슬모양의 입자로 얻어진다(입자모양중합, 펄중합이라고도 한다).
21) 유화중합(乳化重合) : 유용성 단량체를 계면활성제에 의해 수중에서 유화시켜 수용성 개시제를 사용하여 중합시키는 방법
22) 용액중합(溶液重合) : 단위체를 용제에 용해시켜 용액상태에서 중합하게 하는 방법

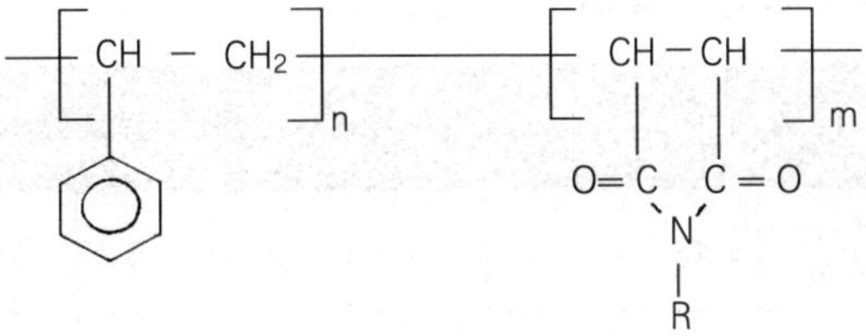

② **스티렌과 무수 말레인산의 공중합체의 이미드화**

이 경우에도 교호공중합체가 생기기 쉬우므로 임의의 무수 말레인산 함유량(단, 50% 몰 % 이하)의 SMA(스티렌-무수 말레인산 공중합체)를 얻기 위해서는 중합중의 모노머 조성비의 엄밀한 조절이 필요하다. 더욱 물이 존재하는 계통에서는 무수 말레인산은 말레인산에 가수분해하고 공중합에 관여하지 않으므로 현탁중합이나 유화중합으로 SMA를 제조하는 일은 불가능하다. 따라서 SMA는 괴상중합법으로 제조하는 것이 일반적이다. 특수한 현탁중합법으로서 스티렌과 무수 말레인산과 알코올에서 스티렌 말레인산 모노에스테르 코폴리머의 비드를 만들어 비드의 펠릿화 공정으로 말레인산 모노에스테르기의 탈(脫)알코올 반응을 시켜서 SMA로 하는 방법이 있다. SMA의 무수 말레인산기는 1급 아민에 의해 말레이미드기로 변환할 수 있다. 이 경우 무수 말레인산의 이중결합이 되어있지 않기 때문에 과혹한 반응조건을 택할 수 있다. SMA의 이미드화법으로는 수중현탁계로 행하는 방법, 비수현탁계(沸水懸濁系), 용액상 또는 용융상태로 행하는 방법 등이 있다.

3) 물성일반

(1) 내열 ABS

현재 고기능, 고성능화의 과제로 되어 있는 내열, 내후, 난연에 관해서 판매제품의 대표적인 예를 표 3-74～표 3-76에 나타낸다. ABS 메이커 각 회사가 일련의 그레이드로 판매하고 있다.

▶▶ 표 3-74 카네에스(Kaneace) ® MUH 특성일람표

항 목	측정조건	단위	MUH	MUH M-3000	MUH S-2020	MUH F-2095	MUH W-2015	MUH E-1500	XMPC 520	XMPC 730	시험법
아이조드 충격 강도 노치있음	23℃	kgf · cm /cm	13	18	5	17	16	11	21	32	ASTM D256
인장강도 항복치	23℃	kgf/cm^2	480	490	600	470	470	510	530	560	ASTM D638
신장률 파단치	23℃	%	15	20	20	20	15	15	25	25	ASTM D638
굽힘강도	23℃	kgf/cm^2	710	700	930	700	720	790	800	810	ASTM D790
굽힘탄성률	23℃	$100kgf/cm^2$	240	240	310	230	230	270	240	250	ASTM D790
가열변형온도	$18.6kgf/cm^2$	℃	105	105	109	101	110	115	112	117	ASTM D648
비캣연화점	5kgf 하중	℃	113	113	118	109	121	125	125	130	ISO D306
볼프렛시온도	1kgf 하중	℃	113	110	117	103	122	128	125	132	전취법
로크웰경도	23℃	R	105	105	117	103	104	110	113	117	ASTM D785
스파이럴 플로 두께 3mm	설정 250℃ 압력 $10kgf/cm^2$	mm	480	371	456	503	400	470	385	370	
비중	–	–	1.05	1.05	1.05	1.05	1.05	1.05	1.08	1.10	ASTM D792
연소성	HB	–	HB	HB	HB 신청중	HB	HB 신청중	HB	–	–	UL94
성형수축률	–	mm/mm	0.005 ~0.008	0.005 ~0.008	0.003 ~0.005	0.005 ~0.008	0.005 ~0.008	0.005 ~0.008	0.004 ~0.007	0.001 ~0.007	

▶▶ 표 3-75 JSR ABS 시리즈의 성능

시험항목	단 위	시험방법	시험조건	JSR ABS				
				110	115	145	147	550
				고충격 타입	중충격 고강성타입	중충격 내열타입	내열	투명 · 선명색(鮮明色)
인장강도	kgf/cm^2	ASTM D638	23℃	400	470	470	600	440
굽힘강도	kgf/cm^2	ASTM D790	23℃	650	800	800	1,000	750
굽힘탄성률	kgf/cm^2	ASTM D790	23℃	20,000	25,000	25,000	30,000	21,000
로크웰경도	R스케일	ASTM D785	23℃	90	103	103	110	105
아이조드충격강도	kgf · cm/cm	ASTM D256	1/4" 노치있음					
			23℃	35	17	20	10	8
			0℃	18	9	11		
			−30℃	8	7	7		
열변형온도	℃	ASTM D648	264psi					
			1/2" 어닐링없음	90	91	95	105	105
			1/4" 어닐링없음	83	85	83		
비캣연화점	℃	ASTM D1525		103	103	107		
비중	–	ASTM D792	23℃	1.03	1.04	1.04	1.04	1.04
고화식 플로치	$\times 10^{-3}$ cc/sec	JSR법	200℃ 30kgf/cm^2	10	12	8		
멜트 인덱스	g/10min	ASTM D1238	200℃ 5,000g	0.8	1.2	0.8	4	17
성형수축률	%	JSR법		0.4~0.6	0.4~0.6	0.4~0.6	0.4~0.6	0.4~0.6
광척도	%	ASTM D523	45°	80	85	85	85	85
연소성	–	UL94	–	94HB 올컬러	94HB 올컬러	94HB 올컬러	–	–

※성형조건 : 성형온도 220℃, 금형온도 50℃(측정치는 실제 측정치이며 보증치가 아님)

▶▶ 표 3-76 세비안(Cevian) 난연성 그레이드(다이셀)

항 목	단 위	시험방법	측정조건	난연성 그레이드							
				VF 122	VF 112	VF1	SER 20	SER 21	SER 50	SER 90	SEM
				고강성	중충격성	중충격성	고충격성	고충격성	고자소성	내열성	고충격성
인장강도	kgf/cm^2	ASTM D638		600	500	500	420	450	400	450	450
굽힘강도	kgf/cm^2	ASTM D790		1,000	850	750	750	800	700	700	550
굽힘탄성률	kgf/cm^2	ASTM D790		33,000	30,000	25,000	26,000	27,000	25,000	21,000	22,000
아이조드충격강도	kgf · cm /cm	ASTM D256	노치있음 23℃	5	7	7	15	16	12	15	10
			6.4mm폭 -30℃	2	3	3	7	7	6	7	4
로크웰경도	-	ASTM D785		R120	R118	R118	R114	R115	R110	R108	R110
열변형온도	℃	ASTM D648	F.S 18.56 kgf/cm^2 어닐링 없음	86	82	88	82	84	75	90	84
비캣연화온도	℃	ASTM D1525	하중 1 kgf 침입도 1 mm	92	90	95	90	91	83	100	91
멜트 플로 레이트	g/10 min	ASTM D1238	230℃×3.8 kg	230℃×2.16 kg	230℃×2.16 kg	230℃×2.16 kg	230℃×2.16 kg	230℃×2.16 kg	230℃×2.16 kg	-	230℃×2.16 kg
			230℃×5 kg	10	10	8	5	5	13	3	5
성형수축률	%	ASTM D955		0.4	0.4	0.4	0.4	0.4	0.4	0.4	0.4
선팽창계수	cm/cm/℃	ASTM D696									
비중	-	ASTM D792		1.13	1.13	1.15	1.18	1.17	1.23	1.17	1.18
흡수율	%	ASTM D570	23℃×24 hr 물속 두께 3.2 mm	0.3	0.3	0.3	0.3	0.3	0.3	0.3	0.3
내전압	kV/cm	ASTM D149		28	30	30	35	24	25	40	24
체적고유저항	Ω · cm	ASTM D257		1.0×10^{15}	9.5×10^{15}	1.9×10^{16}	2.4×10^{15}	4.4×10^{15}	2.9×10^{16}	2.7×10^{16}	3.0×10^{16}
내아크성	sec	ASTM D495			68	13	10	52	57	71	
내염성(耐炎性)	-	UL94 (올컬라)	두께 1.59 mm (1/16")	94V-2	94V-2	94V-2	94V-1 *94V-0	-	94V-0	94V-0	94V-0
			두께 3.18 mm (1/8")	94V-2	94V-2	94V-2	94V-0	94V-0	94V-0	94V-0	94V-0
			두께 6.35 mm (1/4")	94V-2	94V-2	94V-2	94V-0	94V-0	94V-0	94V-0	94V-0

(2) 스티렌 말레이미드계 코폴리머

스티렌 말레이미드계 코폴리머의 제1의 특징은 분자주쇄의 일부에 5원환(五員環)의 말레이미드기가 도입되어 있기 때문에 유리전이온도가 일반의 스티렌계 수지에 비해 큰 폭으로 상승한다. 예를 들면 SMA[스티렌-무수 말레인산(Styrene Maleic Anhydride) 수지]를 암모니아로 이미드화한 스티렌 말레이미드계 코폴리머에는 말레이미드 함유량이 1몰(mol)% 증가하면 유리전이온도는 약 3℃ 상승하고, SMA를 메틸아민으로 이미드화한 스티렌N-메틸 말레이미드 코폴리머에는 N-메틸 말레이미드 함유량이 1몰% 증가하면 유리전이온도는 2℃ 상승한다. 스티렌 말레이미드계 코폴리머의 제2의 특징은 열안정성이 우수한 것이다.

스티렌 말레이미드계 코폴리머의 제3의 특징은 말레이미드기의 종류와 양을 적당히 택하는 것에 따라 어떤 종류의 스티렌계 수지와 완전히 상용(相溶)시킬 수가 있다. 예를 들면 PMI 함유량 40～45wt%의 스티렌 PMI 코폴리머는 아크릴로니트릴 함유량 25～30wt% AS와 완전히 상용(相溶)한다. 표 3-77에 〈수퍼렉스-M〉의 일반 물성값을 나타낸다.

▶▶ **표 3-77 〈수퍼렉스-M〉의 일반 물성값**

시험항목		단위	시험법	수퍼렉스 ®M			수퍼렉스 ®P			수퍼렉스 ® V-16	변성 PPO수지	코리메트 ®XM	
				10	20	25	10	20	30			5015	1015
인장강도		kgf/cm^2	JIS K-7113	360	380	430	380	600	580	380	400	850	730
굽힘강도		kgf/cm^2	JIS K-7203	580	660	720	570	880	890	610	600	1,000	1,000
굽힘률		$10^4 kgf/cm^2$	JIS K-7203	2.2	2.4	2.6	1.8	2.6	2.6	2.3	2.3	6.3	4.0
아이조드충격강도 (1/8")		kgf · cm/cm	JIS K-7110	25	15	13	50	60	60	10	10	7	10
열변형 온도	1/4" 어닐링	℃	JIS K-7027	110	120	125							
	1/4"어닐링 없음		(하중 $18.6 kgf/cm^2$)	100	110	115	90	110	125	94	90	145	120
비캣연화점		℃	JIS K-7206 (B법 : 하중 5 kgf)	110	120	125	100	125	140	102	98		
NFR (240℃, 하중 10gf)		g/10 min	JIS K-7210	8	8	8	20	16	14	8[1)]	6[1)]		
로크웰경도		R스케일	JIS K-7202	115	117	119	102	122	124				
비중			JIS K-7112	1.07	1.08	1.08	1.09	1.14	1.15	1.20	1.10		
성형수축률		10^{-3} cm/cm	ASTM D955	5	6	6	5	5	5				
난연성			UL94	HB	HB	HB	HB	HB	HB	1/16"V-0	1/16"V-1		
스파이럴 플로 (240℃)		cm	미쓰비시(三菱) 몬산토	20	20	20	40	30	25			18	18
저온 아이조드 (1/8", -30℃)		kgf · cm/cm	JIS K-7110				25	30	15				
유리섬유 함유량		wt%										12	12

주 : 1) 220℃식

① **내열성**

아이조드 충격강도와 열변형 온도의 관계를 그림 3-106에 나타낸다. 또 열천평(熱天坪)에 의한 중량감소를 그림 3-107에 나타낸다. 내열분해성이 우수한 것을 알게 된다.

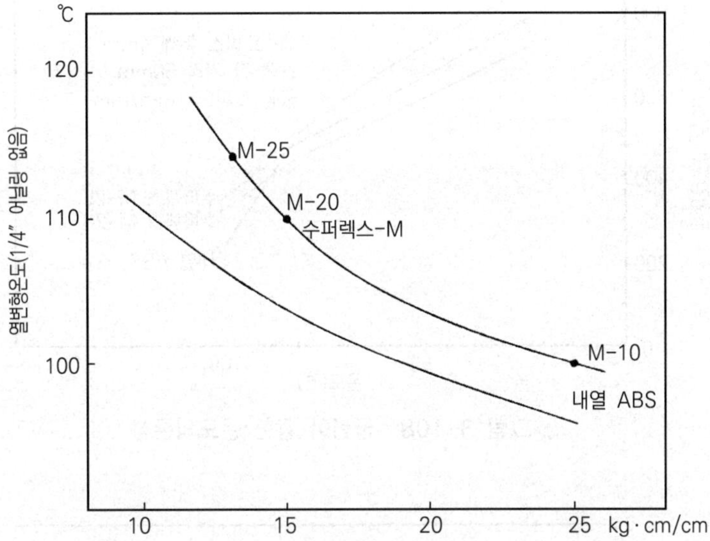

그림 3-106 아이조드 충격강도와 열변형온도

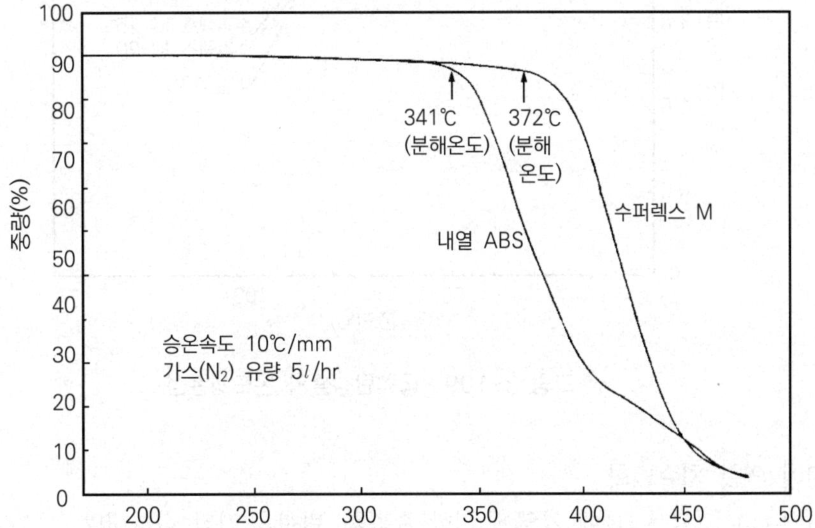

그림 3-107 열천평에 따른 중량감소

② 기계적 성질

굽힘강도, 굽힘탄성률의 온도의존성을 그림 3-108, 그림 3-109에 나타낸다.

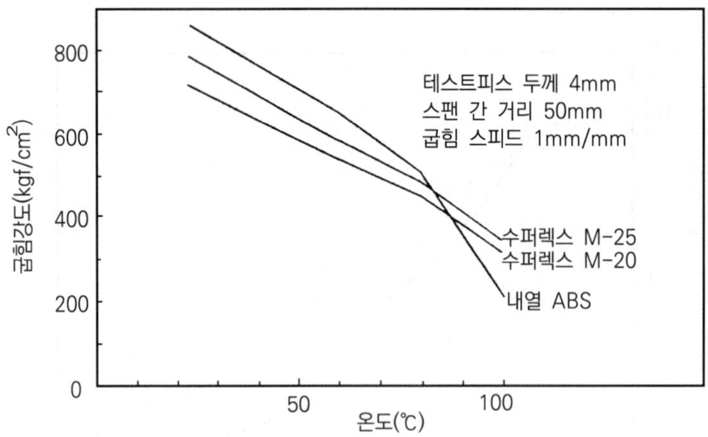

그림 3-108 굽힘이 강한 온도의존성

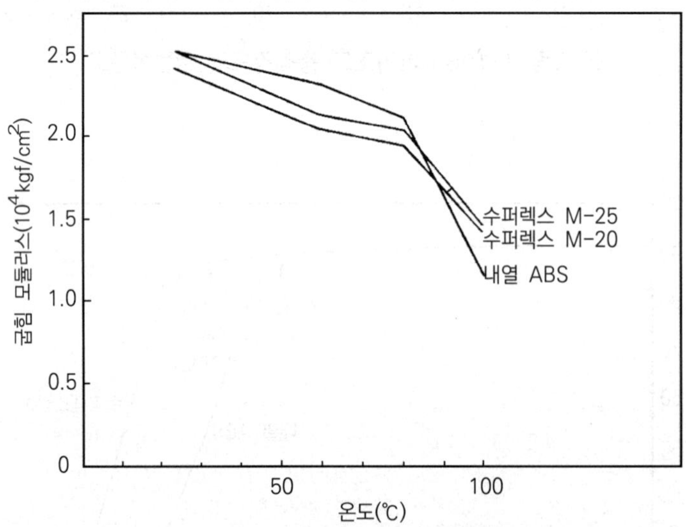

그림 3-109 굽힘탄성률의 온도의존성

③ 가열에 의한 치수변화

그림 3-110, 그림 3-111에 가열에 의한 수축률, 변형을 각각 나타낸다.

- 시험편 : 성형변형의 영향을 없애기 위해서 프레스판을 사용한다.
- 형상 : 200×20×30 mm
- 프레스 조건 : 220℃

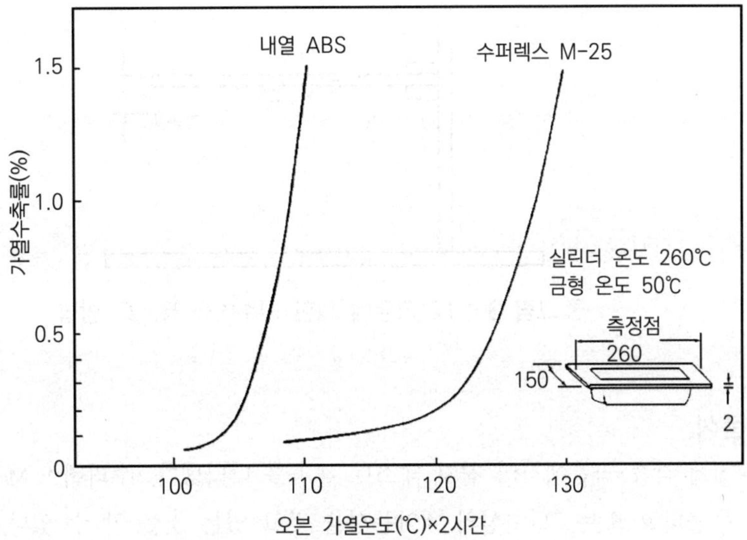

그림 3-110 가열수축률

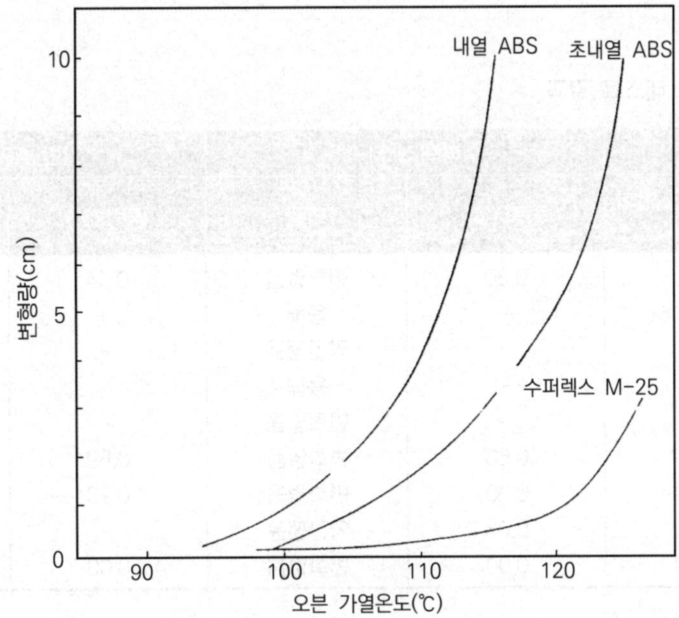

그림 3-111 편측지지 내열성

④ 테스트 방법

그림 3-112와 같이 지지대에 시험편을 설치하고, 지정온도의 기어 오븐 안에서 2시간 가열한다. 그리고 실온에서 냉각한 후에 가열에 의한 치수변화(변위) h를 측정한다.

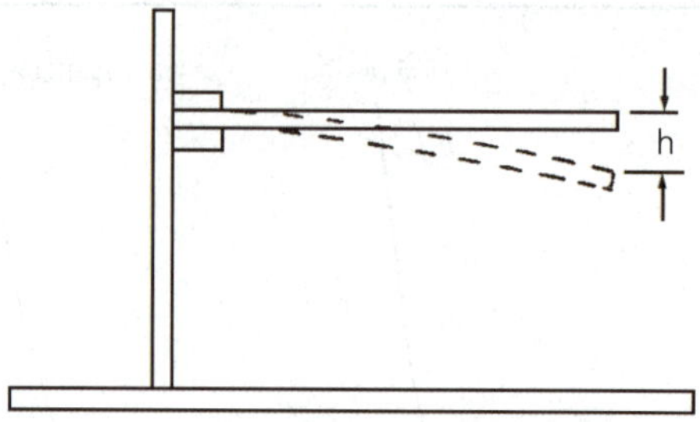

그림 3-112 가열에 의한 치수변화 테스트 방법

⑤ 내약품성

표 3-78에 각종 약품에서의 침지 테스트 결과를 나타냈다. 수퍼렉스 M-25는 일반 ABS 수지와 동등하고 또는 그 이상의 내약품성을 갖고 있는 것을 알 수 있다. 이 밖에 수퍼렉스 M은 ABS 수지와 동등한 내후성을 갖고 있고, 또 ABS 수지와 같은 착색이나 도장(塗裝)을 할 수 있다.

표 3-78 침지 테스트 결과

시험재료	수퍼렉스 M-25		일반 ABS 수지	
시약 \ 변화	중량 (%)	외관	중량 (%)	외관
50% 에탄올	0.50	변화없음	0.54	변화없음
아세톤	–	용해	–	용해
4염화탄소	–	약간팽윤	–	약간팽윤
톨루엔	–	용해	–	용해
10% 식염수	–	변화없음	–	변화없음
10% 암모니아수	0.60	변화없음	0.69	변화없음
3% 과산화수소수	0.30	변화없음	0.28	변화없음
레귤러가솔린	0.68	약간팽윤	–	팽윤
기어오일(캐술)	0.00	변화없음	0.00	변화없음

※ 프레스판, 168시간 침지, 23℃

⑥ 유동성(流動性)

그림 3-113에 실용적인 성형성의 척도가 되는 스파이럴 플로우(spiral flow, 나선형 흐름)의 온도의존성을 나타냈다. 수퍼렉스 M-25는 α-메틸스티렌계의 내열 ABS 수지나 변성 PPO 수지보다 유동거리가 길고 성형하기 쉬운 재료라는 것을 나타내고 있다.

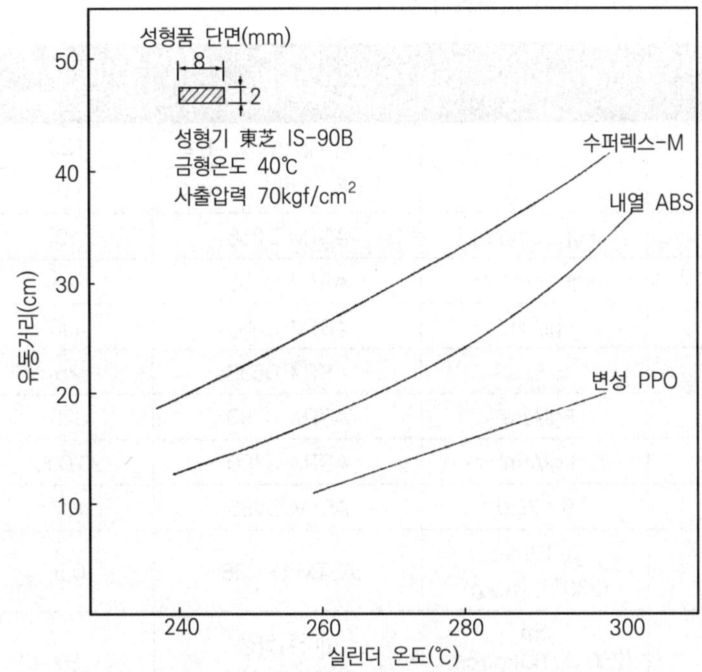

그림 3-113 성형온도와 스파이럴 플로우(spiral flow, 나선형 흐름)

⑦ 〈바이터드〉 VT-2000 시리즈

히타치화성(日立化成)의 같은 계통의 엔플라이다. 표 3-79에 일반물성을 나타낸다.

그림 3-114에 특징의 하나인 내후성 시험결과를 나타낸다. 내충격성을 부여하기 위해 고무 성분으로, 산화열에 강한 특수 아크릴고무를 사용하기 때문에 ABS 수지나 변성 PPO 수지에 비교해서 내후성이 우수하다. 따라서 장기간에 걸친 옥외사용에서도 색의 변화나 특성의 저하가 적다.

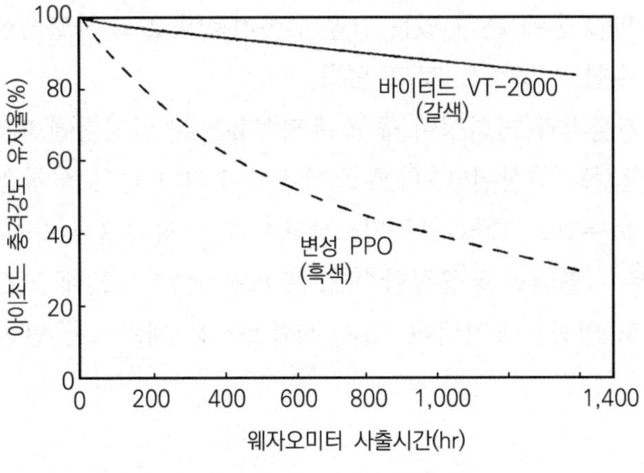

그림 3-114 내후성 시험

▶▶ 표 3-79 바이터드 VT-2000 시리즈의 일반물성

항 목		단 위	시험편		바이터드 VT-2000	바이터드 VT-2001
열변형온도		℃	ASTM D648 (18.6kgf/cm²)	1/2"	120	120
				1/4"	115	115
아이조드 충격강도	23℃	kgf · cm/cm	ASTM D256		10	8
	−30℃	kgf · cm/cm	ASTM D256		5.5	5
인장강도		kgf/cm^2	ASTM D638		430	430
신장률		%	ASTM D638		25	25
굴곡강도		kgf/cm^2	ASTM D790		620	620
굴곡탄성률		kgf/cm^2	ASTM D790		20,000	20,000
로크웰경도		R스케일	ASTM D785		107	106
멜트 인덱스		g/10mm (230℃, 10kg)	ASTM D1238		0.5	1.6
스파이럴 플로		cm (260℃, 80kgf/cm² 3mm 두께)	히타치화성 (日立化成)		30	36
성형수축률		%	히타치화성 (日立化成)		0.4~0.6	0.4~0.6
비중		−	ASTM D792		1.08	1.08

(3) 스티렌-무수 말레인산 코폴리머

〈다이락〉의 일반 물성을 표 3-80에 나타낸다.

다이락은 내열성 수지이면서 일반 스티렌계 수지와 같은 정도의 유동성을 나타내고 일부 초내열성 ABS, 변성 PPO 등에 흔히 있는 가공의 어려움이 없고 사출성형, 중공성형, 혹은 압출성형에 있어서도 우수한 성형성을 갖고 있다.

유리섬유 등의 무기물질과 친화성이 좋고 유리섬유의 혼입성형에 따라 기계적 강도가 대폭 향상되고 동시에 내열성도 향상된다. 다른 스티렌계 수지와 같은 성형품의 치수안정성이 요구되는 자동차의 인스트루먼트 패널이나 카스테레오의 스피커그릴 등에 사용된다.

다이락 〈스티렌-무수 말레인산 공중합수지〉는 FDA #177 1820에 고시되어 있다. 또한 식품용기의 안전 규격에도 인증 · 승인되어 있고, 식품용기용 재료로서 안심하고 사용할 수 있다.

▶▶ **표 3-80 다이락의 시험항목과 물성**

시험항목	ASTM 시험방법	단위	#232	#240	#250	#265	#332	#350	#700	#238 F20	#338 F20
비중	D792		1.08	1.06	1.06	1.06	1.10	1.08	1.05	1.22	1.23
멜트 인덱스	D1238(L)	g/10 min	2.2	1.1	1.1	2.0	2.0	1.0	0.8		
인장강도	D638	kgf/cm^2	510	410	340	240	520	320	330	950	880
신장률	D638	%	1.8	14	20	19	1.7	10	20	1.4	1.3
굽힘강도	D790	kgf/cm^2	880	740	610	440	890	630	600	1,400	1,340
굽힘탄성률	D790	kgf/cm^2	32,000	26,000	23,000	19,000	34,000	24,000	22,000	69,000	69,000
아이조드(노치있음)	D256	kgf · cm/cm	2.2	8.2	13.6	7.1	2.2	8.2	21.0	8.2	8.7
열변형온도 (18.56 kgf/cm^2, 어닐링 없음)	D648	℃	101	99	94	95	109	107	96	114	125
비캣 연화점	D1525	℃	118	117	116	117	131	132	117		
성형수축률	D995	%	0.5	0.5	0.6~0.7	0.2~0.3	0.5	0.5~0.6	0.6~0.7	0.2~0.3	0.2~0.3
로크웰경도	D758(M)		84	53	27	30	90	41			

(4) 폴리파라메틸스티렌

폴리스티렌계 수지와 파라메틸스티렌 대체 수지의 물성비교를 표 3-81에 나타낸다. 다음에 폴리파라메틸스티렌계 수지의 특징을 열거하여 그림 3-115~그림 3-118에 측정결과를 나타낸다.

▶▶ **표 3-81 폴리스티렌계 수지와 모빌(Mobil) PMS 대체수지의 대표품목 및 물성비교**

	내연 그레이드		내충격 그레이드	
	Mobil poly PMS	PS 모빌 케미컬제품	Mobil HI-PMS	HIPS 모빌 케미컬제품
밀도(g/cm^3 · Ⓐ23℃)	1.01	1.05	1.01	1.04
멜트 플로 레이트(g/10분)	2.2	2.2	6.4	5.8
유리전이점(℃)	113	102	–	–
비캣 연화점(℃)	117	107	102	97
열변형온도(℃) (18.6kgf 하중, 어닐링 후)	94	90	–	–
인장강도(kgf/cm^2)	527	548	344	323
인장탄성률(kgf/cm^2)	22,500	25,300	17,500	17,350
파단신장률(%)	3.0	3.0	20	30
아이조드충격강도(kgf · cm/cm)	1.6	1.6	9.3	10.9
로크웰경도	M80	M75	L70	L65
투과량(%)	–	–	83.8	77

	공중합 SAN계		공중합 ABS계	
	Mobil AN PMS	SAN (시판품)	Mobil AB PMS	ABS 모빌 케미컬제품
밀도(g/cm³ · ⓐ23℃)	1.04	1.07	1.01	1.03
멜트 플로 레이트(g/10분)	2.1	2.1	5.3	5.3
비캣 연화점(℃)	112	108	106	103
인장강도(kgf/cm²)	696	661	377	352
인장탄성률(kgf/cm²)	–	–	15,960	16,520
전단신율(%)	3.6	3.5	12	11
아이조드충격강도(kgf · cm/cm)				
ⓐ23℃	1.6	2.2	27.8	32.2
ⓐ40℃	–	–	13.1	10.9
로크웰경도	R122	R122	R98	R93

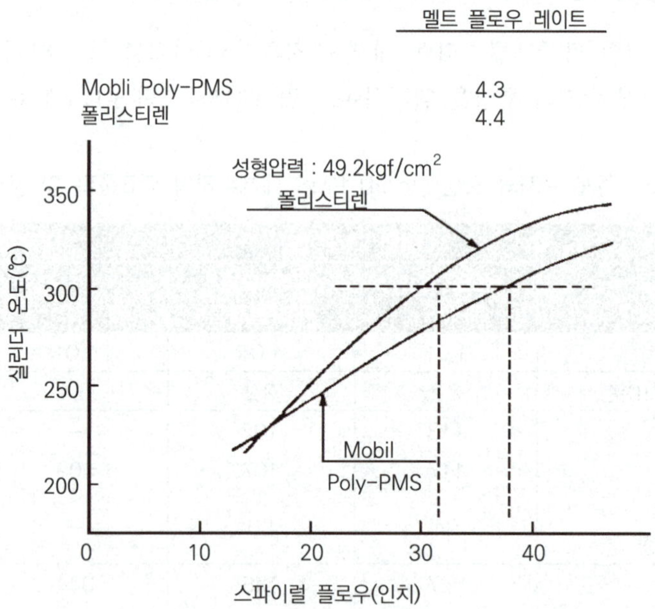

그림 3-115 유동특성-스파이럴 플로우 시험

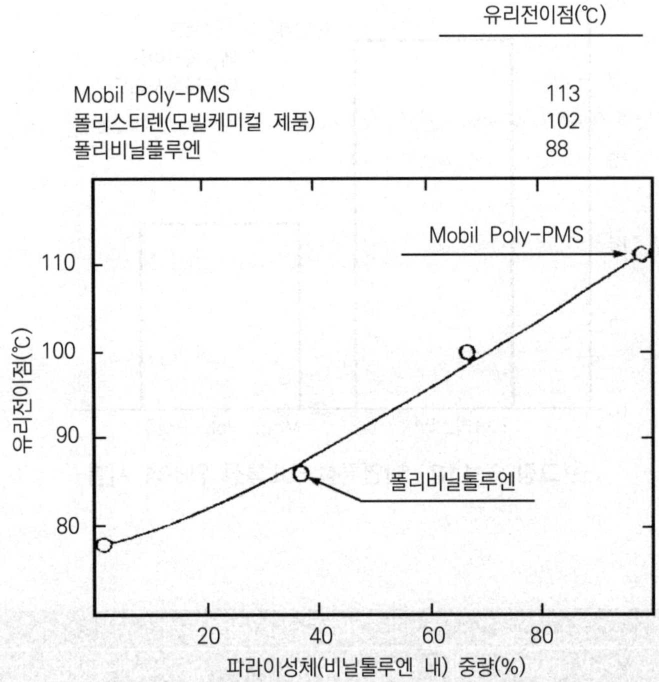

그림 3-116 내열특성-유리전이점

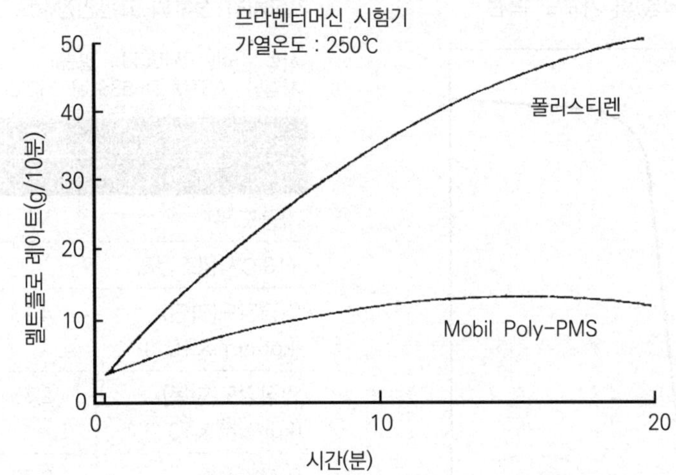

그림 3-117 용융수지 내열안정성 멜트 플로우 레이트(melt flow rate) 변화

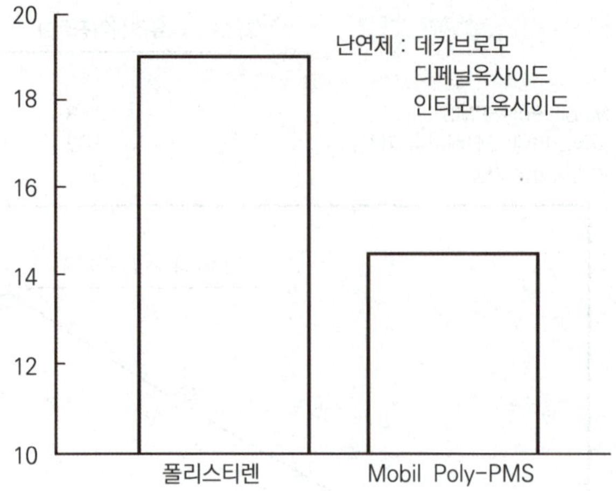

그림 3-118 난연특성-UL특성 연소성 시험

• 전자선 조사 가교도

조사선량 (메가라드, mega rad)	가교도(%) (필름두께 : μ)			
	Poly PMS (50)	Poly HI-PMS (75)	Poly AN-PMS (130)	PS/HIPS/SAN (30)
0	0	0	0	0
50	89.3	89.3	88.7	0

• Poly PMS(50μm 필름)의 가교도 곡선

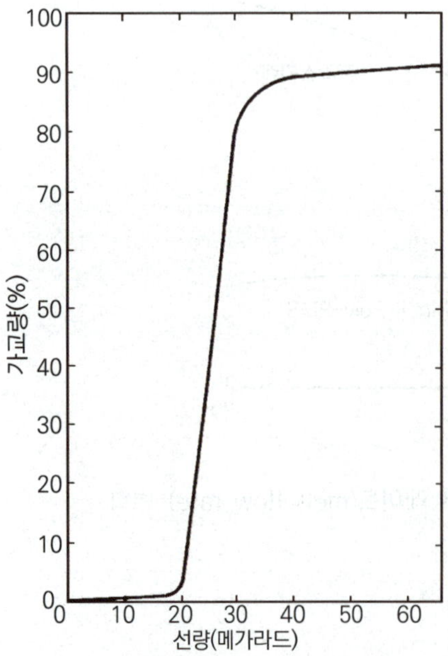

• 가교처리 전후의 고온인장강도

시료 : Poly PMS(50μ 필름)
시험법 : ASTM D-638 at 110℃

	조사선량(메가라드)	
	0	50
가공도(%)	0	89.3
110℃시험조건하		
인장강도(파단) ($kgf/cm^2 \times 10^{-4}$)	4.13	19.9
인장강도(항복) ($kgf/cm^2 \times 10^{-4}$)	2.75	40.65
인장탄성률 ($kgf/cm^2 \times 10^{-6}$)	2.75	43.41
파단신장률(%)	〉128	77

그림 3-119 가교특성-Mobil Poly PMS필름과 시트의 내열·강도 물성의 개량

① 폴리스티렌 호모폴리머[GP(일반용) 그레이드 및 내충격 그레이드]는 대체로 약 4%, 코폴리머류(ABS, SAN)는 대체로 약 2~3% 낮은 비중으로 되고 단위 제품당 원료수지 중량이 경감된다.

② 유동특성이 우수하고(동일한 멜트 플로우 레이트(melt flow rate) 기준에 이어서) 성형사이클이 단축되고 가공효율이 향상된다.

③ 유리전이점이 높고 GP 그레이드로 약 10℃, 내충격 그레이드로 약 5℃, 코폴리머(ABS, SAN)로 약 3~4℃ 내열특성이 향상된다. 더욱 냉각사이클의 단축이 가능하다.

④ 용융수지의 열안정성이 우수하고 열이력에 의해 유동특성(멜트 플로우 레이트 등)의 변화가 극히 작고, 재성형 이용 시에도 가공조건의 조정이 거의 필요치 않다.

⑤ 호모폴리머의 난연그레이드를 조정하는 경우, 폴리스티렌과 비교해서 고가인 난연제의 사용량을 약 20~30%(UL94V-0 기준합격) 절약할 수 있다.

⑥ 가교특성은 폴리스티렌 수지에는 없는 Mobil PMS 특유의 성질이다. 호모폴리머나 코폴리머 필름 및 시트를 전자선(電子線)처리(10~50메가래트(mega rat)) 하는 것에 따라 용이하게 가교구조(架橋構造)가 형성되고 내열, 내유지 특성이나 기계강도 물성을 개량할 수 있다. 이 특성에 따라 여러 가지 새로운 응용분야가 기대된다.

⑦ ABS, SAN 공중합 수지 이외의 응용분야에 있어서도 SM(Styrene monomer)계에 비교해서 여러 가지 특징을 발휘한다.

- PMS-메타아크릴레이트 공중합 : 내(耐)자외선 물성의 향상 등
- PMS-부타디엔 공중합체 고무 : 내마모성의 향상 등

⑧ Mobil Poly PMS를 폴리머 블렌드(blend) 기재로서 사용하는 경우도 폴리스티렌계 수지에 비교해서 다음과 같은 특징을 발휘한다.

- Poly PMS/폴리페닐렌옥사이드 수지 : 혼화성(混和性)[23]의 개량 등
- Poly PMS/스티렌 · 부타디엔 블록 공중합 수지 : 투명성의 개량 등

4) 특징

① 종래의 스티렌계 수지의 내열성 수준을 초월한 것.

② 그림 3-120의 B, C그룹에 속하는 것.

23) 혼화성(混和性) : 두 가지 이상의 액체를 혼합할 때 서로 용해하여 합쳐지는 성질

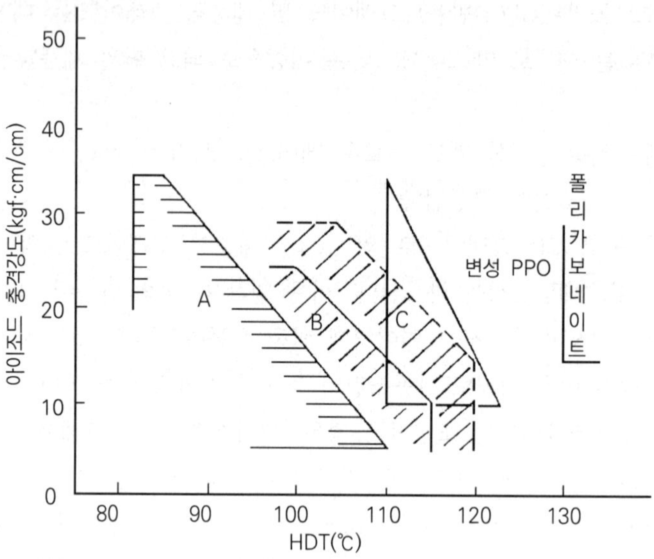

그림 3-120 각 수지의 HDT-아이조드 충격강도의 위치

5) 용도

① **자동차의 내 · 외장 부품**

각종 램프 하우징, 카울 그릴, 후드 그릴, 호일캡, 인스트루먼트 패널, 미터 클러스터, 도어 가니쉬, 필러, 코람카바, 글로브 박스, 히터 덕트, 차내 탈취제 케이스, 카스테레오 하우징 및 스피커 그릴, 각종 자동차 용품 등

② **가전관계**

에어컨 패널, 스테레오터스트 커버, 앰프 하우징, 라디오카세트 섀시, 헤어컬러, 램프쉐이드, 전자조리기 하우징, 스피커 그릴, 커피메이커, 푸드프로세서 하우징 등

③ **식품용기관계**

내열용컵, 내열용접시, 전자레인지용 식기, 호트 휠 컵, 캔디용기, 보온(保溫) 트레이 등

④ **OA기구관계**

복사기 부품, 레지스터 하우징, 마이크로프로젝터 하우징, 팩시밀리 부품 등

⑤ **기타**

보온병, 식품건조기, 의류건조기, 헤어드라이어 하우징, 샤워 손잡이 등

6) 제조사 (메이커)

각 소재별 일본의 주요 제조사는 표 3-82~표 3-84와 같다.

▶▶ 표 3-82 ABS 제조사

메이커	상품명	메이커	상품명
아사히화성(旭化成)	스타이락(Stylac)	미쓰비시(三菱) 몬산토화성	타프렉스(Tuflex)
우베(宇部) 싸이콘	사이코락(Cycolac)	미쓰비시(三菱) 레이온	다이아베트 ABS
스미토모(住友) 노가탁	클라라스틱	신일본제철화학(新日本製鐵化學)	에스티렌(Estyrene) ABS
도레이(東レ)	도요락(Toyolac)	다이셀화학	세비안(Cevian)-V 세비안(Cevian)-N
일본합성고무(日本合成)	JSR ABS JSR XT	덴키화학(電氣化學)	덴카(Denka) ABS
		가네가후치화학(鐘淵化學)	카네에스(Kaneace) MUH

▶▶ 표 3-83 스티렌말레이미드계 코폴리머 제조사

메이커	상품명
미쓰비시(三菱) 몬산토화성	수퍼렉스 수퍼렉스-M
히타치화성(日立化成)	바이터드 VT

▶▶ 표 3-84 스티렌-무수 말레인산 코폴리머 제조사

메이커	상품명
세키수이화성품(積水化成品)	다이락

CHAPTER 04

수퍼 엔지니어링 플라스틱 (Super Engineering Plastic)

01 불소수지

1.1 PTFE(Polytetrafluoroethylene, 폴리테트라플루오로에틸렌, Teflon)

1) 분류 및 종류

일반적으로 불소수지는 분자 중의 탄소에 결합한 불소원자를 갖는 수지를 말하지만, 좀 더 자세하게는 4불화에틸렌 또는 그 동족체 또는 비닐 모노머류에 의한 중합체, 공중합체를 말한다. 불소수지의 원형이라 할 수 있는 폴리4불화에틸렌(PTFE)은 탄소의 주쇄(主鎖)가 견고하게 결합한 불소원자로 긴밀하게 짜여져 있고, 이러한 분자구조 때문에 유수한 특성을 나타낸다. 테플론(Teflon)이라고도 한다. 일반식은 다음과 같다.

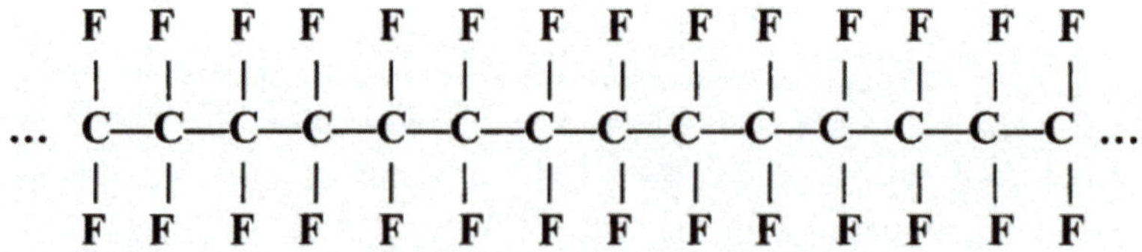

Teflon ploymer(segment, 부분)

PTFE(융점 327℃)는 용융점도가 매우 높고($10^{11} \sim 10^{12}$ poise) 융점 이상으로 가열해도 유동하지 않기 때문에 일반 플라스틱처럼 사출성형이나 압출성형 등을 할 수 없고, 분말야금(粉末冶金)과 유사한 특수한 성형법을 취해왔다. 그 후에 개발된 FEP(융점 255~280℃)는 융점이 PTFE보다 약 50℃ 낮아졌지만, 용융점도는 크게 내려가서(약 10^4 poise) 일반 열가소성수지와 동일한 방법으로 성형가공할 수 있게 되었다.

FEP나 PFA(융점 300~310℃) 등의 열용융 타입의 개발에 의해 복잡한 형태의 제품도 치수정밀도가 정확한 상태에서 대량생산할 수 있고, 또 필름 등의 대량생산도 가능하게 되어 수요의 신장률은 PTFE를 상회하고 있다. 분자구조로 보아 알 수 있듯이 불소수지는 내열성, 내약품성, 비점착성, 윤활성, 내후성, 전기적 성질 등이 매우 우수하고 엔플라(ENPLA) 중에서도 특이한 위치를 갖고 있다. 현재 판매되고 있는 불소수지의 종류는 다음과 같이 분류된다.

① **폴리테트라플루오로에틸렌(PTFE)**

테트라플루오로에틸렌의 중합에 의해서 얻는다. 성형재료로서는 분말상으로 필러(filler, 충전제)가 없는 것, 들어있는 것이 있다. 또 함침용, 도료용으로 수성현탁체(디스퍼전, dispersion), 윤활, 이형제용으로 저분자량 PTFE 등이 있다.

② **테트라플루오로에틸렌, 알킬비닐에테르(PFA, Tetrafluoroethylene-perfluoro(alkoxy vinyl ether, Perfluoroalkoxy)**

테트라플루오로에틸렌과 플루오로알킬비닐에테르(알킬에테르 : $O-CF_3$, $O-C_2F_5$)와의 공중합체로 파우더, 혹은 펠릿 형태이다. 일반성형용, 라이닝용, 필름용, 정전도장용 등이 있고 함침, 도료용에 디스퍼전이 있다.

③ **테트라플루오로에틸렌, 헥사플루오로프로필렌 공중합체(FEP, Fluorinated Ethylene Propylene)**

PTFE 분자쇄 중의 여기저기에 3불화메틸($-CF_3$)이 들어있는 구조로 되어 있다. 융점, 유동성을 제외하면 PTFE와 매우 유사하다. 제품형태는 펠릿, 디스퍼전이다.

FEF수지

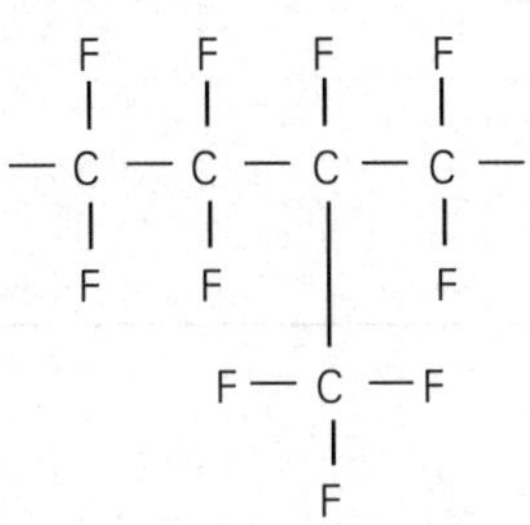

PFA수지

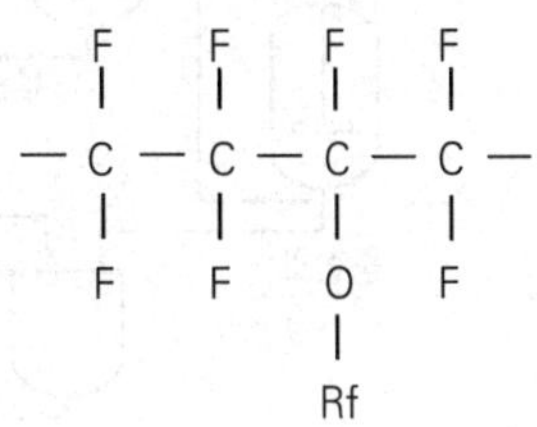

(-O-Rf : 퍼플루오로알콕시)

④ **폴리클로로트리플루오로에틸렌(PCTFE)**

클로로트리플루오로에틸렌의 중합에 의해 얻을 수 있다. PTFE의 주쇄탄소 1개 간격에 불소원자 중의 하나를 염소로 바꾼 구조로 되어 있다. 이 구조에 의해 유동성과 투명성이 나타난다. 제품형태는 파우더, 알맹이 모양, 펠릿(pellet)으로 되어 있다.

⑤ **테트라플루오로에틸렌 · 에틸렌 공중합체(ETFE)**

테트라플루오로에틸렌과 에틸렌의 공중합체에 의해 얻어진다. 제품으로는 일반성형용 내추럴, 강화재 함유, 분체도료용 가루 등이 있다.

⑥ 클로로트리플루오로에틸렌 · 에틸렌 공중합체(ECTFE)

⑦ 폴리비닐리덴플루오라이드(PVDF)

⑧ 폴리비닐플루오라이드(PVF)

2) 제조법

불소수지 제조공정의 대표적인 예로 PTFE를 그림 4-1에서 나타낸다. 이 수지들은 불소함유 모노머의 단독 또는 조합에 따라 중합할 수 있다.

중합법으로는 현탁(懸濁)중합법, 유화(乳化)중합법, 용액중합법, 괴상(塊狀)중합법 등이 사용되지만 현탁중합, 용액중합, 괴상중합에 의한 폴리머는 주로 성형용에, 유화중합에 의한 폴리머는 주로 도료용으로 쓰여진다. 표 4-1은 불소수지의 종류와 제조법을 나타낸다.

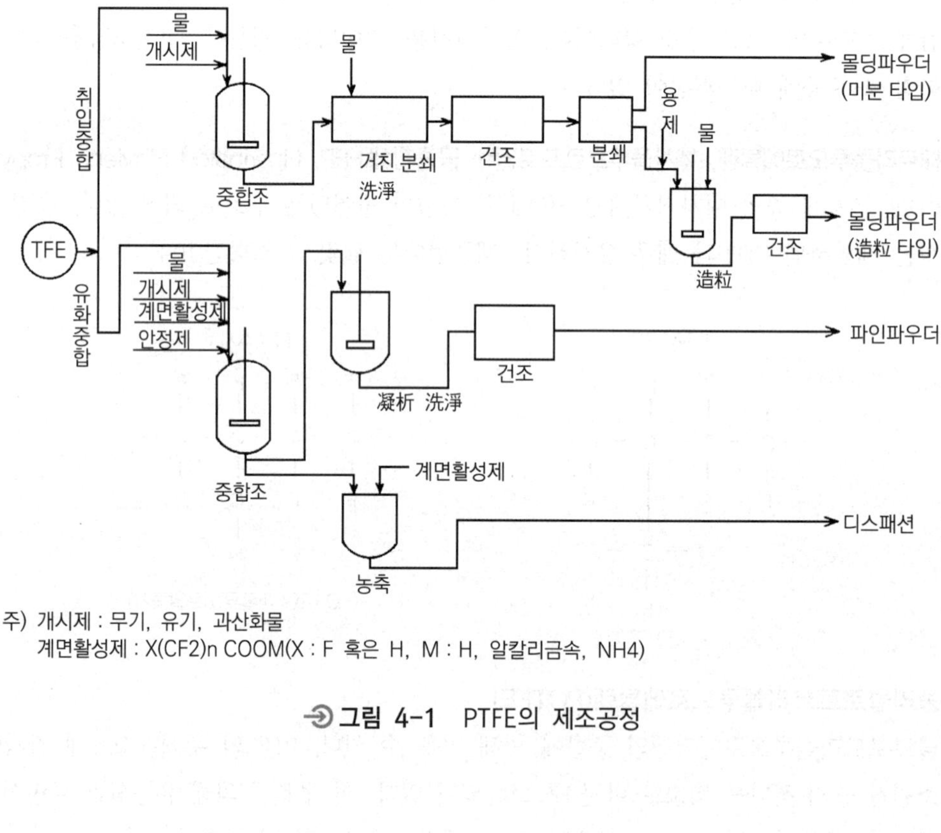

주) 개시제 : 무기, 유기, 과산화물
계면활성제 : X(CF2)n COOM(X : F 혹은 H, M : H, 알칼리금속, NH4)

그림 4-1 PTFE의 제조공정

▶▶ **표 4-1 불소수지의 종류와 제조법**

수지의 종류	조성(모노머)	중합법	분자량 (Mn)
PTFE	TFE	현탁중합 (취입중합) 유화중합	10^6~10^7
PFA	TFE PFVE(수%)	유화중합 용액중합	2~3×10^5
FEP	TFE(약 85%) HFP(약 15%)	유화중합 현탁중합	3~5×10^5
PCTFE	CTFE	괴상중합 현탁중합	1~5×10^5
ETFE	TFE Ethylene +α(제3성분)	용액중합 (교호공중합)	1×10^5
PVDF	VDF	유화중합 현탁중합	3~8×10^5
PVF	VF	유화중합	2~5×10^5

3) 물성일반

불소수지의 종류와 물성의 관계를 표 4-2에서 상세한 일람표로 나타낸다.

▶▶ **표 4-2 불소수지의 특성과 물성 일람표**

	특 성	단위	ASTM 시험법	PTFE	PFA	FEP	PCTFE	PVDF	ETFE	ECTFE
물리적	융점	℃	–	327	310	275	220	171	270	245
	비중	–	D792	2.14~2.20	2.12~2.17	2.12~2.17	2.1~2.2	1.75~178	1.70	1.68~1.69
기계적	인장강도	kgf/cm²	D638	140~350	280~300	190~220	315~420	390~520	460	490
	신장률	%	D638	200~400	300	250~330	80~250	100~300	100~400	200~300
	압축강도	kgf/cm²	D695	120	–	155	320~520	610	500	–
	충격강도(아이조드)	kgf · cm/cm	D256	16.3	파괴되지 않음	파괴되지 않음	13.6~14.7	19.6~21.8	파괴되지 않음	파괴되지 않음
	경도(로크웰)	–	D785	–	–	–	R75~95	R110~115	R50	–
	경도(쇼어)	–	D1706	D50~55	D64	D60~65	–	D80	D75	D55
	굴곡탄성률	10^3kgf/cm²	D790	3.5~6.3	6.7~7.0	6.7	–	14.0	14	6.7~7.0
	인장탄성률	10^3kgf/cm²	D638	4	–	3.5	10.5~21	8.0	8.4	–
	동마찰계수	–	7kgf/cm² 3m/min	0.10	0.2	0.3	0.37	0.39	0.4	–

	특 성	단위	ASTM 시험법	PTFE	PFA	FEP	PCTFE	PVDF	ETFE	ECTFE
열적	열전도율	10^4cal/cm · sec · ℃	C177	6.0	6.0	6.0	4.7~5.3	3.0	5.7	3.8
	비열	cal/℃/g	–	0.25	0.25	0.28	0.22	0.33	0.46~0.47	–
	선팽창계수	10^5/℃	D696	10	12	8.3~10.5	4.5~7.0	8.5	9~9.3	8
	볼프레서 온도	℃	–	120	230	170	170	–	185	–
	열변형 온도 18.5kgf/cm^2	℃	D648	55	47	50	–	90	74	77
	열변형 온도 4.6kgf/cm^2	℃	D648	121	74	72	126	132~149	104	116
	최고사용온도(연속)	℃	(무하중)	260	260	200	177~200	150	150~180	165~180
전기적	체적저항률	Ω–cm	D257(50% RH, 23℃)	$>10^{18}$	$>10^{18}$	$>10^{18}$	20×10^{18}	20×10^{14}	$>10^{15}$	10^{15}
	절연파괴강도 (단시간)	kV/mm (3.2mm 두께)	D149	19	20	20~24	20~24	10	16	20
	유도율 60Hz	–	D150	<2.1	2.1	2.1	2.24~2.8	8.4	2.6	2.6
	유도율 10^3Hz	–	D150	<2.1	2.1	2.1	2.3~2.7	7.72	2.6	2.6
	유도율 10^6Hz	–	D150	<2.1	2.1	2.1	2.3~2.5	6.43	2.6	2.6
	유전정접 60Hz	–	D150	<0.0002	0.0002	<0.0002	0.0012	0.049	<0.0006	>0.0005
	유전정접 10^3Hz	–	D150	<0.0002	0.0002	<0.0002	0.023~0.027	0.018	0.0008	0.0015
	유전정접 10^6Hz	–	D150	<0.0002	0.0003	<0.0005	0.009~0.017	0.17	0.005	0.015
내아크성 그 외	내아크성	sec	D495	>300	>300	>300	>360	50~70	72	18
	흡수율 24hr	%	D570	0.00	0.03	<0.01	0.00	0.4	0.029	0.01
	(3.2mm 두께 연소성)	–	(UL94)	V–0	V–0	V–0	V–0	–	V–0	V–0
	Oxygen Index	–	D2863	>95	>95	>95	>95	–	30	60
	직사일광의 영향	–	–	없음	없음	없음	없음	없음	없음	없음
	약산의 영향	–	D543	없음	없음	없음	없음	없음	없음	없음
	강산의 영향	–	D543	없음	없음	없음	없음	발연유산에 침식당함	없음	없음
	약알칼리 영향	–	D543	없음	없음	없음	없음	없음	없음	없음
	강알칼리 영향	–	D543	없음	없음	없음	없음	없음	없음	없음
	용제 영향	–	D543	없음	없음	없음	할로겐 화합물로 약간팽윤	대부분 견딘다	없음	잘견딤

(1) 열적 성질

불소수지는 모두 뛰어난 내열성을 소유하고 PTFE, PFA는 최고연속사용온도 260℃를 나타낸다. 또 저온특성도 매우 좋다. 표 4-3에 열적 성질을 나타낸다.

▶▶ **표 4-3 불소수지의 열적 성질**

종류	연속최고 사용온도 (℃)	전취법 (보통치) (℃)	비열	열전도율 ($\times10^4$ cal/sec /cm^2/℃/cm)	연소율 (kcal/g)	열분해 온도 (℃)	인화점/ 발화점 (℃)	용융 적하성
PTFE	260	250	0.25	6.0	1.2	508~538	/530	없음
PFA	260	250	–	6.0	–	464~	–	있음
FEP	200	200	0.28	5.9~6.0	1.8	419~	–	있음
PCTFE	120	150	0.22	4.7~6.0	–	347~418	–	있음
ETFE	150	150	0.46	5.7	3.3	347~	–	있음
ECTFE	150	–	–	3.8	4.2	330~	–	없음
PVDF	150	120	0.33	3.0	4.4	400~475	–	(없음)
PVF	–	150	0.30	–	–	372~480	–	없음
PVC	60	60	0.20~0.28	3.0~7.0	4.3	200~300	391/454	없음
PE	75	75	0.55	8.0~12.4	11.1	335~450	341/349	있음

(2) 기계적 성질

인장강도의 온도의존성을 그림 4-2, 그림 4-3에서 나타낸다. 인장크리프 특성을 그림 4-4와 그림 4-5에서 나타낸다.

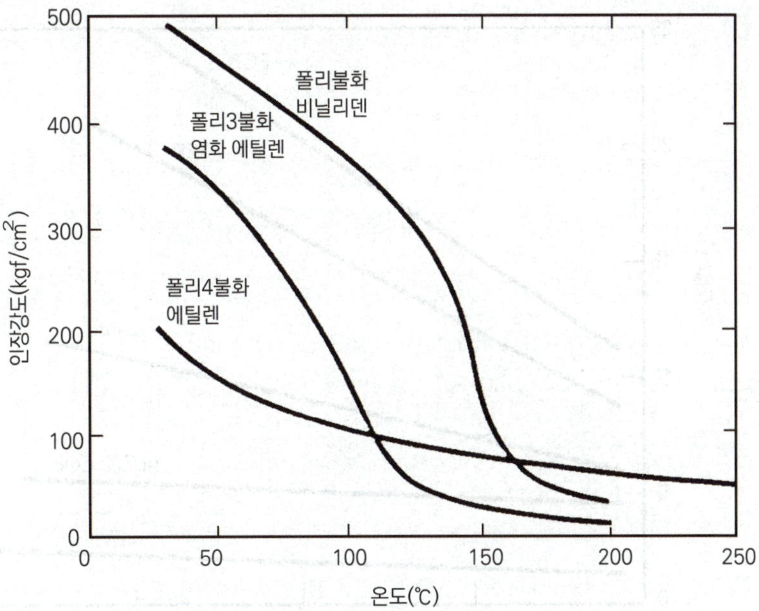

그림 4-2 인장강도의 온도의존성

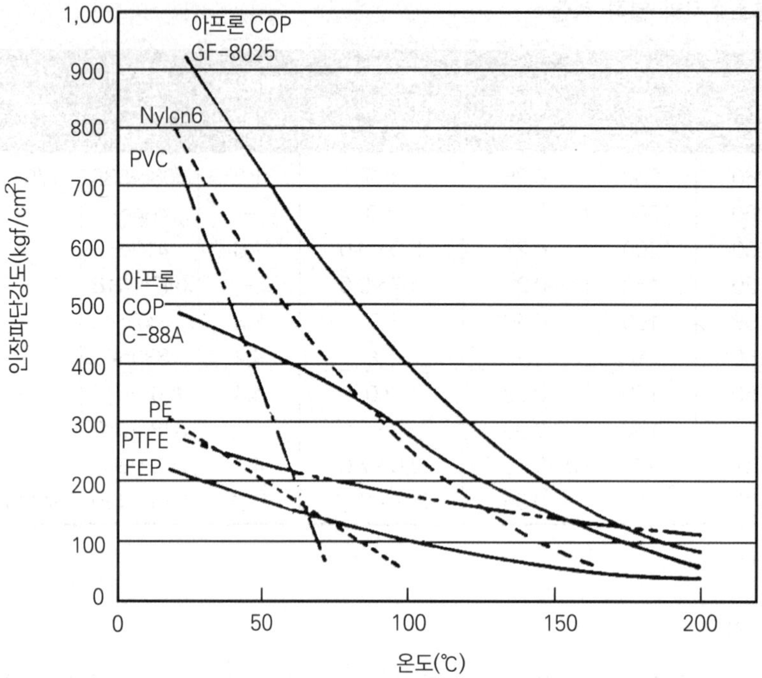

➲ **그림 4-3 인장세기의 온도의존성**

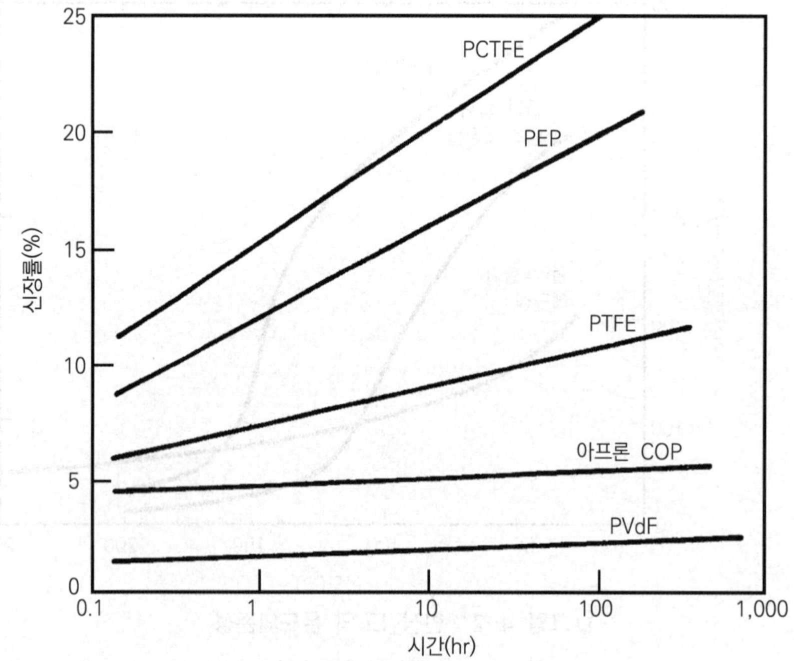

➲ **그림 4-4 불소수지의 인장크리프(100℃, 35kgf/cm²)**

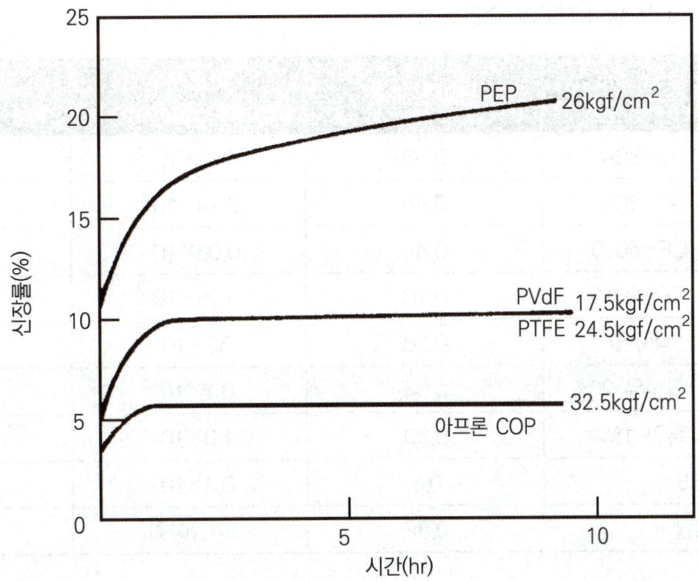

그림 4-5 불소수지의 인장크리프(150℃, 하중 150℃ 항복강도의 1/2)

(3) 접동특성

마찰 · 마모특성에 대한 예를 표 4-4, 표 4-5에 나타낸다. 카본수지 흑연의 첨가에 따라 접동특성은 향상된다.

표 4-4 PFA 및 FEP의 마찰·마모특성

시험재료	속도 m/sec	PV치 $kgf/cm^2 \cdot m/sec$	마모계수* K	동마찰계수 μ_k	운전시간 hrs
PFA (T-340-J)	0.015 0.05 0.15 0.25	0.10 0.35 1.05 1.75	11.3×10^{-4} 13.0×10^{-4} 7.0×10^{-4} 5.0×10^{-4}	0.210 0.214 0.229 0.289	103
FEP (T-100)	0.015 0.05 0.15 0.25	0.10 0.35 1.05 1.75	13.2×10^{-4} 7.8×10^{-4} 11.2×10^{-4} 5.7×10^{-4}	0.341 0.330 0.364 0.296	104

※시험조건 : 스러스트 베어링 시험기에 의한 데이터 상대면(강)의 재질 AISI 1018(기계 구조용 탄소강 S17C에 가깝다) 임상 0.4미크론, 경도 HR_C 20 무왕골 실온공기중

* 마모계수 K는 W=KPVT식의 비례상수

W : 마모깊이(cm), P : 하중(kgf/cm^2), V : 속도(m/sec), T : 시간(hr), K의 단위는 $\frac{cm^3 \cdot sec}{kgf \cdot m \cdot hr}$

▶▶ 표 4-5 아프론 COP 및 PTFE의 습동특성

		동마찰계수	마모계수 $mm^3 \cdot sec/kgf \cdot m \cdot hr$	한계 PV치 $kgf \cdot m/cm^2 \cdot sec$
아프론 COP	C-88A	0.53	145×10^{-3}	1.6
	GF-8025	0.44	0.24×10^{-3}	11<
	CF-5020	0.44	0.08×10^{-3}	16
	CF-8011	0.18	0.05×10^{-3}	11
PTFE	내추럴	0.28	52×10^{-3}	1.5
	유리섬유 20%	0.34	0.1×10^{-3}	11<
	흑연 15%	0.30	1.0×10^{-3}	11<
나일론 66		0.5	0.4×10^{-3}	
폴리아세탈		0.32	이상마찰	

(4) 내약품성

유기, 무기약품류에 대해서 지극히 불활성이다. 특히 PTFE, PFA, FEP는 C-C 결합의 주위를 간격없이 F가 덮인 구조로 되어 있다. 더구나 C-F 결합에너지는 107 kcal/몰로 높기 때문에 약품류에 대한 내성은 매우 우수하다. 앞에 적은 수지에 비교한다면 PCTFE, ETFE, ECTFE, PVDF 등은 약간은 뒤떨어진다. 한 예로 PFA, ETFE의 내약품자료를 표 4-6, 표 4-7에 나타낸다.

▶▶ 표 4-6 테플론 PFA의 내약품성

무기화합물 (168시간 폭로)

약호명	시험온도 (℃)	잔존특성 (%)		중량증가 (%)
		인장강도	신장률	
광산				
농염산	120	98	100	0.0
농유산	120	95	98	0.0
불산(60%)	23	99	99	0.0
발열유산	23	95	96	0.0
산화성산				
왕수	120	99	100	0.0
크롬산(50%)	120	93	97	0.0
농초산	120	95	98	0.0
발열초산	23	99	99	0.0

* 비점 특성의 변화 15% 이내는 무시할 수 있음. 유기화합물 데이터 없음

약호명	시험온도 (℃)	잔존특성 (%)		중량증가 (%)
		인장강도	신장률	
무기염기				
농암모니아수	66	98	100	0.0
가염소다(50%)	120	93	99	0.4
과산화물				
과산화수소(30%)	23	93	95	0.
할로겐				
취소	23	99	100	0.5
취소	59*	95	95	데이터 없음
염소	120	92	100	0.5
급속염수용액				
염화철(25%)	100	93	98	0.0
염화아연(25%)	100	96	100	0.0
기타 무기화합물				
염화슬필	69*	83	100	2.7
클로로설폰산	151*	91	100	0.0
농인산	100	93	100	0.0
산/부수물				
빙초산	118*	95	100	0.4
무수초산	139*	91	99	0.3
3염화초산	196*	90	100	2.2
지방족탄화수소				
이소옥탄	99*	94	100	0.7
나프타	100	91	100	0.5
광유	180	87	95	0.0
톨루엔	110*	88	100	0.7
관기능을 갖는 방향족				
O-크레졸	191*	92	96	0.2
니트로 벤젠	210*	90	100	0.7
알콜				
벤딜알콜	205*	93	99	0.3
아민				
아닐리	185*	94	100	0.3
n-부틸아민	78*	86	97	0.4
에틸렌다이아민	117*	96	100	0.1
에텔				
테트라히드라프탄	66*	88	100	0.7

* 비점 특성의 변화 15% 이내는 무시할 수 있음. 유기화합물 데이터 없음

약호명	시험온도 (℃)	잔존특성 (%)		중량증가 (%)
		인장강도	신장률	
케톤알데히드				
벤조알데히드	179*	90	99	0.5
시클로핵사논	156*	92	100	0.4
메틸에틸케톤	80*	90	100	0.4
아세트페논	202*	90	100	0.6
에스테르				
메틸프탈레이트	200	98	100	0.3
n-부틸아세테이트	125*	93	100	0.5
트리n-부틸러스페트	200	91	100	2.0
염화화용제				
메틸클로라이드	40*	94	100	0.8
파클로로에틸렌	121*	86	100	2.0
4연화탄소	77*	87	100	2.3
폴리머용제				
디메틸포름아미드	154*	96	100	0.2
디메틸설폭사이드	189*	95	100	0.1
다이옥산	101*	92	100	0.6

*비점 특성의 변화 15% 이내는 무시할 수 있음.

▶▶ **표 4-7** 아프론 COP의 내약품성

산 알칼리			유기산 용제기타		
약품명	농도 (wt%)	사용한계온도 (℃)	약품명	농도 (wt%)	사용한계온도 (℃)
유산	25	105	의산	100	80
유산	50	120	초산	10~100	80
유산	70	120	크롬 초산	10, 50	80
유산	95	140	트리크롤 초산	50	100
초산	5	60	낙산	50	100
초산	60	50	유산	100	80
인산	85	100	지방산	100	100

산 알칼리			유기산 용제기타		
약품명	농도 (wt%)	사용한계온도 (℃)	약품명	농도 (wt%)	사용한계온도 (℃)
5산화인	100	80	주석산	100	90
염산	5	100	구연산	100	40
염산	20	90	수도수	–	120
염산	35	80	순수 · 해수	–	120
유산	25	105	의산	100	80
유산	50	120	초산	10~100	80
유산	70	120	크롬 초산	10, 50	80
유산	95	140	트리크롤 초산	50	100
초산	5	60	낙산	50	100
초산	60	50	유산	100	80
인산	85	100	지방산	100	100
5산화인	100	80	주석산	100	90
염산	5	100	구연산	100	40
염산	20	90	수도수	–	120
염산	35	80	순수 · 해수	–	120

※이 표는 라이닝 강관에서의 데이터이다.

(5) 전기적 성질

그림 4-67, 그림 4-7에 유전율, 유전정접의 주파수 의존성을 나타낸다. PTFE, PFA, FEP는 극성이 매우 작기 때문에 넓은 주파수 영역과 온도범위로 안정된 유전율, 유전정접을 나타낸다. PVDF는 매우 특이한 성질을 갖고 있다. 유전율이 매우 크기 때문에 소형 콘덴서용 필름에 적합하다.

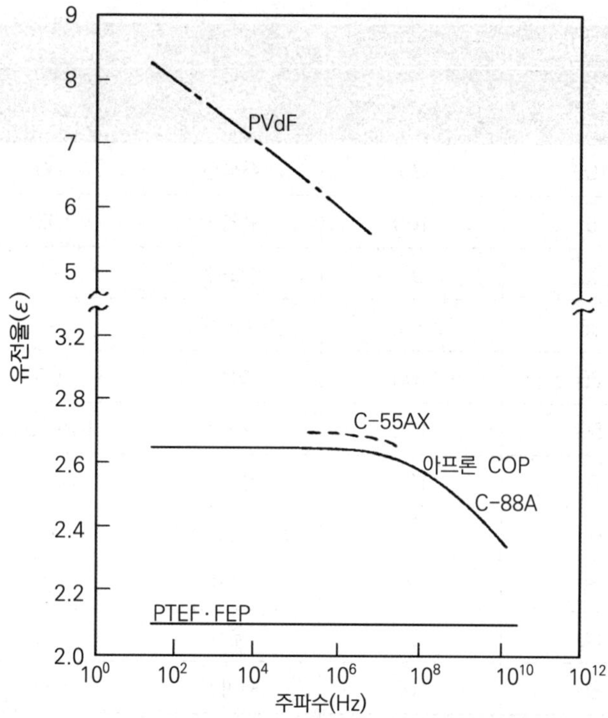

그림 4-6 유전율의 주파수 의존성(25℃)

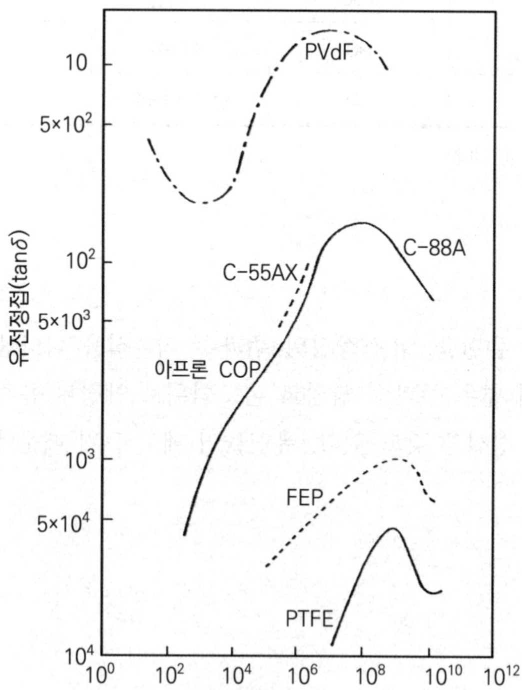

그림 4-7 유전정접의 주파수 의존성(25℃)

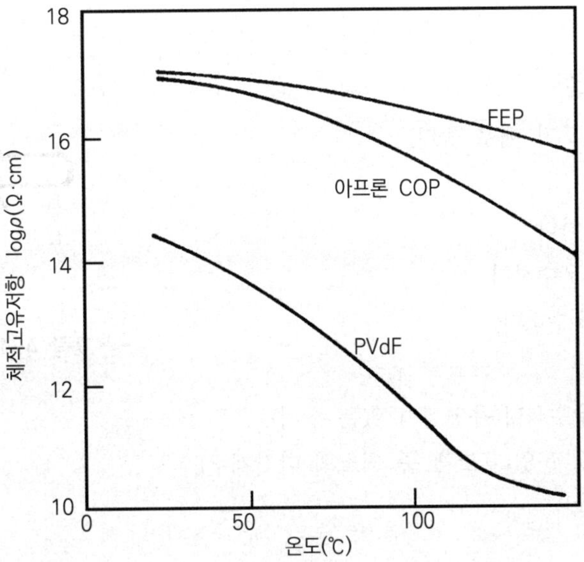

그림 4-8 체적고유저항의 온도 의존성

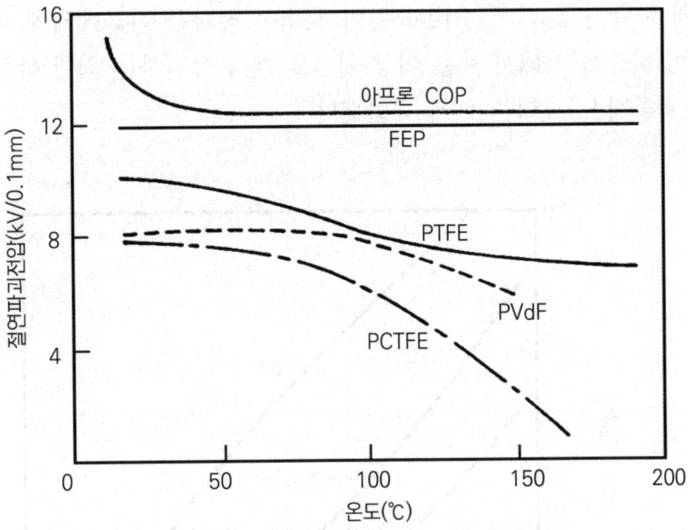

그림 4-9 절연파괴전압의 온도 의존성

또 압전성(壓電性)[24], 초전성(焦電性)[25] 등 특이한 성질을 갖는다. 체적저항률, 절연파괴전압과 온도의 관계를 그림 4-8, 그림 4-9에 나타낸다.

---

24) 압전성(壓電性) : 역학적인 힘을 가할 때 기전력이 일어나거나 전압을 가할 때 역학적인 힘이 일어나는 성질

25) 초전성(焦電性) : 온도가 변하면 전기 분극(分極)이 생기는 성질, 열에너지를 전기에너지로 변환하는 성질

4) 특징

특징은 다음과 같다.

① 연속최고 사용온도가 매우 높다.
② 불연성이다.
③ 저온특성이 우수하다.
④ 내화학약품성이 우수하다.
⑤ 전기적 특성이 우수하다.
⑥ 비점착성이다.
⑦ 기계적 특성이 우수하다(유연성이 있는 수지).
⑧ 저마찰 특성을 갖고 있다(고체 중 최소의 마찰계수).
⑨ 내후성이 우수하다.

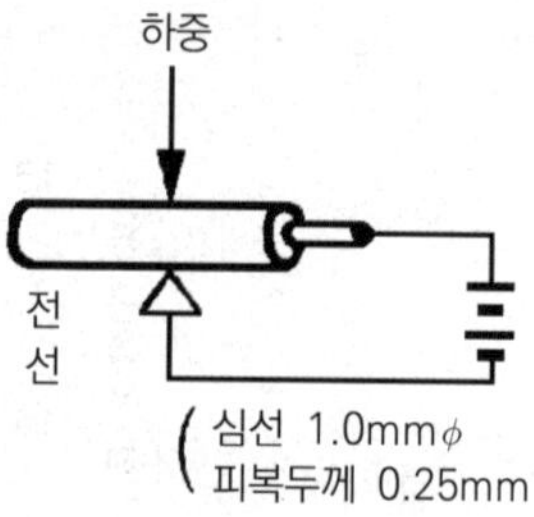

그림 4-10 컷스루 저항시험법

불소수지는 종류가 많으므로 사용에 맞게 표 4-8을 기준으로 하는 것이 좋다. 컷스루(cut-through) 저항은 전선피복재료로서 사용할 경우 내크리프성과 전기절연성을 포함한 전기적 성능평가법의 하나이다. 그림 4-10과 같이 컷스루 저항은 샤프에지에 피복전선을 얹고 그 위에 물체를 얹어 하중을 가해서 30분 이상 절연을 계속 유지하는 최대 하중을 나타낸다. 컷스루 저항의 온도의존성을 그림 4-11에 나타낸다.

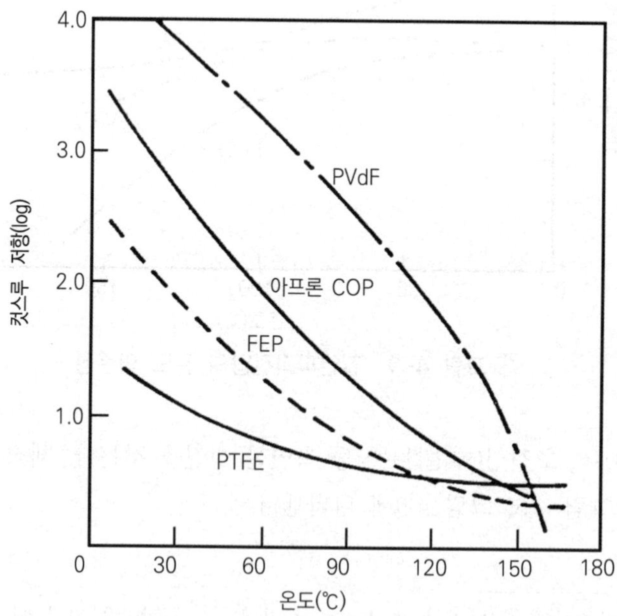

그림 4-11 컷스루(cut-through) 저항의 온도의존성

▶▶ **표 4-8 불소수지의 선택기준 (특성비교)**

성질 \ 수지		PTFE	PFA	FEP	PCTFE	ETFE	ECTFE	PVDF	PVF (필름)	나일론 6	폴리프로필렌	폴리염화비닐 [경(硬)]
내열성(상용, ℃)		260	260	200	150	150	(150)	150	(100)	80~120	80~120	60
전기적 성질		◎	◎	◎	○	◎	◎	○	△	△	◎	△
난연성[1] (O.I%)		95 <	95 <	95 <	95	30	60	43	23	24	18	45
기계적 성질		△	△	△	○	○	○	○	○	◎	○	○
저마모성		◎	○	◎	△	△	△	△	△	△	△	△
내약품성	산	◉	◉	◉	◎	◎	◎	○	△	×	○	○
	알칼리	◉	◉	◉	◎	◎	◎	△	△	×	○	○
	용제	◉	◉	◉	○	◎	◎	△~×	△	×	△	△
비점착성		◎	◎	◎	○	○	○	△	○	×	○	×
내후성		◎	◎	◎	◎	◎	◎	◎	◎	×	×	×
투명성[2]		△	○	○	○	△	△	△	△	△	△	○
성형성		△	○	○	○	◎	◎	◎	–	◎	◎	◎
비중		2.17	2.15	2.15	2.13	1.73	1.70	1.76	1.38	1.13	0.90	1.35

비고) 기호는 다음과 같이 한다.

◉◎ : 매우 우수하다, ○ : 우수하다, △ : 사용가능, × : 사용불가

주) 1) O.I : 한계산소지수(Vol %, 연소를 지속하는데 필요한 최저한의 산소 체적분율(%)이다. Limiting Oxygen Index, LOI), 수치가 큰 만큼 난연성도 크다.

2) 얇은 성형품의 경우

5) 용도

(1) PTFE

① 몰딩 파우더 : 불소수지의 대표적 품종은 PTFE이다. 그 중에서도 한층 더 원료수지의 개량, 가공기술이 진전되고 수요도 패킹, 개스킷, 밸브시트, 베어링, 전기부품, 자동차부품 등 폭넓게 사용되고 있다.

② 파인 파우더 : TFE의 유화중합에 의해 얻어진 디스퍼전을 응석해서 얻어진다. 성형법으로서 페이스트 압출, 압연, 연신가공 등이 사용되며, 나사실(seal)용 생테이프나 튜브의 성형 그리고 전선피복에도 활용되고 있다. 파인 파우더의 특성을 활용한 대구경 파이프나 다공질막으로서의 용도도 넓어지고 있다.

③ 디스퍼전, 에나멜 : 디스퍼전은 평균입자 크기가 0.2~0.4μm 의 PTFE 미립자를 수중에 분산

한 것으로 석면, 유리직포, 소결(燒結)합금 등의 다공질 물질에 함침(含浸)[26]해서 기밀성과 윤활성을 갖게 하고 또는 점착방지의 목적 등에 사용된다. 공기막구조의 텐트재 등에서는 유리섬유의 직포에 이 디스퍼전을 함침해서 소결(燒結)[27]한 것이다. PTFE의 디스퍼전을 기본재료로 한 수성코팅 도료는 가정용 프라이팬에서부터 각종 산업기기까지 내열, 내한성에서 비점착성, 저마찰계수를 가진 도막을 형성한다.

④ 충전제 함유 : 유리섬유, 카본섬유, 청동, 흑연 등의 분말을 PTFE에 분산해서 PTFE의 내압축 크리프특성이나 내마모성 등이 부족한 특성을 보강한 형태로 사용된다. 용도는 거의 기계적 사용에 이용된다.

(2) FEP

전선피복이나 필름으로 주로 사용되고 있다. 옥내나 지하케이블의 난연화 필요에 의하여 FEP, ECTFE 등의 사용이 증가되고 있다.

(3) PFA

PTFE에 필적하는 특성을 갖고 더욱 복잡한 형상의 것도 쉽게 열용융성형을 할 수 있다. 종래는 가격이 비쌌기 때문에 용도가 한정되었지만, 첨단기술산업의 하나인 반도체 산업분야에서 급속히 사용되게 되었다(반도체웨어 바스켓 등).

(4) ETFE

전기저항 등에 대한 기계적 강도, 전기절연성, 내방사선 등이 우수하고 가공성도 좋기 때문에 주로 전선피복재료로서 사용되고 있다. 컴퓨터의 기내 배선이나 원자력 발전소의 원자로 제어관계의 케이블 등으로의 이용이 확대되고 있다.

(5) PVDF

PVDF는 기계적 강도가 크고 내마모성에 우수하고 가스 배리어성도 좋다. 그 때문에 화학분야에서의 밸브 본체나 펌프 등의 성형품이나 라이닝으로 사용된다. 강한 절연내력과 더불어 마모에 대한 큰 저항성을 지닌 것에서 컴퓨터용 후크업 와이어, 항공기 및 미사일에서의 접속전선, 공업용 제어전선 등의 기기전선으로 이용되고 있다. 유전율이 크고 필름에 분극처리를 하는 것에 의하여 압전성이 생기는 것이므로 고분자압 전체로서의 주목을 끌고 있다. 용도로는 마이크로폰이나 스피커, 압전스위치 등이 있지만 초음파 탐촉자, 의료기계 등으로의 적용도

26) 함침(含浸) : 가스나 액체로 된 물질을 물체 안에 침투하게 하여 그 물체의 특성을 사용 목적에 따라 개선하는 것으로, 삼투(滲透)라고도 한다.

27) 소결(燒結) : 분체를 가열하였을 때 분체 입자간에 결합이 일어나는 현상

확대되고 있다.

(6) PCTFE

기계적 강도, 광학적 성질이 우수하고 극저온에서의 치수안정성, 내충격성이 우수하다. 이 때문에 고압용 개스킷, 투명성이 필요한 배관이나 레벨 게이지 그리고 LNG 기지(基地)라든가 LNG 수송탱커의 배관·밸브의 밀봉 재료 등에 사용되고 있다. 또 수증기, 산소, 질소의 투과율이 작은 성질을 이용해서 화학약품, 생물시료, 의약품의 보존수송용 백(bag), 의료용기구·정밀기계기구 등의 포장필름 등으로도 계속 이용된다.

(7) PVF

PVF는 보통 필름형태로 판매되고 있다. 이 필름은 금속, 목재, 플라스틱 등을 대체하는 외장 또는 내장건재, 지붕표면재 등으로 사용되고 있다.

6) 제조사(메이커)

현재 판매되고 있는 종류 메이커, 상품명을 표 4-9에 나타낸다.

표 4-9 불소수지의 종류, 상품명, 메이커

불소수지의 종류	상품명	제조회사명
폴리테트라 플루오로에틸렌 (PTFE)	Algoflon 플루온~Fluon Halon TEF Hostaflon 플로프론 TFE 테플론 TFE~Teflon TFE	Montefluos 구 플로로폴리어 ICI Allied Fibers & Plastics Hoechst 다이킨공업 미쓰이(三井)듀폰플로로케미칼~DuPont
폴리클로로 트리플루오로에틸렌 (PCTFE)	다이프론 CTFE Kel-F Aclon CTFE Voltalef	다이킨공업 3M Allied Fibers & Plastics ATOCHEM
폴리비닐리덴 플루오라이드 (PVDF)	Dyflor Foraflon KF 폴리머 Kyner Solef	Dynamit Nobel ATOCHEM 쿠레하(吳羽)화학공업 Penwalt Chemicals Solvay
폴리비닐플루오라이드 (PVF)	Tadlar	DuPont

불소수지의 종류	상품명	제조회사명
테트라플루오로에틸렌 헥사플루오로프로필렌 공중합체(FEP)	네오프론 FEP 테플론 FEP~Teflon FEP	다이킨공업 미쓰이(三井)듀폰플로로케미칼~DuPont
테트라플루오로에틸렌 에틸렌 공중합체 (ETFE)	아프론 COP Hostaflon ET Tefzel 네오프론 ETFE	아사히글라스(旭硝子) Hoechst DuPont 다이킨공업
테트라플루오로에틸렌 퍼플루오로알킬비닐 에틸렌 공중합체(PFA)	Hostaflon PFA 테플론 PFA~Teflon PFA 네오프론 PFA	Hoechst 미쓰이(三井)듀폰플로로케미칼~DuPont 다이킨공업
클로로트리플루오로 에틸렌 중합체(ECTFE)	Halar	Allied Fibers & Plastics

7) 수요 동향

PTFE, FEP, PFA, PETFE(내추럴), PETFE(카본수지들), PETFE(정전도장용), PVDF 등 불소수지의 수요동향은 품목별로는 파이프류, 튜브류, 테이프류, 수지함침제품 등의 증가가 크고, 수요분야별로 보면 화학기계 및 그 밖의 일반기계 계통의 증가와 더불어 통신기기를 포함한 전기 · 전자기기가 차지하는 구성비율도 여전히 크며, 특히 자동차용품으로의 수요가 증가하고 있다.

8) 대표적 판매제품의 물성자료

불소수지의 종류와 물성자료는 표 4-10을 참조하기 바란다. 표 4-10에 〈테플론〉, 표 4-11에 〈아프론 COP〉 그레이드를 나타낸다. 그 밖의 제조회사(메이커)에 있어서도 마찬가지로 용도에 알맞은 많은 그레이드를 갖추고 있다.

▶▶ 표 4-10 테플론의 종류와 성형품

종류	형태	그레이드	성형법	대표적 성형품
TFE 수지	몰딩 · 파우더	테플론 7-J	압축	빌릿(billet) · 다이어프램
		테플론 7A-J	압축	절삭테이프용 중형 · 대형 빌릿
		테플론 800-J	압축 · 자동 · 램압축 · 액압	각종 성형품 · 지름이 큰 둥근막대기
		테플론 820-J	압축 · 자동 · 램압출 · 액압	각종 성형품 · 지름이 큰 둥근막대기
		테플론 914-J	램압출	지름이 작은 둥근막대기
TFE 수지	충전제 함유 몰딩 · 파우더	테플론 1103-J, 1603-J(15%Gl)	1100시리즈는 압축	각종 성형품 · 둥근봉
		테플론 1104-J, 1604-J(20%Gl)	1600시리즈는 압축 · 램압출	
		테플론 1105-J, 1605-J(25%Gl)		〈참고〉 Gl는 유리섬유 Gr는 흑연 Br는 청동 MoS_2는 2유화몰리브덴 C/Gr는 카본과 흑연 CF 카본섬유
		테플론 1123-J, 1623-J(15%Gr)		
		테플론 1146-J, 1646-J(60%Br)		
		테플론 1171-J, 1671-J(20%Gl)(5%Gr)		
		테플론 1174-J, 1674-J(15%Gl)(5%MoS_2)		
		테플론 1191-J, 1691-J(25%C/Gr)		
		테플론 1192-J, 1692-J(33%C/Gr)		
		테플론 1197-J, 1697-J(10%CF)		
	파인 · 파우더	테플론 6-J	페이스트 압출	실용 생테이프, 지름이 작은 둥근막대기 · 튜브 · 전기피복 전선용 생테이프 · 튜브
		테플론 6C-J	페이스트 압출	
		테플론 62-J	페이스트 압출	
	디스퍼전	테플론 30-J	함침 · 유리코팅	테플론 ^{R}함침어스베스트 패킹 테플론 ^{R}코팅유리크로스
PFA 수지	펠릿	테플론 340-J	사출 · 스크류 압출 압출 · 트랜스퍼 · 블로우	웨어캐리어 전선 · 각종 성형품 각종 라이닝 제품 · 내압 호스 · 파이프 · 보틀
		테플론 345-J		
		테플론 350-J		
		착색용 펠릿(10색)		
	파우더	MP-10	정전도장	복사기용 가열 롤러 · 식품공업용 부품 팬가열케이스 등의 코팅
		MP-102	정전도장	

종류	형태	그레이드	성형법	대표적 성형품
FEP 수지	펠릿	테플론 ^{R}100 테플론 ^{R}110 테플론 ^{R}140 테플론 ^{R}160 착색용 펠릿(10색)	스크류 압출 사출 압출 스크류 압출 트랜스퍼 스크류 압출	전선피복 · 튜브 전자부품 전선피복 · 튜브 각종 라이닝 제품 · 두께 시트
	디스퍼전	테플론 ^{R}120	코팅	테플론 ^{R}코팅유리크로스
EPE 수지	펠릿	테플론 ^{R}9800-J	스크류 압출	전선피복 · 튜브
		테플론 ^{R}9805-J	트랜스퍼 스크류	각종 라이닝제품

■ 특수품

종류	형태	그레이드	
TFE 수지	파우더	테플론 ^{R}K10-J	방진 프로세스용 미국 파쇼우케미컬 사의 특허 (미분말로 혼합하여 가루가 날리는 것을 방지한다.)
	디스퍼전	테플론 ^{R}K20-J	
	파우더	TLP-10 TLP-10F-1	고체윤활분(다른 수지 · 그리스 · 잉크 등에 첨가하면 마찰마모 특성을 개선할 수 있다.)
PFA 수지	필름	LP타입(무처리) CLP타입(평면접착가능)	치수 : 두께 13μ~2.3mm 최대폭 – 얇은 제품 1,470mm – 두꺼운 제품 1,270mm
FEP 수지	필름	A타입(무처리) C타입(평면접착가능) C20타입(양면 접착가능) L타입(라이닝용)	치수 : 두께 25μ~2.3mm 최대폭 – 얇은 제품 1,470mm – 두꺼운 제품 1,270mm
	연수축 튜브	롤커버	치수 : 피복가능한 롤 지름 25mmφ~307mmφ – 길이 1.8m~6m(표준재고품 1.8m, 3m) – 두께 0.5mm

▶▶ 표 4-11 아프론 COP의 종류와 물성

그레이드	조 성	성형법 및 목적
C-55A C-88A	내추럴	일반사출, 압출성형
C-55AX C-88AX	내추럴	일반사출, 압출, 블로우 성형 (내스트레스크랙 개량 그레이드)
C-780	내추럴	일반사출 압출성형(내열노화 개량 그레이드)
GF-8025	유리섬유 25%	사출성형
GFB-8050	유리섬유 25% 글래스비즈 25%	사출성형

그레이드	조 성	성형법 및 목적
CF-5020	카본섬유 20%	사출성형
CF-8011	카본섬유 10% 2유화몰리브덴 10%	사출성형(섭동 그레이드)
Z-8820	내추럴 20μ 입자지름	정전분체도장(막두께 30~50μ)
Z-885A	내추럴 50μ 입자지름	정전분체도장(막두께 50~150μ) 유동침전도장(막두께 50~400μ)
ZL-520 ZL-521	카본섬유 20% 카본섬유 5%	정전분체도장(막두께 ~1,000μ 겹쳐바름) ZL-520상(上) 도장
ZH-885B	특수 충전재료 함유	정전도장(하드코트)
CLD-10~100	컬러 마스터배치	일반사출, 압출착색용(10색)

▶▶ 표 4-12

	ASTM	단위	C-88A	C-55AX	GF-8025	GFB-8050	CF-5020	CF-8011
비중	D792	–	1.74	1.73	1.86	2.0	1.71	1.83
융점		℃	267	258	267	267	258	267
인장강도	D638	kgf/cm^2	480	500	900	530	570	450
인장신장도	D638	%	430	420	11	2.0	16	21
굽힘강도	D790	kgf/cm^2	210	300	1,200	920	660	–
굴곡탄성률	D790	kgf/cm^2	9.3×10^3	11×10^3	56×10^3	64×10^3	32×10^3	18.5×10^3
로크웰 경도	D785	R scale	50	61	85	93	68	77
아이조드 충격강도	D256	(노치있음) kgf · cm/cm	파괴되지 않음	파괴되지 않음	48	22	38	18
마모계수 ($P=3.4kgf/cm^2$, $V=0.8m/sec$)	–	$cm^3 \cdot min/kgf \cdot m \cdot hr$	2.4×10^{-3}	–	1.33×10^6	–	1.33×10^6	0.83×10^6
동마찰계수	–	–	0.53	–	0.44	–	0.44	0.18
선팽창계수	D696	$10^{-5}/℃$	9.4	–	2.0	1.67	3.0	4.0
열변형온도 ($18.6kgf/cm^2$)	D648	℃	67	–	230	216	89	102
연소성	UL-94	–	V-0	V-0	V-0	V-0	V-0	V-0
연속사용온도	–	℃	180	180	180	180	180	180
내약품성	–	–	우수	우수	좋음	좋음	우수	좋음
체적고유저항	D257	Ω · cm	10^{17}	10^{17}	10^{16}	6×10^{14}	–	–
유전율(10^6Hz)	D150	–	2.6	2.7	3.2	4.1	14.1	–
유전저항(10^6Hz)	D150	–	0.005	0.006	0.006	0.0098	3.9	–
내아크성	D495	sec	120	120	–	–	0	0
성형수축률 (유동성방향)	–	cm/cm	0.036	0.036	0.0024	0.002	0.0085	0.0027

2 PEEK(Polyether ether ketone, 폴리에테르에테르케톤)

2.1 폴리에테르에테르케톤 (PEEK)

1) 분류 및 종류

폴리에테르에테르케톤(PEEK)은 영국 ICI사(社)에서 개발한 고성능 엔지니어링 플라스틱(수퍼 엔플라, ENPLA)으로 다음의 구조식을 갖고 있다.

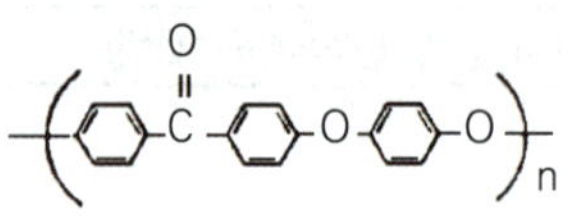

1980년 판매가 시작되어 일본에서도 1982년 ICI 일본, 스미토모화학(住友化學)에 의해 수입판매가 시작되고 나중에 미쓰이도아쓰(三井東壓)도 수입판매를 하였다.

(1) 내추럴

PEEK의 최대 장점은 내열성, 강인성(强靭性), 내염성(耐炎性), 내약품성이 기존의 엔지니어링 플라스틱보다 우수하다. 즉, PEEK는 가혹한 사용조건에서도 충분히 견딜 수 있다.

(2) 유리섬유 강화

고강도, 고강성(高剛性), 고치수정밀용으로 유리섬유 함유율 10, 20, 30%의 그레이드가 있다.

(3) 카본섬유 강화

특히 고탄성률화한 것으로 가장 내열성, 내충격성이 우수하다. 그 밖에 섭동특성을 개량한 불소수지함유, 흑연을 함유시킨 것 등이 있다.

2) 제조법

PEEK는 할로겐화 벤조페논과 하이드로퀴논(hydroquinone)의 용액중축합 반응에 의해 제조된다.

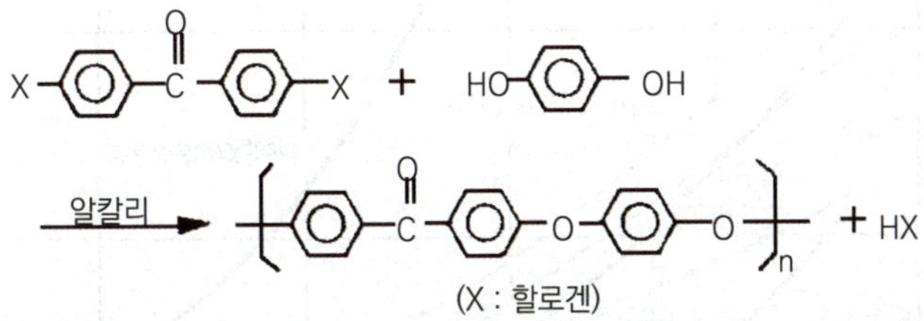

탈(脫) 할로겐화 수소반응을 촉진하기 위해 알칼리 금속화합물을 조제로 사용하여 용매로는 디페닐설폰과 같은 극성기를 가진 동시에 비점(沸點)이 높은 것을 사용한다.

3) 물성일반

(1) 내열성(단기적)

PEEK의 굽힘탄성률, 인장강도의 온도의존성을 그림 4-12, 그림 4-13에 나타낸다.

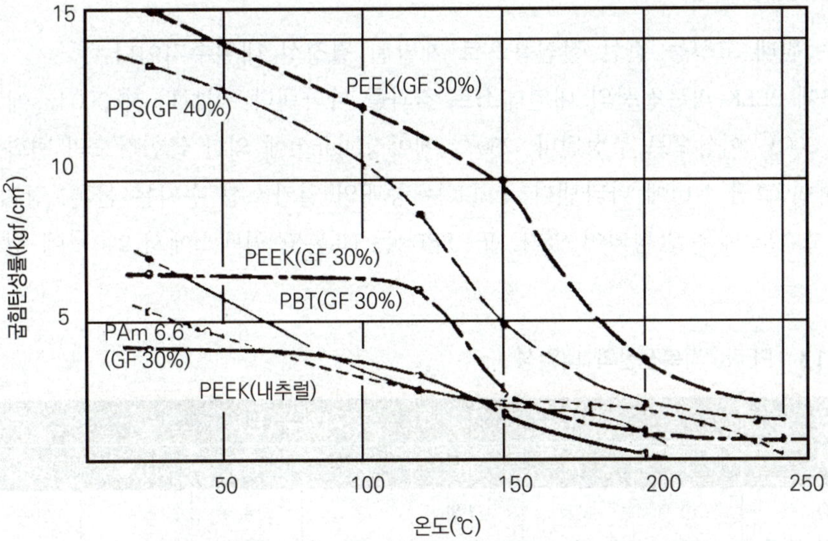

그림 4-12 굽힘탄성률의 온도의존성

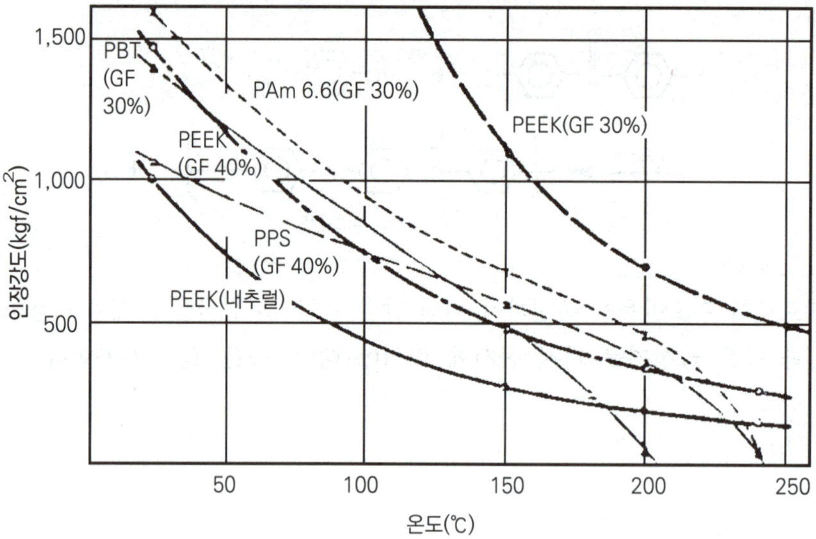

그림 4-13 인장강도의 온도의존성

(2) 내열성(장기적)

PEEK는 원래 고성능 전선 절연용으로 개발된 결정성 내열수지이다.

표 4-13에 PEEK 피복전선의 내열테스트 결과를 나타낸다. 이보다 50,000 hrs에 대응하는 사용온도는 200℃ 이상으로 추정된다. 250℃ 에이징(aging)에 의한 굽힘강도의 변화를 다른 수지와 비교하여 그림 4-14에 나타낸다. PEEK는 종래의 열가소성 수지는 물론, 장기간 내열성이 좋은 PPS보다도 매우 안정되어 있다. 또, PEEK는 UL온도 인덱스에서 240℃에 랭크되어 있다.

표 4-13 PEEK 피복전선의 내열성

온도 (℃)	경시일수(日)							
	1	7	14	28	63	126	253	420
320	○	○	크랙	–	–	–	–	–
280	○	○	○	○	크랙	–	–	–
240	○	○	○	○	○	○	크랙	–
220	○	○	○	○	○	○	○	–
200	○	○	○	○	○	○	○	○

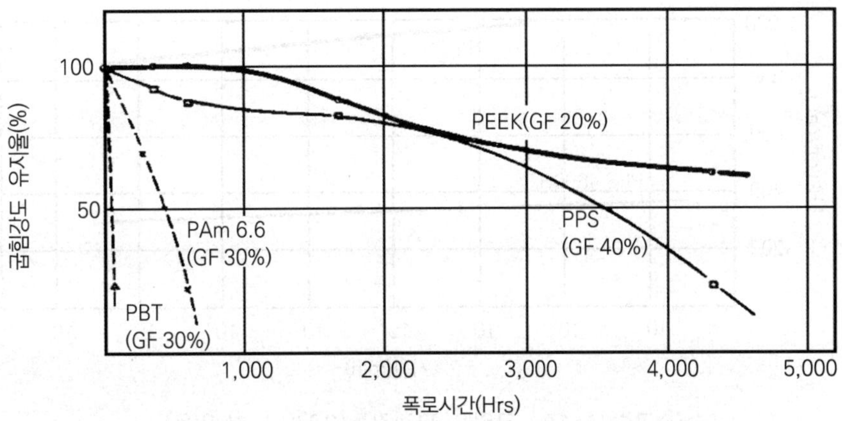

그림 4-14 250℃ 엔지니어링에 의한 굽힘강도의 변화(측정 23℃)

(3) 기계적 성질

① 크리프 특성

PEEK의 실온에서 크리프 파괴강도를 그림 4-15, 그림 4-16에 나타낸다. PEEK에는 노치를 붙여도 연성(延性) 영역이 급속히 생성되어 노치효과를 없애는 특성이 있다. 따라서 노치의 유무에 관계없이 PEEK는 다른 엔지니어링 플라스틱보다 내크리프성이 우수하다.

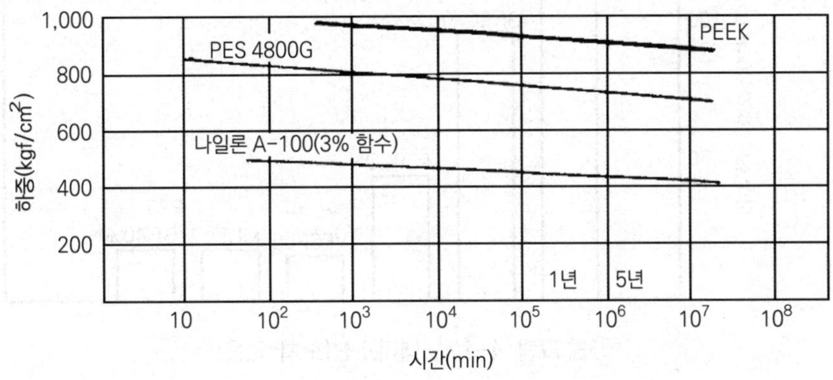

그림 4-15 크리프 파괴강도(23℃ 노치 없음)

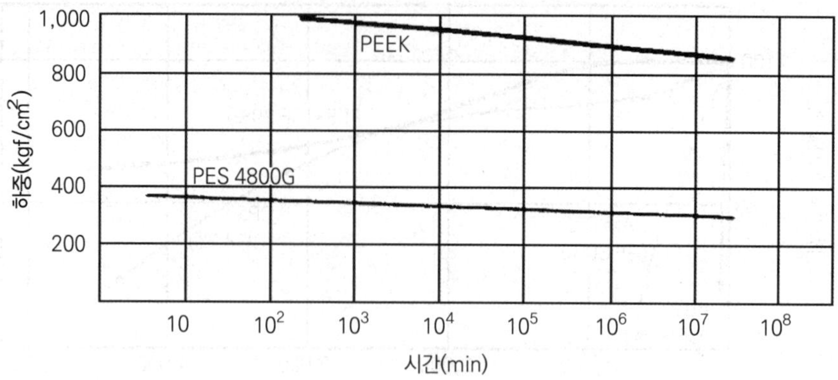

그림 4-16 크리프 파괴강도(23℃ 노치 있음)

② **내충격성**

PEEK는 종래의 내열수지에는 없는 우수한 강인성(强靭性, toughness)을 갖고 있다(그림 4-17 참조).

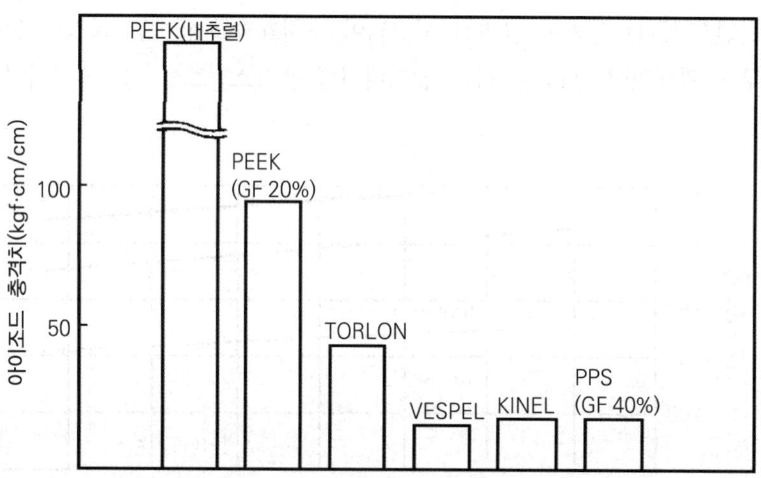

그림 4-17 내가소성(노치 없음)

③ **내피로성**

PEEK는 극한 내피로성을 갖고 있다. 예로서 그림 4-18, 그림 4-19에 반복인장응력시험의 결과를 다른 수지와 비교하여 나타낸다.

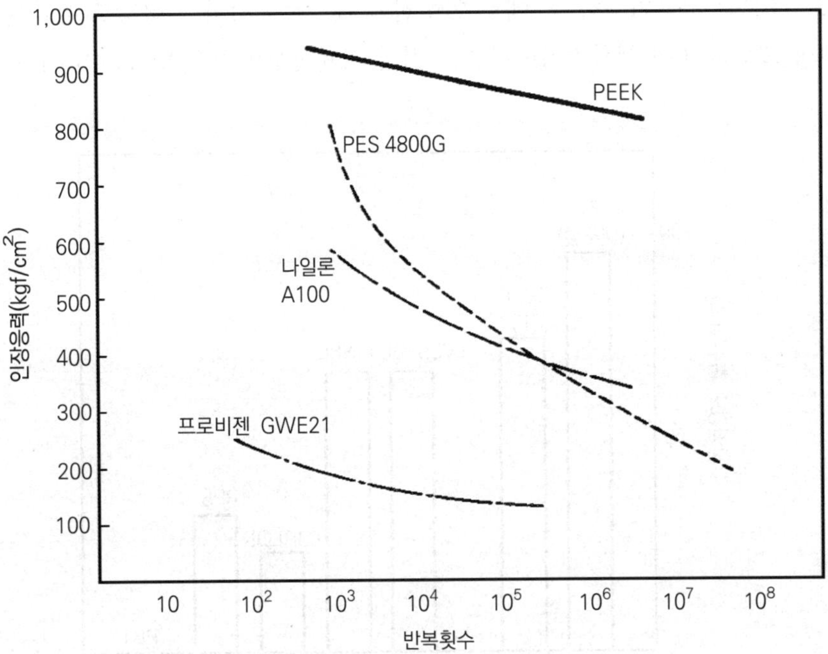

그림 4-18 PEEK의 피로성(노치 없음 23℃)

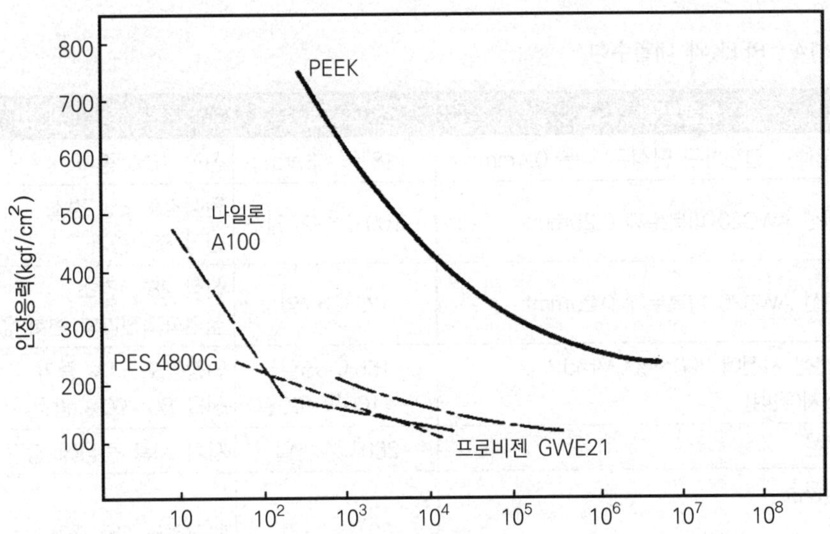

그림 4-19 PEEK의 피로성(노치 있음 23℃)

(4) 내열수성

PEEK의 흡수성은 작고, 23℃에서 포화흡수율은 0.5%이다. 또, PEEK의 내수성은 양호하고 열수중에도 충분히 사용가능하다. 예로 열수침지 테스트에서의 굽힘강도 유지율을 다른 수지와 비교하여 그림 4-20에 샘플형상마다 대표적인 기계물성의 변화를 표 4-14에 각각 나타낸다.

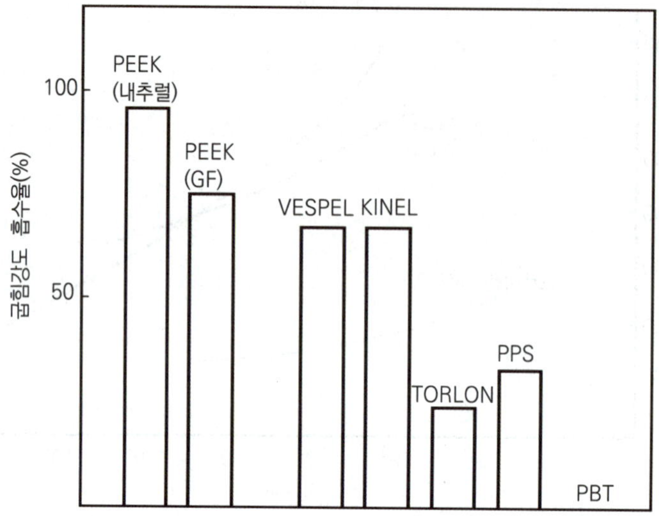

그림 4-20 열수중에서의 굽힘강도 흡수율

표 4-14 PEEK의 내열수성

샘플형상	조 건	변 화
1) 연신(延伸) · 결정화된 단섬유(지름 0.4mm)	181℃×3hrs	신장 12% 증가
2) 피복전선 AWG20(피복두께 0.25mm)	100℃×322일	인장강도 5% 감소 신장 8% 증가
3) 피복전선 AWG20(피복두께 0.25mm)	175℃×7일	신장 28% 감소 절연파괴전압의 변화 없음
4) 2)의 전선 사전에 200~500Mrad의 γ선 조사(照射)	155℃×5일 → 100℃×30일	인장강도 11% 증가 신율 80~90% 감소
5) 피복전선	260℃×75일	자기 지름 중심에 감긴 후 크랙 없음
6) 사출성형품 무충전	80℃×33일	인장강도 5% 증가 신장 22% 증가 아이조드(노치있음) 5% 감소
GF 20% 강화	80℃×33일	인장강도 7% 감소 신장 변화없음 아이조드(노치있음) 14% 감소
7) 사출성형품 무충전	288℃×30min	치수변화 및 열화의 징후 없음

(5) 내후성(耐候性)

PEEK는 TPEU 장치로 UV에서 2,200시간(실외 폭로 약 1년에 해당) 폭로(暴露)하면 누렇게 변하지만 인장강도나 신장률의 현저한 변화는 없다.

(6) 내방사선성

PEEK는 γ선 조명에 의한 열화(劣化)에 대하여 매우 내성(耐性)이 있고, 범용성형수지 중에서 가장 내방사선성이 좋은 폴리스티렌을 훨씬 능가하고 있다. 즉, γ선 조사량(照射量) 1,100 Mrad까지는 절연성이 양호한 고성능의 절연회복도 가능하다(표 4-15 참조).

▶▶ 표 4-15 PEEK의 내방사선성

샘 플	방사선원	시험방법	절연파괴에 이르는 방사선량
1.5mm의 PEEK 피복전선	^{80}CO(γ선)	250Mrad마다에 지름감기시험, 절연파괴 시험(1.5k×1분, 수중)을 2,000Mrad까지 반복한다.	1,100Mrad <

(7) 섭동특성(摺動特性)

PEEK는 폴리이미드와 같은 내마모성을 가지고 있으며 사출성형이 가능한 내열섭동재료로서의 용도로 사용된다.(표 4-16 참조).

▶▶ 표 4-16 PEEK의 내마모성(taber 마찰)

샘 플	상대재 (相對材)	사이클	마모량 (g)
PEEK 내추럴	H10Wheel S17Wheel	1,000 1,000	2.7×10^{-4} 9.7×10^{-4}

	약품명	영향
유기용제	아세톤	B
	MEK	A
	시클로헥산	A
	톨루엔	A
	트리클로로에틸렌	A
	1.1.1 트리클로로에탄	A
	클로로포름	A
	1.1 시클로에탄	A
	에탄올	A
	IPA	A
	초산 에틸	A
	가솔린	A
산	농유산(濃硫酸)	C
	88% 인산(180℃)	A
알칼리	50% KOH(120℃)	A

(A : 영향없음, B : 약간의 그레이드, C : 사용불가)

그림 4-21 PEEK의 내약품성(200～500 kgf/cm^2 응력하에서)

(8) 내약품성

PEEK는 농유산(濃硫酸) 이외에는 용해하지 않는 우수한 내약품성을 가지고 있다. 특히, 폴리이미드의 결점인 고온 시의 내수성, 내산성 및 알칼리성에 매우 우수하다.

(9) 전기적 특성

PEEK는 우수한 전기적 성질을 갖고 있으며 엄격한 조건에서 사용되는 부품에 특히 유효하다(그림 4-22, 그림 4-23, 그림 4-24 참조).

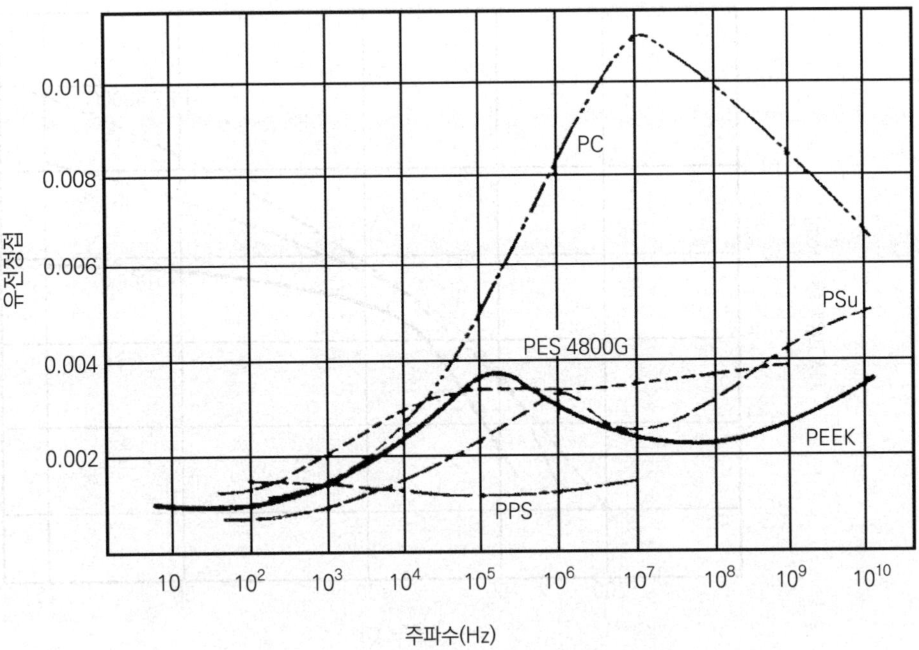

그림 4-22 유전정접의 주파수의존성

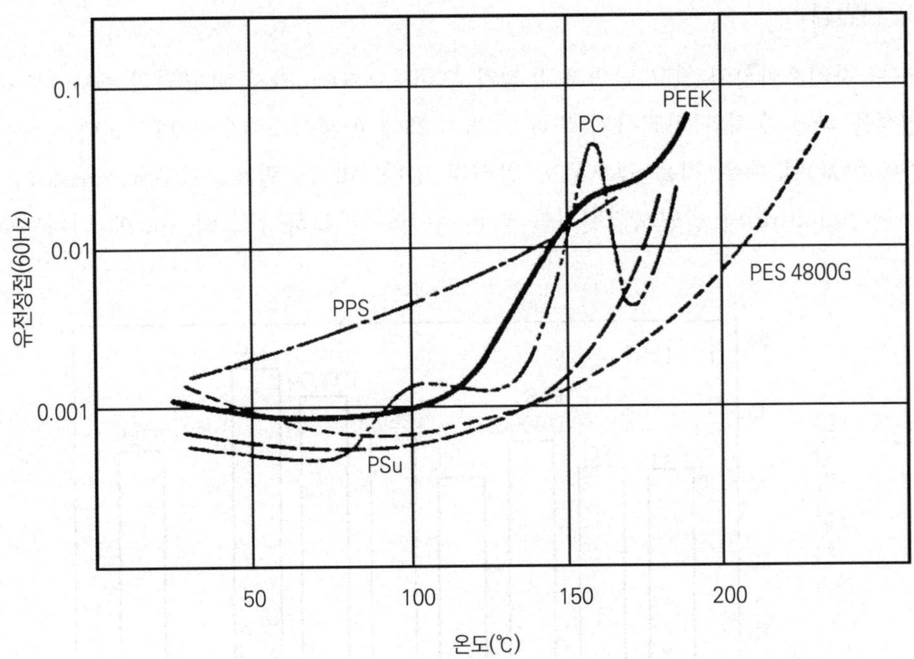

그림 4-23 유전정접의 온도의존성

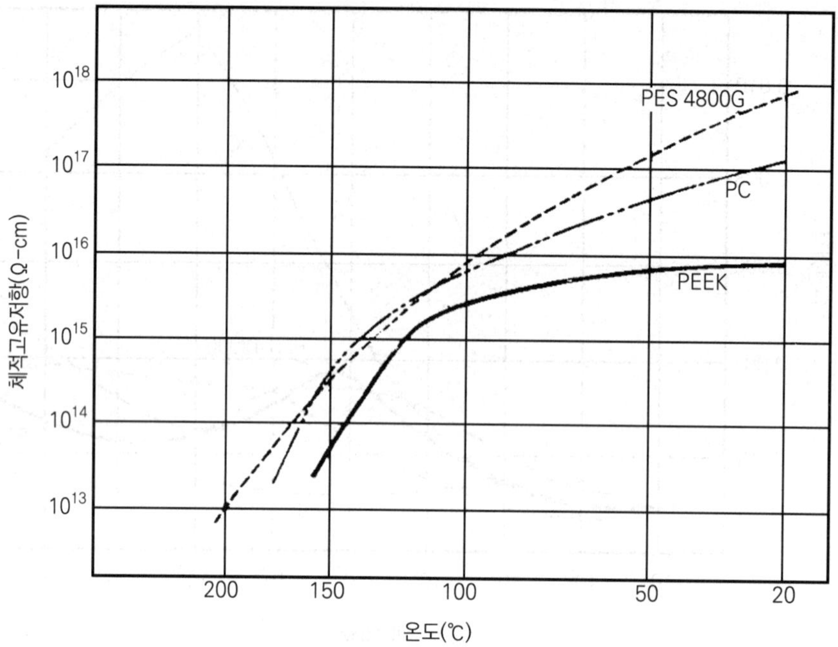

그림 4-24 체적고유저항의 의존성

(10) 난연성

PEEK는 자기소화성이 있고 난연제 무첨가 그대로 1.6 mm까지 UL규격의 94V-0에 해당된다.

난연성을 다른 수지와 비교하기 위해 그림 4-25에 한계산소지수를 나타낸다. 특히 PEEK는 발연량(發煙量)이 매우 적은 것으로도 알려져 있다. 미국국립표준사무국(American National Bureau of Standard)의 발연시험결과를 다른 수지와 비교하여 그림 4-26에 나타낸다.

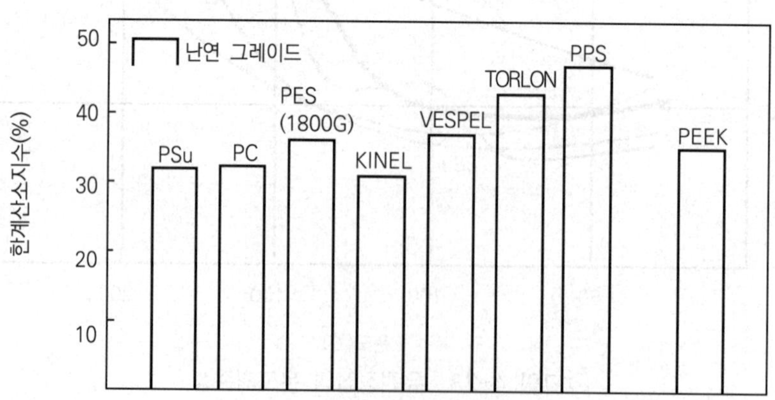

그림 4-25 한계산소지수의 비교

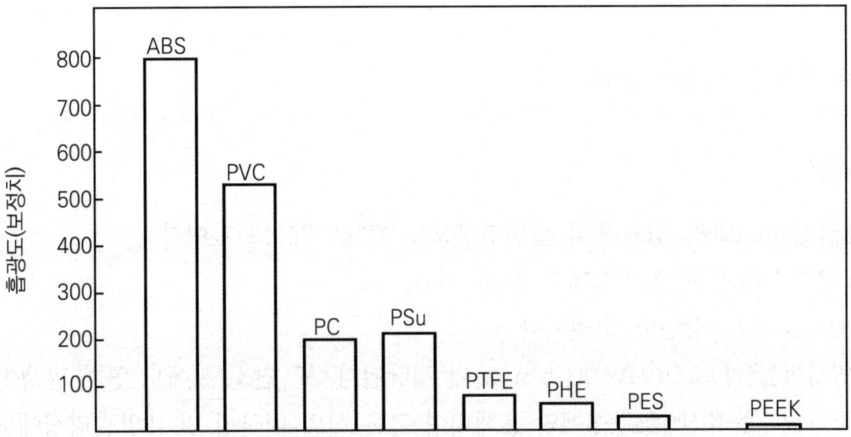

그림 4-26 발연량의 비교

(11) 가공성

PEEK는 고온(350~360℃)에서 양호한 유동성과 높은 열분해온도(560℃)를 갖고 있기 때문에 다음과 같이 모든 용융성형이 가능하다(그림 4-27 참조).

- 사출성형 : 성형품
- 압출성형 : 필름, 시트 블로우
- 용융방사(紡糸) : 파이버, 필라멘트
- 전선피복 : 전선, 마그넷 와이어(magnet wire)
- 코팅 : 내열, 내식(耐蝕)
- 회전성형 : 대형 성형품

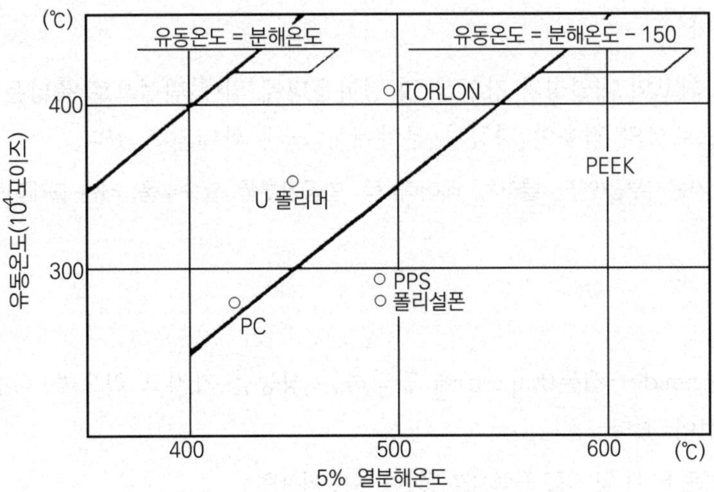

그림 4-27 유동온도와 분해온도

4) 특징

PEEK의 특징은 다음과 같다.

(1) 내열성

단기내열성 : GF20% 강화품의 열변형온도(HDT)는 약 300℃이다.

장기내열성 : UL온도 인덱스에서 240℃이다.

① 강인성 : 매우 강인한 수지이다.

② 내염성(耐炎性) : UL94V-0(1.6 m/m)에 해당된다. 또 연소 시에도 연기 발생이 미약하다.

③ 내약품성 : 농유산(濃硫酸)에만 용해되며 고온 시의 내산성 및 내알칼리성에도 우수하다.

④ 성형성 : 우수한 내열성에도 불구하고 보통 사출성형기 또는 압출성형기로 충분히 성형할 수 있다.

5) 용도

(1) 케이블·와이어 피복 분야

다음의 특징을 살려서 개발이 되고 있다.

피복가공성[용융압출법, 무용매가공(無溶媒加工)], 내약품성, 내방사선성, 자유로운 착색가공, 연소시의 저발연성과 부식성 가스발생이 없다.

용도 컴퓨터용, 항공기용, 지하철용, 원자력용, 유정용(油井用), 마그넷 와이어(magnet wire)용, 특히 에나멜 와이어의 응용은 솔벤트 프리(free)의 점에서 주목되고 있다.

(2) 성형품 분야

열가소성 수지 최고의 내열성과 강인성 및 컴파운딩에 의해 변성으로 폭넓은 특성을 부여하고 금속대체 용도로서의 적용이 자동차 분야에서 크게 확대되고 있다.

용도 커넥터, 자동차부품(엔진, 클러치, 베어링) 등, 항공기부품, 열수부품, 터빈 블레이드, 각종 내열섭동재 등

(3) 필름 분야

폴리이미드(Polyimide)-캡톤(Kapton)에 필적하는 성능을 가지고 있으며, 다음과 같은 분야로 응용의 가능성이 있다.

용도 전기절연용 F, H 및 C종 플렉시블 프린트 회로기판용

(4) 파이버·필라멘트 분야

우수한 내열성, 탁월한 내약품성과 더불어 폴리에스테르에 필적하는 강도로부터 다음 용도로의 적용이 확대되고 있다.

용도 내열 · 내식 필터, 콤포지트/유리섬유, 카본섬유와의 혼연혼방(混撚混紡) 후 가열가공

(5) 기타

① 코팅분야 : 내열 내식(耐蝕), 코팅(금속과의 밀착성)
② 회전 성형분야 : 대형 성형품
③ 블로우 성형분야 : 핵연료폐기물 용기

6) 제조사

주요 제조사는 표 4-17과 같다.

표 4-17 주요 제조사

메이커	상품명
ICI 일본	Victrex PEEK
스미토모화학(住友化學)	Victrex PEEK, 스미플로이 K
미쓰이도아쓰(三井東壓)	Victrex PEEK

7) 대표적인 판매제품의 물성데이터

표 4-18에 나타낸다. 참고로 다른 엔플라(ENPLA) 물성데이터도 같이 기록한다.

▶▶ **표 4-18** PEEK의 일반물성(성형물)

항 목			시험법	단 위	PEEK	
					내추럴	GF 10%
물리적 성질	밀도		ASTM D-792	kg/cm^3	1,300	1,370
	흡수율(24hrs)		ASTM D-570	%	0.14	–
	성형수축률		ASTM D-955	%	1.1	0.4
기계적 성질	인장강도	23℃	ASTM D-638	kgf/cm^2	930	1,520
		100℃	ASTM D-638	kgf/cm^2	660	–
		150℃	ASTM D-638	kgf/cm^2	350	–
	파단신도		ASTM D-638	%	150	8.5
	굽힘탄성률	23℃	ASTM D-790	kgf/cm^2	39,800	64,200
		100℃	ASTM D-790	kgf/cm^2	30,600	–
		150℃	ASTM D-790	kgf/cm^2	20,400	–
	충격강도					
	샤피(노치있음)		–	kgf · cm/cm	5.5	6.6
	아이조드(노치있음)		ASTM D-256	kgf · cm/cm	*45	–
	아이조드(노치없음)		ASTM D-256	kgf · cm/cm	*>300	–
열적 성질	열변형온도	($186kgf/cm^2$)	ASTM D-648	℃	152	209
	유리전이온도		–	℃	143	–
	융점		DSC	℃	334	–
	UL 온도 인덱스		UL-746	℃	(240)	–
	선팽창률		ASTM D-696	1/℃	$*5\times10^{-6}$	–
	열전도율		–	cal/cm · sec · ℃	6×10^{-4}	–
전기적 성질	유전율	10^3Hz	BS2782	–	3.2~3.4	–
		10^6Hz	(ASTM D-150)	–	–	–
	유전정압	10^3Hz	BS2782	–	0.003	–
		10^6Hz	(ASTM D-150)	–	–	–
	내트래킹		BS 3781 (DIN 53480)	V	175	–
	절연파단전압		ASTM D-149	kV/mm	*17	–
	체적고유저항		BS 2782 (ASTM D-257)	Ω · cm	$4\sim9\times10^{16}$	–
	표면고유저항		BS 2782 (ASTM D-257)	Ω	–	–
연소 특성	한계산소지수	0.4mm	ASTM D-2863	%	24	–
		1.6mm	ASTM D-2863	%	–	–
		3.2mm	ASTM D-2863	%	35	–
	난연성	0.3mm	UL 94	–	V-1	–
		1.6mm	UL 94	–	V-0	–
		3.2mm	UL 94	–	5V	–

PEEK			PES	PPS	TORLON	KINEL
GF 20%	CF 20%	CF 30%	(200P)	(R-4)	(4203)	(5515)
1,440	1,400	1,440	1,370	1,640	1,400	1,600
–	–	–	0.43	0.03	0.28	0.60
0.2	–	–	0.6	0.2	0.6~0.8	0.2
1,380	1,680	2,190	860	1,450	1,900	500
–	–	–	–	–	–	–
–	–	–	580	440	1,070	–
4.4	6	3	40~80	1.3	12	–
107,100	127,500	158,000	26,500	135,000	46,700	75,000
–	–	–	–	–	–	–
–	–	–	25,500	50,000	36,800	–
7.7	–	–	–	–	–	–
*11	4.8	6.5	8.7	8~10	14	8
*95	43	65	불파괴(不破壞)	44	–	–
286	300	300	203	>260	274	320
–	–	–	225	88	275	–
–	–	–	–	290	–	–
(240)	–	–	180	170	260	–
–	–	–	5.5×10^{-5}	3.6×10^{-5}	3.6×10^{-5}	2.3×10^{-5}
–	–	–	4.3×10^{-4}	6.9×10^{-4}	5.8×10^{-4}	2.9×10^{-4}
–	–	–	–	–	3.5	–
–	–	–	3.5	3.6	–	3.5
0.002	–	–	–	–	0.001	–
–	–	–	0.0035	0.0014	–	0.009
–	–	–	150	–	–	–
*15	–	–	16	19	2.4	10
–	–	1.4×10^{5}	$10^{17\sim18}$	10^{16}	7.6×10^{17}	3×10^{16}
–	–	1.2×10^{2}	–	–	–	–
–	–	–	34(0.5mm)	–	–	–
–	–	–	38	–	–	–
*44	–	–	*39	*46	*43	*31
–	–	–	V-1	–	–	–
–	–	–	V-0	V-0	V-0	–
–	–	–	5V	5V	V-0	–

3 PI (Polyamide-imide, 폴리아미드이미드)

1) 분류 및 종류

폴리이미드계의 수지는 내열성은 우수하지만, 성형가공성이 나빠서 환봉(丸棒)으로 절삭가공을 하지 않으면 안되는 결점이 있다.

폴리이미드(Polyimide, 이하 약칭하여 PI라 한다)의 가공성을 개선하는 것을 목적으로 개발이 진행된 것이 폴리아미드이미드(Polyamide-imide, 이하 약칭하여 PAI라고 한다)이다. 방향족 PAI는 기본적으로 PI와 폴리아라미드(polyaramid)와의 교호공중합체(交互共重合體)로 볼 수 있고, 고온특성은 PI와 폴리아라미드의 중간이고 가공성은 PI 및 폴리아라미드의 어느 것보다도 우수한 특징을 가지고 있다. PI의 구조식(화학식)은 다음과 같다.

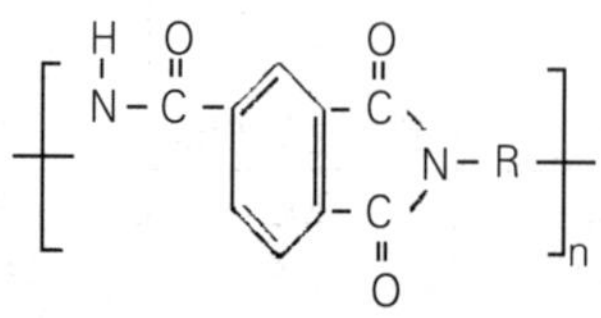

현재 열가소성 사출성형용 재료로서는 미쓰비시화성(三菱化成)의 〈Torlon〉 시리즈, 도레이(東レ)의 〈TI-5000〉 시리즈가 있다. 전자는 미국 아모코(Amoco)사의 제품을 미쓰비시화성이 독점판매하고 있다. 후자는 〈TI-1000〉 시리즈가 있지만, 이것은 열경화형의 폴리아미드이미드(PAI)로 압축성형 또는 트랜스퍼 성형용이다.

(1) 표준

〈Torlon〉 #4000T, #4203, 〈TI-5013〉 등이 여기에 속한다.

(2) 각종 그레이드

고온에 있어서도 기계적 강도의 유지율이 높으며 정밀성형성이 양호하기 때문에 섭동(摺動, slide · sliding)부품으로서 사용되는 것이 많기 때문에 유리섬유 외에 PTFE, 흑연 등이 혼입된다. 표 4-19에 〈Torlon〉의 그레이드와 조성(組成) 등을 나타낸다. 〈TI-5000〉에 대해서는 표 4-20을 참조하기 바란다. 그 밖의 성형소재품으로서 압출환봉(押出丸棒), 각판, 원판, 얇은 시트 등이 있다.

▶▶ 표 4-19 Torlon의 각 그레이드와 조성(組成)

그레이드명	첨가율	특 징	용 도
4203	3% TiO_2	고충격강도, 양호한 전기적 성질, 양호한 신도	전기 · 전자관련, 절연물, 충격강도를 요하는 구조부품
4203L	3% TiO_2 0.5% PTFE	물성은 4203과 같고 이형성을 개량	전기 · 전자관련, 절연물, 충격강도를 요하는 구조부품
4301	12% 그라파이트 3% PTFE	베어링[축수용(軸受用)]에 내마찰 · 마모성부여, 고압축 강도	베어링[축수(軸受)], 스러스트 와셔, 웨이패드, 피스톤링, 실링류
4275	20% 그라파이트 3% PTFE	4301과 같음, 내마모	베어링[축수(軸受)], 스러스트 와셔, 웨이패드, 피스톤링, 실링류
5030	30% GF 1% PTFE	고강성(고온시), 고강도, 저크리프	구조부품, 전기부품, 밸브 플레이트, 피스톤, 기타 금속의 대체
6000	30% 미네랄 1% PTFE	저가격, 양호한 고온시의 물성, 양호한 전기특성	전기부품, 구조부품, 단열재
XG549	30% 그라파이트 섬유 2% PTFE	고강성, 양호한 고온특성, 양호한 피로특성	고성능부품에서의 금속의 대체
4000T	–	분말 내추럴 그레이드 압출 및 압축성형용 필러, 충전용 베이스 폴리머	4203L, 4275와 같음

2) 제조법

PAI는 무수(無水)트리메리트산과 방향족 다이아민 또는 그것들의 유도체를 원료로 해서 얻어진다. 산클로리드법, 이소디아네트법, 직접중합법, 이미드 디카르산법 등이 있다.

산크로리도법

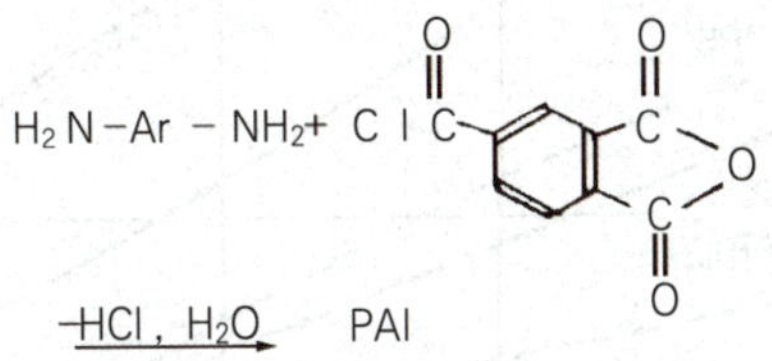

3) 물성일반

PAI 특징의 첫 번째는 앞에서와 같이 사출성형이 가능하면서 260℃까지의 내열성을 갖고 있다. 더구나 대단히 높은 인장강도 및 충격강도를 갖고 있는 점이다. PPS(Polyphenylen sulfide, 폴리페닐렌 설파이드) 수지를 시작으로 하는 FR-PBT, FR-폴리설폰, FR-폴리에테르설폰 등의 기존의 내열성 수지에 비교하면 그 내열성 및 기계적 성질 등 거의 모든 물성항목(物性

項目)에 걸쳐 우수하고, 한 단계 위에 속하는 내열성 수지원료라고 말할 수 있다. 한편, 기존의 폴리이미드 수지는 PAI와 비교해 약간 높은 열변형 온도를 갖고 있지만, 사출성형이 불가능하여 절삭 혹은 압축성형에 의하지 않으면 안되기 때문에 제품형상이 한정되어 코스트(가격)가 높아지기 때문에 그 응용범위는 자연히 한정되어 있다.

PAI는 일반 열가소성 수지에서 그 예를 볼 수 없을 정도로 소위 싱크마크(sink mark, 수축)가 적은 금형 충실도가 높은 성질을 가진다. 이 때문에 특히 정밀한 사출성형이 가능하고 기존 수지에서는 불가능한 치수정밀도 수준을 비교적 용이하게 달성할 수 있다. PAI 수지의 위치는 폴리이미드에 가까운 내열성을 갖고 있으며 PPS 수지와 같이 사출성형이 가능하며, 더구나 PI나 PPS 수지보다 훨씬 높은 충격강도를 가지고 있는 것으로 요약할 수 있다.

(1) 기계적 성질

Torlon 내추럴 그레이드(톨론 natural grade) 4203은 실온에서는 폴리카보네이트 등 보통의 엔지니어링 플라스틱의 2배 정도의 인장강도를 갖고 있으며 200℃ 이상의 온도에 있어서도 실온의 경우와 동등한 강도를 가지고 있다. 그림 4-28과 그림 4-29에 인장강도, 굽힘강도의 온도의존성을 PPS 수지, 폴리이미드(PI), 방향족 폴리아미드(PA)와 비교해서 나타냈지만, 모두 260℃까지의 온도범위에 있어서 Torlon(톨론)이 가장 좋은 값을 갖고 있다.

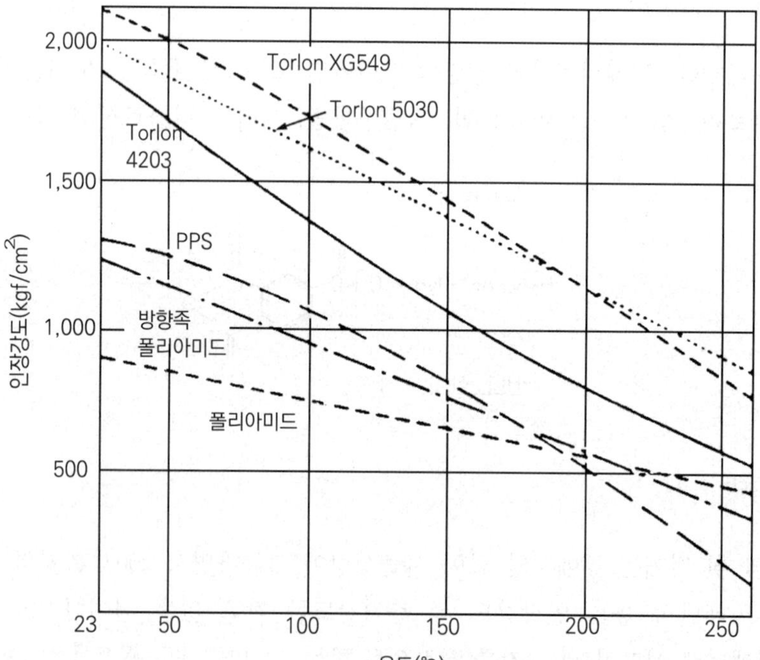

그림 4-28 인장강도 대(對) 온도

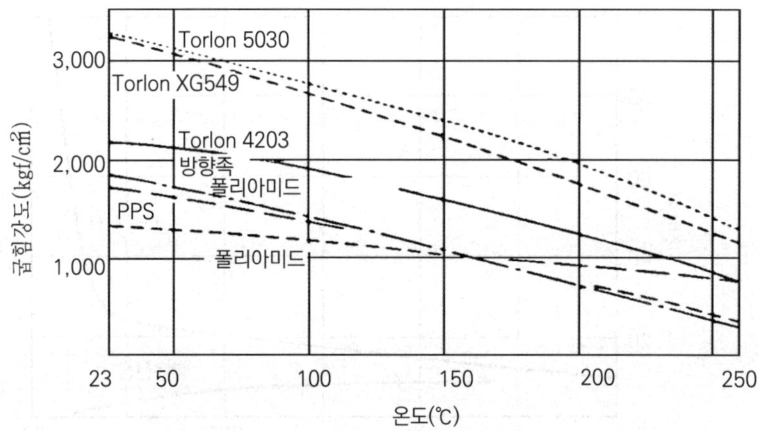

그림 4-29 굽힘강도 대(對) 온도

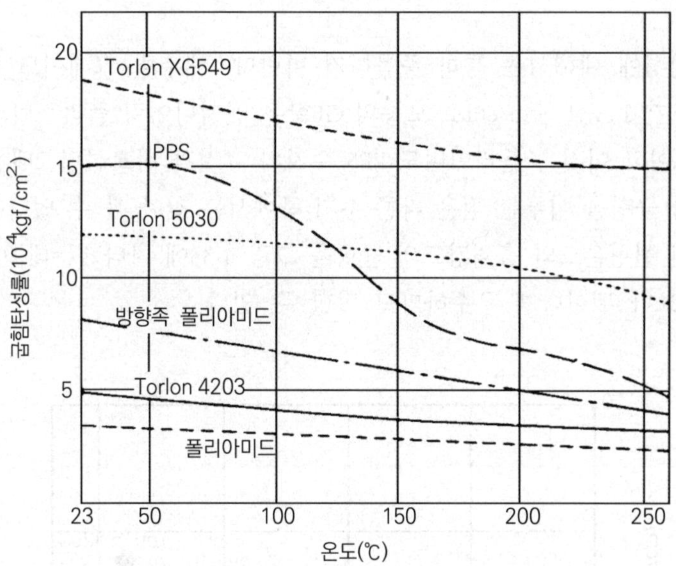

그림 4-30 굽힘탄성률 대(對) 온도

그림 4-30은 같은 수지 사이에 있어서 탄성률의 온도의존성의 비교를 나타냈다. Torlon에서는 PPS 수지에서 보여지는 것과 같은 아마도 주분산(主分散) 피크의 존재에 의한다고 생각되는 큰 탄성률의 변화는 인정되지 않는다. Torlon 4203은 탄성률이 PPS 수지보다 꽤 낮은데도 불구하고 보다 고강도이다. 이유는 파단 및 항복에 이르는 변형량이 큰 것에 있고, 즉 Torlon은 보다 끈끈한(점성이 있는) 수지라고 말할 수 있다. 특히 270℃ 이상에 있는 Tg까지 점탄성전이점(粘彈性轉移點)은 인정되지 않고 -54℃의 저온에 있어서도 인장파단신율이 16%로 극히 높은 값으로 저온에서의 신뢰성도 충분하다고 생각된다. 그림 4-31에 파단신장 및 항복신장의 의존성을 나타낸다.

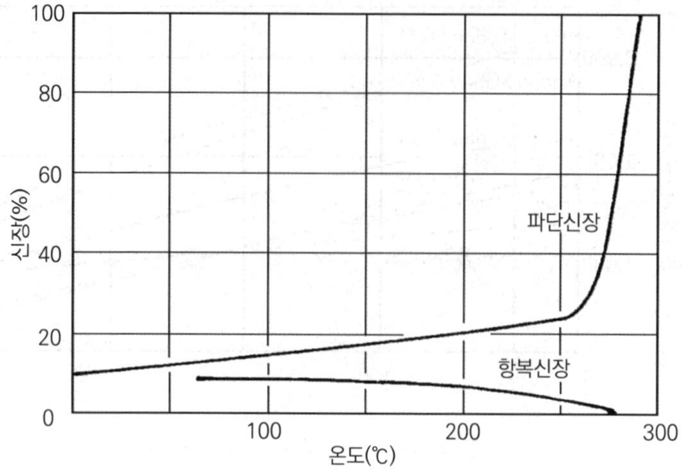

그림 4-31 신장률의 온도의존성

Torlon의 내충격성에 대해서는 특히 주목하기 바란다. 내추럴 그레이드 4301의 노치있는 아이조드 충격강도가 14 kgf · cm/cm로 보통의 GF함유 엔지니어링 플라스틱과 동일하거나 혹은 그 이상의 강도이고 이것은 폴리이미드 PPS 수지의 그것과 비교하면 2배 정도로 유례없이 강도와 충격강도가 균형을 이루는 점은 다른 수지 중에서는 찾아 볼 수 없다(그림 4-32 참조).

내열성의 척도인 변형온도와 충격강도의 균형을 그림 4-33에 나타냈는데, 이 점에 있어서도 Torlon은 다른 것보다 뛰어나게 우수하다고 말할 수 있다.

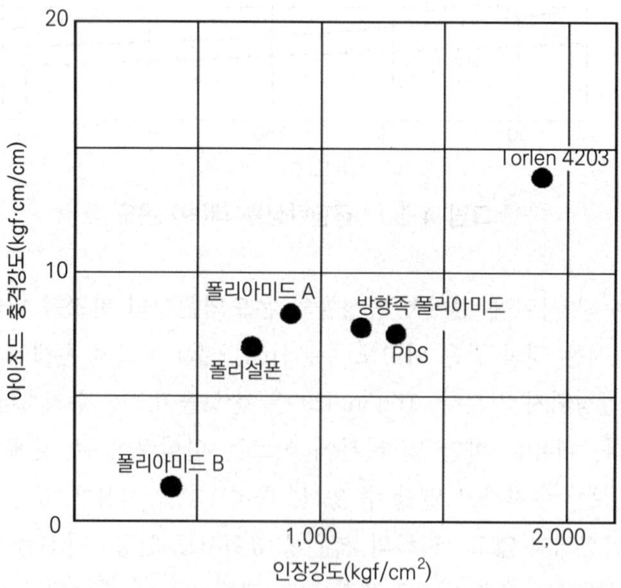

그림 4-32 아이조드 충격강도 대(對) 인장강도

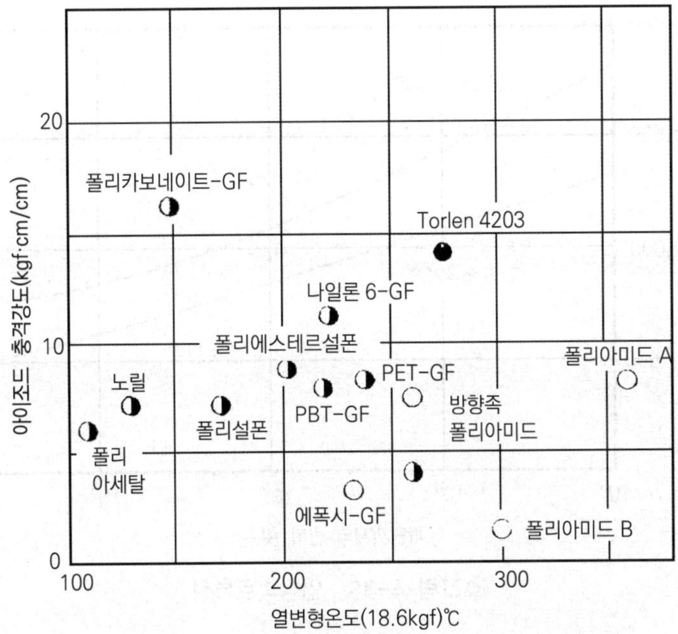

그림 4-33 아이조드 충격강도 대(對) 열변형온도

항상 큰 하중이 걸리는 기구부품에 대해서 크리프 특성은 매우 중요한 물성이다. 그림 4-34에 Torlon 4203의 크리프 곡선을 나타냈지만 고하중(高荷重)·고온하(高溫下)에 있어서 크리프량의 근소차는 주목해야만 할 것이다. 그림 4-35과 그림 4-36에 굽힙 및 인장피로곡선을 나타냈다.

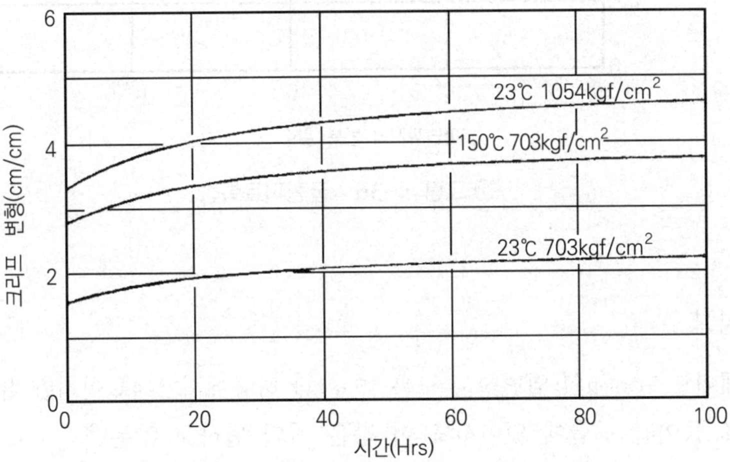

그림 4-34 Torlon 4203의 인장크리프

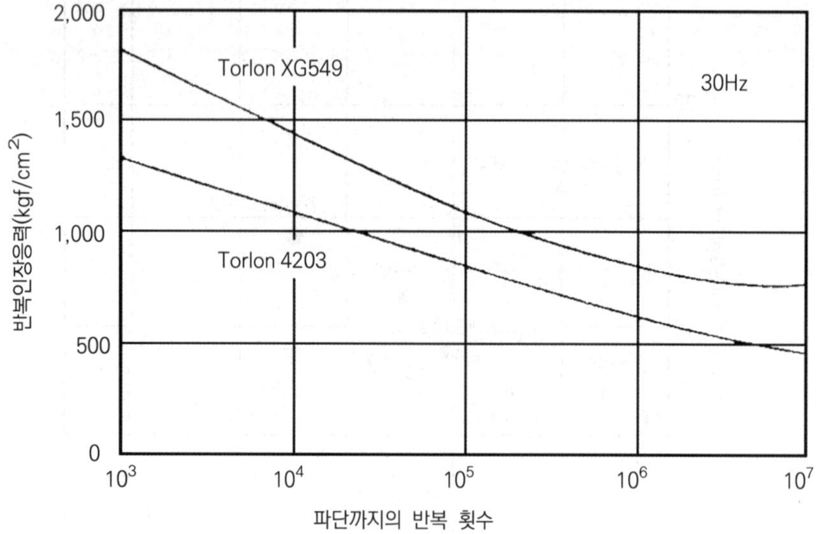

그림 4-35 인장피로특성

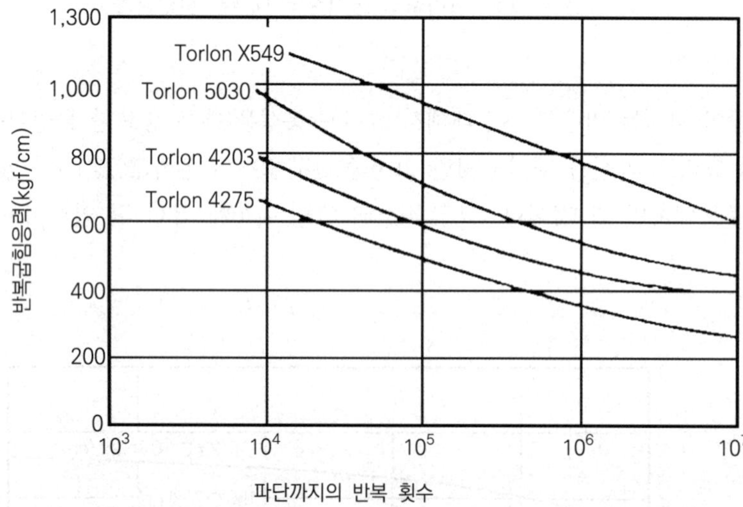

그림 4-36 굽힘피로특성

(2) 열적 성질

내추럴 그레이드 Torlon의 열변형 온도는 18.6 kgf 하중에서 274℃이지만 유리섬유 또는 흑연섬유가 30% 들어간 등급에 있어서도 이 값은 거의 변하지 않는다.

선팽창계수는 4203은 3.6×10-5 cm/cm/℃이지만 강화 그레이드에서는 1.8×10-5 cm/cm/℃ 혹은 그 이하인 구리(銅)의 선팽창계수와 동등하다. 그림 4-37에 각종 재료의 열팽창률을 나타낸다. TI폴리머는 보통 플라스틱과 비교하여 낮은 열팽창률을 가지고 있으며 여기에 탄소섬유로 보강된 TI- 2610이나 5549는 금속과 같은 열팽창률을 가지고 있다.

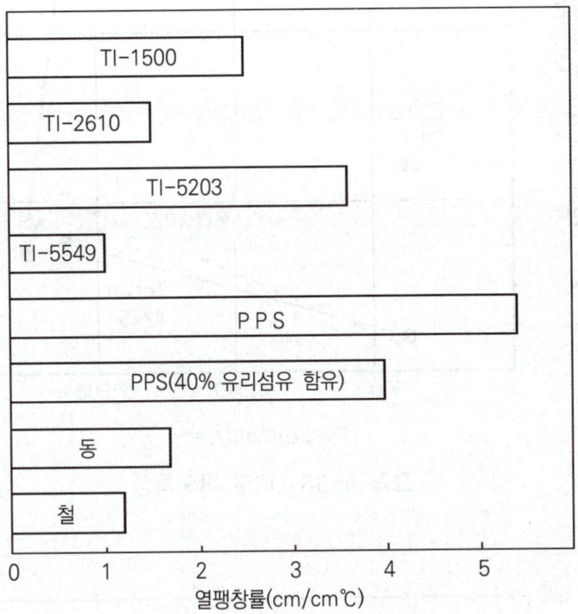

그림 4-37 열팽창률

(3) 내마찰·내마모성

표 4-20에 마모시험의 결과를 나타냈지만 Torlon 4275, 4301의 내마모등급은 폴리이미드 수지와 동등한 마모특성을 갖고 있다. 따라서 원료 가격면에서나 폴리이미드의 성형은 절삭하지 않으면 안되지만 Torlon은 사출성형이 가능한 점에서 우위에 있다. 그림 4-38에 Torlon 4275의 마모특성을 나타냈다.

표 4-20 마찰·마모특성

마모계수 K $\left(10^{-10} \cdot \frac{cc \cdot min}{Mkg \cdot hr}\right)$

PV	P (kgf/cm^2)	V (cm/sec)	Torlon 4275	폴리이미드	방향족 폴리아미드	Carbon PTFE
360	3.5	100	960	710	–	600
1,600	3.5	460	3,810	5,120	13,200	*
1,750	70	25	3,570	4,170	4,280	*

* 한계 PV치 이상

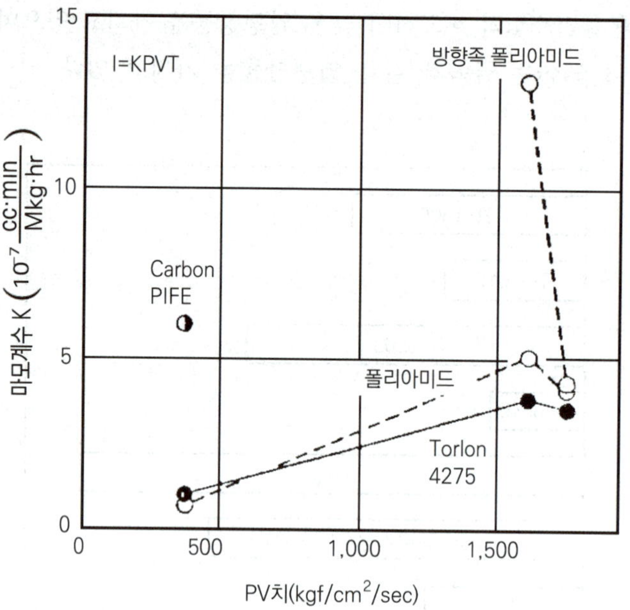

그림 4-38 마찰·마모특성

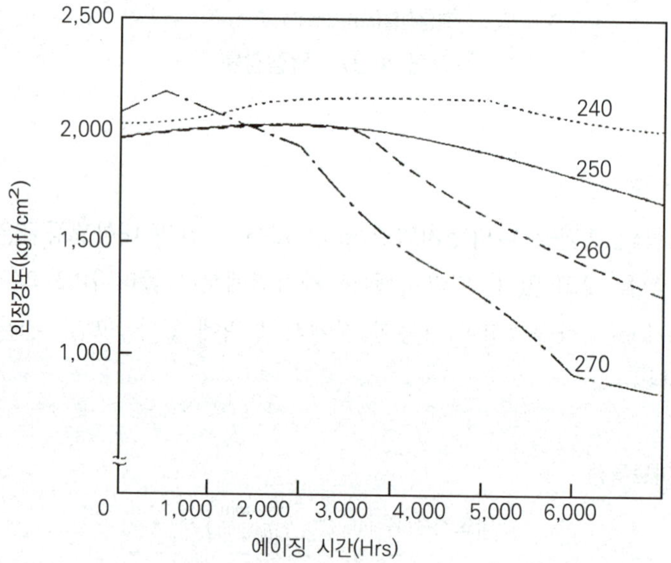

그림 4-39 에이징 후의(Torlon 4203) 인장강도

(4) 내열노화(耐熱老化)·내자외선열화성(耐紫外線劣化性)

Torlon(톨론)은 극히 우수한 내열노화성 및 내자외선열화성을 가진 점이 어떤 종류의 폴리이미드(PI) 혹은 방향족 폴리아미드(PA)와 다르지만, 그것만으로도 사용가능 범위가 넓다. 톨론

4203의 내열노화성을 인장강도의 변화를 지표로 표시한 것이 그림 4-39이다. 240℃에서 6,000시간(약 1년) 경과해도 강도변화는 없고 250℃에 이르러 약 반년 경과 후에 강도변화가 있다는 극히 높은 내열노화성을 나타내고 있다.

선샤인(태양광) 카본 아크[28]의 웨더페이드 미터(weather-fade meter, 촉진내후성 시험기) 블랙패널(black panel) 온도 63℃ 50%RH, 18분 강우(降雨) · 102분 인공광원의 조사(照射)에 따른 내후성의 시험결과는 그림 4-40과 같다. 일반적으로 플라스틱과는 비교되지 않을 정도로 안정되어 있고 6,000시간을 견디고도 인장, 신장에 직접적으로 변화가 없는 극히 우수한 내자외선 열화성을 갖고 있다.

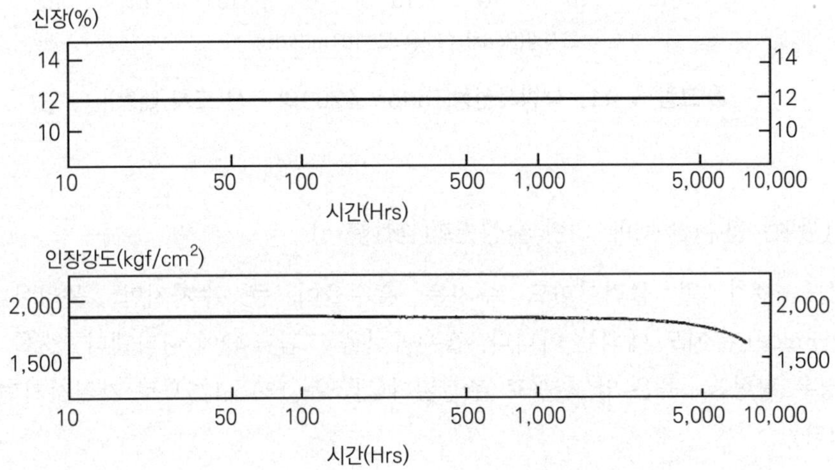

그림 4-40 내자외선성(Torlon 4203 웨드페이드 미터에 의한 측정)

(5) 난연성(難燃性)

PAI(Polyamide-imide, 폴리아미드이미드) 자체가 난연성이 있고 UL 난연시험은 각 그레이드가 94V-0에 합격한다.

(6) 내방사선성(耐放射線性)

폴리이미드와 동일한 Torlon(톨론)은 강한 내방사선성을 갖고 있어 방사능 물질의 컨테이너 등에 대한 용도가 기대된다. 그림 4-41에 γ선 조사량(照射量)에 대한 굽힘탄성률, 인장강도, 신장(연신)의 각 물성치의 변화를 표시했다. 109 Rads로 인장강도변화가 불과 5%이다.

---

28) 선샤인 카본 아크(sunshine carbon arc) : 촉진 내후시험에 사용하는 광원의 하나로, 파장 분포가 태양광선에 가깝다.

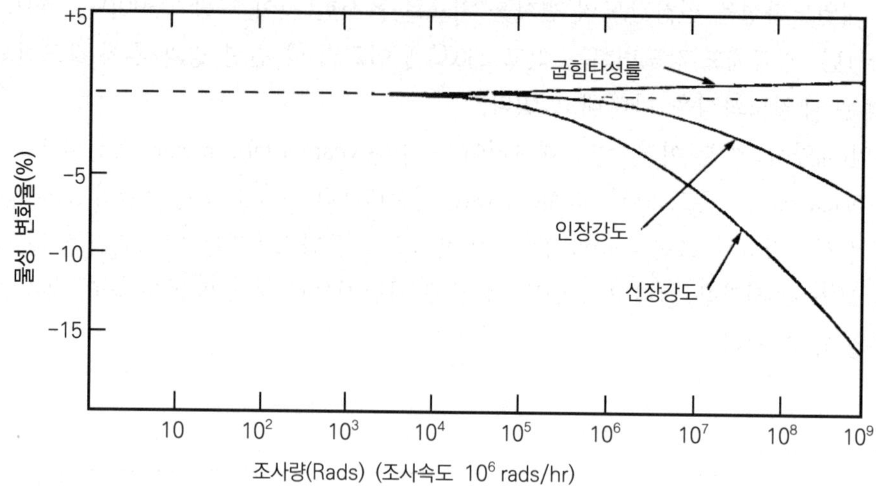

그림 4-41 내방사선성[Torlon 4203의 γ선 조사(照射)]

(7) 흡수(吸收) 함수(含水)에 의한 물성변화(物性變化)

폴리아미드 수지 및 폴리이미드 수지는 흡수율이 큰 수지지만, 폴리아미드이미드(Polyamide-imide) 수지도 예외는 아니다. 흡수곡선을 그림 4-42에 나타낸다. 23℃ 50%RH 표준상태의 경우 평형흡수율은 약 2.5%로 추정된다(건조는 120～175℃로 가열시키면 신속하게 할 수가 있다).

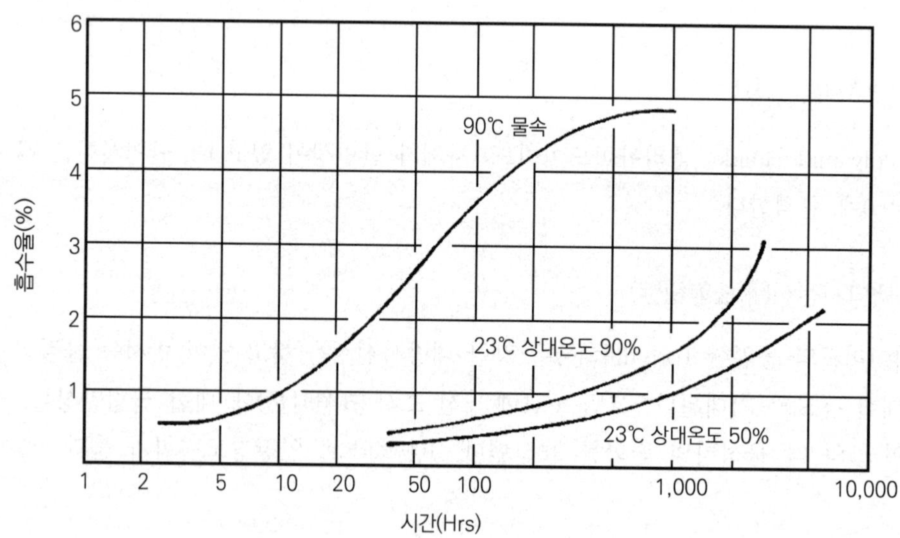

그림 4-42 흡수곡선(Torlon 4203)

흡수에 따라서 치수 및 열변형온도의 변화가 생기는데 Torlon(톨론) 4203의 경우를 그림 4-43 및 그림 4-44에 나타낸다. 단, 그림 4-44과 같이 열변형온도의 저하는 고온에서 사용 시에는 가열에 의한 탈습(脫濕)이 일어나기 때문에 이 수치보다 작아진다고 생각되지만, 흡수되었다고 예상되는 경우 사용 전에 건조를 하는 것이 바람직하다. 폴리아미드 수지와 다른 점은 몇 % 정도의 흡수로는 기계적 강도의 변화를 거의 볼 수 없다.

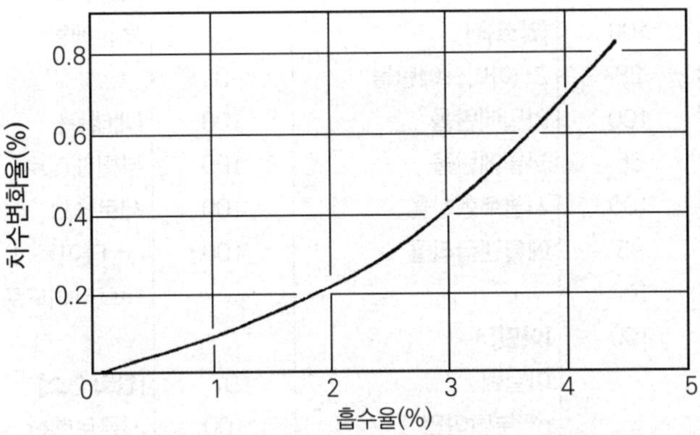

그림 4-43 흡수에 의한 치수변화(Torlon 4203)

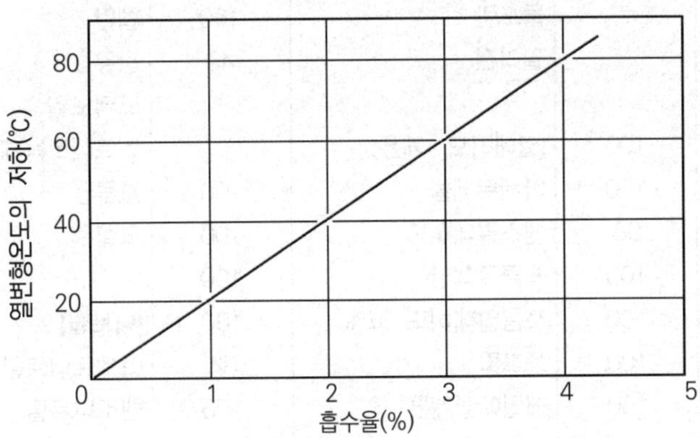

그림 4-44 흡수에 의한 열변형온도의 변화(Torlon 4203)

(8) 내약품성

PAI는 지방족 및 방향족 탄화수소, 염소화 및 불소화탄화수소 그리고 대부분의 산과 알칼리 용액에는 전혀 침식되지 않는다. 그러나 고온하에서는 산, 알칼리로 분해하기 때문에 사용에 있어서는 주의할 필요가 있다. 표 4-21에 Torlon 4203의 93℃, 24시간 약품침적(deposition, 沈積은 화학적 또는 물리적인 원인으로 발생한 미세입자가 중력이나 정전압의 영향으로 어떤 특정한 장소에 부착하는 현상 또는 가라앉아 밑에 쌓이는 것) 후의 인장강도 유지율을 나타낸다.

▶▶ 표 4-21 Torlon 4203의 내약품성(93℃ 24시간 침적 후의 인장강도 유지율)

약품명	인장강도 유지율 (%)	약품명	인장강도 유지율 (%)	약품명	인장강도 유지율 (%)
[산]		유산나트륨	100	**[에스테르]**	
초산 10%	100	아류산나트륨	100	초산아밀	100
빙초산	100	물	100	초산부틸	100
무수초산	100			프탈산부틸	100
유산	100	**[알코올]**		초산에틸	100
벤젠설폰	28	2-아미노에탄올	9		
크롬산 10%	100	아밀에탄올	100	**[에테르]**	
의산 88%	66	부틸에탄올	100	부틸에테르	100
염산 10%	100	시클로헥산올	100	세로솔브	100
염산 37%	95	에틸렌글리콜	100	P-다이옥산 50℃	100
인산 35%	100			테트라히드로푸란	100
유산 30%	100	**[아민]**			
		아닐린	97	**[탄화수소]**	
[염기류]		n-부탈아민	100	시클로헥산	100
암모니아수 28%	81	디메틸아닐린	100	디젤유	99
가성소다수용액 15%	43	에틸렌다이아민	7	가솔린 50℃	100
가성소다수용액 30%	7	몰포린	100	헵탄	100
		필리진	43	광유	100
[10%수용액]				모터오일	100
유산알루미늄	100	**[알데히드 · 케톤]**		스트더트용제	100
염화암모늄	100	아세트페놀	100	톨루엔	100
초산암모늄	98	벤즈알데히드	100	크실렌	100
유산암모늄	100	시클로헥산	100		
염화바륨	100	포름알데히드 37%	100	**[니트릴]**	
취소(50℃포화)	100	풀프랄	84	아세트니트릴	100
염화칼슘	100	메틸에틸케톤	100	벤조니트릴	100
초산칼슘	97				
염화제이철	99	**[염소화유기물]**		**[니트로화합물]**	
염화마그네슘	100	아세틸클로라이드 50℃	100	니트로벤젠	100
과망간산칼륨	100	벤질클로라이드 50℃	100	니트로메탄	100
탄산수소나트륨	100	사염화탄소	100		
염화은	100	클로로벤젠	100	**[기타]**	
탄산나트륨	100	2-클로로에탄올	100	인산크레딜디페놀	100
염화나트륨	100	클로로크롬 50℃	100	설폰	100
크롬산나트륨	100	에피클로히드린	100	아인산트리페닐	100
차아염소산나트륨	100	에틸렌클로라이드	100		

(9) 전기적 성질

Torlon의 전기특성은 체적고유저항, 유전정접(誘電正接), 절연파괴강도의 어떠한 항목에서도 나일론수지를 상회하고 유전정접 이외의 점에서는 폴리카보네이트 수지, PPO(Polyphenylene Oxide) 수지를 능가하는 고성능 수지이다. PAI는 폴리아미드와 흡수는 같지만, 절연파괴강도의 경우, 2.5% 정도의 함수(含水)에 따른 강도의 저하는 10% 정도이고 흡수에 따른 영향은 크지 않다.

TI 폴리머의 전기적 성질을 표 4-22에 나타낸다. TI 폴리머는 그 밖에 많은 폴리머와 비교해서 넓은 주파수, 온도범위에 걸쳐서 안정된 유전성질을 나타내므로 내열성 혹은 고주파용 전기부품으로서 유용하다.

표 4-22 TI 폴리머의 전기적 성질

항 목		단 위	TI-1500	TI-2500	TI-5203
절연내력		kV/mm	20	20	24
체적저항률		Ω−cm	1×10^{16}	1×10^{16}	1.2×10^{17}
유전율	10^3 Hz		3.9	4.2	3.9
	10^5 Hz		3.9	4.2	3.9
	10^6 Hz		3.9	4.2	4.0
	10^6 Hz	(200℃)	3.9	4.2	−
유전정접	10^3 Hz		0.004	0.003	0.001
	10^5 Hz		0.006	0.004	0.006
	10^6 Hz		0.009	0.006	0.009
	10^6 Hz	(200℃)	0.006	0.005	−

(10) 유동성(流動性)

그림 4-45에서 Torlon의 플로우(flow, 유동성) 곡선을 ABS, 폴리카보네이트 수지와 비교해서 나타낸다. 낮은쪽 영역에서는 Torlon의 점도는 대단히 큰 107 포아즈(poise)가 된다. 그러나 높은쪽 영역에서의 점도는 ABS, 폴리카보네이트에 가깝다. 따라서 사출성형의 경우에 사출속도를 높게 하면 사출압력은 크게 하지 않아도 복잡한 형상의 금형에 수지를 충전시킬 수가 있다. 이 외관의 점도는 그 정도로 온도에 민감하지 않고, 성형범위(315℃~360℃)에 있으면 수지온도가 약간 변화해도 용융점도는 거의 변하지 않는다.

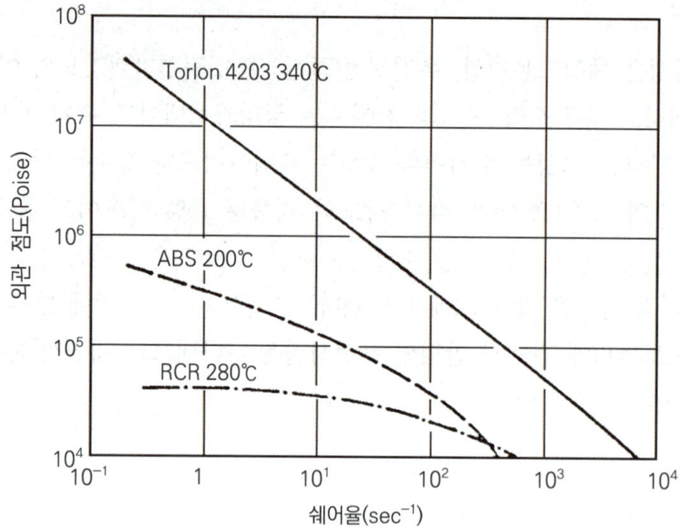

➔ 그림 4-45 Torlon의 플로우(유동성) 곡선

(11) 성형성(成形性) 기타

Torlon 수지는 성형 전에 120℃로 적어도 8시간을 건조할 필요가 있다. 건조하지 않을 경우 성형시 발포가 많거나 성형품도 약해져서 쉽게 부서지는 경우가 있다. 일반적으로 고온하에서의 PAI는 이미드화 및 고분자량화의 반응이 가속되기 때문에 성형기 중의 체류 및 스크류에 의한 가소화공정에서 급속한 압축에 의한 온도의 급상승은 상기(上記) 내용의 반응에 따라 점도의 증대가 일어나기 때문에 약간의 주의를 요한다. 표 4-23에 적절한 사출성형 조건을 나타낸다.

▶▶ 표 4-23 Torlon의 사출성형 조건

사출성형 조건	
1. 성형기	1) 사출압력 : 200~2,800(kgf/cm^2) 2) 고사출률 : 어큐뮤레이터(accumulator, 축압기) 사용
2. 스크류	1) 타입 : 나사형 PBC용 스크류 2) 역류방지용 밸브 없음 3) 압축비율 : 1.2~1.5 4) L/D : 18/1~20/1 5) 홈의 깊이(호퍼, hopper) : 3.5~4.1 6) 피치 : 스크류 지름과 동등 7) 회전수 : 40~60(rpm)
3. 노즐	1) 오픈 노즐(nozzle) 2) 지름 : 큰 쪽이 좋다(ϕ6 mm).

사출성형 조건	
4. 성형온도	1) 실린더 : $C_1 - C_2 - C_3$ 노즐 : 290 - 320 - 340 - 370(℃) 2) 금형 : 200(℃) 이상
5. 금형설계	1) 케이트 : 크게 한다(3 mm). 2) 런너 : 굵고 짧게 한다. 3) 웰드는 가능한 작게 한다. 4) 벤트를 준다. 5) 수축률 : 0.007 6) 언더컷은 피한다. 7) 빼기각 : 15° 8) 다이아몬드페스트(diamond paste) 사상(仕上, 연마)

(12) 열처리에 의한 물성변화

최고의 물성값을 얻으려면 성형품을 열처리할 필요가 있다. 기본적인 열처리 프로세스와 물성변화를 그림 4-46, 표 4-24에 나타낸다.

▶▶ **표 4-24** Torlon 4203의 냉각과 물성

물 성	단 위	성형직후	열처리후
인장강도	kgf/cm^2	1,010	1,930
인장신장률	%	3.1	12.3
인장탄성률	kgf/cm^2	5,000	49,300
굽힘강도	kgf/cm^2	1,490	2,310
굽힘탄성률	kgf/cm^2	-	-
아이조드 충격강도	kgf · cm/cm (노치있음)	3.7	13.8
열변형온도	℃	246	273

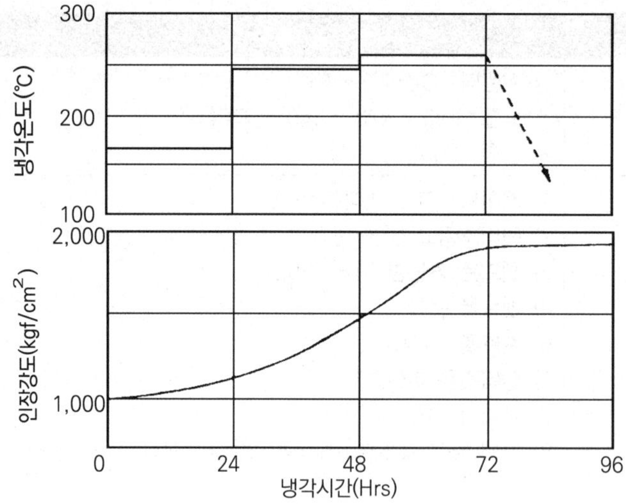

그림 4-46 후냉각에 의한 물성변화

4) 특징

① 사출성형이 가능하다.

② 열변형온도가 274℃로 폴리이미드 수지에 다음가는 고온을 나타내고 260℃에서 연속적으로 장시간 사용할 수 있다.

③ 기계적 성질은 고강도(인장강도 1,900 kgf/cm^2, 내추럴 그레이드)이고, 더구나 260℃에 있어서도 보통의 엔지니어링 플라스틱과 같은 강도(인장강도 500 kgf/cm^2)를 갖고 있다. 특히 내충격성이 우수하다.

④ 낮은 크리프(creep)로 내피로성이 우수하다.

⑤ 선팽창계수는 3.6×10^{-5} cm/cm/℃(내추럴 그레이드)이지만 충전제를 혼입함에 따라 이 값을 반 이하로 할 수 있다.

⑥ 전기절연체로서 높은 체적저항률(약 10^8 Ω · cm), 절연파괴강도(약 24 kV/mm)를 가지며 특히 첨가제를 첨가하지 않고 94V-0의 난연성을 나타낸다.

⑦ 내약품성, 내응력파괴성이 우수하다.

⑧ 내자외선성, 내방사선성이 우수하다.

⑨ 높은 강도, 내저온유동성, 우수한 열적성질 및 내약품성을 갖춘 재료이기 때문에 내마모재료 또는 그 매트릭스(matrix, 바탕재)로서 적당하다.

5) 용도

모든 산업분야에 있어서 기존의 엔지니어링 플라스틱이나 열경화성 수지가 성능적으로 사용할 수 없는 용도에 쓰이고 있다.

(1) 전기·전자관련부품

① IC회로기판 : 세라믹(ceramic)기판을 대신하는 것으로 회로의 형성에 견딜 수 있는 내열성, 표면특성, 전기특성, 치수안정성을 기대하고 있다.
② 소켓, 커넥터, 스위치부품 : 내열성이나 고온에 있어서 전기적, 기계적 특성을 요구하는 고온하에서 사용되는 부품으로서 쓰인다.
③ 전자레인지, 기타 고주파가열장치용 부품 : 내열성, 유전특성, 내마모성을 필요로 하는 전자레인지의 구동기어나 롤러 또는 절단판재로 사용된다.
④ 복사기, 기타 전열히터 내장기기 부품 : 복사기, 건조기, 헤어드라이어, 헤어컬(hair curl) 등의 히터회전의 스페이서(spacer, 일정 간격을 유지시키는 기능), 롤러, 베어링류에 사용된다.

(2) 자동차관련부품

배기가스 대책에 관련해서 종래에 사용되어 왔던 플라스틱 재료에는 내마모성이 불충분한 용도 혹은 경량화에 관련된 종래의 금속재료가 사용되고 있는 용도에 TI 폴리머가 사용되고 있다. 구체적으로는 배기가스 처리장치부품, 디스트리뷰터 캡(distributor cap), 트랜스미션 스러스와셔, 베어링 로터리 실링 부시 등이다.

(3) 일반기계부품

이 분야에서는 기계의 고성능화, 소형화에 관련해서 내열성, 내마모성, 내약품성, 치수안정성이 요구된다. 컴프레셔의 피스톤 링이나 베인(vane), 진공펌프의 실링이나 패킹, 회전기기의 베어링이나 베어링 리테이너(retainer) 등이 있다.

(4) 기타 용도

기타 내열성, 기계적 강도를 요구하는 연마석 바인더, 내열성, 내방사선성이 필요한 원자력 관련부품에 쓰인다.

6) 제조사 (메이커)

일본 주요 제조사는 표 4-25와 같다.

▶▶ 표 4-25 주요 제조사

메이커	상품명
도레이(東レ)	TI플리머
미쓰비시화성(三菱化成)	Torlon

(7) 대표적 판매제품의 물성 데이터

내추럴, 유리섬유함유, 카본섬유함유 등 여러 종류가 있다.

표 4-26에 〈Torlon〉 시리즈, 표 4-27에 〈TI-5000〉 시리즈의 물성일람을 표시한다.

▶▶ 표 4-26 Torlon 각 그레이드의 물성치

물성치 (ASTM법)		단위	4000T 압출성형 압축성형	4203 압출성형 사출성형	4275 내마찰 내마모	4301 비윤활 베어링용	5030 유리섬유 함유	XG-549 탄소섬유 함유	6000 무기필터 함유
밀도		g/cm³	1.38	1.40	1.46	1.45	1.57	1.41	1.54
인장강도	23℃	kgf/cm²	1,200	1,900	1,300	1,380	1,990	2,100	1,500
	149℃		810	1,070	950	750	1,390	1,450	1,090
	260℃		280	530	450	470	860	750	290
인장파단신장률	23℃	%	10	12	6	6	5.4	5.9	5
	149℃				7		6.1	5.2	5
	260℃				14		7.5	4.3	20
인장탄성률	23℃	$\times 10^4$ kgf/㎠		5.13	8.72		11.8	20.4	7.95
굽힘강도	33℃	kgf/cm²	1,930	2,160	1,800	1,860	3,250	3,230	2,160
	149℃		1,360	1,590	1,300	1,440	2,360	2,220	1,400
	260℃		630	760	500	790	1,300	1,160	490
굽힘탄성률	23℃	$\times 10^4$ kgf/㎠	3.66	4.67	7.32	6.46	11.3	18.2	8.02
	149℃	$\times 10^4$ kgf/㎠	2.81	3.68	6.09	5.13	10.7	15.4	6.50
	260℃	$\times 10^4$ kgf/㎠	1.97	3.03	4.07	4.06	8.59	14.4	3.85
압축강도	23℃	kgf/cm²	2,460	2,250	1,400	1,500	NA	NA	NA
압축탄성률	23℃	$\times 10^4$ kgf/㎠	1.97	2.83	2.20	2.55			
편단강도	23℃	kgf/cm²	1,130	1,300	780	1,130	1,420	1,290	
Izod(노치있음)	23℃	kgf · cm/cm	13.8	13.8	6.6	6.1	10.8	7.8	7.7
로크웰강도			E78	E78	E61	M109	E94	E94	R82
열변형온도		℃	260	274	267	274	271	274	270
선팽창계수		cm/cm/℃	3.6×10^{-5}	3.6×10^{-5}	2.3×10^{-5}	4.3×10^{-5}	1.8×10^{-5}	1×10^{-5}	2.9×10^{-5}
열전도도		cal/sec · cm² ℃/cm	5.8×10^{-4}	5.8×10^{-4}		8.5×10^{-4}			
내열성			94V−0	94V−0	94V−0	94V−0			94V−0
한계산소지수		%	42	43	47	42	48	49	NA
유전율	10^3 Hz/10^6 Hz		4.0(10^5 Hz)	4.0/3.5					
tanδ	10^3 Hz/10^6 Hz		0.009 (10^5 Hz)	0.001/ 0.009					
체적고유저항		Ω · cm	1.8×10^{15}	7.6×10^{17}			2.3×10^{18}	7.62×10^{16}	
표면저항		Ω	$>10^{15}$	$>10^{17}$			6×10^{16}	1×10^{16}	
절연파괴강도		V/mm	17.3×10^3	23.6×10^3					
내아크성		sec		125					
흡수율		%	0.28	0.28	0.19	0.22	0.22	0.24	

▶▶ 표 4-27 〈TI-5000〉 시리즈의 물성일람표

항 목	그레이드 / 원효형태 · 성형품 / 필러 / 단위	TI-5013	TI-5031	TI-5032	TI-5133	TI-5134
	원효형태 · 성형품	성형품	성형품	성형품	성형품	성형품
	필러	산화티탄 불소수지	흑연(12wt%) 불소수지	흑연(20wt%) 불소수지	흑연(30wt%)	흑연(40wt%)
인장강도 (23℃)	kgf/cm^2	1,900	1,400	1,300	950	750
(250℃)	kgf/cm^2	600	600	550	500	450
인장파단신장률 (23℃)	%	15	8	6	3	3
굽힘강도 (23℃)	kgf/cm^2	2,000	1,900	1,800	1,500	1,200
(250℃)	kgf/cm^2	1,000	900	700	600	500
굽힘탄성률 (23℃)	kgf/cm^2	45,000	62,000	73,000	106,000	124,000
(250℃)	kgf/cm^2	30,000	45,000	53,000	64,000	74,000
압축강도 (23℃)	kgf/cm^2	2,800	2,000	1,400	1,200	1,000
아이조드(충격강도) (노치있음)	kgf · cm/cm	13	6.0	5.0	3.1	2.2
로크웰경도		M−119	M−109	M−100	M−90	M−87
비중		1.40	1.45	1.50	1.58	1.64
흡수율	%	0.25	0.20	0.18	0.15	0.13
열팽창계수	$\times 10^{-5}$ ㎝/㎝/℃	3.8	3.0	2.5	2.2	1.9
열전도율	kcal/m−hr−℃	0.2	0.3			
난연성 (UL)		94V−0	94V−0	94V−0	94V−0 상당	94V−0 상당
열변형온도 ($18.56 kgf/cm^2$)	℃	274	274	274	279	279
연속사용온도	℃	255	250	250	250	250
절연내력	kV/mm	23				
체적저항률	Ω−cm	10^{17}			$<10^6$	$<10^6$
표면저항률	Ω	10^{17}	10^{16}	10^{10}	10^8	10^6
유전율 ($10^3 Hz$)		3.5				
($10^6 Hz$)		4.0				
유전정접 ($10^3 Hz$)		0.001				
($10^6 Hz$)		0.009				
		물성 균열 양호	우수한 마찰 마모특성	우수한 마찰 마모특성	우수한 마찰 마모특성	우수한 마찰 마모특성

4 PEI(Polyetherimide, 폴리에테르이미드)

1) 분류 및 종류

폴리에테르이미드(PEI) 〈울템(ultem)〉은 미국 GE사(General Electric Company)가 개발한 새로운 엔지니어링 플라스틱이다. 1970년대 초에 발명되어 10년 이상의 연구개발을 거쳐서 1982년에 미국에서 처음으로 발표되었다. 우수한 가공성과 고기능성을 겸비한 재료이다. 일본에서는 엔지니어링 플라스틱(EPL)사(社)가 1983년 2월부터 〈울템〉의 상품명으로 판매가 시작되었다. 그 화학구조는 다음과 같다.

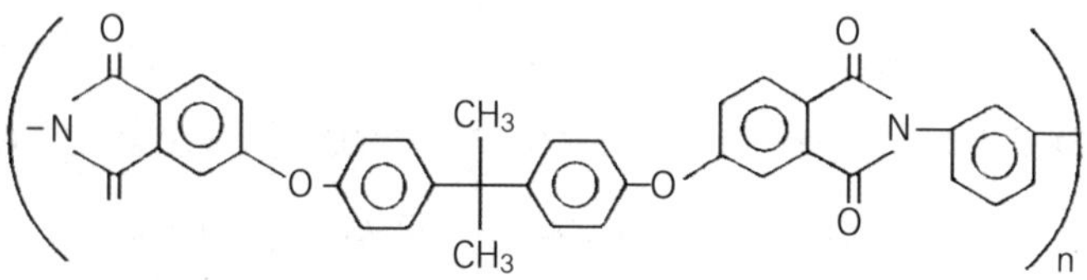

방향족의 이미드는 기계적인 견고성, 열안정성, 난연특성을 가지고 있고 에테르(ether) 결합을 부가한 것으로 우수한 유동특성과 가공성이 부여되어 있다.

(1) 무첨가 표준

보강제가 섞여있지 않은 것으로 #1000이 여기에 해당된다.

(2) 유리섬유 강화

#2000 시리즈가 여기에 해당되고, 백단위로 유리섬유 함유량을 표시하고 있다(예 : #2300, 유리섬유 30%강화).

2) 물성일반

(1) 기계적 성질

기계적 강도는 무첨가의 열가소성수지 중에서는 최고의 수치를 나타낸다. 굽힘탄성률은 실온에서 33,700 kgf/cm^{2}의 높은 수치를 나타낸다. 인장항복점 강도는 1,070 kgf/cm^{2}이고 굽힘강도는 1,480 kgf/cm^{2}를 나타낸다. 울템은 대단히 견고하고 강인하며 가드너(Gardner) 충격강도도 370 kgf · cm이다. 그림 4-47~59에 다른 수지와의 인장강도, 굽힘탄성률의 비교를 나타낸다.

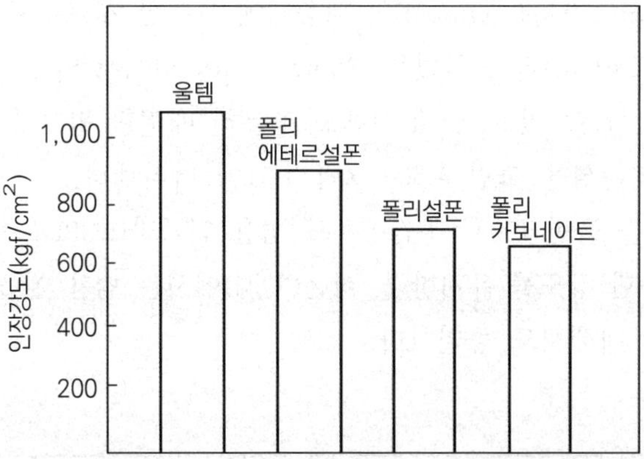

그림 4-47 울템 1000과 각종 재료의 인장강도 비교(항복점)

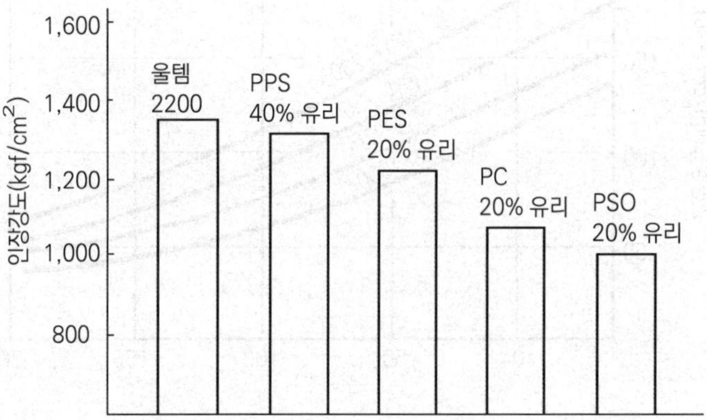

그림 4-48 울템 2200과 다른 수지의 유리섬유강화 재료와의 인장강도 비교

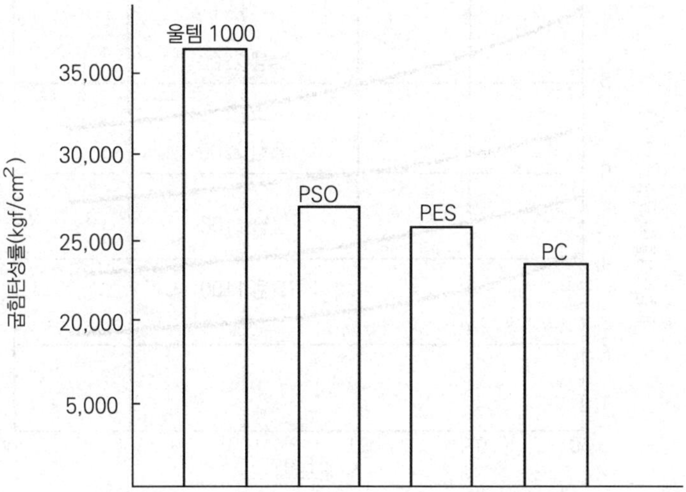

그림 4-49 울템 각종 재료의 굽힘탄성률 비교

울템은 가드너 충격강도(370 kgf · cm/cm)와 내충격에 우수한 재료이지만, 아이조드(Izod) 충격강도 노치있음(5 kgf · cm/cm)과 노치없음(130 kgf · cm/cm)에서 알 수 있는 것같이 노치 감도가 예민한 재료라고 말할 수 있고, 설계 시에도 충분히 배려할 필요가 있다. 울템의 인장강도, 굽힘탄성률의 온도의존성을 그림 4-50, 그림 4-51에 나타낸다.

인장강도에 대해서 예를 들면 190℃ 부근에서도 범용 엔플라(ENPLA, 엔지니어링 플라스틱)의 상온에서와 같은 동등한 강도를 유지한다. 상온(常溫)에서는 범용 엔플라로는 얻을 수 없는 강도이다. 굽힘탄성률에 대해서도 동일하다.

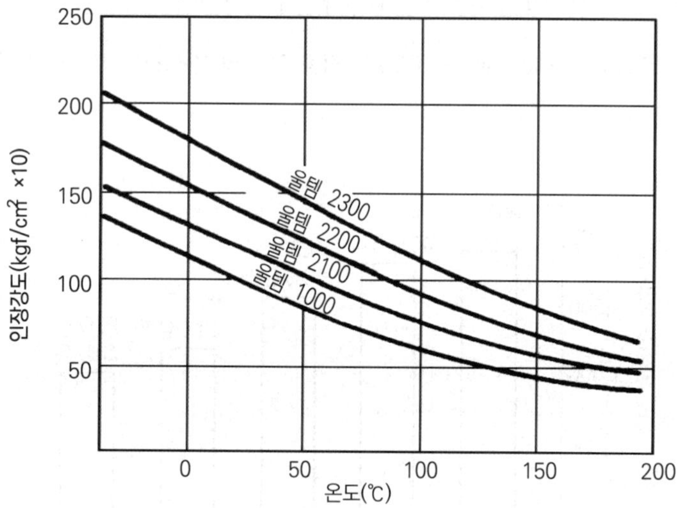

그림 4-50 인장강도와 온도와의 관계

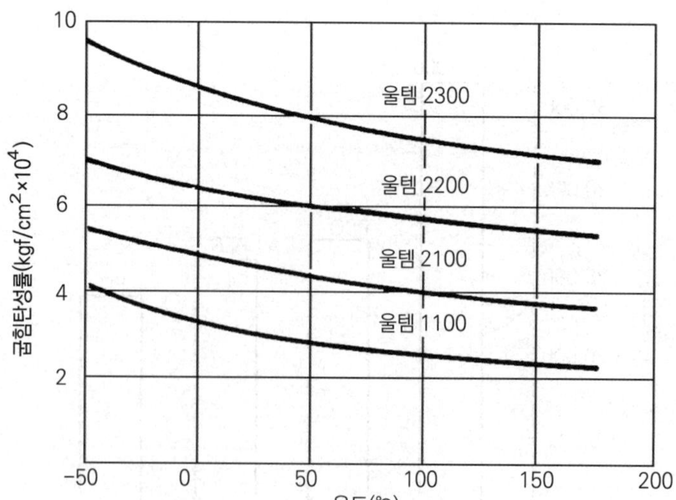

그림 4-51 굽힘탄성률과 온도와의 관계

(2) 열적 성질

표 4-28에 울템(ultem)의 열적 성질을 나타낸다. 유리전이점은 217℃이고, 열변형온도는 18.6 kgf/cm^2 하중으로 200℃를 나타낸다. 이같이 유리전이점과 열변형온도의 차이가 대단히 작은 것은 울템이 승온 시(昇溫時)에서도 매우 훌륭한 특성을 갖고 있다는 것을 말한다.

표 4-28 울템 1000의 열적성질(특성)

	ASTM	단위	물성치
유리전이점(온도)	–	℃	217
열변형온도	D648	℃	
18.6kgf/cm^2			200
4.6kgf/cm^2			210
굽힘탄성률	D790	kgf/cm^2	
100℃			28,100
150℃			26,000
180℃			23,200

이것은 그림 4-51에 있어서 굽힘탄성률이 180℃에서도 20,000 kgf/cm^2 이상을 나타내는 것으로 증명될 수 있다. 표 4-29에 사용온도와 허용응력치를 나타낸다. 울템은 짧은 시간이면 200℃ 이상의 내열성을 나타내고 UL의 장기사용온도(CUT)는 170℃이다. 그림 4-52에서 다른 엔플라와의 열변형온도 비교를 나타낸다.

표 4-29 울템(ultem)의 사용온도와 허용응력치

(1) 연속하중하에서의 실용허용 응력치(kgf/cm^2)

울 템	−20℃	0℃	23℃	94℃	177℃
1000	320	290	260	140	70
2100	370	330	310	210	100
2200	440	430	350	260	140
2300	550	490	430	320	200

(2) 간결하중하에서의 실용허용 응력치(kgf/cm^2)

울 템	−20℃	0℃	23℃	94℃	177℃
1000	630	590	540	350	200
2100	730	670	620	430	250
2200	890	860	700	520	330
2300	1,110	990	850	630	460

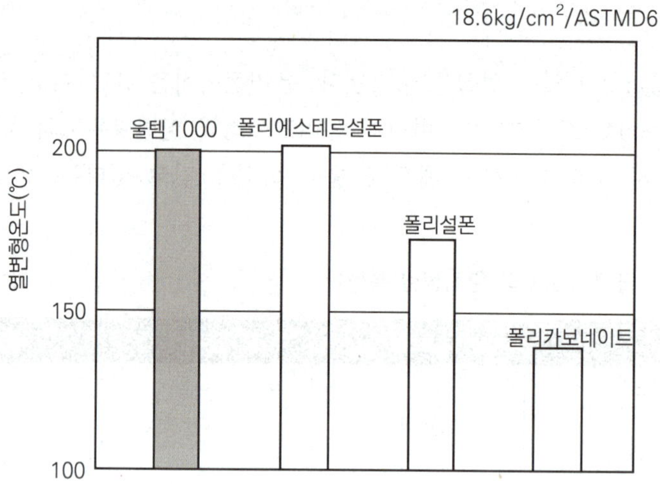

그림 4-52 열변형 온도비교

(3) 난연성

울템은 첨가제를 사용하지 않고 고유의 특성으로서 높은 난연성을 갖고 있다. 표 4-30에 나타낸 바와 같이 발화점이 높고 UL94V-0 인정, 레디언트 패널(radiant panel) 테스트에서 낮은 연소전파속도와 대단히 높은 산소지수, 우수한 난연 시에서의 저발연성 등의 성질을 갖고 있다. 그림 4-53에 NBS 테스트(NBS Smoke chamber에서의 연소에 의한 연기밀도시험)에 의해 각종 재료의 발생가스량의 비교를 나타낸다. 그림 4-54는 다른 엔플라(ENPLA)와의 산소지수 비교를 나타낸다.

▶▶ 표 4-30 울템 1000의 연소특성(0.06 inch 시험편)

• 발화온도	ASTM	D1929
발화(℃)		535
착화(℃)		520
• UL94		V-0(>0.64mm)
		5V(>1.9mm)
• 레디언트 패널	ASTM	E162
연속전파속도 지수		2.7
• 산소지수	ASTM	D2863
		47
• NBS 스모크챔버	ASTM	D662
최대발연농도		
연소상태		30
그을린상태		0.4

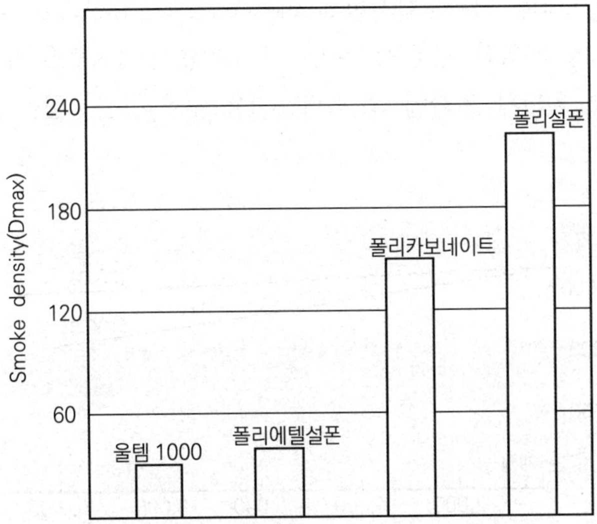

그림 4-53 발생가스량 비교(NBS 테스트)

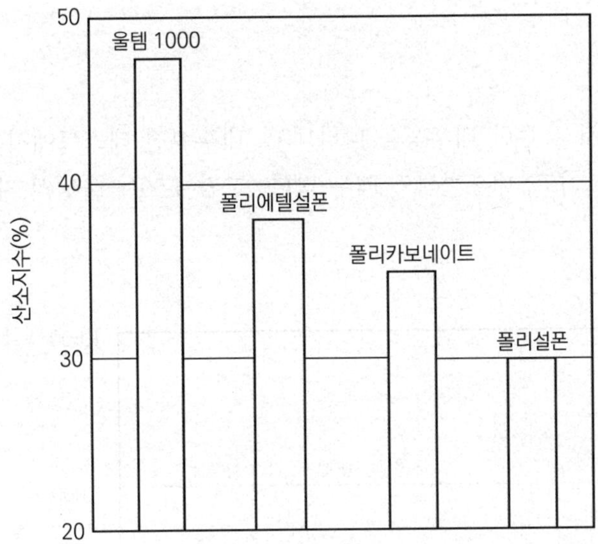

그림 4-54 산소지수 비교

(4) 내가수분해성(耐加水分解性)

그림 4-55에 〈울템〉 1000의 열수 중에서의 인장강도의 에이징(aging) 데이터를 나타낸다. 비등수 중에서의 10,000 hr의 에이징 이후에도 초기의 95%의 인장강도를 유지하고 있는 것을 알 수 있다.

에이징 테스트(aging test)는 가속노화시험(accelerated aging test) 등으로 불리며 각종 플라스틱을 비롯한 제품을 열, 자외선, 진동 등 여러가지 조건을 연속적으로 가해 얼마의 시간 동안 어떤 변화가 생기는지, 얼마나 열화에 잘 견디는지를 수행하는 시험이다.

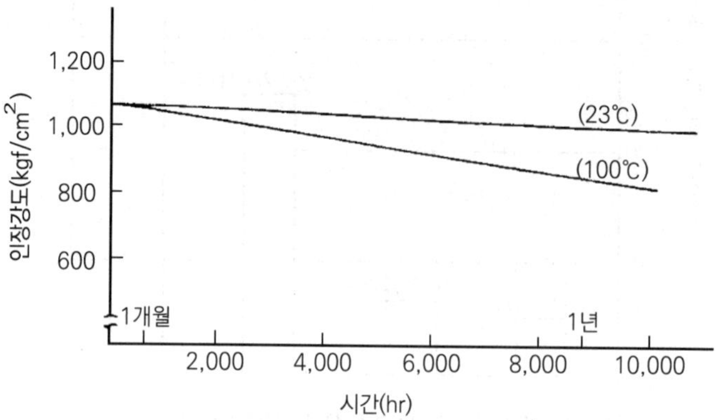

그림 4-55 울템 1000의 내수 중에서의 에이징(aging)

(5) 내후성

울템은 재료 자체에서 우수한 내후성을 나타내고, 내후촉진 테스트에서는 기계특성의 변화는 무시할 수 있는 정도이고, 내후변색도 매우 작다. 그림 4-56에 울템의 자외선안정성 데이터를 나타낸다.

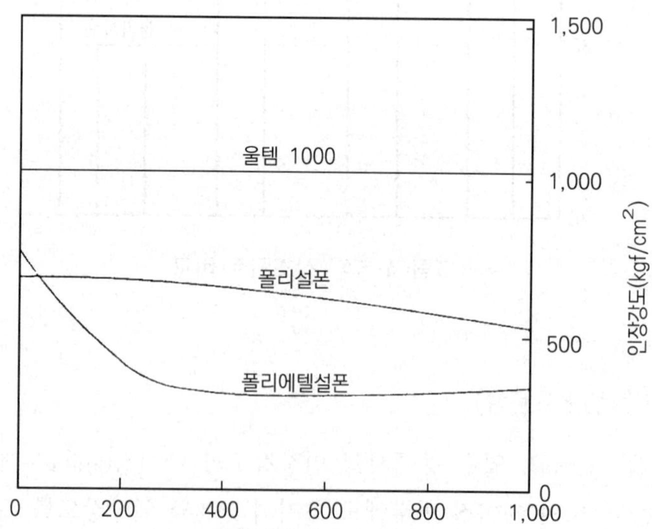

그림 4-56 크세논 램프(Xenon lamp) 조사(照射)에 의한 울템 1000의 인장강도의 변화

(6) 내방사선성

대단히 강한 γ선 조사(照射)에서도 울템의 물성은 그림 4-57에서 나타낸 것처럼, 열화는 거의 볼 수 없다.

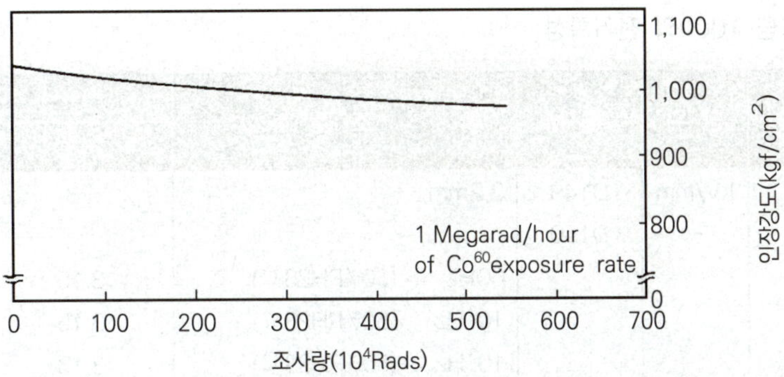

그림 4-57 γ(감마)선 조사에 의한 울템 1000의 인장강도의 변화

(7) 내약품성

비결정수지 중에서는 최고의 내화학약품성을 갖고 있다. 거의 지방족의 탄화수소, 예를 들면 가솔린이나 기름, 알코올에는 침식되지 않는다. 산에 대해서도 내성(내산성)을 갖고 있다. 그러나 극성용매의 할로겐계 지방족의 메틸렌클로라이드나 트리클로로에탄에는 침식된다. 표 4-31에 장기간 침지(浸漬, 물 등 약품에 담가 적심) 후의 인장강도 유지율, 중량변화를 나타낸다.

표 4-31 울템 1000의 내약품성(23℃ 100일 침지)

약 품		인장강도 유지율 %	중량변화 %
탈 이온수		94	1.18
염화아연	(10%)	96	1.13
탄산칼륨	(30%)	97	0.85
염화석	(10%)	97	1.05
구연산	(40%)	96	1.06
염산	(20%)	99	0.61
인산	(20%)	97	0.99
유산	(20%)	97	0.89
삼산화크롬	(15%)	94	0.73
의산	(10%)	94	1.29
초산(硝酸)	(20%)	96	1.07
초산(醋酸)	(20%)	95	1.15
수산화칼륨	(10%)	97	1.55
암모니아	(10%)	68	1.79
수산화나트륨	(10%)	97	1.00
시클로헥실아민	(1%)	97	1.10

(8) 전기적 성질

전기특성을 표 4-32에 나타낸다. 울템은 대단히 폭넓은 조건하(온도, 습도, 주파수대 등)에서 안정된 전기특성을 나타낸다.

▶▶ 표 4-32 울템 1000의 전기특성

특 성	단 위	ASTM	조 건	값	
				24℃	150℃
절연파괴전압	kV/mm	D149	3.2mm	28	–
유전율(誘電率)	–	D150			
			60Hz (50%RH23℃)	3.15	3.08
			10^3 Hz (50%RH23℃)	3.15	3.06
			10^5 Hz (50%RH23℃)	3.13	3.05
유전정접	–	D150			
			60Hz (50%RH23℃)	0.0013	0.003
			10^3 Hz (50%RH23℃)	0.0012	0.003
			10^5 Hz (50%RH23℃)	0.005	0.003
체적고유저항	Ω–cm	D257	23℃ 건조	6.7×10^{17}	1.0×10^{15}
C.T.I 트래킹 지수	V	D3638		160	
내아크성	sec	D495	텅스텐 전극	126	

유전율이나 유전정접의 온도에 의한 변화는 작기 때문에 고온에서 사용이 가능하다. 109 Hz 이상의 고주파수 영역에서도 안정된 유전율, 유전정접과 온도와의 관계를 나타낸다(그림 4-58 참조). 그림 4-59에 유전정접과 주파수의 관계를 나타낸다.

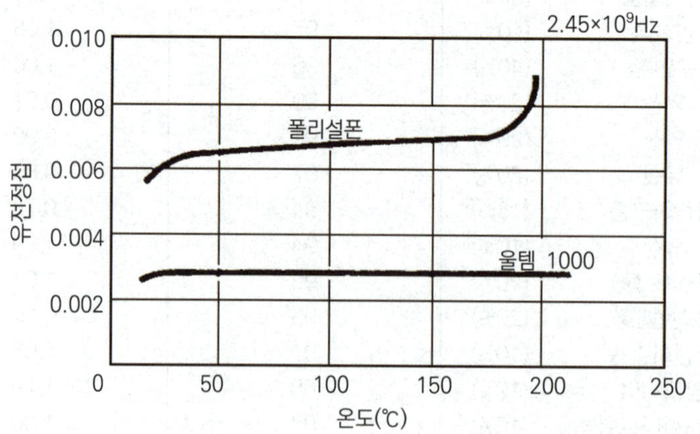

그림 4-58 유전정접과 온도의 관계

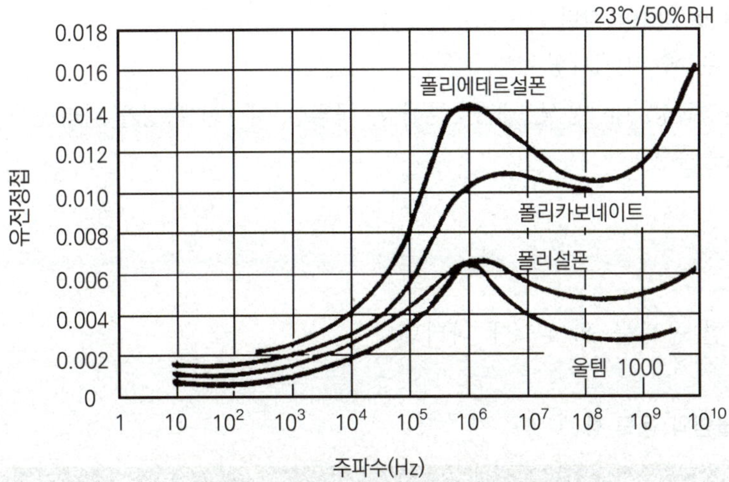

그림 4-59 유전정접과 주파수의 관계

(9) 성형, 가공성

울템은 사출성형, 블로우(blow)성형, 압출성형과 폭넓은 가공법이 범용 엔플라와 병행이 가능하다. 2차가공에 있어서도 범용 엔플라와 병행 셀프탭(self-tap) 접착, 초음파가공, 핫스탬핑[29] 등 내열성을 고려만 한다면 충분히 간단하게 할 수 있다. 표 4-33에 대표적인 성형조건을 나타낸다.

표 4-33 울템의 대표적인 성형조건

금형온도	65~175℃(90℃)	중(中)부	315~395℃	배압(背壓)	3.5~4 kgf/cm^2
수지온도	340~425℃(360℃)	후(候)부	310~325℃	스크류	50~400 rpm
설정노즐부	325~410℃	사출압	700~1,260 kgf/cm^2	쿠션	1.5~6 mm
전(前)부	320~405℃	유지압	560~1,050 kgf/cm^2	배럴(barrel)용량	20~80%

* 배럴(barrel): 사출기 내 재료를 틀(금형)로 주입하는 관

3) 특징

① 높은 균형을 유지한 기계특성

② 우수한 난연성을 갖고 있다.

③ 우수한 내열성

29) 핫스탬핑(hot stamping) : 950℃의 고온으로 가열된 철강소재를 금형에 넣고 프레스로 성형 후 금형 내에서 급속냉각시키는 방법

④ 연소 시의 발열량이 작다.

⑤ 안정되고 우수한 전기특성

⑥ 우수한 환경특성, 내약품성, 내가수분해성, 내후성, 내γ선 특성을 나타낸다.

⑦ 우수한 가공특성

4) 용도

울템의 중요한 용도를 표 4-34에 나타낸다.

▶▶ 표 4-34 울템의 용도 예

분 야	항목 (item)	용 도
자동차	전자부품 기기부품 연료장치 조명	커넥터, 터미널, 퓨즈, 보빈 부싱, 베어링 센서, 밸브 필터볼, 인젝터, 인테크 매니홀드 베드램프 리플랙터, 소켓
전자부품	회로부품 커넥터 제어기기	프린트기판, IC소켓, 테스트기기 통신, 군사용 특수커넥터 스위치, 보빈, 터미널, 서킷 브레이커(회로차단기)
가전기기	가전부품 기기부품 항공기 의료기기	전자레인지부품, 컴프레서 베어링, 부싱, 기어, 와셔, 유압기기, 열교환기, 좌석부품 조명기기, 기기부품, 엔진부품 메디컬 트레이, 리플렉터
특수	필름 전선피복 섬유	모터, 커패시터 FPC, 절연테이프 에나멜선 의복, 필터, 항공기용 주단

① 자동차분야

울템의 내열성, 윤활제, 냉각액, 연료 등에 대한 내약품성, 내크리프성, 기계강도, 하중하에서의 치수안정성, 스냅 핏(snap-fit) 특성 등을 살려서 언더후드부품, 전기부품 등에 사용되고 있다.

② 가전부품

식품, 기름, 그리스, 지방(脂肪) 등에 대한 내성, 마이크로파(micro波) 투과성이 양호한 광택 등의 특성을 이용한 분야에 사용되고 있다.

③ **전기 · 전자부품**

납땜내열성, 치수정밀도, 난연성, 스냅 핏 특성 등의 울템의 균형을 이룬 물성과 우수한 가공성이 평가되고 있고 더욱 수요가 큰 분야이다.

④ **항공기 등 공공수송기기**

특히 이 분야에서의 경량, 기계적 강도, 낮은 발연성, 난연성 등의 요구에 적당한 재료이다.

⑤ **기타**

우수한 내유성, 내열성, 기계물성을 이용한 습동부재(摺動部材), 기계부품 등의 용도로 개발되었다.

5) 제조사(메이커)

현재 엔지니어링 플라스틱(株)를 비롯하여 여러 곳에서 제조하고 있다. 엔지니어링 플라스틱(株)의 상품명은 〈울템〉이다.

종류는 #1000, #2100, #2200, #2300 등이 있으며 단, 착색품은 약간 비싸다.

6) 대표적인 판매제품의 물성데이터

표 4-35에 〈울템〉의 그레이드와 물성 데이터를 나타낸다.

▶▶ 표 4-35 울템의 물성 일람표

	단 위	ASTM	조 건	1000	2100	2200	2300
비중	–	D792	–	1.27	1.34	1.42	1.51
흡수율	%	D570	23℃ 24hrs	0.25	0.28	0.26	0.18
			23℃, 침지포화	1.25	1.0	1.0	0.9
성형수축률	%	D955	–	0.5~0.7	0.4	0.2~0.3	0.2
열변형온도	℃	D648	18.6kgf/cm^2	200	207	209	210
			4.6kgf/cm^2	210	210	210	212
비캣 연화점	℃	D1525	B법	219	223	226	228
열전도율	W/m℃	C177	–	0.22	–	–	–
선팽창계수	mm/mm/℃	D696	−18℃~150℃	5.6×10^{-5}	3.2×10^{-5}	2.5×10^{-5}	2.0×10^{-5}
내염성	–	–	UL94 0.63mm	※ ※※ V−0, 5V	V−0	V−0	V−0 (0.25mm)

▶▶ **표 4-36 울템의 물성 일람표**

	단 위	ASTM	조 건	1000	2100	2200	2300
산소지수	%	D2863	1.5mm	47	47	50	50
NBS Smoke	–	E662	fm(1.5m/m)D4@4min	0.7	–	1.3	–
			Dmax@20mm	30	–	27	–
인장강도(항복점)	kgf/cm^2	D638	23℃	1,070	1,220	1,430	1,630
신장률(파장신도)	%	D638	23℃	60	6	3	3
인장탄성률	kgf/cm^2	D638	23℃	30,600	45,900	70,400	91,800
굽힘강도	kgf/cm^2	D790	23℃	1,480	2,050	2,140	2,350
굽힘탄성률	kgf/cm^2	D790	23℃	33,700	45,900	63,300	84,700
압축강도	kgf/cm^2	D695	23℃	1,430	1,630	1,730	1,630
압축탄성률	kgf/cm^2	D695	23℃	29,600	31,600	35,700	38,800
전단강도	kgf/cm^2	–	23℃	1,020	920	970	1,020
가드너임팩트	kgf · cm	–	23℃	370	–	–	–
아이조드임팩트	kgf · cm/cm	D256	노치없음 3.2mm 23℃	130	49	49	44
			노치있음 3.2mm 23℃	5	6	9	10
로크웰경도	–	D785	M 스케일	109	114	118	125
마찰계수	–	D1894	대(對) 자기	0.19	–	–	–
			대(對) 스틸	0.20	–	–	–
테이버마모	mg	D1044	CS17 1kg 1,000C	10	–	–	–
절연파괴전압	kV/mm	D149	단(短) 3.2mmOil/Air	28/33	27.5/–	26.5/–	24.8/30
유전율	–	D150	1kHz 50%RH 23℃	3.15	3.5	3.5	3.7
유전정접	–	D150	1kHz 50%RH 23℃	0.0013	0.0014	0.0015	0.0015
체적고유저항	Ω · cm	D257	23℃ 건조	10^{17}	10^{17}	10^{16}	10^{16}
내아크성	sec	D495	텅스텐 전극	128	–	–	85

※ : 0.41mm, ※※ : 1.9mm

5 PSF(Polysulphone, 폴리설폰)

1) 분류 및 종류

폴리설폰(상품명 〈유델폴리설폰〉)은 미국의 유니온 카바이드사(UCC)에서 개발된 고성능의 열가소성 엔지니어링 플라스틱으로 다음과 같은 화학구조를 가지고 있다.

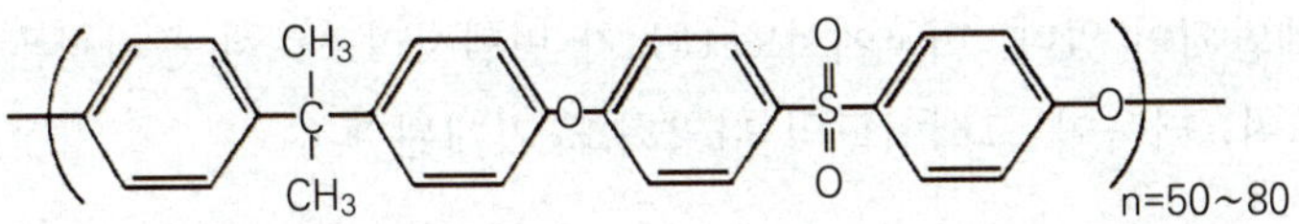

일본에서는 1978년부터 닛산(日産)화학공업(주)에 의해서 국산화를 목표로 한 수입판매, 시장개발이 진행되었다.

폴리설폰은 비결정성 수지이므로 성형 시의 수축이나 휨이 극히 작은 것이 큰 장점이다. 성형수축률은 어느 그레이드도 0.002~0.007의 범위에 있고 더구나 유동(流動)방향과 직각방향과의 차가 매우 작은 것이 특징이다. 후술하는 우수한 물성과 합해서 생각했을 때 폴리설폰은 정밀성형용 엔지니어링 플라스틱으로서 극히 우수한 재료이다.

폴리설폰은 그 화학구조에서도 명백하듯이 벤젠환(環)이 설폰기, 프로필리덴기, 에테르기로 결합되어져 있다. 이들 기(基)는 서로 강한 전자공명 구조를 이루고 있어 폴리설폰에 높은 내열성이나 강인한 기계적 성질을 주고 있다.

1984년 동사(同社)가 개발한 〈민델폴리설폰〉, 〈라델폴리아릴설폰〉을 유니온 카바이드 일본(주)이 일본에서의 판매를 개시했다.

라델(RADEL) 폴리아릴설폰은 유델(UDEL) 폴리설폰의 내열성, 내약품성을 더욱 향상시킨 엔지니어링 플라스틱이다. 민델(MINDEL)은 최종용도의 특성에 맞추어서 UCC에서 컴파운드한 상품이다. A, B, M 시리즈의 3종류가 있다.

(1) 내추럴

폴리설폰은 호박색 투명한 비결정성 수지로 가수분해하지 않는 내열성(열변형온도, 175, UL-T.I. 150), 내충격성이 강인한 재료이고 치수정밀도나 치수안정성도 뛰어난 수지이다.

(2) 유리섬유 강화

고강도, 고강성, 고내열성, 고치수정밀도용 그레이드가 있다. 유리섬유 함유율 30%가 표준으로 되어 있다.

(3) 무기질충전 및 기타

폴리설폰은 본래 내추럴품(natural 品)으로 투명, 내열성에서 치수정밀도도 좋기 때문에 보강제나 충전제에 의한 변질은 별로 필요성도 적고 특히 치수정밀도가 요구되는 용도에 유리강화 그레이드가 사용되고 있는 정도이고 오히려 내추럴품(品) 그대로 또는 플라스틱에 융합이 적은 의료공업 등의 분야에서 금속의 대체 등에 주로 사용되어 왔다.

그러나 사용자 요구의 다양화에 수반해서 특히 일본의 사용자의 독특하고 세심한 기술적 요구에 대응하기 위해서도 유리강화 그레이드 이외에도 카본섬유나 불소수지를 블렌드(blend)한 그레이드가 개발되어 있다. 미국에서도 UCC가 민델시리즈로서 폴리설폰을 기초로 한 복합소재를 개발했으며, 더욱이 그레이드의 다양화도 기대된다.

2) 제조법

폴리설폰은 디크졸로 디페닐설폰과 비스페놀 A와의 공축중합반응(共縮重合反應)에 의해 얻어지는 공축중합체(共縮重合體)이다. 여기에 대해서 폴리에테르설폰(Polyethersulphone, PES)은 디클로로디페닐설폰의 축중합(縮重合) 반응에 의해서 얻어지는 호모폴리머이다. 따라서 폴리머의 성질은 상당히 유사한 부분과 양자의 구조차에 의한 서로 다른 부분이 있다. 양자 모두 비결정성의 폴리머이고 극히 내열성이 우수하고 온도상승에 의한 물성의 저하는 적다. 폴리설폰의 Tg(유리전이온도. glass transition temperature)가 190℃에 대해서 폴리에테르설폰은 225℃이고, 전자의 내열성을 최고 수준까지 개량한 것이 후자라고 보는 것도 가능하다. 원료구성에서는 당연히 전자쪽이 가격이 싸다.

3) 물성일반

폴리설폰이 다른 엔지니어링 플라스틱에 비교해서 특히 우수한 물성은 내열수 · 내가수분해성이다. 이것은 위에서 설명한 공명구조 및 에스테르결합 등의 가수분해를 받기 쉬운 기(基)를 갖고 있지 않기 때문이다.

폴리설폰의 그레이드로서는 기본 그레이드 P-1700, 고분자량 타입의 P-3500이 있다. 그리고 컴파운드로서 난연 그레이드, 유리섬유 강화 그레이드 또는 카본섬유 강화 그레이드, 불소수지 등의 블렌드 그레이드가 있고 슬라이딩 특성 내마모성 등을 개량해서 사용자에서의 다양한 요구에 대응하고 있다. 표 4-37은 유델설폰의 기본 물성을 나타낸다.

▶▶ 표 4-37 유델(UDEL) 폴리설폰의 기본 물성

물성 \ 그레이드 / 가공용도	ASTM	P-1700	P-1710	P-1720	유리섬유 30% 함유	P-6050 무기질 충전	P-3500
가공 용도		사출성형 사출성형 코딩	사출성형 압출성형	사출성형 압출성형	사출성형	사출성형	압출성형
비중	D1505	1.24	1.25	1.25	1.45	1.40	1.24
색조	–	옅은 호박색	상아색	라이트 베이지색	회백색	오프 화이트	옅은 호박색
투명성	D1003	투명	불투명	반투명	불투명	불투명	투명
로크웰 경도	D785	M-69 R126	M-69 R-120	M-69 R-120	M-92 L-108	M-75	M-69 R-120
멜트 플로 인덱스	D1238*1	6.5	6.5	6.5	–	5*2	3.5
성형수축률 (cm/cm)	D955	0.007	0.007	0.007	0.002	0.005	0.007
유리전이온도 (℃)	–	190	190	190	190	190	190
포화온도 (℃)	D746	-100	-100	-100	-100	-100	-100
열변형온도 (℃)	D648 (18.6kgf/cm)	175	175	175	185	180	175
연속사용온도 (℃)	UL규격 평형없음	150	150	150	150	(150)*4	150
선팽창계수 (cm/cm/℃)	D696	5.5×10^{-5}	5.5×10^{-5}	5.5×10^{-5}	2.5×10^{-5}	4.4×10^{-5}	5.5×10^{-5}
내연성 ATB(초)	D635	5	5	<5	–	10	5
내연성 AEB(mm)	D635	10	10	<5	–	<5	10
UL	94	V-2~V-0	V-2~V-0	V-0 올컬러	V-0*3	V-1	(V-2~V-0)*4

주) *1 : 343℃, 2.16kgf 하중에서 직경 2.08mm의 오리피스에서 10분간 흘러나오는 중량(gf)
*2 : 375℃
*3 : 예를 들면 FX 시리즈
*4 : 사내테스트 결과

(1) 기계적 성질

폴리설폰은 우수한 강도를 가지고 있다. 더구나 저온(-100℃)에서 고온(+150℃)까지의 넓은 온도범위에 걸쳐서 장기간 안정된 기계적 강도를 나타낸다. 유리섬유나 카본섬유 등을 충전하는 것에 따라서 더욱 강인한 내열성 소재로 된다. 표 4-38에 유델폴리설폰 각 그레이드의 기계적 성질을 나타낸다. 그림 4-60은 비강화품의 온도에 의한 인장강도의 관계를 폴리카보네이트와 비교한 것이다. 그림 4-61은 굽힘탄성률에 대해서 나타내고, 그림 4-62는 유리섬유 함유량에 대한 굽힘탄성률, 인장강도의 관계를 나타낸 것이다. 그림 4-63에 내피로성을 나태난다.

▶▶ 표 4-38 폴리설폰의 기계적 성질

항 목		단 위	ASTM	P-1700 P-3500	P-1720	유리섬유 30%	P-6050 무기질충전
인장	강도(항복점)	kgf/cm^2	D638	720	700	1,300	910
	탄성률	10^3 kgf/cm^2	D638	25	25	100	50.6
	신율(항복점)	%	D638	5~6	–	–	–
	신율(파단점)	%	D638	50~100	50~100	2~3	4
굽힘	강도	kgf/cm^2	D790	1,100	1,100	1,600	1,400
	탄성률	10^3 kgf/cm^2	D790	27.5	27.5	83	53
압축	강도(파단점)	kgf/cm^2	D695	2,800	2,800	–	–
	강도(항복점)	kgf/cm^2	D695	1,000	1,000	1,700	–
	탄성률	10^3 kgf/cm^2	D695	26	26	–	–
전단	강도(항복점)	kgf/cm^2	D732	420	420	–	–
	강도(최대)	kgf/cm^2	D732	630	630	670	–
아이조드 충격 강도	1/4" 노치있음	kgf-cm/cm	D256	6.5	6.5	9.8	–
	1/8" 노치있음	kgf-cm/cm	D256	7.1	7.1	–	8.2
	1/8" 노치없음	kgf-cm/cm	–	>327 (파단없음)	>327 (파단없음)	87*1	–
	1/8" 노치있음 (-40℃)	kgf-cm/cm	D256	6.5	6.5	8.7*1	6.0*2
인장충격강도		kgf-cm/cm	D1822	430	340	134	92
포아송 비(0.58% 변형)				0.37	–	–	–
정마찰계수 (건조시)	폴리설폰			0.67		–	–
	스틸			0.40		–	–
마모저항	테이버 CS-17 1,000 사이클 1,000g 하중			20mg		35mg	–

주) *1 : 1/4" bar
*2 : -25℃

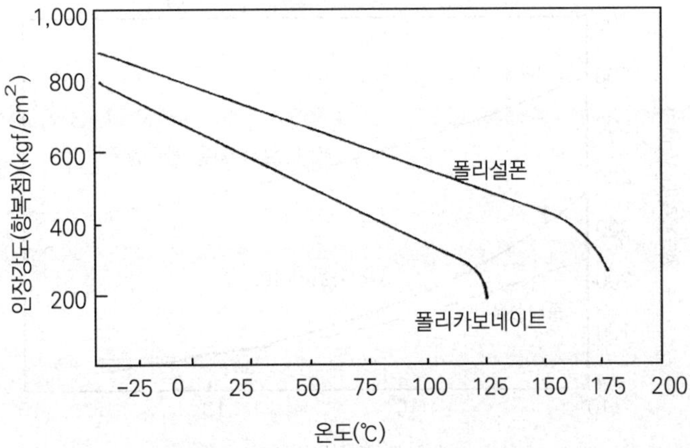

그림 4-60 인장강도와 온도의 관계

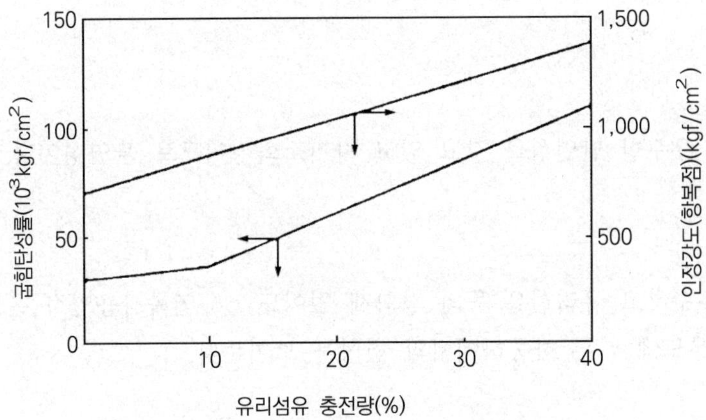

그림 4-61 굽힘탄성률과 온도의 관계

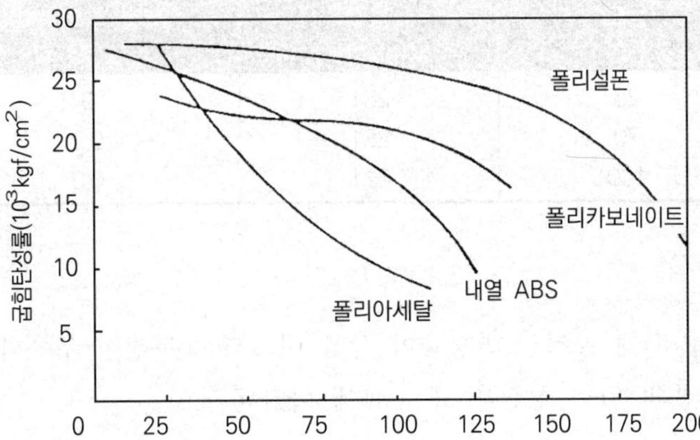

그림 4-62 유리섬유 보강효과

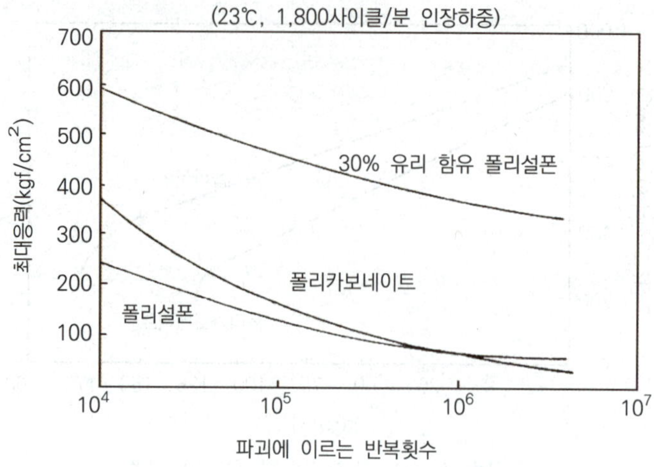

그림 4-63 피로한계곡선

(2) 난연성

폴리설폰은 우수한 난연성을 갖고 있고 자기소화성이므로 불연성이다.

(3) 내열성

내열성이 우수하고 유리섬유 등의 강화제 없이도 UL 연속사용인정 온도는 150℃이다. 표 4-39는 온도에 따른 하중하에서의 변형을 보여준다.

표 4-39 하중하에서의 변형

(ASTMD 621)

온도 (℃)	응력 (kgf/cm^2)	24hr 후의 변형 (%)
23	281	<0.2
70	281	0.2
100	211	0.3

고온, 하중하(荷重下)에 있어서 변형량이 작고 내크리프 특성이 우수하다(표 4-39 및 그림 4-64 참조). 폴리설폰의 열적 성질을 표 4-40에 나타낸다.

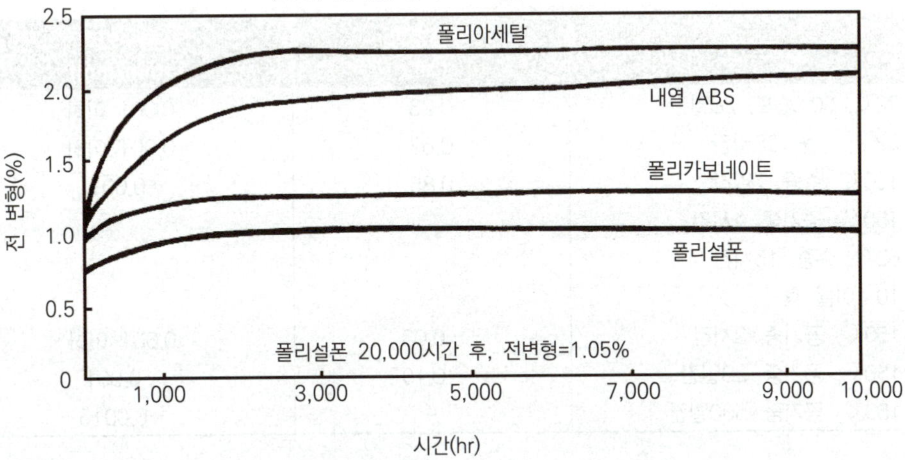

그림 4-64 인장크리프 특성의 비교

표 4-40 폴리설폰의 열적 성질

항 목	단 위	ASTM	P-1700 P-3500	P-1720	유리섬유 30%	P-6050
내열성	–	–	자기소화성	불연성	불연성	자기소화성
	산소지수	D2683T	30	32	–	–
	sec	D635	5	<5	UL94V–0	10
	mm	D635	10	<5	1.55mm 이상	<5
발화성	℃	D1929	550	590	–	–
열변형온도 18.56kgf/cm^2 열변형온도 4.6kgf/cm^2	℃	D648	175 181	175 181	185 190	180 188
비캣(vicat) 연화점 포화온도	℃	D1525 D746	188 –100	188 –100	– –	– –100
선팽창계수 열전도율	cm/cm/℃ cal/sec/cm^2/℃ · cm	D696 C177	5.5×10^{-5} 3.1×10^{-4}	5.5×10^{-5} 3.1×10^{-4}	2.5×10^{-5} 3.8×10^{-4}	4.4×10^{-5} 3.2×10^{-4}
비열	cal/℃ · g		0.27at23℃ 0.40at190℃	0.27at23℃ 0.40at190℃	– –	– –

(4) 치수안정성

비결정 수지이므로 성형수축률이 작고 또한 방향차이가 거의 없으며 내크리프성이 우수하고 사용환경 범위가 넓고 온도습도에 의한 치수변화도 극히 작다. 따라서 각종 정밀제품의 금속에 대체품으로 사용된다. 표 4-41에 에이징(aging) 후의 중량변화와 치수변화를 나타낸다.

▶▶ **표 4-41 치수안정성**

조 건	중량변화 (%)	치수변화 (mm/mm)
22℃, 50%습도, 28일간	0.23	0.001 이하
22℃, 수중, 28일간	0.62	0.001 이하
100℃, 수중, 7일간	0.85	+0.0011
150℃, 공기중, 4시간		
60℃, 수중, 16시간		
10사이클 후		
150℃, 공기중, 2시간	−0.03	0.001 이하
150℃, 공기중, 28일간	−0.10	−0.001
150℃, 공기중, 500일간	−	−0.0016

(5) 내약품성

폴리설폰은 물에 의한 물성변화가 극히 적고, 뜨거운 물이나 가열스팀에 의해서 백화하거나 가수분해하지 않는다. 안전성도 높고 일본후생성(厚生省) 434호, 178호 외 미국의 FDA(식품의약국), NSF(국가과학재단), 3-ASSC 및 미국약국쪽의 규격에도 합격되었으며, 식품관계나 의료기기 관계에도 많이 이용된다. 산이나 알칼리 외에 많은 약품에도 견디므로 배터리 케이스나 필터 등에도 사용된다.

그림 4-65에 수분함유율과 치수변화의 관계를 나타냈으며, 그림 4-66에 폴리설폰의 내스팀 특성, 그림 4-67에 수중에서의 크리프 특성을 나타낸다. 그리고 표 4-42에 내약품성을 나타낸다.

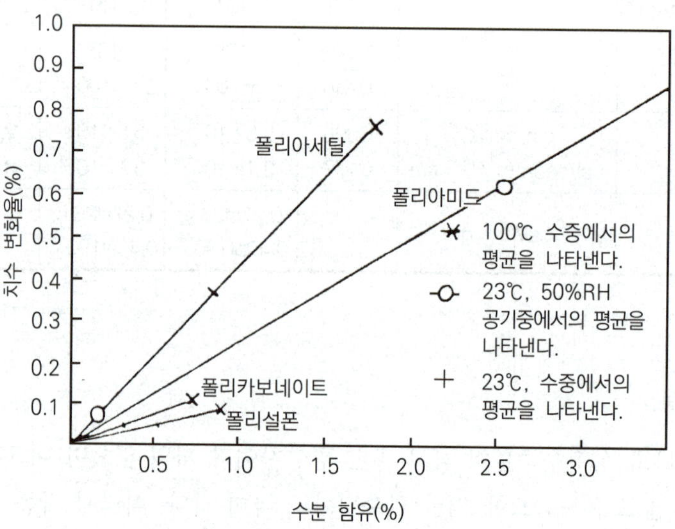

그림 4-65 수분함유에 의한 치수

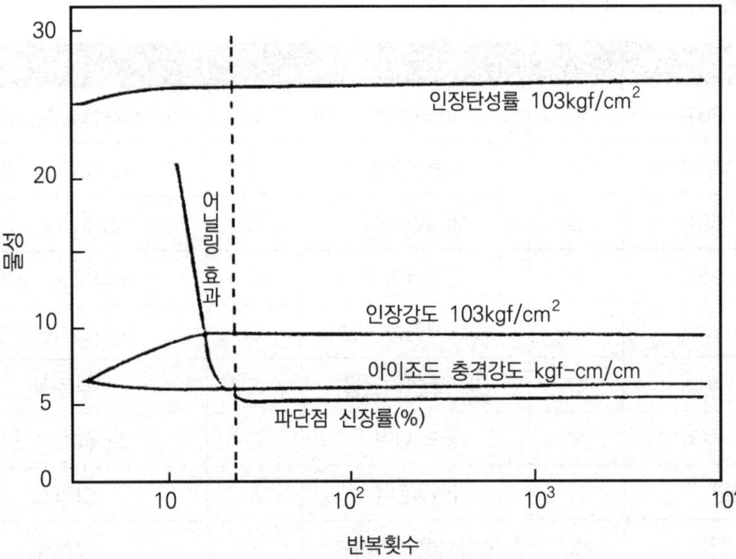

그림 4-66 폴리설폰의 내스팀 특성

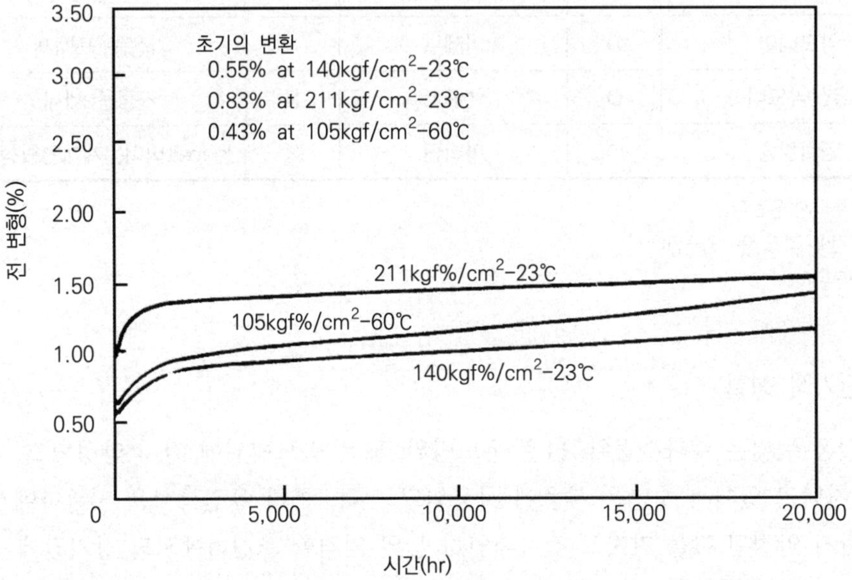

그림 4-67 수중에서의 인장크리프 곡선

▶▶ **표 4-42 폴리설폰의 내약품성**

산 · 알칼리 · 염			유기용제		유류(油類) 외	
염산	20%	○	n-핵산	○	ASTM OIL #1	○
	농(濃)(37%)	○	시클로핵산	○	ASTM OIL #2	○
유산	65%	○	에틸알코올	○	ASTM OIL #3	○
	95%	×	에틸글리콜	○	노티오일 #10	○
초산	20%	○	모노에탄올아민	○	트랜스미션오일	○~△
	40%	○	인프로필알코올	△	부동액	○
	71%	×	글리세린	○	브레이크오일	○
인산(燐酸)		○	4염화탄수	△	그리스	△
불화수소산		△	메틸렌클로라이드	×	윤활유	△
초산		○	트리클로로에틸렌	×	가솔린	△
오레인산		○	에틸에테르	×	사진현상액	○
가성소다		○	초산에틸	×	사진정착액	○
암모니아		○	아세톤	×	가정용 표백제	○
과유산암모니아		○	벤젠	×	가정용 세제	△
염화칼슘		○	파리딘	×	Igepal(비이온계계면활성제)	×

주) ○ : 침투되지 않는다.
△ : 조건에 따라서는 침투된다.
× : 침투된다.

(6) 전기적 성질

폴리설폰은 넓은 주파수범위, 넓은 온도범위, 넓은 습도범위에 걸쳐 안정되고, 우수한 전기특성을 지니고 있어서 수많은 부품에 사용되고 있다. 특히 유전특성은 저주파에서 10 GHz의 고주파까지 안정된 값을 가지고 전자레인지 등의 엄격한 조건하에서도 장기간에 걸쳐서 우수한 특성을 발휘한다. 민델(MINDEL) B-322는 미국에서 커넥터, 릴레이의 하우징 등에 사용되고 있다. 그림 4-68과 그림 4-69에 유전특성의 주파수 의존성, 온도의존성을 나타낸다.

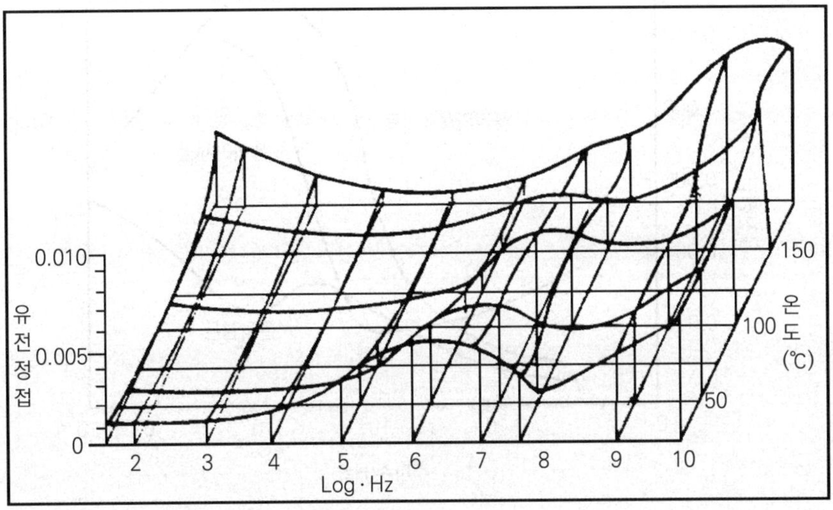

➲ 그림 4-68 유전정압과 주파수, 온도와의 관계

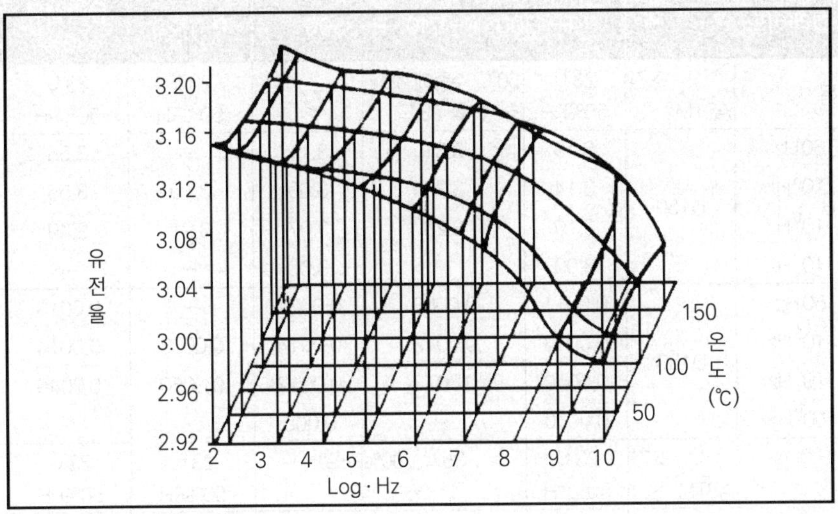

➲ 그림 4-69 유전율과 주파수, 온도와의 관계

그림 4-70에는 주파수와 유전정접의 관계를 다른 수지와 비교해서 나타낸 것이며, 표 4-43에 전기특성을 나열해 놓았다.

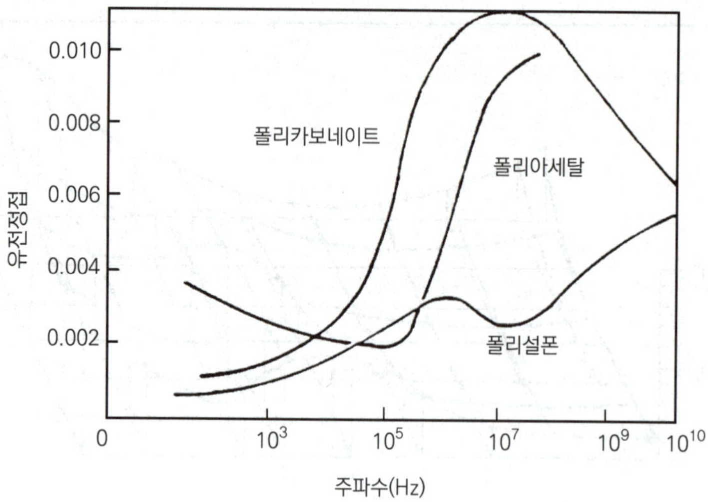

그림 4-70 유전정접과 주파수의 관계(23℃)

표 4-43 폴리설폰의 전기특성

그레이드			P-1700, P-1710, P-3500				P-1720	유리섬유 30%	P-6050
항 목		조건 / ASTM	23℃ 50%RH	50℃ 수중에 48hr 침지 후 23℃	177℃		23℃ 50%RH	23℃ 50%RH	23℃ 50%RH
유전율	60Hz	D150	3.15	3.31	3.11		–	3.55	3.43
	10^3Hz		3.14	3.29	3.09		3.19	3.55	3.34
	10^6Hz		3.10	3.23	3.07		3.21	3.49	3.34
	10^9Hz		3.00	–	3.00		–	–	–
유전정접	60Hz	D150	0.0011	0.0008	0.0039		–	0.0019	0.011
	10^3Hz		0.0013	0.0012	0.0014		0.0008	0.0014	0.005
	10^6Hz		0.0050	0.0073	0.0012		0.0050	0.0049	0.005
	10^9Hz		0.0040	–	0.008		–	–	–
		조건 / ASTM	23℃ 50%RH	35℃, 90%RH로 96hr 후			23℃ 50%RH	23℃ 50%RH	23℃ 50%RH
표면저항률 omhs		D257	3×10^{16}	2.7×10^{11}			–	10^{16}	–
체적고유저항률 Ω-cm			5×10^{16}	1.6×10^{12}			5×10^{16}	10^{17}	5×10^{15}
내아크성(텅스텐)		D495	60	–			60	115	126
(스테인리스스틸)			22	–			–	–	–
		조건 / ASTM	23℃ 50%RH	50℃ 수중에 48hr 침지 후 23℃	100℃	160℃	23℃ 50%RH	23℃ 50%RH	23℃ 50%RH
절연파괴강도 kV/mm									
두께	3.3	D149	16.7	15	21	–	14.6	18.9	16.7
	0.254		87	–	106	122	–	–	–
	0.0254		300	–	340	244	–	–	–

4) 특징

① 내추럴(natural, 천연 소재)은 얇은 호박색에 투명하고 아름다운 외관을 지니고 있다.
② 가공성이 좋고 착색이나 충전이 용이하며 금속도금도 가능하다.
③ 비결정성으로 극히 적은 성형수축, 낮은 휨성을 지니고, 치수정밀도가 높고 정밀성형용에 적합하다.
④ 강인하고 우수한 기계적 성질을 갖고 있다.
⑤ 넓은 범위에서 우수한 전기적 성질을 갖고 있다.
⑥ 뛰어난 치수안정성과 내크리프 특성을 갖고 있다.
⑦ 극히 높은 내열성(UL연속사용온도 150℃) 재료이다.
⑧ 가열스팀이나 비등수(沸騰水)에도 견디는 우수한 내열수성을 갖고 있다.
⑨ 우수한 난연성(UL94V-0～V-2)
⑩ 안전성, 일본후생성(厚生省) 434호, 178호 외 미국의 FDA, NSF, 3-ASSC, 미국약국법의 인가를 받았다.
⑪ 산이나 알칼리에 침식되지 않고 많은 약품에 견딘다.

5) 용도

표 4-44에 사용 예를 나타낸다.

▶▶ **표 4-44** 폴리설폰의 사용 예

분 야	사용 예
전기 · 전자	IC 소켓, 커넥터, 코일 보빈, 부싱, 프린트기판, 스위치
자 동 차	퓨즈, 트리거 오일 라이트부품, 특수 배터리 케이스
정밀기기	시계 케이스, 시계내부 부품, 복사기부품, 카메라 부품
식품기기	낙농기기, 필터 플레이트, 업무용 커피메이커, 자판기부품
의료기기	의치 , 내시경부품, 마취기부품, 조영제주입기
공업부품	한외(限外)여과장치, 여과막, 펌프, 파이프

6) 일본 제조사(메이커)

표 4-45에 제조사를 나타낸다.

▶▶ 표 4-45 제조사

메이커	상품명
화학	유델폴리설폰
유니온 카바이드 일본	민델폴리설폰

7) 대표적인 판매제품의 물성데이터

〈유델(UDEL)폴리설폰〉에 대해서는 이미 기술했으므로 〈민델(MINDEL)폴리설폰〉, 〈라델(RADEL)폴리설폰〉에 대해서 표 4-46와 표 4-47에 나타낸다.

▶▶ 표 4-46 민델(MINDEL)의 물성

물 성		단 위	ASTM	B-322	B-340	B-390
멜트 플로		g/10min	D1238	4~9	10	8~9
밀도		g/cc	D1505	1.47	1.66	1.3
성형수축		%	D955	0.20	0.16	0.65
인장강도		kgf/cm^2	D638	1,055	1,266	738
인장신장률		%	D638	2.5	1.3	50~100
굽힘강도		kgf/cm^2	D790	1,617	1,737	1,160
굽힘탄성률		kgf/cm^2	D790	70,307	110,734	33,747
아이조드충격강도		kgf · cm/cm	D256	5.4	7.1	6.0
인장충격강도		kgf · cm/cm	D1822	85.7	49.3	141.4
열변형온도		℃	D648	160	160	169
난연성		UL94	–	V-0 @0.031"	V-0 @0.031"	V-0 @0.1"
절연내력(耐力)		kV/mm @1/32	D149	30	24	18.1
체적저항률		Ω · cm	D257	10^{16}	10^{16}	10^{6}
유전율	60Hz		D150	3.7	3.9	3.3
	1MHz			3.7	3.9	3.3
	1GHz			3.7	3.9	3.4
유전정접	60Hz		D150	0.002	0.002	0.002
	1MHz			0.003	0.003	0.002
	1GHz			0.009	0.010	0.007

▶▶ **표 4-47** 유델(UDEL) P-1700와 라델(RADEL) A-400의 비교

물 성		단 위	ASTM	P-1700	A-400
멜트 플로		g/10min	D1238	6.5	30.0
밀도		g/cc	D1505	1.24	1.37
성형수축		%	E955	0.7	0.6
인장강도		kgf/cm^2	D638	717	844
인장탄성률		kgf/cm^2	D638	25,311	27,068
굽힘강도		kgf/cm^2	D790	1,083	1,131
굽힘탄성률		kgf/cm^2	D790	27,420	28,052
아이조드충격강도		kgf · cm/cm	D256	7.1	8.7
인장충격강도		kgf · cm/cm	D1822	428	342
열변형온도		℃	D648	174	204
난연성		UL94	–	V–2 @1.47mm	V–0 @0.023"
난연성		UL94	–	V–0 @6.10mm	V–0 @0.58mm
절연내력		kV/mm	D149	17	15.1
체적저항률		Ω · cm	D257	5×10^{16}	7.71×10^{16}
유전율	60Hz		D150	3.07	3.51
	1MHz			3.03	3.54
	1GHz				
유전정접	60Hz		D150	0.0008	0.00171
	1MHz			0.0034	0.00564
	1GHz				

6 PES(Polyether-sulphone, 폴리에테르설폰)

1) 분류 및 종류

폴리에테르설폰(PES)은 영국 ICI사(社)에서 개발된 고성능 수퍼 엔지니어링 플라스틱(수퍼 엔플라)으로 다음과 같은 화학구조를 가지고 있다.

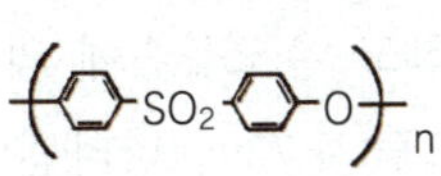

Tg : 225℃ 비정성(非晶性)

영국에서는 1972년부터 판매가 시작되었다. 상품명은 〈Victrex〉이다. 일본에서는 1975년부

터 ICI 재팬에 의해 수입판매가 개시되었고 특히 1978년부터 스미토모화학(住友化學), 미쓰이도아쓰(三井東壓)도 생산하고 있다. PES의 최대 특징은 '고온특성'이 종래의 어느 엔지니어링 플라스틱보다 우수하다. 즉 PES는 200℃ 가까운 고온에서 치수변화나 물성열하(劣下)를 일으키지 않고 장기간의 연속사용에도 견딘다.

(1) 내추럴

PES 자체는 비결정성의 호박색 투명한 수지이다. 코팅 및 접착제 등 용도에 따라 파운더, 압출용, 사출성형 등의 펠릿(pallet)이 있다.

(2) 유리섬유 강화 기타

유리섬유 함유율 20%, 30%, 사출성형용의 탄소섬유로 강화한 고온, 고강성 그레이드가 있다. 스미토모화학(住友化學)은 PES를 베이스 레진(base resin)으로 한 각종 컴파운드를 〈스미플로이 S시리즈〉로서 판매하고 있다.

(3) 섭동용(摺動用)

섭동특성을 만족하도록 컴파운드화된 것으로 〈스미플로이 S시리즈〉 FS 그레이드 등이 여기에 해당된다.

2) 제조법

PES는 디클로로디페닐설폰의 중축합반응에 의해 얻어지는 열가소성 폴리머이다. 폴리설폰, 폴리아릴설폰이 공중합체인데 비해서 PES는 호모폴리머인 점에서 다르다. PES의 유리전이온도(Tg)가 225℃, 폴리설폰의 Tg가 190℃이고 고온의 사용한계온도는 PES쪽이 높다. 폴리설폰과 유사한 성질도 많은 비결정성의 폴리머이지만, 흡수성은 PES쪽이 약간 높다.

3) 물성일반

(1) 내열성(단기적)

일반적으로 열가소성 수지 특히 결정성 수지는 온도상승에 수반하여 강성이 급격히 저하한다. 그러나 PES는 높은 온도까지 높은 강성을 유지하고 온도상승에 의한 물성저하가 약간 있다. 굽힘탄성률, 인장강도에 대해서 그림 4-71와 그림 4-72에 나타낸다.

예를 들면 30%GF(유리섬유) 강화 그레이드는 180℃에 있어서 인장강도 780 kgf/cm^2, 굽힘탄성률 8.0×10 kgf/cm^2이고 열경화성 수지보다 우수하고 고온에서의 강도유지율이 크다.

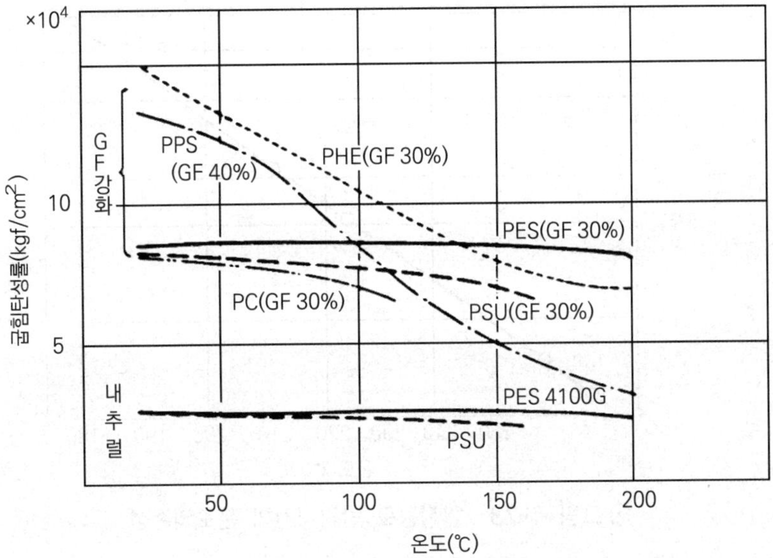

그림 4-71 굽힘탄성률의 온도의존성

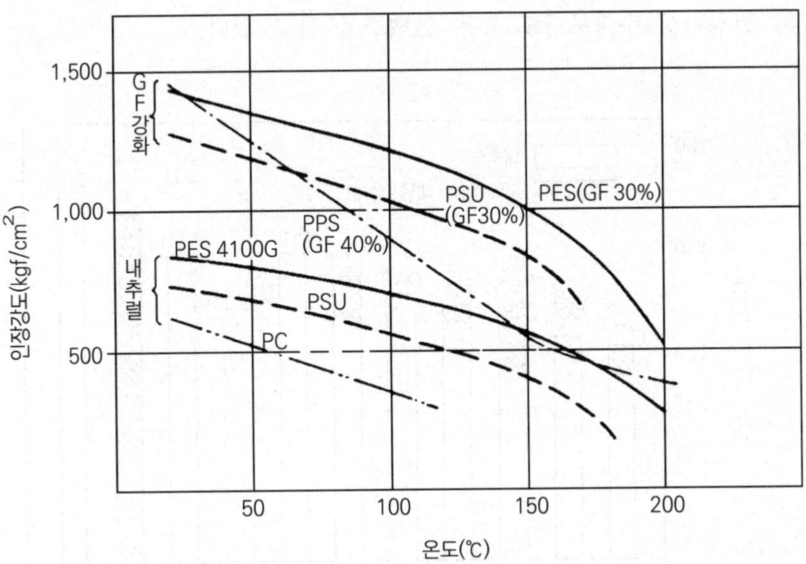

그림 4-72 인장강도의 온도의존성

(2) 내열성

인장강도의 반감시간에 의해 수지의 장기내열성을 평가하는 방법이 있다. PES의 인장강도 반감기는 그림 4-73에 나타낸 것과 같이 180℃에 있어서 20년간, 200℃에서는 5년간이다.

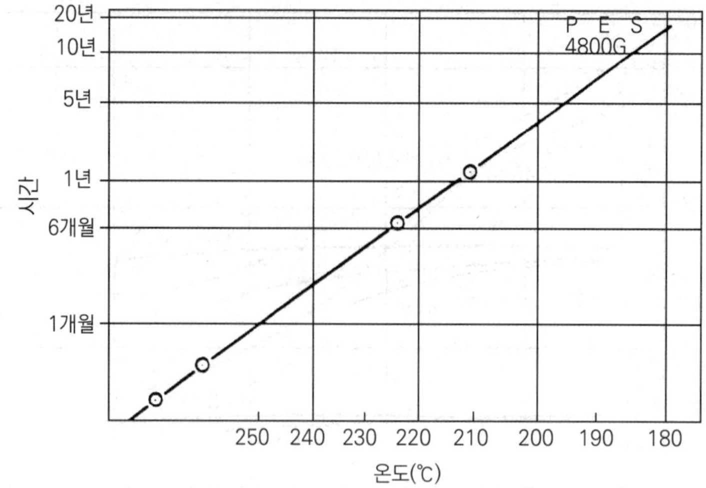

그림 4-73 인장강도 반감시간의 온도의존성

또 PES는 UL규격(UL746B)에 의해서 180℃의 연속사용온도가 인정되고 있다. 이 온도 인덱스(index, 온도지수)를 다른 수지와 비교해서 그림 4-74에 나타낸다. PES는 종래의 열가소성 수지보다는 물론 열경화성 수지보다도 높은 인덱스를 갖고 있다.

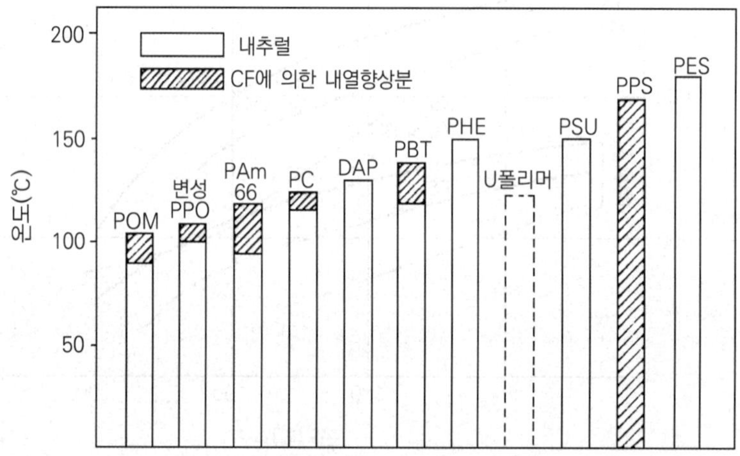

그림 4-74 UL온도 인덱스(온도지수)의 비교

(3) 기계적 성질

PES의 실온에 있어서 크리프(creep) 탄성률의 경시(經時, 시간의 경과) 변화를 그림 4-75에 나타냈다. 다른 엔지니어링 플라스틱과 비교해서 PES는 내크리프성이 우수하다. 고온에 있어서 내크리프성을 비교하기 위해 각 온도에 있어서 1,000시간의 크리프 탄성률을 그림 4-76에 나타낸다. PES는 고온에 있어서도 우수한 내크리프성을 가지고 있다.

그림 4-77에서는 PES의 고온에 있어서 크리프 특성의 구체적인 예를 나타낸다. 그림 4-77에 나타나듯이 PES는 150℃의 고온하에서 100 kgf/cm^{2}의 하중하(荷重下)에서도 1년 후의 신장은 1% 이하이다. 또 특히 내크리프성이 요구되는 용도에는 GF강화 그레이드(Glass fiber reinforced grade, 섬유강화 등급)가 적합하다.

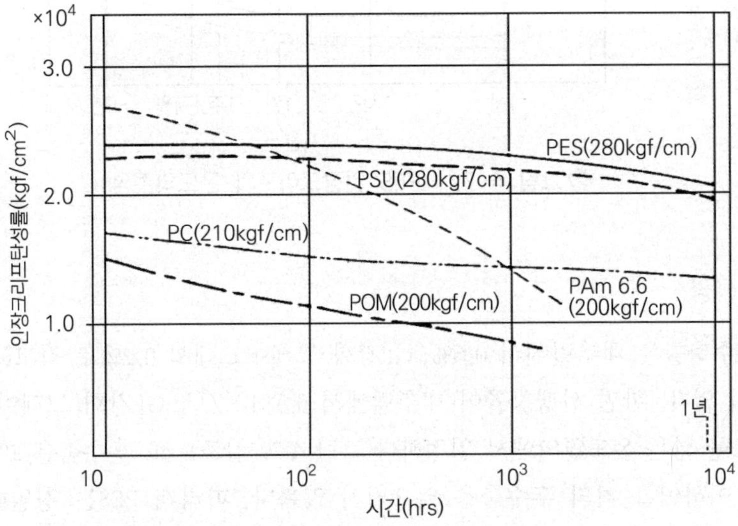

그림 4-75 인장크리프의 항시(恒時)변화(20℃)

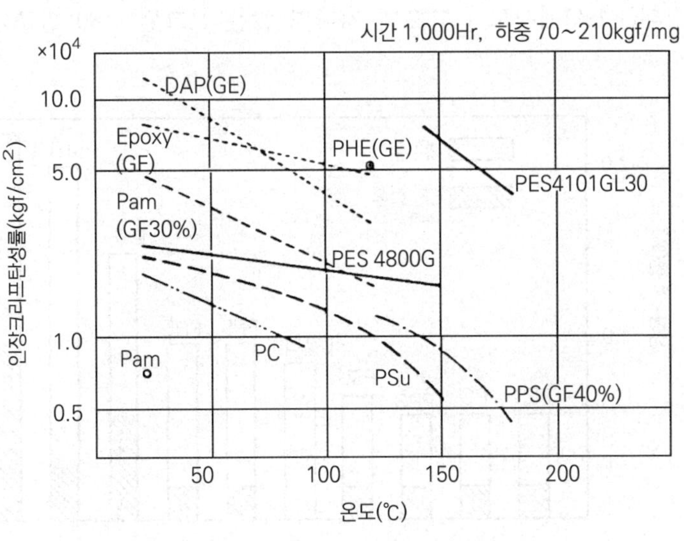

그림 4-76 크리프 탄성률의 온도의존성

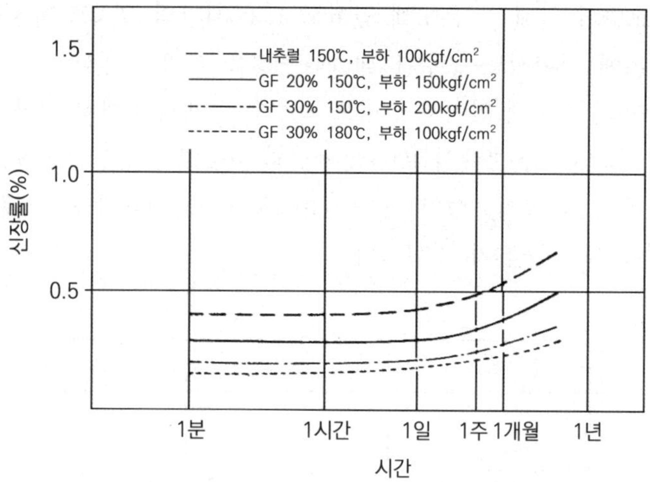

그림 4-77 PES 인장크리프의 온도의존성

(4) 치수안정성

PES의 성형수축률은 내추럴에서 0.6%, GF강화 그레이드에서 0.2%로 작고(그림 4-78 참조), 또한 이방성이 없다. 한편 선팽창률이 내추럴에서 5.5×10^{-6}/℃, GF강화 그레이드에서 2.3×10^{-6}/℃로 낮고 또한 넓은 온도영역에서 일정하다(그림 4-79 참조). 또 후수축은 200℃, -7,000시간에서도 0.1% 이하이고 거의 후수축을 일으키지 않는다. 따라서 PES는 정밀한 성형을 할 수 있고 온도변화에 의한 치수변화가 작고 또 장시간의 고온하에서도 치수변화를 일으키지 않는다. 또 극히 짧은 시간의 고온에 대해서는 300℃ 가까이까지 견딜 수가 있고 납땜공정 시의 고온(260~280℃×1%초)에는 충분히 견딘다. 또 PES는 약간의 흡수성이 있다. 흡습에 의한 치수변화는 포화상태(1.1%)에서도 0.15%에 지나지 않는다(그림 4-80 참조).

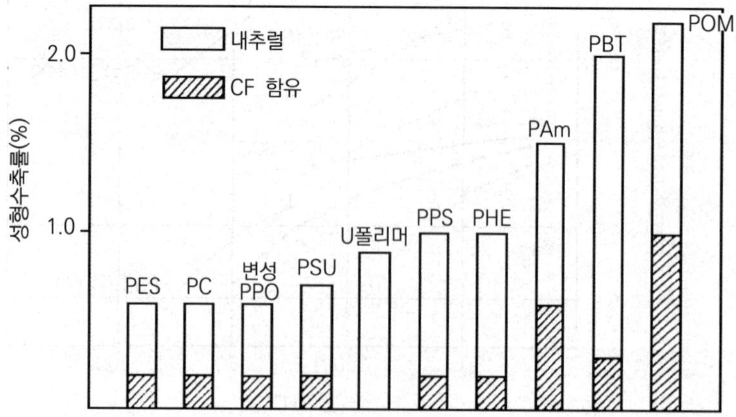

그림 4-78 성형수축률의 비교

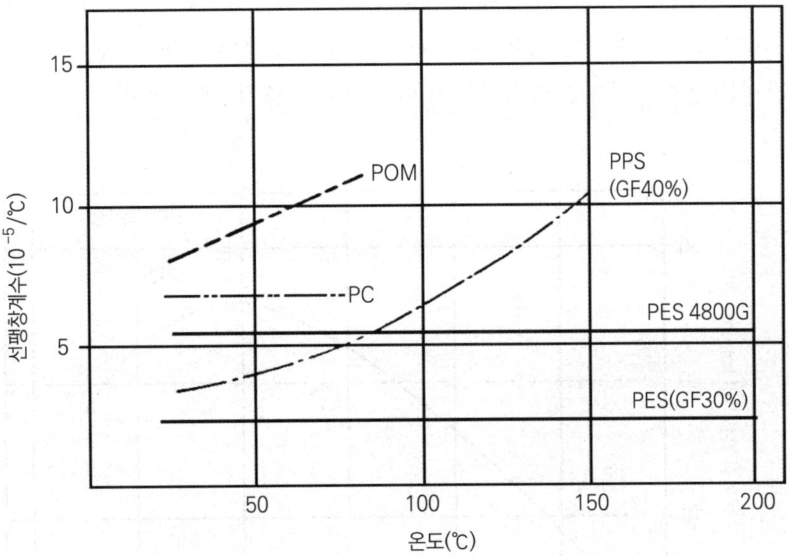

그림 4-79 선팽창계수의 온도의존성

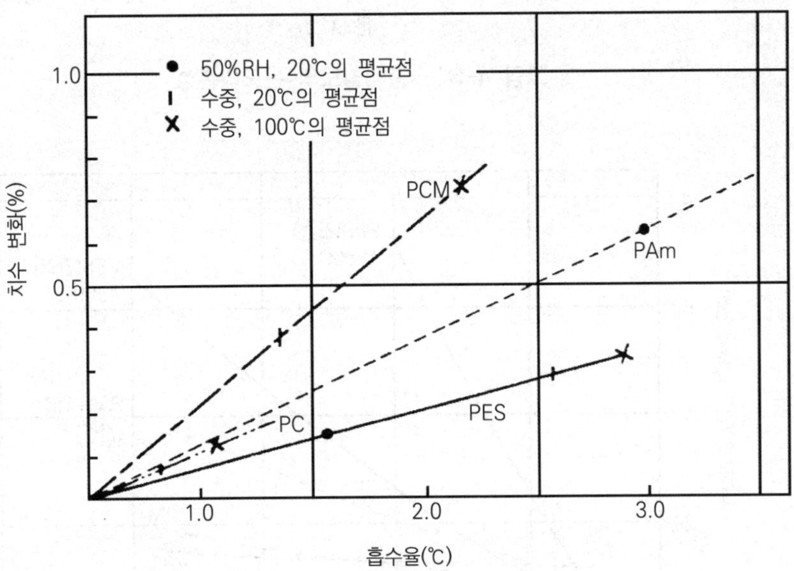

그림 4-80 치수변화의 흡수율의존성

(5) 내충격성

PES는 폴리카보네이트와 비슷한 강인한 수지이다. 이 강인성은 0.5 mm 정도의 살두께가 얇은 상태에서도 충분히 유지되므로, 두께가 얇은 설계가 가능하다. 또 0℃ 이하의 저온에 있어서도 연성파괴를 하여 저온충격성도 양호하다(그림 4-81 참조). 단, PES의 내충격성은 노치[30]에 예민하고 날카로운 노치부가 있으면 내충격성이 낮아지는 경향이 있고 성형품의 설계 시 날카로운 노치를 피하도록 배려하는 것이 필요하다(그림 4-82 참조). 또 내충격성은 흡수율의 영향을 받아 절건시(絶乾時, 절대건조 상태 시)에는 다소 충격성이 저하한다.

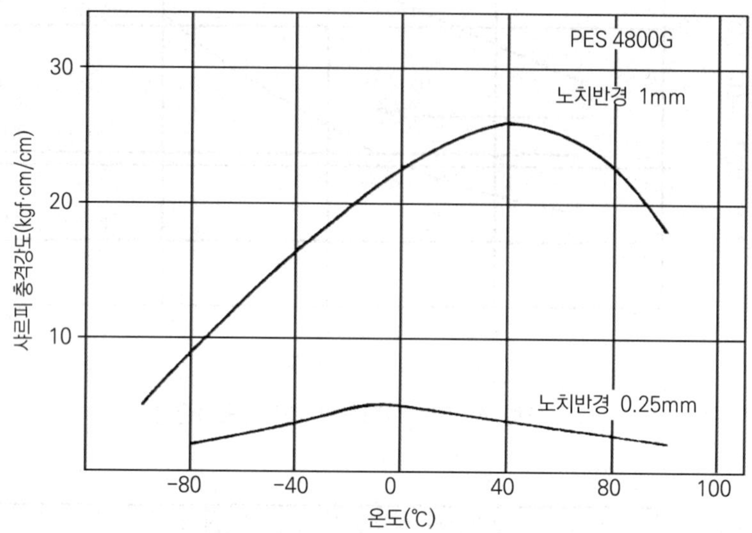

그림 4-81 충격강도의 온도의존성

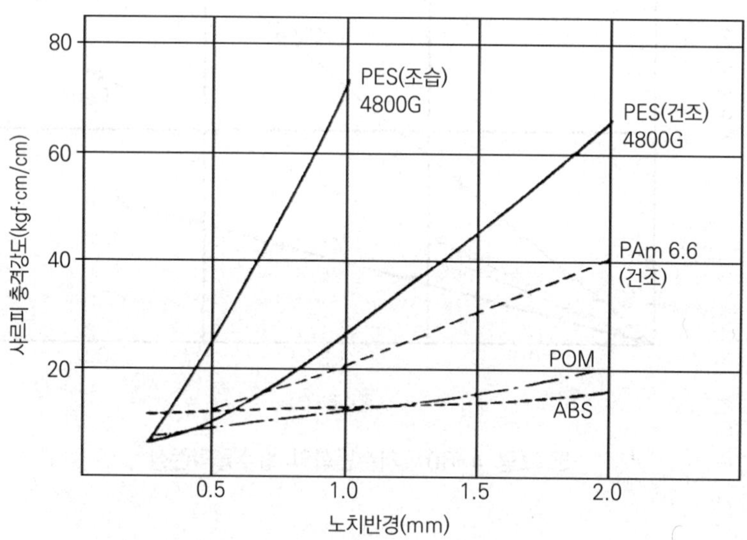

그림 4-82 충격강도의 노치 의존성

30) 노치(notch) : 재료에 국부적으로 만들어진 V자나 U자형으로 움푹 팬 자리.
표면이나 모서리 등에 작은 V자(U자) 모양으로 파인 흠집 내지는 그 모양으로 잘려나간 부분을 의미한다.

(6) 내마찰·내마모성

내마모성의 데이터를 표 4-48에 나타낸다. PES에 고체윤활제를 배합하고 PES강도, 내열성, 내크리프성을 유지하고 섭동 31)특성을 개량한 그레이드로서 〈스미플로이 FS2200〉이 있고 이미 사용되고 있다.

▶▶ **표 4-48 내마모성**

수 지	마모량(g)	마찰계수(終)
PES4100G	0.0139	0.55
PES4101GL20	0.0015	0.35
PES4101GL30	0.0010	0.55
PAm66	0.0038	0.50
PAm66GF30%	0.0038	–

〈실험조건〉
캠 : 스테인리스 C_1 사상(仕上, 연마)
라인 스피드 : 69m/min
하중 : 5.25kgf/cm^2
시간 : 6.0분

또 PEEK(Polyether-ether-ketone, 폴리에테르 에테르 케톤)에 대해서도 탄소섬유 등과 조합시켜서 보다 고성능의 그레이드를 개발했다.

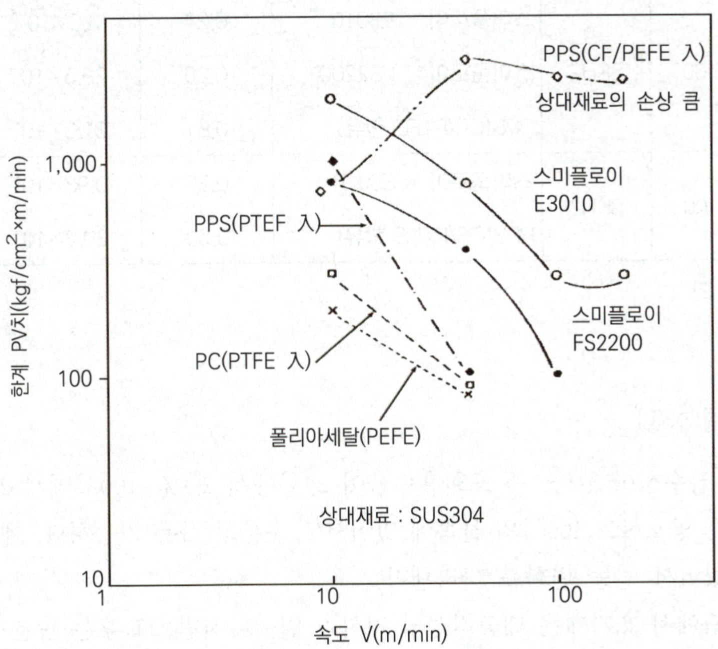

그림 4-83 한계 PV식의 속도의존성

31) 섭동(攝動) : 다른 힘에 의해 정상적인 타원을 벗어나는 현상

특히 샤프트(shaft, 축) 등의 과혹한 섭동조건에도 견디는 그레이드로서 사출성형이 가능한 수지 중에서는 최고의 섭동특성을 갖고 있는 E3010을 개발해 판매하고 있다. 그 성능을 다른 사출성형용 섭동재료와 비교해서 그림 4-83과 표 4-49에 나타냈다.

한계 PV값(P : 하중, V : 마찰속도)이 크고 마찰계수, 마모계수가 작아서 상대재료를 상하게 하지 않는 것이 특징이다.

▶▶ 표 4-49 마찰·마모특성

<table>
<tr><th colspan="3">측정조건</th><th rowspan="2">시험재료</th><th rowspan="2">마찰계수 μ</th><th rowspan="2">마모계수 K $(\frac{mm}{Ia}/\frac{kgf}{cm^2})$</th><th rowspan="2">상대재료 마모량 (mg)</th></tr>
<tr><th>압력P (kgf/cm²)</th><th>속도 V (m/min)</th><th>상대재료</th></tr>
<tr><td rowspan="5">6</td><td rowspan="5">40</td><td rowspan="5">SUS304</td><td>스미플로이 E3010</td><td>0.14</td><td>0.73×10^{-5}</td><td>0.10</td></tr>
<tr><td>스미플로이 FS2200</td><td>0.14~0.21</td><td>19.2×10^{-5}</td><td>0.16</td></tr>
<tr><td>PPS(CF/PTFE 함유)</td><td>0.40</td><td>19.2×10^{-5}</td><td>13.0</td></tr>
<tr><td>폴리카보네이트
(PTFE함유)</td><td colspan="3" rowspan="2">몇 분 안에 응용</td></tr>
<tr><td>폴리아세탈(PTFE 함유)</td></tr>
<tr><td rowspan="3">1</td><td rowspan="3">100</td><td rowspan="3">SKH2</td><td>스미플로이 E3010</td><td>0.24</td><td>2.0×10^{-5}</td><td>0.32</td></tr>
<tr><td>스미플로이 FS2200</td><td>0.29</td><td>29.5×10^{-5}</td><td>0.27</td></tr>
<tr><td>PPS(CF/PTFE 함유)</td><td>0.81</td><td>31.3×10^{-5}</td><td>10.5</td></tr>
<tr><td rowspan="2">2</td><td rowspan="2">100</td><td rowspan="2">SKH2</td><td>스미플로이 E3010</td><td>0.22</td><td>0.93×10^{-5}</td><td>0.48</td></tr>
<tr><td>PPS(CF/PTFE 함유)</td><td>0.53</td><td>29.2×10^{-5}</td><td>8.60</td></tr>
</table>

주) 습동시간 : 96시간

(7) 내수성(耐水性)

PES는 다소 흡수성이 있다. 즉 포화흡수율이 23℃에서 2.1%, 100℃에서 2.3%이다. 그러나 PES의 내수성은 양호하고 100℃의 물속에 있어서도 충분히 사용 가능하다. 예로서 그림 4-84와 그림 4-85에 있어서 성능 변화를 나타낸다.

100℃의 물속에서 초기에는 내충격성의 저하가 일어나지만, 그 후는 충분히 높은 내충격성을 유지하여 안정하다.

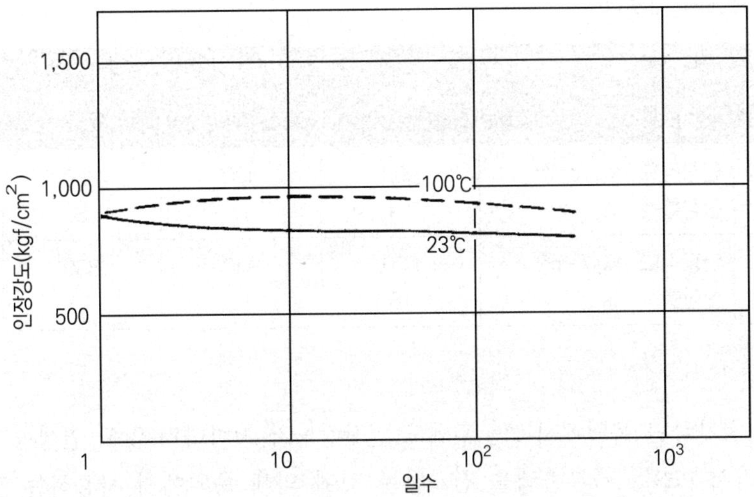

➔ **그림 4-84** 수중에서의 인장강도의 항시(恒時)변화(4800G)

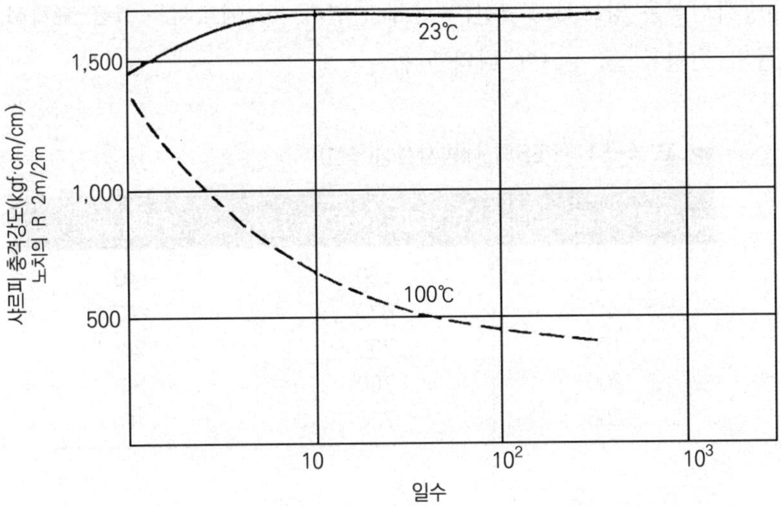

➔ **그림 4-85** 수중에서의 내충격성의 경시(經時)변화(4800G)

(8) 내후성(耐候性)

PES의 내후성을 표 4-50에 나타낸다. 내추럴 PES의 내후성은 별로 좋지 않다.

▶▶ 표 4-50 PES의 내후성

시험재료	물성 \ 폭로월수	초기치	3개월	6개월	12개월
4100G	인장강도 kgf/cm^2 신장률 %	900 13	430 B	350 B	360 B
200P + 1%C.B.	인장강도 kgf/cm^2 신장률 %	890 16	840 12	830 10	860 11

카본블랙을 첨가하면 옥외에서 1년 후에도 인장강도가 저하하지 않고 연성파괴(延性破壞)를 나타낸다. 따라서 PES는 카본블랙을 첨가하는 것에 의해 옥외에서 사용하는 것이 가능하게 된다.

(9) 내방사선

PES의 내방사선성은 양호하고 β선, γ선에 견딘다. 한 예로서 γ선을 조사한 경우의 인장강도와 신장률의 변화를 표 4-51에 나타낸다.

▶▶ 표 4-51 PES의 내방사선성(γ선)

사용량 (mrads)	인장강도 (kgf/cm^2)	신장률 (%)
0	820	140
50	830	120
100	780	30
200	760	34
250	750	18

(10) 내약품성

PES는 뜨거운물, 스팀, 산, 알칼리 등의 수성약품, 특히 오일류, 그리스, 가솔린, 알코올류, 지방족탄화수소 등에 우수한 내성(耐性)을 가지고 있다. 또 산화제에도 내성이 있고 100% 산소 분위기 중에 150℃에서 1개월 동안 방치해도 아무 변화가 없다. 그렇지만 대부분의 유기화합물이 그렇듯이 농유산, 농초산에는 침식된다.

한편 PES는 비결정성이므로 강한 극성용제에 침식되는 경우가 있다. 예를 들면 에스테르, 케톤, 트리클로로에틸렌 등이 여기에 해당된다. 또 내약품성은 PES의 그레이드에 따라서 약간 변한다. GF강화 그레이드는 내추럴 그레이드보다 꽤 우수하다. 또 200℃에서 어닐링(annealing, '풀림'으로 재료를 고온으로 장시간 유지시킨 후 서서히 냉각하는 열처리 방법)하는 것에 의해 내약품성을 개량할 수 있다(표 4-52 참조).

▶▶ **표 4-52** PES의 내약품성

무기시약	영 향	유기시약	영 향
암모니아	A	벤젠	A
암모니아수	A	안급향산(安急香酸)	A
50% NaOH	A	아세톤	C
50% KOH	A	수산	A
10% 염산	A	시클로헥산	A
농염산	A	시클로헥사놀	A
10% 초산(硝酸)	A	시클로헥사논	C
농유산(濃硫酸)	C	메탄올	A
농초산(濃硝酸)	C	글리세린	A
초산(酢酸, 아세트산)	A	트리클로로에틸렌	C
붕산	A	트리클로로에탄	A
과산화수소(過酸化水素小)	A	크실렌(xylene)	B
유화수소(硫化水素, 황화수소)	A	석유에테르	A
첨화(添化)칼리 중의 첨소(添素)	B	에틸렌글리콜	A

주) A : 영향없고 20℃에서는 흡수하지 않음

B : 다소 영향있고, 소량의 흡수 및 팽윤(膨潤)이 일어난다. 용도에 따라서는 충분히 견딘다.

C : 영향이 크다. PES 사용불가

(11) 전기적 성질

PES는 유전율, 유전정접(誘電正接), 체적고유저항에 우수한 특성을 가지고 있다. 이 우수한 특성이 고온영역까지 유지되고 있다.

① 유전정접(誘電正接) : PES의 유전정접은 20~180℃의 온도범위에서 거의 0.001의 낮은 값으로 안정되어 있다(그림 4-86 참조). 또 주파수 의존성도 적고 109 Hz에 있어서도 0.003~0.004 정도이다(그림 4-87 참조).

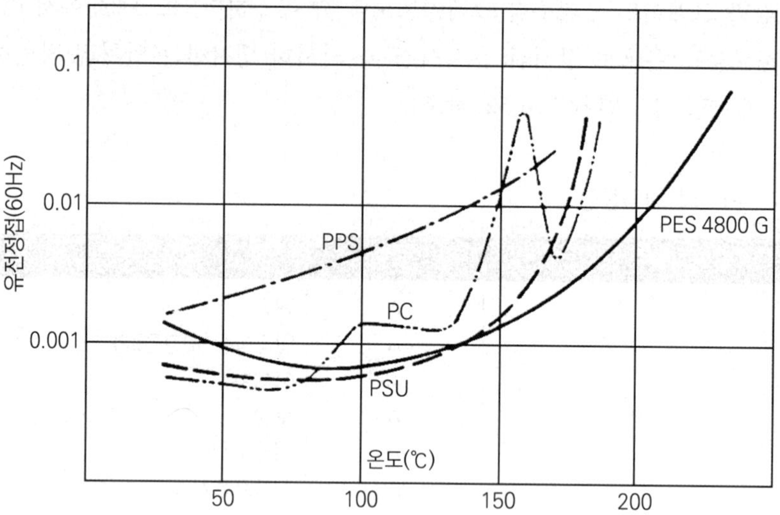

➲ 그림 4-86 유전정접의 온도의존성

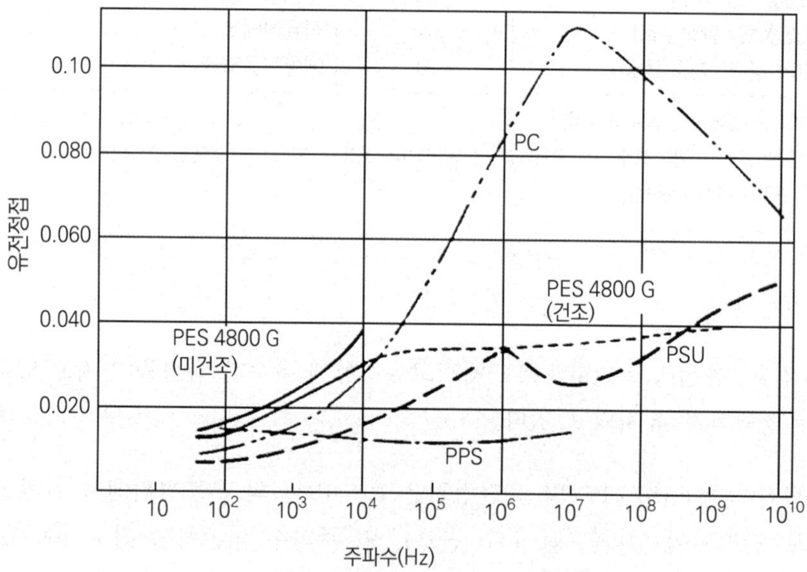

➲ 그림 4-87 유전정접의 주파수의존성

② 유전율 : PES의 유전율은 60~10^9Hz에서 일정값 3.5이고 시료가 흡수하고 있는 경우에도 약간 높아지는 정도이다(그림 4-88 참조).

③ 체적고유저항 : PES의 체적고유저항의 온도의존성을 그림 4-89에 나타낸다. PES는 200℃에 있어서도 100Ωcm라는 높은 저항값을 갖고 있다.

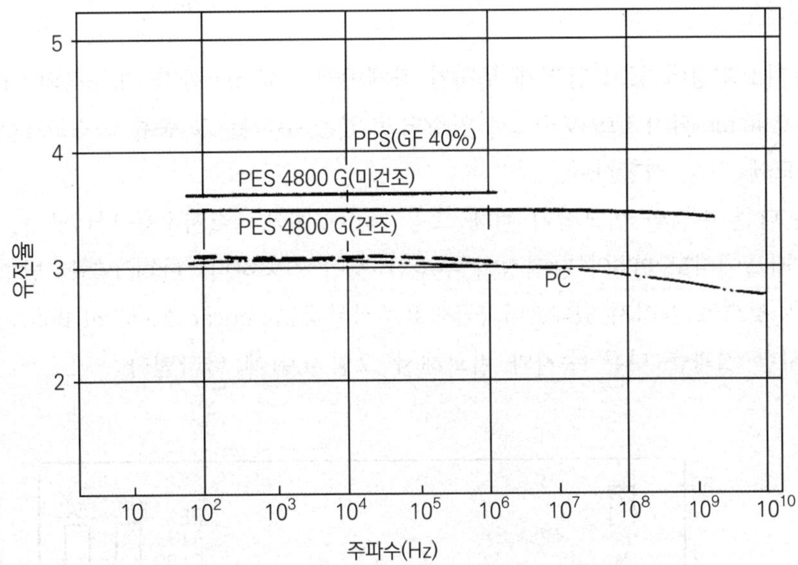

그림 4-88 유전율의 주파수의존성

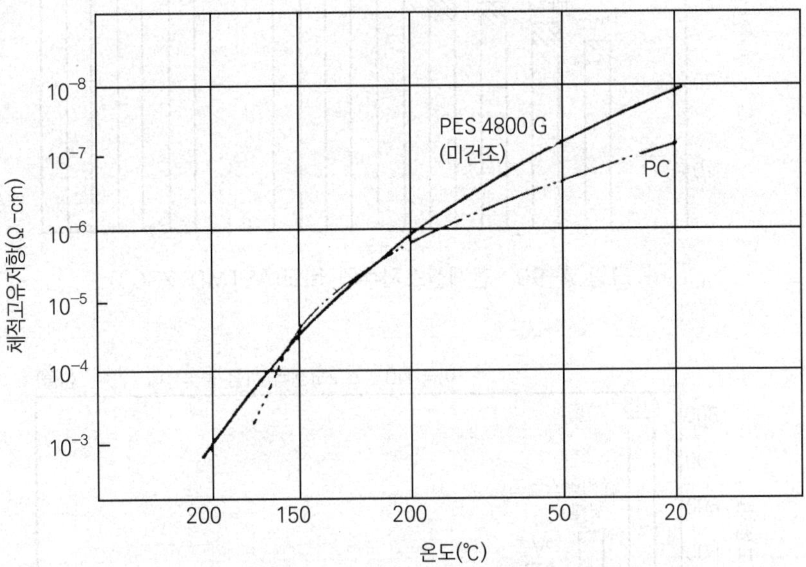

그림 4-89 체적고유저항의 온도의존성

PES는 이와 같이 고온영역에 있어서도 우수한 전기특성을 갖고 있고 또 내열성도 우수하므로 내열 용도에 가장 적합하다.

(12) 난연성

PES는 자기소화성이 있고 난연제 무첨가 자체에서 0.46 mm까지 UL규격의 94V-0으로 인정되고 있다. 0.46 mm까지 UL94V-0으로 인정되고 있는 수지는 그 종류가 적고 PES는 얇은 두께의 V-0 용도에 가장 적합하다.

난연성은 다른 수지와 비교하기 위해 그림 4-90에 한계산소지수를 나타낸다. 한계산소지수의 비교 그래프에서도 PES의 난연성이 우수한 것이 명백하다. 한편 PES는 발연량(發煙量)이 상당히 적은 것으로 알려져 있다. 미국국립표준사무국(American National Bureau of Standard)의 발연량시험 결과를 다른 수지와 비교해서 그림 4-91에 나타낸다.

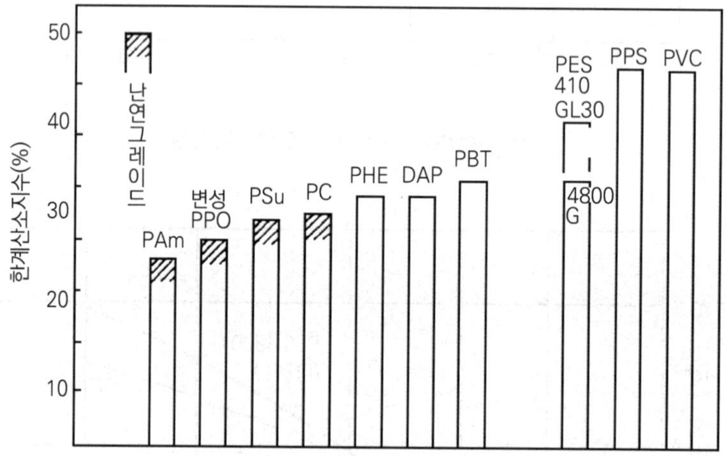

그림 4-90 한계산소지수의 비교(ASTMD 2863)

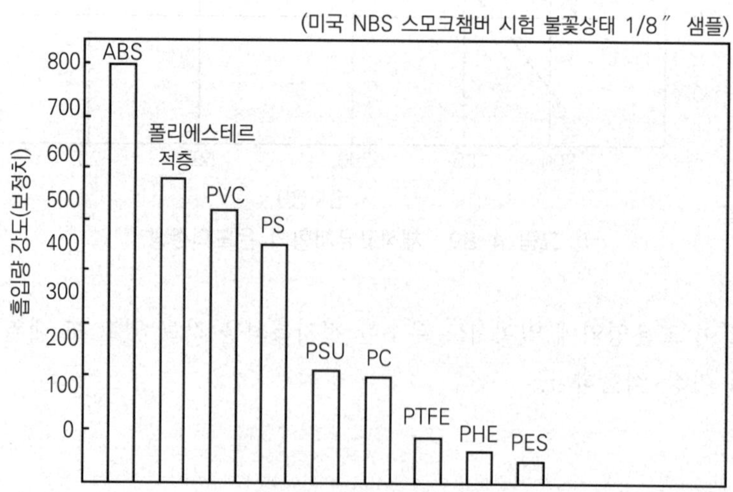

그림 4-91 발연량의 비교

4) 특징

급격한 온도변화에 대한 신뢰성, 고온에서 장기간 사용에 대한 신뢰성이 있다.

(1) 내열성

① 단기내열성 : HDT(Heat Deflection Temperature, 열변형온도)가 200~210℃이고 강성이 200℃ 부근까지 거의 저하하지 않는다. 또 내납땜성을 가지고 있다.

② 장기내열성(열노화성) : UL온도 인덱스(index, 온도지수)가 180℃이고 180℃에 있어서 인장강도의 반감기가 20년이다.

③ 치수안정성 : 200℃에 있어서도 거의 치수변화가 없다.

④ 내크리프성 : 180℃에 있어서도 충분한 내크리프성을 갖고 있다.

⑤ 전기특성 : 우수한 전기특성이 있고, 그 특성이 고온영역까지 유지되어 있다.

⑥ 내염성(耐炎性) : 0.5 mm의 두께에서도 UL94V-0이다. 또 연소 시에도 연기의 발생이 적다.

⑦ 성형성 : 우수한 내열성에도 변하지 않고 보통의 성형기로 충분히 성형할 수 있다. 이하의 사항에 대해서는 주의가 필요하다.

⑧ 내후성 : 내추럴 PES의 내후성은 별로 좋지 않으므로 옥외에서 사용하는 용도에는 카본블랙을 첨가할 필요가 있다.

⑨ 내약품성 : 일부의 극성용제에 침식된다.

⑩ 흡수성 : 내수성은 양호하지만 약간의 흡수성이 있으므로 성형 전에 건조가 필요하다.

⑪ 충격강도의 노치 의존성 : 충격강도의 노치 의존성이 크기 때문에 예민한 노치(notch)를 피하는 설계가 필요하다.

5) 용도

(1) 전기·전자분야

H종의 절연체로서 넓게 이용되고 있다. 특히 납땜 공정(260℃×10초~20초)에 견디는 것에서 베이클라이트(bakelite)나 에폭시(epoxy)를 대체한 예도 많이 있다. 또 에폭시의 트랜스퍼(transfer) 온도 및 수지압에도 견디기 때문에 에폭시 트랜스퍼용의 인서트(insert) 부품으로 사용하는 것도 가능하다.

예 코일보빈, 타이밍 스위치, 커넥터, 램프케이스, 헤어드라이어 그릴, 프린트기판, 퓨즈박스 커버, 모터캡, 공업용 드라이어 창, 램프반사판, 위치검출기 케이스

(2) 자동차분야

히트 사이클(-40℃~180℃)에서의 안정성, 내가솔린, 오일성 및 크리프에 의한 토크 저하가 없는 등의 특징을 갖고 있어 자동차 분야로의 적용이 많이 확대되고 있다.

예 엔진과 카뷰레터의 인슐레이터, 포그 램프(fog lamp) 리플렉터(reflector, 반사경), 베어링 리테이너(retainer), 자동변속기어

(3) 기계부품분야

고온의 오일영역은 열수 침지상태에서 안정성을 갖고 있기 때문에 다음의 용도에 쓰여진다.

예 베어링 리테이너, 온수펌프 하우징, 온수기부품, 열수 파이프

(4) 의료기구·식품가공기계분야

투명성과 전체의 소독법(약품, 열수, 온풍, γ선)이 가능한 수지로서 다음의 용도에 쓰여진다.

예 혈액분석기, 혈압검사관, X선 윈도우, 식품공업용 밸브 및 파이프

(5) 항공기분야

특히 안전성과 내구적 안정성을 가장 요구하는 분야이다. 난연성이고, 또한 발연성(發煙性)이 작은 특징을 갖고 있어서 다음의 용도에 쓰여지고 있다.

예 창틀, 핫에어 덕트(hot-air duct) 등의 내장재

(6) 기타분야

① 코팅제 : PES의 코팅제로서의 특징은 내열성뿐만 아니라 금속표면과의 결합력이 강하고 열수(熱水) 파이프 등에 코팅이 기대된다.

② 캐스트 막(膜) : 역침투압법(逆浸透壓法)용의 분리막으로 PES를 적용하는 것에 따라 막의 강도 및 사용온도범위를 넓히는 것이 가능하다.

6) 일본 제조사(메이커)

일본 주요 제조사는 표 4-53과 같다.

표 4-53 주요 제조사

메이커	상품명
ICI 일본	Victrex PES
스미토모화학(住友化學)	Victrex PES 스미플로이 S
미쓰이도아쓰(三井東壓)	Victrex PES

7) 대표적인 판매제품의 물성데이터

내추럴, 유리섬유강화 등의 종류가 있고, 대표적인 판매 제품의 물성 자료를 표 4-54에 나타낸다. 참고로 다른 엔플라(ENPLA)의 데이터도 같이 기록하였다.

▶▶ 표 4-54 PES의 일반물성

항 목			시험법	단 위	4100G/4800G	4101GL20	4101GL30
물리적 성질	투광률		ASTMD-1003	%	8.8		
	굴절률		–	–	1.65		
	비중		ASTMD-792	–	1.37	1.51	1.60
	흡수율	(24시간)	ASTMD-670	%	0.43	–	0.30
	성형수축률		ASTMD-955	%	0.6	0.2	0.2
	가스투과율	H_2O	–	cc/mm/mm/24hr	4.4		
		O_2			19.6~32.9		
		N_2			12.4~19.6		
		CO_2			43.7~48.5		
기계적 성질	인장강도	20℃			860	1,270	1,430
		150℃	ASTMD-638	kgf/cm^2	580	800	1,020
		180℃	(DIN53455)	kgf/cm^2	420	610	780
	인장탄성률		ASTMD-638	kgf/cm^2	24,600	–	124,000
	굽힘탄성		ASTMD-790	kgf/cm^2	1,320	1,750	1,940
	굽힘탄성률	20℃			26,500	60,200	85,700
		150℃	ASTMD-790	kgf/cm^2	25,500	59,200	83,600
		180℃			23,500	57,100	81,600
	파단신도		ASTMD-638	%	40~80	3	3
	아이조드충격		ASTMD-256	kgf · cm/cm	파단하지 않음	45	56
	로크웰경도		ASTMD-648	–	R120(M88)	R134(M98)	R134(M98)
열적 성질	열변형온도	(18.6kgf)	ASTMD-648	℃	203	210	216
	유리전이온도		–	℃	225	–	–
	선팽창률		ASTMD-696	$℃^{-1}$	5.5×10^{-5}	2.6×10^{-5}	2.3×10^{-5}
	체적팽창률		ASTMD-696	$℃^{-1}$	16.5×10^{-5}	–	–
	UL온도인덱스		UL-746	℃	180	–	–
	열전도율		ASTMC-177		0.00043	0.00045	0.00057
전기적 성질	체적고유저항		ASTMD-257	Ω · cm	10^{17}~10^{18}	10^{16}	10^{16}
	유전율	60Hz			3.5	–	–
		10^6Hz	ASTMD-150	–	3.5	–	–
		2.5×10^9Hz			3.4	–	–
	유전정접	60Hz			0.001	–	–
		10^6Hz	ASTMD-150	–	0.0035	–	–
		2.5×10^9Hz			0.004	–	–
	절연내력		ASTMD-149	kV/mm	16	16	16
	내아크성		ASTMD-495	sec	20~60	100	100
	내트래킹		DIN53480	Volts	150	150	140
연소특성	난연성	1.6mm			V-0	V-0	V-0
		0.46mm	UL-94	–	V-0	–	–
		0.3mm			V-1	–	–
	한계산소지수	0.5mm	ASTMD-286	–	34		
		1.6mm			38	40	41

3601GL20	폴리카보네이트		폴리설폰		U폴리머	PPS
	일반	유리섬유	일반	유리섬유	일반	(라이톤R-4)
1.51	1.2	1.4	1.24	1.45	1.23	1.64
	0.19	0.13	0.26	0.2	0.25	0.03
0.3	0.6	0.2	0.7	0.2	0.9	0.2
1,270	610	1,360	720	1,280	770	1,450
780	–	–	400	840	–	550
620	–	–	–	–	–	430
–	24,000	100,000	25,000	100,000	20,000	79,000
1,740	950	1,800	1,120	1,640	1,090	2,170
60,200	24,000	82,000	27,000	84,000	19,000	135,000
59,200	–	–	22,000	70,000	–	50,000
57,100	–	–	–	–	–	35,000
3	105		90	2.5	56	1.3
–	파단하지 않음	–	파단하지 않음	–	–	44
134(M98)	R116(M73)	R118(M93)	R122(M69)	–(M92)	R123(–)	R121(M98)
209	135	146	173	178	175	260
–	150	–	–	–	–	–
2.6×10^{-5}	6.8×10^{-5}	2.7×10^{-5}	5.5×10^{-5}	2.5×10^{-5}	5.0×10^{-5}	3.6×10^{-5}
–	–	–	–	–	–	–
–	115	120	150	150	–	220
–	0.00046	0.00052	0.00028	0.00051	–	0.00069
10^{16}	10^{16}	10^{16}	10^{16}	10^{16}	10^{16}	10^{16}
–	3.1	3.4	3.1	3.6	–	–
–	3.0	3.4	3.0	3.5	3.0	3.6
–	–	–	–	–	–	–
–	0.0009	0.0013	0.0008	0.0019	–	–
–	0.01	0.0067	0.0035	0.0049	0.015	0.0014
–	–	–	–	–	–	–
16	16	18	17	19	32	19
	120	120	122	122	120	35
150	–	–	–	–	–	–
V–0	V–2~V–0	V–2~V–0	V–2~V–0	V–0	V–0	V–0
–	–	–	–	–	–	–
–	–	–	–	–	–	–
40						

7 PPS(Polyphenylene-sulphide, 폴리페닐렌 설파이드)

1) 분류 및 종류

폴리페닐렌 설파이드(PPS)는 미국 필립스(Phillips) 석유화학사에 의해 개발된 고성능의 열가소성 엔지니어링 플라스틱이다. 라이톤(ryton) PPS는 다음의 화학식으로 나타내는 갈색의 결정성 폴리머로 매우 높은 내열성, 내약품성, 전기특성을 갖고 있으며 또 무기질과의 친화성이 극히 좋은 독특한 특성을 갖고 있다. 이 특성을 살려서 유리섬유나 무기필러 등과 복합화한 사출성형용의 펠릿(pallet)이 만들어져 고수준의 엔지니어링 플라스틱으로 쓰이고 또 내열성, 내약품성이 높은 도료가 만들어진다.

(1) 내추럴

성상(性狀. 성질과 상태)은 분말로 도료용 혹은 컴파운드(compound, 화합물 · 혼합물) 제조용 원체이다. 현재 일본 내의 여러 회사가 필립스 석유화학 사에서 원체(原體)의 공급을 받아서 독자적인 컴파운드 기술에 의해 펠릿화하고 각 용도용으로 판매하고 있다.

PPS는 필립스 석유화학사가 세계시장을 독점하고 있지만, 최근에 쿠레하화학(吳羽化學)이 새로운 타입의 PPS를 개발하여 제품화하게 되었다. 또 도레이(東レ)가 필립스사와 합작으로 새로운 회사를 설립하여 PPS의 국산화를 이루었다.

(2) 유리섬유 강화

PPS는 보강제, 충전제와 친화성이 좋고 충전량을 높일 수 있는 이점이 있다. 고성능화와 동시에 낮은 코스트화가 달성될 수 있다. 성형재료로서는 유리섬유를 함유한 것이 기준이고 특히 사용조건에 의해 다른 기능성 충전제를 혼입한다.

(3) 섭동용(摺動用)

PPS의 고내열성과 경도를 살려서 베어링 등 섭동특성이 요구되는 용도가 있다. 유리섬유, 불소수지 분말 등이 혼합된다. 라이톤 PPS의 그레이드, 성상(性狀), 조성(組成)을 표 4-55에 나타낸다.

▶▶ **표 4-55** 라이톤(ryton) PPS의 그레이드 형태와 조성

그레이드명	형태	조성 · 용도
V-1	분말	디스페이존 도료제조용 원체
PR-01	분말	분체 정전도장용
P-4	분말	컴파운드 제조용 원체
P-6	분말	컴파운드 제조용 원체, 하이플로
P-4	펠릿	40% 유리섬유배합, 기구 · 자동차부품
P-7, R-8	펠릿	유리섬유 무기필터배합 어플라이언스
R-10(5002C · 5004A)	펠릿	유리섬유 무기필터배합 전기 · 전자부품
R-10(7007A)	펠릿	유리섬유 무기필터배합 전기 · 전자부품

2) 제조법

P-디클로로벤젠과 이류화 소다 극성용제 속에서 반응시켜 얻는다.

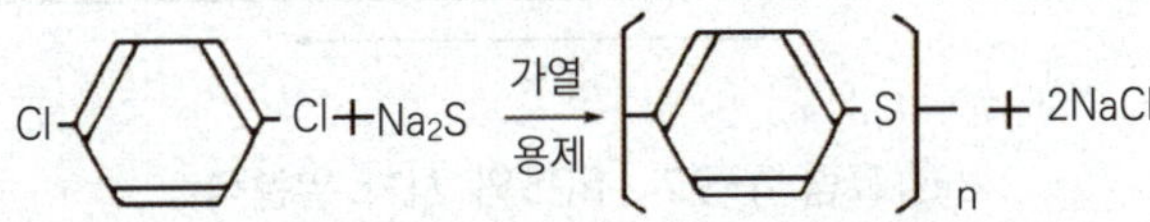

이 수지의 특징은 우수한 내약품성, 기계 특성과 양호한 유지성 및 고온에서의 경도(硬度)에 있다. PPS의 특이한 성질은 산소 존재하에서 가열하는 것에 따라 가교반응[32]이 진행되고 특성이 변한다.

3) 물성일반

(1) 열적 성질

PPS 수지는 결정성 폴리머로 시차 열분석(示差熱分析, DTA)에 의하면 유리전이온도 88℃ 결정화에 의한 발열온도 최고값 127℃와 융점 277℃를 가지고 있다. 어닐링처리를 하면 결정화가 진행되고 유리전이온도가 93℃에 융점이 282℃로 올라가 특성도 다소 변화한다(그림 4-92

32) 가교반응(架橋反應) : 수지의 분자가 서로 다리를 놓는 것처럼 결합하는 것으로, 우레탄이나 소부도료(燒付塗料)가 경화될 때 일어나는 반응이다. 소부도료를 이용한 소부도장은 열경화성수지를 사용하여 도장후 열을 가해 건조시키는 것으로, 방청 능력이 뛰어나며 단단하고 균일한 도막 형성으로 아름다운 외관을 갖게 된다.

참조).

또 TGA(Thermogravimetric analysis, 열중량분석기)에 의한 온도에 대한 중량 감소를 그림 4-93에 나타냈다. PPS 분해는 공기중에서 500℃를 초과하면 급속히 진행하고 760℃에서 완전히 분해한다. 고도로 가교한 PPS는 288℃(융점)을 넘어도 용융되지 않고 430℃ 이상에서 분해가 시작된다.

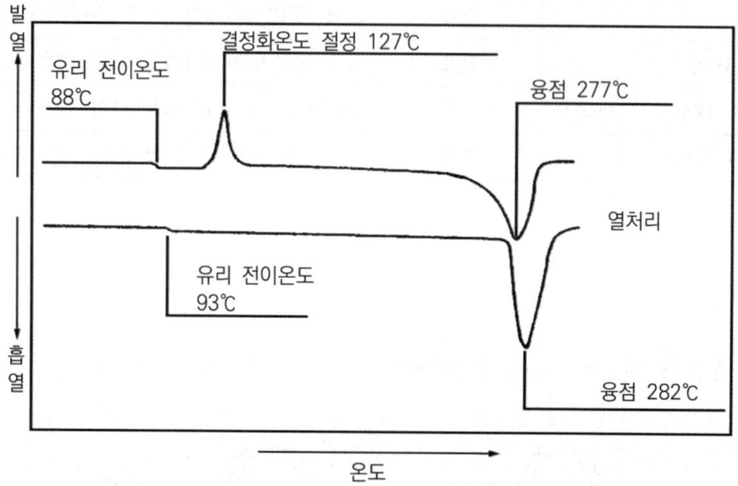

그림 4-92 PPS의 시차 열분석

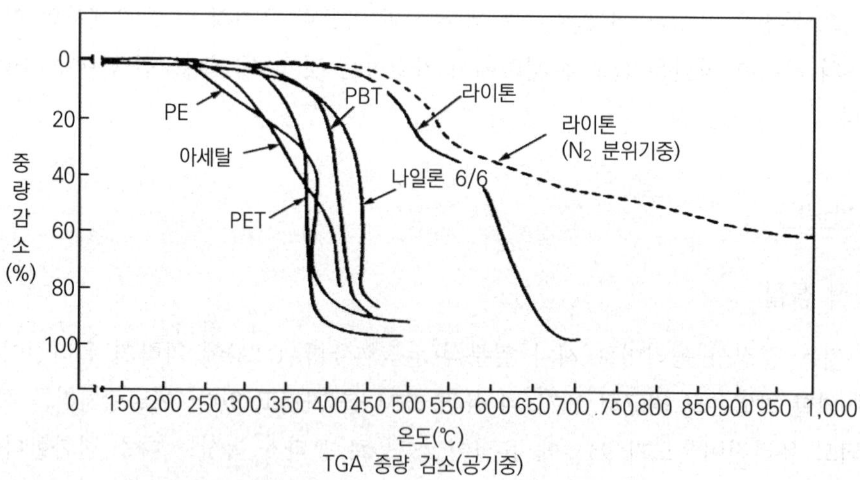

그림 4-93 PPS의 TGA 측정값

PPS의 내납땜성을 엔플라(ENPLA)와 비교하여 표 4-56에 나타낸다.

그림 4-94는 UL 온도지수(인덱스, index)를 보여준다.

▶ 표 4-56 내납땜성 비교

	납땜 내열온도(℃)	
	2 sec	5 sec
라이톤 R-4	400	300
라이톤 R-10	400	300
PBT(GF30%)	300	-
나일론 66(GF30%)	350	250
폴리카보네이트(GF30%)	250	-

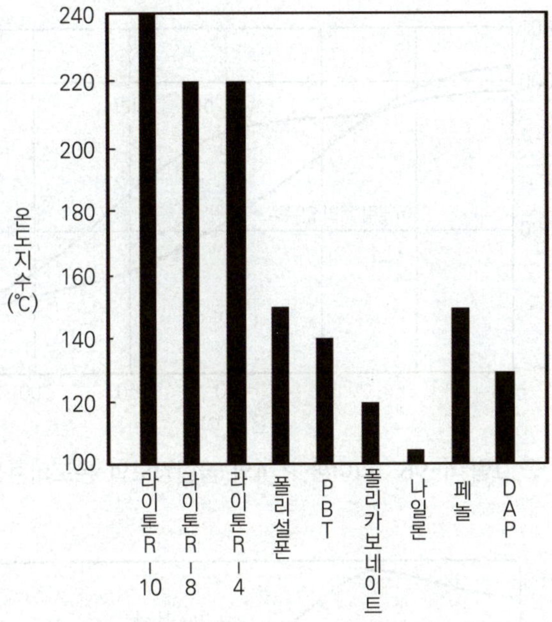

그림 4-94 UL 온도 인덱스(온도지수)

(2) 기계적 성질

강도의 온도의존성을 어닐링(annealing, 풀림)처리, 미처리 시료에 대해서 나타낸 것이 그림 4-95와 그림 4-96이다.

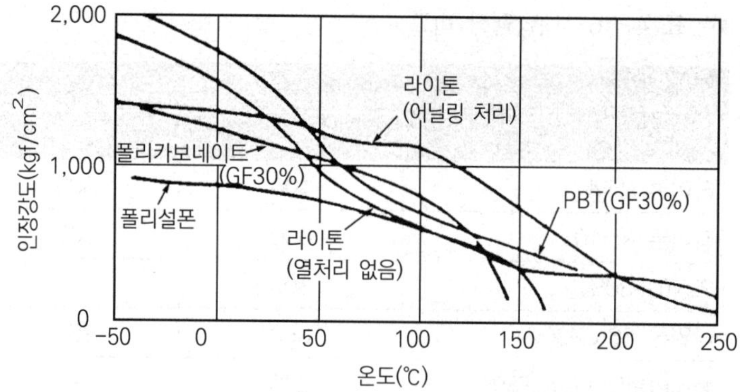

그림 4-95 라이톤 R-4의 인장강도의 온도의존성

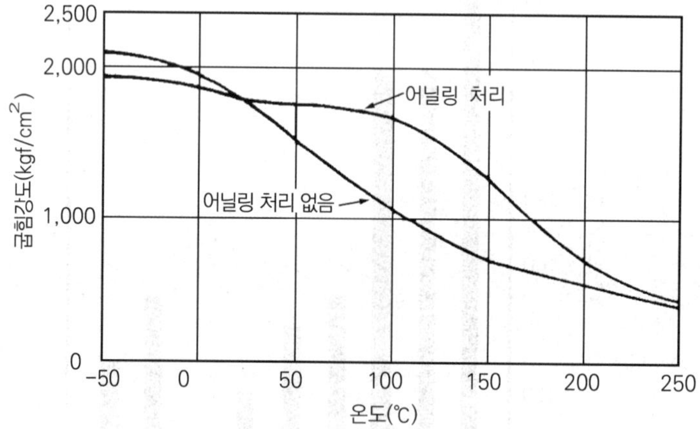

그림 4-96 라이톤 R-4의 굽힘강도의 온도의존성

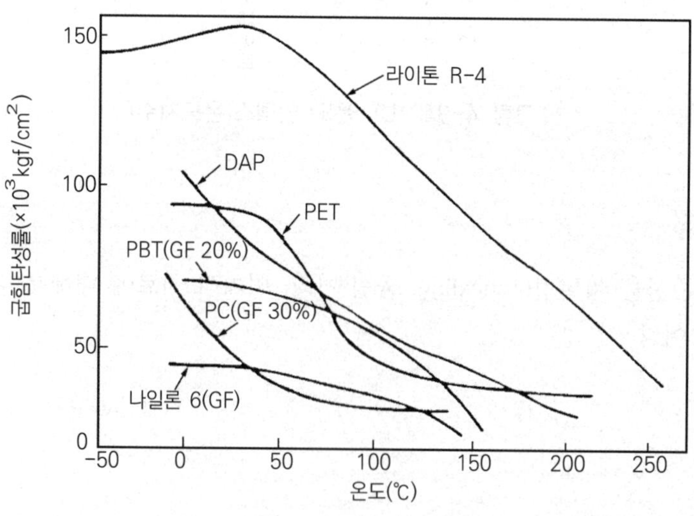

그림 4-97 라이톤 R-4의 굽힘탄성률의 온도의존성

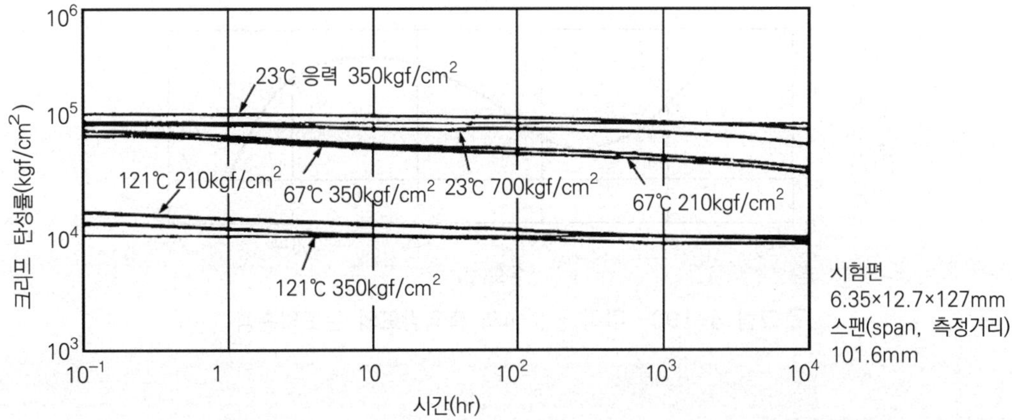

그림 4-98 라이톤 R-4의 굽힘크리프 특성(1)-어닐링처리 전(前)

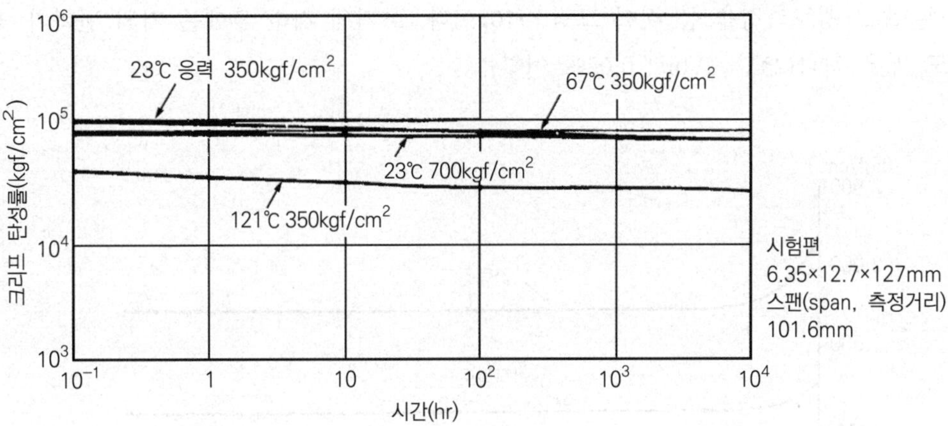

그림 4-99 라이톤 R-4의 굽힘크리프 특성(2)-어닐링처리 후(後)

어닐링처리 PPS는 고온영역에서 높은 유지율을 갖고 있다. 그림 4-97에 굽힘탄성률의 온도의존성을 나타낸다. 라이톤 R-4의 굽힘크리프 특성을 그림 4-98, 그림 4-99에 나타낸다. 전자는 어닐링처리 전이고 후자는 어닐링처리 후이다.

내크리프성은 장기간에 걸쳐 변형을 나타낸 것으로 내크리프성이 우수한 수지는 예를 들면 나사조임 부위의 헐거움, 스프링 탄성의 저하, 패킹 및 실부(室部)의 유지저하 등에 대하여 매우 높은 신뢰성을 나타낸다. 그림 4-100에 충격강도의 온도의존성을 나타낸다.

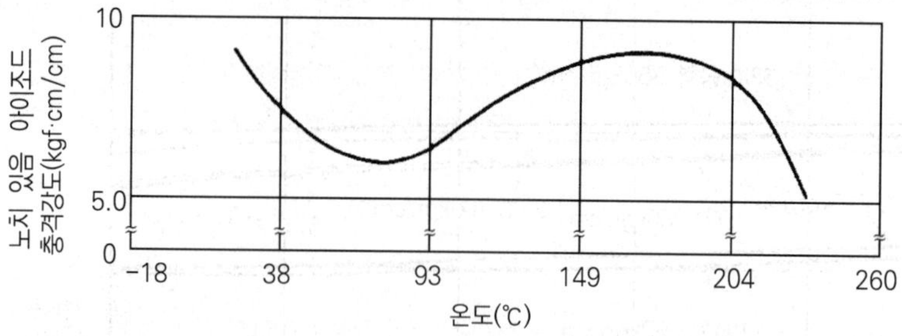

그림 4-100 라이톤 R-4의 충격강도의 온도의존성

(3) 내열수성(耐熱水性)

라이톤(Ryton) R-4를 120℃(1.75 kgf/cm^2)의 열수 중에 침적시켜, 경시적(經時的, 시간의 경과에 따른)으로 강도측정을 한 것이 그림 4-101이다. 초기의 저하 후에는 거의 변화가 없다. 흡수율도 매우 작다(23℃ 24 hrs, 0.02% 이하).

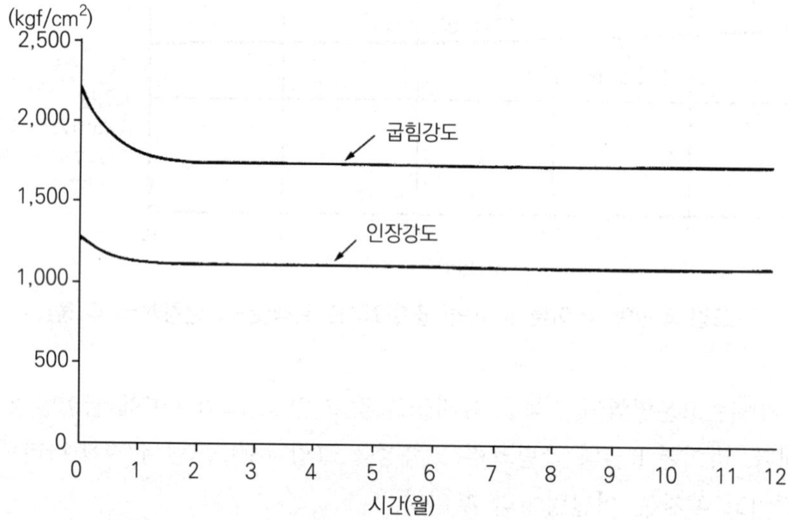

그림 4-101 장기 내열수성

(4) 난연성

라이톤(Ryton)은 UL94의 난연시험에서 V-0/5V라는 최고의 평가를 받고 있다. 특히 NASA(미항공우주국)의 연구조사에 의해 아래에 나타낸 11종의 열가소성수지 중에서 최고의 연소안전성의 평가를 받고 있다. 표 4-57에 나타낸 바와 같이 한계산소(限界酸素) 인덱스(index, 지수)에서도 분명하다.

연소안전성의 순위

(↑ 연소안전성이 보다 우수한 방향)

- 폴리페닐렌 설파이드
- 폴리카보네이트 폴리디메틸실록산
- 9.9비스(4-히드로페놀) 플로린
- 폴리에테르설폰
- 폴리비닐 클로라이드
- 폴리비닐리덴 클로라이드
- 폴리아릴설폰
- 비스페놀 폴리카보네이트
- 염소화 폴리비닐 클로라이드
- 아크릴로니트릴 부타디엔 스티렌
- 폴리페닐렌옥사이드

▶▶ 표 4-57 각종 수지의 산소 인덱스(산소지수)

수 지			한계산소 인덱스 (%)
폴리염화비닐			47
라이톤	PPS	R-4 R-8	47 53
폴리설폰			30
폴리아미드	66		28.7
폴리페닐렌옥사이드			28
폴리카보네이트			25
폴리스티렌			18.3
폴리올레핀			17.4
폴리아세탈			16.2

(5) 내약품성

PPS는 특이한 불용해성(不溶解性)을 가지고 있으며 200℃ 이하에서는 용해시키는 유기용제는 없다. 이 특성 때문에 PPS의 성형품은 각종의 화학약품에 대하여 안정하다(표 4-58 참조). 많은 화학약품에 대하여 4불화수지 다음으로 강한 내약품성을 가지고 있다. 그러나 고온 시에는 어떤 종류의 유기용제, 강산 및 활성기(活性基)의 산을 포함한 산화물에는 침식된다.

▶▶ 표 4-58 PPS의 내약품성

약 품	인장강도 유지율 (%)		약 품	인장강도 유지율 (%)	
	24시간 후	3개월 후		24시간 후	3개월 후
37% 염산	72	34	클로로포름	81	77
10% 초산	(99※)	(65※)	초산에틸	100	88
30% 초산	94	89	부틸에스테르	100	99
85% 인산	100	99	P-디옥산	100	96
30% 수산화나트륨	100	89	가솔린	100	99
5% 차아염소산	94	97	톨루엔	100	70
부틸알코올	100	100	벤조니트릴	100	79
시클로헥산올	100	100	니트로벤젠	100	63
부틸아민	96	46	페놀	100	92
어닐링	100	86	크레딜리페닐포스페트	100	100
메틸에틸케톤	100	100	N-메틸필로리덴	100	92
벤즈알데히드	97	47	물	99	99
사염화에탄	100	48	공기중	–	96

※ 이 수치만 60℃에서의 데이터임

(6) 전기적 성질

라이톤(Ryton) PPS는 넓은 온도, 주파수 영역에 걸쳐서 안정 또는 양호한 전기특성을 갖고 있다. R-8과 R-10은 내아크성과 내트래킹성(耐tracking性, 규정 조건 안에서 전기적인 결함이 없이 또는 재료를 발화시켜 얻은 전도 경로를 재료의 표면에 형성하지 않고 규정 시험전압에 견디는 능력)에 있어서 열경화수지가 아니면 얻을 수 없는 우수한 값을 열가소성으로 실현한 독특한 그레이드이다. R-4, R-7은 습열저항(濕熱抵抗)값의 저하도 거의 없는 우수한 재료이다. 그림 4-102~그림 4-105에 전기특성을 나타낸다.

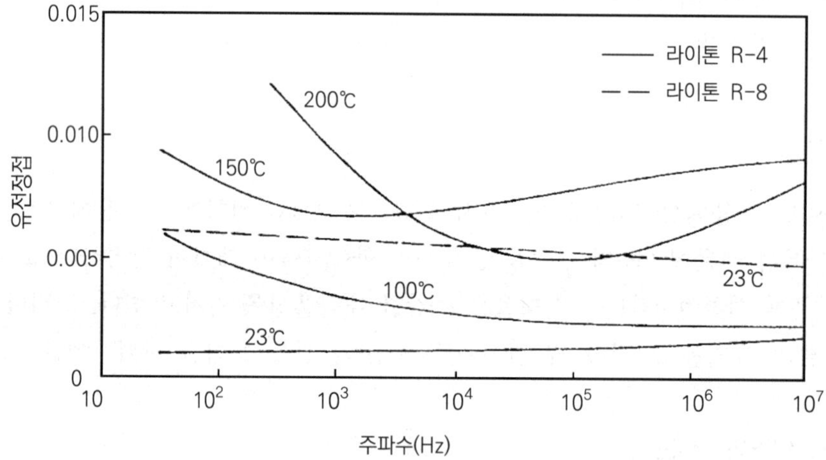

그림 4-102 유전정접의 주파수의존성

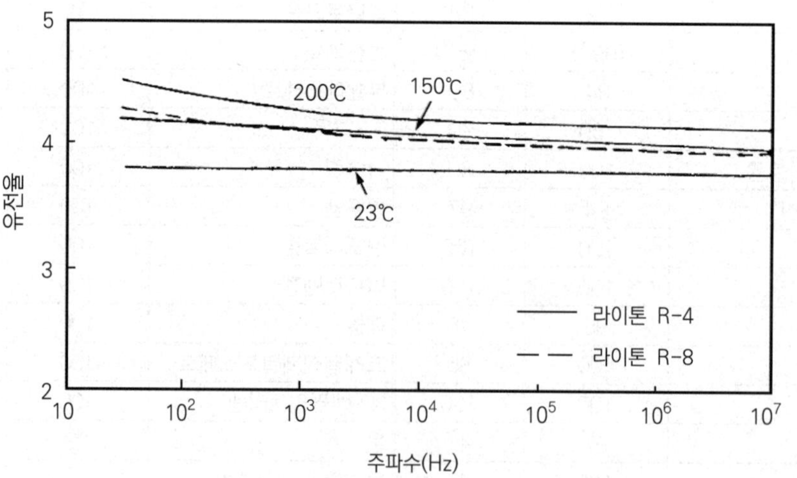

그림 4-103 유전율의 주파수의존성

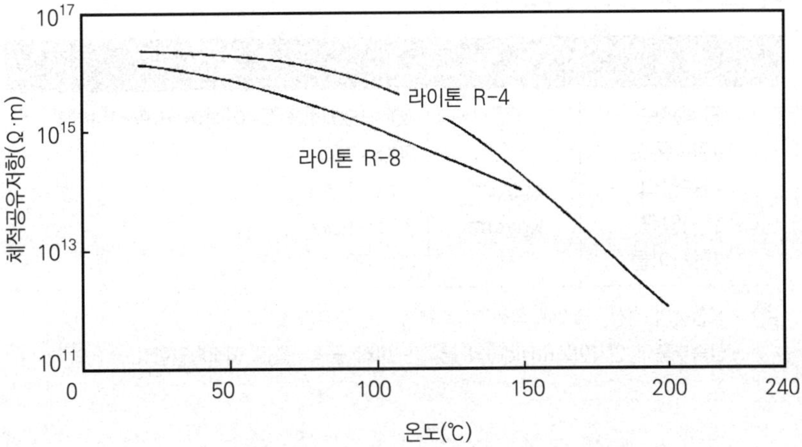

그림 4-104 체적저항률의 온도의존성

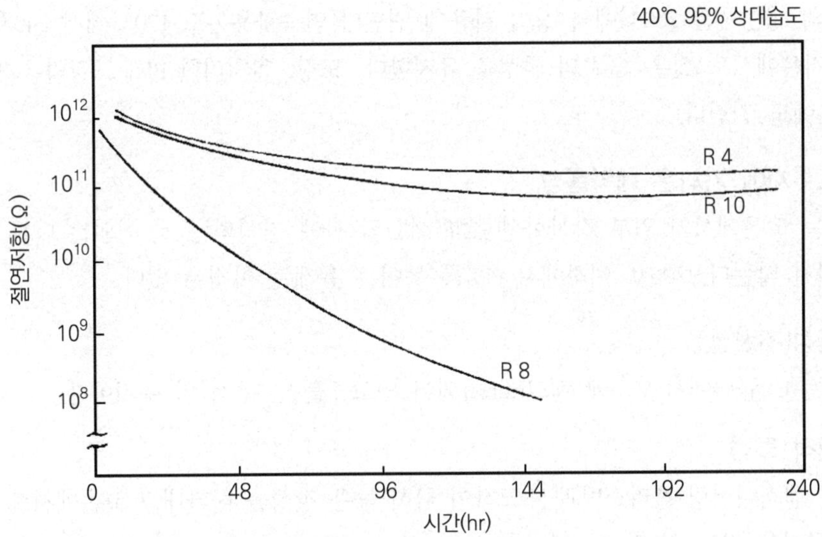

그림 4-105 절연저항의 내습성

(7) 성형, 금형온도

PPS는 결정성 고분자이며, 결정화도를 충분히 높일 필요가 있다. 이 때문에 금형은 히터 내장타입으로 해서 150℃까지 온도가 상승하게 된다. 120℃ 미만의 금형으로 성형한 경우에는 표면 불균일, 표면광택이 떨어지는 등 정해진 규격의 내열성을 얻을 수 없다. 표 4-59에 표준성형조건을 나타낸다.

▶▶ 표 4-59 표준성형조건

항 목	단 위	조 건
금형온도	℃	80~180 (120℃ 이상이 바람직하다.)
실린더온도	℃	300~360
사출압력	kgf/cm^2	500~1,300
유지압력	kgf/cm^2	200~1,000
성형사이클	초	20~80

주) • 성형품의 형상, 크기에 의해 약간 변동하는 경우가 있다.
• 금속부품의 인사이드(inside)의 경우는 미리 금속부품을 예비가열한다.

4) 특징

① 고온 및 저온에서의 안정성

PPS의 성형품은 260℃에서 장기 사용에 견딘다(연속사용온도 170℃에서 240℃). 또 -50℃의 저온에서도 실온(室溫)의 물성을 유지한다. 도장, 열처리한 PPS 도장막은 300℃ 이상의 고온에도 견딘다.

② 불소수지에 가까운 내약품성

PPS는 고온에서의 일부 강산화성(强酸化性)의 산에 침식되는 것 이외는 다른 약품에는 침식되지 않는다. 200℃ 이하에서 PPS를 녹이는 용제는 아직은 없다.

③ 불연성(不燃性)

PPS는 UL규격에서 V-0에 랭크(rank)되어 있고 "불연, 무적"의 수지이다.

④ 기계적 특성

다른 엔지니어링 플라스틱과 비교하여 극히 높은 강성을 나타내고 고온에서도 뛰어난 기계적 특성을 갖고 있다.

⑤ 전기적 특성

PPS는 절연성이 우수하며, 특히 넓은 주파수영역으로 극히 낮은 유전정접을 나타낸다. 고주파 특성이 우수하다.

⑥ 각종 필러(filler, 충전제)와의 친화성(親和性)

PPS는 유리섬유, 카본섬유, 아스베스트(asbest, 석면), 흑연 등의 각종 필러와 친화성이 좋아 70% 이상의 필러를 혼합해도 가능하다.

⑦ 안정성

PPS는 성형가공 시에 부식성의 유해한 가스를 배출하지 않는다. 또 FDA(미국식품의약국)

및 NSF(미국위생협회)의 승인을 얻었고 식품이나 음료수에 접촉하는 분야에도 이용할 수 있다.

5) 용도

① 전기 · 자제품

커넥터, 코일보빈, 스위치, 소켓, TV 튜너샤프트, 솔리트 스테이트 릴레이, 모터드럼, 커패시터 하우징, 브러시 홀더, 마그네틱센서 헤드, 트리머 콘덴서, 퓨즈 홀더, 콘틱트브레이커, 프린트 기판, 티프캐리어, 전자레인지 부품, VTR부품, 고데기 부품, 조리기 부품, 전자부품 세정치구, 써머스터, I.C부품 등

② 자동차부품

배기가스 처리장치부품, 브러시 홀더, 이그니션부품, 가솔린펌프, 시트리드밸브, 커넥터, 기화기, 디스트리뷰터부품, 라디에이터부품, 다이로트엔드스타빌라이저, 리플렉터, 브레이크부품, 클러치부품, 온도센서, 트랜스미션부품, 오일펌프 등

③ 기계부품

펌프하우징 임펠러, 밸브, 유량계, 컴프레서부품, 기어, 단열판, 레벨게이지, 풀리, 훅, 플랜지, 스프레이노즐, 파이프라켓, 팬(fan) 등

④ 정밀부품

카메라, 타코미터(tachometer, 회전속도계), 기어, 시계, 복사기부품, 측정기기, 컴퓨터부품 등

6) 일본 제조사(메이커)

주요 일본 제조사는 표 4-60과 같다.

▶▶ 표 4-60 주요 제조사

메이커	상품명
아사히글라스(旭硝子)	아사히(Asahi) PPS
신에츠화학(信越化學)	신에츠(Sinetsu) PPS
다이니혼(大日本)잉크	DIC-PPS
필립스 페트로리움	라이톤(Ryton) PPS
호도가야화학(保土谷化學)	라이톤(Ryton) PPS 서스테일(Susteil)
도레이(東レ)	도레이(Toray) PPS

7) 대표적인 판매제품의 물성 데이터

베이스 폴리머, 〈라이톤 PPS〉 R-4, 〈라이톤 PPS〉 R-10 등의 종류가 있다.

표 4-61에 〈라이톤(Ryton) PPS〉의 그레이드 및 물성 데이터를 나타낸다. 표 62～표 66에 각각 〈아사히(Asahi PPS)〉, 〈신에츠(Sinetsu) PPS〉, 〈DIC-PPS〉, 〈서스테일(Susteil)〉, 〈도레이(Toray) PPS〉의 그레이드를 나타낸다.

▶▶ 표 4-61 라이톤(Ryton) PPS의 물성 일람

항 목	단 위	라이톤 R-4	라이톤 R-7	라이톤 R-8	라이톤 R-10 (5002C)	라이톤 R-10 (5004A)	라이톤 R-10 (7007A)
비중		1.6	2.0	1.8	1.96	1.96	1.97
인장강도	kgf/cm^2	1,370	1,000	940	805	689	689
신장률	%	1.3	0.7	0.7	0.6	0.5	0.5
굽힘탄성률	kgf/cm^2	119,500	168,000	133,000	126,000	124,000	124,000
굽힘강도	kgf/cm^2	2,040	1,700	1,435	1,295	1,137	1,210
아이조드충격	kgf · cm/cm						
노치있음 25℃		7.6	5.0	2.7	4.3	3.2	3.7
노치없음 25℃		43.5	15.0	12	11.8	9.1	9.1
열변형온도	℃	>260	>260	>260	>260	>260	>260
UL온도 인덱스	℃	220	220	200	240	240	240
선팽창계수	$\times10^{-5}$cm/cm/℃	1.9	2.1	1.8	1.8		
절연내력	Volts/mil	450		340	320	324	400
유전율 25℃ 1kHz		3.90	5.10	4.60	5.5	5.5	5.5
25℃ 1MHz		3.80	4.60	4.30	5.6	5.6	5.6
유전정접 25℃ 1kHz		0.0010	0.06	0.017	0.0043	0.0043	0.0043
25℃ 1MHz		0.0013	0.01	0.016	0.012	0.012	0.012
체적고유저항	ohm · cm	4.5×10^{16}	10^{16}	2.0×10^{16}	10^{15}	2×10^{15}	10^{15}
내아크성	sec	35	190	182	116	182	182
트래킹성 IEC CTI	Volts	180	225	235	160	240	240
절연저항	ohms						
드라이		1.0×10^{12}	1.0×10^{16}	1.0×10^{12}	1.0×10^{12}	1.0×10^{12}	1.0×10^{12}
60℃ 90%RH 14일 후		2.0×10^{11}	1.0×10^{14}	5.5×10^{3}	1.0×10^{11}	1.0×10^{11}	1.0×10^{11}
외관		흑갈색불투명	갈색불투명	갈색불투명	흑색불투명	흑색불투명	갈색불투명

주 1) R-4, R-4 black은 주로 기계강도 요구분야 및 약전(弱電)분야를 대상으로 하는 그레이드
2) R-9는 유동, 흡습성 등이 개선된 콘덴서 등의 봉합분야를 대상으로 하는 그레이드
3) R-10, 7006A, 5002C는 어느 정도의 기계강도를 요구하는 분야를 대상으로 하는 그레이드
4) R-10, 7007A, 5004A는 특히 내아크성을 요구하는 분야를 대상으로 하는 그레이드
5) 특히 BR-31이라는 그레이드가 있는데 이 그레이드는 R-4와 같은 정도의 기계강도를 유지하고 수 cm 정도까지 두께가 두꺼운 성형이 가능하고 박육성형(薄肉成形)[33]으로 비틀림을 가진 웰드 강도가 강화된 그레이드
6) 그 외의 R-3, R-5, R-7, R-11 등의 그레이드가 있다.

33) 박육성형(薄肉成形) : 두께를 아주 얇게 하는 성형

표 4-62 아사히(Asahi) PPS의 그레이드

그레이드	조성물	특 징
RG-40JA	유리섬유 40%	일반사출성형품
RG-60JA	유리섬유 60%	고기계적 강도, 저수축률
RE-101JA	유리섬유 + 미네랄 필러	저수축률, 좋은 유동성
RC-30JA	카본섬유 30%	섭동용
RFG-1530JA	유리섬유 30% + 불소수지분말 15%	
RFC-JA	카본섬유 + 불소수지분말	

표 4-63 신에츠(Sinetsu) PPS의 그레이드

종 류	신에츠(信越) PPS			
	1001	1002	2001	3001
주충전제	실리카 필러	유리섬유 + 실리카 필러	유리섬유 + 실리카 필러	불소수지 분말
특징	고주파 특성	전기절연성 내크리프성	내아크성 내크리프성	윤활성 내마모성
주용도	오실로스코프, 전자레인지 관련의 고주파 부품에서 사용	고전압 발생부의 절연 치수정밀도의 정밀부품	아크발생부의 부품 치수정밀도의 정밀부품	섭동 · 회전부의 윤활부품

표 4-64 DIC-PPS의 그레이드

FZ타입 (유리섬유 강화)	
FZ-1140	유리섬유 40% 강화품(갈색 펠릿)이고, 각종의 용도에 있는 표준품
FZ-3360	유리섬유와 무기질 필러 겸용 강화 타입으로 이방성이 적으면서 고강성, 내크리프성이 뛰어나다.
FZL-4033	유리섬유/불소수지 강화품으로 고하중에서의 섭동부품에 사용가능하다.
CZ타입 (카본섬유 강화)	
CZ-1130	카본 파이버 30% 강화품, 고강성, 섭동성, 도전성을 특징으로 한다.
FCZ-1230	굽힘탄성률 27×10^4 kgf/cm^2 와 초고강성 타입
CZL-4033	카본 파이버 불소수지 강화품, 가장 섭동성이 우수한 타입

▶▶ **표 4-65** 서스테일(Susteil)의 그레이드

	조 성	특 징
MC	이류화몰리브덴 카본	고하중 · 고속용
FC	PTFE 카본섬유	저하중 · 고속용 · 내약품성
FC-2	PTFE 무기필러 카본섬유	고하중 · 고속용 · 복잡형상부품용
FGr	PTFE 무기필러	저하중 · 고속용 · 마찰용
FGr-2	PTFE 무기필러	고하중 · 고속용 · 경제성
F	PTFE	저하중 · 고속용 · 전기특성
F-2	PTFE 무기필러	저하중 · 고속용 · 전기특성

▶▶ **표 4-66** 도레이(Toray) PPS의 그레이드

A504	유리섬유 40% 강화타입
A504×02	유리섬유 40% 강화의 좋은 유동타입
A310M	기계용도 유리섬유와 무기질필러 65% 강화타입
A310E	전기용도 유리섬유 무기질필러 65% 강화타입

CHAPTER

05 적용 사례연구

이 장에서는 2차전지와 2차전지에 관련된 제품에 실제로 적용되고 있는 소재(재료, material)에 대한 다양하고 많은 적용 사례를 통하여 그 필요성과 특징, 특성 그리고 물성 등에 관련해 사례연구로 자세히 설명하고자 한다.

01 배터리 집전체, 분리막, 배터리 팩 케이스의 소재

1) 배터리 집전체(集電體, Current collector)

배터리 집전체(current collector)는 배터리 내부에 있는 약 10μm 두께의 얇은 막(박막재, 포일, foil) 형태로, 전지 양극재와 음극재의 전기화학반응에서의 생성 또는 필요한 전자(electron)가 원활하게 흐르는 통로 역할을 하는 소재이다. 즉, 충·방전 시 전자가 이동할 수 있도록 구성된 요소를 뜻한다.

리튬이온 배터리(배터리의 양극재 원료인 리튬(Li)은 이온(ion, 정전기를 띤 원자) 형태로 음극재로 이동하여 충전된다. 이후 전원을 켜면 음극재의 이온이 다시 양극으로 이동하면서 전기에너지를 발생시키는 배터리다)의 집전체 소재는 극판별로 다르다. 음극(용) 집전체는 탄소 전극의 작동 범위에서 전기화학적 반응에 안정적이며 전기 전도성이 좋은 구리(Cu) 포일을 주로 사용하며, 반면 양극(용) 집전체에는 높은 전위에서도 전기화학적 반응이 안정적이고 전기 전도성이 좋은 알루미늄(Al) 포일을 사용한다. 포일의 두께는 10μm대로 머리카락 보다 얇다.

그림 5-1은 리튬이온 전지 구조에서의 음극 집전체(Cu 포일)와 양극 집전체(Al 포일)의 구성도이다.

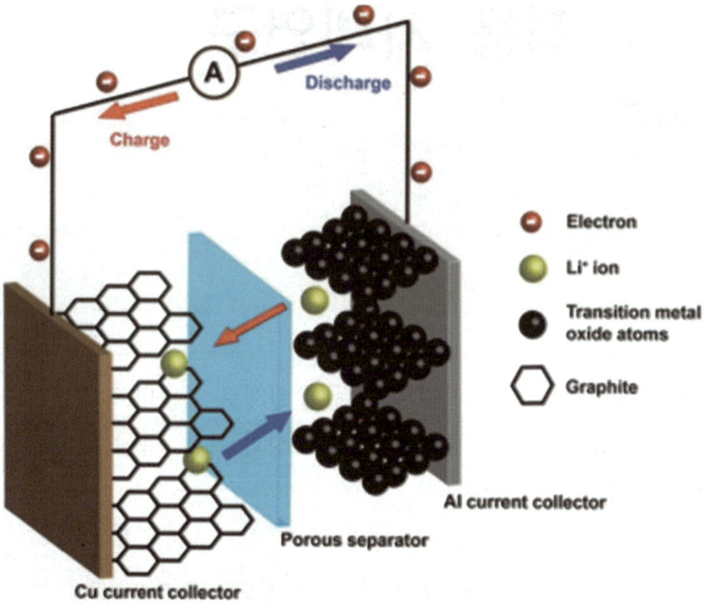

그림 5-1 리튬이온 전지 구조에서의 음극 집전체(Cu 포일, 왼쪽)와 양극 집전체(Al 포일, 오른쪽)의 구성도

사진 5-1은 전해도금 공정으로 제조된 음극 집전체(Cu 포일, 동박)와 압연 공정으로 제조된 양극 집전체(Al 포일)의 실물이다.

(a) Cu 포일의 음극 집전체

(b) Al 포일의 양극 집전체

사진 5-1 Cu 포일의 음극 집전체와 Al 포일의 양극 집전체의 실물

2) 2차전지의 분리막 소재 폴리프로필렌(Polypropylene)

(1) 폴리프로필렌(Polypropylene)

폴리프로필렌(Polypropylene, PP) 소재는 폴리올레핀(Polyolefin, PO) 계열에 속하는 결정성 플라스틱으로 프로펜(propene)의 촉매 중합에 의해 제조된다.

폴리프로필렌(PP) 소재는 우수한 내화학성, 고순도, 낮은 수분 흡수율 및 우수한 전기절연 특성을 가지는 균형이 잘 잡힌 일반적으로 널리 사용되고 있는 범용 플라스틱이다.

(2) 폴리프로필렌의 특성

① 우수한 내화학성
② 낮은 밀도(1g/㎤)
③ 고순도
④ 매우 낮은 수분흡수율
⑤ 높은 열팽창율
⑥ 응력균열이 없음
⑦ 저온에서의 낮은 충격강도
⑧ 가격이 저렴하고 가공 · 생산성이 우수

> 폴리올레핀(Polyolefin, PO)은 플라스틱 원료로 올레핀(이중결합을 1개 가진 사슬모양 탄화수소 화합물)의 중합으로 생기는 고분자화합물이다. 단량체 또는 모노머(monomer)로서 폴리에틸렌(PE)과 폴리프로필렌(PP) 등이 바로 폴리올레핀에 해당한다.

3) 각형 배터리 셀 케이스(Case of prismatic battery cell)

각형 배터리 케이스(case 또는 하우징(housing)이라 한다)는 정확히 표현하면 배터리 팩(battery pack) 케이스이다.

배터리 팩(battery pack) 케이스의 소재(재료, 재질)로는 일반적으로 내열성, 내충격성 및 내화학성을 갖춘 플라스틱인 폴리프로필렌(Polypropylene, PP)을 주로 사용하고 있으며 금형사출(injection molding)로 만들어진다.

특징으로는 200도(℃)까지의 온도를 견뎌 배터리의 과열로부터 보호한다. 또한 가볍고, 범용 플라스틱으로 가격도 저렴하며, 금형(die)에 의한 양산이므로 생산성도 아주 뛰어나고 또한 재활용(recycling)이 가능하여 환경에 미치는 영향을 줄이는데 도움이 되는 소재이다.

사진 5-2는 폴리프로필렌(Polypropylene, PP)으로 사출돼 완성된 각형 배터리 팩(battery pack)의 외부 케이스 제품(사출품, 완성품)이다.

사진 5-2 폴리프로필렌(Polypropylene, PP) 소재의 배터리 팩의 외부 케이스(사출성형품)

4) 파우치형 배터리 셀 케이스(Case of laminated battery cell)

그림 5-2에서 보여주듯이 파우치형 배터리 팩의 외관 케이스(case 또는 casing, housing으로도 불린다)는 배터리 셀을 외부 충격이나 환경으로부터 보호하고 내부 구성요소를 안전하게 보관 및 유지하는 역할을 한다. 셀 케이스(엄밀히는 배터리 팩)는 범용 플라스틱인 폴리프로필렌(Polypropylene, PP), 폴리에틸렌(Polyethylene, PE) 그리고 엔지니어링 플라스틱인 폴리카보네이트(Polycarbonate, PC) 등의 플라스틱(폴리머, polymer, 중합체) 소재로 금형사출(injection molding) 공법에 의해 제작된다. 셀 케이스는 일반적으로 강화된 구조를 갖고 있어 내부 구성물에 충격이 가해져도 안전하게 보호가 된다.

그림 5-2는 금형에서 사출되어 완성된 플라스틱 소재의 파우치형 배터리 팩(battery pack)의 외부 케이스 제품(사출품, 사출성형품, 완성품)이다.

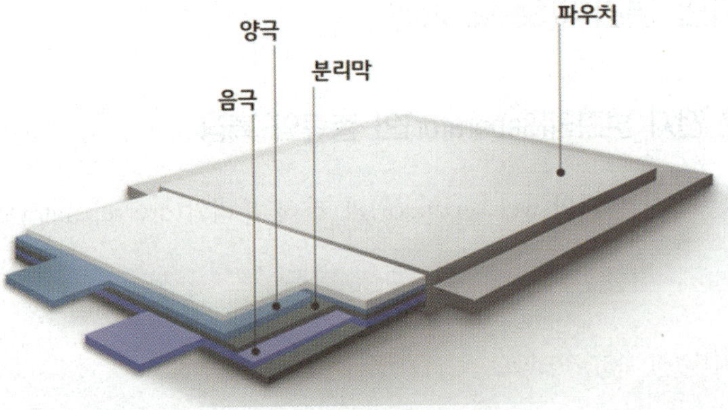

➩ 그림 5-2 파우치형 배터리 팩의 외부 케이스(사출성형품)

표 5-1은 2차전지에 있어 대표적 배터리인 리튬이온(Li-ion) 배터리의 외관에 따른 분류이며, 현재 주로 사용되고 있는 타입(type, 형태)이다.

▶▶ **표 5-1 리튬이온 2차전지 셀(Cell) 타입 및 구조, 특징**

	원통형(Cylindrical type)	각형(Prismatic type)	파우치형(Pouch type)
구분	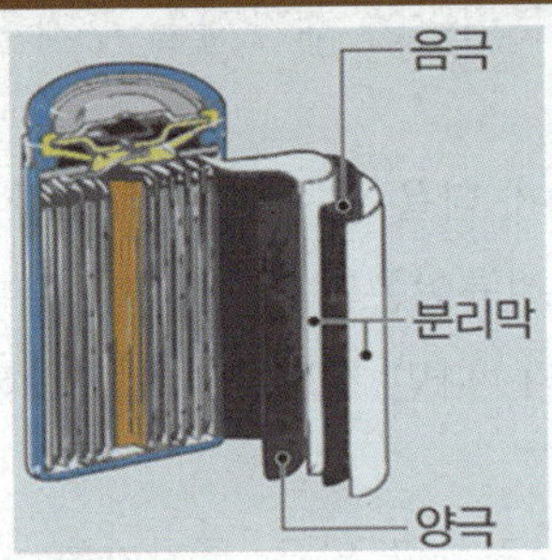	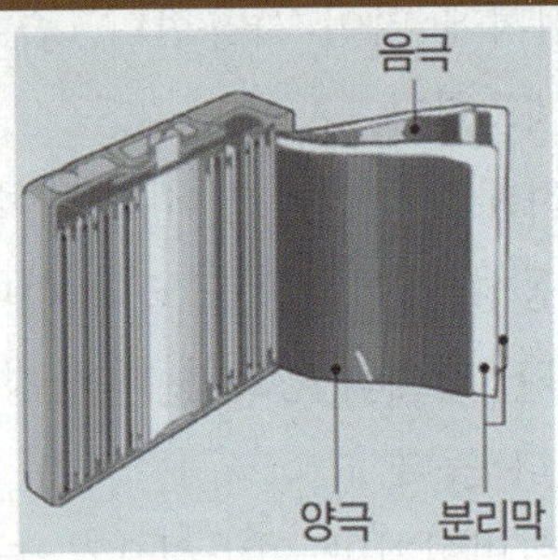	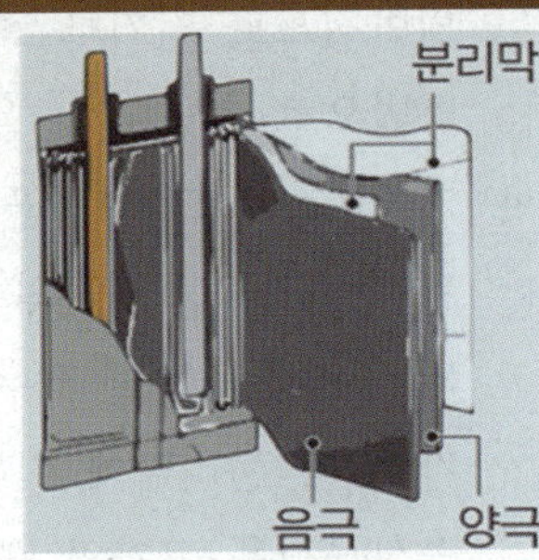
	– Al case – 고용량, 고에너지 밀도 – 방전 특성 우수(고출력)	– Al case – 슬림형 – 고에너지 밀도	– Al case(pouch 케이스) – 초박형, 고에너지 밀도 – 다양한 크기와 모양 구현 가능

2 2차전지의 분리막(Separator)

2.1 리튬이온 전지 분리막(Separator)의 종류와 특징

분리막의 종류는 습식 분리막(wet separator)과 건식 분리막(dry separator)으로 크게 양분하고 있다.

1) 습식 분리막(Wet separator)

(1) 습식 분리막의 특징

습식 분리막(wet separator)의 특징은 다음과 같다.

① 고분자소재와 가소제를 고온에서 균일하게 혼합 · 냉각하여 상분리(phase separation), 유기용매를 이용하여 가소제를 제거하면 기공(pore)이 형성되면서 연신하여 필름화되며, 필요에 따라 가소제 외에 무기분말 등을 사용하여 기공의 직경을 확장한다.

② 습식분리막은 제조공정이 복잡하고 필요로 하는 소재가 상대적으로 많다. 단가는 건식 분리막에 비해 높지만, 박막화가 가능해 높은 에너지밀도 확보가 용이하다.

③ 일반적으로 전기차 2차전지에 많이 사용한다. 습식 분리막은 첨가제를 추가해 화학적 방법으로 기공(pore)을 제조한다.

④ 기공(pore) 크기를 균일하게 만들 수 있어 리튬이온이 더욱 용이하게 이동할 수 있을 뿐 아니라(리튬이온의 이동성을 '이온 전도도'라 하며, 리튬이온의 신속한 이동은 2차전지의 출력과 충전을 좌우한다) 기계적 강도가 더욱 강하다. 다만 제조공정이 복잡해 가격대가 건식 분리막에 비해 더 높다.

⑤ 습식공정은 고가의 제조방법이지만 일반적으로 더 강력하고 얇은 분리기를 생산한다. 폴리에틸렌(Polyethylene, PE)은 일반적으로 사용되는 폴리머(polymer)로 다른 첨가제 왁스와 혼합되어 균질한 용액을 만들어 얇은 겔형 시트(gel type sheet)로 압출한 후 어닐링(annealing, 풀림, 내부 응력의 제거를 위하여 적당한 온도로 가열한 후 천천히 냉각시키는(서냉) 방법으로 연한 상태의 조직으로 회복시키는 열처리)한다. 시트는 두 방향으로 신장되고 휘발성 용매에 노출되어 다공정 시트를 떠나는 첨가제 왁스를 제거한다. 이 방법을 사용하여 40~50%의 다공성을 달성할 수 있다.

⑥ 이 방식은 초기 투자비용이 많고 유해물질이 발생한다는 단점이 있지만, 제작이 간편하고 기공(pore)이 균일하다는 장점이 있어 전기차뿐만 아니라 휴대폰이나 노트북 등 소형 모바일용 배터리에도 쓰인다.

(2) 습식 분리막의 장단점

습식 분리막의 장단점을 다시 정리하여 설명하면 다음과 같다.

① 고밀도 폴리에틸렌(Polyethylene, PE)이 유전율이 높아 주로 사용된다.
② 세계 분리막 시장에서 70% 이상 비중을 차지한다.
③ 습식 분리막은 열유도 상분리(Temperature Induced Phase Separation)에 의해 구멍(기공, pore)이 형성되어서 구멍(기공)의 크기가 균일하다.
④ 구멍(기공)이 불규칙적으로 분포하여서 기계적 강도가 높다.
⑤ 구멍(기공)이 불규칙하게 분포하여 분리특성은 좋으나, 이온 통과경로가 복잡하다(낮은 기공도, 저출력 등).
⑥ 용제에 의해서 폴리머의 결정구조가 불균질하여서 열적 안정성이 떨어진다.
⑦ 습식분리막은 정량출력 및 장시간 배터리 성능을 유지해야 하는 전기장치 및 전자기기의 배터리에 유리하다.
⑧ 초기 투자비용이 많고 유해물질이 발생한다.
⑨ 제작이 간편하다.
⑩ 건식에 비해 품질이 좋다.

2) 건식 분리막(Dry separator)

여기서는 습식 분리막과 같이 많이 사용되고 있는 건식 분리막에 대해 설명한다.

(1) 건식 분리막의 특징

건식 분리막(dry separator)의 특징은 다음과 같다.

① 압출 필름을 저온에서 연신하여 결정계면에 미세균열을 발생시키는 방법으로 습식 분리막에 비해 제조원가 측면에서는 우위이나 강도가 떨어진다.
건식 제조방법의 경우 폴리프로필렌(PP, Polypropylene)과 폴리에틸렌(PE, Polyethylene)을 23층 필름으로 접합하는 다층 구조로 왁스를 사용하지 않고 물리적으로 연신하여 늘리는 공정과 열처리 공정만으로 기공을 만든다. 습식과 비교하면 초기 투자비용이 덜 들고 유해물질이 나오지 않아 친환경적이지만, 균일한 기공(pore, 기공(氣孔)은 분리막에 있어 리튬이온의 이동성 즉 '이온 전도도'의 효율을 결정하는 핵심요소이기에 아주 중요하다)을 내는 기술장벽이 높아 제대로 성능을 낼 만큼 만드는 것이 쉽지 않다. 이 건식분리막은 전기자동차용 배터리 등 중대형 전자장치용 배터리에 주로 쓰인다.

② 건식공정은 보다 저렴하고 간단한 제조방법이다. 폴리프로필렌(PP) 또는 폴리에틸렌(PE) 중합체는 얇은 시트로 압출된다. 이 전구체 필름은 결정구조를 개선하기 위해 어닐링(annealing, 풀림) 열처리를 한다. 이어서 필름은 차가울 때 단일방향으로 연신되고, 뜨거울 때 다시 연신된다. 콜드 스트레칭(냉간연신(cold-stretching), 소성변형에 의한 더 얇은 두께로 늘리면서 반면 강도를 증가시키는 공법)은 기공 구조를 생성하고, 핫 스트레칭(열간연신(hot-stretching), 스트레칭 연신의 일종)은 기공 크기를 증가시킨다.

③ 이 방법을 사용하여 35~45%의 다공성(多孔性 , porous, 다공성은 고체의 내부 또는 표면에 여러 개의 작은 공극이 있는 상태를 말한다. 공극은 외부로 통하는 아주 작은 구멍 모양을 의미한다)을 달성할 수 있다. 이 공정으로 3층의 PP / PE / PP 분리막(separation membrane, separator)도 생성할 수 있다.

(2) 건식분리막 장단점

건식 분리막의 장단점을 다시 정리하여 설명하면 다음과 같다.

① 초기 투자비용이 적고, 유해물질이 나오지 않아 친환경적이다.

② 건식 분리막은 기계적인 인장으로 구멍을 형성하여서 구멍이 일관성있게 형성되어져 기공분포가 직선적이다. 따라서, 분리막을 통과하는 이온의 흐름이 빠르다. 이는 리튬이온의 이동성(이온 전도도)이 좋아져, 신속한 이동으로 인해 2차전지의 출력과 충전도 신속하게 된다.

③ 폴리머가 결정구조를 유지하고 있기 때문에 열적 안정성이 우수하다.

④ 구멍(기공)의 형성이 기계적인 힘에 의해 이루어지며, 이를 제어하기가 어렵다.

⑤ 건식 분리막은 고속출력 및 내열성능이 필요한 전기자동차용 배터리에 유리하다.

2.2 리튬이온 전지 분리막(Separator)의 제조 공정

다음 그림 5-3은 습식 분리막과 건식 분리막에 있어, 제조공정의 차이를 비교하여 나타낸 프로세스(process, 절차 순서 및 흐름도)이다.

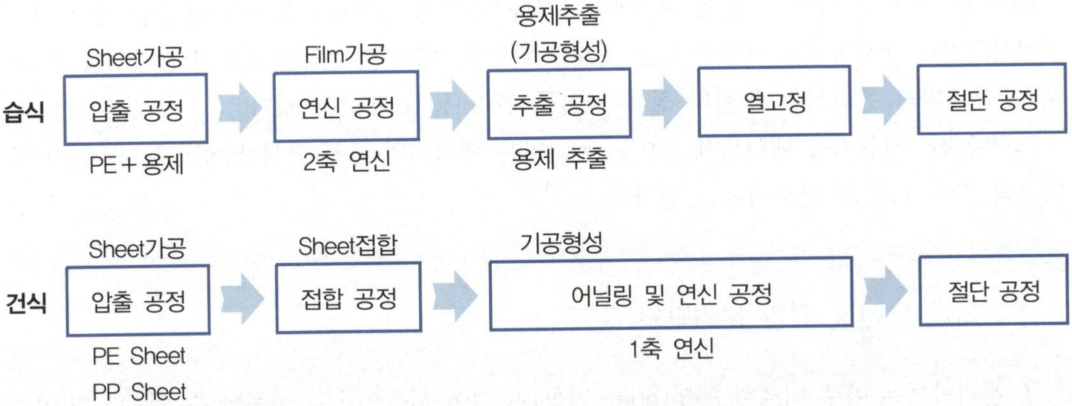

그림 5-3 습식 분리막과 건식 분리막의 제조공정 비교

다음 표 5-2는 습식 분리막과 건식 분리막의 특징을 서로 비교하여 나타낸 것이다.

표 5-2 습식 분리막과 건식 분리막의 특징 비교

구분	습식 분리막	건식 분리막
SEM 이미지	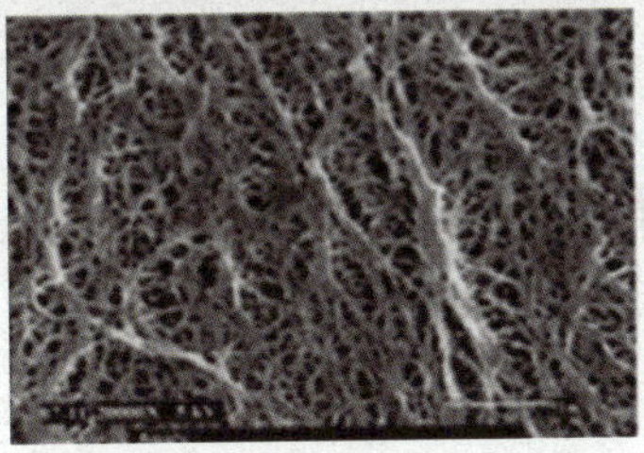	
수지(Resin)	PP, PE	PE
제조공정	MD(Machine Direction) 및 TD(Transverse Direction, 횡방향); 양축방향으로 연신(Stretching)	MD(Machine Direction); 단일방향으로 연신(Stretching)
필름 특성	등방성(Isotropic)	이방성(Anisotropic, 비등방성)
두께	7∼25㎛	12∼40㎛
기공크기	타원형 또는 구형(Elliptical or Spherical) 0.24∼0.34㎛	틈새 같이 길고 좁은 구멍이나 간격이 있는 슬릿형 또는 비어 있는 공간(公隙, air gap)·공극(孔隙, 작은 구멍) 형상(Slit-like or Voids) 0.1∼0.13㎛
기공도	40∼50%	35∼45%
적용분야	모바일, 승용EV	ESS, 대형EV(버스 등)

분리막이란 서로 다른 두 물질 사이에 존재하는 선택적 장애물로서 어떤 물질을 선택적으로 통과시키거나 배제시키는 역할을 하는 소재를 말한다. 이러한 정의에 의하면 분리막의 구조나 재료, 분리막을 통과하는 물질의 상태나 이동 원리 등의 제한은 없다.

그러나 전기자동차용 배터리에 쓰이는 분리막은 배터리의 안전(화재나 폭발 등)을 위해서는 다음과 같은 역할을 갖추어야만 한다.

1) 배터리 안전을 위한 분리막의 특징

① 분리막에는 아주 미세한 구멍(pore, 기공)이 있어 리튬이온만 이동할 수 있도록 되어 있고, 전해질의 통과는 막는다.

② 양극과 음극의 물리적 접촉을 차단하는 역할을 한다.

③ 안전을 위해 높은 전기절연성과 열 안정성이 요구된다. 또한 일정 이상의 온도에서는 자동으로 리튬이온의 이동을 막는 기능도 갖춰야 한다.

④ 현재 사용되는 소재로는 폴리에틸렌(PE), 폴리프로필렌(PP), 폴리올레핀(PO) 등과 같이 절연 특성이 뛰어난 고분자(polymer, 플라스틱) 소재를 사용하고 있다.

분리막 역할의 요점을 정리하면,

리튬이온(ion, 정전기를 띤 원자)이 원활하게 분리막 사이를 통과할 수 있도록 분리막 표면에 구멍(기공, pore)이 많아야 하며, 크기는 균일해야 한다.

배터리의 온도가 일정 수준을 넘어섰을 때, 자체적으로 기공을 막아(shut-down) 리튬이온의 이동을 차단해 안전성을 확보할 수 있어야 한다.

두께가 얇을수록 더 많은 양의 활물질(활성화물질)을 넣을 수 있어 배터리의 에너지밀도를 향상시킬 수 있으며, 동시에 분리막의 기계적 강도가 우수해야 쉽게 손상되지 않고 안전성 확보가 가능하다.

다음 사진 5-3은 전자현미경(SEM, Scanning Electron Microscope, 주사전자현미경)으로 확대하여 본 습식 분리막의 조직 구조이다.

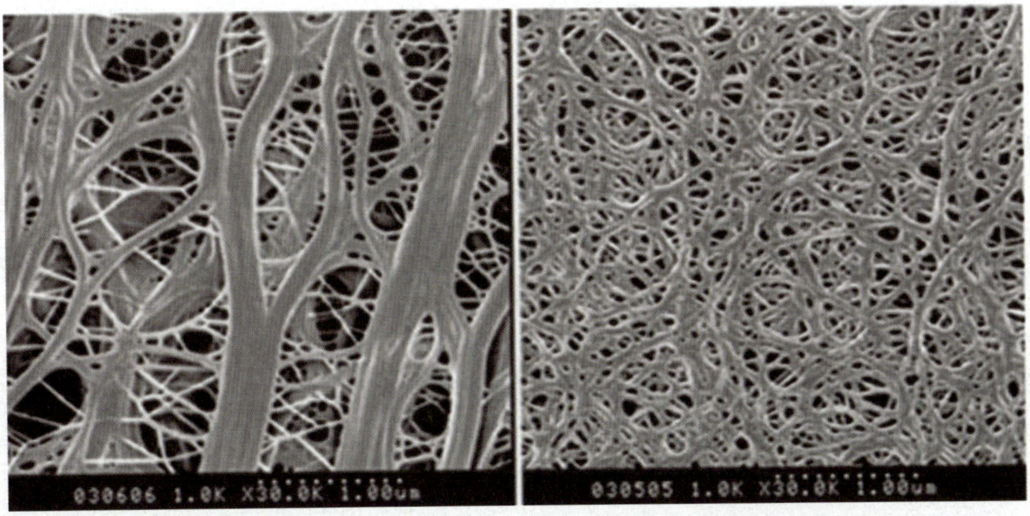

사진 5-3 전자현미경(SEM)으로 살펴 본 습식 분리막의 조직 구조

2) 분리막의 종류

분리막의 소재는 폴리에틸렌(PE), 폴리프로필렌(PP), 폴리올레핀(PO) 등 절연 특성이 뛰어난 고분자 소재가 사용되고 있으며,

이 소재들을 연신(延伸, 길이를 늘리고 두께를 얇게함, 신장)하여 미세한 기공을 만드는데, 방식에 따라 건식과 습식 방법(즉, 제조공정)으로 나뉜다.

표 5-3은 제조공정에 따른 리튬이온 2차전지의 분리막 종류 및 특징을 설명하고 있다.

여기서 자세히 살펴보면, 건식 분리막은 일축 즉, 한 방향으로만 연신되고, 습식 분리막은 이축 즉, 두 방향(x, y 방향)으로 연신되는 것이 차이점이다.

표 5-3 리튬이온 2차전지의 분리막 종류 및 특징(출처: LG경제연구원, 2017년)

구분	건식막	습식막
구조		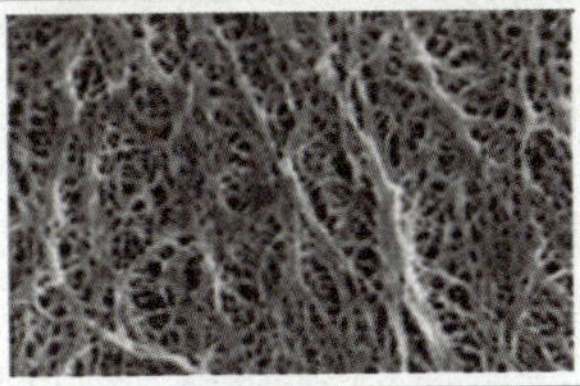
수지	폴리프로필렌, 폴리에틸렌	폴리에틸렌
두께	10~25㎛	10~25㎛
연신	일축(Uni-axial)	이축(Bi-axial)
제조사	씨에스텍, Polypore, Ube Industries	SK이노베이션, Asahi Kasei, Toray Tonen, Senior, Sumitomo Chemical

3) 건식 및 습식 제조

건식 제조는 단순히 기계적인 힘으로 필름 원단을 당겨 기공(pore)을 만드는 방식이며, 습식 제조는 필름에 여러 첨가제를 추가해 화학적인 방식으로 기공을 만드는 방식이다.

건식은 제조공정이 간단하나 기공 사이즈가 불균일하고, 습식에 비해 기계적 강도가 약하다.

습식은 제조공정이 복잡해 고가지만 균일하게 기공의 사이즈를 만들 수 있다는 장점이 있다. 또한 건식에 비해 기계적 강도가 크다는 장점도 있다.

과거에는 분리막으로 필름 소재 하나만을 사용했지만, 최근에는 분리막의 성능을 강화하기 위해 다양한 소재와 방식으로 코팅(coating으로 표면강화제 역할을 함)하여 사용하고 있다.

사진 5-4는 건식 및 습식 제조공정에 따라 제작된 습식 분리막과 건식 분리막을 확대하여 비교한 전자현미경(SEM) 사진이다.

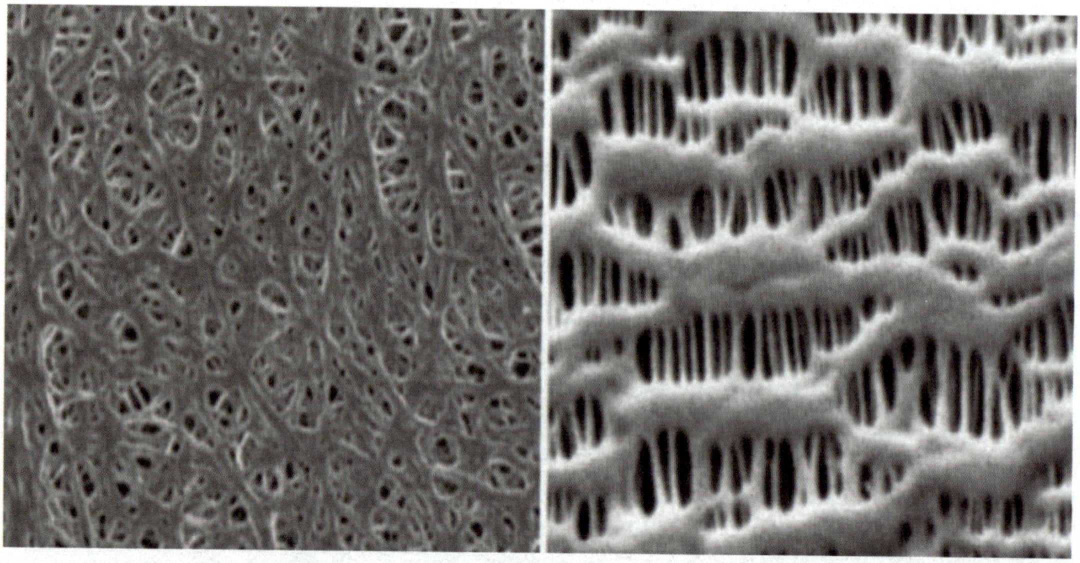

(a) 습식 분리막 (b) 건식 분리막

사진 5-4 습식 분리막과 건식 분리막의 구조 비교(SEM)

① 습식

폴리에틸렌(PE), 폴리프로필렌(PP) 필름에 첨가제를 추가하여 화학적으로 기공을 만든다. 장점으로는 화학적 상(phase) 분리에 의해 구멍이 형성되어, 기공의 크기가 균일하며, 또한 박막화에 유리하다.

② 건식

폴리에틸렌(PE), 폴리프로필렌(PP) 필름을 기계적인 힘으로 원단을 당겨서 기공을 만든다. 장점으로는 폴리머가 결정구조를 유지하고 있어 열적 안정성이 우수하다. 하지만 기공의 크기가 균일하지 않고 박막화가 어렵다.

3 리튬 2차전지의 음극재

현재 음극재는 규칙적인 층상(層狀, 층을 이룬 모양 또는 겹친 모양) 구조로 쌓여있는 흑연(黑鉛, graphite, 그래파이트)을 주로 사용하고 있으며, 크게 천연흑연과 인조흑연으로 나뉜다. 천연흑연은 리튬이온을 보관할 수 있는 가장 안정적이면서 저렴한 재료였으나, 사용 중 팽창 문제로 구조적 안정성이 점차 떨어지자 이를 개선한 인조흑연의 사용 비중이 점차 높아지는 상황이다.

인조흑연은 3,000℃ 이상의 고온 열처리를 통해 만들어져 천연흑연에 비해 결정성이 높고 구조가 더 균일해 안정성이 높다. 다만 석유계 피치(pitch, 석유 피치는 원유를 분리할 때 열처리와 증류로 인한 잔류물이다)나 콜타르(coal tar, 석탄이나 코크스 등을 가열할 때 증류되어 나오는 물질을 가리킨다) 원료를 가공해 침상(針狀, 바늘처럼 가늘고 끝이 뾰족한 모양) 코크스를 만들고, 침상 코크스를 분쇄한 뒤에 뭉쳐서 가열하는 등의 추가 제조공정으로 가격이 비싸다.

그림 5-4는 리튬 2차전지의 음극구조를 보여준다. 단면을 자른 형상이다.

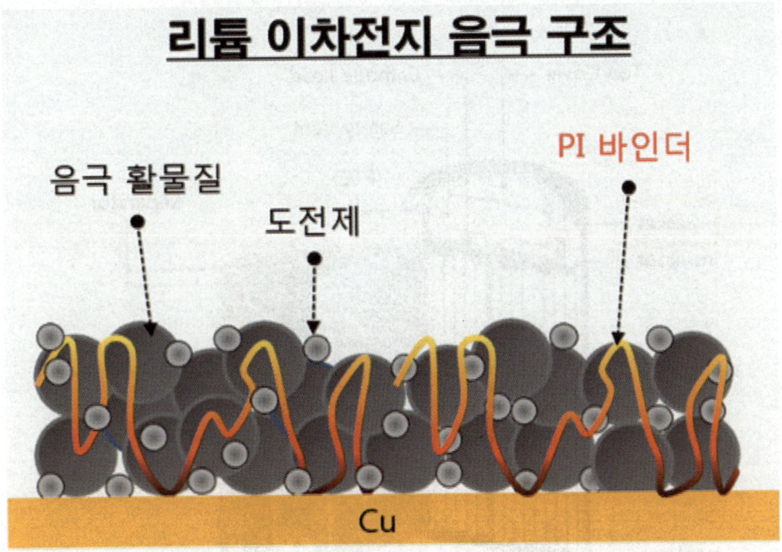

그림 5-4 리튬 2차전지의 음극구조(단면을 자른 형상)

PI 바인더

폴리이미드(Polyimide, PI) 고분자 바인더(binder, 결합제, 고형물을 결합시키는 분말로 세분화된 물질)이다.
폴리이미드는 기계적 물성, 내열성, 내화학성이 우수하고 뛰어난 접착력을 가져서 PI(polyimide)를 사용했을 경우에는 전극 내의 균열은 줄어드나, 바인더와 집전체의 결착을 매우 강하게 해준다.

4 가스켓(Gasket)

가스켓은 케이스와 분리기 사이의 틈을 밀봉하여 전해질이 누출되는 것을 방지하고, 양극과 음극이 서로 접촉하는 것을 막아 단락을 방지해준다. 또한 배터리 내부의 압력을 제어한다.

가스켓의 재질(소재)은 실리콘(silicone)이나 고무가 일반적이고 폴리프로필렌(PP) 또는 폴리에틸렌(PE)과 같이 밀봉력이 우수하고 화학물질에 내성이 있는 고분자 플라스틱 소재로 제작된다.

1) 원통형 배터리 셀(Cylindrical battery cell)의 가스켓(Gasket)

그림 5-5는 원통형 배터리 셀에서 가스켓이 조립된 구조를 보여준다.

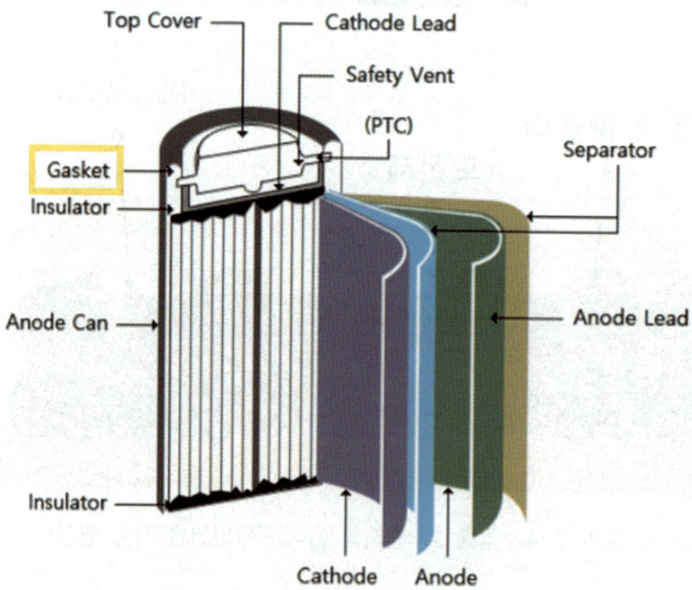

그림 5-5 원통형 배터리 셀에서의 가스켓

2) 전기차 가스켓(EV Gasket)

리튬이온 2차전지(배터리)를 실링(sealing)해 기밀을 유지함으로써 안전성을 확보하는 목적으로 사용한다.

전기차 배터리(EV, Electric Vehicle)는 차량 내부에 설치되므로 안전성이 확보되어야 하며, 배터리 내부는 화학적 물질이 첨가되어 있어 특수물질이 외부로 누출되는 것을 차단하기 위함이다.

사진 5-5는 전기차의 리튬이온 2차전지에 사용되는 가스켓 형태와 가스켓이 조립되는 배터리 케이스(case)의 구조 및 형상을 보여준다.

(a) 가스켓

(b) 배터리 케이싱(casing)

사진 5-5 전기차 리튬이온 2차전지의 가스켓(gasket)과 배터리 케이싱(casing)

3) 리튬이온 전지에 사용되는 가스켓(Gasket)

리튬이온 전지에 사용되는 가스켓 재료는 내전해액성, 압축영구 줄음률, 비오염성, 저온성이 요구된다.

EPDM(Ethylene-Propylene Diene Monomer), NBR(Nitrile Butadiene Rubber), FKM(Fluorine Kautschuk Material의 약자로 플루오로 엘라스토머(fluoro elastomer)로 알려진 불소화 탄소 기반 합성고무)에 카본블랙 및 실리카계 충전제의 함량을 조정하여 혼합물(compound, 화합물)을 만든다.

다음 표 5-4는 이렇게 배합된 혼합물(compound)을 리튬이온 전지의 작동환경을 고려하여 고무재료의 물리적 화학적 특성에 대해 검토한 논문의 예시이다.

▶▶ 표 5-4 고무재료의 물리적 화학적 특성 - 논문의 물성 데이터 예시

Table 1. Formulations of Compounds on EPDM

	E1	E2	E3	E4	E5
KEP 2320	100	100	100	100	100
ZnO	5	5	5	5	5
DCP	5	5	5	5	5
SRF	-	10	30	-	-
Nyad #400	-	-	-	10	30

Table 2. Formulations of Compounds on NBR

	A1	A2	A3	A4	A5
DN407	100	100	100	100	100
ZnO	5	5	5	5	5
Sulfur/TT/CZ			1.5/2/2		
SRF	-	10	30	-	-
Nyad #400	-	-	-	10	30

Table 3. Formulations of Compounds on FKM

	A1	A2	A 3	A 4	A 5
E60C	100	100	100	100	100
MgO	3	3	3	3	3
Rhenofit CF	6	6	6	6	6
SRF	-	10	30	-	-
Nyad #400	-	-	-	10	30

Table 4. Formulations of Compounds on EPDM

	E1	E2	E3	E4	E5
Hardness	53	56	64	56	60
Tensile strength(kgf/cm^2)	16	40	82	19	24
Elongation(%)	215	212	194	224	232

Table 5. Formulations of Compounds on NBR

	A1	A2	A3	A4	A5
Hardness	53	55	64	53	57
Tensile strength(kgf/cm^2)	32	43	96	32	35
Elongation(%)	270	251	258	271	299

Table 6. Formulations of Compounds on FKM

	F1	F2	F3	F4	F5
Hardness	60	70	91	66	74
Tensile strength(kgf/cm^2)	111	155	182	109	138
Elongation(%)	261	219	152	220	188

① 재료 기초물성

표 5-4의 Table 4~6과 같이 충전제를 투입하지 않은 E1, A1, F1이 50~60의 경도를 나타내는 반면, 카본블랙을 투입 시 경도 및 인장강도가 급격히 증가된다.

실리카계 충전제인 Nyad#400은 SRF에 비해 소폭 상승, 입자경(지름)이 작은 SRF가 Nyad#400보다 보강 효과가 우수하다.

② 물리적, 화학적 영향

충전제의 함유량을 조정한 혼합물(compound)에 대해 리튬이온 전지의 전해액 평가를 위해 80"의 프로필렌 카보네이트(Propylene carbonate, PC)를 침적하여 각 70hr, 250hr, 500hr, 750hr, 1000hr(hour, 시간) 후의 경도 및 체적 변화율을 살펴본 결과 EPDM의 경우 NBR 및 FKM에 비해 전해액에 대한 경도 변화 및 체적 변화가 없으나 NBR과 FKM은 팽윤현상이 발생한다.

리튬이온 전지의 고무실링(sealing)은 원료 고무의 영향을 가장 크게 받고있으며, EPDM이 리튬이온 전지에서 요구하는 특성을 모두 만족하는 것으로 나타났다.

카본 및 실리카계 충전제의 투입을 통하여 전해액에 대한 체적 변화가 감소하는 것을 확인할 수 있으며, 카본블랙 충전제가 압축영구줄음율 등의 특성이 우수했다.

또한 모든 고무에 충전제를 투입하여도 절연효과가 우수하게 나타나 충전제에 의한 영향은 검증이 어려우며, 따라서 리튬이온 전지의 고무실링 부품은 EPDM에 카본블랙이 충전된 고무배합이 적절함을 알수 있다.

5 전고체 배터리(All solid-state battery)의 전해질 소재

현재 전기자동차에 가장 많이 사용되고 있는 리튬이온 배터리(Li-ion battery, LIB)와 리튬인산철 배터리($LiFePO_4$, LFP)는 전해질로 액체 전해액을 사용하고 있다. 그러나 차세대 꿈의 배터리라 불리는 '전고체(全固體) 배터리(All solid-state battery)'의 고체 전해질 소재로 여러 가지가 연구개발 중이며, 상용화를 앞두고 있다. 그 중 대표적인 고체 폴리머(polymer, 플라스틱, 중합체) 소재로 다음과 같은 것이 있다.

1) PMMA(Polymethyl methacrylate, 폴리메틸 메타크릴레이트)

PMMA의 특징은 다음과 같다.

① 투명 무색의 비결정 열가소성 플라스틱으로 강성이 있는 아크릴수지(acrylic resin, acryl)의 일종이다.
② 내마모성과 자외선 내성이 좋다.
③ 생체친화성이 우수하다.
④ PEO(Polyethylene oxide, 폴리에틸렌 옥사이드)계의 상온에서 이온전도도가 낮은 문제를 개선하기 위한 방법으로 블렌딩(blending, 혼합) 방법으로 사용하고 있다.
⑤ PMMA와 섞어 사용함에 따라 결정 영역을 줄이고, 이온전도도가 증가하는 연구결과가 있다.

2) PEEK(Polyether ether ketone, 폴리에테르 에테르 케톤)

PEEK의 특징은 다음과 같다.

① 준(準) 결정성 열가소성 수지로서 슈퍼 엔지니어링 플라스틱의 한 종류이다.
② 250℃까지 사용이 가능하다.
③ 내화학성, 윤활특성, 내열성, 전기적 성질, 작업성, 고온내수성, 내방사성이 우수하다.
④ 미국의 다국적 화학회사 듀폰(DuPont)에서 제작하는 불소계 PEMFC, DMFC 전해질 나피온(Nafion)을 대체 가능한 물질이다.
⑤ PEMFC, DMFC 전해질은 고가이며, 100℃ 이상의 온도에서 특성이 현저히 저하된다.

6 배터리 팩용 플라스틱(폴리머, Polymer) 소재

배터리 팩(battery pack)으로 사용하는 플라스틱 케이스(case, casing 또는 housing) 소재는 주로 폴리아미드(Polyamide, PA) 및 폴리프로필렌(Polypropylene, PP) 성분을 함유하는 기재(matrix)에 유리섬유(Glass fiber, GF) 및 탄소섬유(Carbon fiber, CF)를 보강하는 복합재질을 이용하여 압축성형 공정에 의해 주로 제작된다.

폴리페닐렌 옥사이드(Polyphenylene oxide, PPO)계, 폴리아미드(Polyamide, PA)계, 폴리부틸렌 테레프탈레이트(Polybutylene terephthalate, PBT)계 소재군을 갖고 있다.

내열성이 뛰어나 전기차 배터리 팩 커버(cover)에 적용하면 긴 시간 열을 차단한다. 또한 온도 변화에도 형태를 유지하는 치수안정성도 우수하다.

테스트 결과 1000도(℃) 에서도 400초 이상 열폭주에 의한 화염 전파를 방지했다. 일반 난연 플라스틱 대비 45배 이상 뛰어난 성능이다.

1) 배터리 팩(Battery pack)의 구조

전기차 배터리는 일반적으로 셀(cell), 모듈(module), 팩(pack)으로 구성된다.

셀, 모듈, 팩은 쉽게 배터리를 모으는 단위이며, 배터리 셀을 여러 개 묶어서 모듈을 만들고, 모듈을 여러 개 묶어서 팩을 만드는 것이다.

다음 표 5-5는 배터리 셀, 모듈, 팩에 대한 정의를 나타내며, 사진 5-6은 전기차에 사용되고 있는 실물(현품)의 예이다.

▶▶ **표 5-5** 배터리 셀, 모듈, 팩의 정의

구분	정의
배터리 셀 (cell)	전기에너지를 충전, 방전해 사용할 수 있는 리튬이온 배터리의 기본 단위. 양극, 음극, 분리막, 전해액을 사각형의 알루미늄 케이스에 넣어 만듦.
배터리 모듈 (module)	배터리 셀(cell)을 외부 충격과 열, 진동 등으로부터 보호하기 위해 일정한 개수로 묶어 프레임에 넣은 배터리 조립체(assembly)
배터리 팩(pack)	전기차에 장착되는 배터리 시스템의 최종 형태. 배터리 모듈에 BMS, 냉각시스템 등 각종 제어 및 보호시스템을 창작하여 완성됨. 예) BMW i3의 배터리 팩은 8개 모듈(모듈당 12개 셀)이 들어감.

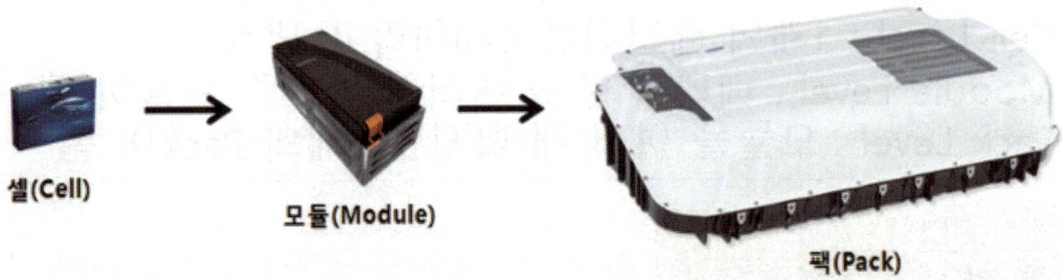

사진 5-6 배터리 셀, 모듈, 팩 실물(현품)의 예시(출처: 삼성SDI)

그림 5-6은 배터리 팩의 구조를 셀, 모듈, 팩으로 구분하여 체계적으로 보여주고 있다.

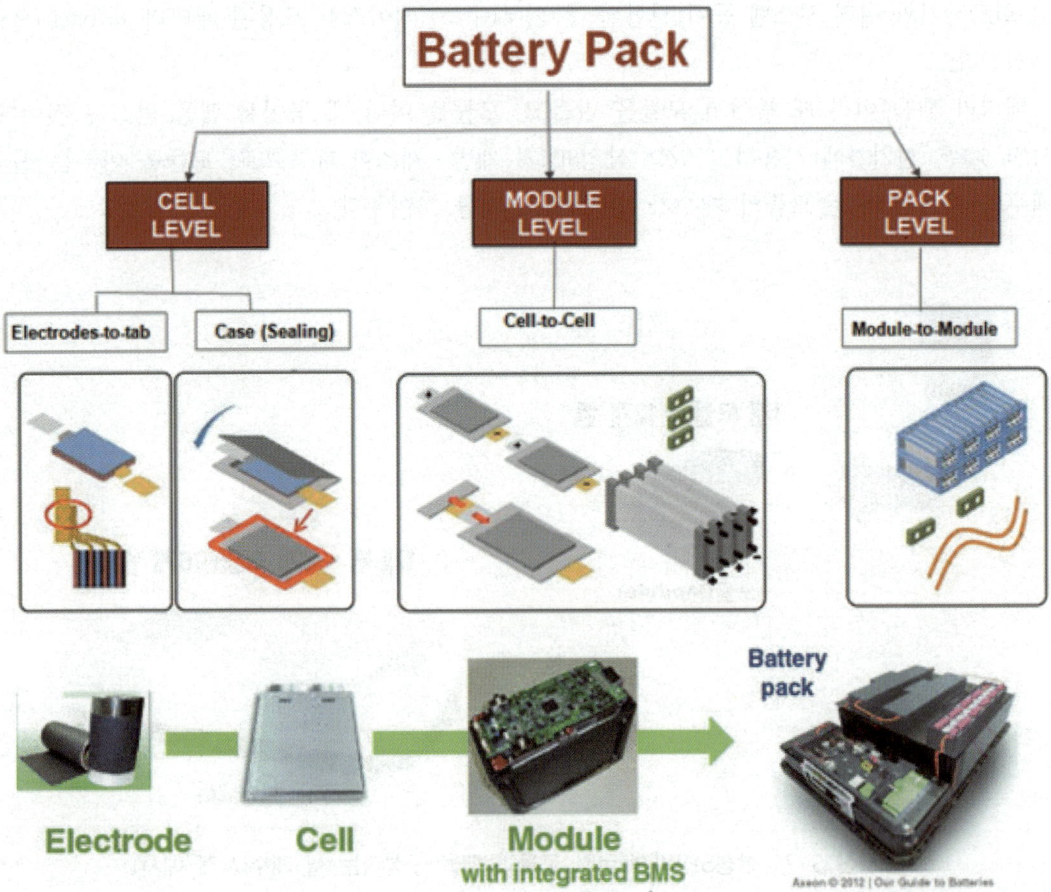

배터리 팩 = N개의 모듈(주로 8개) + BMS(배터리 관리시스템) + 각종 제어시스템
[최소 단위] Cell 〉〉〉 [중간 단위] Module 〉〉〉 [최대 단위] Pack

그림 5-6 배터리 팩의 구조

Cell Level : 1개의 배터리를 Cell이라고 명칭.
Module Level : 배터리 셀을 여러개 묶으면 모듈이 됨.
Pack Level : 모듈을 여러 개 합치면 1개의 Pack이 됨.

[최소단위] : Cell
[중간단위] : Module
[최대단위] : Pack

전기차 배터리는 일반적으로 1개 단위인 셀(cell), 셀이 조립된 반제품인 모듈(module) 그리고 회로장치와 여러 시스템 등이 결합된 후 외부(구조) 케이스로 포장된 배터리 팩(pack)으로 구성된다.

배터리 셀을 여러 개 묶어서 모듈을 만들고, 모듈을 여러 개 묶어서 팩을 만드는 것이다. 사진 5-7은 전기차에 사용하고 있는 삼성SDI가 개발·제조한 제품으로, 모듈을 이루는 셀의 개수와 팩을 이루는 모듈의 개수가 몇 개씩 인지를 보여준다.

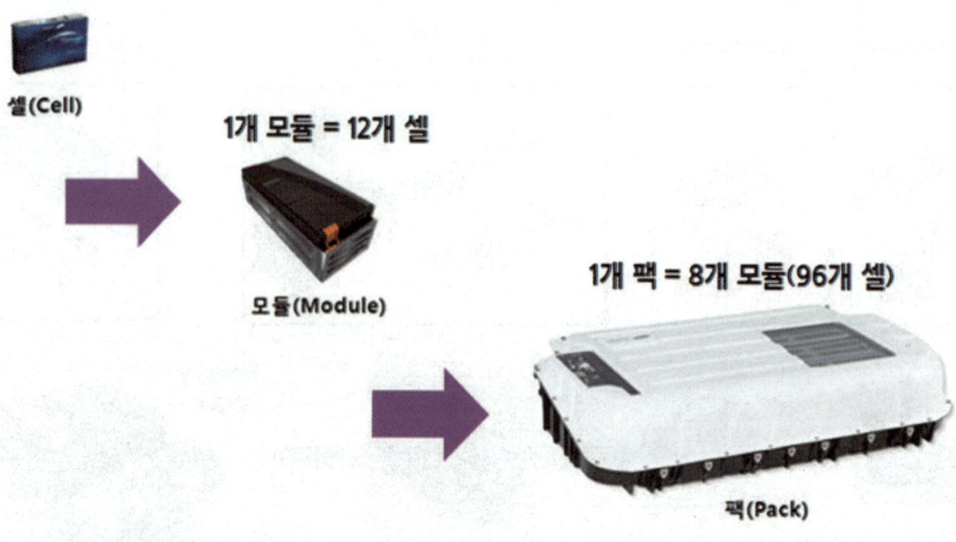

사진 5-7 삼성SDI의 배터리 모듈과 팩을 구성하는 셀 개수(사례 예시)

2) 배터리 팩에 사용되는 셀 소재

(1) 금속 소재

① 리튬이온(Lithium-ion)

높은 에너지밀도와 긴 수명을 가지고 있다.

② 리튬폴리머(Lithium Polymer)

유연하고 얇은 디자인으로 다양한 모양과 크기로 제작 가능하다.

③ 니켈-카드뮴(Nickel-Cadmium)

오래된 기술이지만, 장기간에 걸쳐 안정된 전압을 유지할 수 있다.

④ 니켈-수소(Nickel-Metal Hydride)

환경친화적이며, 안정성이 높다.

⑤ 납-산화물(Lead-Acid)

대용량의 전력을 공급하는데 사용한다.

이 외에도 다양한 셀 소재가 사용되고 있다.

사진 5-8은 삼성SDI의 최종 조립품인 배터리 팩이다.

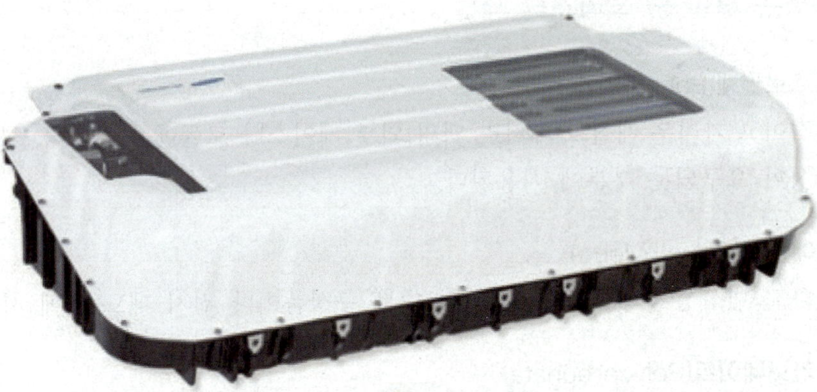

사진 5-8 삼성SDI의 배터리 팩(battery pack)

그림 5-7은 배터리 셀 형태에 따른 전기자동차에 사용하는 배터리 팩 종류와 이미지이다. 배터리 팩의 상부 케이스를 열고 내부를 본 모델링 도면이다. 1개 모듈에는 12개의 셀이

조립되어 있고, 총 6개의 모듈이 조립 및 서로 전기적으로 연결되어져 1개의 배터리 팩을 만들고 있다.

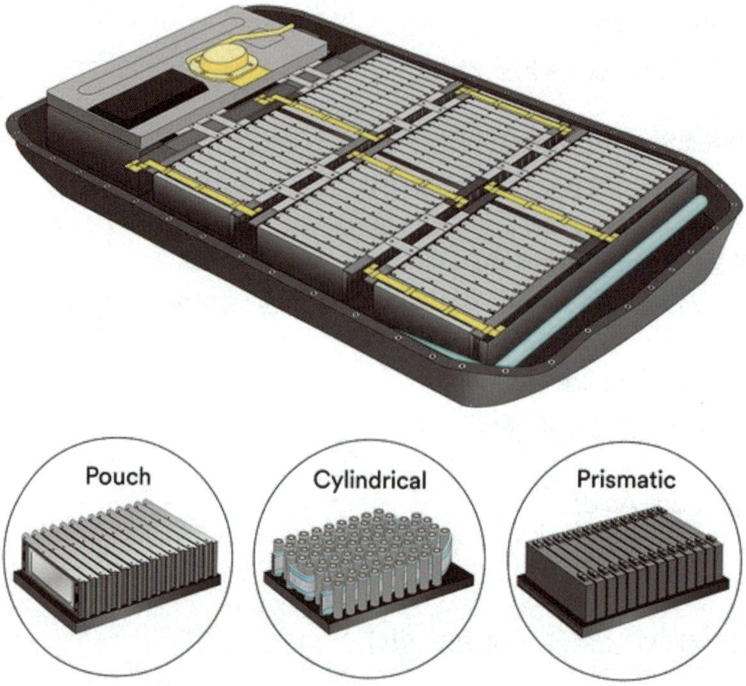

그림 5-7 전기자동차용 배터리 팩 종류와 이미지 모델링

3) 사용되는 재질 중 플라스틱 재질

① 폴리프로필렌(Polypropylene)

경제적이고 가벼운 재질로 배터리 팩의 외부 케이스나 모듈에 사용되며, 열저항성과 내화학성이 요구되는 부분에 사용된다.

② 폴리에틸렌(Polyethylene)

유연하고 내식성이 뛰어나며, 배터리 내부 구성품이나 접지 패드 등에 사용된다.

③ 폴리카보네이트(Polycarbonate)

내열성과 내충격성이 뛰어나며, 배터리 팩의 셀 보호 및 절연재로 사용된다.

④ 아크릴(Acrylic)

투명하고 내식성이 우수하며, 배터리 팩의 디스플레이 창(window)이나 보호용도로 사용된다.

4) 배터리 팩의 구성요소

배터리 팩을 구성하는 주요 기구적, 전기적 구성요소는 다음과 같다.

① 셀(Cell)
② 배터리 관리시스템(Battery Management System, BMS)
③ 외부 케이스(Casing)
④ 연결 및 보호 회로(Interconnects and Protection Circuitry)
⑤ 충전 컨트롤러(Charge Controller)
⑥ 방전 컨트롤러(Discharge Controller)
⑦ 접속 단자(Terminals)

이 외에 열관리시스템, 센서 등의 주요 구성품(부품)으로 구성된다.

그림 5-8은 배터리 팩을 구성하는 구성요소를 나타낸 것이다.

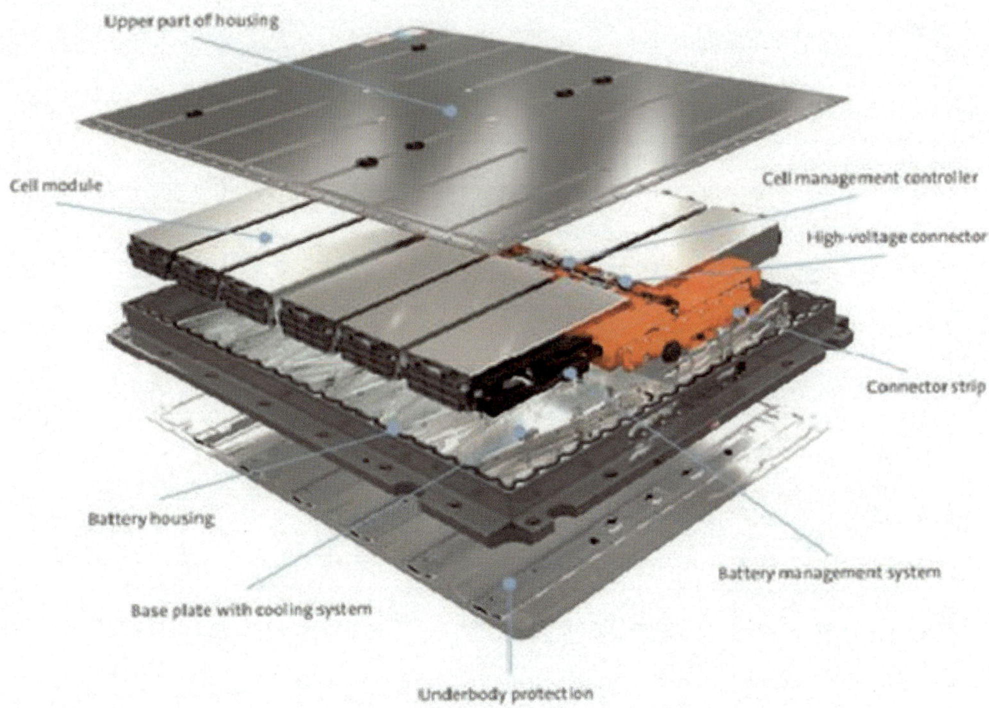

그림 5-8 배터리 팩을 구성하는 기구적, 전기적 구성요소

5) 셀(Cell)에 사용되는 플라스틱 재질

① 폴리프로필렌(Polypropylene, PP)

일반적으로 리튬이온 배터리의 분리막 재질로 사용된다. 경제적이고 가벼우며 전기적 절연성, 열안정성이 우수하다. 전해질의 이온 전도성을 유지하며 안정성을 제공한다.

② 폴리에틸렌(Polyethylene, PE)

일반적인 분리막 재질로 사용된다. 이온 전도성과 전기 절연성을 제공하고 내화학성이 우수하다.

> 현재 2차전지 셀(cell)의 주요 구성은 금속판과 전해질로 이루어지며, 플라스틱 재질은 분리막과 배터리 팩 외관 케이스의 소재이다.
> 차세대 전고체 배터리에서는 전해질도 액체 전해액에서 고체 전고체로 바뀌기에 플라스틱 소재의 중요성은 더욱 커질 것이다.

CHAPTER 06

전기자동차

01 전기자동차의 기능분석

그림 6-1은 리튬이온(Li-ion) 배터리를 포함하는 전기자동차 전체의 핵심적인 구성요소를 나타내는 기능분석이다.

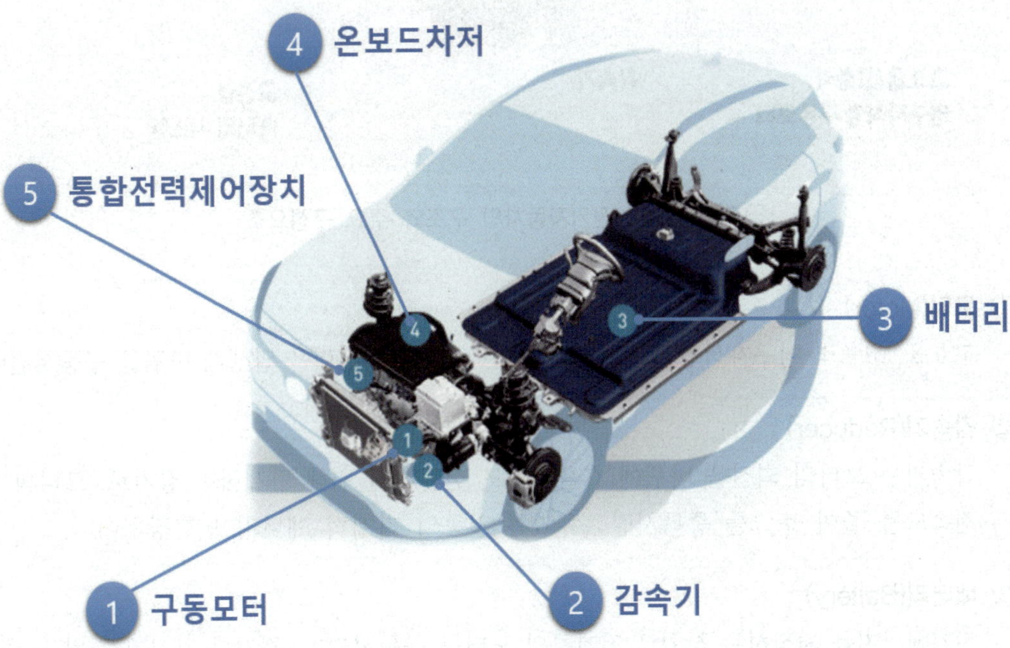

그림 6-1 전기자동차의 기능분석

1) 전기자동차의 구조 및 기능분석

그림 6-2는 전기자동차(전기차)의 구조와 주요 구성요소를 나타내며, 각 구성요소의 기능(역할)은 다음과 같다.

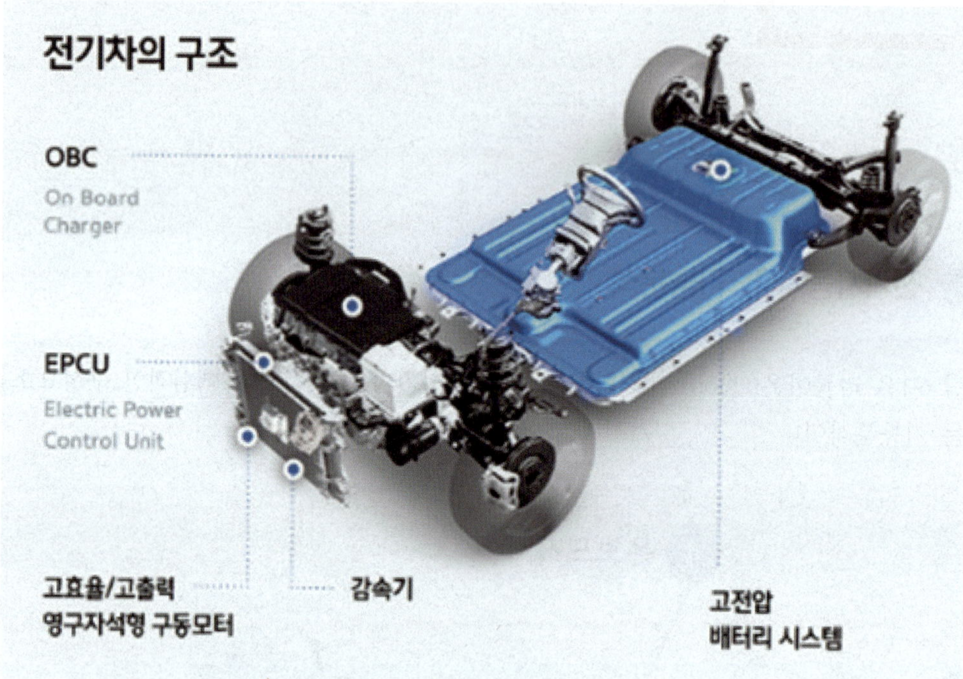

그림 6-2 전기자동차의 구조와 주요 구성요소

① 모터(Motor)

고효율, 고출력 영구자석형 구동모터로 높은 출력과 회전력을 발생해 바퀴를 구동시킨다.

② 감속기(Reducer)

감속기는 모터의 회전을 바퀴에 효율적으로 전달하기 위해 탑재하는 장치로, 모터의 회전속도를 줄여 토크를 증폭시킬 수 있는 일종의 기계적 에너지 변환장치이다.

③ 배터리(Battery)

전기에너지를 저장하는 장치로 전기차의 모터를 구동시키며, 전기차 기기에 전원을 공급해준다.

④ EPCU(Electric Power Control Unit)

EPCU는 전기차의 통합전력제어장치로 인버터, LDC, VCU로 구성되어 있다.

- 인버터(Inverter): 고전압 배터리-모터 간 전력을 변환(AC↔DC)
- LDC(Low voltage DC-DC Converter): 고전압 배터리의 전압을 저전압으로 변환해 전장 부품에 공급
- VCU(Vehicle Control Unit): 차량 내 전력제어기를 총괄하는 컨트롤 타워

⑤ OBC(On Board Charger)

OBC는 고전압 배터리의 충전을 위해 외부 AC 전원을 DC 전원으로 변환시키는 장치이다.

2) 글로벌 특수화학기업 랑세스가 개발한 전기차용 배터리 모듈 하우징(Housing)

독일 랑세스(Lanxess)의 고성능 엔지니어링 플라스틱 '듀레탄(Durethan) BKV30FN04'가 적용된 배터리 하우징(housing)은 최신 전기차 부품에 요구되는 까다로운 기계적, 화학적 물성을 충족시킨다. 폴리아미드(PA, Polyamide) 6 기반의 비할로겐계 난연성 유리섬유강화 엔지니어링 플라스틱을 적용해 난연 및 전기적 특성을 확보했다.

배터리 모듈 하우징은 배터리를 외부 충격으로부터 보호하기 위해 충격흡수와 배터리의 열관리가 매우 중요하다. '듀레탄 BKV30FN04'는 높은 강성을 기본으로, 800V(볼트, Volt)에 이르는 고전압을 견딘다. 전기차 내부에 흐르는 고전압 전류를 효과적으로 차단하는 절연성도 높다.

뛰어난 난연성을 갖춰 화재 발생 시 화염의 전파를 방지하거나 최대한 지연시킨다.

사진 6-1은 독일 랑세스가 한국 인팩(Infac) 회사와 함께 개발한 전기차용 배터리 하우징의 모습이다.

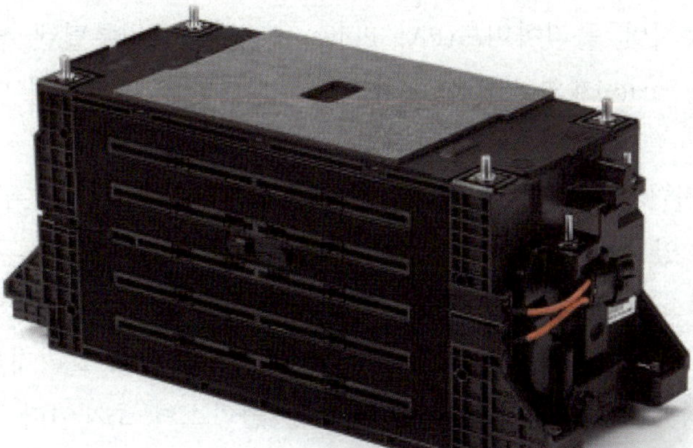

사진 6-1 랑세스의 전기차용 배터리 하우징(housing)

듀레탄(Durethan) 플라스틱(듀레탄 PA 6 컴파운드)

'듀레탄(Durethan)'은 듀레탄 PA 6로, 고가의 PA 66를 대체할 수 있는 소재로 비용절감과 성능개선을 꾀하였다. 고가의 폴리아미드 66(PA 66) 컴파운드(compound, 화합물 또는 혼합물)를 대체할 수 있는 PA6 기반의 듀레탄(Durethan)은 고성능 플라스틱 소재이다. 듀레탄 PA 6는 PA 66 소재와 동등한 수준의 물성과 경량화 설계, 안전성을 보장하면서 비용절감을 통해 경제성을 높일 수 있는 고성능 엔지니어링 플라스틱 컴파운드다. 듀레탄 PA 6 컴파운드는 자체 개발한 자원절약형 '에코 유리섬유'를 적용해 랑세스(Lanxess)는 최대 60%의 에코 유리섬유를 적용한 PA 6 컴파운드를 '듀레탄 에코' 브랜드로 공급한다. 듀레탄 PA 6로 제작된 전기차 온-보드 배터리 충전기(On Board Charger) 커버는 PA 66 소재 대비 36% 이상 탄소를 감축한다.

듀레탄 PA 6 컴파운드는 PA 66를 대체할 수 있는 물성을 갖고 있다. 50% 유리 단섬유 강화 엔지니어링 플라스틱 '듀레탄 BKV50H3.0'으로 제작된 전기차 배터리의 온-보드 충전기(On Board Charger) 커버(cover)는 동일한 양의 유리섬유로 강화된 PA 66 제품 대비 탄소배출량을 36%가량 줄일 수 있는 것으로 나타났다. 여기에 에코 유리섬유를 적용하면 탄소배출량을 10%가량 추가 감축이 가능하다.

3) LG화학 배터리 팩 – LG화학에서 제조한 난연 엔지니어링 플라스틱 소재

전기차 배터리 화재의 주요 원인인 '열폭주'는 다양한 원인으로 배터리 셀에 스트레스(stress)가 가해지며 열이 발생하는 현상이다. 과전압, 과방전 등 단락으로 인해 배터리의 내부 온도가 일정 수준 이상 올라가면 화염이 발생하는데, 리튬이온 배터리는 물과 반응성이 높아 화재 시 물로 쉽게 소화할 수 없다.

LG화학이 이번에 개발한 신규 특수 난연 소재는 폴리페닐렌 옥사이드(PPO, Polyphenylene oxide)계, 나일론 수지인 폴리아미드(PA, Polyamide)계, 폴리부틸렌 테레프탈레이트(PBT, Polybutylene Terephthalate)계의 다양한 소재군을 갖고 있는 고기능성 엔지니어링 플라스틱 소재다.

내열성이 뛰어난 전기차 배터리 팩 커버(cover)에 적용 시 일반 난연 플라스틱 대비 긴 시간 동안 열을 차단할 수 있는 것이 장점이다. 온도 변화에도 형태를 유지하는 치수 안정성도 우수해 LG화학의 자체 테스트 결과 1,000도(℃) 에서 400초 이상 열폭주에 의한 화염 전파를 방지한다. 이는 일반 난연 플라스틱 대비 45배 이상 뛰어난 성능으로 알려져 있다.

사진 6-2는 LG화학에서 제조한 난연 엔지니어링 플라스틱 소재이다.

사진 6-2 LG화학에서 제조한 난연 엔지니어링 플라스틱 소재

4) 배터리 팩 가스켓 및 냉각호스(Battery pack gasket, Cooling hose)

전기차용 배터리 팩 가스켓(Battery pack gasket) 및 쿨링 호스(Cooling hose)의 재질은 다음과 같다.

(1) 재질

① 재질: EPDM(Ethylene-Propylene Diene Monomer)

에틸렌(Ethylene), 프로필렌(Propylene), 다인(Diene) 삼원공중체이다. EPDM은 내열성, 내오존성 및 내노화성, 절연성이 뛰어나며, 인장강도가 매우 높고 저온특성 처리가 우수한 합성고무이다. EPDM의 유용성과 내구성이 뛰어나기 때문에 대부분의 패킹(packing) 및 실링(sealing) 작업에서 EPDM을 빼놓을 수 없다.

고무 소재로 전기자동차용 배터리 팩의 기밀에 주로 사용하는 패킹 및 실링 재료이다. 많은 고무 소재가 고온에 강하다는 점에서는 다른 고무 소재와 비슷하지만, EPDM만큼 저온 호환성이 뛰어난 고무 소재는 찾기 어렵다.

② 기능

Al 재질의 배터리 팩(battery pack) 윗 케이스(upper case, 상단 케이스)와 아래 케이스(lower case, 하단 케이스) 사이에 장착되어, 배터리 팩의 기밀성 확보가 핵심기능(역할)이다. 배터리 내부로 들어올 수 있는 물과 먼지를 방지하며, 배터리 팩의 냉각수 이동 통로에 타이트(tight)하게 조립해 기밀을 유지한다(사진 6-3 참조).

③ **특징**

UL94-V0 등급의 난연 성능을 확보하고 있으며, 특히 기밀성이 우수하다(복원력 탁월).

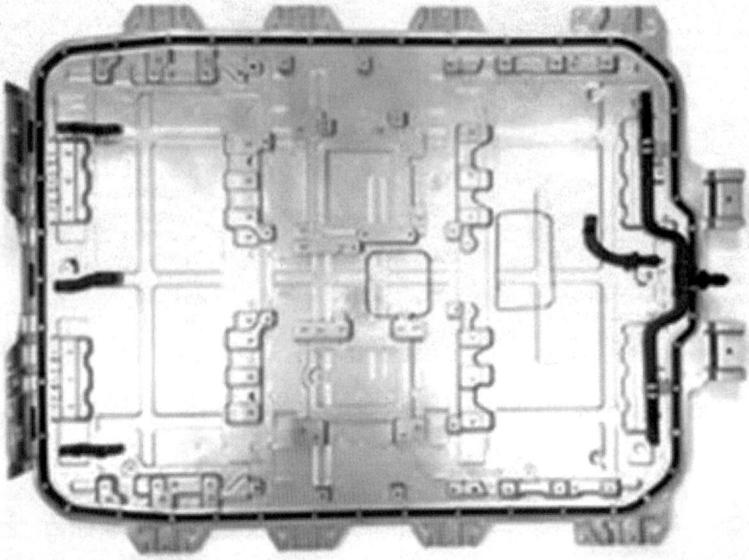

사진 6-3 전기차의 Battery Pack Gasket, Cooling Hose

(2) EPDM(Ethylene-Propylene-Diene Rubber, 에틸렌 프로필렌 고무)의 특징

EPDM은 제3성분인 다인(diene)이 포함되어 있으므로 고무상태로 약간의 탄성이 있으며 에틸렌, 프로필렌 이원공중합체 분자가 특수적으로 내후성을 갖고 있으며 또한 균열이 없는 고무상 원료이다.

(3) 응용

① 충전제, 오일 등의 고충전이 가능하며 경제성이 매우 뛰어난 합성고무이나, 광물류와 병용될 경우 사용될 수 없다.

② 자동차의 웨더스트립(weather strip, 웨더스트립은 자동차 문과 창문 유리, 트렁크 등 자동차의 개구부로부터 비, 먼지, 소음 등이 들어오는 것을 방지해주는 실(seal)이다) 및 차체 실링(body sealing), 타이어 튜브(tire tube), 증기 호스, 전장 컨베이어 벨트(conveyor belt) 등 산업용 기기에 사용되며, 오링, 가스켓, 창틀용 실(seal), 방수시트 등에도 광범위하게 사용되고 있다.

사진 6-4는 EPDM 재질로 된 가스켓 실링 제품의 예이다.

사진 6-4 EPDM 재질의 가스켓

5) 전기자동차 전체 기능분석도

다음 그림 6-3은 전기자동차의 주요 구성요소와 동작(작동) 시스템에 대한 체계도이다.

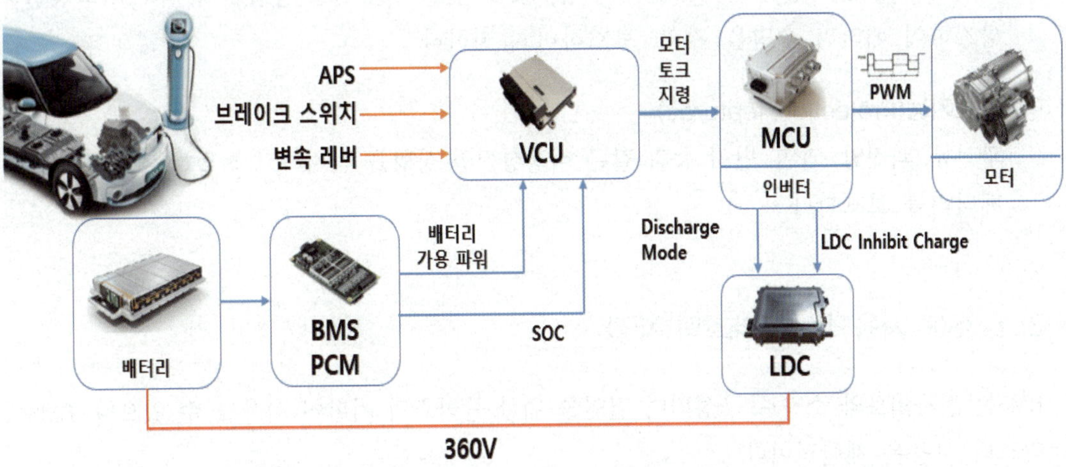

그림 6-3 전기자동차의 주요 구성요소와 동작(작동) 시스템

2 전기자동차 각 구성요소의 기능분석 및 특징 - 배터리 관리시스템 (Battery Management System, BMS)

1) BMS(Battery Management System, 배터리 관리시스템)

BMS는 배터리의 충전, 방전 상태 모니터링 및 보호를 관리하는 시스템으로, 그 주요 기능(역할)은 다음과 같다.

① **상태 모니터링**(State monitoring)
배터리의 전압, 전류, 온도, 용량 등의 상태를 모니터링하여 실시간으로 파악한다.

② **충전관리**(Charge management)
충전 프로세스를 제어하여 최적의 충전전압과 전류를 제공하며, 충전 컨트롤 알고리즘을 사용하여 배터리의 효율성을 극대화하고 과충전을 방지한다.

③ **방전관리**(Discharge management)
배터리의 방전 과정을 모니터링하고 제어하며, 안정적인 전압 공급을 유지하고 과방전을 방지하여 배터리 수명을 관리, 보호하며 유지한다.

④ **보호기능**(Protection features)
과전류, 과전압, 과열, 단락 등과 같은 비정상적인 상황을 감지하고 적절한 조치를 취하여 배터리를 보호한다.

2) BMS에 사용되는 플라스틱 재질

BMS는 전자회로와 소자로 구성되며 절연을 위한 플라스틱 기판이 사용될 수 있으나, BMS에 플라스틱 사용은 제한적이다.

(1) 외부 케이스(Outer casing)

배터리 셀을 보호하고 구성요소를 안전하게 감싸는 역할을 하며, 주로 플라스틱 재질로 제작된다.

(2) 외부 케이스에 사용되는 플라스틱 재질

① 폴리프로필렌(Polypropylene, PP)

가볍고 강도가 높으며 충격에 대한 저항성(내충격성)이 좋다. 또한 전기적 절연성과 화학적 안정성이 우수하다.

② 폴리카보네이트(Polycarbonate, PC)

내열성이 좋고 강도가 높으며 투명하다. 또한 내피로성, 내크리프성 및 내화학적 안정성이 우수하고 내압, 내충격성이 우수하다.

③ 이 외에도 내열성 · 내충격성 ABS, PVC 등의 재질을 사용하고 있다.

3) 연결 및 보호회로(Interconnects and Protection Circuitry)의 특징

연결회로와 보호회로에는 여러 종류가 있으며, 그 특징은 다음과 같다.

① 연결회로(Interconnect circuit)

연결회로는 배터리 셀들을 연결하여 전기적으로 직렬 또는 병렬로 구성한다. 이를 통해 셀들의 전압을 합산하거나 전류를 분배할 수 있다. 연결회로는 금속 선, 연결 판, 리드(lead, 부품의 단선 일종) 등으로 구성된다.

② 보호회로(Protection circuit)

배터리의 안전한 운영을 위해 다양한 기능을 제공한다. 과전류, 과전압, 과열, 단락 등 비정상적인 상황을 감지하고 셀을 보호하기 위해 적절한 조치를 하며 보호 IC, 보호 모듈 등으로 구성된다.

③ 충 · 방전 제어회로(Charge and Discharge control circuit)

배터리의 충전과 방전을 제어한다.

④ 전류 센싱회로(Current sensing circuit)

배터리의 방전 및 충전 전류를 측정하고 모니터링한다. 전류 센서, 전류 측정 IC 등으로 구성된다.

(1) 연결 및 보호회로에 사용되는 플라스틱 재질

특정 플라스틱 재질이 필수적으로 요구되지는 않는다. 대부분의 경우에 있어, 회로 보호 및 절연을 위해 특수 절연재로는 액체 상태의 실리콘 젤(silicone gel)이나 에폭시(epoxy) 등을 사용하고 있다.

또한, 회로의 연결 부분에는 절연성과 열 안정성을 제공하는 플라스틱 소재인 PBT(Polybutylene terephthalate, 폴리부틸렌 테레프탈레이트) 등의 재질을 사용하며, PBT는 절연성이 뛰어나고 열에 강한 특성을 지니고 있다.

4) 충전 컨트롤러(Charge Controller)의 특징

배터리의 충전 과정을 제어하고 모니터링하는 역할로, 그 주요 기능(역할)은 다음과 같다.

① 충전 제어기능(Charge control function)
배터리의 충전상태를 모니터링하고 적절한 충전전압과 전류를 제공하여 배터리를 안전하게 충전하게 한다.

② 충전상태 모니터링(Charge status monitoring)
배터리의 충전상태를 실시간으로 모니터링하고 표시한다.

③ 보호기능(Protection function)
과충전, 과방전, 단락 등으로부터 보호하는 기능을 제공하며, 이를 위한 회로가 충전 컨트롤러(controller, 제어기)에 내장되어 있다.

(1) 충전 컨트롤러에 사용되는 플라스틱 재질

회로 보호와 절연을 위해 플라스틱 소재를 사용하고 있다. 주요 소재는 다음과 같다.

① 폴리카보네이트(Polycarbonate, PC)
투명하고 열에 내성이 있으며 전기적 절연성과 내화학적 안정성을 가진다. 충전 컨트롤러의 외부 케이스나 커버로 사용된다.

② 폴리프로필렌(Polypropylene, PP)
가볍고 내충격성, 내화학적 안정성이 높으며, 충전 컨트롤러의 케이스나 절연 부품으로 사용된다.

③ 아크릴로니트릴 부타디엔 스티렌(ABS)
내열성과 강도가 높으며 전기적 절연성과 내화학적 안정성을 가지며, 커넥터(connector)에 사용된다.

④ **폴리비닐 클로라이드(PVC)**

절연성과 내화학적 안정성이 뛰어나며 가격이 저렴하다. 충전 컨트롤러의 절연 부품이나 배선(cable) 등에 사용된다.

5) 접속단자(Terminals)의 특징

배터리와 외부 장치를 연결하기 위한 인터페이스 역할이다. 접속단자(terminal)는 배터리의 전기적 연결을 제공하며 주로 금속 소재로 제작된다. 여기에는 2가지 종류가 주로 사용되고 있다.

(1) 접속단자에 사용되는 금속 재질

① **금속 접속단자**

대부분의 2차전지 배터리에는 금속 접속단자가 사용된다. 주로 구리나 알루미늄으로 제작되며 배터리의 양극과 음극에 연결된다.

② **스프링 접속단자**

일부 2차전지 배터리에는 스프링 접속단자가 사용된다. 탄성을 가지는 금속 스프링으로 제작되어 배터리에 압력을 가하면서 접촉한다. 접속이 간편하고 안정적인 연결을 제공하는 장점이 있다. 주로 코일 스프링(coil spring)은 스프링강, 합금강을 사용하며, 판 스프링(plate spring)은 스프링용 니켈판, 스프링용 스테인리스강판, 스프링용 인청동판에 도금(니켈 도금, 은 도금, 금 도금 등)한 금속 스프링을 주로 사용하고 있다. 출력, 전기저항, 전기전도성(도전성), 내아크성 등을 고려해 금속 재질과 도금을 선택한다.

(2) 접속 및 충전단자에 사용되는 금속 재질

충전단자(Charging terminal)의 재질 및 도금(Plating)

충전단자 재질의 선정은 전기전도성(전기를 잘 통하는 성질)이 우선 좋아야 하고 또한 내식성, 가공성을 비롯한 여러 가지의 특성을 고려해야만 한다. 여러 가지의 특성이란 사용 용도, 가격 대비 성능인 가성비, 품질 등을 전반적으로 고려하는 것이다.

충전단자를 비롯한 충전에 관련된 단자의 재질은 다음과 같은 반드시 복원력을 가지는 충전단자용 판스프링(plate spring for charging terminal) 재질을 주로 사용하고 있다.

두께 t(thickness)를 갖는 형상인 판재는 KS 규격에서는 S(sheet), JIS 규격에서는 P(plate)로 표기하고 있으며, 일반적으로 혼용하여 사용하고 있다.

다음과 같은 재질의 접속 및 충전단자가 주로 사용되고 있다.

① 스프링용 인청동판

표기의 예

- PBSS(스프링용 인청동판, Phosphor Bronze Sheet Spring) 0.15t KS D 5508 C5210R-3/4H + 1차 - Ni 2μm 도금, 2차 - Au(금) 10μm 도금(flash 도금)
- Phosphor bronze strip for spring 0.15t KS D 5508 C5210R-3/4H, 표면처리 : 1차 - Ni 2μm 도금, 2차 - Au(금) 10μm 도금(flash 도금)

여기서 2차 금도금을 원활하게 하기 위해서 1차로 니켈(Ni) 도금을 한다. 이를 하지 도금이라고 하며 금(gold)의 전착을 돕는 역할을 한다.

② 스프링용 스테인리스강판

표기의 예

- 스프링용 SUS304 0.15t-3/4H + 1차 - Ni 2μm 도금, 2차 - Au(금) 10μm 도금(flash 도금)
- Stainless steel strip for spring 0.15t KS D 3534 304-CSP, -3/4H, 표면처리 : 1차 - Ni 2μm 도금, 2차 - Au(금) 10μm 도금(flash 도금)
- Stainless spring steel 0.15t KS D 3534 304-CSP, -3/4H, 표면처리 : 1차 - Ni 2μm 도금, 2차 - Au(금) 10μm 도금(flash 도금)

또한 SUS632J1 재질은 스프링강 재료로 냉간압연 스테인리스 강재이다. 특징은 냉간압연으로 두께를 얇게 하고 냉간압연의 효과로 가공 경화된 강재이다. SUS632J1-CSP는 냉간가공으로 강도가 높아진 재료이다.

③ 스프링용 니켈판

표기의 예

- Nickel strip for spring 0.15t KS D 8302 Ni 200/Ni 201-3/4H, 표면처리 : Au(금) 10μm 도금(flash 도금)

④ 스프링용 양백판(Nickel-Silver의 합금)

표기의 예

- Nickel silver strip for spring 0.15t KS D 6707 C7701R-H, -3/4H, 표면처리 : Au(금) 10μm 도금(flash 도금)

⑤ 스프링용 베릴륨 동판(Beryllium Copper plate)

표기의 예

- Be-Cu strip for spring 0.15t KS D 5532 S1711(46R)-3/4H, 표면처리 : 1차 - Ni 2μm 도금, 2차 - Au(금) 10μm 도금(flash 도금)

⑥ 스프링용 백동판(Copper-Nickel Alloy, Cupronickel plate)

표기의 예

- Copper-Nickel strip for spring 0.15t KS D 5526 C7150P-3/4H, 표면처리 : 1차 - Ni 2μm 도금, 2차 - Au(금) 10μm 도금(flash 도금)

일반적으로 Au(금) 도금 두께는 제품의 성능 및 사용 용도에 따라서 7~10μm 또는 10~15μm 사이로 플래시(flash) 도금을 한다.

그리고 충전단자 및 스위치 용도의 판스프링은 반드시 프리 텐션(pre-tension)을 충분히 가져야만 오래동안 탄성의 복원력을 유지하여 내구성이 좋고, 처짐 등의 소성변형이 발생하지 않도록 설계해야만 한다. 따라서 설계상 사용되는 재질은 오랜 수명(life cycle)을 유지하기 위해서는 스프링 강재가 최적인 재료이다.

(3) 접속단자에 사용되는 플라스틱 재질

플라스틱 재질은 접속단자의 부품이나 절연 커버 등에 사용되고 있다.

주로 폴리카보네이트(Polycarbonate), 폴리프로필렌(Polypropylene), 아크릴로니트릴 부타디엔 스티렌(ABS), 폴리비닐 클로라이드(PVC) 등을 사용한다.

재질의 특성은 전기절연성과 내화학적 안정성을 가진 소재들이다.

6) 배터리 팩 개선안-배터리 팩 케이스(Case)의 재질 변경

(1) 배터리 팩 케이스의 소재 변경

기존 배터리 케이스(case, casing)는 알루미늄(Al)과 철(Fe)을 주성분으로 하는 강(steel)으로 된 금속으로 만들어져 있어, 무겁고 가격이 비싸다는 단점이 있다. 그리고 화재에 매우 취약하다(사진 6-5 참조).

이에 대한 개선안으로 가볍고, 내열성 이상의 물성과 등급을 가진 불이 붙기 어려운 난연성 플라스틱(고분자 재료, 중합체, 수지, polymer) 또는 전혀 불이 붙지 않는 불연성 플라스틱으로 변경하는 안을 제시한다.

물론 이 소재는 기존 금속 소재보다 가격이 비싸지만, 가볍고 생산성도 좋으며 안전성에 있어서는 가장 우수하다고 본다.

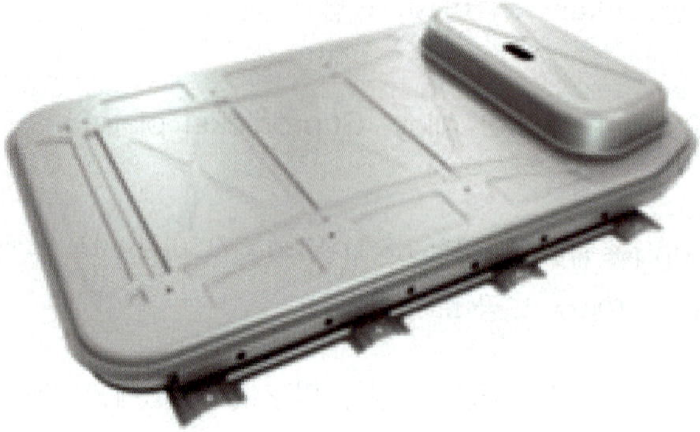

사진 6-5 기존 배터리 금속 케이스 형상

저자는 배터리 팩 케이스의 소재 변경으로 현재 적용되고 있거나, 금속에 준하는 아주 우수한 물성을 가진 엔지니어링 플라스틱(ENPLA)과 수퍼 엔지니어링 플라스틱을 다양한 사례를 들어서 제시한다. 그러나 가성비는 적용하고자 하는 제품 항목과 특성, 경제성 등을 충분히 고려해야만 한다. 그리고 더욱 중요한 것은 적용제품의 정시(일정시간)와 경시(사용시간의 경과)에 따른 안전성 확보이다.

① 강화 열경화성 플라스틱(SMC)을 활용하여 전기차용 배터리 하우징(Housing)에 적용

한화첨단소재는 열경화성수지에 충전제 · 촉매 · 이형제 등을 혼합한 후 유리섬유(GF, Glass fiber)를 넣어 강화한 SMC(Sheet Moulding Compound, 판상형 복합재, SMC는 폴리에스터 수지에 유리섬유가 단섬유 형태로 함침되어 있으며, 중량에 비해 기계적 강도가 뛰어나고 경량 구조재로 적합하다. SMC는 성형 자동화가 용이하고 생산성이 우수하며, 성형시간이 짧아 대량생산에 적합한 재료로 각광받고 있다. 현재는 천장재 및 물탱크 등에 주로 사용되고 있다)로 신시장을 개척하고 있다. SMC 전기차용 배터리 하우징(housing)은 전기차 배터리를 감싸는 팩(pack)을 철(엄밀히는 강, steel이다) 대신 플라스틱으로 대체함으로써, 무게를 줄이는 동시에 열과 충격으로부터도 보호해준다. SMC는 경쟁 소재 대비 약 15~20% 가벼우면서도 강도가 뛰어나 흠집과 손상에 강하고, 디자인 용이성을 인정받아 자동차용 부품으로 주목받고 있다(사진 6-6 참조).

사진 6-6 열경화성 플라스틱 SMC 적용 케이스 형상

② 화재시 스스로 방화막을 만드는 단열 소재 적용

국내 건축용 단열재로 개발된 제품으로 무기질 코팅 성분이 불이 붙지 않는 유리폼(glass foam)으로 변해 우레탄폼(urethane foam)이 타는 것을 억제하도록 방화막을 생성한다.

화염에 취약한 폴리우레탄 소재를 불에 강한 폴리이소시아누레이트(Polyisocyanurates, Polyiso) 소재로 바꿔 유독가스 발생량을 기존의 절반 정도로 줄인다(사진 6-7 참조).

사진 6-7 준불연 경질 우레탄폼 형상

(2) 방수·방진 구조(멤브레인 구조)

① 멤브레인(Membrane, 박막) 구조

멤브레인(membrane, 박막)의 구조는 노드(node), 피브릴(fibril) 등으로 구성되어 있는데, 피브릴(fibril)은 아주 작은 섬유층을 말하며 면섬유의 섬유소층을 이룬다. 고분자의 배향시 생기는 구조를 말하기도 한다.

피브릴은 소섬유, 셀룰로오스 섬유를 구성하는 미세섬유로 직경이 대략 1nm로 미세하다. 섬유축 방향으로 미세한 섬유상 구조가 열개된 상태이다. 이 같은 구조는 다양한 크기와 형태의 고체 입자 및 물의 침투를 효과적으로 막아주는 동시에 공기와 음향은 쉽게 통과시킨다(air & acoustic ventilation, 공기와 음향의 통풍성이 우수). 또한 음파에 대한 반응력이 탁월해 음질은 그대로 유지한다.

어떠한 환경에서도 탁월한 방수 성능과 고품질의 음향 성능을 보장한다.

다음 사진 6-8은 휘어지는 고어텍스의 초박형 멤브레인(membrane)의 사진이다. 한 변이 2.5cm인 정사각형 멤브레인 안에 90억 개에 달하는 구멍(pore, 기공)이 있다.

사진 6-8 고어텍스 멤브레인(GORE-Tex) Portable Electronic Vent GAW331

특히 벤트(vent, ventilation)는 전자, 통신, 자동차, 조명, 보안 장비 등과 같은 산업분야에 적용되는 전자 함체에 통기성을 제공함으로써 압력 평형을 유지시키고 각종 오염 입자 및 액체 침투를 방지해주는 제품이다.

GAW331은 스마트폰, 웨어러블 기기, 액션캠 및 기타 휴대용 전자 제품에 삽입할 수 있는 어쿠스틱 벤트(Acoustic Vent) 제품으로 업계 최초 최대 30m 침수 환경에서 방수와 음질 유지 성능이 최적의 조화를 이루도록 해 주는 것이 특징이다.

또 휴대용 전자기기에 액체가 침투되는 것을 방지함은 물론 감쇠현상을 최소화하고 음향전송 손실을 1kHz 기준 2dB 이하로 유지해줘 전례없는 음향성능을 유지한다. GAW331은 30m 깊이의 물에서 10분간 방수가 가능하다는 것을 증명하는 국제 공인 규격 ISO22810에 부합한다. IEC60529와 같은 전자제품 방수·방진 기준인 IP(Ingress Protection)등급의 IP67과 지속적인 침수 관련 등급인 IP68도 충족시켰다.

초박형 두께의 ePTFE 멤브레인 GAW331의 핵심기술은 얇은 두께의 ePTFE 멤브레인이다. 고어가 자체 고유기술로 만든 ePTFE(expanded Polytetrafluoroethylene, 폴리테트라플루루오로에틸렌, 테플론이라고도 한다) 멤브레인을 이용해 설계됐다.

표준 제품의 두께가 0.28mm에 불과해 초소형 사이즈의 전자제품에도 적용될 수 있다.

멤브레인의 구조는 노드(node), 피브릴(fibril) 등으로 구성되어 있다. 이 같은 구조는 다양한 크기와 형태의 고체 입자 및 물의 침투를 효과적으로 막아주는 동시에 공기와 음향은 쉽게 통과시킨다. 또한 음파에 대한 반응력이 탁월해 음질은 그대로 유지할 수 있게 해준다. 가벼운 비에서부터 완전한 침수에 이르기까지 어떠한 환경에서도 탁월한 방수 성능과 고품질의 음향 성능을 보장한다. GAW331 제품은 내경 Ø1.6mm × 외경 Ø4.2mm의 표준 사이즈로 제공되며 적용 분야에 따라 주문형으로 제작, 공급도 가능하다.

다음 그림 6-4는 고어텍스(Gore-Tex)의 특징과 장점을 설명한 그래픽이다. "고어텍스 멤브레인에 형성된 작은 구멍(pore, 기공)이 축구장 규모의 크기라면 물방울은 지구의 크기가 된다. 따라서 물방울의 입자는 멤브레인의 기공보다 20,000배 정도가 크기 때문에 절대로 물방울은 고어텍스의 작은 구멍을 통과하지 못한다." 라는 문구로 방수기능의 효과를 강조하고 있다.

그림 6-4 고어텍스의 특징과 장점을 설명한 내용

② 방수용 재질(소재)_고어텍스(Gore-Tex)

방수용 재질로 고어텍스(Gore-Tex)를 많이 사용하고 있다. 고어텍스는 방수, 방풍 기능이 있는 반면에 투습 기능도 있는 특수 섬유이다.

투습 기능이란 등산을 할 때 내부의 땀을 배출하기 위한 것과 같이 공기 중의 물기를 통과시키는 기능이다.

이 때는 투습 기능을 가진 재킷이 필요하다. 투습 기능이 있다는 것은 투습성이 좋다는 의미이다. 투습성은 공기 중의 수증기나 습기를 통과시켜 잘 방출하는 성질을 말한다. 표 6-1은 고어텍스의 종류와 특징을 나타낸다.

▶▶ 표 6-1　고어텍스의 종류와 특징

종류	특징
XCR	프로쉘보다 한 단계 업그레이드된 내구성이 높은 소재이나, 고가의 가격대이다.
프로쉘(Pro-Shell)	굉장히 강하고, 투습성이 좋으며, 완벽한 방수와 방풍 기능을 제공한다.
소프트쉘(Soft-Shell)	높은 투습성과 방수 기능으로 춥고 습한 환경에서 유용하게 사용된다.
팩라이트(Paclite)	기존의 고어텍스에 비해 무게는 15%가량 줄이고, 투습성은 40% 강화된 소재이다. 그러나 내구성이 약하다.

고어텍스(Gore-Tex)

직물에 방수, 방풍, 투습 기능을 부여하는 필름이다. 미국 듀폰(Dupont)사의 W.L Gore가 발명해서 고어텍스란 이름이 붙었다. 1평방인치(1in^2)당 90억 개 이상의 미세한 기공(pore)이 뚫려 있는데, 이 구멍은 수증기 분자 크기의 약 700배가 된다.
물분자 크기보다는 약 2만 배 정도 작아 외부의 빗방울과 바람을 막아주는 첨단 특수 원단이다.
고어텍스의 구멍은 기체인 수증기가 통과하기에는 충분히 크나, 액체 상태의 물은 표면장력 등의 이유로 이 구멍을 통과할 수가 없다. 따라서 방수 기능이 잘 되는 것이다.

갤럭시 노트7 방수의 비밀은 '섬유' 고어의 '초박형 멤브레인' … 수심 30m서 10분 이상 작동

2016년 출시된 삼성전자 갤럭시 노트7의 방수 스피커의 핵심 소재가 섬유(fiber)이다. 삼성전자는 1.5m 수심에서 30분 이상 정상 작동이 가능하고 별도의 뚜껑없이 충전단자는 물론 마이크나 스피커 등 모든 부품이 방수된다고 강조했다.
이러한 핵심의 비밀은 글로벌 섬유기업인 고어(GORE)가 2015년 6월 전 세계에 출시한 '고어 포터블 일렉트로닉 벤트 GAW331(GORE Portable Electronic Vent GAW331)'이다. 휴대용 전자기기의 방수 기능을 최대 30m 깊이까지 넓혔다.

3 배터리 팩 소재의 사례연구(Case study)

1) 금속(Metal)

배터리의 열 방출이 잘 되게하기 위해 열전도율이 우수한 철과 알루미늄 소재를 사용한다. 사용 예로는 현대자동차의 SONATA hybrid(소나타 하이브리드), 아우디의 e-tron, 폭스바겐의 e-Golf, 닛산의 Leaf, 르노코리아의 SM3 Z.E 등이 있다.

사진 6-9는 알루미늄(Al) 금속 소재의 배터리 팩 모습이다.

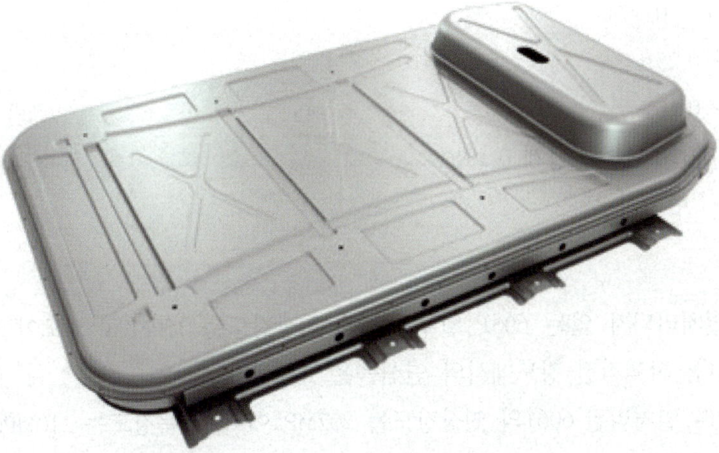

사진 6-9 알루미늄(Al) 금속 소재의 배터리 팩

앞에서 설명했듯이 사진 6-9에서 보여주는 배터리팩 케이스(case)가 알루미늄 합금 AL6061 재질의 다이캐스팅과 엔지니어링 플라스틱인 PC(Polycarbonate, 폴리카보네이트)의 복합재로 되어있다.

일반적으로 AL 합금 소재로 6061 등급이 많이 사용되고 있다. 왜냐하면 무게가 가볍고 또한 알루미늄 합금 재질로 되어있어 강도(strength)가 강하기 때문이다. 이 소재(재질)에 대한 특징과 물성에 대해 알아보기로 하자. AL6061의 특성은 표 6-2와 같다.

표 6-2 AL6061 특성

	밀도(kg/m^3)	항복강도(MPa)
스틸(steel)	7850	120(≒약 12kgf/mm^2)
AL6061-0	2700	110
AL6061-T4	2700	110
AL6061-T6	2700	241

(참고 : 1Pa = 1N/m^2, 1kgf = 9.8N)

① AL6061 합금성분

- 실리콘 : 0.4 ~ 0.8% by weight
- 철 : 0 ~ 0.7%
- 구리 : 0.15 ~ 0.40%

- 망간 : 0 ~ 0.15%
- 마그네슘 : 0.8 ~ 1.2%
- 크롬 : 0.04 ~ 0.35%
- 아연 : 0 ~ 0.25%
- 티탄 : 0 ~ 0.15%
- 기타 : 각 0.05% 이하, 합계 0.15%
- Aluminum : 나머지 부분

② 특징

- 6061-0 : 열처리되지 않는 6061 알루미늄의 인장강도는 150MPa 정도이고, 항복강도는 110MPa이다. 파괴직전 강도에서의 연신율은 16%이다.
- 6061-T4 : T4 열처리된 6061의 인장강도는 207MPa이고, 항복강도는 110MPa이다. 연신율은 16%이다.
- 6061-T6 : 열처리에 의해 인장강도는 290MPa이고, 항복강도는 241MPa이다. 연신율은 8~10%이다.
- 사용처 : 6061은 항공기 날개 등 구조물 구성에 널리 사용되며, 요트에도 많이 사용된다. 7005와 비슷하게 고급 · 고가 자전거 프레임에 보통 사용된다.
- 용접 : 6061은 티그(TIG, Tungsten inert - gas, 불활성가스)로 용접성이 좋다.
  TIG 용접(불활성가스(알곤)를 이용한 아크용접의 일종으로 텅스텐처럼 잘 소모되지 않는 금속을 전극으로 녹여서 하는 아크용접을 말한다)을 한 후 기계적 물성치가 6061-0으로 떨어진다. 즉, 열처리하였던 6061-T6은 용접 후 80%로 항복강도 및 인장강도의 감소가 일어날 수 있다. 따라서 용접한 후 다시 전체 프레임에 대해 열처리를 수행하여야 한다.
- 가공성 : 압출에 의해 파이프나 판 형태로 쉽게 가공이 가능하다.

③ 열처리

열처리의 종류는 다음과 같이 분류한다.

- T3 : 냉간가공 후 자연시효
- T4 : 자연시효
- T6 : 인공시효
- T8 : 냉간가공 후 인공시효

예를 들어, T4 혹은 T6은 열처리를 말하는 것으로, 템퍼링(tempering, 뜨임)이란 열처리 기술은 일정한 온도에서 적어도 1시간 이상 유지시켜 금속의 조직을 바꾸는 방법이다. 로(전기로) 안에서 하므로 에너지 소비가 많다. 원가 상승의 원인이 된다. 열처리된 알루미늄을

용접하면 용접 부분이 열처리 전 상태로 돌아가서 항복강도가 저하된다. 따라서 용접 후 열처리를 다시 시행해야 한다.

2) SMC(Sheet Molding Compound)

불포화 폴리에스테르(Polyester, 폴리에스터) 수지에 충전제, 촉매 등을 혼합한 컴파운드(compound)에 글래스 춉스트랜드(glass chopped strand, 수지(레진, resin)에 혼합하기 쉽게 유리섬유를 3mm에서 12mm까지의 길이로 잘게 잘라서 모서리 부분의 보강이나, 섬유로 적층하기 곤란한 부위의 보강을 위한 재료로 또는 특정 부위의 강도롤 높이기 위해 수지(레진)와 혼합해서 사용한다)를 함침, 보강시킨 뒤 화학적으로 점도를 높여 점착성이 없고 성형성이 뛰어난 시트(sheet)상의 복합성형 재료이다. 사용 예로는 GM(제너럴 모터스)의 미니전기차 쉐보레 볼트 EV(Volt EV), 상하이폭스바겐의 소형전기차 e-라비다(Lavida) 등이 있다.

사진 6-10은 SMC(Sheet Molding Compound) 소재의 배터리 팩 모습이다.

사진 6-10 SMC 소재의 배터리 팩

SMC는 강화 열경화성 플라스틱이다.

열경화성 수지에 충전제, 촉매, 이형제를 혼합 후 유리나 섬유 등의 강화제를 추가해 만든 강화 플라스틱이다.

불포화 폴리에스테르(Polyester, 폴리에스터) 수지에 충전제, 촉매, 등을 혼합한 혼합물(compound,

화합물)에 유리 춥스트랜드(glass chopped strand, 한 가닥(strand)의 유리 장섬유를 용도에 따라 3~12mm의 다양한 길이로 잘라 만든 제품을 말하며, 주로 엔지니어링 플라스틱의 강도보강용으로 사용되는 원재료)를 함침, 보강시킨 뒤 화학적으로 점도를 높여 점착성이 없고 성형성이 뛰어난 판상(sheet shape)의 복합성형재료이다.

높은 생산성, 우수한 성형성 및 표면 품질, 가격이 저렴한 것이 장점이다.

전기차 배터리 케이스는 알루미늄과 철을 사용해서 제작했으나, 가격이 비싸다는 단점이 있으므로 이를 대체할 수가 있다.

2016년 한화첨단소재에서 SMC 소재로 한 전기차 배터리 케이스를 개발했다.

무게를 줄이는 동시에 열과 충격으로부터 보호기능도 우수하다.

경쟁 소재 대비 약 15% ~ 20% 정도 가벼우면서 강도가 뛰어나다.

사용 예로는 제너럴 모터스의 미니 쉐보레 볼트(Volt), 상하이폭스바겐의 소형 세단 e-라비다(Lavida) 등이 있다.

그림 6-5는 전기차의 여러 곳에 SMC 소재를 사용한 사례이다.

그림 6-5 전기차에 SMC 활용 사례

3) GFRP(Glass Fiber Reinforced Plastic, 유리섬유 강화플라스틱)

유리섬유 강화플라스틱(GFRP)은 다음과 같은 특징을 갖는다.

① 유리섬유로 강화된 폴리머(polymer)계 복합 재료
② 여러가지 형상이 가능해 형상의 자유도가 높다.
③ 내후성이 높다.
④ 금속에 비해 가볍다.
⑤ 내식성이 우수하다.
⑥ 전기절연성이 우수하다.
⑦ 단열효과가 우수하다.
⑧ 전파투과성이 우수하다.
⑨ 내수성이 높다.

사진 6-11은 전기차 배터리 팩 모습이다.

사진 6-11 전기차의 GFRP 배터리 팩 모습

4) CFRP(Carbon Fiber Reinforced Plastic, 탄소섬유 강화플라스틱)

탄소섬유 강화플라스틱(CFRP)은 다음과 같은 특징을 갖는다.

① 탄소섬유로 강화된 폴리머(polymer)계 복합 재료
② 알루미늄에 비해 2/3 경량(비중 1.6)이다. 알루미늄의 비중은 2.7이다.
③ 5배의 고강도(2,700MPa)이다. 비교되는 알루미늄의 강도는 500MPa이다.
④ 높은 비강도(비강도는 재료의 강도를 밀도로 나눈 값이다)를 가진다. 이는 가벼우면서 튼튼한 재료의 경우 높은 비강도를 지녔다고 할 수 있다.

⑤ 뛰어난 피로특성과 내크리프특성을 가진다.
⑥ 내후성, 내약품성이 뛰어나다.
⑦ 마찰계수가 낮고 마모되기 어렵다.
⑧ 열수축 및 열팽창이 거의 없고, 치수 정밀도가 지극히 높다.
⑨ 진동흡수성이 좋고, 제진효과가 높다.

사진 6-12는 전기차 배터리 팩의 하부 케이스(lower case 또는 bottom case라 한다)의 모습이다.

사진 6-12 전기차의 CFRP 배터리 팩 하부 케이스(lower case) 모습

5) 전기차(EV) 배터리 가스켓(Gasket)

전기차에 사용하는 배터리 가스켓(gasket)은 리튬이온 2차전지를 실링(sealing)하여 안전성을 확보하는 목적으로 사용하고 있다.

전기차 배터리는 차량 내부에 설치되므로 안전성이 확보되어야 하며, 배터리 내부는 화학적 물질이 첨가되어 있어 특수물질이 외부로 누출되는 것을 차단하기 위함이다. 가스켓의 특징은 다음과 같다.

① 배터리의 보관과 냉각을 위해 배터리 실링(sealing)에 사용되는 부품이다.
② 배터리 팩 뿐만 아니라, 배터리 셀의 전해액 누출 방지를 위해 사용된다.
③ 내전해액성, 전기절연성, 영구압축줄음률, 비오염성, 저온성이 요구된다.
④ 대표적인 재료로 EPDM, NBR, FKM 고무를 사용하고 있다.
⑤ 국내 회사인 동아화성이 배터리 가스켓 제조 및 생산에 있어 글로벌 1위 업체이다.

사진 6-13은 현대 전기차용 배터리 가스켓과 배터리 팩의 하부 케이스(lower case) 실물을 보여준다.

(a) 배터리 가스켓

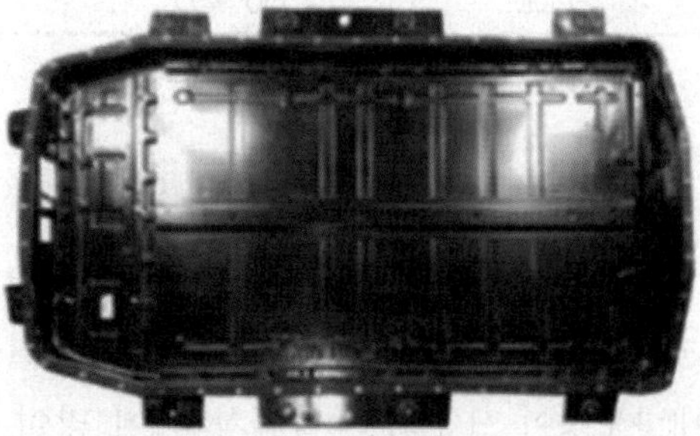

(b) 배터리 팩 하부 케이스

사진 6-13 현대 전기차의 배터리 가스켓과 배터리 팩 하부 케이스

(1) EPDM 고무

EPDM은 에틸렌(Ethylene), 프로필렌(Propylene), 다인(Diene) 삼원 공중합체로, EPDM은 내열성, 내오존성 및 내노화성, 절연성이 뛰어나며, 인장 강도가 매우 높고 저온특성 처리가 우수하다. 그 특징은 다음과 같다.

① EPDM은 Ethylene Propylene Diene Monomer의 약자로, 에틸렌, 프로필렌, 다인으로 구성된 삼원 공중합체이다.
② 내열성, 내오존성, 내노화성, 절연성이 뛰어나며 인장강도가 높고 저온특성이 우수하다.
③ 다인(Diene) 성분 포함으로 약간의 탄성이 있다.
④ 에틸렌(Ethylene), 프로필렌(Propylene)으로 인해 내후성이 좋고 균열이 없다.
⑤ 가격이 싸나, 내화학성이 약하며, 수명이 짧다.

사진 6-14는 EPDM 고무의 가스켓이고, 표 6-3은 EPDM 고무 소재의 물성을 나타낸다.

사진 6-14 EPDM 가스켓

▶▶ **표 6-3** EPDM 고무 소재 물성표(ASTM D 2000 기준)

원료명	경도(±5)	인장강도(kgf/cm²)	신장율(%)	상용온도(℃)
EPDM	50~80	71~143	150~350	−40~140

(2) NBR 고무

니트릴 부타디엔 고무(NBR)는 석유 연료와 윤활유에 대한 내성이 우수하고 비교적 가격이 저렴하기 때문에 가장 널리 사용되는 실링용 고무 중 하나이다. 일반적인 용도는 고강도 및 내마모성이 요구되는 자동차 등에 많이 사용된다. 그 특징은 다음과 같다.

① NBR은 Nitrile-Butadiene Rubber의 약자로, 아크릴로니트릴(Acrylonitrile)과 부타디엔(Butadiene)을 유화 중합법을 통해 만든 합성고무이다.
② 저온중합과 고온중합을 통해 생성되며 저온의 경우 10℃ 내외, 고온의 경우 50℃ 이상에서 진행된다.
③ 내유성, 내마모성, 내노화성, 가스투과성, 내약품성이 우수하다.
④ 탄성, 접착성, 절연성, 오존성이 나쁘다.

사진 6-15는 NBR 고무가 사용되는 제품들이다.

사진 6-15 NBR 고무가 사용되는 제품들

(3) FKM 고무

FKM은 일반적으로 플루오로 엘라스토머(fluoro elastomer, 불소 엘라스토머, 여기서 엘라스토머는 elastic polymer란 말에서 온 것으로 고무 상태의 탄성체이다)로 알려진 불소화 탄소기반 합성고무 클래스에 대한 ASTM 지정이다.

FKM은 강한 내열성을 가지고있어 200℃ 이상의 온도를 견딜 수 있는 실링용으로 사용된다. 일반적으로 불소고무라고 한다.

고온, 오일, 용제, 화염, 화학물질 및 기후조건에 대한 내성이 우수하며, 일반적으로 자동차, 화학처리, 우주항공, 기타 산업에서 사용되는 실링용 고무이다. 특징은 다음과 같다.

① FKM은 Fluorine Kautschuk Material의 약어로 일반적으로 불소고무로 불린다.
② 자동차, 항공우주, 에너지, 반도체 등 다양한 산업의 고성능 응용 분야를 위해 사용된다.
③ 높은 내열성을 가지고 있어 200℃ 이상의 온도를 견딜 수 있다.
④ 내화학성, 내산소성, 내일광성, 내가스 투과성, 내노화성이 우수하며, 영구 압축줄음률이 낮다.
⑤ 다량의 불소를 함유하고 있어 연소가 어려우며 자기소염성(自己消炎性, 불에 넣으면 타고 꺼내면 자연 소화되는 성질)이 있다.

실링(sealing)으로 사용되는 오링(o-ring)에는 많은 종류가 있지만, 그 중에서도 주로 사용하는 오링은 사진 6-16과 같이 FMK 고무 재질의 바이톤(viton) 오링이 많이 사용되고 있다.

사진 6-16 실링용 바이톤 오링(Viton O-ring)

참고로 표 6-4는 각종 고무(rubber)의 특성과 주된 용도를 나타낸다.

표 6-4 각종 고무(rubber)의 특성과 주된 용도

◎ 매우 우수, ○ 우수

△ 우수하지 못함, × 나쁨

고무의 종류 (ASTM 약어)		천연 고무 (NR)	합성천연 고무 (IR)	부틸렌 고무 (SBR)	클로로프렌 고무 (CR)	나이트릴 고무 (NBR)	에틸렌 프로필렌 고무 (EPM, EPDM)	우레탄 고무 (U)	실리콘 고무 (Si)
화학구조		Polyisoprene	Polyisoprene	Butadiene styrene 공중중합	Polychloroprene	Butadiene acrylonitrile 공중중합	Ethylene Propylene 공중중합	Polyurethane	Silicon
주된 특징		탄성이 우수하고 내마모성 등의 기계적 성질이 좋음	천연고무와 거의 동일한 성질을 가짐	천연고무보다 내마멸성, 내노화성이 좋으며 가격도 쌈	내후성, 내ozone성, 내열성, 내약품성 등 평균적으로 우수	내유성, 내마모성, 내노화성이 우수	내노화성, 내ozone성 극성액에 대한 저항성, 전기적 성질이 우수	기계적 강도가 특히 우수	고도의 내열성과 내한성을 가짐. 전기전열성, 내유성도 우수
물리적 성질	비 중	0.92	0.92~0.93	0.93~0.94	1.15~1.25	1.00~1.20	0.86~0.87	1.00~1.30	0.95~0.98
	인장강도 (kgf/cm²)	30~300	50~200	50~200	50~250	50~250	50~200	200~450	40~100
	신 율(%)	1000~100	1000~100	800~100	1000~100	800~100	800~100	800~300	800~300
	반발탄성	◎	◎	○	◎	○	○	◎	◎
	내마멸성	◎	◎	◎	○~◎	◎	○	◎	×~△
	내굴곡 균열성	◎	◎	○	○	○	○	◎	×~△
	내노화성	○	○	○	◎	◎	◎	○	◎
	최고사용 온도 (℃)	120	120	120	130	130	150	150	280
용 도		자동차 Tire, Hose, Belt, 공기 Spring, Mic holder, Foot 등의 일반용 및 공업용품	자동차, 항공기용 Tire 등 천연고무가 사용되는 곳에 거의 대용됨	자동차 Tire, 운동용품 및 일반용 고무제품	전선피복, Conveyor belt, 방진용 고무, 창틀용 고무, 일반 공업제품. (상품명 Neoprene)	Oil seal, Gasket, 내압 hose, Conveyor belt, 인쇄 roller 등의 내유제품	전선피복, Steam용 hose, Conveyor belt 등	공업용 roller, Solid tire, 고압 packing, Coupling 등의 강력한 힘이 걸리는 제품	Packing, Gasket, Keypad, Oil seal, 공업용 roller, 방진고무 등의 내열, 내한성의 용도, 전기절연용 및 의료용 등

6) 전기차(EV) 실리콘(Silicon) 소재 – 배터리 리드선(Battery lead cable)

실리콘(silicon)은 방열과 절연기능을 동시에 지니는 탄성 소재로 전기차 내 피복 전선뿐만 아니라 충전기로부터 전기를 받는 부품, 모터와 연결된 전선까지 모든 부위에 쓰이는 소재로 전기차 안전을 위한 배터리 리드선(battery lead cable)을 감싸 방열뿐만 아니라 케이블의 단락이나 누전 등으로부터 화재를 예방하기 위한 필수 소재로 각광받고 있다.

현재 현대차(아이오닉5 · 아이오닉6), 기아(EV6 · EV9), 쌍용차(토레스)가 만드는 전기차 배터리 내 실리콘 리드선이 사용되고 있다.

사진 6-17에서 보여주는 바와 같이 배터리 케이블(battery cable)을 감싸고 있는 실리콘 재질의 고무(정확히는 실리콘고무 호스, silicon rubber hose)는 전기차 배터리 사이를 연결하는 고전압 케이블을 감싸고 있는 소재다.

전기차 1대에 쓰이는 전체 실리콘 소재의 가격은 2023년 약 25만원 정도로, 배터리 리드선에 쓰이는 소재 비중은 10%(2만원) 수준이다.

배터리 리드선뿐만 아니라 다른 소재로까지 사용범위가 확장되고 있다.

전기차 배터리에서 열이 많이 발생해 배터리 효율이 떨어지는 현상을 해결해 주는 방열 실리콘도 개발 중이며, 향후 방열 실리콘과 스펀지 실리콘 등으로 공급 범위를 넓히고자 하는 기술 개발이 진행 중이다.

특히 1993년부터 원자력 발전소용 실리콘 소재도 업그레이드되어져 2024년과 2025년 차례로 준공되는 새울 원자력발전소 3 · 4호기(옛 신고리 5 · 6호기)에도 화재 방지용 마감재인 실리콘 방화재가 대량으로 사용될 것이다.

사진 6-17 배터리 케이블(battery cable)을 감싸고 있는 실리콘 고무

4 전기자동차의 기타 전장 및 부품

1) 배터리 모듈 케이스(Battery module case)

배터리 모듈 케이스(module case)는 배터리 모듈을 외부 충격이나 환경으로부터 보호하는 역할을 한다. PC(Polycarbonate, 폴리카보네이트) 등의 엔지니어링 플라스틱이 주로 사용된다. 이 재질은 내구성과 열저항성이 뛰어나며, 특히 내충격성과 내크리프성이 우수해 배터리 모듈의 안전성과 내구성을 제공하며 보장한다.

사진 6-18은 PC(Polycarbonate) 재질의 배터리 모듈 케이스(module case)이다.

사진 6-18 PC(Polycarbonate) 재질의 배터리 모듈 케이스

2) 커넥터(Connector)

커넥터(connector)는 배터리 모듈의 내부에서 셀 간 연결을 위해 사용된다. 커넥터는 고온 내구성 및 내습성이 뛰어난 PA(Polyamide, 폴리아미드, Nylon이라고도 함) 엔지니어링 플리스틱으로 만들어진다. PA(폴리아미드)는 강도가 높고 내열성이 좋다. 또한 전기절연성과 내충격성이 아주 우수하며, 저온에서의 성능도 탁월하다.

사진 6-19는 PA(Polyamide) 재질의 커넥터(connector)이다.

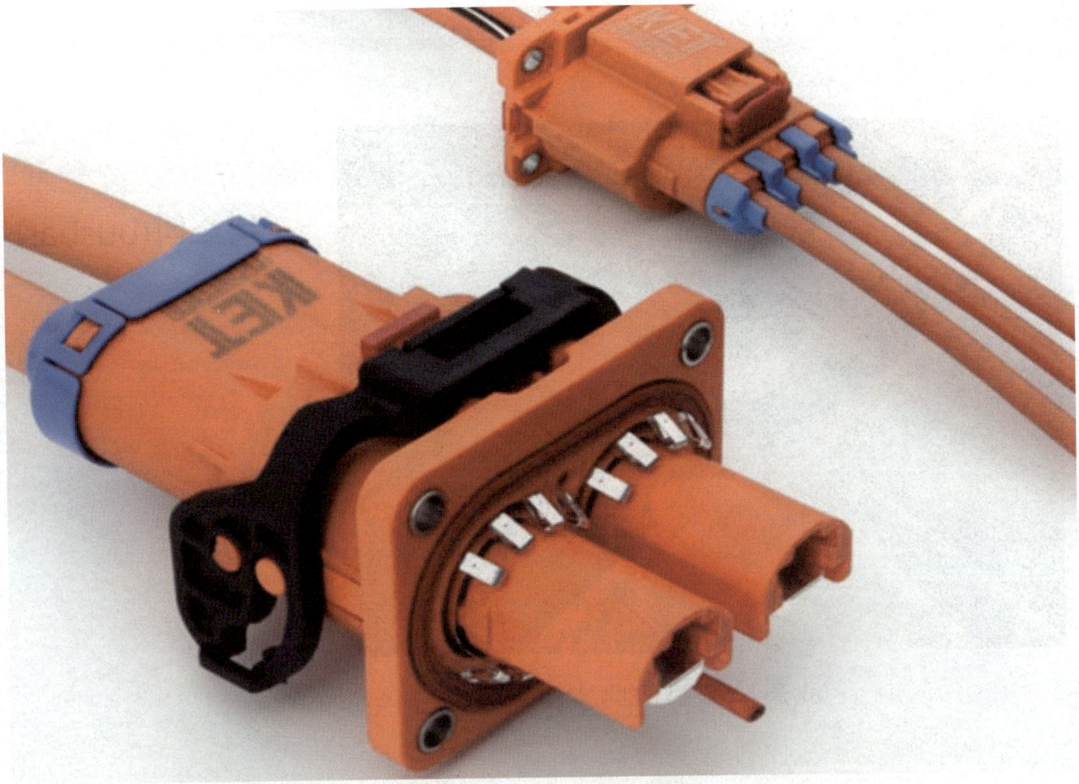

사진 6-19 PA(Polyamide) 재질의 커넥터

3) 버스바(Busbar)

버스바(busbar)는 전류를 전달하는데 사용되는 단단한 금속 막대이다. 일반적으로 구리(Cu) 또는 알루미늄(Al)으로 만들어지며 시스템의 여러 회로 사이에 상호 연결점을 만드는데 사용된다. 버스바는 단단하고 평평하여 일반 케이블(cable)보다 넓은 면적을 가지고 있으며 최대 70% 더 짧은 높이를 가지고 있다.

버스바는 동일한 단면적을 가진 케이블보다 더 많은 전류를 전달할 수 있다. 이러한 속성으로 인하여 버스바는 전기차(EV)의 일부 고전압 연결이나 차량 내 전기 아키텍처의 핵심 구성요소로서 사용된다.

버스바(busbar)는 배터리 모듈 간을 직렬 연결해주는 역활을 한다. 버스바는 일반적으로 플라스틱 캡슐 안에 포장되어 있으며, PA(Polyamide, 폴리아미드)로 만들어진 배터리 셀 홀더(holder)에 삽입된다. 또한 PA는 전기절연성과 내화학성이 우수하여 전기 연결의 안전성을 보장한다.

사진 6-20은 전기차용 버스바(busbar)이다. 일명 나일론이라 불리는 PA(Polyamide) 플라스틱 홀더 안에 삽입되어져 있다.

(a) 플라스틱 홀더 안에 삽입되어져 있는 버스바(busbar)

(b) 버스바(busbar) 모습과 형태

사진 6-20 전기차용 버스바(busbar)

4) 서비스 플러그(Service plug)

서비스 플러그(service plug)는 고전압 배터리 내부의 전체 고전압을 물리적으로 차단할 수 있도록 하는 것으로서, 모든 고전압 배터리에 적용되며, 안전 플러그(safety plug)라고도 한다. 배터리 팩의 수리를 하려면 고전압 퓨즈가 내부에 들어있는 이 주황색 서비스 플러그를 안전을 위해 꼭 뽑아 제거해야한다.

배터리 모듈에 들어가는 서비스 플러그(service plug)는 주로 배터리 모듈과 외부 시스템 간의 전기 연결을 제공하는 커넥터이다. 서비스 플러그는 배터리 모듈의 유지 보수, 진단, 데이터 통신 등을 위해 사용된다. 사용되는 재질로는 PP(Polypropylene, 폴리프로필렌)가 사용되며, 이유로는 전기절연성과 내화학성이 우수하여 전기 연결의 안전성을 보장하기 때문이다.

사진 6-21은 전기차용 배터리 모듈에 들어가는 서비스 플러그(service plug)이다.

사진 6-21 전기차용 서비스 플러그(service plug)

5) 배터리 터미널(Battery terminal)

배터리 터미널(battery terminal)은 배터리 팩 내의 연결과 전기신호 전달을 위해 사용되는 부품이다. 플라스틱 터미널 부품은 배터리 셀과 커넥터 사이의 전기 연결을 보호한다. 이러한 부품은 PA(Polyamide, 폴리아미드)로 제작된다. 또한 PA는 전기절연성과 내화학성이 우수하여 전기 연결의 안전성을 보장한다.

다음 그림 6-6은 배터리 팩의 구성도이다. 주요 구성품을 보여주는 분해도이며, 배터리 터미널(battery terminal, 배터리 단자)이 조립되어 있다.

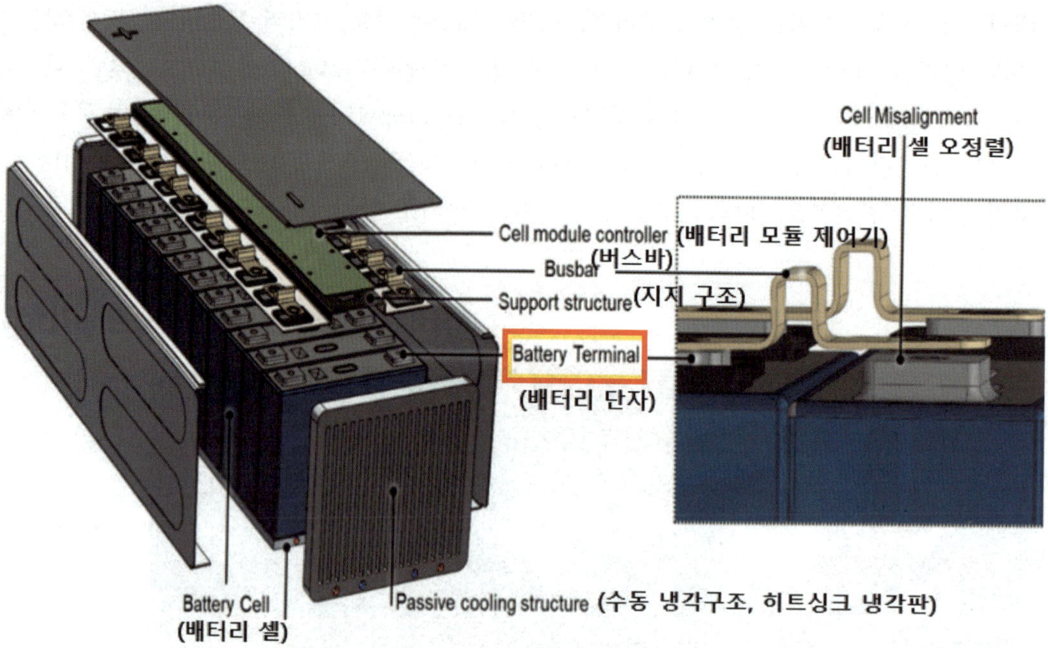

그림 6-6 배터리 팩의 구성도

6) 배터리 케이스(Battery case)

배터리 케이스(battery case)는 배터리 팩을 감싸고 보호하는 외부 케이스(outer case)로 사용되는 플라스틱 부품이다. 주로 범용 플라스틱인 폴리프로필렌(PP, Polypropylene)이나 엔지니어링 플라스틱인 폴리카보네이트(PC, Polycarbonate) 등이 사용된다. 이러한 재질은 내구성이 높고 열저항성이 우수하여 배터리 팩을 안전하게 보호한다.

사진 6-22는 전기차용 플라스틱 재질로 된 배터리 케이스(battery case) 제품이다.

사진 6-22 플라스틱 재질로 된 전기차용 배터리 케이스

7) 블로워 팬(Blower fan)

블로워 팬(blower fan)은 배터리 모듈 내부의 열을 제거하기 위해 사용된다. 팬(fan)은 내열성과 내구성이 뛰어난 PC로 만들어진다. PC(Polycarbonate, 폴리카보네이트)는 강도가 높고, 내충격성이 좋으며, 우수한 가공성을 가지고 있어 다양한 디자인 요구 사항을 충족시킬 수 있다.

배터리 팩용 블로워 팬(송풍기)은 임펠러(impeller)의 회전운동으로 공기에 에너지를 가하여 공기량과 압력을 얻는 공기기계로서 저압의 공기를 이용한다. 사진 6-23는 블로워 팬이 장착된 배터리 모듈이다.

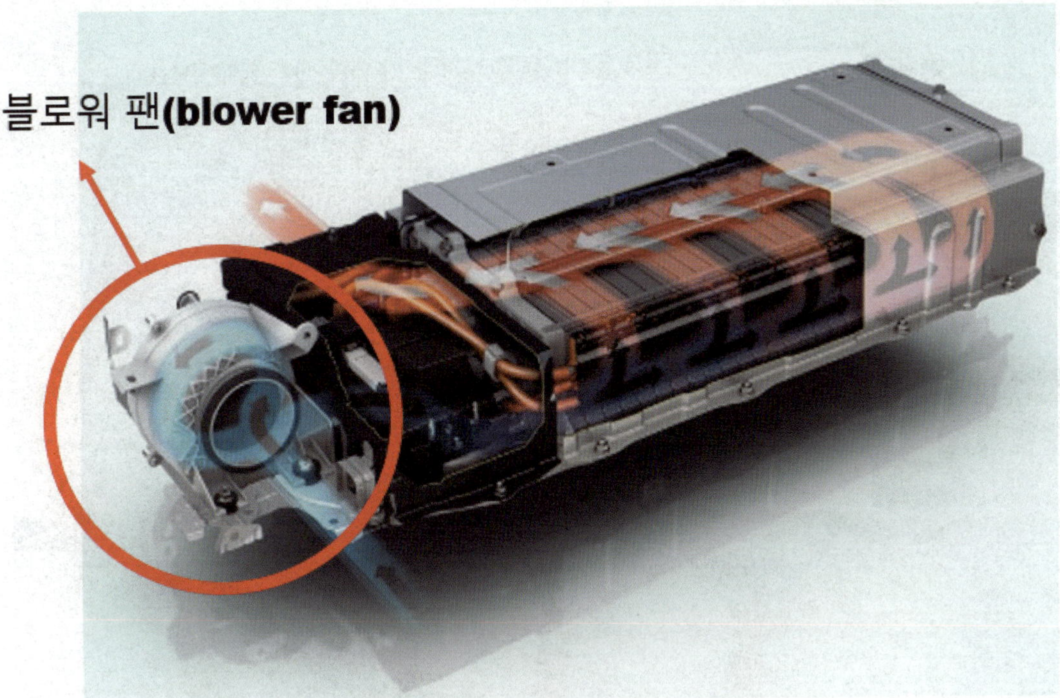

사진 6-23 블로워 팬이 장착된 배터리 모듈

8) BMS 케이스(Case)

BMS(Battery Management System)는 말 그대로 배터리를 관리하는 시스템이다. 전기자동차(EV)나 에너지저장장치(ESS) 등에 탑재된 배터리의 전류, 전압, 온도 등을 센서를 통해 측정하고 미리 파악하여 배터리가 최적의 성능을 발휘할 수 있도록 제어한다.

다시 말하자면, BMS는 배터리 팩에서 두뇌 역할을 담당하고 있으며, 배터리를 제어하고 상태를 진단하는 역할을 하는 제어기(controller)이다.

BMS 케이스(case)의 역할은 BMS를 외부 충격과 손상으로부터 보호한다. 일반적으로 열과 충격에 강한 플라스틱으로 만들어지며 PP(폴리프로필렌)나 PE(폴리에틸렌) 같은 열가소성 플라스틱으로 만들어진다. 또한 내열성 및 내충격성으로 제작되어 배터리를 보호하는데 이상적이다.

금속 소재로는 알루미늄(Al), 스테인리스강(SUS) 등을 사용하고 있다.

사진 6-24는 금속 재질로 된 BMS 케이스이다. 여기서는 강도(strength)가 우수하고 내식성이 좋은 스테인리스강(SUS) 판재(plate, sheet)를 사용했다.

사진 6-24 금속 스테인리스강(SUS) 판재로 된 BMS 케이스

9) PRA(Power Relay Assembly) 케이스

파워 릴레이 어셈블리(PRA, Power Relay Assembly)는 BDU(Battery Disconnect Unit)라고 불리기도 하는 것으로, 모터 등의 구동 장치에 배터리 전원을 안정적으로 공급해 주거나 차단하는 역할을 한다.

PRA는 고전압 배터리의 전력을 모터로 공급 및 차단하는 역할을 주로 한다. 그러한 PRA(Power Relay Assembly)의 케이스(case)는 PP(폴리프로필렌)로 만들어지며 케이스의 특징상 열과 충격에 강하며 제작하기 쉽고 저렴하며 생산하기 쉽기 때문에 주로 사용된다.

사진 6-25은 배터리 팩에 조립된 PRA(Power Relay Assembly)이다.

사진 6-25 배터리 팩에 조립된 PRA(Power Relay Assembly)

CHAPTER 07

주목되는 복합 엔플라(ENPLA, 엔지니어링 플라스틱)

01 주목되는 복합 엔플라(ENPLA, Engineering Plastics)

1) 분류 및 종류

(1) 티탄산칼륨 휘스커 충전 엔플라

티탄산칼륨 휘스커(Potassium titanate whisker, 섬유 형태의 형상을 가지는 재료를 '휘스커'라 한다) 〈디스모〉[오츠카화학(大塚化學)]은 $K_2O\text{-}nTiO_2(m \geq 1)$로 나타내는 조성의 단일 결정 휘스커이고 플라스틱의 보강재를 비롯한 여과 필터(filter), 세퍼레이터(separator), 브레이크(brake) 외의 단열재 등 그 용도는 광범위하다.

우선 디스모의 고강도(>700 kgf/mm^2), 고탄성(>28,000 kgf/mm^2)의 특성과 애스펙트 비(aspect ratio, 종횡비로 종축 대비 횡축의 길이 즉, 높이 대비 밑변 길이의 비율)가 크다는 점을 살려서 우수한 플라스틱 복합 재료를 만들어 낸다. 단일 결정 휘스커 〈디스모〉의 고기능성을 플라스틱의 특성과 잘 조합해서 지금까지 가장 어려웠던 매우 얇은 두께의 성형이나 초정밀성형 분야를 가능한 분야로 바꿔 놓았다. 또 섬유(GF · CF) 보강에 의해 최대의 약점인 치수정밀도를 개량하고 동시에 디스모 특성의 하나인 내마모성의 부여를 가능하게 한 복합 재료 〈디스모포티콘〉(Potassium Titanate Compound)를 개발했다.

복합 재료 〈디스모포티콘〉은 엔지니어링 플라스틱(ENPLA)을 중심으로 전자, 가전 분야, 사무기기, 자동차 분야에 있어 각종 필요한 다양한 요구(스펙, spec.)에 부응하기 위해 다수의 그레이드를 갖고 있고 신재료로서 그 유용성이 평가 · 실시됨에 따라 대형 부품으로의 응용이 점차 확대되고 있다.

(2) 섭동부품용 엔플라

모든 수퍼 엔플라에게 요구되는 특성이 있지만 여기서는 스미토모화학(住友化學) 〈에코놀 S〉에 대해서 기술한다. 에코놀은 탁월한 내마모성, 자기윤활성, 내열성을 갖는 방향족 폴리에스테르계의 엔지니어링 플라스틱이다. 섭동부품은 섭동(攝動, 슬라이딩) 즉, 뜻 그대로 슬라이딩(sliding)으로 미끄러지는 동작이나 미끄럼 운동을 하는 데 사용되는 부품을 의미한다.

최근 각종 일반용 및 산업용 기기에 대해서는 고속화, 경량화의 경향이 있고, 내열성과 아울러 우수한 섭동특성(특히 한계 PV치가 높다. 마찰계수가 안정되어 있다. 상대 재료가 알루미늄처럼 연질금속에서도 손상되지 않는다.)을 갖는 고기능성이 많이 요구된다.

섭동(Sliding)용 마찰, 마멸에 대한 특성을 필요로 하는 용도

플라스틱(수지) 중에는 내마멸성이 우수하고, 마찰계수가 작은 것이 있다. 이의 판정에는 마멸량, 정지마찰계수(μ_s, coefficient of static friction ; 접촉정지상태에서 물체 간에 미끄럼 이동을 생기게 하는 필요최소의 값으로 마찰력과 법선방향의 하중과의 비), 운동마찰계수(μ_k, coefficient of kinetic friction ; 물체가 미끄럼을 시작해 운동상태로 될 때 접선방향의 마찰력과 법선방향의 하중과의 비) 및 PV값이 사용된다. 이는 면하중(kgf/cm^2)과 미끄럼속도(cm/sec 또는 cm/min)의 곱의 최대치로 PV값을 넘는 마찰용도에 사용하면 플라스틱의 마찰면이 녹아붙는 수가 있다.

운동마찰 PV값이란 단위 면적당 면압 P(kgf/cm^2)에 단위시간당 미끄럼 운동속도 V(cm/sec)를 곱한 값이다.

마찰, 마멸에 대한 특성을 필요로 하는 용도에 우수한 특성을 가진 플라스틱으로서는 POM, PA, PBT 등이 있다. 불소수지는 마찰계수가 매우 작은 재료로 미끄럼에 대해 상당히 우수하나 PV값 및 마멸에 대한 특성은 반드시 우수하지는 않다.

표 7-1은 열가소성 플라스틱의 PV값과 마멸량 자료이다.

동일재료 간의 μ_k와 μ_s는 일반적으로 $\mu_k < \mu_s$이고, μ_k의 범위는 0.083 ~0.55이다. 그리고 결정성 플라스틱의 μ_k는 0.1~0.25의 낮은 값의 범위이고, 상대재료에는 그다지 영향을 받지 않는다.

▶▶ 표 7-1 열가소성 플라스틱의 운동마찰 PV값과 마멸량

재료	PV값 (kgf/cm^2 · cm/sec)	마멸량 (mg/100회)
POM	약 600	14
Nylon 66	약 600	12
PBT*	약 800	40
PC	약 50	13

* 30% 글래스(glass) 섬유충전재료

섭동용 부품으로 대표되는 기어(gear), 캠(cam), 베어링(bearing)을 일체화한 부품은 POM, PA, PBT가 사용되며, 모두 결정성 플라스틱이므로 성형수축률이 커서 정밀치수의 부품제조가 어려운 문제가 있다. 마찰, 마멸특성이 우수하지 않은 플라스틱, 예를 들어 SAN, PC의 경우는 윤활제와 PTFE [Polytetrafluoroethylene, 폴리테트라플루오로에틸렌, 테플론(Teflon)이라고도 한다] 분말을 혼합해 사용하고 있다. 첨가제로는 흑연(graphite), 이유화(二硫化) 몰리브덴[moly-bdenum(Mo)], 실리콘 오일(silicone oil) 등이 있으며 POM에도 첨가하는 경우도 있다. 성형수축률을 낮추기 위해 글래스(glass) 섬유강화[유리섬유강화, GFRP(Glass Fiber Reinforced Plastics)]로 하는 수도 있으나 상대부품을 마멸시킬 위험이 있다.

에코놀 수지(E100 혹은 E1000)와 4불화에틸렌수지(PTFE)나 흑연 등의 고체윤활제와 조합해서 상기(上記)의 요구를 만족할 수 있고 광범위한 용도에 알맞은 섭동재를 개발했다. 이것이 섭동재 〈에코놀 S〉이다. 섭동재 〈에코놀 S〉에는 용도에 따라 8품종이 있다. 가공용 소재(환봉, 두꺼운 막대)로서 공급하고 있지만 수요자의 요구에 따라 지정된 설계도를 기본으로 절삭가공 등을 한 후, 최종 제품으로도 납품하고 있다.

(3) 도전성(導電性) 엔플라

전자파장해(EMI, Electromagnetic Interference)가 새로운 문제가 되어져 전자 · 전기기기류에서는 각종의 방지대책이 필요하다. 도전성 플라스틱에 따른 하우징류의 제작은 현유(現有, 현재 가지고 있는) 장치 · 현유 시스템은 그대로 응용할 수 있고 박리(剝離, 벗겨져 분리되거나 갈라진 상태) 등의 트러블(trouble)이 없기 때문에 가장 주목된다. 현재 이 목적 때문에 금속섬유나 금속조각 등의 각종 도전성 필러(filler, 충전제)를 혼입한 도전성 플라스틱이 적용 · 사용된다. 그러나 전자파실드 특성, 역학특성, 성형성 등의 균형점 등 아직 해결해야 할 문제가 남아 있다.

㈜쿠라레에서는 플라스틱용 필러로서 고품질의 조각 모양의 운모(Suzorite mica, 스조라이트 운모) 및 운모(mica)강화 플라스틱(MRP, Mica Reinforced Plastic)을 판매해 왔다. 현재 PP, PBT, 나일론 외에 많은 엔지니어링 플라스틱을 기초로 한 MRP가 그 특징을 살린 각종 용도에 사용되고 있다. 운모 표면을 금속화 처리함에 따라 도전성 필러가 발생하고, 이것에 의해 도전성 MRP(운모강화 플라스틱)를 개발했다.

(4) 플라스틱 마그넷(Magnet, 자석)

전자의 발전으로 플라스틱 자석의 응용범위는 급속도로 확대되고 있다. 플라스틱 자석은 높은 치수정밀도와 얇고 복잡한 형상이 가능한 것, 결점이 적은 것, 안정된 자기(磁氣) 특성이 가능한 것, 조립의 합리화가 가능할 것 등, 소결(燒結, sintering, 소결은 분말 입자들이 열적 활성화 과정을 거쳐 하나의 덩어리로 되는 과정을 말한다) 자석에는 없는 특징으로 전자기기의 소형화, 정밀화, 고성능화가 가능하다.

다이니혼(大日本)잉크화학공업(주)에서는 충실한 분산, 혼련 기술과 안정된 공합체제에 의해 위와 같은 플라스틱 복합자성 재료 〈콤포딕〉(ComPODIC)을 판매하고 있다. 또 재료특성을 충분히 살려서 모터 스테이터(stator, 고정자), 로터(rotor, 회전자), 링, 기어 등의 성형자석 제품도 주문받고 있다.

테이진(帝人)엔지니어링(주)에서는 〈페라막스 자석〉의 상품명으로 판매하고 있다. 사출용, 압출용 2가지 종류가 있고 모두 사마륨 코발트계(samarium cobalt)이다.

2) 물성일반

(1) 티탄산칼륨 충전 엔플라

① 디스모포티콘의 미크로(Micro) 보강성과 충전성

디스모포티콘은 단일 결정 휘스커 "TISMO"를 보강재로 한 수지 컴파운드로 미크로(micro) 보강을 가능케 하고 성형품의 경박단소화(輕薄短小化) 경향에 부응한 고기능성 플라스틱 복합 재료이다.

수지 안의 분산상태(사진 7-1)가 미크로(micro)로 균일하기 때문에 초정밀성형, 얇은두께 성형이 가능하고 종래의 금속 절삭가공으로 성형했던 부품의 플라스틱화가 용이해졌다(사진 7-2, 사진 7-3 참조).

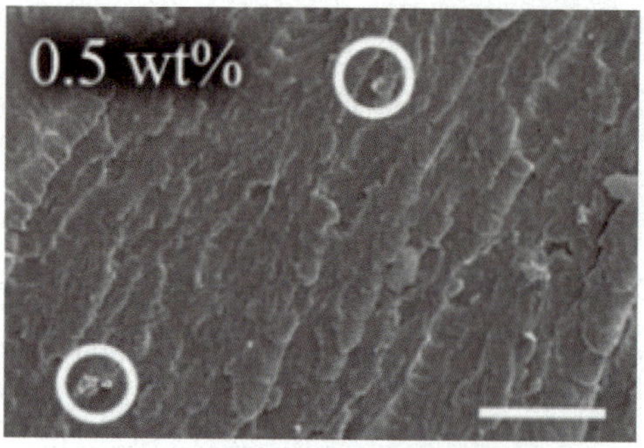

(a) 디스모

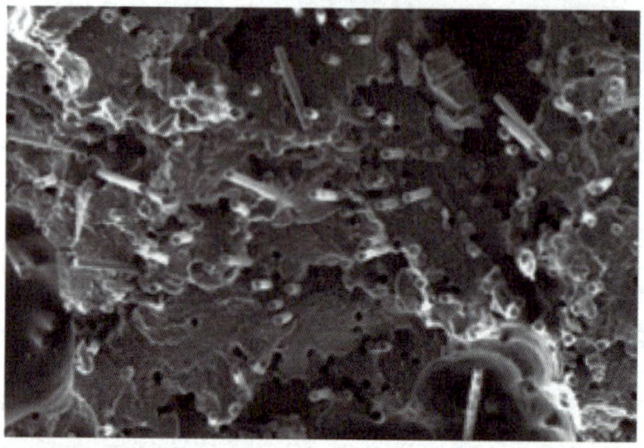

(b) 카본섬유(Carbon fiber)

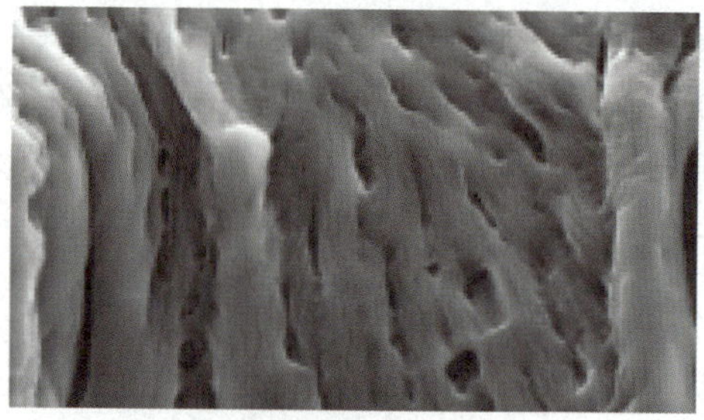

(c) 유리섬유(Glass fiber)

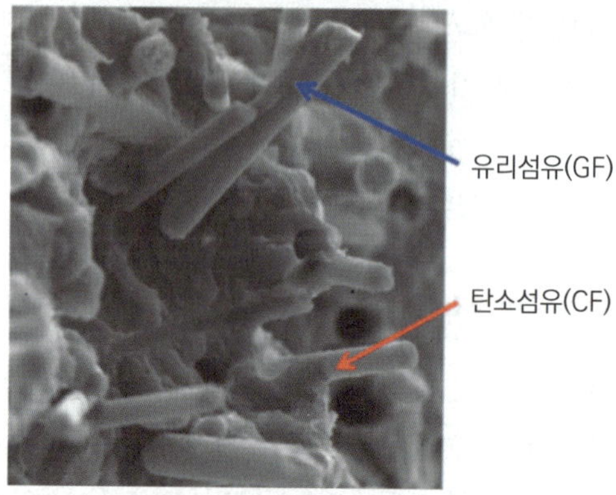

(d) 탄소섬유(CF)와 유리섬유(GF)와의 비교

사진 7-1 나일론66의 분산상태와 사이즈(주사형 전자현미경(SEM) 사진)

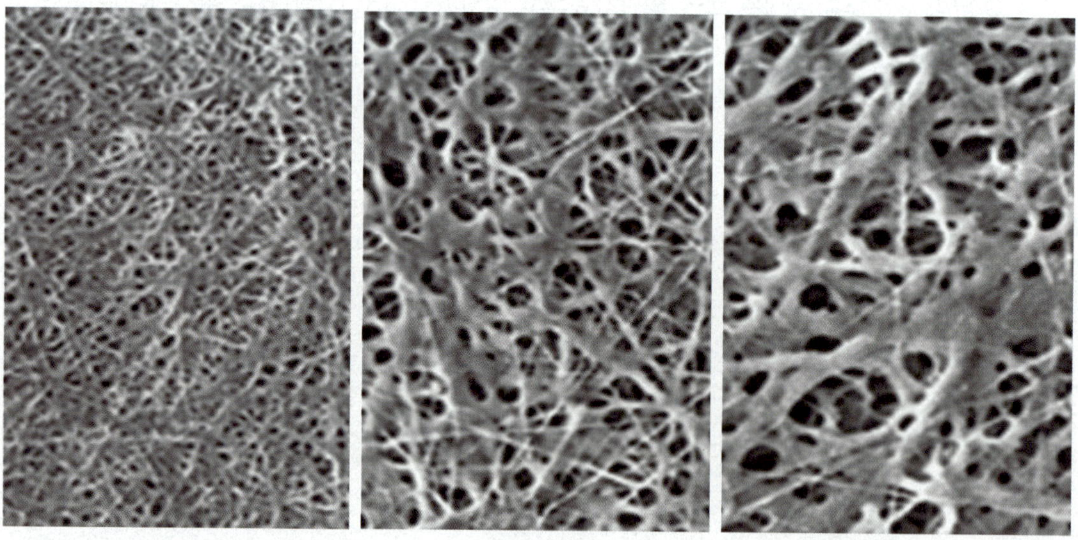

(a) PPS/TISMO (b) PPS/GF (c) 나일론66/CF

사진 7-2 초박형(20㎛) 성형품 수지의 충전성(주사형 전자현미경(SEM) 사진)

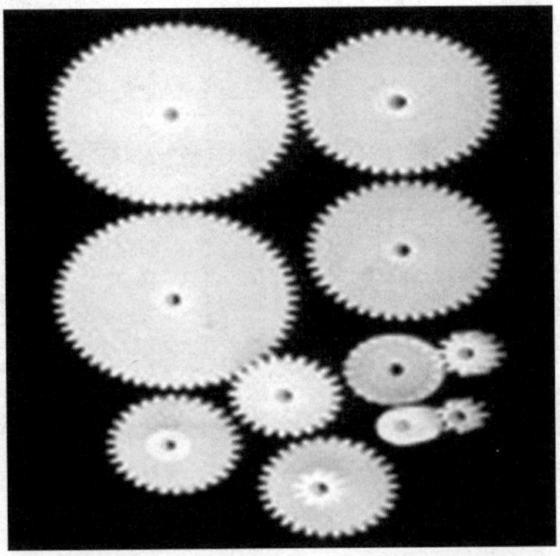

사진 7-3 정밀성형품(시계기어)

② 디스모포티콘의 섭동특성

디스모포티콘의 섭동그레이드는 마찰 마모특성이 우수하고 강성(剛性)을 동시에 필요로 하는 섭동부품용도에 적당하다. 디스모는 경도(硬度)가 일반 보강용 섬유인 유리섬유(GF)나 카본섬유(CF)에 비해 작기 때문에 상대되는 부품의 마모, 소위 "긁힘 현상"이 없다(사진 7-4 참조).

POM(Polyoxymethylene 또는 acetal, 폴리아세탈 수지)와 디스모포티콘 섭동그레이드의 조합에 따른 마찰 · 마모의 시험결과는 표 7-2에서 나타낸다.

이 시험에서 POM과의 조화(즉, 상대재료로 선택한 경우)는 NTE264, NT36, NT362, NT462, RT72가 우수하다.

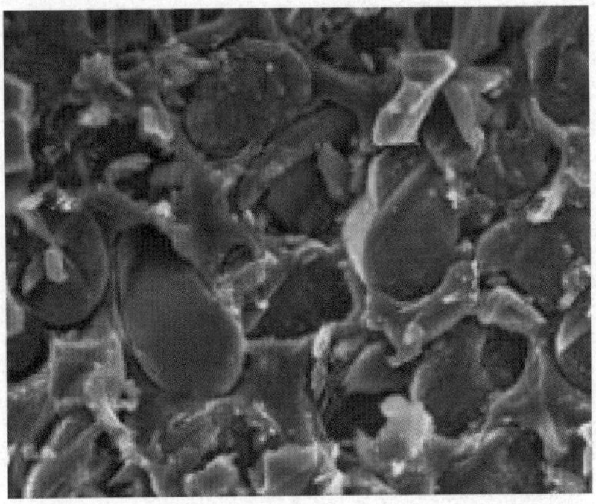

시험 전

시험 후

(a) 나일론66/TISMO

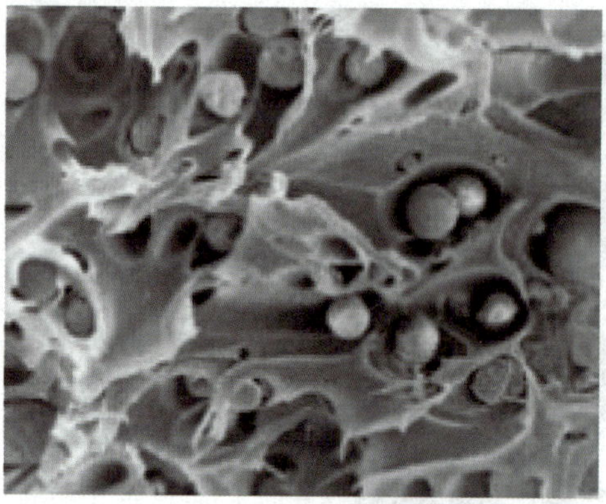

시험 전

시험 후

(b) 나일론66/GF

사진 7-4 나일론66계 성형품의 마모시험 전과 시험 후의 표면상태

표 7-2 디스모포티콘과 POM과의 수지간 운동마찰·마모특성

시험재료	운동마찰계수	비마모량 $cm^2/kg \cdot km$	상대재료 마모량 $cm^2/kg \cdot km$
OA-20	0.43	0.38	0.45
AT242	0.33	0.037	0.24
AT342	0.29	0.035	0.52
참고 POM	0.14	0.36	0.98
참고 POM/GF25%	0.47	0.32	3.1
ONN-30	0.39	0.074	0.11
NTE264	0.17	0.052	0.031
NT36	0.32	0.0059	0.093
NT362	0.23	0.0030	0.005
462	0.45	0.068	0.062
OB-30	0.46	0.054	0.12
OT262	0.26	0.027	0.14
FT242	0.36	0.039	0.10
FT72	0.26	0.035	0.087

※시험기 : 령목식(鈴木式) 스러스트 마찰마모 시험기
시험조건 : P=0.57 kgf/cm^2, V=30 cm/sec
상대재료 : POM(Polyacetal)

③ 디스모포티콘의 표면 평활성

디스모는 미세한 형상이기 때문에 다른 보강용 섬유와 비교해서 극히 평활한 표면을 얻을 수 있다(그림 7-2). 여기서 나타나는 원통상 성형품에서의 측정결과로도 명확한 것처럼 디스모포티콘 성형품은 형상정밀도가 우수하고, 그 중에서도 표면 평활성이 매우 우수한 성형품이 가능이다(그림 7-1 및 표 7-3, 표 7-3 참조)

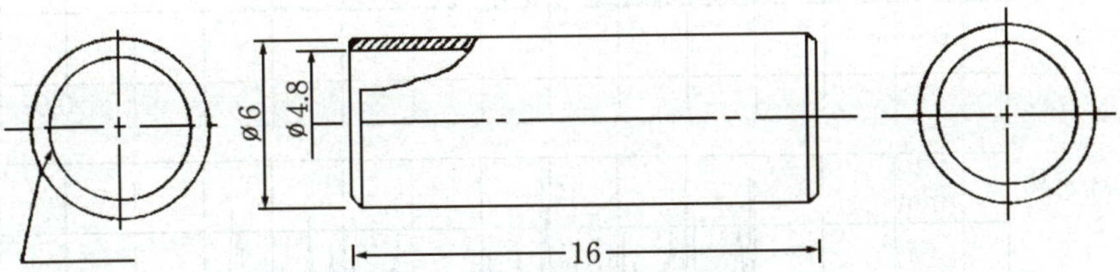

그림 7-1 성형품의 형상 및 치수

▶ 표 7-3 디스모포티콘의 한계 PV치

시험재료	한계PV치 (kgf/cm^2 · cm/sec)
NTE264	1,420
NT362	1,420
AT242	1,050
참고 POM	520
참고 나일론66	380

※시험기 : 령목식(鈴木式) 스러스트식 시험기
시험조건 : V=30cm/sec, P=가변
상대재료 : 기계구조용탄소강(S45C)

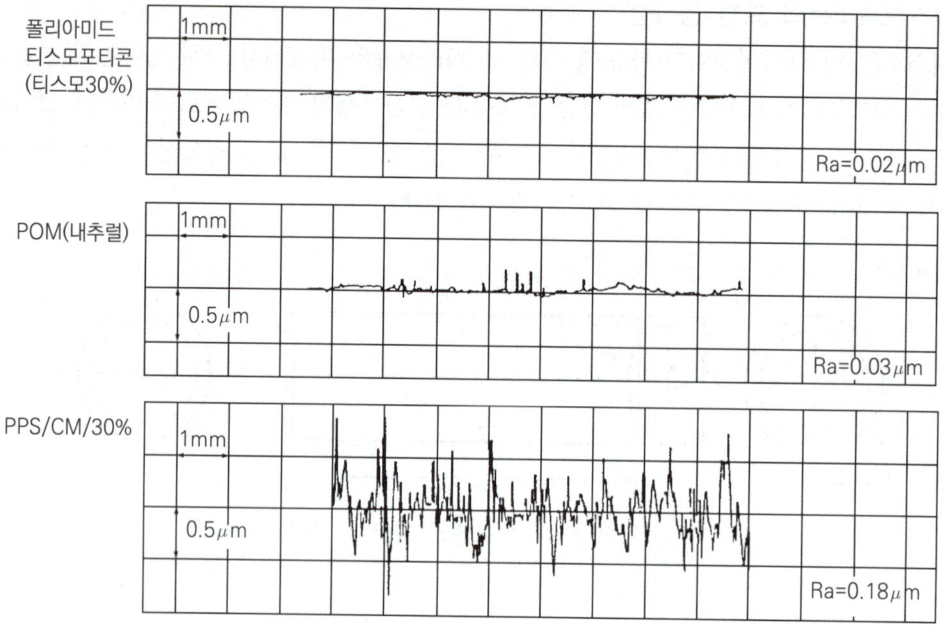

그림 7-2 표면거칠기의 대표적인 예

▶▶ 표 7-4 형상정밀도 측정결과

평가항목 / 평가재료		표면거칠기(μm)		진직도 (μm)	진원도 (μm)
		중심선평균 (Ra)	최대높이 (Rmax)		
특수나일론계 포티콘		0.02	0.13	6.5	4.5
PPS 포티콘		0.06	0.36	6.7	5.3
참고	POM	0.03	0.23	15.8	7.5
	PPS/CF30%	0.21	0.75	12.0	12.0

※측정기 : 사후로 304B 동경정밀
조건 : 종배율 20,000배, 횡배율 10배
측정길이 : 시료의 판 V커트 중앙부 8mm

④ 디스모포티콘의 유동특성

디스모포티콘의 유동성은 내추럴과 같은 정도이고, 종래의 GF강화재료나 CF강화재료에 비해서 성형성은 대단히 우수하다. 특히 소형부품이나 얇은 성형품에서는 그 효과를 발휘하고 100μm의 핀포인트 게이트(pin point gate)나 200μm의 얇은 성형품에도 사용 효과가 있다(그림 7-3, 그림 7-4 참조).

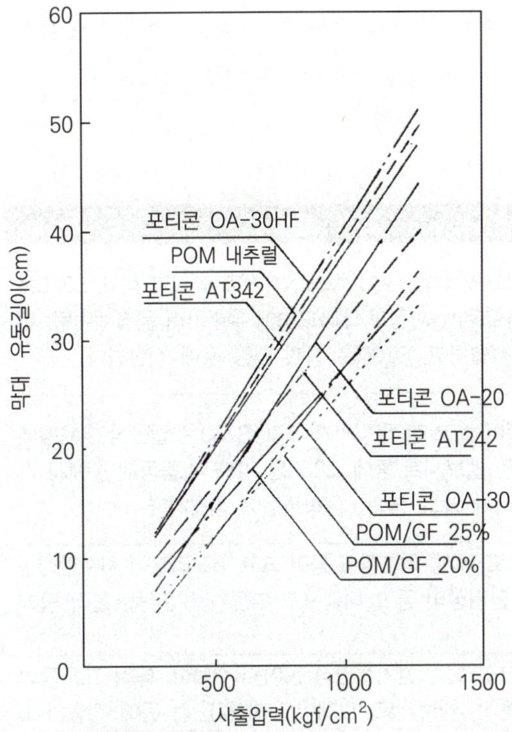

실린더온도 190℃
금형온도 80℃

그림 7-3 POM계 디스모포티콘의 유동성

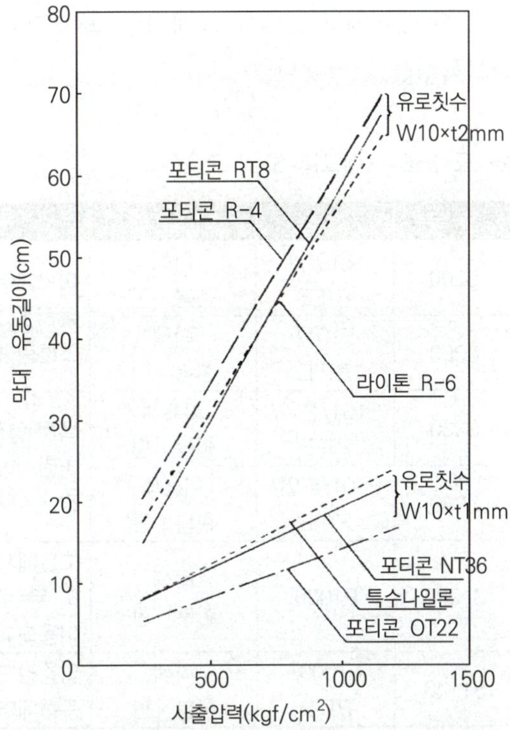

실린더온도 : PPS계 300℃, OT22 270℃, NT36 265℃
금형온도 : PPS계 130℃, OT22 80℃, NT36 120℃

그림 7-4 각종 디스모포티콘의 유동성

⑤ 금형 마모

일반적으로 GF강화재료나 CF강화재료는 스크루, 실린더 및 금형 등을 현저하게 마모시키지만, 디스모포티콘 그레이드는 그 정도가 훨씬 작고 성형기, 금형의 보수유지비 면에서 대단히 유리하다(표 7-5 참조).

표 7-5 금속형 마모성의 비교

15만 쇼트(shot)* 성형 후, 계속 사용 중	디스모포티콘 OA-30
5,000~2만 쇼트에서 메인테넌스**	POM/GF 25%
탄소공구동(열처리강) H_RC 55~58	형재질

* 쇼트(shot): 사출

** 메인테넌스(maintenance, 유지·보수)

(2) 섭동부품용 엔플라

표 7-6에 〈에코놀 S〉의 그레이드, 표 7-7에 표준형상 그리고 그림 7-5, 그림 7-6에 섭동특성, 마모특성을 나타낸다.

▶▶ 표 7-6 〈에코놀 S〉의 그레이드

품 목	조 정	색 · 형태	특징 · 용도
S200	E101/ PTFE	다색 환봉 · 판	마모계수가 적고 안정됨. SUS 등의 상대재료 마모가 적고, S300은 특히 내고온플로우(flow)성과 내마모성에 우수하며 윤활베어링, 피스토링 등에 적합하고, S200은 실제 패킹 등에 적합하다.
S300	E101/ PTFE	다색 환봉 · 판	
S230	E101/흑연/ PTFE	회흑색 환봉 · 판	특히 열전도성이 좋고 한계PV치가 크다. S230은 일반적인 윤활베어링, 피스톤링, 밸브시트 등에, S330은 PTFE계 습동재 중에서 가장 한계PV처리가 크고 중속 · 중하중용에 적합하다.
S330	E101/흑연/ PTFE	회흑색 환봉 · 판	
S1000	E1000	다색 환봉 · 판	고온에서의 강도 유지, 압축강도 등이 크고 내크리프성 치수안정성이 우수하다. 단열성이 좋고 내열구조 부품계측기부품, 롤러 등에 이용되고 있다.
S1140	E1000/ PTFE	다색 환봉 · 판	압축강도, 내크리프성, 전기절연성 등이 우수하고 저속, 고하중의 윤활베어링, 롤러, 밸브시트, 브레이크 재(材), 컵 등에 적합하다.
S1330	E1000/ 흑연	흑색	특히 한계PV치가 크고 압축강도 내크리프성이 크기 때문에 고속 · 고하중에 적합하고, 특히 내마모성이 요구되는 고온용 베어링, 피스톤링 등에는 S1360이 이용되고 있다.
S1360	E1000/ 흑연	흑색 환봉 · 판	

▶▶ 표 7-7 〈에코놀 S〉 표준형상

S300		S230		S1000		S1360
ϕ10×100	5×300	ϕ10×1000	ϕ21×ϕ10×1000	ϕ10×200	10×100	ϕ30×50
ϕ12×100	10×300	ϕ12×1000	ϕ26×ϕ15×1000	ϕ15×200	15×100	ϕ50×50
ϕ15×100	15×300	ϕ14×1000	ϕ31×ϕ20×1000	ϕ20×200	20×100	ϕ100×50
ϕ20×100	20×300	ϕ16×1000	ϕ37×ϕ26×1000	ϕ30×50	30×100	ϕ10×100
ϕ32×100		ϕ20×1000		ϕ40×50	20×150×50	
ϕ51×100				ϕ50×50		
ϕ72×100				ϕ80×50		
ϕ82×100				ϕ100×50		
ϕ100×100						

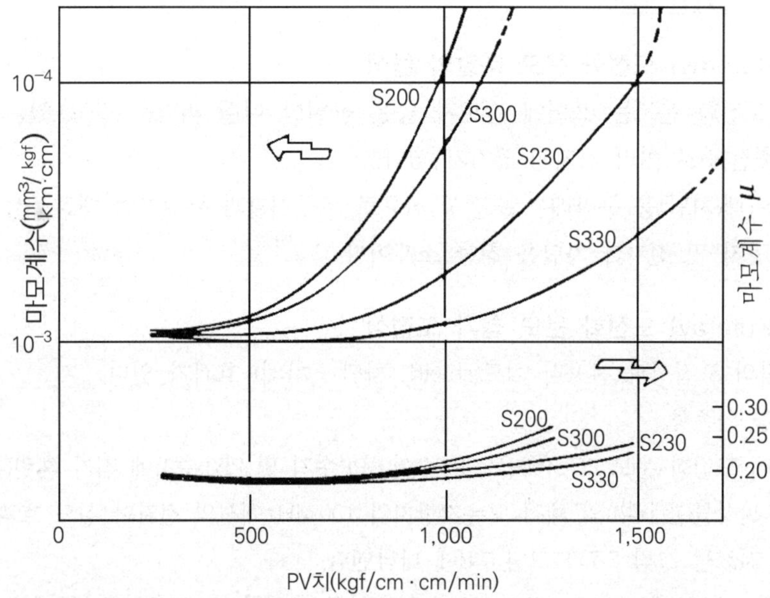

시험기 : 스러스트식 마모시험기
조 건 : 실온·건조(dry), 측정시간 20hr, P=15kgf/cm^2
상대재료 Al(JIS 5052)
상대재료 면사상 #1200 샌드페이퍼 연마

그림 7-5 에코놀 Ⓡ S200, S300, S230, S330의 습동특성

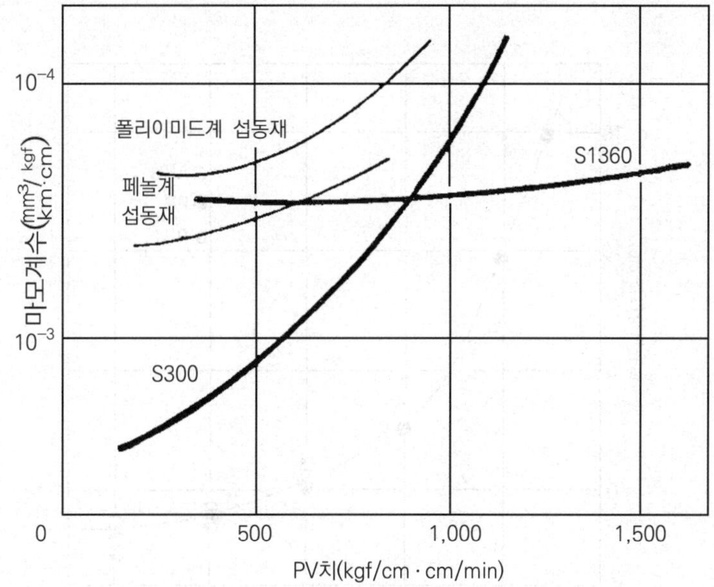

시험기 : 레이디얼식 소형 베어링 시험기
조 건 : 실온·건조(dry), 측정시간 20hr, 상대재료 SKH2(고속도강)

그림 7-6 에코놀 S300, S1360의 마모특성

(3) 도전성(導電性) 엔플라

① 쿠라레(Kuraray) 도전화 운모 분말의 물성

쿠라레 도전화 운모는 표면에 순도가 높은 균일한 니켈 피막을 갖고 있는 도전성 필러(filler, 충전제)로 여러 가지의 입자가 있다.

전자파 차폐(차단)용 쿠라레는 도전성 섬유로 우주개발과 특수공업 재료로서 사용되며, 또한 대전방지 및 전자파 차단용 첨단 소재이다.

② 쿠라레(Kuraray) 도전화 운모 첨가 도전성

플라스틱의 도전성과 전자파 실드(shield, 차단 · 차폐) 효과가 있다.

㉮ 첨가량 의존성

쿠라레 도전화 운모 EC-150을 ABS수지 · PP수지 및 PBT수지에 첨가 혼련(混練)한 후 성형한 판상물(板狀物)의 체적 고유저항치와 100 MHz에서의 전자파 실드 효과의 첨가량 의존성 자료를 그림 7-7과 그림 7-8에 나타낸다.

- 성형 : 수지 펠릿(pallet) EC-150을 압출기로 혼련한 후 압출성형, 두께 2 mm
- 체적 고유저항 P의 측정 : 일본(日本)고무협회 규격 SRIS 2301 준거
- 전자파 실드 효과의 측정 : 쿠라레(Kuraray)법. 단, 100 MHz에 있는 전기영역 실드 효과 한국전기산업진흥회의 동축전송선로법(同軸傳送線路法)을 참고하기 바란다.

예 EMCJ 83-13(1983-6)

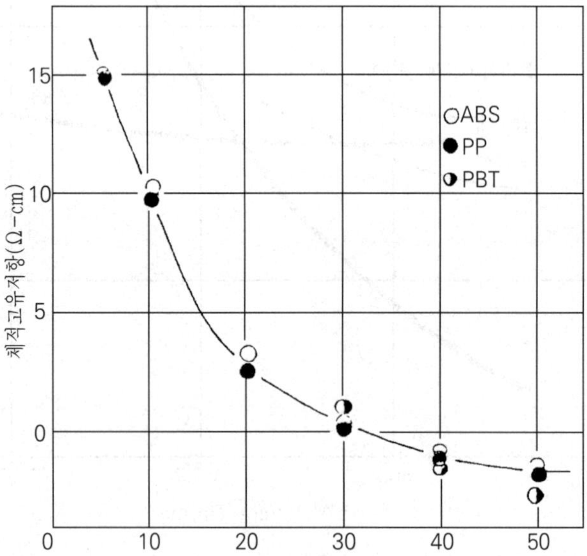

그림 7-7 도전화 운모배합 플라스틱 체적 고유저항

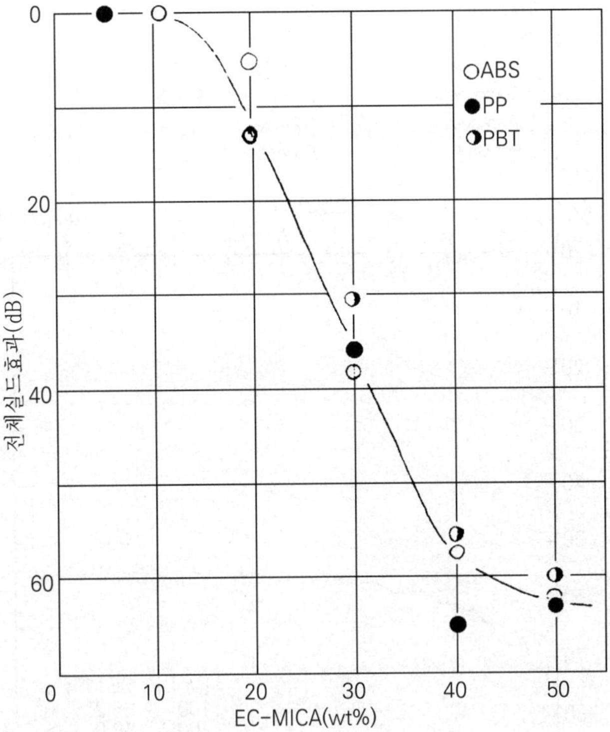

그림 7-8 도전화 운모 첨가 플라스틱의 전자파 실드 효과 (100MHz, 전기영역 실드, 쿠라레법, 두께 2mm)

㈏ 전계(電界) 및 자계(磁界) 실드 효과

그림 7-9에 쿠라레 도전화 운모 EC-150을 첨가한 폴리프로필렌(PP)의 전계 실드 효과의 측정 예를 나타낸다.

- 측정 : 쿠라레법. 단, 한국전기산업진흥회의 동축전송선로법을 참고하기 바란다.

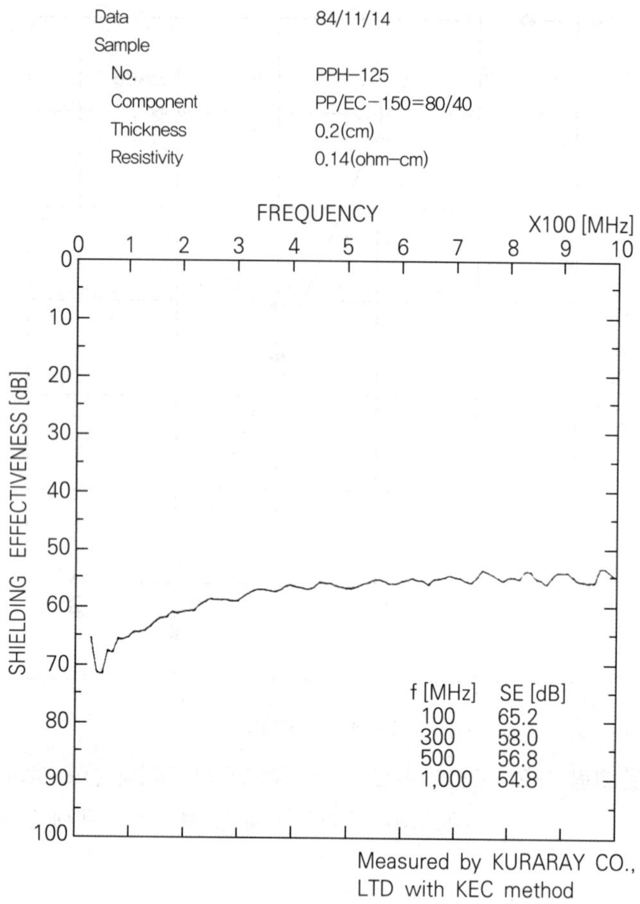

그림 7-9 PP/EC-150=60/wt, **사출성형품** 2 mm

(4) 플라스틱 마그넷(Magnet)

콤포딕 플라스틱 영구자석 재료는 보통 사출성형기로도 성형이 가능하지만, 종래의 플라스틱 재료에 비해 용융점도가 높아서 성형가공이 어렵기 때문에 내마모성의 스크루 실린더가 있는 사출성형기가 바람직하다. 또한 사출압, 형체압이 높아서 스크루 회전력이 큰 성형기가 적합하다. 금형에 대해서도 마모 대책이 필요하다. 이방성 자석을 제조하는 데는 강한 자계(磁界) 중에서 자장(磁場)성형을 할 필요가 있다. 금형 캐비티(cavity)의 자계와 배향도의 그래프는 전자 코일을 금형 구조로 설계할 경우에 참고한다.

표 7-8에 성형조건 예를, 그림 7-10에는 자계와 배형도의 관계를 나타낸다. 콤포딕 플라스틱 자석 재료의 안정성에 대해서는 그림 7-11~그림 7-13에서 나타낸다.

▶▶ **표 7-8 성형조건 예**

항 목 \ 품 명	FPA 170	FPA 132	REA 335
건조	130℃×3hr	130℃×3hr	130℃×3hr
성형온도(℃)	280	270	290
금형온도(℃)	100	95	100
사출압력(kgf/cm^2)	750	530	1,060
이방화자계(異方化磁界) (kOe)	10<	10<	10<
이방화시간(異方化時間) (秒)	3	3	3

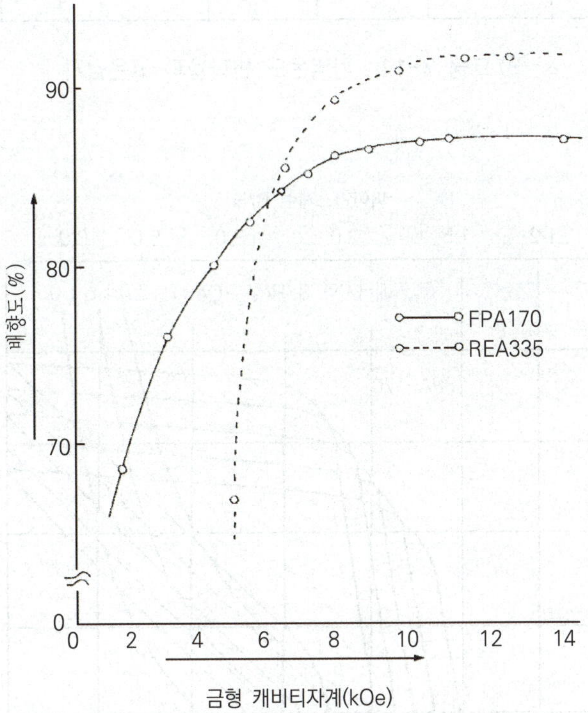

그림 7-10 자계(磁界)와 배향도

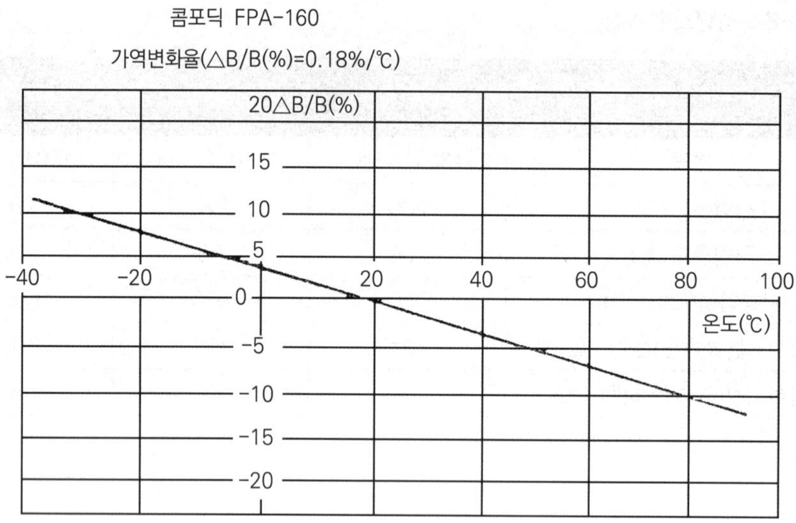

그림 7-11　가역온도 변화율과 고온감자

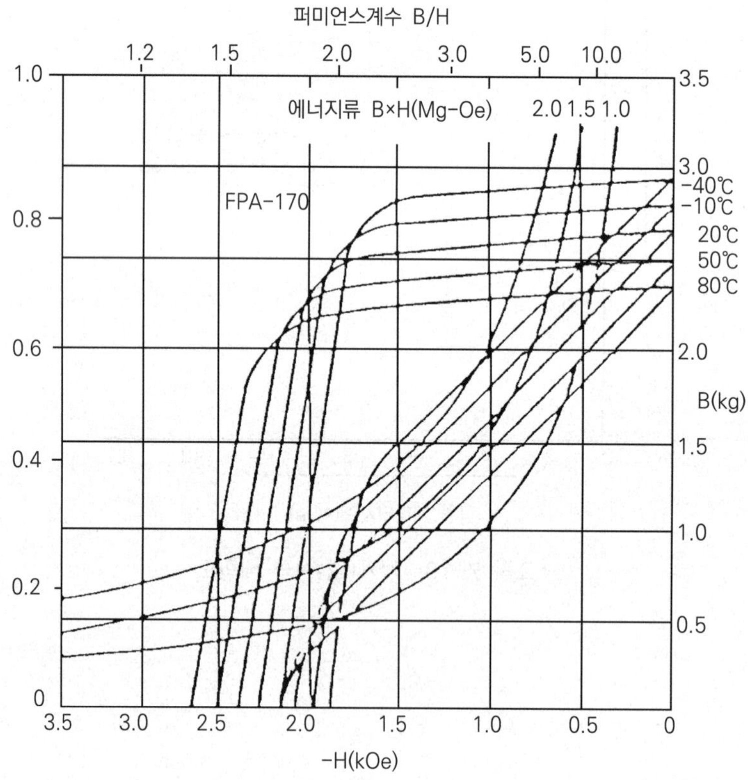

그림 7-12　감자곡선의 온도변화

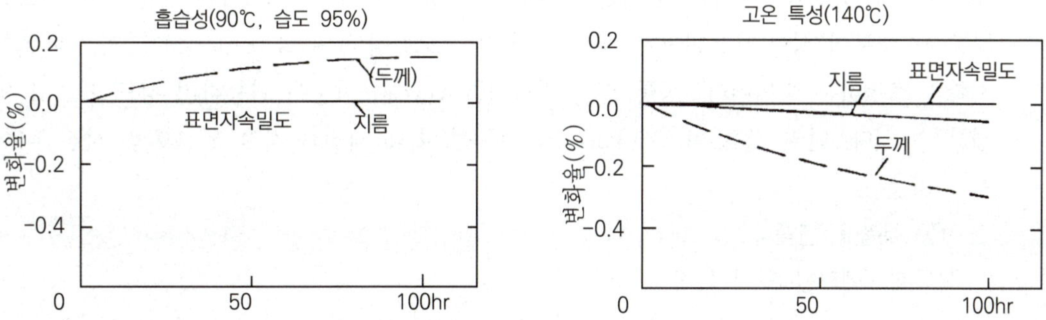

품명 : 콤포딕 FPA-160
형상 : 40mm×3mm
측정온도 : 20℃

그림 7-13 내환경성

3) 특징

(1) 티탄산칼륨 휘스커 충전 엔플라

① 미크로 보강성

디스모는 휘스커 상태의 단일 결정섬유(지름 0.2~0.5μm, 길이 10~20μm)이기 때문에 보강성이 높고 성형품의 경박단소화(輕薄短小化)에 따른 얇은 부분, 협소 부분으로의 균일충전이 가능하고 다른 보강용 섬유에 비해 보강성이 안정되어 있다.

② 내마모성

디스모는 섭동마모에 효과가 있고 보강성과 내마모성을 동시에 발휘해서 섭동이 필요한 기구부품의 설계를 용이하게 한다. 특히 섭동 그레이드의 개발에 의해 무윤활성이고, 우수한 마찰·마모특성을 가진 성형품을 얻을 수 있다.

③ 치수안정성

디스모는 미세한 형상이므로 배향성이 작고, 휨이나 치수안정성에 효과가 커서 보강성, 마모성과 더불어 치수안정성을 동시에 발휘하기 때문에 고기능 부품으로서의 응용이 가능하다.

④ 표면 평활성

디스모는 미세하기 때문에 다른 보강용 섬유에 비해 극히 평활한 표면[경면(鏡面, 거울면) 상태가능]을 얻을 수 있고 정밀도를 향상시킬 수 있기 때문에 윤활부품, 도금부품, 외관부품 등에 가장 적당하다.

⑤ 가공성

디스모는 유동성이 높고 다른 보강용 섬유에 비해 성형이 용이하여 100μm 핀포인트 게이트(pin point gate)나 200μm의 얇은 성형품에도 성형이 가능하다. 특히 경도가 작기(모스경도 4) 때문에 성형기의 마모가 매우 적어진다. 모스경도(Mohs hardness)는 재료의 긁힘 저항을 측정하는 방법이다. 성형 후의 리사이클(recycle) 사용이 가능하며 강도 저하를 억제할 수 있다. 단일 결정 휘스커(whisker)의 특성, 확대 사진을 각각 표 7-9 및 사진 7-5에서 나타낸다.

㉮ 섭동 부품용 엔플라

섭동재 〈에코놀 S〉의 특징

▶▶ 표 7-9 디스모-D 특성표

특 성	특성치
색상 · 형상	백색 침상결정
화학조성	$K_2O \cdot 6TiO_2$
평균섬유장(길이)	10~20μm
섬유경(지름)	0.2~0.5μm
비중	3.1~3.3
모스경도	4.0
융점	1,300~1,350℃
인장강도	500~700kgf/cm^2
인장탄성률	약 28,000kgf/cm^2
전기저항	$3.3\times10^{15}\Omega$cm
유전(誘電)특성	ε : 3.5~3.7
	tan δ : 0.06~0.09

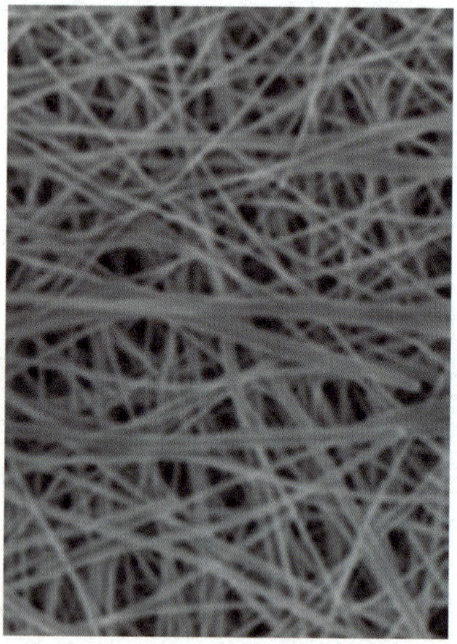

사진 7-5 디스모-D 확대 사진

⑥ 습동 특성

㉮ 한계 PV값은 상대 재료의 열전도율에 따라 다르다. 무윤활 섭동재 중에서는 가장 높은 값을 갖고 있다.

㉯ 마찰계수는 광범위에 걸쳐서 낮고 안정되어 있어 상대 재료가 알루미늄과 같은 연질금속이라도 파손시키지 않는 특징을 갖고 있다.

㉰ 에코놀 S200, 230, 300은 신율(伸率)이 크기 때문에 충격, 진동을 받는 용도에, 또 S1000, 1140, 1330, 1360은 하중이 높은 용도에 가장 적당하다.

㉱ 흑연에 속하는 S230, 330, 1330, 1360은 특히 고(高) PV값 하에서 우수한 섭동특성을 갖고 있다.

㉲ 내열성 : 260℃까지 연속 가능하다.

㉥ 내약품성 : 일반적인 유기용제, 유지류에는 고온 시에도 침식되지 않는다.

㉦ 기계 가공성 : 각 그레이드의 가공용 소재(환봉, 두꺼운 막대)는 보통 금속 절삭가공용 기계로 쉽게 가공할 수 있다.

(2) 도전성(導電性) 엔플라

쿠라레 도전화 운모 및 MRP[Mica Reinforced Plastic, 운모(mica)강화 플라스틱]의 특징은 다음과 같다.

① 우수한 전자파 실드 효과

도전화 운모는 운모 표면에 무전해(無電解) 도금법으로 균일한 니켈 피막을 석출(析出)시키는 것이고, 밀착성은 양호하고 도전성이 우수하다. 도전성 운모를 소정량(所定量) 이상 첨가함에 따라 우수한 전자파 실드 효과를 나타낸다.

② 경량(輕量)

도전화 운모의 순수한 비중은 약 3.6이고 황동섬유(순수 비중 8.4)나 니켈 조각(순수 비중 8.9) 등의 금속계 필러(filler, 충전제)에 비해 동일한 실드 효과를 갖는 조성물은 경량이다.

③ 우수한 성형성

도전화 운모를 배합한 컴파운드(compound)는 성형성이 우수하고 종래의 성형기나 금형을 그대로 이용할 수 있다. 금속섬유나 금속조각은 변형이 쉽고, 노즐 막힘이나 편재(片材)가 생기기 쉬운 것에 비해서 도전화 운모는 유동성이나 분산성이 우수하므로 두께 1 mm 이하의 복잡한 성형물의 구석구석까지 균일하게 충전이 가능하다.

④ 미려한 외관

도전화 운모를 배합한 도전성 플라스틱 성형물(MRP, 운모강화 플라스틱)의 외관은 미려해서 금속섬유나 금속편(片)계의 부출이나 카본블랙계(carbon black)의 가루날림 등의 트러블은 전혀 없어서 그대로 도장도 가능하다.

⑤ 높은 탄성률

도전화 운모는 높은 애스펙트비(aspect ratio, 평균 입자크기의 종횡비, 세로 및 가로의 비)를 갖고 있고 이를 이용한 도전성 플라스틱은 넓은 온도범위에서의 탄성률이 매우 높아 형태안정성, 내크리프성이 우수한 성형품을 얻을 수 있다.

⑥ 높은 열변형 온도

도전화 운모를 플라스틱에 첨가함에 따라 열변형 온도를 향상시킬 수 있다. 또한 고온하에서의 역학적 성질도 우수하다.

⑦ 양호한 치수정밀도

성형 수축에 이방성이 없고, 성형 수축률도 낮기 때문에 치수정밀도가 매우 우수하며, 휨, 뒤틀림, 싱크마크(sink mark)가 없는 성형품을 얻을 수 있다.

(3) 플라스틱 마그넷(Magnet)

① 가볍고, 잘 깨지지 않는 특수 형상물(形狀物)도 용이하게 제조할 수 있다.
② 정밀 성형이 가능하다(치수정밀도 ±0.03 mm 이하).
③ 인서트(insert), 아웃서트(outsert) 성형 등 다른 부재료와의 일체성형(一體成形)이 가능하다.
④ 레이디얼 배향 · 다극착자(多極着磁)도 가능하다.
⑤ 보통 공작기계로 쉽게 가공할 수 있다.
⑥ 결합수지의 선택에 따라 플렉시블 타입도 가능하다.

4) 용도

(1) 티탄산칼륨 휘스커 충전 엔플라

① 시계부품(필요특성 : 미크로 충전성, 고강도, 치수안정성, 자기윤활성)
② 섭동부품 · OA기기부품(필요특성 : 섭동성, 강성, 치수안정성)
③ 오디오용품(필요특성 : 윤활성, 강성)
④ 키보드 스위치(필요특성 : 섭동성, 강성)
⑤ 정밀부품(필요특성 : 강도, 치수안정성, 윤활성)
⑥ 카메라부품(필요특성 : 치수정밀도, 강성, 자체윤활성)
⑦ 레저 부품 · 낚시용 릴(필요특성 : 고강도, 고강성, 내충격성)
⑧ 자동차부품(필요특성 : 섭동성, 치수정밀도)
⑨ 박판 라디오케이스(필요특성 : 고유동성, 저휨성)
⑩ 완구(필요특성 : 형상정밀도, 윤활성, 강성)
⑪ 사무기기 · 가전부품(필요특성 : 고강성, 섭동성, 정밀성형성)

사진 7-6～사진 7-8은 〈티테콘〉의 사용 예를 나타낸다.

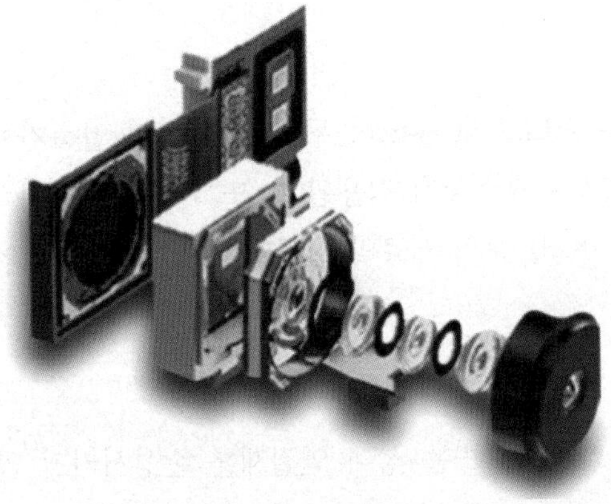

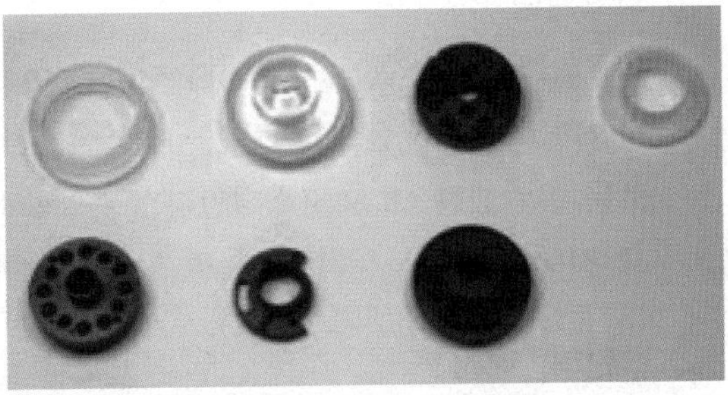

사진 7-6 카메라의 정밀부품(필요특성 : 강도, 치수안정성, 윤활성)

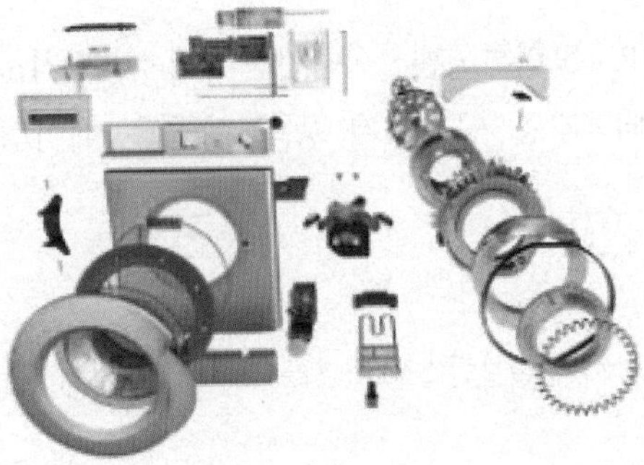

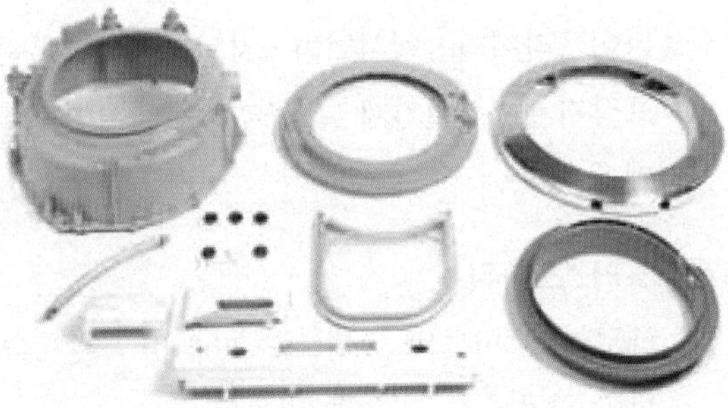

사진 7-7 사무기기, 가전부품(필요특성 : 고강성, 습동성, 정밀성 형성)

사진 7-8 레저 부품 낚시용 릴(필요특성 : 고강도, 고강성, 내충격성)

(2) 섭동부품용 엔플라

① 피스톤링

에코놀 S의 피스톤 링 · 라이너 링(liner ring)은 오일프리(oil-free, 무급유) 이외의 압축기에 사용하고 공기 · 질소 · 아르곤 · 수소 등 거의 모든 가스체에 적용된다. 또 기존의 링 재료로는 곤란했던 Al, SUS(스테인리스강, stainless steel) 등의 재료의 실린더 라이너 · 피스톤에도 적당하다.

② 실린더, 패킹

오일프리(oil-free, 무급유)의 피스톤 실 · 로드 실 등에 또는 상대 연질재를 손상시키지 않는 점을 들어 공압기 · 유압기기 실 패킹(seal packing)에 사용되고 있다. 일본 후생성고시 제434호로 합격되어 있고 식품기기에 사용할 수 있다.

③ 미끄럼 베어링

타이프라이터 · 팩시밀리 · 자동판매기 · 복사기 · VTR · 모터류 · 팬 · 식품가공기계 · 방적기 · 포장기계 · 건설기계 · 건조기 · 컨베이어 · 엘리베이터 · 각종 공작기계 등의 무급유 베어링에 알맞다.

④ 스러스트 워셔

에코놀 S 시트의 타발(打拔)(S300) 혹은 슬리브(sleeve)를 절단(S300 · S230 · S1330)해서 간단한 스러스트 워셔를 만든다.

⑤ 기어, 캠, 홀더

에코놀 S1000 · S1140은 단시간에는 400℃ 이상의 고온에서도 형상변화가 거의 없고 또한 상대재료를 손상시키지 않으므로 높은 온도에서 변색되는 부품에 사용할 수 있다.

⑥ 롤, 롤러

S1000은 단시간이라면 400℃ 이상의 고온에서도 견딜 수 있다. 이 같은 온도 영역은 무기재료 또는 금속재료가 사용되는 분야이지만, 경도가 낮고 파손되기 쉬운 유리제품을 제조하는 롤 등에는 부적당하다. 에코놀은 이러한 롤에도 내열성과 상대재료를 파손시키지 않는다는 점에서 사용되고 있다.

⑦ 각종 표준 성형품

환봉 · 슬리브 · 판 · 시트 등이 있으며 이것들은 보통 공작기계로 쉽게 절삭할 수 있다. 접착하는 경우 S200 · S300 · S230 · S330 · S1140은 표면의 전처리가 필요하고 접착제는 에폭시가 좋다.

사진 7-9, 사진 7-10은 〈에코놀 S〉의 사용 예를 나타낸다.

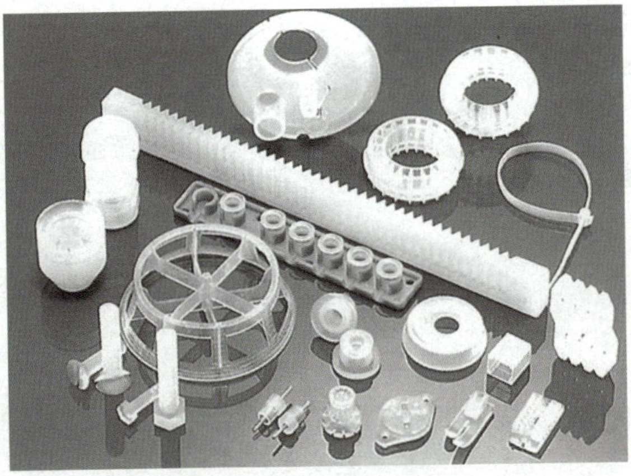

사진 7-9 각종 성형품

사진 7-10 압출성형품(환봉)

(3) 도전성 엔플라

쿠라레 도전 운모 함유 MRP(운모강화 플라스틱)는 전자파 실드용 성형재료로 개발한 것이다.

(4) 플라스틱 마그넷(Magnet)

플라스틱 마그넷(plastic magnet)의 부품 및 최종 제품을 표 7-10에 나타낸다.

표 7-10 플라스틱 마그넷(plastic magnet)의 부품 및 최종 제품

부 품	최종 제품
모터, 발전기	자전거, 자동이륜차, 자동차 와이퍼, 완구, 테이프 레코더 등
회전제어(FG)	VTR, 비디오 디스크, 테이프 레코더, 플레이어, 라디오 카세트 등
클러치	VTR, 테이프 레코더 등
마그넷 롤	복사기 등
전자 부저	손목시계, 괘종시계, 전자식 탁상계산기, 경보장치, 기타
자기치료기	건강매트 등
센서	리드 스위치, 릴레이, 필터
스피드 미터	자전거, 자동이륜차, 자동차 등
마그넷 척	도어, 커튼, 필통 등
인자흡착(印字吸着)	컴퓨터
센터링 마그넷	TV, 컴퓨터 디스플레이 등

특히 사마륨 코발트 등 희토류(希土類)계 플라스틱 마그넷에서는 소형화, 경량화, 고성능화가 요구되는 분야에 가장 적당하다.

① 음향기기(스피커, 마이크로폰, 픽업, 이어폰 등)
② 계측 · 통신기기(센서, 릴레이, 스위치, 필터 등)
③ 회전기기(각종 소형 모터, 소형 발전기기 등)
④ 응용기기(마그넷 커플링, 건강기기, 장식품, 전자록(lock, 잠금장치), 완구 등)

(5) 제조사 (메이커)

일본 주요 제조사는 표 7-11과 같다.

▶▶ 표 7-11 일본 주요 제조사

메이커	상품명
① 티탄산칼륨 휘스커 충전 엔플라	
오츠카(大塚)화학	포티콘
② 섭동부품 엔플라	
스미토모(住友)화학	에코놀, 스미프로이
호도가야(保土谷)화학	서스틸 PPS계
아사히글라스(旭硝子)	ASAHI-PPS

메이커	상품명
③ 도전 엔플라	
쿠라레	MRP
미쓰비시(三菱)유화	〈ECX〉 카본블랙(黑系)
④ 플라스틱 마그넷	
다이니혼(大日本)잉크	콤포딕 플라스틱 자석
테이진(帝人) 엔지니어링	페라막스 자석

5) 대표적인 판매제품의 물성자료

폴리아릴설폰(내추럴/GF(30%) 강화품), FR과 TPX의 GF(30%) 강화품, 폴리메틸펜텐(PNP) 〈TPX〉 등이 있다.

표 7-12는 〈포티콘〉의 그레이드와 특성, 표 7-13은 〈에코놀 S〉의 일반물성, 표 7-14는 〈콤포딕 플라스틱 자석〉 재료의 자기특성과 일반물성을 나타낸다.

▶▶ 표 7-12 포티콘의 그레이드와 특성

			베이스렌지	폴리아세탈			
			그레이드	* OA-20	OA-20U	AT242	* AT342
			특징	일반용	압출성형용 실두께	섭동성	섭동성 저금성 폐금성
물성항목		단위	시험방법				
물리적 성질	비중	–	D792	1.58	1.58	1.62	1.53
	흡수율	%	D570	0.20	0.20	0.20	0.20
기계적 성질	인장강도	kgf/cm	D638	930	940	900	890
	인장파단신장률	%	D638	4.5	4.5	4	4
	굽힘강도	kgf/cm^2	D790	1,620	1,550	1,420	1,450
	굽힘탄성률	kgf/cm^2	D790	6.9×10^4	7.0×10^4	6.8×10^4	6.5×10^4
	아이조드 충격치 (노치 있음)	kgf · cm/cm	D256	3.5	3.9	3.6	3.7
	로크웰경도	R스케일	D785	120	120	120	120
스러스트 마모	운동(動)마찰계수	–	상대재료 S45C강	0.28		0.20	0.20
	비마찰량	mm^3 kgf · km	하중 $10kgf/cm^2$	0.20		0.016	0.013
	상대재료비마모량	mm^3 kgf · km	주속도 30cm/sec	0		0	0
열적 성질	열변형온도 ($18.6kgf/cm^2$)	℃	D648	150	150	150	150
	선팽창계수	1/℃	D696	4.5×10^{-5}		3.6×10^{-5}	3.3×10^{-5}
성형 수축률		%	흐름방향	0.85~1.05	0.85~1.00	0.65~0.80	0.60~0.75
			직각방향	1.9~2.1		2.0~2.2	2.0~2.2
대표적인 사출성형조건		성형온도(℃)		185~215			
		금형온도(℃)		60~100			
		사출압력(kgf/cm^2)		700~1,000			

* : 흑색 그레이드

** : 50×90×3t 평판게이트 $^{W}40\times{}^{t}1.2$mm 판게이트

폴리아세탈			특수 나일론				나일론66	
* OA-30	OA-30HF	(참고) GF 25%	* NT36	* NT362	NT46	NT462	ONN-20B	* ONN-30
고강도 고탄성	고강도 고탄성 양(良) 유동성		고강성 고탄성 치수정도 표면광택	섭동성 고강도 고탄성 치수정도	내한성 강성 소음성 치수안정성	섭동성 소음성 내한성 치수안정성	내크리프성 윤활성	일반용 윤활성
1.68	1.68	1.61	1.48	1.45	1.32	1.29	1.39	1.51
0.20	0.20	0.20	0.20	0.20	0.16	0.16	1.2	1.1
1,190	1,260	1,300	1,620	1,500	870	780	1,240	1,400
4	4	3	3	3	11	10	5	4
1,950	2,070	2,000	2,530	2,330	1,310	1,200	1,980	2,270
10.1×10^4	10.1×10^4	7.5×10^4	11.1×10^4	11.7×10^4	5.7×10^4	5.3×10^4	6.8×10^4	8.7×10^4
4.0	3.8	6.5	2.5	2.0	6.0	5.5	3.4	4.5
120	120	120					120	120
0.28		0.55	0.53	0.11	용융(溶融)	0.18	0.62	0.64
0.29		1.02	0.84	0.015	용융(溶融)	0.0034	0.23	0.20
0		0.032	0	0		0	0	0
153	153	156	210	210	135	135	222	235
2.9×10^{-5}			1.9×10^{-5}	2.0×10^{-5}	2.4×10^{-5}	2.5×10^{-5}	4.4×10^{-5}	2.5×10^{-5}
0.5~0.6	0.5~0.6		0.2~0.3	0.2~0.3	0.2~0.3	0.2~0.3	0.8~1.0	0.5~0.7
1.9~2.1	1.9~2.1		1.0~1.2	1.0~1.2	0.6~0.9			1.9~2.1
			260~280		210~250		265~300	
			60~150		40~80		60~100	
			400~600		600~1,200		400~800	

나일론66			나일론6		PBT			
NTE246	NTG239	(참고) GF33%	ON-30	NTG128	OB-30	BT26	BT26	(참고) GF30%
섭동성 중강도	고강도 고강성(剛性) 내충격성		일반용	고강도 고강성(剛性) 저코스트	일반용	내충격성	섭동성 내충격성	
1.34	1.75	1.39	1.40	1.65	1.61	1.59	1.44	1.52
1.0	0.5	0.7	1.3	0.8	0.07	0.07	0.07	0.07
1,100	1,900	1,820	1,250	1,800	990	830	780	1,300
4	4	5.5	5	4	4	5	4.5	5
1,820	2,950	2,660	2,150	2,800	1,610	1,390	1,280	2,070
7.9×10^4	15.0×10^4	9.0×10^4	8.1×10^4	15.0×10^4	8.3×10^4	6.5×10^4	6.4×10^4	8.3×10^4
3.5	5.5	9.0	4.5	6.5	3.1	6.2	5.8	6.5
120	120		120	120	119			
0.15		0.44			0.13	0.61	0.49	0.15
0.0059		(0.08)			0.22	0.085	0.028	0.060
0					0	0	0	0.008
233	240	240	196	210	207	200	200	212
2.5×10^{-5}	1.4×10^{-5}		3.2×10^{-5}	1.5×10^{-5}	2.7×10^{-5}			2.5×10^{-5}
0.45~0.65	0.20~0.35	0.33	0.3~0.5	0.2~0.4	0.5~0.6	0.5~0.6	0.5~0.6	0.5
2.0~2.2	1.0~1.2			1.0~1.2				
	280~320		235~280	260~300	240~270			
	70~120		50~100	70~100	60~100			
	800~1,200		400~800	500~1,200	500~1,000			

변성 PPO		PVDF		PPS				
OT22B	OT262	FT24	FT242	RT8	RT72	RTC442	(참고) GF40%	(참고) CF, PTFE
양(良) 유동성 살두께 부품용	치수안정성 섭동성 치수정도	내약품성 치수안정성 성형가공성	섭동성 내약품성 치수안정성	고강성 내열성 치수정도 표면광택	섭동성 내열성 치수정도 표면광택	섭동성 내마모성 내열성		
1.16	1.40	1.94	2.00	1.74	1.58	1.57	1.60	1.70
0.10	0.10	0.03	0.03	0.02	0.02	0.08	0.02	0.14
530	850	920	830	1,210	1,080	820	1,360	840
3	3	8	7	2	2.5	1.9	2.5	2.4
950	1,170	1,400	1,160	1,720	1,200	1,110	1,830	1,100
4.2×10^{4}	8.4×10^{4}	6.2×10^{4}	5.3×10^{4}	15.2×10^{4}	11.7×10^{4}	8.7×10^{4}	13.3×10^{4}	9.3×10^{4}
2.6	2.7	6.5	4.8	1.8	1.4	1.5	3.9	3.3
119	120						122	122
	0.10	0.69※	0.41※	0.36	0.19	0.22		0.21
	0.045	0.038※	0.024※	3.0	0.019	0.011		0.016
	0	0※	0※	0	0	0.0046		
95	113	144	142	238	235	235	>260	210
5.7×10^{-5}	2.3×10^{-5}	4.3×10^{-5}	4.4×10^{-5}	1.7×10^{-5}	1.8×10^{-5}	1.8×10^{-5}	2.2×10^{-5}	3.0×10^{-5}
0.30~0.45	0.10~0.25	0.65~0.75	0.65~0.75	0.15~0.25	0.15~0.25	0.25~0.35	0.12	0.20
	0.4~0.6	2.1~2.4	2.1~2.4	1.0~1.2	1.0~1.2			
250~290		210~260		290~340				
60~80		40~90		80~150(120℃ 이상이 바람직)				
700~1,200		600~1,200		700~1,000				

※ 하중 4 kgf/cm^2
주속도 25 cm/sec

▶▶ 표 7-13 습동재료 에코놀 S의 일반물성

항 목	단 위	S200	S300	S230
조 성		E101/PTFE		E101/PTFE /흑연
비 중		1.95	1.84	1.92
기계적 성질				
인장강도	kgf/cm²	173	110	140
신장률	%	290	230	250
굽힘강도	kgf/cm²	–	–	–
일그러짐	%	–	–	–
굽힘탄성률	kgf/cm²	–	–	–
경도	듀로미터 D	62	64	67
	로크웰	–	–	–
압축강도 0.2% 옵셋	kgf/cm²	111	119	94
1% 변형	kgf/cm²	88	94	85
10% 변형	kgf/cm²	182	226	178
25% 변형	kgf/cm²	322	330	300
압축탄성률	kgf/cm²	0.90×10^4	1.0×10^4	0.80×10^4
압축크리프(MD)				
23℃, 140kgf/cm², 24hr	%	4.2	2.1	3.0
100℃, 70kgf/cm², 24hr	%	1.7	0.5	2.1
100℃, 140kgf/cm², 24hr	%	–	–	–
영구변형(MD)				
23℃, 140kgf/cm², 24hr	%	3.7	1.8	2.6
100℃, 70kgf/cm², 24hr	%	3.6	1.0	2.5
100℃, 140kgf/cm², 24hr	%	–	–	–
마찰마모특성[1)]				
한계 PV값 대 SUS304 대	kgf/cm² · m/min	400	600	700
Al	kgf/cm² · m/min	1,100	1,200	1,500
마모계수 K[2)]	mm³/km · kgf/cm²	1.5×10^{-5}	1.5×10^{-5}	1.4×10^{-5}
마모계수 μ[2)]		0.18	0.21	0.20
μ의 안정성[2)]		◎	◎	◎
상대재료 마모량[2)]	mg	0.10 이하	0.10 이하	0.10 이하
열적 성질				
선팽창계수 MD	$\times10^{-5}$/℃	15.8	12.9	12.4
(25~200℃) CD(TD)	$\times10^{-5}$/℃	8.6	8.3	8.4
열전도율	cal/sec · cm · ℃			

주 : 1) 스러스트식 마모시험기 사용

2) 상대재료 Al, 압력 P=10kgf/cm², 속도 V=40m/min에서 측정

S330	S1000	S1140	S1330	S1360	비교재료	
E101/PTFE /흑연	E1000	E1000/PTFE	E1000/흑연	E1000/흑연	GF/PTFE (25/75)	탄소섬유 PTFE(25/75)
1.90	1.35	1.42	1.42	1.53	2.24	1.93
104	–	–	–	–	210	180
190	–	–	–	–	310	70
–	920	330	910	610	–	–
–	3.5	2.6	3.3	1.5	–	–
–	3.3×10^{4}	1.7×10^{4}	3.6×10^{4}	4.9×10^{4}	–	–
68	–	–	–	–	64	70
–	R124	R107	R119	R115	–	–
95						
86	227	113	226	210	85	100
180	1,476	654	1,332	1,147	184	277
305	1,800	1,115	1,846	파단	296	480
0.99×10^{4}	2.3×10^{4}	1.1×10^{4}	2.3×10^{4}	2.0×10^{4}	0.96×10^{4}	1.2×10^{4}
2.6	0.5	0.5	0.5	0.5	7.7	1.7
1.3	–	–	–	–	3.1	1.3
–	0.5	0.5	0.5	0.4	–	–
2.5	0.1	0.4	0.1	0.3	5.2	1.2
1.7	–	–	–	–	3.2	1.4
–	0.1	0.9	0.1	0.2	–	–
900	–	900		1,300		
1,700	–					
2.4×10^{-5}	–	1.9×10^{-5}			이상마모	이상마모
0.2	–	0.20			0.34	0.23
◎	–				×	×
0.10 이하	–	0.35			67.4	50.7
	6.0	6.5			12.0	13.2
	5.1	5.8			7.7	4.7
	9×10^{-4}					

▶▶ 표 7-14 콤포딕 플라스틱 자석재료의 자기특성과 일반물성

자성재료	자기특성 / 단위 / 품명	이방성자석				등방성자석				인장강도
		잔류 자속밀도	보호자력		최대 에너지값	잔류 자속밀도	보호자력		최대 에너지값	ASTM D638
		Br (G)	bHC (Oe)	iHc (Oe)	(BH)max (MG, Oe)	Br (G)	bHc (Oe)	iHc (Oe)	(BH)max (MG, Oe)	kgf/cm²
경질 페라이트	G-9000※	1,250	1,100	1,900	0.35	750	600	1,900	0.10	470
	FPA-090	2,100	1,450	1,750	1.00	1,350	1,050	1,950	0.40	650
	FPA-100	2,350	1,900	2,200	1.35	1,350	1,050	2,000	0.35	650
	FPA-140	2,320	2,060	2,630	1.30	1,300	1,070	2,530	0.34	700
	FPA-160※	2,520	2,100	2,700	1.55	1,400	1,200	2,450	0.45	690
	FPA-160G	2,530	2,080	2,470	1.55	1,400	1,200	2,350	0.45	900
	FPA-170	2,730	2,280	2,690	1.80	1,520	1,250	2,600	0.50	780
	FPA-190	2,860	2,300	2,600	2.00	1,595	1,315	2,525	0.54	600
	FPA-132※	2,350	2,200	2,800	1.35	1,320	1,150	2,650	0.40	400
	FPA-172	2,700	2,370	2,800	1.75	1,480	1,200	2,550	0.50	500
	FPA-182	2,760	2,400	2,800	1.85	1,530	1,300	2,600	0.50	400
코발트 희토류	REA-315	4,350	3,650	5,600	4.0	2,100	1,900	6,400	1.10	600
	REA-335※	5,700	4,200	5,800	7.0	2,850	2,400	6,600	1.80	550
	REA-342	6,400	4,500	5,650	9.0	3,000	2,600	6,600	2.20	320
연질 페라이트	FPA-410	-	-	-	-	-	-	-	-	450
	FBT-420	-	-	-	-	-	-	-	-	450

※ : UL94취득(E 53829)

▶▶ 표 7-15 콤포딕 플라스틱의 일반물성

항목 / 단위 / comPODIC	굽는 강도 ASTM O-790	아이조드 충격 (노치있음) ASTM O-256	로크웰 경도 ASTM O-785	멜트플로 270℃ 10kgf/cm² ASTM O-1238	열변형온도 (185kgf/cm²) ASTM O-648	비중 ASTM O-792	흡수율 23℃ 물 24hrs ASTM O-670	성형 수축률 OIC법	성형 온도
	kgf/cm²	kgf · cm /cm	R Scale	g/10min	℃	–	%	%	℃
※G-9000(94V-0)	750	2.3	118	18 230℃ 216kg	120	2.75	0.3	0.8	250
FPA-090	1,050	3.0	118	5	168	3.44	0.2	0.6	290
FPA-100	1,300	2.7	119	17	165	3.40	0.2	0.6	280
FPA-140	1,400	2.9	118	45 270℃ 5kg	163	3.22	0.2	0.6	265
※FPA-160 (94V-0)	1,150	3.2	120	4	171	3.47	0.15	0.6	295
FPA-160G	1,700	3.2	121	16	176	3.42	0.15	0.6	295
FPA-170	1,300	3.2	121	10	172	3.58	0.15	0.6	280
FPA-190	1,000	3.2	120	2	176	3.71	0.15	0.6	296
※FPA-132 (94V-2)	700	2.8	107	68	100	3.29	0.05	0.7	270
FPA-172	800	3.1	115	4	136	3.50	0.04	0.7	280
FPA-182	700	3.0	113	3	105	3.54	0.04	0.7	280
REA-315	950	4.3	114	100 250℃ 7kg	164	4.3	0.18	0.6	290
※REA-335(94HB)	1,150	4.5	115	6 250℃ 7kg	165	5.3	0.2	0.5	295
REA-342	570	3.2	108	2 250℃ 7kg	105	5.6	0.04	0.7	280
FPA-410	850	2.2	118	3	145	3.53	0.2	0.5	285
FBT-420	800	3.3	119	2 230℃ 7.5kg	85	2.40	0.1	1.0	250

(최대투자율 : FPA-410 : 15, FBT-420 : 4)

성형수축률 : 65×12.4×3.2mm 성형품의 유동방향 및 직각방향의 평균치

※ : UL94 취득 (E 53829)

CHAPTER

08 복합 재료(Composite material)의 개요

01 FRP(Fiber Reinforced Plastic, 섬유강화 플라스틱)

1) 복합 재료(複合材料, Composite material)

복합 재료(複合材料, composite material)는 종류가 다른 재료를 서로 결합한 것으로서, 단독의 재료로는 얻을 수 없는 특성을 지니게 한 소재이다. 한 가지 물질로 이루어진 재료와 달리 복합 재료의 미세구조는 일정하지 않고, 연속적이지도 않으며 상이 두 가지 이상인 다상(multiphase)의 상태이다.

따라서 복합 재료는 두 가지 이상의 독립된 재료(material)가 서로 합해져서 보다 우수한 기계적 특성을 비롯한 물리적, 화학적 특성을 나타내는 것을 의미한다.

복합 재료는 크게 세 가지인 입자강화 재료, 섬유강화 재료, 구조복합 재료로 나뉜다.

가장 일반적인 형태는 기지(matrix, 결합 조직의 기본물질로 '바탕재'라 한다) 재료가 섬유 형태의 강화재와 결합하는 것이다.

대표적인 복합 재료인 FRP(Fiber Reinforced Plastic, 섬유강화 플라스틱)는 미국에서 2차 세계대전 중 경량 구조재의 하나로서 군용 항공기의 부재로 사용되었다. 그 후 FRP는 단지 경량 구조재로서 뿐만 아니라, 뛰어난 내식성을 갖기 때문에 석유, 화학, 선박의 분야 등에서 각종 내식 기기의 주요 소재로 점차 그 활용도를 넓혀가고 있다. 우리나라의 FRP 산업은 플라스틱계 복합 재료의 내식 성능을 활용하는 것을 기반으로 발전해 왔다고 볼 수 있다. 그것은 건설, 주택, 저장탱크(storage tank), 각종 용기(vessel)류의 수요가 큰 것으로도 알 수 있다. 1980년대 이후로 자동차, 선박 산업으로의 수요가 증대하고 있으며 최근에는 항공기 산업 등에도 경량성을 살린 FRP가 적용됨으로써 사용 범위는 더욱 확대될 것으로 보여진다.

현재 국내에서도 FRP 장비(equipment)와 배관재료(piping material)들이 각 특성에 따라 산업

현장에서 폭넓게 적용되고 있다.

이런 복합 재료는 구성되는 재료에 의해 다음과 같이 3종류로 구분될 수 있다.

(1) 고분자 복합 재료(Polymer Matrix Composites, PMC's)

고분자 복합 재료는 고분자(폴리머, polymer)를 기지(matrix)로 한 복합 재료이다. 최근의 산업 현장에서 가장 많이 사용하고 있는 복합 재료이기도 하다. 흔히 FRP, GRP 혹은 Fiber Glass Reinforced Plastic으로 명칭되는 복합 재료가 이에 속한다. 플라스틱인 고분자수지의 기지 위에 섬유상의 강화재인 유리섬유(GF, Glass fiber), 탄소섬유(CF, Carbon fiber) 및 아라미드 섬유(aramid fiber)를 사용하여 기계적 특성을 갖도록 한 것이다.

(2) 금속 복합 재료(Metal Matrix Composites, MMC's)

주로 자동차 분야에서 활용도가 증대하고 있는 복합 재료이다. 주로 알루미늄의 기지(matrix) 위에 실리콘 카바이드(silicon carbide) 등의 섬유상 물질을 사용하여 강도를 증대시킨다.

(3) 세라믹 복합 재료(Ceramic Matrix Composites, CMC's)

매우 고온에서 사용되는 특수 용도의 복합 재료이다. 세라믹 기지(matrix) 위에 실리콘 카바이드(silicon carbide)나 보론 카바이드(boron carbide)를 짧은 섬유상 혹은 휘스커(whisker, 표면에 섬유상의 단결정이 자연적으로 성장하는 현상으로, ㎛ 단위의 직경과 길이를 갖는 다수의 수염모양의 결정(수염결정)이다)상으로 만들어 보강재로 사용한다.

복합 재료(Composite material)

복합 재료는 바탕재(matrix) + 보강재(reinforced material)로, 2종류 이상의 소재를 합쳐서 우수한 기계적, 물리적, 화학적 특성을 나타낸 재료다.
고강도, 고강성, 고인성, 경량, 내열성, 내마모성 등 물성의 상승효과를 나타나게 한다.

2) FRP의 특성

에폭시(epoxy), 폴리에스테르(polyester) 등과 같은 수지(resin) 자체로는 우수한 내식성과 성형성 등의 장점에도 불구하고 다른 구조재에 비해 기계적으로 매우 약한 강도를 가지고 있기 때문에 활용도가 저하한다.

이에 비해 강화재로 사용되는 유리섬유나 탄소섬유 등은 우수한 인장과 압축강도를 가지고 있지만, 고체상태에서는 쉽게 깨지는 단점으로 인해 사용에 제한을 받게 된다.

FRP는 기본적으로 유리섬유(glass fiber)나 합성섬유(synthetic fiber) 등의 섬유와 각종 기지[matrix, 바탕재, 대부분의 복합 재료는 두 가지의 상(phase)으로 이루어져 있다. 두 개 중 하나를 기지(matrix)라고 일컫는다] 수지와의 조합으로, 이러한 두 가지 이상의 독립적인 재료를 복합하여 우수한 기계적 성질과 성형성 및 내식성을 추구하는 재료이다. 그림 8-1은 FRP와 여러 가지 종류의 구성재와의 인장강도 특성을 비교하여 보여준다.

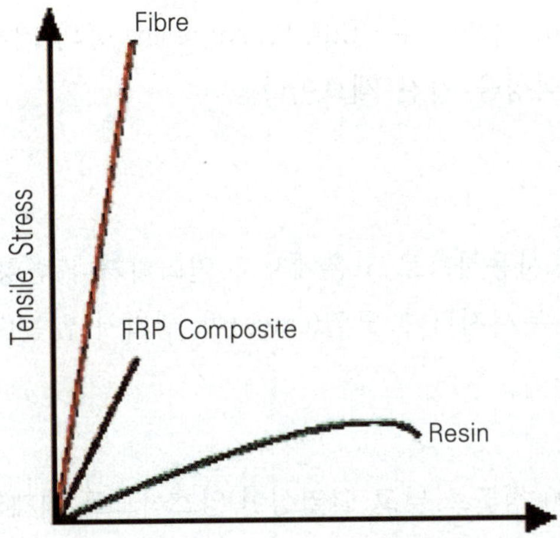

그림 8-1 FRP와 여러 종류 구성재의 인장강도 특성의 비교

FRP는 기지(matrix)로 사용되는 수지(resin)와 강화재로 사용되는 섬유상의 강화재의 특성에 따라 기계적 특성과 화학적 특성이 결정되며, 종합적으로 다음과 같은 요인에 의해 결정된다고 할 수 있다.

① 강화섬유의 특성(Properties of fiber)
② 수지의 특성(Properties of resin)
③ 수지와 강화섬유의 배합 비율(Fiber volume fraction)
④ 복합 재료 내의 강화섬유의 배열과 방향성(Geometry and orientation of fiber)

(1) 경량성

FRP는 보통 비중이 철(비중은 7.85)의 약 1/5 정도로 대단히 가볍고, 중량에 대비한 강도비가 크기 때문에 수송이나, 설치 부착 공사가 용이하고 대형기기, 탱크, 파이프 등의 제작이 가능하다.

(2) 에너지 흡수성(감쇠성)

FRP는 강화재와 기지(matrix)의 복합인 2가지 구성요소(two components)의 이중상(dual phase)으로 구성되어 같은 구조의 단일재료에 비해 동일한 탄성률일지라도, 변형이 가해질 경우 2가지 구성요소(two components)의 이중상(dual phase) 마찰에 의한 에너지 흡수로 뛰어난 에너지 흡수성(감쇠성)을 갖게 된다.

(3) 내식성

FRP를 구성하는 각종 무기계 및 유기계의 섬유뿐만 아니라 불포화 폴리에스테르 수지(UP, Unsaturated Polyester resin), 에폭시 수지(EP, Epoxy resin) 등의 기지(matrix)도 종래의 금속계 재료에 비하여 뛰어난 내식성을 가진 재료이다.

(4) 내열성

대부분 열경화성 수지를 사용하므로 고온에서도 연화하거나 변형되지 않고, 또한 저온에서의 특성도 뛰어나서 쉽게 부서지거나 균열(crack)이 생기지 않는다.

(5) 단열성

열전도율이 철의 약 1/200 정도로 낮고 단열성이 양호하므로 대개의 경우 별도의 보온·보냉이 필요없다.

(6) 제품 형상의 자유도

뛰어난 성형성과 다양하게 개발된 각종 성형 방법으로 인해 제품의 형상이 자유롭고 대량 생산도 가능하다.

(7) 유지 및 보수의 편리성

제품 자체의 가격이 저렴하고 국부적인 보수 작업이 가능하여 손쉽게 유지·보수를 시행할 수 있다.

(8) 제품의 안정성

금속이온을 사용하지 않으므로 내용물에 금속이온의 용출이 없고 품질 변동이 전혀 일어나지 않는다.

3) FRP의 용도

복합 재료는 철강, 목재, 콘크리트 및 기타 일반 플라스틱 소재보다 가볍고 강성, 내구성이 좋아 다양한 분야에서 사용되고 있다. 이러한 특성으로 운송분야, 건축 및 사회간접 시설분야, 선박분야, 항공분야 및 레저분야에 주로 사용되며 절연성 및 광전도성 등의 특성으로 전기 절연재료와 광섬유재료로도 널리 사용되고 있다.

(1) 차량 및 운송분야

자동차, 버스, 트럭에서 철도차량까지 성능과 내구성을 높이고 비용을 절감할 뿐 아니라 경량화를 실현하여 연료를 절약할 수 있다. 복합 재료는 철, 알루미늄보다 가볍고 강하며 부식이 없어 금속부품의 대체가 적용되고 있다. 국내에서 시판된 스포츠카인 엘란의 경우에는 차체 외관이 FRP로 이루어져 있다. 아래 사진 8-1의 (a)는 FRP 차체로 제작된 국산 스포츠카 엘란(Kia Elan)이며, (b)는 철도 차량의 의자와 내장재에 적용된 FRP이다. 이외에도 비행기 내부 내장재 등 우리가 미처 인지하지 못하는 많은 운송 분야에 FRP가 적용되고 있다. 사진 8-1에서는 자동차 외관인 차체와 철도 차량 내부에 적용되는 FRP의 사용 예를 보여준다.

(a) 자동차 차체의 FRP

(b) 철도 차량 내부의 FRP

사진 8-1 자동차 차체와 철도 차량 내부(의자와 내장재)에 적용되는 FRP

(2) 건설 및 사회간접 시설분야

FRP는 내외벽 판넬, 저장탱크, 프렌지, 그레이팅(grating), 교량, 파이프 및 보강재 등의 시설물 및 인공 조형물, 대형 구조물의 제작 등 다양한 형태로 사용되고 있다. 무게가 철강에 비해 약 40% 정도밖에 되지 않아 설치시간이 단축되며 철강과 달리 탁월한 내부식성(내식성)으로 수분에도 강하고 균열이 일어나지 않는다. 예전에는 주로 대형 건물에 설치되는 물탱크의 용도로 많이 사용되었으나, 최근 들어 건물 외벽의 장식용이나 간단한 구조재로서 그 활용도가 더욱 늘어가고 있다. 사진 8-2는 인공 암반과 교량 난간 등 건축 구조물에 적용되는 FRP의 사용 예이다.

(a) 인공 암반

(b) 교량 난간

사진 8-2 건축 구조물(인공 암반과 교량 난간)에 적용되는 FRP의 사용 예

사진 8-3은 건축물 외장재와 수영장 미끄럼틀에 적용되는 FRP의 사용 예이다.

(a) 건축물 외장재

(b) 수영장 미끄럼틀

사진 8-3 건축물 외장재와 수영장 미끄럼틀에 적용되는 FRP의 사용 예

(3) 플랜트 및 발전 분야

FRP 수지층의 우수한 내식성과 강화섬유의 복합 작용에 의한 높은 강도는 플랜트 기자재의 재료로서 널리 사용되고 있다. 사진 8-4는 플랜트 분야에 적용되는 대기 오염방지 집진장치인 스크러버(scrubber)와 쿨링 타워(cooling tower)에 사용하는 예이다.

(a) 집진장치 스크러버(scrubber)

(b) 쿨링 타워(냉각탑)

사진 8-4 플랜트 분야(스크러버와 냉각탑)에 적용되는 FRP의 사용 예

특히 부식성이 강한 산(acid)을 다루는 설비의 기자재 및 소각로 설비의 폐가스 처리 시설 등에는 FRP의 내식성을 활용한 기자재들이 많이 적용된다. 염산이나 질산을 다루는 저장설비와 관련 펌프 및 이송 배관 등 내산성 용도와 발전소 냉각수로 사용되는 해수를 끌어들이는 해수 취수시스템(Seawater intake system) 등 내식성과 구조적 안정성이 요구되는 용도에 널리 사용되고 있다.

또한, 최근 대체 에너지개발의 한 해결방안으로 각광받고 있고 앞으로 매년 30%의 성장이 예상되는 풍력발전 분야는 경량화와 내구성이 매우 중요하며, 현재 블레이드(blade, 날개)는 샌드위치 구조의 복합 재료[BALSA(발사 목재)+FRP : 메가와트(MWatt)급]가, 샤프트(shaft)에는 탄소섬유 복합 재료가 사용되고 있다. 사진 8-5는 풍력발전기에 적용되는 FRP 소재의 날개(fan, blade)이다.

사진 8-5 풍력발전기에 적용되는 FRP 소재의 날개(fan, blade)

(4) 선박분야 및 해양 구조물

FRP는 내구성이 좋고 가벼우며 강성 및 내수성이 좋아 대형 선박을 제외한 일반적인 선박 재료로 널리 사용되고 있다. 제트스키와 낚시보트 같은 소형 선박도 대부분 FRP로 제작된다. 파워보트나 요트에는 무게를 줄이고 항해 환경을 좋게 하기 위하여 코아재와 함께 샌드위치 구조로 건조하며, 군함정에는 케블라(Kevlar, 케블라는 미국 듀폰사의 아라미드(aramid) 소재의 브랜드명으로, 1973년에 아라미드 섬유의 상용화에 성공해 개발한 내열성 합성섬유이다) 및 카본 등을 유리섬유 대신 사용하여 방탄특성을 개선하기도 한다. 사진 8-6은 FRP로 제조된 파워보트(모터보트)와 요트에 사용된 예이다.

(a) 파워보트

(b) 요트

사진 8-6 FRP로 제조된 선박(파워보트 및 요트)

(5) 방호분야

아라미드(aramid)섬유, 탄소섬유는 가장 널리 알려진 방탄소재로 방탄복, 헬멧 등의 개인용 방호장비로부터 수송차량, 장갑차, 탱크 등의 방탄시스템으로 널리 사용되고 있으며 드론, 전투기, 미사일 등 다양한 종류의 비행체 병기의 재료로서 광범위로 사용되고 있다. 사진 8-7은 방호 및 방산분야에서 사용되는 방탄복과 장갑차의 사용 예이다. (a)는 아라미드 섬유를 소재로 제작된 방탄복이다.

(a) 방탄복

(b) 장갑차

사진 8-7 FRP 소재의 방탄복과 장갑차

(6) 스포츠분야

낚시용구, 골프클럽 샤프트, 테니스 및 배드민턴 라켓, 스케이트 보드, 스노우 보드, 스키, 인라인 스케이트 등 다양한 스포츠분야에서 가볍고 강도와 강성이 우수한 탄소섬유 복합 재료가 사용되고 있다. 사진 8-8은 탄소섬유 복합재의 FRP로 제작된 낚싯대와 테니스 라켓의 적용 예이다.

예전에는 글라스로드(glass rod)라는 이름으로 유리섬유로 제조된 낚싯대가 많이 사용되었으나, 최근에는 카본대(carbon rod)라는 통칭으로 탄소섬유로 만들어진 낚싯대가 널리 사용되고 있다. 대부분의 낚시꾼들이 이들 두 가지 재료가 전혀 다른 소재라고 생각하고 있으나, 실제로는 동일한 개념의 복합 재료이며 강화재로 사용되는 섬유의 종류만이 차이가 나는 것이다.

(a) 낚싯대

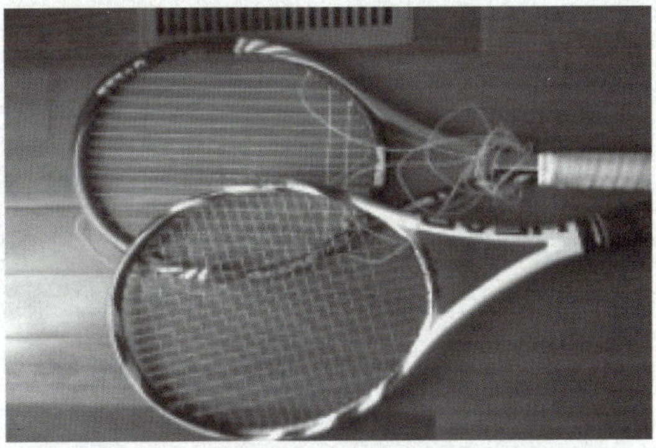

(b) 테니스 라켓

사진 8-8 FRP로 제작된 낚싯대와 테니스 라켓

2 강화재(Reinforced material)

FRP용으로 사용되고 있는 주요 섬유는 유리섬유(GF, Glass fiber), 탄소섬유(CF, Carbon fiber), 보론섬유(BF, Boron fiber) 등의 무기계 섬유 외에 AF(Aramid fiber), PE(Polyehtylene fiber) 등 유기계 섬유나 필요에 따라서는 금속계 섬유 등도 사용된다.

섬유 강화재는 FRP의 강화재로서 사용할 때에는 강도 특성이나 성형성 등을 향상시키기 위해 조방사(粗紡絲, roving), 직물(cloth), 섬유(roving cloth), 춉 스트랜드[chopped strand, 한 가닥(strand)의 유리 장섬유를 용도에 따라 3~12 mm의 다양한 길이로 잘라 만든 제품을 말하며, 주로 엔지니어링 플라스틱의 강도 보강용으로 사용되는 원재료이다], 춉 스트랜드 매트(chopped strand mat), 서피싱 매트(surfacing mat) 등의 형태로 사용된다.

FRP의 기계적 특성은 강화재와 수지의 조화(조성)정도에서 결정이 되며 다음과 같은 요소에 의해 영향을 받는다.

① 강화재 자체의 기계적 특성
② 강화재와 수지 사이의 표면장력(결합력)
③ FRP내 강화재의 양(부피 분률)
④ FRP내 강화재의 방향

2.1 유리섬유(GF, Glass fiber)

현재 국내에서 유통되고 있는 유리섬유(GF, Glass fiber)의 대부분은 E-Glass이며 C-Glass가 내식용으로 일부 사용되고 있다.

1) 유리섬유의 종류 및 특징

(1) 유리섬유의 제조

유리섬유는 용융 노즐에서 직경 수 μm의 필라멘트(filament, 연속으로 이어진 섬유)를 연속 섬유상으로 뽑아낸 것으로서 통상적으로 필라멘트를 수십 본에서 수천 본의 다발로 하여[이것을 스트랜드(strand)라고 부름] 여러 가지 형태로 가공한다.

또, FRP에 사용되는 유리섬유(GF)는 방사(紡絲) 시에 GF표면과 수지와의 접착기능을 증진하기 위하여 커플링제(coupling제, 표면처리제)를 바르는 표면처리 가공을 하고 있다.

(2) 유리섬유의 종류

유리섬유(GF, Glass fiber)는 제조 시의 성분 조성(組成)에 의해 E-Glass[무(無)알칼리 Glass],

C- Glass[함(含)알칼리 Glass], S-Glass(High-Strength Glass), AR-Glass(Alkali-Resistant Glass)로 분류된다.

(3) E-GF (E-Glass)

알칼리 금속을 거의 포함하고 있지 않기 때문에 무(無)알칼리 GF라고 불린다. 유리섬유의 구분으로는 0.5～2.0% 이하의 알칼리 성분을 포함하는 것으로 구분되며, 상용제품은 보통 0.8% 이하의 매우 적은 알칼리를 함유하고 있다. 수분에 대한 저항과 전기절연성이 뛰어나고, 내풍화성(耐風化性)이 우수하여 장기 사용에도 견딜 수 있다. 현재 FRP에 사용되고 있는 유리섬유는 거의 E-Glass형이다.

(4) C-GF

약 10% 정도로 적은 양의 알칼리 금속(R_2O)을 포함하고 있어서, 함(含) 알칼리 유리섬유라고도 불리며 내산성이 요구되는 용도에 유효하다. 내산성의 특징이 있고 산성액의 여과와 내산용기용 FRP의 보강에 사용되고 있다. 이러한 특징으로 인해 이런 종류의 유리섬유를 화학유리(Chemical Glass)라고도 부른다. 또 굴절률이 적어서 수지에 가까운 점을 이용하여 특수한 파판용(波板用) 강화재로서 사용되기도 한다. 사진 8-9는 전자현미경(SEM)으로 촬영한 ‘C-Glass’ 유리섬유의 조직 구조이다.

사진 8-9 ‘C-Glass’ 유리섬유의 조직

(5) S-GF

E-Glass에 비하여 비중은 20% 작고 항장력(抗張力)이 약 35% 크며 탄성률은 20% 크다. 군수용도나 우주 개발 용도 등 주로 고강도의 용도로 미국, 유럽에서 개발되었다. 일본에서는 수요도 적고, 용융 온도가 극히 높기 때문에 양산화가 늦었으나, 최근 ACM(Advanced Composite Materials, 첨단복합 재료)용 섬유 강화재로서의 수요가 높아져 일부 제조업체에서 생산하고

있다. 현재는 항공기, 군사용 병기 등의 특수 용도로 사용되며, 그 성형법으로는 필라멘트 와인딩[filament winding, 연속섬유(filament)에 수지를 함침시켜 회전하는 맨드렐(Mandrel) 위에 섬유를 감아서(winding) 제조하는 성형법]법을 사용하는 예가 많다.

(6) AR-GF

가장 최근에 개발된 유리섬유(GF)로서 내알칼리성이 뛰어나며 시멘트 보강용 내알칼리 유리섬유(GRC, Glass-Fiber Reinforced Cement)로 사용된다.

(7) L-GF

이 종류의 유리섬유는 납(Pb)을 함유하고 있는 것으로서 방사선 차단용으로 사용되고 있다. 용도에 있어서도 방사선을 취급하고 있는 사람의 의류와 군용 등 특수 용도에 사용되고 있다.

(8) A-GF

가장 가격이 저렴한 유리섬유이다. 기계적 강도가 작고, 내약품성이 적으며, 내풍화성이 나쁘다. C-Glass보다 내산성도 나빠서 활용도가 극히 제한적인 유리섬유(GF)이다. 표 8-1은 유리섬유의 종류에 따른 성분 조성 내용을 보여주고 있다.

▶▶ 표 8-1 유리섬유의 종류에 따른 성분 조성

Glass의 종류	SiO_2	Al_2O_3	CaO	MgO	B_2O_3	Na_2O, K_2O	TiO_2	LiO_2	ZrO_2	PbO
E-Glass	53	15	21	2	8	0.3	-	-	-	-
C-Glass	65	4	14	3	6	8	-	-	-	-
A-Glass	72	0.6	10	2.5	-	14.2	-	-	-	-
L-Glass	47.3	-	-	-	2.2	13.5	-	-	-	37.0
S-Glass	64	25	-	10	-	-	-	-	-	-
AR-Glass	61.7	1.3	4	-	-	15.4	-	-	16.9	-

2) 유리섬유의 표면처리

강화재로서 사용되고 있는 유리섬유에는 각 종류별로 특징을 살리기 위하여 표면처리가 되어 있다. 유리섬유의 형태가 같다 하더라도 제조과정에서 그 표면처리의 차이에 따라 기지(matrix, 바탕재)와의 밀착성, 집속성(集束性), 평활성이 달라진다. 따라서 FRP로서의 용도 특성, 작업성 등 요구되는 특성에 적합한 표면처리를 실시할 필요가 있다.

표면처리는 주로 표면처리제(coupling)와 집속제(集束劑) 및 평활제(平滑劑)의 3성분을 조합함으로써 이루어진다. 특히 표면처리제는 유리섬유와 수지와의 화학적 결합을 향상시키기 때문에 FRP로서의 강도, 내수성, 전기적 특성 등의 향상에 크게 기여한다.

집속제, 평활제는 유리섬유의 촉감을 조정하는데 필수적인 것으로 다음과 같은 역할을 담당한다.

① 유리섬유의 표면을 보호한다.
② 가공성을 향상시킨다.
③ 성형 시에 솜털이 발생하는 것을 억제한다.
④ 절삭성을 보유하는 등의 성형 작업이나 성형 유동성을 향상시킨다.

이상 주요한 3성분 이외에 정전기 발생량을 억제하는 목적으로 대전(帶電) 방지제나 용도에 따라서는 방균제 등을 첨가하는 일이 있다.

3) 유리섬유의 특성

유리섬유가 FRP의 강화재로서 폭 넓게 사용되고 있는 것은 복합 재료로서의 요구 성능을 만족시키는데 있어 가격면에서 가장 적합한 강화재라는 점이다. 그밖에 유리섬유는 다음과 같은 특성을 가지고 있다.

① 인장강도가 극히 높으며 실의 굵기가 가늘수록 강하게 된다. 보통 Glass의 인장강도가 10 kgf/mm^{2}인데 비해, 유리섬유의 인장강도는 직경 5 mm일 경우에 약 300 kgf/mm^{2}로 대단히 크게 된다.
② 온도 의존성이 거의 없으며 치수 안정성이 좋다(비열은 0.2 정도). 200℃까지는 열적으로 강도가 저하되지 않는다. 그러나 200℃가 넘으면 E-Glass는 서서히, C-Glass는 급격한 강도 열화가 생긴다. 600℃ 이상에서는 실질적으로 사용할 수 있는 강도를 갖지 못한다. 250℃까지는 팽창하고 그 이상으로 가열하면 수축하며 한번 수축한 유리섬유는 가열을 중단하여도 원래로 돌아오지 않는다.
③ 전기절연성이 뛰어나다(E-GF).
④ 내열성이 높으며 불연(不燃)이다(경화온도는 약 800℃).
⑤ 흡습성이 거의 없다. 대체로 0.3% 이하이다.
⑥ 유연성이 풍부하며 복잡한 형태가 될 수 있다.
⑦ 내약품성이 뛰어나다.
⑧ 내풍화성이 우수하다.
⑨ 탄성률이 높다.

⑩ 항장력이 크고 신율이 작다.

⑪ 인체에 직접적인 해를 줄 요소가 거의 없다.

표 8-2는 유리섬유의 종류에 따른 열적 성질을 비교하여 나타낸다.

▶▶ 표 8-2 유리섬유의 열적 성질

Glass 종류	E-섬유상	E-괴상	C-Glass	S-Glass	A-Glass
열팽창률	5.0×10^{-6}	6.0×10^{-6}	7.2×10^{-6}	2.9×10^{-6}	
열전도율(kcal/mh℃)	0.89				0.81
비열(kcal/kg℃)	0.19	0.20			0.20
연화점(℃)		845	748	969	
왜곡점(℃)		507	552	759	

다음 표 8-3은 유리섬유를 30% 포함한 경우와 그렇지 않은 경우의 각종 수지에서 나타나는 기계적 성질의 차이를 보여주고 있다. 이 실험의 결과는 극히 짧은 시간 안에 이루어진 것으로써, 제시된 실험결과는 절대적인 수치라기보다는 상대적인 비교평가의 자료로서 강화섬유의 영향에 의한 FRP의 강도 향상을 파악하기 위한 용도로 적용되어야 한다. 사용된 강화섬유는 E-Glass이며, 섬유의 배향에 대한 부분은 고려되지 않았다.

▶▶ 표 8-3 유리섬유의 강화 효과에 따른 FRP 수지의 기계적 성질

수지 종류	열변형 온도, ℃		인장강도, Mpa	
	수지 자체	30% 강화섬유	수지 자체	30% 강화섬유
Epoxy	45~285	05~260	27.5~89.7	34.4~138
Phenolic	75~80	175~315	34.4~62	48.2~124
Polyester	60~205	205	41.4~89.6	103.4~206.8
Polypropylene	57	145	34.5	93
ABS	95	105	55.1	100
SAN	95	100	78	120
Modified PPO	130	155	65.5	128
Nylon 6	60	215	76	158.6
Nylon 66	80	255	76	179.2
Nylon 6, 10	57	215	58	144.8
PBT Polyester	85	220	58	137.9
Polycarbonate	130	150	62	128
PPS	140	260	73	137.9

2.2 탄소섬유(CF, Carbon fiber)

탄소섬유가 처음 알려진 것은 약 100년 전 미국 T.A. 에디슨(Thomas Alva Edison)이 대나무 섬유를 탄화하여 전구의 필라멘트로 사용했을 때이다. 공업적으로 제조되기 시작한 것은 1959년 셀룰로오스계 섬유를 기초로 하여 생산한 것이며, 한국에서는 1990년 태광산업이 처음으로 생산에 성공했다.

원료로는 셀룰로오스, 아크릴 섬유, 비닐론, 피치(pitch) 등이 쓰이며 원료에 따라 또는 처리 온도에 따라 분자배열과 결정의 변화가 생긴다. 일반적으로 탄소의 육각 고리가 연이어 층상격자를 형성한 구조이며 금속광택이 있고 흑색이나 회색을 띤다.

강도, 비중, 내열성, 내충격성이 뛰어나며 화학약품에 강하고 해충에 대한 저항성이 크다. 가열과정에서 산소, 수소, 질소 등의 분자가 빠져나가 중량이 감소되므로 금속(특히 알루미늄)보다 가볍고 반면에 금속(철)에 비해 탄성과 강도가 뛰어나다. 이런 특성으로 인해 스포츠용품(낚싯대, 골프채, 테니스 라켓), 항공우주산업(내열재, 항공기 동체), 자동차, 토목건축(경량재, 내장재), 전기전자, 통신(안테나), 환경산업(공기정화기, 정수기) 등 각 분야의 고성능 산업용 소재로 널리 쓰인다.

탄소섬유(CF)의 출현은 FRP의 기계적 특성을 혁신적으로 진보시킨 주역이다. 월등한 강도와 충격 흡수성, 소재의 경량성 그리고 무엇보다도 뛰어난 내식성과 내마모성, 내열성 등으로 인해 기존의 유리섬유에 비해 놀라운 수요 증가 추세에 있다. 그러나 예전에는 가격이 비싸서 우주 항공용 소재나, 낚싯대, 테니스 라켓 등의 제한적인 용도로만 사용이 되었으나, 현재는 스마트폰, 노트북을 비롯한 IT기기, 전기차 차체나 전장품, 드론 등 무인항공체의 날개 등 공업용으로 널리 확대되고 있으며 그 수요는 상당하다.

표 8-4에서는 일례로 1980년대 초에서 1990년대 중반까지 세계의 탄소섬유 수요의 추이를 보여주고 있다.

▶▶ 표 8-4 세계의 탄소섬유 수요의 추이

(단위 : 톤)

	미 국	유 럽	일 본	대만 외	합 계
1981	550	140	290	50	1,030
1982	600	220	470	150	1,440
1983	800	270	500	350	1,920
1984	1,200	450	560	560	2,820
1985	1,650	580	600	400	3,230
1986	1,920	690	620	500	3,730

	미 국	유 럽	일 본	대만 외	합 계
1987	2,300	830	650	600	4,380
1988	2,600	1,000	700	700	5,000
1989	3,000	1,200	770	800	5,770
1990	3,500	1,450	850	900	6,700
1995	5,500	2,800	1,200	1,200	10,750

종류로는 PAN계와 피치계 두 종류가 있다. 기존의 유리섬유와 개략적으로 비교한 기계적인 특성을 다음과 같이 설명한다.

1) PAN계 탄소섬유

PAN계 탄소섬유의 소위 고성능품(High Performance Grade)은 그 높은 비강도(比强度), 비탄성률로 인해서 금속을 대체할 수 있는 복합 재료용 강화재의 주류로서 급속하게 수요를 신장하여, 1986년에는 전세계에서 3,700톤 정도에 달한 것으로 보여진다. 그런데 미국과 유럽에서는 우주, 항공분야가 과반을 점하고 있는데 반해, 아시아에서는 스포츠용도에 편중하고 있어 명백한 대조를 보이고 있었다.

탄소섬유를 활용하면서 발전한 FRP의 최근 수년간 현저한 기술의 진보는 고강도화, 고탄성화를 진전시켰다. 고강도화는 7 GPa, 고탄성율화는 500 GPa을 실현하였으나, 향후 신도(伸度) 1% 정도를 유지하면서 고강도, 고탄성율사를 개발한 것이다. 이러한 섬유의 발전에 맞추어 섬유의 고성능을 살리면서, 고성능으로 취급이 용이한 수지가 등장했다.

2) Pitch(피치)계 탄소섬유

Pitch계 탄소섬유의 공업화는 PAN계 탄소섬유와 같은 1970년에 이뤄졌다. 그동안 주로 범용품을 중심으로 양산화가 이루어져 왔으나, 1976년 미국 UCC사의 고성능품의 탄소섬유가 출시되는데 자극을 받아 고성능 탄소섬유의 기술개발에 힘을 쏟아 상용화한 것이다.

범용 그레이드(grade)는 역학 특성상 FRP의 강화섬유로서보다는 섬유형상의 탄소재로서 그 기능성[내열, 내식, 도전(導電), 마찰, 마모 등]을 살려서 사용된 사례가 많았다. 그러나 Pitch계 HP그레이드(High Performance Grade)의 본격 공업화로 대량생산이 이루어져, 가격수준 대비 자동차 용도를 비롯하여 광범위한 분야에 적용되고 있다. 다음의 표 8-5는 각종 FRP용 섬유의 물성 비교치를 나타낸다.

▶▶ 표 8-5 각종 FRP용 섬유의 물성 비교

섬 유 종 류		섬유경 (μm)	밀도 (g/cm^3)	인장강도 (GPa)	탄성률 (GPa)	파단신율 (%)
유리	E-glass	10	2.54	3.45	72.4	4.6
	S-glass	10	2.49	4.30	86.9	5.0
	레이온 계* GP	8~10	1.45~1.50	0.7~1.2	34~55	-
PAN계 카본	HT	6~7	1.75~1.82	3.5~4.5	230~260	
	IM		1.75~1.80	4.2~5.1	290	
	HM		1.80~1.90	2.3~2.5	390~450	
	T-300(Amoco)	7	1.76	3.2	228	1.4
	AS(Hercules Inc.)	7	1.77	3.1	220	1.2
	T-40(Amoco)	6	1.81	2.34	276	2
	HMS(Hercules Inc.)	7	1.85	2.34	344.5	0.58
	GY-70(Celanese)	8.4	1.96	1.52	463	0.38
Pitch계 카본	HM		2.0~2.15	1.9~2.2	380~725	
	P-55(Amoco)	10	2.0	1.9	380	0.5
	P-100(Amoco)	10	2.15	2.2	690	0.31
Aramid fiber	Regular	12	1.44	2.8	60	
	HM		1.45	2.8	130	
	Kevlar 49(Dupont)	11.9	1.45	3.62	131	2.8
Polyethylene	겔방사법	-	0.95	3.0	70	
탄화규소	하소법*	10~12	2.55	2.5~3.0	170~200	
	증착법	100	3.3~3.4	3.3	135	
보론	증착법	50~100	2.5~3.0	3.5~3.7	400	
알루미나	Dupont법	20	3.9	1.1	380	
	주화법*	9	3.2	2.6	250	

※하소법(calcination) : 원료 물질을 높은 온도에서 처리하여, 불필요한 성분을 태워 날려 버린다.

2.3 아라미드 섬유(Aramid fiber, AF)

아라미드 섬유(AF)란 통상적인 유기섬유와 비교하여 인장강도, 탄성률이 뛰어난 방향족 폴리아미드(PA, Polyamide) 섬유에 대하여 미국연방교역위원회(FTC)가 부여한 총칭이다. 보통의 나일론 옷감은 그 재료가 되는 탄소가 사슬처럼 직선으로 이어져 있고, 이러한 탄소는 온도가 올라가면 구부러지거나 비틀어지는 특징이 있다. 그런데 이렇게 변형된 탄소 여섯 개가 뭉쳐서 고리를 만들면 많은 특성이 달라진다. 옷감의 결합 상태가 단단해지고 열에도 강한 특성을 보인다. 사진 8-10은 아라미드 섬유 구조를 보여준다.

사람들은 이것을 아라미드 섬유라고 불렀고 아라미드 섬유는 방탄조끼, 타이어 등 다양한 용도로 사용되고 있다. 1972년에 미국 듀폰(DuPont)사가 '케블라(Kevlar)'라는 상품명으로 최초로 공업화하여, 현재 가장 유명한 제품으로 앞서가고 있으며, 일본 데이진의 테크노라(Technora)도 있다. 열분해 온도는 약 500℃이며, 최대 사용온도는 200℃로 적용한다. 각종 화학 약품에 대한 저항성이 우수하고, 기계적 강도도 우수한 것으로 평가된다.

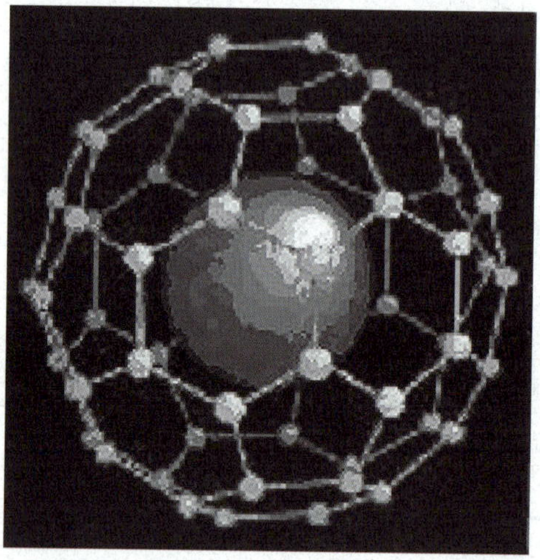

사진 8-10 아라미드 섬유 구조

참고로 각각의 주 성분은 다음과 같다.

- 케블라(Kevlar) : Polyphenylene terephthalamide〈PPTA〉
- 테크노라(Technora) : Copolymer of PPTA and DPE(3, 4-Diamino Diphenylene Ether)〈DPEPPTA〉

1) 아라미드 섬유(Aramid fiber, AF)의 특징

① 강도가 크다.
② 내열성이 크다.
③ 무게가 가볍다(경량성).
④ 내충격성이 크다.
⑤ 강인성이 있다.

⑥ 내마찰, 마모성이 있다.

⑦ 가공이 용이하다.

표 8-6은 아라미드 섬유(AF)의 물성 비교치를 나타낸다.

▶▶ **표 8-6** 아라미드 섬유(AF)의 물성 비교

항 목	케블라 29	케블라 49	탄소섬유 (T-300)	Technora	E-Glass
인장강도(MPa)	3,620	3,620	3,100	3,000	2,410
인장탄성률(GPa)	83.8	124.0	220.9	70.0	69.0
파단신율(%)	4.4	2.9	1.25	–	3.5
밀도(g/cm^3)	1.44	1.44	1.75	1.39	2.50

표 8-7은 아라미드 섬유(AF)의 용도를 설명한다.

▶▶ **표 8-7** 아라미드 섬유(AF)의 용도

분 야	사 용 예
고무 보강재	자동차 타이어, 각종 벨트류, 고압 호스 등
플라스틱 보강재	우주 · 항공기 부품, 선체, 스포츠 용품, 압력용기, 윤활부재, 사무기기 부품, PCB(Print Circuit Board) 등
시멘트 보강재	바닥재, 벽재, 천장재, 압출 성형품, 파이프, 철근 대체품 등
산업자재	고압가선 로프, 안테나, 낚싯줄, 내열 벨트, 내열 필터 등
방호재	방탄조끼, 헬멧, 안전 장갑, 작업복, 등산화 등
석면 대체 용품	브레이크 패드(brake pad), 엔진용 가스켓, 그랜드(마개) 패킹(gland packing)

표 8-8은 탄소섬유(CF)와 유리섬유(GF)의 인장 특성 비교치를 보여주고 있다(대표값).

▶ 표 8-8 탄소섬유(CF)와 유리섬유(GF)의 인장 특성 비교 (대표값)

재료명		밀도 (g/cm^3)	인장강도 (MPa)	인장탄성률 (GPa)	섬유계 (μm)
CF	GP	1.5~1.8	500~1,200	50~100	7~18
	HP/HT	1.75~1.8	2,500~4,500	200~250	7~8
	HP/UHT	1.75~1.85	5,000~6,100	200~250	5~7
	HP/IM	17~1.8	3,000~5,500	280~330	5~8
	HP/HM	1.8~1.9	2,000~2,500	300~400	6.5~8
	HP/UHM	1.9~2.0	2,000~2,500	450~700	6~7.5
GF	E-Glass	2.6	3,500	73	8~12
	S-Glass	2.55	4,500	87	8~12

2.4 폴리에틸렌 섬유(Polyethylene fiber)

수백만 분자량의 초고분자량 폴리에틸렌(PE)을 겔(gel)방사(紡絲)라는 특수한 공정을 이용하여 초연신시켜서 제조하는 섬유로 가벼우면서 강도가 뛰어나다. 아라미드 섬유와 함께 고강도로서 방탄용 재료로도 사용된다.

현재 시판되고 있는 상품명은 미국 Allied Singal(Honeywell)의 Spectra, Mitsui Petrochem의 Techmillon, Nippon Dyneema의 Dyneema가 있다. 폴리에틸렌 섬유 외에 고강도 강화섬유로 사용되는 것에는 흔히 나일론(Nylon)이라고 불리는 폴리아미드(Polyamide, PA) 섬유가 있다. 다음 표 8-9는 Spectra(스펙트라)의 물성치이다.

▶ 표 8-9 폴리에틸렌 섬유 Spectra(스펙트라)의 물성

물성	Spectra 900	Spectra 1000
밀 도(g/cm^3)	0.97	0.97
인장강도(GPa)	2.6	3.0
탄 성 률(GPa)	120	175

표 8-10은 각종 재료의 인장 특성 비교치를 나타낸다(대표값).

▶▶ 표 8-10 각종 재료의 인장 특성 비교(대표값)

재 료 명		밀도 (g/cm³)	인장강도 (MPa)	인장탄성률 (GPa)	섬유계 (μm)
보론 섬유(Avco)		2.6	3,900	410	140
탄화석규소섬유(일본카본)		2.55	3,000	200	10~15
AF	(케블라 29)	1.44	2,700	60	12
	(케블라 49)	1.45	3,500	130	12
Al_2O_3F(住友化學)		3.2	2,500	250	9
합성조직 (合成纖維)	나이론 66	1.14	900	6	10~15
	PET	1.38	1,000	20	10~15
철합금(鐵合金)	Maraging강 280	7.88	1,950	200	–
알루미늄합금	7075–T6	2.77	520	70	–
티탄합금	6A1–4V	4.43	1,100	120	–
마그네슘합금	AZ61A	1.80	170	45	–
플라스틱	나일론	1.13	800	3	–
	PC	1.2	600	2.5	–

2.5 성형재료

성형재료는 섬유를 수지, 경화재 등에 미리 혼입한 것으로서 프레스 성형법 등에 의해 가열·가압 성형하기 위한 재료이다. 이와 같은 것은 섬유를 기지(matrix, 바탕재)에 균일하게 분산시켜 기계 성형에 의해 양산화하기 위한 방법으로 수지의 경화특성을 이용한 것이다.

이들의 종류에는 섬유를 직물(cloth), 조방사(粗紡絲, roving), 매트(mat)의 상태에서 미리 기지(matrix) 수지에 함침[saturation(포화), wetting(젖음), penetration(침투)]시켜 경화시킨 프리프레그[prepreg, 고강도 복합재의 중간재로 시트(sheet) 형태의 제품이다. 강화재인 탄소섬유, 유리섬유, 아라미드 섬유 등에 특수하게 혼합된 에폭시 수지(matrix, 바탕재)를 함침시켜 만든 성형재료]와 점성을 증가시키고 섬유를 함침시켜 경화되지 않도록 처리한 컴파운드(compound, 혼합물·화합물)가 있다.

이것은 열, 빛(UV, Ultraviolet, 자외선), 압력과 같이 경화 또는 부형(賦形, 형체를 부여)에 필요한 외적인 조건만을 제공함으로써 성형품을 만들 수 있는 다성분계의 재료이며, 열경화성 FRP 성형재료로서는 SMC, BMC, Prepreg(프리프레그)와 열가소성 FRP 성형재료로는 팰릿(pallet) 형태의 FRTP, 스탬핑 가능한 시트(stampable sheet)에 관해서 설명한다.

1) 성형재료의 특성

이들 성형재료는 다음과 같은 공통적인 특징을 가지고 있으며, 응용범위가 더욱 확대되어 4차 산업혁명시대의 흐름에 알맞은 재료가 되고 있다.

(1) 성형재료의 장점

① 가열, 가압성형을 하는데 그치는 재료로서 취급이 간단한 위생적인 재료이며, 생산성을 좋게 제조할 수 있는 재료이다.

② 성형 사이클이 빠르고, 대량생산에 적합하다. 공정의 자동화가 쉽다. 조건이 확립되면 기능차가 발생하기 어렵다.

③ 성형 형상의 자유도가 크며, 일체성형이 가능한 재료이다.

④ 내열성, 강도, 탄성률, 치수안전성이 뛰어나다.

2) 성형재료의 종류

(1) SMC (Sheet Molding Compound, 시트 몰딩 컴파운드)

SMC(시트 몰딩(성형) 컴파운드)는 UP(Unsaturated Polyester resin, 불포화폴리에스테르 수지), 충전제, 이형제, 착색제, 경화제 등을 섞은 혼합물에 증점제(增粘劑)를 혼합한 컴파운드(compound)를 폴리에틸렌 필름(PE film) 위에 도포하고 유리섬유(GF, Glass fiber)를 그 위에 뿌려서 양자를 압착 함침(saturation, 포화)시켜 시트(sheet) 형태로 하여 감아서 실내 온도 혹은 적절히 가열한 상태에서 숙성시켜 제조한다. 증점제(增粘劑)로는 불포화 폴리에스테르(에스터, ester) 중의 카복실(Carboxyl)기와 반응하여 얻어지는 산화마그네슘(MgO), 수산화마그네슘[$Mg(OH)_2$] 등 알칼리토류 금속의 산화물, 수산화물이 사용되는 것이 일반적이다. 컴파운드(compound)가 유리섬유(GF)를 함침한 후에 이 증점제가 수지 말단의 산기와 반응하여 분자량을 높이거나, 혹은 분자 중의 카복실(Carbonyl)기와 수소 결합화하여 분자 운동을 구속함으로써 점착성이 없는 성형재료가 된다.

SMC는 금형 내에서 유동되는 재료이기 때문에 유동에 따른 유리섬유(GF)의 배향이나 접힘 혹은 접착점이 생겨서 강도의 이방성 결함부가 되어 외관을 해치는 일도 있다. 그러므로 성형재료의 선택과 그에 합당한 성형조건 설계나 금형설계, 제품설계가 극히 중요한 요소가 되므로 특히 주의를 요구한다. 주로 욕조 등의 제작에 많이 적용된다.

표 8-11은 고강도 SMC의 성질을 나타낸다.

▶ **표 8-11 고강도 SMC의 성질**

주요 물성	이소계 폴리에스터 MgO	이소계 폴리에스터 우레탄계
SMC의 성분 : 그래스/수지	65/35	65/35
휨강도(MPa)	356.7	377.3
휨탄성률(MPa)	13,720	14,406
인장강도(MPa)	223.4	226.4
인장탄성률(MPa)	13,720	15,092
신장률(%)	2.0	2.1
아이조드(Izod) 충격에너지(J/m)*	1,060	1,910
층간 전단강도(쇼트빔법)(MPa)	22.5	24.5

* 테스트(test) 조건은 ASTM D256에 따라 23±2℃(73.4±3.6℉)에서 50±5%의 습도

표 8-12는 SMC의 배합 예를 설명하고 있다.

▶ **표 8-12 SMC의 배합 예**

재료 구분		일반형	저수축성형	무수축성형
폴리에스터 수지	OCF-E-600	100부	–	–
	OCF-E-955	–	75	–
	OCF-E-933	–	–	60
저수축부여 수지	OCF-E-571	–	25	–
	OCF-E-573	–	–	40
분말 폴리에틸렌		6	6	–
촉 매	tBPB	1	1	0.5
	tBPO	–	–	0.5
이형제	스테아린산아연	4	4	4
충전제	탄산칼슘	150	150	150
착색제		8	8	–
중점제	MgO	1	1	–
	$Mg(OH)_2$	–	–	4
유리섬유(%)		25~30	25~30	25~30

SMC는 다음 그림 8-2에서 보여주는 것과 같이 섬유 강화재의 형태에 따라 크게 4가지로 구분된다. SMC-R은 Random(랜덤, 불규칙) 섬유를 사용하며, 섬유의 길이는 4~8 mm 정도이다. 형상이 복잡하고 리브(rib), 보스(boss) 등이 많은 구조물에 사용하며, 최종 제품은 각 방향에 대하여 강도가 대체적으로 균일한 것이 특징이다. SMC-C는 일방향으로 정렬된 강화섬유가 들어 있는 것으로 한쪽 방향의 강도가 크게 요구될 때 사용된다. SMC-C-R은 연속섬유와

Random 섬유의 복합상이며, SMC-D는 단섬유를 방향성이 있도록 배열한 것으로 각각의 특성에 맞게 사용된다. 그림 8-2는 보강재에 따른 SMC의 구분을 나타낸다.

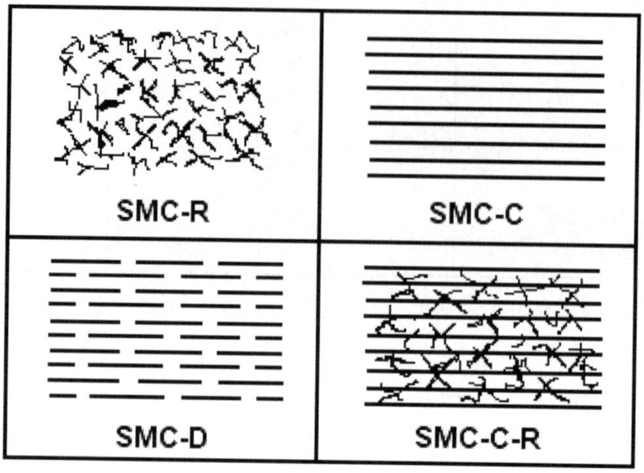

그림 8-2 보강재에 따른 SMC의 구분

(2) BMC (Bulk Molding Compound, 벌크 몰딩 컴파운드)

BMC[벌크 몰딩(성형) 컴파운드] 제조 방법은 UP(불포화폴리에스테르 수지)에 경화제, 이형제, 착색제를 혼합한 것과 충전제를 혼합하고, SMC와 마찬가지로 증점제(增粘劑)를 혼합한 후에 유리섬유(GF)를 균일하게 분산 혼합한다. 혼합이 완료되면 소정의 크기나 형상으로 만들어 숙성해서 BMC로 만든다.

BMC 중에는 증점제를 사용하지 않는 습식 사전 혼합(Pre-mix) 또는 DMC[Dough Molding Compound, BMC(DMC) 재료는 Bulk(Dough, 반죽 또는 덩어리) 몰딩 컴파운드, 즉 벌크 몰딩 컴파운드와 동일하게 사용된다]와 스티렌 모노머(Styrene monomer)를 사용하지 않은 건식 사전 혼합(Pre-mix)가 있다. 이것들은 BMC와 마찬가지로 압출 혼련기(押出混練機)로 제조한다.

BMC 원료면에 있어서 SMC와 거의 같은 방법으로 사용되며 배합비율과 유리섬유(GF)의 길이나 함유율에 특색이 있다.

유리섬유(GF)는 1/4~1/2 인치의 촙 스트랜드(chopped strand)의 형태로 5~30% 함유되지만 혼련 공정을 거치기 때문에 유리섬유(GF) 함유율은 10~20%로 SMC보다 낮은 것이 많다. 그만큼 충전제를 많이 사용하는 것이 일반적이다. 이것은 BMC의 장점과 결점에 영향을 미치는 특징적인 사항이다.

BMC의 제조는 배치(batch) 방식으로 행해지고 있으나 에너지 절약, 생산성의 향상 등의 관점에서 압축 혼련기에 의한 연속 자동 혼련장치도 사용되고 있다.

BMC의 문제점으로는 성형재료를 제조할 때의 유리섬유(GF)의 손상, 혼련(混練)의 어려움으로 강도가 떨어지는 일이다. 이러한 강도 저하는 유리섬유(GF)의 길이의 짧음이나 함유량의 한도, 충전제가 다량으로 사용되는 점 등에 원인이 있다. 따라서, BMC나 사전 혼합(Pre-mix)의 품질 개선은 혼련 시 및 성형 시의 유리섬유(GF)의 손상을 어떻게 적게 하며, 성형품의 강도를 얼마나 향상시키느냐가 커다란 과제이며 적정한 혼련기의 선택이 필요하다.

한편 SMC에 비하면 유리섬유(GF)가 짧고 손상을 입을수록 분산되며 또한 충전제가 많기 때문에, BMC 성형재료는 복잡한 성형품의 단부(端部, 끝부분)까지 비교적 균일계(均一系)로 유동하고, 또 유리섬유(GF) 분산의 균일성이나 내압이 걸리기 쉽기 때문에 성형품의 표면 평활성, 핀홀(pin hole) 등에서 우수하다.

그림 8-3은 SMC와 BMC의 강도 비교를 보여주는 그림이다.

BMC의 형상은 채택되는 성형법에 따라서 결정된다. 사출 성형에서 습식 BMC는 괴상(塊狀)이 적용되고, 건식 BMC는 팰릿(pallet)상이 주로 적용된다. 압축성형이나 트랜스퍼(transfer) 성형에 채택되는 습식 BMC는 봉상(棒狀, 원형 막대모양)이나 지상(枝狀, 가지모양)으로 압출기에서 일정한 중량으로 계량(計量)된 것이 많다.

사출성형에 있어서의 양산성(量産性)이나 자동화의 특징을 살려서 최근에는 강도 개량을 꾀하는 방식이 몇 가지 실용화되고 있다.

SMC 그 자체를 사출성형하거나 사출압축성형으로 유리섬유(GF)의 손상을 적게 하기도 하고 재료 혼합시 롤러(roller) 방식을 채용하거나, 공중에서 컴파운드(compound)를 스프레이(spray)하여 함침시키거나, 재료 자체 또는 성형 시의 강도향상 방안을 강구하여 종래의 SMC와 BMC의 경계가 없어지는 경향이 나타나고 있다.

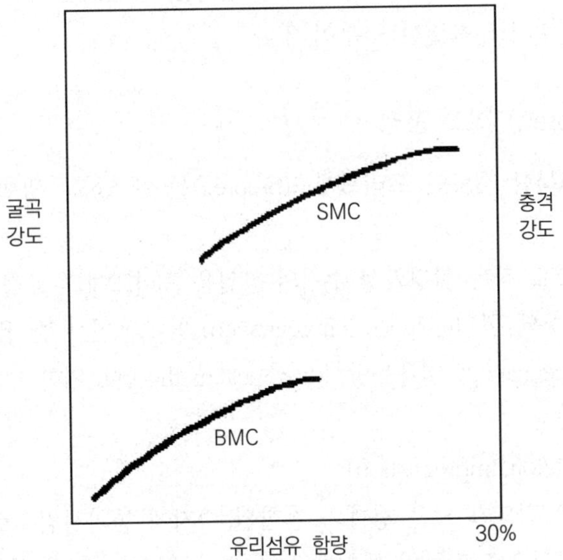

그림 8-3 SMC와 BMC의 강도 비교

(3) 프리프레그(Prepreg)

섬유 보강재와 고점도 수지를 사용한 복합 재료 공정은 수지를 섬유 보강재에 함침하는 임프레그네이션(impregnation, 함침 · 주입)과 고온 및 고압을 이용하여 래미네이트(laminate, 얇은 판이나 얇은 조각)를 압축하는 강화(consolidation) 공정 두 단계로 이루어져 있다. 고체화시켜 단단하게 만드는 강화(consolidation) 공정은 열경화성 수지에서 경화반응이 열가소성 수지에서는 결정화 반응이 수반된다.

프리프레그(prepreg)는 용어에서 의미하는 바와 같이 함침된(impregnated, 스며들게 하다) 소재로서 수지와 섬유가 최종 제품에서 요구하는 비율로 이미 함침되어 있으며, 부수적인 화학처리가 불필요하고, 복잡한 구조물 형상을 용이하게 제작할 수 있다는 장점을 갖고 있다.

프리프레그(prepreg) 제조 공정에서 가장 기본적인 수지 함침공정은 수지가 섬유 보강재에 고루 함침되고, 그 과정에서 강화섬유의 변형이 없어야 하며, 내부에 기공이 남아 있지 않아야 한다.

완성된 프리프레그(prepreg)는 주로 한쪽 면에 접착제가 도포되어 있는 테이프(tape) 형태이다.

① 프리프레그(Prepreg)의 종류

프리프레그(prepreg)는 사용되는 섬유 보강재의 종류에 따라 단방향형(unidirectional type) 및 우븐형(woven type, 짜여진 원단)의 프리프레그 두 가지로 구분된다. 또한 우븐 프리프레그(woven prepreg)는 직물의 형태에 따라 평직물(plain weave), 수자직물(satin weave, 새틴 위브), 능직물(twill weave)로 세분된다.

프리프레그(prepreg) 제조에 사용되는 섬유 보강재는 거의 모든 강화섬유가 사용되며, 대표적으로 사용되는 수지도 특별한 구분이 없다.

② 프리프레그(Prepreg) 제조 공정

고성능 열경화성 복합 재료인 프리프레그(prepreg)를 제조하는 방법에는 크게 2가지가 있다.

분자량이 상대적으로 작은 열경화성 수지의 상업용 프리프레그 공정은 크게 분류하여 용액 속에서 함침하는 용액 함침(solution impregnation)과 고온에서 반 용융상태로 함침하는 핫멜트[hot-melt impregnation, 열용융방식(hot melt method)에 의한 수지 침투 · 수지 함침]의 두 가지로 구분된다.

ㄱ. 용액 함침(Solution impregnation)

섬유 보강재를 점도가 낮은 용매와 혼합된 수지에 통과시킴으로써 수지 함침을 하는 방법으로 일반적으로 직물의 함침에 널리 사용되었다. 이 방법은 수지의 양을 정확하게 조절하기 어렵고 수지 함침 후 수지에 함유된 용매를 제거하기 위하여 건조기가 부착되어야 하는 어려움이 있다.

ㄴ. 핫멜트(Hot-melt impregnation)

용매를 사용하여 수지를 녹이지 않고 고(固)형상으로 굳어진 수지를 얇은 필름상으로 절단하고 미리 분산된 섬유 보강재 표면에 점착시킨다. 고르게 점착된 수지와 섬유 보강재를 함침로를 통과하면서 고온 및 고압하에서 압축하여 수지를 함침하는 방법으로서 단방향 테이프(unidirectional tape)에 널리 사용되고 있다. 핫멜트 프리프레그(Hot-melt prepreg) 공정은 섬유분산(Fiber pre-spreading), 수지흡착(Resin coating), 수지함침(Resin impregnation), 냉각(Cooling) 및 제품 완성(Take-up) 등의 5가지 기본 공정으로 이루어져 있다.

㉮ 섬유분산(Fiber pre-spreading)

수지 함침에 앞서서 섬유 보강재를 균일하게 분산시키는 단계로서 프리프레그 제작사들이 가장 노출을 꺼리는 부분이며, 나름대로의 고유한 노하우(know-how)에 의해 수행된다. 일반적으로 금속 혹은 실리콘 계통의 고분자로 제작된 작은 반경의 튜브를 일렬로 배열하거나 롤러(roller)의 좌우 · 상하 진동을 이용한 방법이 적용된다.

㉯ 수지흡착(Resin coating)

균일한 두께를 갖는 수지층을 연속적으로 생산하는 공정이다. 직물을 수지가 담겨 있는 통을 통과하도록 하여 균일한 두께의 수지가 입혀지도록 한다. 수지의 두께는 속도와 수지의 점도에 의해 결정된다.

㉰ 수지함침(Resin impregnation)

수지를 섬유 보강재에 함침하는 과정은 섬유 보강재의 투과도, 온도, 압력, 속도 등 여러 가지 변수에 의해 결정된다.

온도는 수지 점도를 결정하며, 속도는 수지가 함침 영역에 체류하는 시간을 결정한다. 실제 생산 공정에서는 경험치에 의해 이들 변수가 결정되곤 한다.

㉱ 냉각(Cooling)

수지와 섬유가 함침된 프리프레그(prepreg)는 함침 영역을 통과한 후에 공기나 물을 이용하여 냉각된다. 프리프레그(prepreg) 제조단계에서 냉각은 완성품의 물성을 결정하는 가장 중요한 공정이다. 프리프레그(prepreg)는 여전히 온도가 높을 뿐만 아니라, 롤러(roller)에 의한 기계적 압력이 완화되어 섬유 보강재의 고유한 탄성에 의해 팽창하게 된다.

따라서 냉각단계에서 이와 같은 이완 현상을 방지하고 함침 공정에서 만들어진 양호한 외관을 그대로 유지하기 위해서는 가능한 빠른 시간 내에 냉각시켜야 한다.

㉮ 제품 완성(Take-up)

완성된 프리프레그(prepreg)를 상품화하기 위해 최종적으로 릴(reel)에 감는 단계이다. 이때 프리프레그의 꼬임을 방지하기 위해 적당한 장력을 유지해야 하고, 균일한 장력을 확보하는 것이 중요하다.

(4) FRTP의 Pallet(팰릿)

열가소성수지의 내열성, 수축률, 기계적 특성 등을 보완하기 위하여 유리섬유(GF, Glass fiber)로 강화한 열가소성수지를 FRTP(Fiber Reinforced Thermo Plastics, 섬유강화 열가소성 플라스틱 복합 재료)라고 하며 성형법은 주로 사출성형법이 사용된다. 수지(resin)와 촙 스트랜드(chopped strand)를 직접 사출성형기에 넣어서 성형하는 건식 혼련법(混練法)도 있으나, 여기서는 FRTP의 성형재료로서 널리 사용되고 있는 팰릿(pallet)에 관해서 설명한다.

팰릿을 만드는 방법에는 연입법(緣入法), 용융 피복법(熔融被服法), 슈퍼 컨센트레이트(Super concentrate, 초응집 · 초농축)법이 있다. 연입법이란 수지와 촙 스트랜드(chopped strand)를 압입기에 혼합해서 팰릿(pallet)화하는 방법으로서 가장 흔한 방법이다.

압출기에는 스크류(screw)의 갯수에 따라 단축 압출기와 2축 압출기가 있다. 용융 피복법은 로빙(roving, 약간의 꼬임을 준 것으로, 실보다는 굵으며 부드러운 끈 모양)에 용융수지를 피복한 후 팰릿(pallet)화하는 방법이다.

슈퍼 컨센트레이트(Super concentrate)법은 촙 스트랜드(chopped strand) 수지용액을 피복하여 높은 유리섬유(GF) 함유량을 가진 팰릿을 만드는 방법이다. 이들 팰릿은 유리섬유(GF)의 함유량 등에 따라 각종 등급이 있으며 용도에 따라 선택할 수 있다.

(5) 스탬핑 가능한 시트(Stampable sheet)

스탬퍼블 시트(stampable sheet)는 열가소성 수지와 유리섬유(GF) 및 충전재로 이루어지는 판(sheet)상(狀)의 성형재료를 말하며 그 최대의 특징은 문자 그대로 스탬핑(stamping, 압형성형, 押型成形)이 가능한 점이다. 스탬퍼블 시트(stampable sheet)는 유리섬유(GF)나 탄소섬유(CF, Carbon fiber) 등의 강화섬유와 열가소성수지 등으로 이루어지는 복합 재료이고, 가열 팽창시킨 후 프레스(press)하여 대형 부재를 성형제작하는 방법이다.

즉, 성형방법은 열가소성 수지의 특징을 살린 성형법을 취한다. 우선, 성형재료를 미리 가열하여 무르게 한 후 이것을 금형 속에 주입하여 프레스 가공함과 동시에 수지를 냉각하여 성형하는 방법으로서, SMC에 비하여 수지의 성형시간이 짧으며, FRP 프레스기계(pressing machine)가 아니더라도 성형을 할 수 있고(적은 설비 투자로도 가능), 성형품의 경량화 외에 FRTP(섬유강화 열가소성 플라스틱 복합 재료)와 마찬가지로 폐품의 재이용을 꾀할 수 있는 등의 장점을 가지고 있다.

결국 SMC의 FRTP이라고 할 수 있는 것이다. 현재 사용 가능한 수지로서는 PP(Polypropylene, 폴리프로필렌), PET(Polyethylene terephthalate, 폴리에틸렌 테레프탈레이트), PBT(Polybutylene terephthalate, 폴리부틸렌 테레프탈레이트), PA(Polyamide, 폴리아미드), PPS(Polyphenylen sulfide, 폴리페닐렌 설파이드) 등이 있다. 표 8-13은 각종 재료의 물성 비교에 있어 대표값을 나타낸다.

▶▶ **표 8-13 각종 재료의 물성 비교(대표값)**

항목 / 재료명	비중	인장강도 (MPa)	휨강도 (MPa)	휨탄성 (GPa)	압축강도 (MPa)	아이조트 충격강도	로크웰 경도	상용온도 한계(℃)
BMC (20% Glass)	1.8~ 2.1	75~ 69	69~ 186	9.7~ 13.7	98~ 206	2.0~ 10	H80~ H112	115
POM (20~40% Glass)	1.55~ 1.69	75~ 89	103~ 120	5.5~ 9.0	77~ 85	0.8~ 2.8	M78~ M94	120
PA (5~50% Glass)	1.47~ 1.7	89~ 216	48~ 304	1.4~ 13.2	–	0.8~ 4.5	–	120
PC (20~40% Glass)	1.34~ 1.52	97~ 147	118~ 206	5.2~ 17.1	103~ 169	1.5~ 4.0	M75~ M100	120
PE (5~40% Glass)	1.16~ 1.28	30~ 75	33~ 83	1~ 5.1	–	1.2~ 4.0	–	90*
PP (20~40% Glass)	1.04~ 1.22	38~ 62	48~ 76	2.4~ 5.7	41~ 55	1.0~ 4.0	R95~ R15	110
PS (20~30% Glass)	1.20~ 1.29	69~ 97	69~ 118	5.5~ 8.3	–	0.4~ 2.5	M70~ M95	50*
ABS 수지 (20~40% Glass)	1.24~ 1.38	102~ 137	159~ 179	6.4~ 12.4	103	1.0~ 2.4		80
PVC (15~35% Glass)	1.45~ 1.62	97~ 122	137~ 172	6.2~ 11.1	93~ 116	0.8~ 1.6		75*
알루미늄	2.6~ 2.8	41.2~ 372.4	138	68.6	176		E59	
철	7.19	98~ 205.8	69	196.0	176	18~ 19	B93	

※표는 글래스 섬유를 포함하지 않음.

표 8-14는 FRP의 기계적 성질(Mechanical properties of FRP)을 나타낸다.
표 8-15는 FRP의 물리적 성질(Physical properties of FRP)을 나타낸다.
표 8-16은 FRP의 내식성(Corrosion resistance of FRP)을 나타낸다.

▶▶ 표 8-14 FRP의 기계적 성질(Mechanical properties of FRP)

Resin system	Fiber glass by weight %	Flexural strength psi×10^3	Flexural modulus psi×10^5	Impact strength (Izod).ft lb/in notch	Tensile strength at yield psi×10^3	Tensile modulus psi×10^3	Ultimate tensile elongation %	Compressive strength psi×10^3
Thermosets								
SMC(Polyester)	15~30	18~30	14~20	8~22	8~20	16~25	0.3~15	15~30
BMC(Polyester)	5~25	18~24	30	1~6	7~17	26~29	0.25~0.6	14~35
Phenolic	20~40	11~19	25~33	0.4~15.0	6~11	4~22	2~5	25~35
Diallyl phthalate	30	15~23	–	0.6~18.0	5~10	24	0~5	20~35
Melamine								
Thermoplastics								
Acetal	20~40	15~28	8~13	0.8~2.8	9~18	8~15	2	11~17
Nylon	6~60	7~50	2~26	0.8~4.5	13~33	2~20	2~10	13~24
Polycarbonate	20~40	17~30	7~15	1.5~3.5	12~25	5~17	2	14~24
Polyethylene(H.D.)	10~40	7~14	2~6	1.2~4.0	6.5~11	4~9	1.5~3.5	–
Polypropylene	20~40	7~11	3.5~8.2	1~4	6~10.5	4.5~9	1~3	6.8
Polystyrene	20~35	10~20	8~12	0.4~4.5	10~15	8.4~12.1	1.0~1.4	13.5~19
Polysulfone	20~40	21~27	8~16	1.3~2.5	13~20	15	2~3	21~26
PPO(Modified)	20~40	17~31	8~15	1.6~2.2	15~22	9.5~15	1.7~5	18~20
ABS	20~40	23~26	8~13	1~2.4	8.5~19	6~10	3~3.4	12~22
SAN	20~40	22~26	8~18	0.4~4.0	8.5~20	4.0~14	1.1~1.6	12~23
Polyester (thermoplastic)	20~35	19~29	8.7~15	1.0~2.7	14~19	13~15.5	1.5	16~18
Polyphenylene sulfide	40	37	22	8	21	11.2	3	–
Polyvinyl chloride	20	15.8~21	8~10	1.0~1.6	11.8~14	10~18	2.3	9
Urethane elastomer (thermoplastic)	20~40	5.0~7.0	1.5~3.6	10	5~10	3.0~7.5	20~30	–

Source : Owens/Corning Fiberglass Corporation

▶▶ 표 8-15 FRP의 물리적 성질(Physical properties of FRP)

Resin system	Fiber glass by weight %	Specific gravity	Density lb/in^3	Heat distortion °F, 264 psi	Continuous heat resistance deg. °F	Thermal coeff. of expansion psi×10^{-6}	Thermal conductivity BTU/hr/ft^2/°F/ft	Specific heat BTU/lb deg. °F	Flammability (UL)	Rockwell hardness
Thermosets										
SMC(Polyester)	15~30	1.7~ 2.1	.061~ .075	400~ 500	300~ 400	8~12	1.3~ 1.7	.30~ .35	94V0	H50~ 112
BMC(Polyester)	15~35	1.8~ 2.1	.065~ .075	400~ 500	300~ 400	8~12	1.3~ 1.7	.30~ .35	94V0	H80~ 112
Phenolic	5~25	1.7~ 1.9	.061~ .069	400~ 500	325~ 350	4.5~9	1.1~ 2.0	.20~ .30	94V0	M90~ 99
Diallyl phthalate	20~40	1.67~ 1.8	.058~ .065	330~ 540	300~ 400	10~36	0.5~ 15	–	94V0	E80~ 87
Melamine	30	1.8~ 2.0	.065~ .072	400	300~ 400	15~17	1.5	–	94V0	–
Thermoplastics										
Acetal	20~40	1.55~ 1.69	–	315~ 335	185~ 220	19~35	–	–	94HB	M87~ 94
Nylon	6~60	1.47~ 1.7	.049	300~ 500	300~ 400	11~21	–	.30~ .35	94HB	–
Polycarbonate	20~40	1.24~ 1.52	–	285~ 300	275	17~18	–	–	94V1	M75~ 100
Polyethylene(H.D.)	10~40	1.16~ 1.28	–	150~ 260	280~ 300	17~27	–	–	94HB	–
Polypropylene	20~40	1.04~ 1.22	–	230~ 300	270~ 330	16~24	–	–	94HB	R95~ 115
Polystyrene	20~35	1.20~ 1.29	.045~ .048	200~ 220	180~ 200	17~22	–	.25~ .35	94HB	M70~ 95
Polysulfone	20~40	1.38~ 1.55	–	333~ 370	–	12~17	–	–	94V0	M85~ 92
PPO(Modified)	20~40	1.20~ 1.38	–	220~ 315	240~ 265	10~20	–	–	94V0	M95
ABS	20~40	1.20~ 1.36	–	210~ 240	200~ 230	16~20	–	–	94HB	M75~ 102
SAN	20~40	1.22~ 1.40	–	190~ 230	200~ 200	16~21	–	–	94HB	M77~ 103
Polyester (thermoplastic)	20–35	1.45~ 1.61	–	380~ 470	275~ 375	24~33	1.3	–	94HB	R118~ M70
Polyphenylene sulfide	40	1.64	–	425	–	22	–	–	94V0	R123
Polyvinyl chloride	20	1.49~ 1.58	–	170~ 180	400~ 500		–	–	94V0	M80~ 88
Urethane elastomer (thermoplastic)	20~40	1.33~ 1.55	–	200~ 220	–	14~45	–	–	–	R45~ 55

Source : Owens/Corning Fiberglass Corporation

▶▶ 표 8-16 FRP의 내식성(Corrosion resistance of FRP)

Resin system	Weak acids	Strong acids	Weak alkalis	Strong alkalis	Organic solvents	Notes on chemical corrosion properties
Thermosets						
SMC(Polyester)	G−E	F	F	P	G−E	E : Excellent, P : Poor G : Good, F : Fair 1. Attacked by oxidizing acids 2. Disintegrates in sulfuric acid 3. Soluble in aromatic and chlorinated hydrocarbons 4. Soluble in ketones and esters, aromatic and chlorinated hydrocarbons 5. Below 176°F(80℃) 6. Softens in some aromatic and chlorinated aliphatics.
BMC(Polyester)	G−E	F	F	P	G−E	
Phenolic	E	P	F	P	F	
Diallyl phthalate	−E	F	G	F	G−E	
Melamine	G−E	P	G−E	E−F	G−E	
Thermoplastics						
Acetal	F	P	F	P	E	
Nylon	G	P	E	F	G	
Polycarbonate	E	G1	G	F	P3	
Polyethylene(H.D.)	E	G1	E	E	G5	
Polypropylene	E	G1	E	E	P3	
Polystyrene	E	G1	G	G	P3	
Polysulfone	E	E	E	E	G	
PPO(Modified)	E	E	E	E	G6	
ABS	E	G1	E	E	P4	
SAN	G	G2	G	G	P4	
Polyester (thermoplastic)	F	P	P	P	E	
Polyphenylene sulfide	E	E	E	E	G−E	
Polyvinyl chloride	E	E	E	E	G−E	
Urethane elastomer (thermoplastic)	F−P	P	F−E	P	G−E	

Source : Owens/Corning Fiberglass Corporation

CHAPTER

09 문제분석 및 해결방안

01 배터리 팩 케이스(Case)의 무게 계산

무게의 공식은 다음과 같다.

$$W=\gamma V \quad , \qquad W = \gamma \times V$$

여기서 W: 무게(중량)

γ: 비중(1cm³ 무게(중량))

V: 부피(체적 : 단면적×두께 또는 단면적×길이)

제품설계를 끝낸 부품들은 사용재료(기계재료 또는 플라스틱 소재)에 따른 각 부품의 무게를 계산함으로써 한 대의 부품에 대한 원가를 정확히 추정하여, 제품의 무게에 따른 성능, 특성을 파악하며, 판매가격을 결정하기 위함이다.

부품의 무게계산 공식을 보면,

부품의 무게(W) = 비중 [무게(중량) : 1㎤ 당 무게(중량)] × 체적(단면적×두께 또는 길이)이며 비중 값(무게 값)은 표 9-1과 같이 재료의 종류마다 다르다.

무게의 공식은 $W = \gamma \times V$ 로 구한다.

1) 금속재료의 비중(Specific gravity)

표 9-1은 주요 금속 기계재료(금속재료)에 있어 비중[1cm³ 무게(중량)]을 나타낸 값이다.

▶▶ 표 9-1 주요 금속 기계재료의 무게 중량

재료 이름	1cm³당 무게(중량)		1in³당 무게(중량)	
	g	kg	g	kg
주철	7.21	0.00721	118	0.118
강	7.85	0.00785	128.5	0.1285
연강	7.70	0.00770	126	0.126
주강	7.80	0.00780	128	0.128
구리	8.63	0.00863	141	0.141
황동	8.10	0.00810	132	0.132
청동	8.56	0.00856	140	0.140
알루미늄	2.56	0.00256	42	0.042

2) 고분자 재료(플라스틱, 폴리머)의 비중(Specific gravity)

표 9-2는 고분자 재료(폴리머, Polymer, 중합체)에 있어 비중[1cm³ 무게(중량)]을 나타낸 값이다.

▶▶ 표 9-2 고분자 재료의 비중과 인장강도(대표값)

수지명	비 중	인장강도(kgf/cm²) ASTM D638	비 고
POM	1.41	630	열가소성
PC	1.20	650	〃
PA 6*	1.14	820	〃
PBT	1.32	550	〃
PSF*	1.24	710	열가소성
PTFE*	2.18	280	〃
Epoxy	1.12~1.40	280~910	열경화성
Phenol	1.25~1.30	490~560	〃
알루미늄 합금	2.80	770~5,800	금속

* PA 6 : 나일론은 폴리아미드 섬유로부터 되는 합성수지의 총칭이고, 미국 듀폰(DuPont)사의 나일론 6(Nylon 6), 나일론 66(Nylon 66)이 유명하다.
* PSF : Polyester Staple Fiber의 약어로 폴리에스테르 단섬유라고 한다.
* PTFE : 테플론(Teflon)이라는 상품명으로도 널리 알려져 있다.

2 금속 기계재료의 무게 계산 연습

부품, 부재, 소재의 무게계산 공식을 보면,

부품의 무게(W) = 비중[1㎤당 무게(중량)] × 체적(단면적 × 두께 또는 길이)이며 비중 값(무게 값)은 재료의 종류마다 다르다(무게의 공식은 W = γ × V 이며, 표 9-1을 참고해 구한다).

연습문제 1	아래 3개의 등각도는 각각 강(steel)과 황동(brass)의 2가지 재질로 제작하고자 한다. 각각 체적과 무게를 빈 칸에 계산하시오. 단, 등각도에 표시된 격자선 사이의 간격은 5cm이다.

①

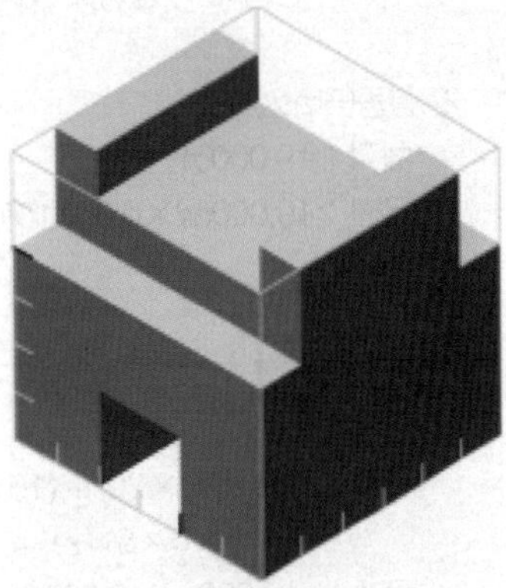

②

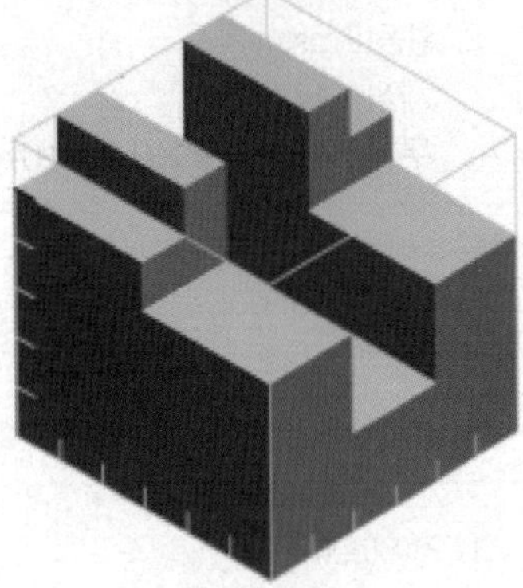

③

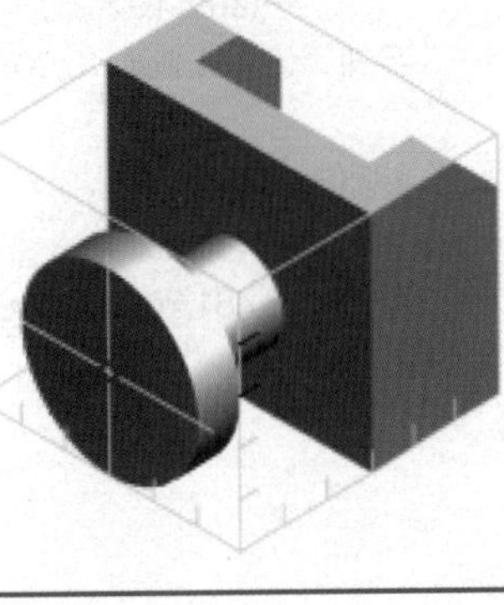

연습문제 1 모범답안

① 1. 강(Steel)

체적 : $(30\times30\times20)+(30\times20\times10)-(10\times30\times10)$
$-(20\times20\times5)=19{,}000\text{cm}^3$

무게 : $19{,}000\text{cm}^3\times0.00785\text{kg/cm}^3=149.15\text{kg}$

〈참고〉 무게의 단위는 정확히 kgf/mm^2이나 관행으로 kg으로 혼용해 사용하고 있다.

2. 황동(Brass)

체적 : $19{,}000\text{cm}^3$

무게 : $19{,}000\text{cm}^3\times0.00810\text{kg/cm}^3=153.9\text{kg}$

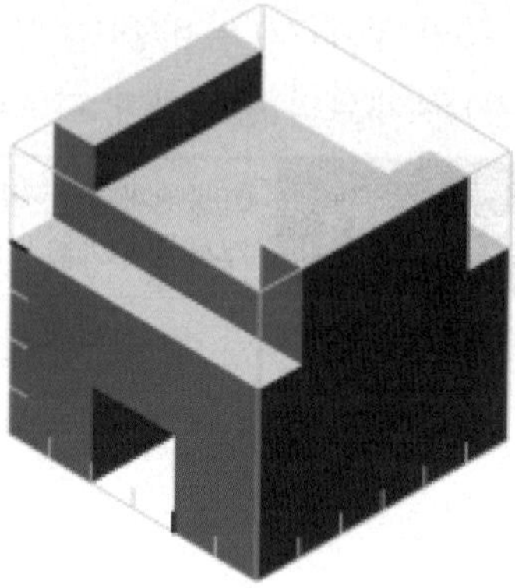

② 1. 강(Steel)

체적 : $(30\times30\times20)+(15\times10\times10\times2)-(30\times10\times10)$
$-(15\times5\times5\times2)=17{,}250\text{cm}^3$

무게 : $17{,}250\text{cm}^3\times0.00785\text{kg/cm}^3=135.41\text{kg}$

2. 황동(Brass)

체적 : $17{,}250\text{cm}^3$

무게 : $17{,}250\text{cm}^3\times0.00810\text{kg/cm}^3=139.73\text{kg}$

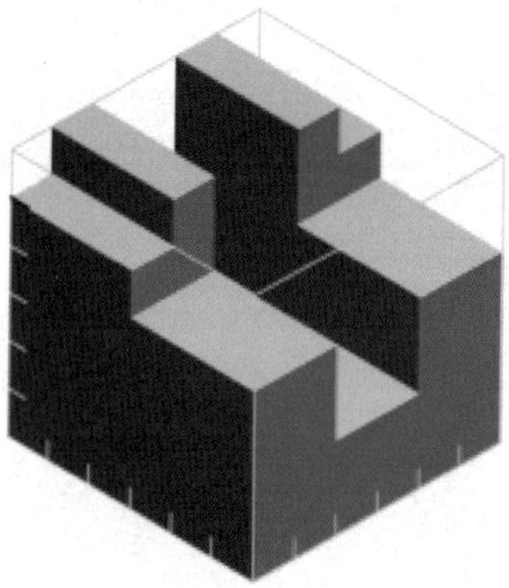

③ 1. 강(Steel)

체적 : $(\pi\times10^2\times5)+(\pi\times5^2\times10)+(30\times15\times25)$
$-(20\times10\times25)-(5\times5\times5)=8{,}481.2\text{cm}^3$

무게 : $8{,}481.2\text{cm}^3\times0.00785\text{kg/cm}^3=66.58\text{kg}$

2. 황동(Brass)

체적 : $8{,}481.2\text{cm}^3$

무게 : $8{,}481.2\text{cm}^3\times0.00810\text{kg/cm}^3=68.7\text{kg}$

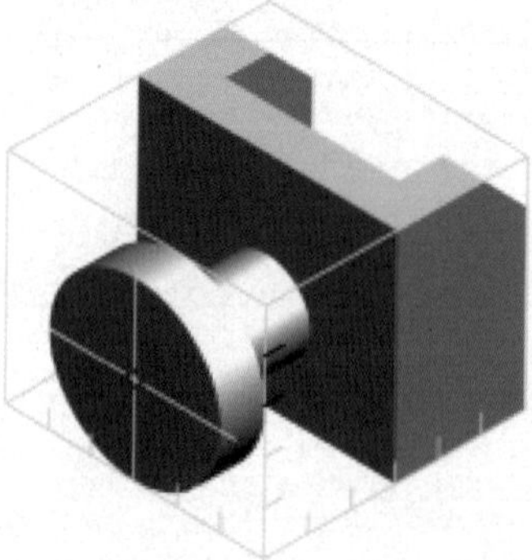

연습문제 2	아래 3개의 등각도는 각각 강(steel)과 알루미늄(aluminum) 재질로 지시된 치수에 의해 제작하고자 한다. 각각 체적과 무게를 빈 칸에 계산하시오.

①

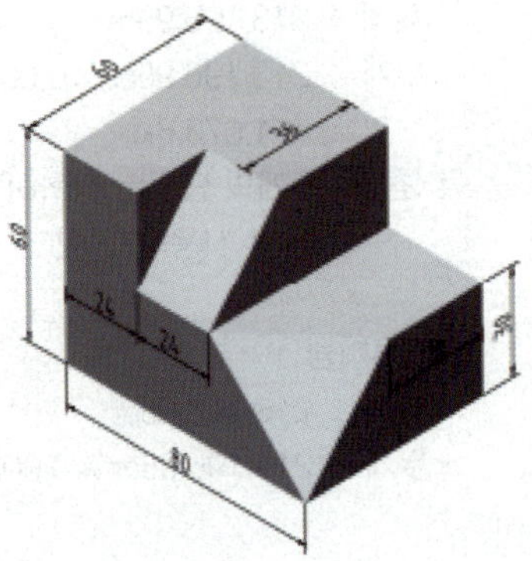

②

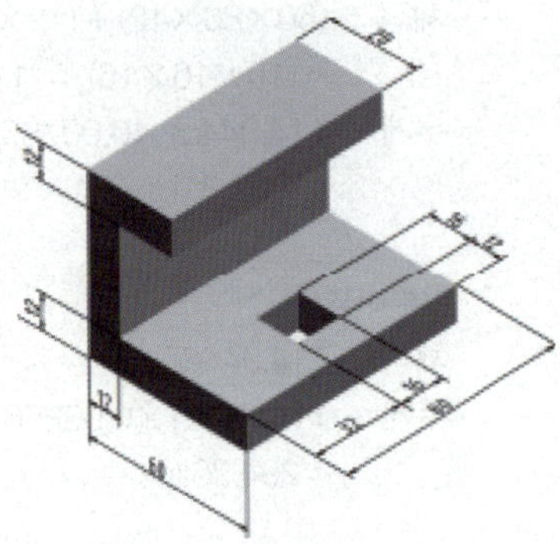

③

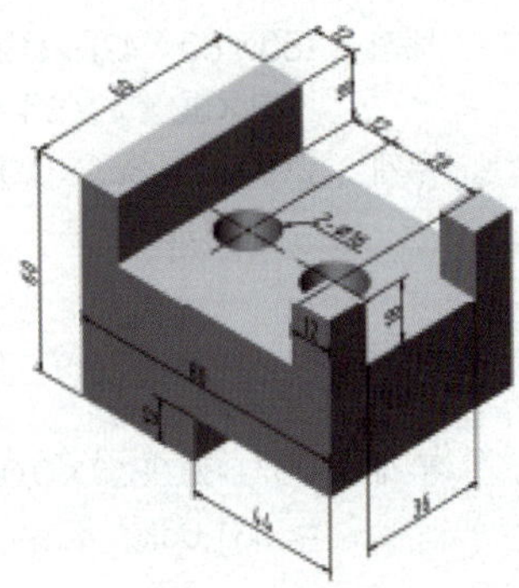

연습문제 2 모범답안

①　1. 강

체적 : 213,196.95㎤

무게 : 213,196.95㎤×0.00785kg/㎤

　　= 1,673.6kg

〈참고〉 무게의 단위는 정확히 kg_f/mm^2이나, 관행으로 kg으로 혼용해 사용하고 있다.

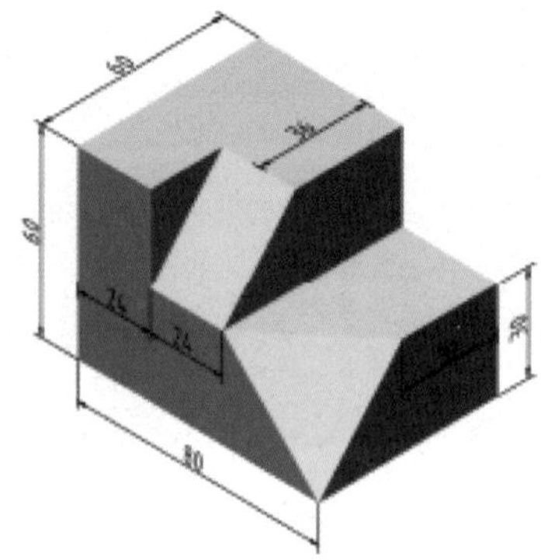

2. 알루미늄

체적 : 213,196.95㎤

무게 : 213,196.95㎤×0.00256kg/㎤ = 545.78kg

②　1. 강

체적 : (60×80×12) + (12×80×36) + (28×80×12)

　　−(16×16×16) = 114,944㎤

무게 : 114,944㎤×0.00785kg/㎤

　　= 902.31kg

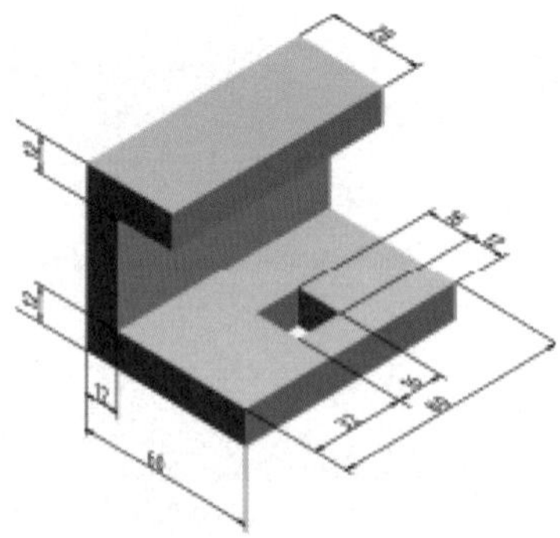

2. 알루미늄

체적 : 114,944㎤

무게 : 114,944㎤×0.00256kg/㎤

　　= 294.26kg

③　1. 강

체적 : (80×60×42) + (12×60×18) + (12×12×18×2)

　　$-(2\times30\times\pi\times8^2)$ = 207,680.28㎤

무게 : 207,680.28㎤×0.00785kg/㎤

　　= 1,630.29kg

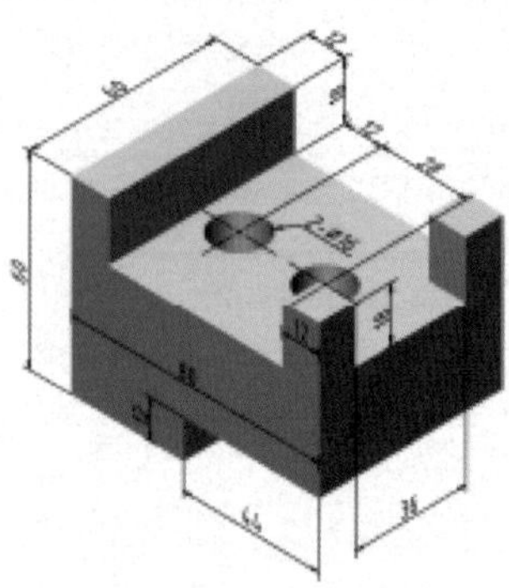

2. 알루미늄

체적 : 207,680.28㎤

무게 : 207,680.28㎤×0.00256kg/㎤

　　= 531.66kg

연습문제 3

아래 3개의 등각도는 각각 주철(cast iron)과 황동(brass) 재질로 지시된 치수에 의해 제작하고자 한다. 각각 체적과 무게를 빈 칸에 계산하시오.

①

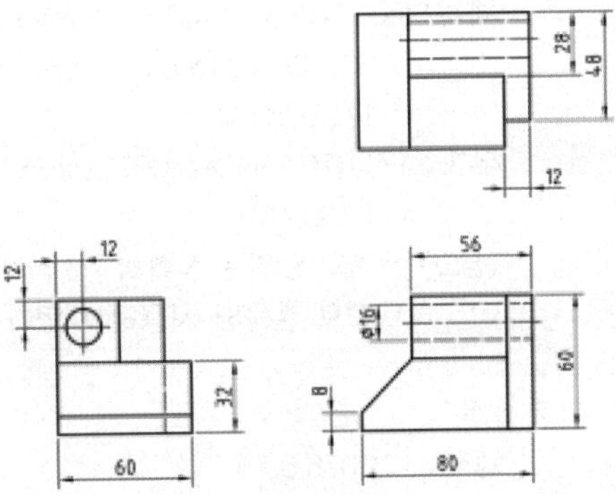

②

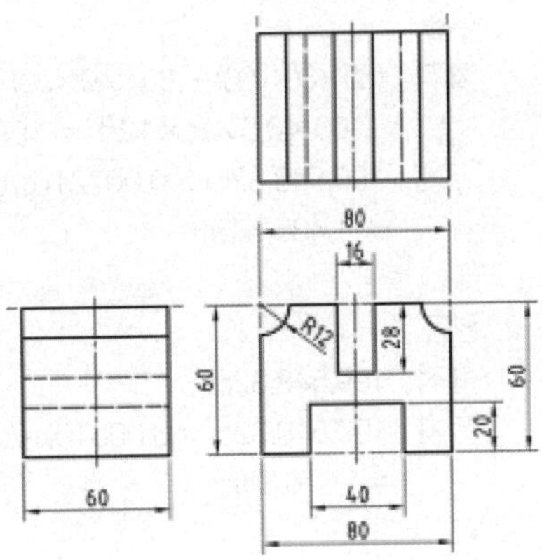

③

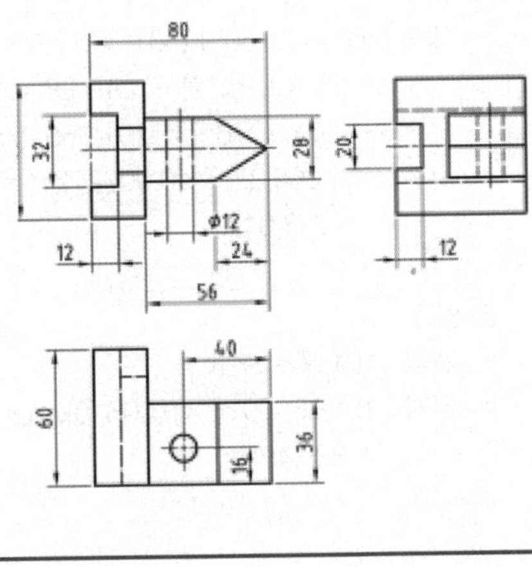

연습문제 3 모범답안

① 1. 주철

체적 : (60×68×32)+(48×12×60)+(28×44×28)

−(60×24×24×0.5)−(56×π×8^2)

= 171,076.53㎤

무게 : 171,076.53㎤×0.00721kg/㎤

= 1,233.46kg

〈참고〉 무게의 단위는 정확히 kgf/㎣이나 관행으로 kg으로 혼용해 사용하고 있다.

2. 황동

체적 : 171,076.53㎤

무게 : 171,076.53㎤×0.00810kg/㎤

= 1,385.72kg

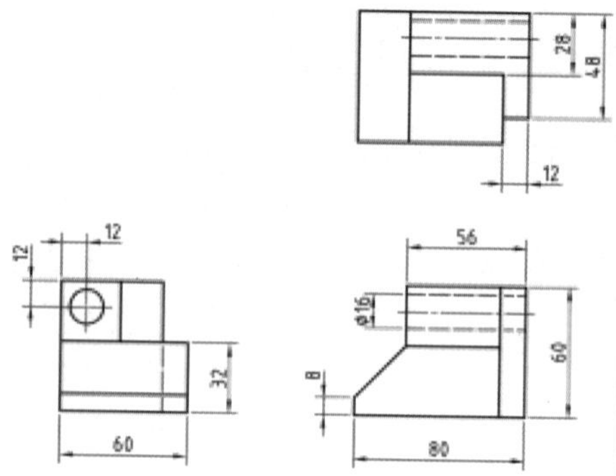

② 1. 주철

체적 : (60×80×60)−(60×40×20)−(60×16×28)

−(60×0.5×π×12^2) = 199,548.32㎤

무게 : 199,548.32㎤×0.00721kg/㎤

= 1,438.74kg

2. 황동

체적 : 199,548.32㎤

무게 : 199,548.32㎤×0.00810kg/㎤

= 1,616.34kg

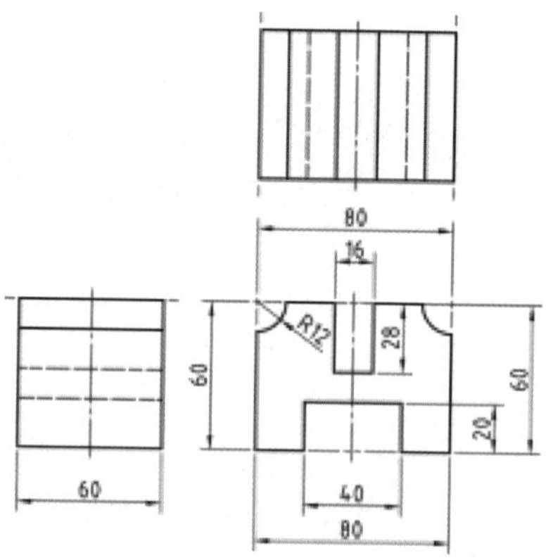

③ 1. 주철

체적 : (60×24×60)+(56×36×28)−(32×12×60)

−(20×12×12)−(24×28×36×0.5)

−(28×π×6^2) = 101,665.27㎤

무게 : 101,665.27㎤×0.00721kg/㎤

= 733.01kg

2. 황동

체적 : 101,665.27㎤

무게 : 101,665.27㎤×0.00810kg/㎤

= 823.49kg

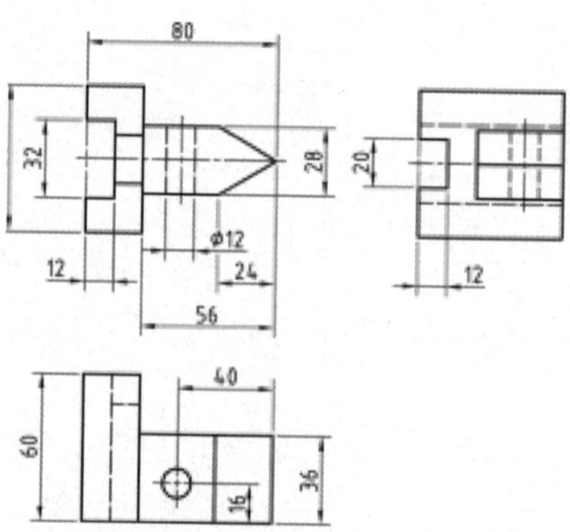

3 사례연구(1) - 연구개발(R&D)

전기자동차 2차전지용 다기능 경량 하우징 소재와 가공기술의 개발

1) 개요

배터리 하우징(Battery housing)은 전기차용 배터리와 관련 부품을 일체화한 배터리 모듈을 상자 형태로 감싸는 부품이다. 외부 충격에 취약한 전기차 배터리를 안전하게 보호하는 핵심부품으로 배터리의 열 방출을 위해 열전도율이 우수한 금속 알루미늄 소재가 주로 사용되고 있으며 정밀압출 및 가공 등의 첨단 기술이 필요하다. 배터리 하우징은 기존 차량의 엔진만큼 중요한 배터리를 보호하기 때문에 성능유지가 필수인 부품이다.

기존 업계에서는 배터리 하우징 소재로 알루미늄과 철강을 적용했으나 최근 열경화성수지에 충전제 · 촉매 · 이형제 등을 혼합한 후 유리섬유(GF, Glass fiber)를 넣어 강화한 강화플라스틱 소재의 하우징이 개발되고 있다.

전기차용 배터리 하우징은 전기차 배터리를 감싸는 팩(Pack)을 철 대신 플라스틱으로 대체, 무게를 줄이는 동시에 열과 충격으로부터도 보호해준다. 고강도 엔지니어링 플라스틱은 경쟁 소재 대비 약 35~45% 가벼우면서도 강도가 뛰어나며 성형이 용이하고 다양한 디자인을 적용하기 쉬우므로 배터리 하우징을 비롯한 다양한 자동차용 부품에 적용이 가능하다.

그러나 플라스틱 소재 하우징은 기계적 강도와 열전도도가 낮으며, 전자파 차폐(EMI shielding) 기능이 없으므로 이에 대한 다양한 보완 대책이 필요하다. 따라서 여러 단계의 후공정이 필요하며, 추가적인 비용과 시간이 소요된다.

이에 경량 고강도에 전자파 차폐기능을 가지는 전기자동차 2차전지용 다기능 경량하우징을 표 9-3과 같이 개발 목표를 설정해 개발하고자 한다.

▶▶ 표 9-3 개발 목표

핵심 기술/제품 성능지표		단위	달성목표	국내최고수준	세계최고수준 (보유국, 기업/기관명)
1	열전도도	W/mK	75	–	90 (일본, Toshiba)
2	굴곡강도	MPa	800	–	800 (일본, Maruwa)
3	경량화(금속대비)	%	35	30	50 (독일, BASF)
4	Shielding effectiveness	dB	80 이상	70	80 (미국, Chomerics)
5	열팽창계수	ppm	200이하	220	214 (영국, Laird / 미국, Chomerics)
6	인장강도	MPa	90이상	60	80 (일본, Toray)

2) 개발의 필요성

전기자동차 보급이 확대됨에 따라 전기차용 발열, 방열, 차폐용 핵심 부품시장이 빠르게 성장하고 있어 기술개발의 필요성이 아주 크다.

① 효율적인 열제어 및 전자파 차폐/흡수 기능을 통해 전기자동차의 안정적인 주행거리 및 전장부품 구동 안정성을 확보하기 위한 발열, 방열, 차폐용 핵심기능을 동시에 가지는 다기능 부품의 개발이 필요하다.

- (필요성) 급격한 시장 성장이 예상되는 전기자동차는 겨울철에 난방 및 배터리 결빙 등으로 주행거리가 감소하는 문제가 심각하며, 이를 해결하기 위한 기술개발이 시급함(발열 회수를 활용한 난방공조).

② 고신뢰성 기판, 고방열 소재 및 실장 소재 기술개발의 필요
전기차의 전력변환과 제어를 고효율로 수행하는 인버터, 컨버터, OBC(On Board Charger) 등 파워 모듈이 사용되면서 많은 열이 발생하고 있으나 이를 효과적으로 제거할 수 있는 절연성 · 고열전도율을 겸비한 소재의 개발이 미진하다.

③ 자율자동차의 경우 고도의 GPS · 레이더를 포함한 각종 센서 및 주변 전장부품 간의 전자기파 차폐/흡수체의 개발 요구가 증대하고 있다.
특히 5G용 전장부품에서 발생하는 열문제로 인해 수명 저하 및 운행 장애를 개선하기 위해서는 방열기능이 하이브리드화된 복합소재기술의 개발이 필요하다.

- (필요성) 전기차에서 배터리 팩은 가장 높은 무게 비중을 차지하는 부품으로 경량화를 통해 1회 충전 주행거리 개선이 가능하다.

④ 전기자동차 배터리 팩은 차량 공차중량(空車重量, 실제 완성된 차량의 무게)의 약 25~29% 수준으로 알려져 있으며, 배터리 모듈(BMA, Battery Module Assembly)을 제외하면 배터리 팩 내 케이스 부품이 가장 높은 무게 비중을 차지(※ Tesla Model S의 경우 배터리 팩 비중이 공차중량의 약 29% 수준)

- (필요성) 최근 출시되고 있는 전기차의 경우 고전압 배터리의 경우에는 무게가 500~700kg 정도로 차량 전체 무게의 1/3에서 절반 1/2 가까이 차지하고 있다. 일반적으로 주행거리 400㎞일 경우 배터리 무게만 400~450kg 정도이다.
- (배터리 용량의 설정) 전기차의 배터리 용량은 차종마다 제각각이고, 킬로와트시(kWh) 단위로 표기한다. kWh는 배터리의 전력량(electrical energy)을 표시하는 단위로 배터리의 총 전압과 전류를 곱한 값이다. 일반적으로 배터리는 음극판과 양극판, 전해액, 분리막 등 4가지 요소로 구성되어 있다.

이것을 배터리 셀(Battery cell)이라고 하는데 배터리는 이러한 배터리 셀이 여러 개로 조합되어 있다. 흔히 내연기관차에 사용되고 있는 12V 배터리의 경우 2.2V의 배터리 셀 6개로 구성되어 있다(배터리 제조사 또는 제품에 따라 6개 이상의 셀이 사용되기도 한다).

전기차에 흔히 사용되고 있는 리튬이온배터리(LIB) 구조 역시 이러한 배터리 셀이 기본을 이루고 있으며, 건전지처럼 동그란 원통형이나 네모 난 각형, 납작한 판형의 파우치형 등 다양한 모양의 배터리 셀이 적게는 100여개 많게는 300개 이상 적용되어 있다.

이러한 배터리 셀은 일반적으로 3개 혹은 4개의 셀을 직렬 또는 병렬로 연결한 후 이것을 다시 여러 개로 모아 하나의 작은 상자에 담아놓는데 이것을 배터리 모듈(Battery module)이라고 부른다. 그리고 여러 개의 배터리 모듈을 다시 그룹화한 것을 배터리 팩(Battery pack)이라고 하는 것이다.

예를 들어 스웨덴 볼보(Volvo) 최초의 순수 전기차 C40 리차지(Recharge)의 경우 총 324개 배터리 셀이 12개 배터리 모듈로 구성되어 있으며, 미국 쉐보레 볼트 EV는 288개의 배터리 셀과 10개의 배터리 모듈로 구성되어 있다. 현대 아이오닉5와 기아 EV6 (77.4kWh 기준)의 경우 384개의 배터리 셀이 32개 모듈로 연결되어 있으며 8개의 서브 배터리 팩으로 구성된다.

3) 해결방안의 제시

(1) 열전도도 향상

탄소섬유, 금속, 탄소분말 및 그래핀 등의 열전도도를 향상시키는 첨가제를 첨가하여 열전도도를 향상시킨다.

(2) 기계적 강도 향상

- 강도가 우수한 수지를 사용
- 150도 이상에서도 고온강도가 우수한 수지 사용(예, PPS 등)
- 경량 고강도의 강도를 증가시키는 첨가제 사용(예, 탄소섬유, 유리섬유 등)
- 하우징 형상의 유한요소 구조해석을 통한 최적화 설계 적용

(3) 무게 경량화

비중이 알루미늄의 1/2로 무게가 가벼운 고강도의 엔지니어링 플라스틱을 기본소재로 사용한다.

(4) 전자파 차폐능

하우징의 표면에 전도성 금속을 코팅하여 전자파 차폐기능을 가지도록 한다. 고강도 금속코팅 시에는 전자파 차폐와 강도증가 효과를 동시에 얻을 수 있다.

(5) 열팽창계수

열팽창계수가 낮고 열전도도와 강도가 높은 세라믹 소재를 첨가하여 제어할 수 있다(탄소섬유, 유리섬유, 알루미나 등).

배터리 시스템의 안전을 확보하기 위해 고강도 배터리 하우징(Battery housing)을 채택하는 것뿐만 아니라, 자동차 초기 설계 시 배터리 시스템의 위치를 차량 프레임 사이에 배치하여 측면 충돌 시 안전성을 강화하거나, 언더커버 등 배터리 시스템을 보호할 수 있는 부품들을 추가하는 등 다양한 방식으로 안전성 확보를 추구하고 있다. 표 9-4는 다양한 혁신적 방법으로 제시한 배터리 팩 상부 커버의 경량화 사례이다.

▶▶ 표 9-4 배터리팩 상부 커버 경량화 사례

개발업체	한화솔루션	SGL	BASF
형상			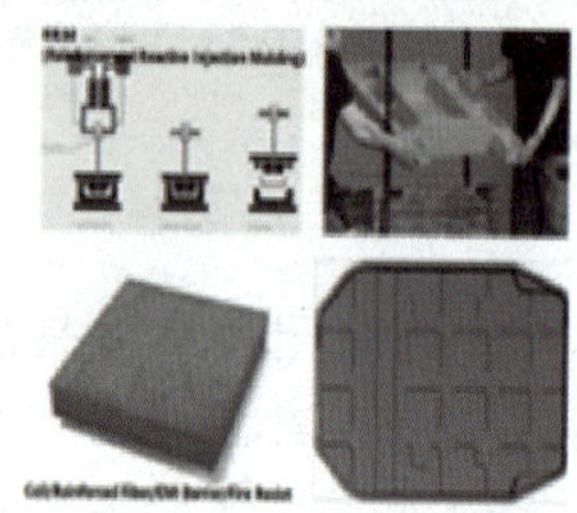
적용 소재	Glass Fiber/Polyester	Carbon Fiber/Epoxy	Glass Fiber/PU
적용 공법	SMC	Compression Molding	R-RIM
경량화율	15~20%	40%	50%

표 9-5는 다양한 혁신적 방법으로 제시한 배터리 팩 하부 케이스의 경량화 사례이다.

▶▶ 표 9-5 배터리 팩 하부 케이스 경량화 사례

개발업체	LG Hausys	CSP	Audi-Fraunhofer
형상			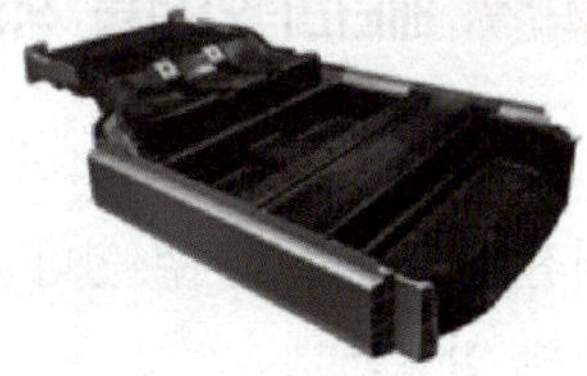
적용 소재	Carbon Fiber/PA	Glass Fiber/Vinyl ester	CF/GF/PA/Aluminum
적용 공법	D-LFT	SMC	D-LFT/Compression · Insert Molding
경량화율	30%	15%	42%

(6) 새로운 구조화 혁신기술 적용

- 전기차 배터리 팩 내 저전압 전장부품에 대응하여 3차원 MID(Mold Interconnect Device) 공법을 적용한 새로운 혁신기술인 회로 일체형 구조화 기술 적용이 가능하다.
  - 구조물 3차원 표면상에 도금 공정을 통하여 회로를 성형하는 기술로서 기존의 회로기판 삭제를 통한 경량화 및 공간 확대 효과가 있음.
  - 무전해도금 공정을 통한 회로 형성으로 저전압 전장부품에 적합하여 배터리 모듈 내에서 배터리의 상태를 측정하는 배터리 센싱 모듈 등 신호 전달 회로에 적용함.

4) 시장전망

글로벌 시장조사회사, 미국 시장조사연구기관인 리서치앤마켓닷컴(Research and Markets.com)은 28일(한국시간) 최신 보고서를 통해 2025년 세계 전기차 배터리 하우징 시장 규모가 44억7800만 달러(약 5조원) 수준에 이를 것으로 내다봤다. 2020년 글로벌 배터리 하우징 시장 규모는 8억7340만 달러(9720억원)이다..

전기차 배터리는 충전 및 방전에 따른 온도변화 및 충격 등에 의해 쉽게 파손되거나 폭발하는 단점을 갖고 있기 때문에 배터리 하우징은 내열성을 가지면서도 차량이 주행 시 받는 다양한 충격을 가정해 설계되어야 한다.

세계 전기차 배터리 하우징 총수요는 2025년 무려 1167.3kt까지 증가한다. 리서치앤마켓닷컴은 중국이나 미국, 유럽, 일본은 물론 인도 등 신흥 전기차 시장이 성장하면서 배터리 하우징 수요가 폭발적으로 증가할 것으로 예상된다.

4 사례연구(2) - 분리막(Separator)

4.1 배터리 안전을 책임지는 분리막(Separator)

양극과 음극이 배터리의 성능을 대표하는 소재라면, 분리막은 배터리의 안전성과 관련된 핵심 소재라고 할 수 있다. 분리막의 특성과 역할이 무엇인지 알아보고, 분리막 관련 기술에 대해 설명한다.

리튬은 자체로서 발화, 폭발 등을 유발할 수 있는 불안전한 물질로 리튬2차전지의 경우 과충전, 과전류 또는 가열, 외부충격에 의하여 단락이 되면 내부압력의 급격한 증가로 폭발, 발화 등의 원인이 되며 특히, 고온에 노출될 경우 폭발, 발화 등의 위험성이 높아진다.

1) 양극과 음극의 만남을 막는다.

분리막은 간단히 설명하면 절연 소재의 얇은 막(membrane)으로, 역할은 크게 4가지 정도로 요약할 수 있다.

① 첫 번째로 이름에서 알 수 있듯이 분리막은 배터리 내부에서 양극과 음극이 접촉하지 않도록 분리하고 있다. 이렇게 분리막은 양극과 음극이 서로 섞이지 않도록 물리적으로 막아주는 역할뿐만 아니라, 전자가 전해액을 통해 직접 흐르지 않도록 하고, 내부의 미세한 구멍(기공)을 통해 원하는 리튬이온만 이동할 수 있게 만든다. 분리막이 손상되면 배터리의 내부 단락(쇼트, short)으로 인하여 열폭주가 발생될 수 있다

② 두 번째로는 분리막에는 우리 눈에는 보이지 않지만 매우 미세한 기공(pore)을 가지고 있어 그 구멍을 통해 리튬이온(Li-ion)이 양극과 음극 사이를 이동할 수 있도록 하는 역할을 하고 있다.

③ 세 번째로는 배터리 내부 온도가 일정 수준 이상 올라가게 되면, 분리막 표면에 위치한 기공(pore)들이 막혀 리튬이온의 이동을 차단해 내부적으로 쇼트(short, 단락) 발생을 방지한다.

④ 네 번째로 분리막은 높은 기계적 강도를 지니고 있어 강한 힘을 받을 때 배터리 내부에서 발생하는 부산물이나 이물질들을 막아 안전성을 확보하는 역할을 수행한다.

그림 9-1은 분리막 속 기공을 통해 리튬이온이 이동하는 모습을 나타낸 것이다.

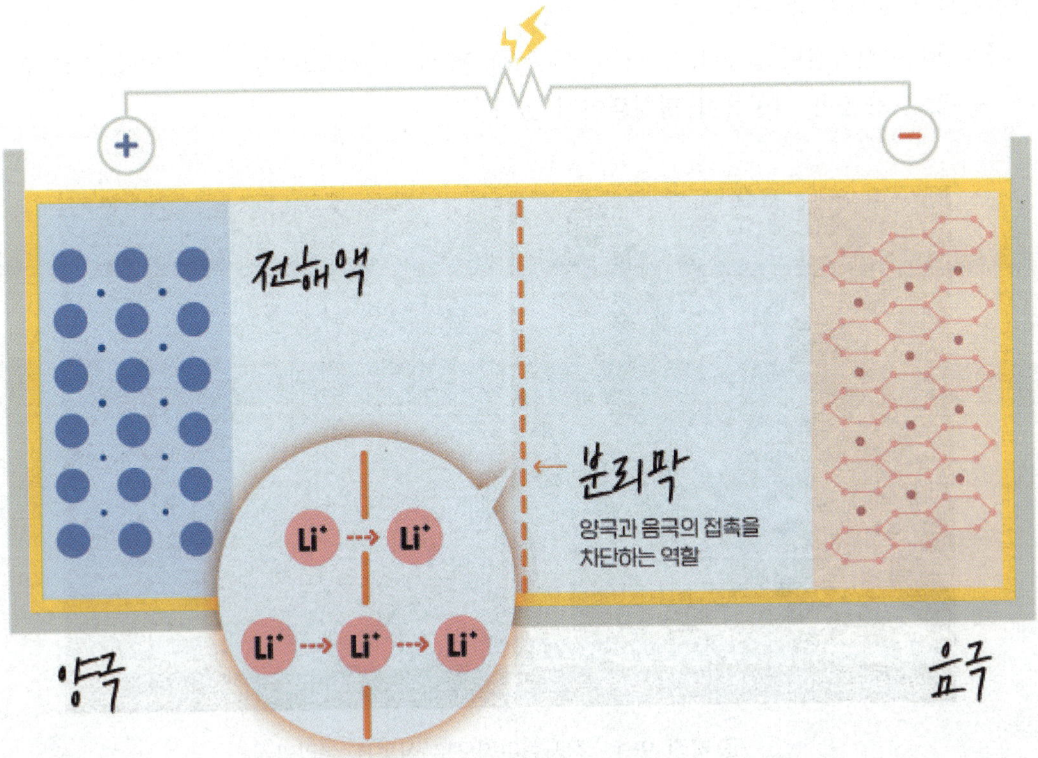

➲그림 9-1 분리막 속 기공을 통해 리튬이온이 이동하는 모습

2) 좋은 분리막은 어떤 조건을 갖춰야 할까?

분리막은 다른 소재들과 달리 배터리의 안전성과 연관되어 있기 때문에 여러 조건들이 갖춰져야 한다.

우선 분리막으로 사용되려면, 전기화학적으로 안정적이어야하고, 절연성이 뛰어나야 한다. 양극과 음극의 접촉을 차단해야 하는데 분리막이 리튬이온이나 배터리 내부에 있는 다른 이온들과 반응해 버린다면, 마치 고양이에게 생선을 맡기는 것과 같은 비유가 되는 것이다.

또한 리튬이온이 원활하게 분리막 사이를 통과할 수 있도록 분리막 표면에 구멍(기공(氣孔), pore)이 많아야 하며, 그 크기는 균일해야 한다. 구멍이 별로 없거나 들쭉날쭉하면, 리튬이온이 이동하는데 어려움이 있다.

그리고 배터리의 온도가 일정 수준을 넘어섰을 때 분리막 자체적으로 기공을 막아(shut-down) 리튬이온의 이동을 차단해 배터리의 안전성을 확보할 수 있어야 한다.

마지막으로, 배터리의 에너지 밀도 향상을 위해서는 두께가 얇아야 더 많은 양의 활물질을 넣을 수 있고, 그러면서도 분리막의 기계적 강도가 우수해야 쉽게 손상되지 않고 배터리의 안전성까지 확보할 수 있다.

사진 9-1은 전자현미경(SEM, Scanning Electron Microscope)으로 살펴본 분리막 조직 구조이다. 수 많은 촘촘한 기공들이 형성되어져 있다.

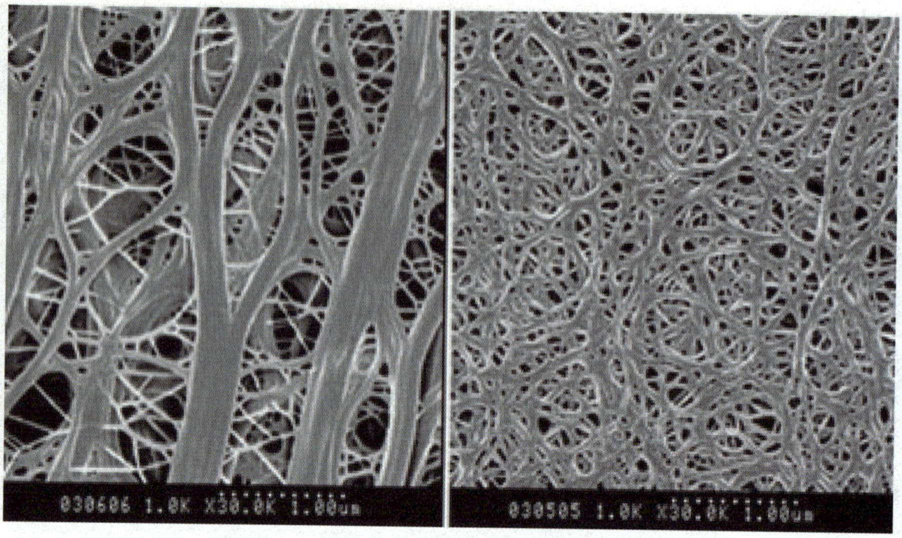

사진 9-1 전자현미경으로 살펴본 분리막

3) 코팅 기술을 통해 한 단계 진화하는 분리막

분리막의 소재로는 폴리올레핀(Polyolefin), 폴리프로필렌(Polypropylene) 등과 같이 절연 특성이 뛰어난 고분자 소재가 사용된다. 이 소재들을 연신하여 미세한 기공을 만드는데 그 방식에 따라 건식과 습식으로 종류를 나눌 수 있다.

건식 제조는 단순히 기계적인 힘으로 필름 원단을 당겨 기공을 만드는 방식이고, 습식 제조는 필름에 여러 첨가제를 추가해 화학적인 방식으로 기공을 만드는 방식이다. 건식의 경우, 제조공정은 간단하나 기공 사이즈가 불균일하고, 습식에 비해 기계적 강도도 약하다. 반면, 습식의 경우는 제조공정이 복잡해 고가지만 균일하게 기공의 사이즈를 만들 수 있다는 장점이 있다.

과거에는 분리막으로 필름 소재 하나만을 사용했지만, 최근에는 분리막의 성능을 강화하기 위해 다양한 소재와 방식으로 코팅하여 사용하고 있다.

삼성SDI는 분리막 코팅 기술 내재화를 통해 차별화된 경쟁력을 확보하고 있다. 초고내열성 분리막 개발을 통해 배터리 안전성을 확보하고 박막화 기술로 배터리 용량 증가에 일조했다. 또한, 배터리의 품질 확보를 위해 접착분리막을 개발하여 사용 중이며, 안전성과 품질을 동시에 확보하기 위한 고내열 접착분리막의 개발은 양산 완성 단계에 있다(사진 9-2 참조).

분리막의 주요 역할과 특징, 개발방향 등에 대해 간단하게 설명했다. 분리막은 배터리의 안전성과 직결되는 소재인 만큼 더욱 꼼꼼하게 검증되고, 안전한 배터리 제조를 위해 기술개발이 계속 고도화 되어져야 한다.

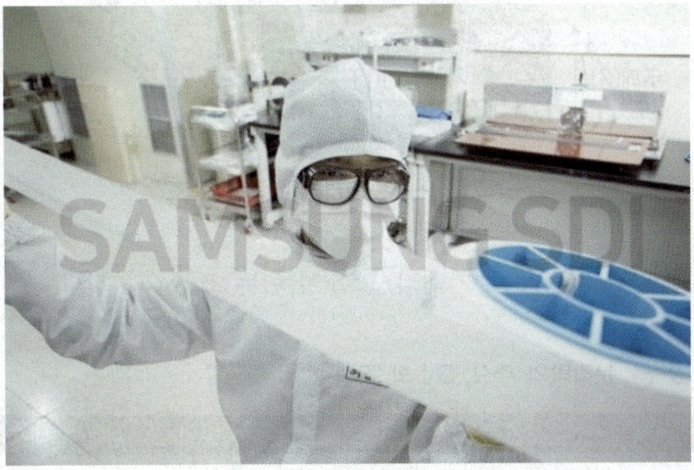

사진 9-2 삼성SDI의 분리막

분리막은 음극과 양극을 안정적으로 분리하고, 리튬이온을 잘 통과시켜야 하며, 이물질 이동을 차단하고, 온도 증가 시 기공을 막아 리튬이온의 이동을 차단해야 한다. 이에 필요한 특성은 다음과 같다.

① 전기화학적 안정성(저항성) : 배터리 전해액에 장시간 담겨져도 변형이 되지 않아야 한다.
② 유연성 : 금속 전극과 닿았을 때 변형이 되지 않아야 한다.
③ 강도 : 조립 과정과 롤링 과정에서의 압력에 견딜 수 있어야 한다.
④ 통기성과 투공성 : 리튬이온을 원활하게 통과시킬 수 있어야 한다.
⑤ 연신률 : 극박으로 만들 수 있어야 한다.
⑥ 젖음성 : 전해액이 분리막 표면에 충분히 젖을 수 있어야 이온전도도가 향상된다.
⑦ 내열성 : 특정 온도(130~150C°) 이상의 열환경에서 적용하여 기공이 폐쇄되어야 한다.

4) 분리막의 크기

박막 분리막의 두께는 10~25 마이크로미터(㎛, 1㎛=10^{-3}mm), 기공 크기는 10~500 나노미터(nm, 1nm=10^{-6}mm) 정도로 매우 작아서 리튬이온(Li+)이 빠르고 안전하게 이동할 수 있다. 분리막의 안전성을 높이기 위해 강화막 코팅을 한다. 그림 9-2는 분리막의 단면 구조를 나타낸다.

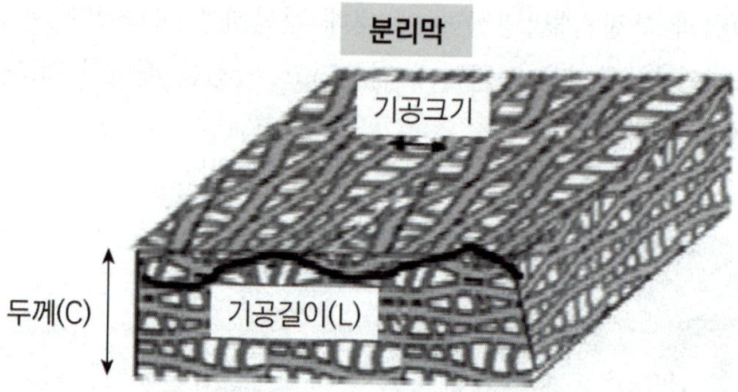

➲그림 9-2 분리막의 단면 구조

분리막의 특성을 나타내는 주요 기계적 요소(항목)는 표 9-6과 같다.

▶▶ 표 9-6 분리막의 주요 요소의 특성

	단위	내용
두께	μm	10 ~ 25
기공크기	nm	10 ~ 500
기공도	%	30 ~ 60
통기도	sec/100mL	<650
뚫림강도	gf	>350
인장강도(Machine Direction)	MPa	~ 100

그림 9-3은 분리막에 있어 기공의 단면도이다.

➲그림 9-3 기공(pore)의 단면도

4.2 일반 고분자 재료(폴리머, Polymer)의 상온에서의 기계적 특성

표 9-7은 일반 고분자 재료(폴리머, Polymer)의 상온에서의 기계적 특성을 나타낸다. 그리고 표 9-8은 고분자 재료의 비중과 인장강도의 대표값을 나타낸다.

▶▶ 표 9-7 일반 고분자 재료의 상온에서의 기계적 특성

수지명	비 중	종탄성계수 (GPa)	인장강도 (MPa)	항복강도 (MPa)	연신율 (%)
Polyethylene (low density)	0.917~0.932	0.17~0.28 (25~41)	8.3~31.4 (1.2~4.55)	9.0~14.5 (1.3~2.1)	100~650
Polyethylene (high density)	0.952~0.965	1.06~1.09 (155~158)	22.1~31.0 (3.2~4.5)	26.2~33.1 (3.8~4.8)	10~1,200
Polyvinyl chloride	1.30~1.58	2.4~4.1 (350~600)	40.7~51.7 (5.9~7.5)	40.7~44.8 (5.9~6.5)	40~80
Polytetrafluoro-ethylene*	2.14~2.20	0.40~0.55 (58~80)	20.7~34.5 (3.0~5.0)	–	200~400
Polypropylene	0.90~0.91	1.14~1.55 (165~225)	31~41.4 (4.5~6.0)	31.0~37.2 (4.5~5.4)	100~600
Polystyrene	1.04~1.05	2.28~3.28 (330~475)	35.9~51.7 (5.2~7.5)	–	1.2~2.5
Polymethyl methacrylate	1.17~1.20	2.24~3.24 (325~470)	48.3~72.4 (7.0~10.5)	53.8~73.1 (7.8~10.6)	2.0~5.5
Phenol-formaldehyde*	1.24~1.32	2.76~4.83 (400~700)	34.5~62.1 (5.0~9.0)	–	1.5~2.0
Nylon 66	1.13~1.15	1.58~3.80 (230~550)	75.9~94.5 (11.0~13.7)	44.8~82.8 (6.5~12)	15~300
Polycarbonate	1.20	2.38 (345)	62.8~72.4 (9.1~10.5)	62.1 (9.0)	110~150

* Polytetrafluoroethylene(폴리테트라플루오로에틸렌) : PTFE라는 약자나 테플론(Teflon)이라는 상품명으로 알려진 폴리테트라플루오로에틸렌은 거의 모든 화학약품에 대해 내화학성이 있으며, 매끄러운 표면으로 유명한 합성수지이다.
* Phenolformaldehyde(페놀포름알데히드) : 페놀과 포름알데히드를 축합하여 만든 합성수지이다. 페놀 포름알데히드 수지의 상표명이 베이클라이트(Bakelite)이다.

▶▶ 표 9-8 고분자 재료의 비중과 인장강도(대표값)

수지명	비 중	인장강도(kgf/cm^2) ASTM D638	비 고
POM	1.41	630	열가소성
PC	1.20	650	〃
PA 6*	1.14	820	〃
PBT	1.32	550	〃
PSF*	1.24	710	열가소성
PTFE*	2.18	280	〃
Epoxy	1.12~1.40	280~910	열경화성
Phenol	1.25~1.30	490~560	〃
알루미늄 합금	2.80	770~5,800	금속

* PA 6 : 나일론은 폴리아미드 섬유로부터 되는 합성수지의 총칭이고, 미국 듀폰(DuPont)사의 나일론 6(Nylon 6), 나일론 66(Nylon 66)이 유명하다.
* PSF : Polyester Staple Fiber의 약어로 폴리에스테르 단섬유라고 한다.
* PTFE : 테플론(Teflon)이라는 상품명으로도 널리 알려져 있다.

4.3 분리막에 사용되는 주요 고분자 재료(폴리머, Polymer)

1) PP(Polypropylene, 폴리프로필렌)

PP(Polypropylene, 폴리프로필렌)는 프로필렌 중합에 의해 만들어지는 열가소성 수지이다. 프로필렌 중합체는 비결정성인 것과 결정성인 것이 있는데, 이 중 성형용으로 사용되는 것은 결정성 폴리프로필렌이다. PP는 물리적 성질이 PE(Polyethylene, 폴리에틸렌)보다 뛰어나지만 대기 중에 노출된 상태에서 빛이나 열에 산화 및 열화하는 결점이 있으며, 안정제를 필요로 한다.

비중은 0.9로 플라스틱 소재 중 가장 가벼우며 강성, 내충격성, 전기적 특성이 뛰어나며 값이 저렴하여 이용 범위가 넓은 범용 플라스틱이다. 용도는 소형 생활용품부터 자동차 범퍼, 부품, 패널(panel)과 연신용 필름, 로프, 그물 등 산업용품을 비롯한 2차전지의 분리막에 이르기까지 그 이용 범위가 다양하고 광범위하다. 사진 9-3은 사용 예이다.

(a) 의자

(b) 바가지(각종 가정용품)

사진 9-3 PP로 제작된 제품의 예시

2) PE(Polyethylene, 폴리에틸렌)

PE(Polyethylene, 폴리에틸렌)는 에틸렌(ethylene) 중합에 의해 만들어진 결정성의 열가소성 수지이며, 그 특성에 따라 LDPE(Low Density Polyethylene, 저밀도 폴리에틸렌)과 HDPE(High Density Polyethylene, 고밀도 폴리에틸렌)으로 구분된다. 통상 LDPE는 고중압법에 의해, HDPE는 저중압법에 의해 제조된다. LDPE는 영국 CI사에서 고압 라디칼 중합에 의해 개발되어 2차 대전 중 미국에서 상용화되었으며, HDPE는 이태리 몬테카티니 에디슨사에 의해 치클러 촉매의 방법으로 공업화되었다. 또한 미국의 필립스사는 산화크롬계 촉매에 의한 중압법을 개발하였다. 에틸렌(ethylene)의 주요 용도는 LDPE는 농업용 필름, 부엌용품, 물통, 완구, 화장품 포장재 등에 사용되며, HDPE는 쇼핑백, 농업용 필름, 종량제 백, 금속물의 피복제, 하수관 등에 사용된다. 사진 9-4는 사용 예이다.

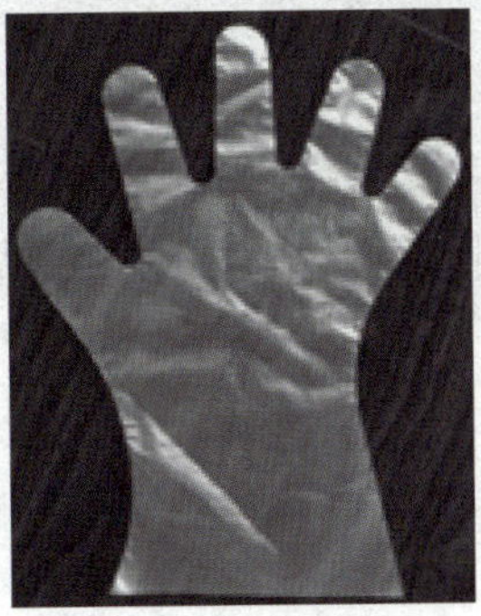

(a) LDPE 비닐장갑

(b) HDPE 파이프

사진 9-4 LDPE와 HDPE로 제작된 제품의 예시

3) PO(Polyolefin, 폴리올레핀)

폴리올레핀(Polyolefin)은 알켄족 탄화수소(olefin, 올레핀) 중합체(polymer)의 일반 명칭이다. 내열성이 우수하고 가벼우며, 결정성 고분자이면서 투명하고, 내약품성, 안전성도 우수하므로 가전용 전자부품, 글로브 박스(glove box), 에어 클리너(air cleaner) 등 자동차 부품, 프로펠러 팬(propeller fan) 등 산업용품과 기타 레저용품의 성형에 사용된다. 크게 다음과 같은 2종류가 있다.

① Thermoplastic polyolefins : Polyethylene(PE), Polypropylene(PP), Polymethylpentene(PMP), Polybutene-1(PB-1)

② Polyolefin elastomers(POE) : Polyisobutylene(PIB), Ethylene propylene rubber(EPR), Ethylene propylene diene monomer(M-class) rubber(EPDM rubber)

4) PC(Polycarbonate, 폴리카보네이트)

PC(Polycarbonate, 폴리카보네이트)는 1956년 독일의 바이엘(Bayer)사에서 처음으로 개발한 열가소성 수지이다. 투명성과 내충격성이 가장 강한 수지로서 렌즈, 유기유리, 광디스크 재료, 전기, 전자부품, 광학기기부품, 자동차부품, 의료기기부품, 창유리 등에 사용되며 사출성형, 압출성형, 진공성형, 압축성형 등 모든 성형법이 가능한 최첨단소재이다. 사진 9-4는 사용 예이다.

(a) 휴대폰

(b) 투명성을 강조한 디스플레이(TV) 케이스

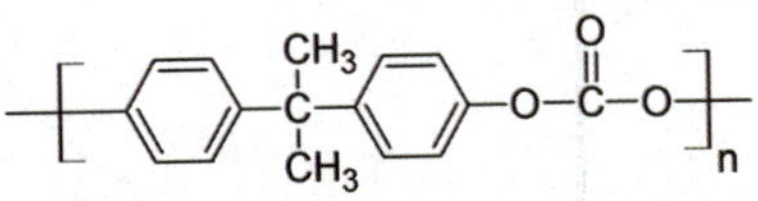

(c) 화학결합 구조

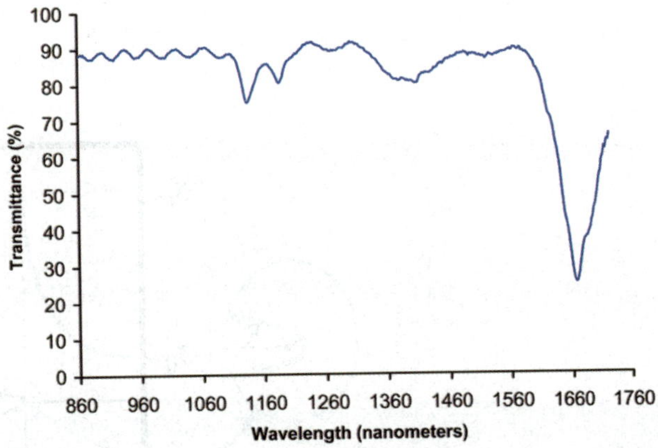

(d) IR transmittance

그림 9-4 PC 수지를 활용한 제품, 화학결합 구조 및 IR transmittance(적외선 투광도·투광율)

4.4 분리막에서의 반복하중에 의한 피로파괴(Fatigue fracture) 문제해결의 접근

1) 균열과 파괴(Crack and Fracture)

사출금형에서 흔히 문제로 접할 수 있는 것이 금형균열(crack)이다. 이런 문제를 접근할 때 유용하게 사용될 파괴 기본이론을 소개한다.

앞서 균열의 정의부터 알아볼 필요가 있다. 현장에서 엔지니어들이 많이 오류를 범하는 것이 노치(notch)와 균열(crack)에 관한 내용이다. 노치와 균열은 이들의 선단반경(그림 9-5에서 R)으로 구분한다.

금형이나 구조물에서 균열은 아무리 강조해도 그 중요성이 크다. 균열은 주로 잘못된 설계 혹은 설계허용범위를 넘어선 가혹한 환경(극한 환경이라 한다)에서 발생한다. 일단 균열이 발생하면 기본역학의 이론이 아무런 소용이 없어진다. 균열이 없는 소재의 인장강도나 항복강도보다 훨씬 낮은 하중에서 파괴가 일어나기 때문이다.

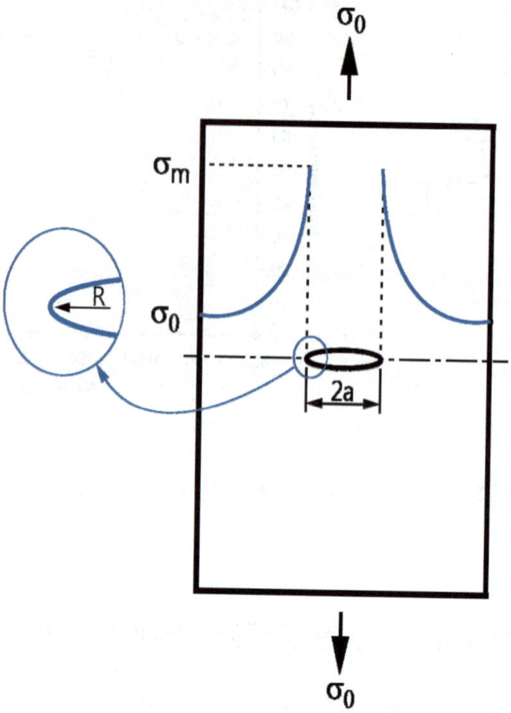

그림 9-5 크랙 선단에서의 응력분포

균열이 선단에서 그림 9-5와 같이 아주 심한 응력집중(σ_m) 현상이 발생한다. 그래서 낮은 외부응력에서도 파괴가 쉽게 일어난다.

이제 현장에서 균열이 발생한 사출금형을 보았을 때 어떻게 문제에 접근할지를 알아보도록 하자.

균열문제에 접근할 때 균열이 발생할 수 있는 모드(mode, 형태)를 우선 알아야 한다. 균열이 발생할 수 있는 모드는 그림 9-6에 나타낸 3가지 밖에 없다. 변형에서는 일반적으로 4가지 모드를 각각 세분화하여 문제에 접근하듯이, 균열에 있어서도 3가지 모드를 각각 세분화하여 문제에 접근할 필요가 있다. Mode 1은 열림(인장)모드(opening or tensile mode)이고, Mode II는 미끄럼모드(sliding mode) 그리고 Mode III은 전단모드(tearing mode)이다. 균열이 발생한 부분에 각각의 모드를 적용해 보면 결국에서는 복합적인 균열원인이 쉽게 규명된다.

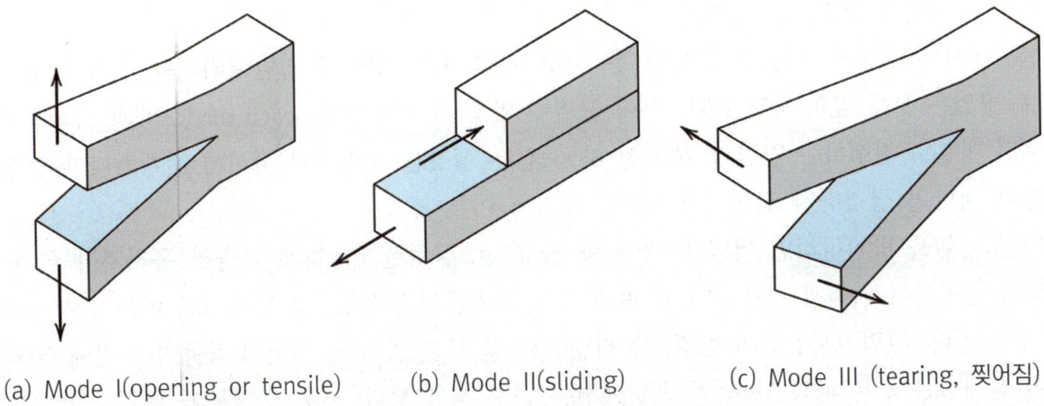

그림 9-6 파괴의 3가지 기본모드

또한, 엔지니어를 비롯한 실무자들이 균열에 대해서 많이 혼돈하고 있는 것들 중에 하나가 있다. 이는 압축하중에서는 균열이 발생하지 않는다는 것이다.

사진 9-5는 균열이 생성되어 진전되고, 급속한 파단이 발생한 시편을 자른 단면(파단면)을 나타낸다.

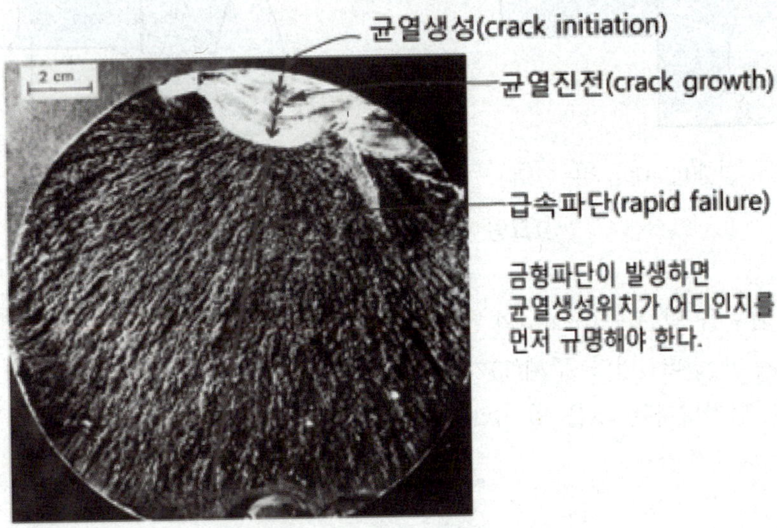

사진 9-5 파단면 형상 및 검사

균열이나 파괴가 발생한 금형을 비롯한 부품이나 소재에 대한 문제를 풀 때 변수를 최소화하는 단계는 매우 중요하다. 이런 변수를 최소화하는 방법 중에 유용한 것이 이론적으로 규명된

규칙들을 세밀히 살펴보는 것이다.

현장에서 파괴된 금형을 살펴볼 때 우선적으로 봐야 할 것이 균열발생위치를 먼저 살펴야 한다. 균열은 보통 앞의 사진 9-5와 같이 균열이 발생 후 비치마크(beach mark, 파괴 시작점으로부터 내부로 진행하는 일련의 '해안선 자국')같은 형상을 그리면서 서서히 진행하다가 일정 시점이 지나면 급격하게 진전 · 가속되어 파괴에 이른다.

이런 균열을 방지하려면 어떻게 해야 할까? 우선, 금형설계단계로 거슬러 올라가야 한다. 균열을 방지하기 위해서 취할 기술적 여러 가지 조치들이 많지만, 그 중에서도 반드시 챙겨야 할 것이 있다. 그림 9-7과 같이 반경, 즉 필렛(fillet)을 주는 것이다. 외력이 작용하는 곳에 (a)와 같이 설계하는 것은 파괴역학적인 측면에서는 큰 문제가 된다. 외관에 영향을 주지 않는다면 최대한 필렛(fillet)을 고려하는 것이 합당하다.

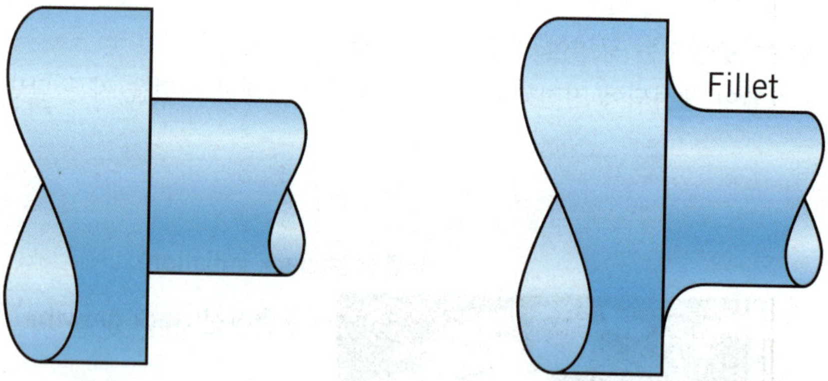

(a) 필렛(fillet)이 없는 설계

(b) 필렛이 있는 설계

그림 9-7 필렛이 있는 설계

그림 9-8은 굽힘을 받는 보(beam)의 코너반경(R)에 따른 응력집중계수(stress concentration factor)를 보여주고 있다. 만약 두께(T)가 1.0mm라고 가정하면 R이 0.0mm일 때와 0.2mm일 때의 차이점은 엄청나다는 것을 알 수 있다.

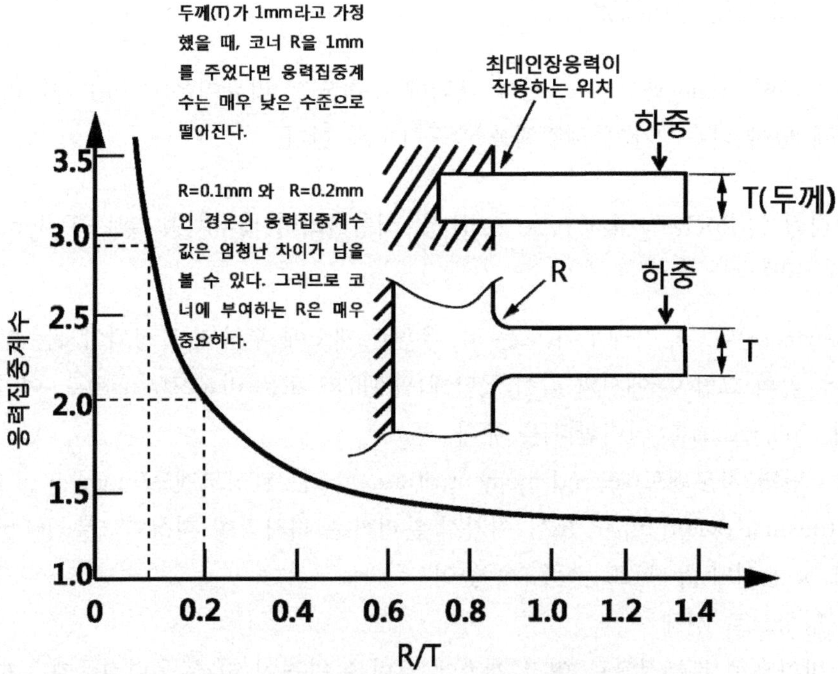

그림 9-8 코너부 반경에 따른 응력집중계수변화

단면2차모멘트는 부재(members), 구조물의 강도나 저항 등을 구하기 위해 사용되는 것으로, 다음 그림 9-9와 같이 여러 단면의 형상에 따라 다르게 구해진다.

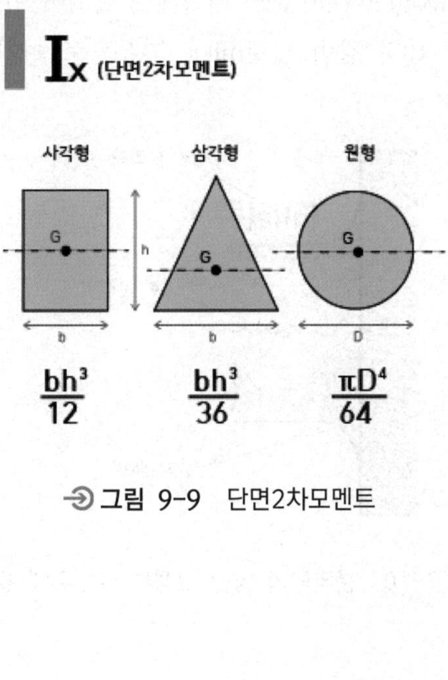

그림 9-9 단면2차모멘트

2) 분리막 파손의 문제해결

배터리 셀 케이스(battery cell case)의 내벽에 부착되는 리튬이온(Li-ion) 배터리의 분리막(separator)에 있어 다음 2가지 해결책을 강구하도록 한다.

(1) 직사각형 셀(Rectangular type cell) 및 리튬폴리머 파우치형 셀(Li-Polymer pouch type cell)

분리막(separator)이 위, 아래부위(또는 좌, 우편) 2개소에 부착돼 고정되어지는 양단지지 고정단에 있어, 앞의 그림 9-8에서와 같이 끝단에 필렛[fillet 또는 라운드(round)로, 여기서는 접선반지름이다. full radius를 의미한다]을 준다.

그리고 I : 단면2차모멘트(second moment of area) 또는 관성모멘트(moment of inertia), EI : 굽힘강성(flexural rigidity)이며, 또한 여기서 분리막은 직사각형 형상이므로, $I=bh^3/12$ 이 된다. 여기서 b: 분리막 두께 또는 폭, h: 높이

① 길이 방향으로 전체

② 길이 방향으로 부분적으로 여러 개소에 코너부 반경에 따른 응력집중계수변화를 줄여 피로에 의한 파괴수명을 늘려야 한다.

(2) 원통형 셀(Cylindrical type cell)

셀(cell)이 원통형이므로 분리막도 원통형상이 되어, $I = \pi d^4/64$ 이 된다. 여기서 d: 분리막 원의 지름.

따라서 배터리 셀 케이스(battery cell case) 내벽에 조립되어 있는, 분리막(separator)을 잡아주는 양단 고정부에 그림 9-10과 같이 필렛(fillet, 라운드로 여기서는 접선 반지름)을 준다.

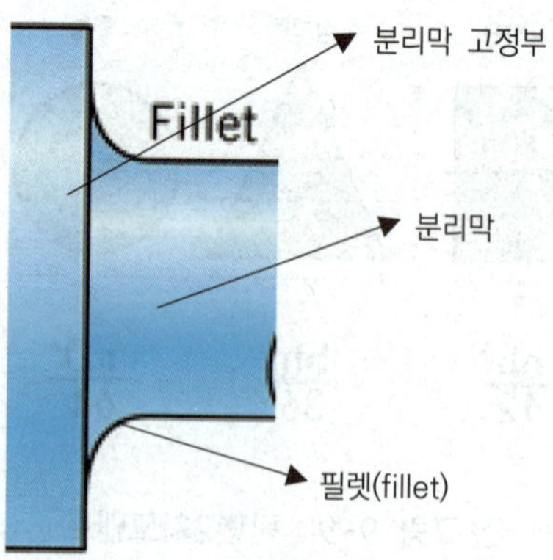

그림 9-10 분리막의 양단 고정부 끝부위에 필렛(fillet)

3) 사례연구(1)

(1) 숏피닝(Shot peening) - 금속(Metal)

한 사례로, 금속에 있어 피로파괴특성을 향상시키는 방법이 있다

후공정을 추가하여 물리적으로 피로파괴특성을 향상시키는 것이다.

사진 9-6에 소개하는 숏피닝(shot peening)을 활용하면 피로파괴특성을 탁월하게 향상시킬 수 있다. 또한 이것의 용도는 표면의 산화스케일(scale, 금속의 표면에 생성하는 금속산화물의 층으로 '녹'이라 한다) 제거나 표면조도(표면거칠기) 향상을 위한 것이다.

사진 9-6 숏피닝(shot peening) 작업(사진 왼쪽)과 작업이 완료된 터빈 블레이드(사진 오른쪽)

숏피닝이 왜 피로파괴특성을 개선시키는지 알아보자. 그림 9-11에서 보듯이, 강한 재질로 모재를 타격하면 타격을 가한 곳에는 압축잔류응력이 존재하게 된다. 균열은 압축하중 하에서는 발생하지 않는다(그림 9-6에서 3가지의 파괴기본모드를 참조). 그러므로 인장력에 의한 파괴응력이 작용하더라도 모재 내부의 압축잔류응력 때문에 인장파괴응력에 미치지 못하면 파괴가 일어나지 않는다. 그림 9-12에서는 이러한 현상을 응력분포도로 나타냈다.

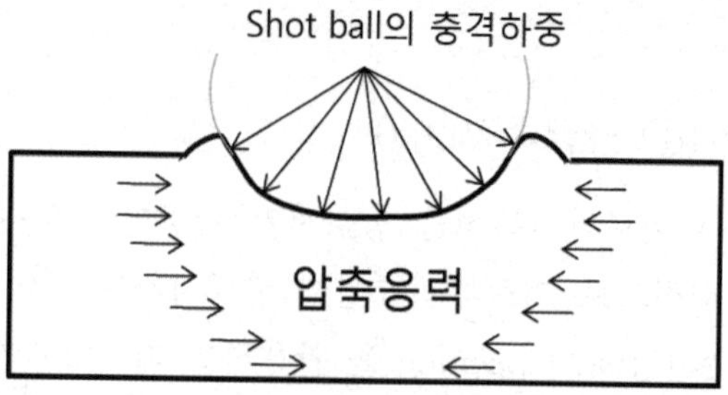

➔ 그림 9-11 숏피닝 작업으로 표면에 발생하는 압축잔류응력의 생성

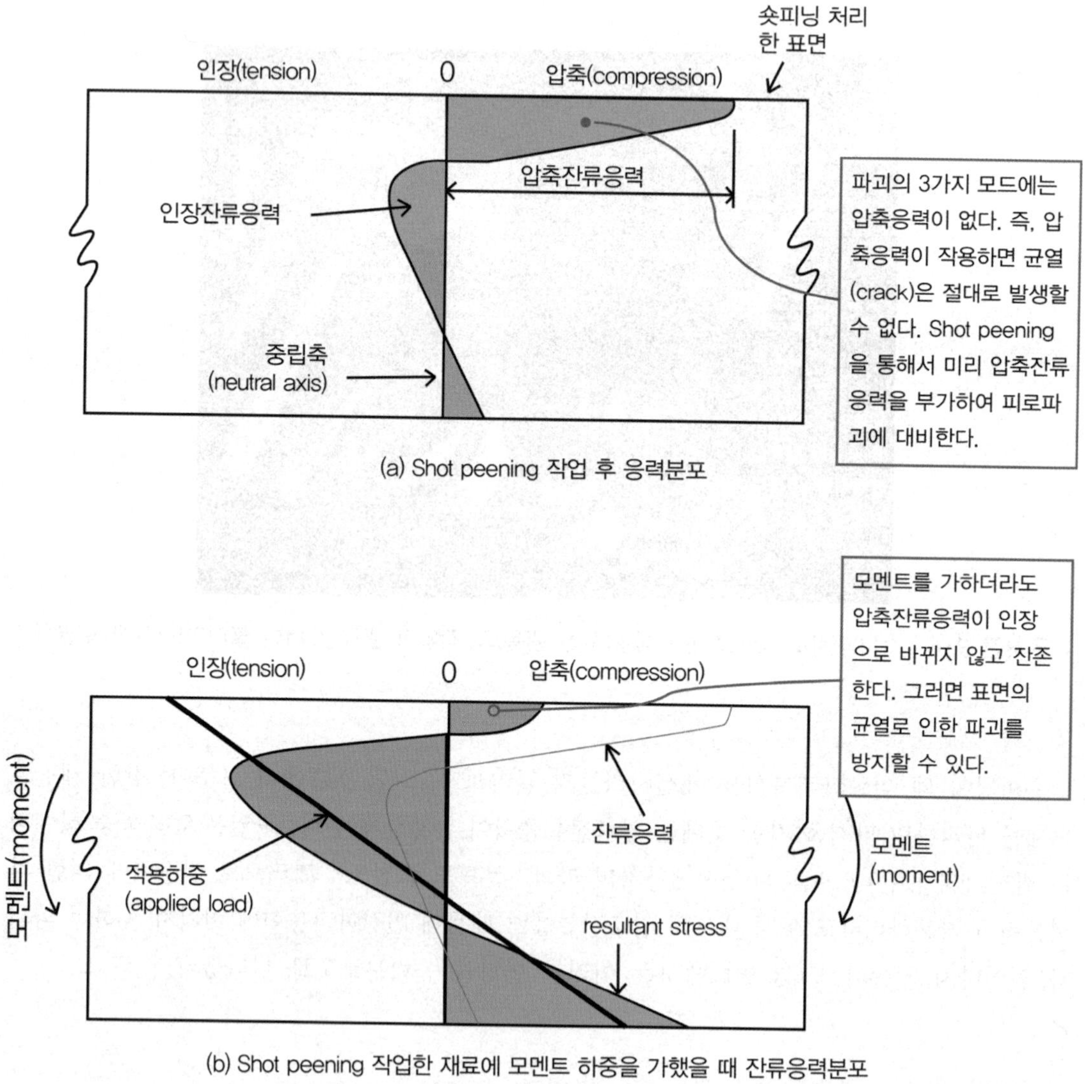

➔ 그림 9-12 숏피닝 작업 후에 표면상의 a) 압축잔류응력분포와 b) 모멘트를 가했을 경우 표면 압축잔류응력의 변화

그림 9-13은 응력과 피로사이클 수를 나타낸 SN 곡선이다. 모재가 숏피닝한 경우와 일반(normal) 경우의 응력진폭(stress amplitude)은 많은 차이를 보여주고 있다. 그러므로 중요한 부품의 경우에는 숏피닝법을 응용하여 금형부품의 수명을 올리는 방법도 좋을 것 같다.

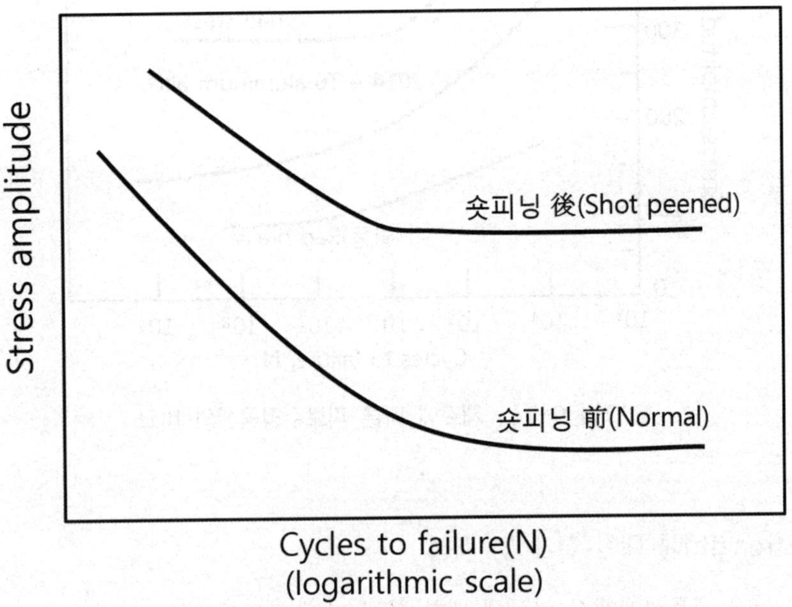

그림 9-13 피로수명곡선

응력진폭(stress amplitude)

응력진폭(stress amplitude, σ_a)은 다음과 같이 나타낼 수 있다

$$\sigma_a = \frac{\sigma_{max} - \sigma_{min}}{2}$$

여기서, σ_{max}는 최대응력(maximum stress), σ_{min}은 최소응력(minimum stress)이다.

참고로, SN 곡선을 대표적인 재료별로 살펴보면 그림 9-14와 같다.

각 재질별로 피로파괴특성곡선이 차이가 남을 알 수 있다. 즉, 1045 steel의 경우는 응력진폭(stress amplitude)가 300MPa 이하면 피로사이클 수(N)가 증가하더라도 영구적으로 파괴가 일어나지 않는다. 하지만 2014-T6 알루미늄 합금의 경우와 황동(red brass)의 경우는 다소 다른 특성을 보이고 있다. 단순히 정적인 상태의 인장강도가 높다고 피로파괴특성이 모두 좋은 것은 아니다. 그러므로 금형과 같은 피로응력을 받는 부품의 경우 새로운 재료를 접목하기 전에 피로파괴특성을 살펴볼 필요가 있다.

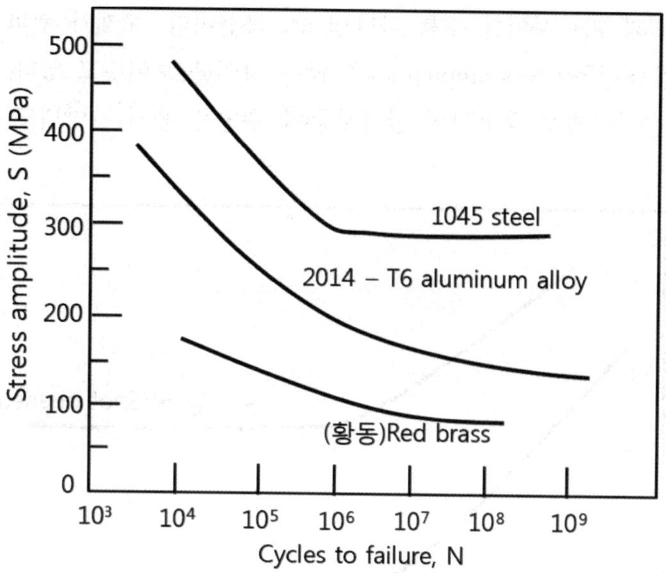

그림 9-14 재료에 따른 피로수명곡선의 비교

(2) 강도(Strength)에 대한 설계 및 개선

플라스틱(plastic) 제품설계에서 형상에 대한 설계 외에 강도에 대한 설계가 필요한 것은 당연하다. 플라스틱은 탄성물질이므로 그 변형량은 시간에 따라 변화하고 하중을 제거한 후에도 원래의 형상으로 되돌아오지 않는다. 즉, 크리프(creep)가 발생한다.

플라스틱 성형품의 강도계산에 있어서는 금속재료의 강도계산식에 플라스틱 소재의 인장강도, 탄성율 등을 그대로 대입해서는 안 되고 먼저 제품이 필요로 하는 수명을 정하지 않으면 안 된다. 다음에 그 시간에 있어서 크리프 강도, 그리프 왜곡 및 겉보기 탄성계수(modulus)를 구하고, 이 값을 금속강도 계산식의 강도, 왜곡 및 탄성계수값을 대입하여 강도계산을 한다. 또한, 플라스틱은 금속에 비해 강도는 온도 의존성이 크므로 크리프 강도 등의 값은 사용온도일 때의 것을 취하지 않으면 안 된다.

또한 크리프 시험은 간단하지만 제품의 필요수명에서의 값이 필요하기 때문에 많은 경우에 경험 데이터가 필요하게 된다. 그러므로 크리프 강도, 크리프 왜곡 및 겉보기 탄성계수값은 신뢰도가 낮으므로 금속의 경우에 비해 안전율을 크게 해야 한다.

(3) 플라스틱 성형품의 2차가공 열처리 - 어닐링(Annealing, 풀림)

사출성형법은 낮은 온도의 금형 중에 높은 온도의 가소화된 플라스틱을 고압으로 밀어넣어 성형하는 방법이므로 필연적으로 제품에는 내부응력이 남게 된다. 특히 게이트(gate) 부근에서 응력이 제일 크게 된다. 그 내부응력이 지나치게 크면 방치된 상태에서도 갈라지는 현상이 생기고, 용제 등에 접촉하면 응력균열(stress cracking)을 일으키기 쉽고, 크레이징(crazing) 현상도 발생하기 쉽다. 내부응력은 어닐링(annealing)을 함으로써 제거될 수 있다. 즉 재료의 구조를 안정화하여 내부응력을 낮출 수 있는 것이다.

어닐링은 풀림이라고 한다. 이 열처리법은 재료를 고온으로 장시간 유지시킨 후 서서히 냉각(서냉)하는 열처리이다. 주로 기계적 물성치(때로는 화학적 구성)을 변경하여 연성을 증가시키고, 경도를 낮추고, 가공성을 높이는 2차 공정이다.

어닐링의 목적은 크게 다음과 같다.

① 잔류응력의 제거

② 연성, 인성의 향상

③ 특정한 미세구조의 형성

어닐링은 공기중 또는 수중에서 플라스틱 성형물을 가열시키는 방법으로 하고 있다. 어닐링 온도는 그 성형품이 가열에 의해 연화점(softening point)보다 5~10℃ 낮은 점에서 하면 좋다. 비결정성 플라스틱은 가열에 의해 연화하는 온도 기준으로 하중변형온도(deflection temperature under load)에 맞추면 좋으나, 결정성 플라스틱에서는 하중변형온도는 어닐링을 하는 온도의 기준이 될 수 없다.

비결정성(비정질) 플라스틱(polymer, 폴리머)은 특정 화학물질에 노출되면 환경 응력균열을 나타낼 가능성이 특히 높다. 그러한 화학물질은 솔벤트, 가소화제, 세제, 녹 방지제, 접착제 등이 될 수 있으며, 비결정성 폴리머는 이런 유체와 장시간 접촉하면 환경 응력균열로 불량이 발생할 수 있다. 반(半)결정성 플라스틱(폴리머)에서는 어닐링의 목적이 근본적으로 다르다. 반결정성 폴리머를 사용하는 이유는 그 원료의 결정도에서 기인하는 기계 및 열특성 때문이다. 결정도는 소재의 강도, 물성계수(property modulus), 유리전이온도(Tg)보다 높은 온도에서 기계적 물성 유지능력, 내화학성, 피로 및 크리프 내성(내크리프성), 마찰 특성 같은 성질들을 결정한다.

플라스틱의 어닐링(annealing)은 2차 가공과정으로 성형품을 적당한 매질 내에서 제품소재의 용융점(Tm)과 유리전이온도(Tg) 사이의 온도 범위에서 일정한 온도로 만든 후 그 온도에서 일정시간 동안 유지시키고 실온으로 천천히 냉각시키는 과정이다.

일반적으로 플라스틱 소재를 어닐링 시 플라스틱의 결정구조, 결정화도 등의 변화로 성형품의 밀도, 인장강도, 굴곡강도, 유리전이온도(Tg)는 증가하고 반면에 충격강도, 신율(연신율)은 감소하는 경향을 나타낸다. 또한 일반적으로 어닐링 시 결정화도가 증가하여 내열성이 향상된다.

4) 사례연구(2)

(1) 경도(Hardness)를 증가시킨다.

사출현장에서 엔지니어들이 경도에 대해 오류를 많이 범한다. 금형재질에서는 주로 HRC (Rockwell hardness test, scale C) 경도를 많이 활용한다.

그러다 보니 자연스럽게 플라스틱 사출제품에도 HRC 경도를 적용하려고 하는 오류를 범한다. 경도의 대표적인 종류와 사용범위에 대해서 그림 9-15에 나타냈다.

경도는 각각 측정범위를 가지고 있으므로 용도에 맞게 적절한 측정방법을 선택해야 한다. 또한 현장에서 잘 사용하는 경도의 경우는 자기만의 기준을 기억할 필요가 있다. 기억된 기준과 상응하는 다른 경도표기법의 값도 동시에 기억해 두면 현장에서 문제에 접근하기가 한결 쉬어진다. 예를 들면, 로크웰경도 HRC 40을 기준으로 용도와 경험을 가지고 있을 경우, 문헌이나 기술적인 토론을 할 때 자기만의 기준경도를 통해서 다른 경도를 판단 및 평가할 수 있다. 또한, HRC 40이 브리넬 경도로 HB 370정도라는 사실을 기억해 두면 현장에서 환산할 필요 없이 즉석에서 문제를 직시하고 해결할 수 있다. 그림 9-16은 여러 가지 경도시험의 측정값을 비교 및 환산한 그래프이다.

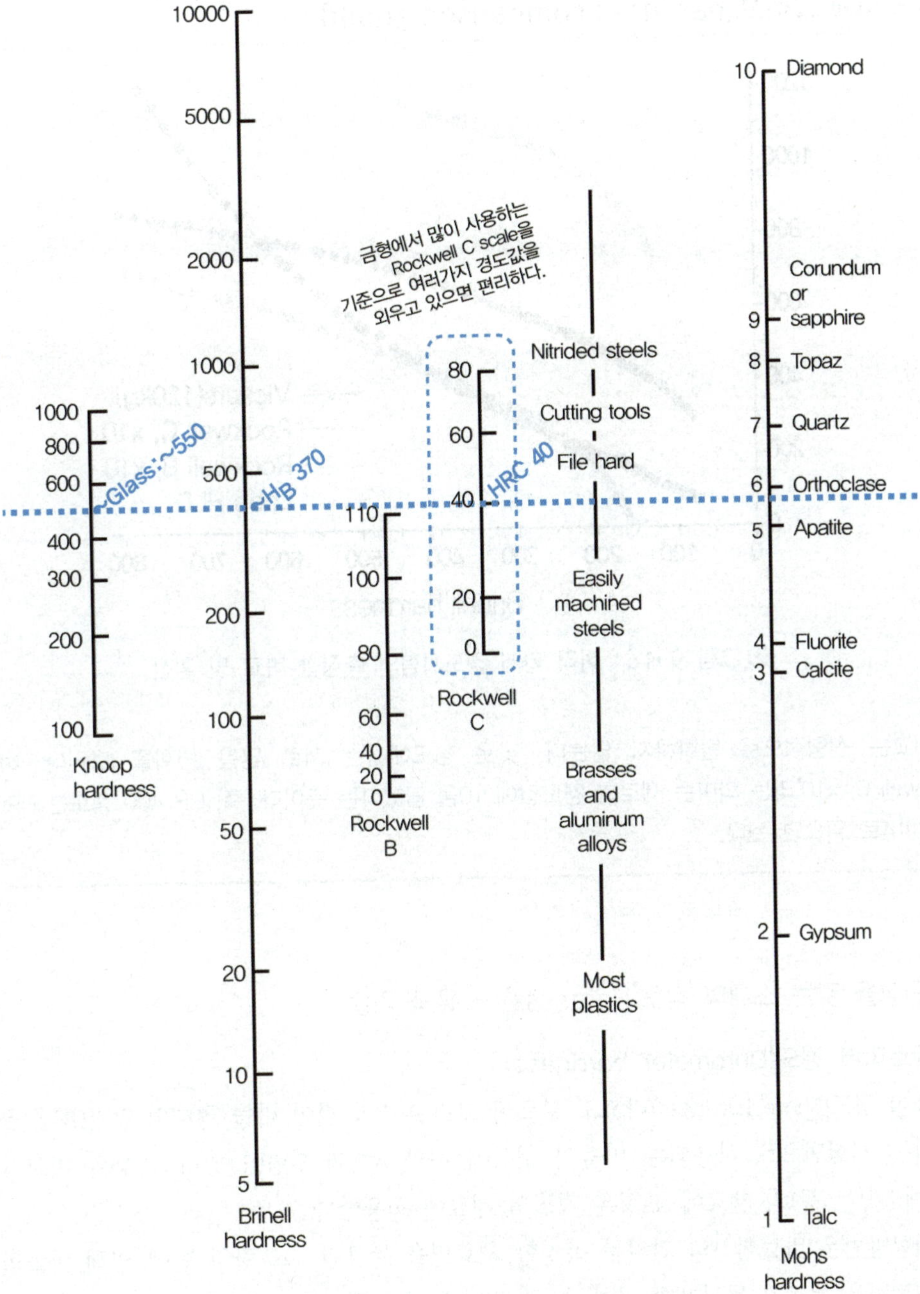

금형에서 많이 사용하는 Rockwell C scale을 기준으로 여러가지 경도값을 외우고 있으면 편리하다.
Glass: ~550
~HB 370
HRC 40
Knoop hardness
Brinell hardness
Rockwell B
Rockwell C
Nitrided steels
Cutting tools
File hard
Easily machined steels
Brasses and aluminum alloys
Most plastics
Diamond
Corundum or sapphire
Topaz
Quartz
Orthoclase
Apatite
Fluorite
Calcite
Gypsum
Talc
Mohs hardness

그림 9-15 경도 그래프

경도비교 그래프(hardness comparison graph)

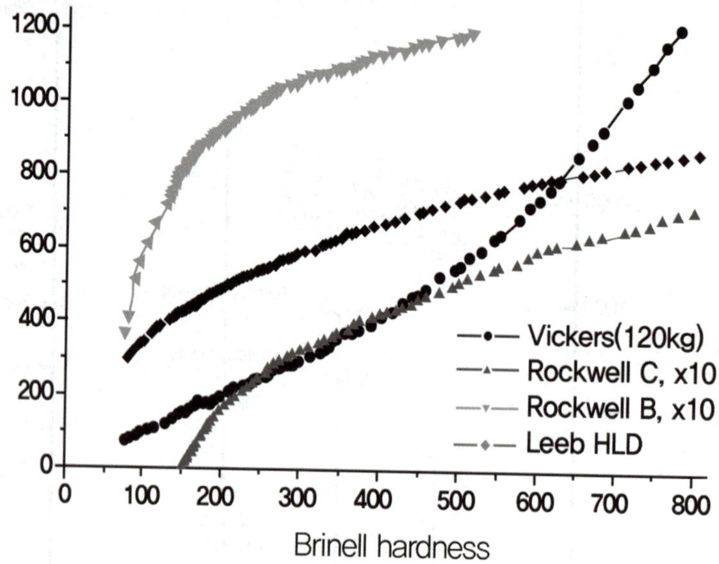

그림 9-16 여러 가지 경도시험의 측정값 비교 및 환산

경도비교는 선형적으로 변화하지 않는다. 낮은 경도에서는 서로 많은 변화를 보인다. 여기서, 'Rockwell C, x10'라는 의미는 세로축 경도값에 10을 곱했다는 뜻이다. 즉, HB 400 정도는 HRC 43, HRB 114로 읽으면 된다.

(2) 탄성을 갖는 소재의 경도(Hardness) - 유사 기술

① 듀로미터 경도(Durometer hardness)

쇼어 경도(Shore hardness)라고도 부르며 그림 9-17과 같이 바늘 형태의 압자(壓子)를 사용하는 시험법으로 사용되는 바늘의 형상에 따라 A형과 D형이 있다. A형은 비교적 연질(예 : 고무 등)의 재료에, D형은 경질의 재료에 적용한다.

시험방법은 바늘형상의 압자를 측정할 재료면을 누르면 스프링의 힘에 의해 바늘의 끝이 재료면을 누르고 들어가게 되며, 이 누르고 들어간 길이가 눈금판에 나타나게 된다. 이 방법은 측정기가 소형이고 취급이 간단한 특징이 있으나, 오차가 많은 것이 결점이다.

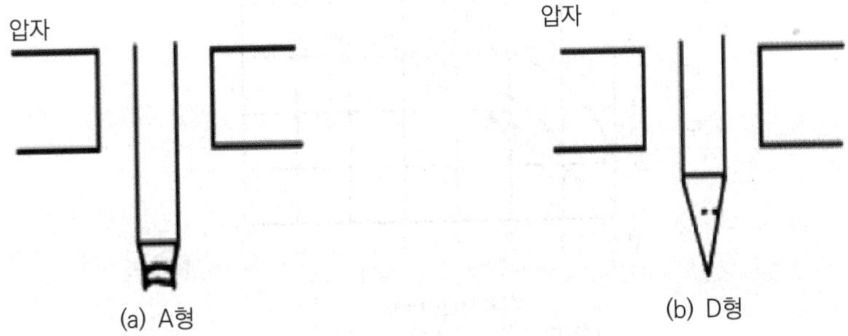

그림 9-17 듀로미터(durometer)의 압자

② **바콜 경도(Barcol hardness)**

원리적으로는 듀로미터(durometer) 경도와 유사하다. 바콜 경도는 재료의 표면경도의 사용에만 이용되지 않고, 열경화성수지 성형품이 가열되어 있을 때의 표면경도를 측정하고 시간경과에 따른 경화도(rate of cure)의 판정척도로도 이용된다. 그림 9-18은 바콜 경도계의 구조이고, 그림 9-19는 열경화성 수지 에폭시(epoxy)의 경화시간과 바콜 경도와의 관계를 표시한 것이다.

사진 9-7은 바콜 경도계의 실물을 보여준다.

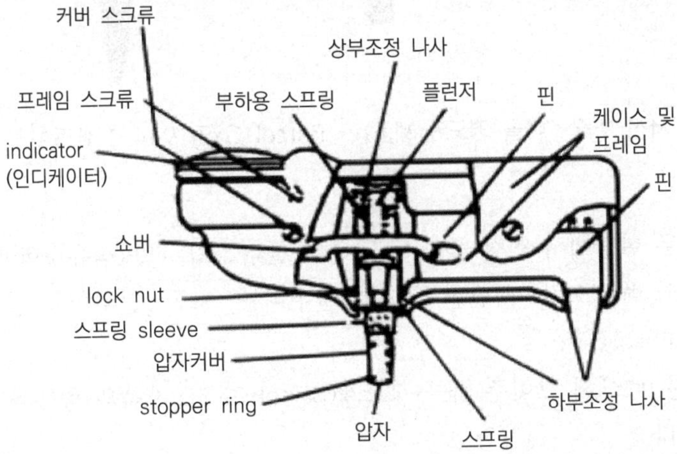

그림 9-18 바콜(barcol) 경도계

그림 9-19 에폭시(epoxy) 수지의 경화시간과 바콜경도

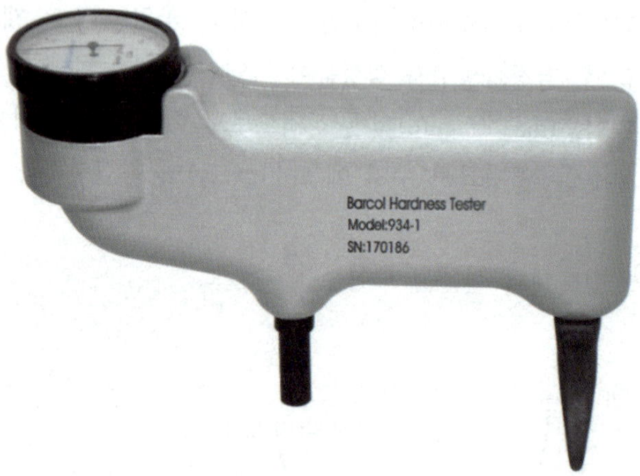

사진 9-7 바콜 경도계(제품) - Barcol GYZJ 934-1 (USA)

바콜 경도계로 실무 현장에서 연질 플라스틱, 경질 플라스틱, FRP(섬유강화 플라스틱)를 비롯한 폴리머(polymer, 플라스틱)와 연질 금속인 알루미늄, 황동, 알루미늄 합금, 주석, 연강 등의 경도를 측정한다.

표 9-9는 위의 사진 9-7에서 보여준 바콜 경도계(Barcol GYZJ) 제품의 종류와 측정이 가능한 소재를 나타낸 표이다.

▶▶ 표 9-9 바콜 경도계(Barcol GYZJ) 종류와 측정이 가능한 소재

MODEL	측정용도
GYZJ 934-1	경질플라스틱, 알루미늄, 알루미늄합금, 동, 황동, FRP, 주석, 연강 등에 사용
GYZJ 935	폴리카보네이트, 연질플라스틱, 흑연질금속
GYZJ 936	테플론, 나이론, 납, 피혁, 리노늄

4.5 새로운 분리막 소재의 선정과 적용

1) 기존 분리막 소재

기존에 주로 사용하고 있는 리튬이온 2차전지의 분리막이 요구하는 특성과 물성(物性)에 적합하고, 소재 가격도 저렴하면서, 금형사출에 의한 생산성이 좋은 범용 플라스틱 PE(폴리에틸렌), PP(폴리프로필렌)와 수퍼 엔지니어링 플라스틱 PI(폴리이미드)를 주로 사용하고 있다.

특히 PE와 PP는 폴리올레핀(Polyolefin · PO) 계열이다. PO는 PE, PP 등의 플라스틱을 만드는 원료이다. PO는 올레핀(이중결합을 1개 가진 사슬모양의 탄화수소 화합물)의 중합으로 생기는 고분자 화합물이다. 단량체 또는 모노머(monover)로서는 에틸렌과 프로필렌이 해당된다.

즉, PE는 에틸렌 모노머를 중합시켜 만든 PO(Polyolefin, 폴리올레핀)인 것이다. PP는 프로필렌 모노머로부터 중합된 PO라 할 수 있겠다.

폴리올레핀 특성을 살펴보면, 특히 PE는 밀도에 따라 그 특성이 달라진다. 밀도가 낮으면 액체나 고무와 같은 탄성을 갖게 되며, 밀도가 높으면 단단한 가소성(plasticity)을 띠게 된다.

따라서 중합체의 공정에 따라 다양한 물리적 특성을 지닌 플라스틱 제품을 만들 수 있다.

또한 화학적 안정성과 기계적 물성, 경량성, 투명성의 특징과 전기적으로도 여러 면에 있어 우수한 안정성과 특성을 지니고 있다.

가공이 쉽고, 생산성이 좋고, 다른 소재에 비해 가격도 저렴하기 때문에 우리 생활에 필요한 플라스틱 재료로 널리 사용되고 있다.

철기 시대 이후로 소재(재료) 분야에 있어서 새로운 신문명을 연 것이라해도 과언은 아닐 것이다.

앞서 언급했듯이 PO 종류로는 대표적으로 PE와 PP가 있다. PE는 밀도에 따라 고밀도 PE(HDPE, High Density Polyethylene)와 저밀도 PE(LDPE, Low Density Polyethylene), 선형저밀도 PE(LLDPE, Linear Low Density Polyethylene)로 나눌 수 있다.

HDPE는 가벼우면서도 높은 강도와 강성, 우수한 내화학성 특징을 지니고 있으며, LDPE는 부드럽고 유연한게 특징으로 식품포장 비닐 및 종이 코팅 등에 쓰인다.

LLDPE는 LDPE보다 강성이 뛰어나고, HDPE보다 훨씬 유연한 게 특징으로 높은 인장강도와

내충격성을 지닌 비닐과 코팅 원료로 이용된다.

이런 우수한 물성과 특징으로 인해 리튬이온 2차전지(LIB, Li-ion battery)의 분리막 소재로 사용하고 있는 것이다.

PP는 PE와 유사하지만 그 보다 밀도가 낮고 녹는 점이 더 높아 1회용 식품용기로 주로 활용되고 있다.

이러한 장점으로 인해 PE와 PP가 주로 사용되고 있는 것이다.

2) 향후 새로운 분리막 소재의 선정과 적용의 필요 그리고 문제점 해결

(1) 소재

수퍼엔지니어링 플라스틱 PEEK(Polyetherether ketone, 폴리에테르에테르케톤), PES(Polyether sulfone, 폴리에테르설폰), PPS(Polyphenylen sulfide, 폴리페닐렌설파이드), PTFE(Polytetrafluoro ethylene, 폴리테트라플루오로에틸렌) 등을 비롯한 수퍼엔지니어링 플라스틱과 복합소재로의 새로운 소재 검토와 적용이 필요하다.

이 소재들은 기존 분리막 소재로 주로 사용하고 있는 범용 플라스틱인 폴리올레핀(Polyolefin · PO) 계열의 특히 PE와 PP와 비교해 보면, 가격은 훨씬 비싸지만, 분리막의 파손으로 인한 화재와 폭발의 위험성을 줄일 수가 있다. 이른바 '꿈의 배터리'라 불리는 차세대 전고체 배터리가 가장 이상적이겠지만, 그 전에 가격 경쟁력과 제품의 특성이 좋은 리튬이온 2차전지에 있어 가장 취약한 문제점(bottle neck) 중의 하나인 충격에 약하며, 또한 셀 과열로 인한 배터리 화재와 폭발의 위험성을 개선해 줄이는 것이 필요하다. 이것은 현재 가장 우수한 2차전지로 각광받고 있으므로, 여기에 획기적 개선과 개량을 통한 배터리의 안전성이 확보된 리튬이온 2차전지(LIB, Li-ion Battery)와 차세대 전고체 배터리(ASSLB, All Solid State Lithium Battery, 고체 전해질을 사용하는 리튬 2차전지)를 병행 사용함으로써 전기차 종류와 가성비에 알맞은 배터리를 선택할수 있도록 제공하는 것이 사용자에 대한 제조사의 책임이며 의무인 것이다.

전고체 배터리(ASSLB, All Solid State Lithium Battery

리튬 2차전지는 에너지밀도가 높고, 충분히 방전되지 않은 상태에서 충전해도 전지용량이 줄어들지 않으며, 사용하지 않을 때도 자가방전이 일어나는 정도가 작기 때문에 휴대용 전자기기에 많이 사용된다. 최근에는 에너지밀도가 높은 리튬 2차전지의 특성을 이용해 방위산업(방산), 자동화시스템, 항공산업과 자동차 산업에도 널리 이용되고 있다.

리튬 2차전지는 고용량, 고출력, 긴 수명, 안정성, 내구성, 신뢰성 등 다양한 장점을 지니고 있어 최근 많은 주목을 받고 있다. 이런 기대를 만족시키기 위해 다양한 신소재를 개발 및 적용하면서 고성능 차세대 리튬 2차전지 개발이 진행되고 있다.

차세대 리튬 2차전지 개발 중에서도 기존 액체 전해질의 가연성과 부식성, 고열과 고전압에 취약하다는 안전성 문제를 해결하기 위해 고체 전해질을 적용하는 연구개발이 매우 활발하다. 특히, ASSLB (All-Solid-State Lithium Battery, 고체 전해질을 사용하는 리튬 2차전지)는 액체가 아닌 고체 전해질을 사용하기 때문에 기본적으로 이런 안전성에 대한 염려를 해소할 수 있다.
고체 전해질을 사용하면 전기화학적 안정성을 확보하여 리튬 2차전지에 고전압용 양전극 소재를 활용할 수 있으며, 전지의 에너지밀도를 향상시키는 것도 가능하다. 또한 리튬금속을 사용한 음전극이나 유황, 산소를 사용한 양전극 등 대용량 전극 소재를 활용할 수 있어 차세대 리튬 2차전지 시스템으로 확장이 가능하다. 최근에는 리튬금속 음전극, 고체 전해질과 변환성 양전극으로 구성되는 차세대 리튬 2차전지 시스템으로 최대 에너지밀도(450Wh/kg 및 700Wh/kg)와 최대 출력밀도(500Wh/kg 및 1,000Wh/kg)를 실현하기 위한 연구가 이뤄지고 있다(EU, SET-Plan Action의 2030년 목표 기준).
리튬 2차전지용 고체 전해질은 소재에 따라 유기 고분자 고체 전해질, 무기 고체 전해질, 유기-무기 하이브리드 고체 전해질, 전극과 합쳐지는 복합 고체 전해질 등으로 나눌 수 있다. 고체 전해질의 가장 중요한 전기화학적 특성 중 하나인 이온전도도(이온이 물질을 통과하는 정도)는 실제 ASSLB의 특성과 성능을 많이 좌우하기에 전해질의 종류에 따른 결과도 다양하게 나타난다.
고체 전해질이 적용되는 ASSLB의 숙제 중 하나는 전극과 전해질 사이의 계면(界面, 경계면)에서 나타나는 불안정성이다. 고체 전해질과 전극 사이의 계면은 보통 친화성, 즉 결합성이 낮아 이를 개선해야 성능을 향상시킬 수 있다. 예를 들어 ASSLB는 전도 특성과 전기화학적 계면 특성이 다른 다양한 경계면을 포함하고 있기 때문에 결합성이 낮은데, 이를 해결하기 위한 개선책이 필요하다.
특히, 전고체 전지의 계면은 계면의 형성과 접촉 조건, 에너지 상태 및 결함 등의 개념과 충·방전 도중 계면에서 일어나는 물리화학적, 전기화학적 과정 등의 요소를 종합적으로 고려해야 한다.

(2) 현재의 문제점과 해결책 - 셀(Cell) 과열로 인한 열폭주 현상

외부 충격이나 충돌, 과부하 등으로 인한 분리막의 파손, 손상이나 찢어짐 등으로 인해 주행 중 또는 시동이 켜져 있는 상태에서 발생하는 전해액의 섞임 현상에 의해 화학반응으로 배터리가 과열되는 것은 BMS(Battery Management System, 배터리관리시스템)이 감지할 수 있지만, 시동이 꺼져있는 주차 중에는 과열이 되는 현상을 BMS가 감지하지 못하므로, 사전에 예방과 신속한 조치를 할 수 없다는 문제가 있다.

따라서 주행, 충전, 주차를 비롯한 상시로 배터리 과열을 센싱(sensing, 감지)해 주는 BMS 성능을 유지하기 위해서는 별도 무선시스템과 통신망 설치가 필요하다. 또한 근거리 및 원거리를 커버하는 무선통신(RF, Radio Frequency)을 위한 전력소모가 계속 발생하므로, 배터리 용량을 키우거나 보조 배터리의 실장 등으로 전체 배터리의 무게가 무거워질 뿐 아니라 차체 중량도 커지고, 가격도 상승하기 때문에 나름대로 전기차 제조사는 이에 대해 충분히 검토할 필요가 있을 것이다. 인간의 존엄한 생명을 보호하기 위해서는 반드시 필요한 사항이라고 저자는 주장한다.

왜냐하면, 현재 배터리 팩을 구성하고 있는 핵심요소 배터리 셀들이 직렬과 병렬로 서로 조합돼 연결되어져 있기 때문이다. 이 때 병렬로 연결된 셀들에서는 한 셀이 혹시 이상이 있더라도 모두 전압이 같은 것으로 측정되기 때문에 과충전 · 과방전 시의 과열로 인한 이상 현상을 전혀 센싱(sensing, 감지)할 수 없기 때문이다.

배터리 셀의 과열로 인한 열폭주 때문에 발생되는 화재는 배터리 셀 자체가 화학적 반응이라 이웃 셀로 연속 폭발을 일으켜 물이나 여타 방법으로는 초기 진화하기가 너무 어렵기에, 원천적이며 근본적인 문제점을 사전에 예방하며 차단하는 것이 안전을 위한 최선의 솔루션(solution, 해결책)이다.

배터리 소재에 있어 협의(狹義)의 내용으로 선택과 집중을 하면, 나름대로 분리막의 파손은 어느 정도 예상이 된다. 문제의 원인은 배터리의 충 · 방전 시 리튬이온의 이동에 따라 발생되는 전기장력에 의해 수없이 반복되어 분리막에 가해지는 반복피로하중(부하, load) - 그것도 양방향에서- 에 대비한 즉, 충격이나 충돌 등 여러 변수로 발생되는 부하(그것도 특히 과부하)에 잘 견디며 · 대응하는 단단하면서도(강도도 좋고) 유연한 탄성(강성도 좋고)을 가지며 내피로성도 우수한 그리고 전기차 안전에 신뢰성 있는 최적의 분리막 개발을 위한 지속적인 시도와 노력으로의 혁신적인 기술개발이 필요하다.

한편으론 문제를 야기하는 근본 원천 즉, 근본 원인(root cause)을 해결하는 것이 사전 예방을 위한 최적의 조치(action, 실행)이다.

참고문헌

이국환, “2차전지 개론 및 활용”, 구민사, 2024.

이국환, “최신 제품설계(Advanced Product Design)”, 기전연구사, 2017.

이국환, “플라스틱 개론과 제품설계“, 기전연구사, 2021.

이국환, “엔지니어링 플라스틱 및 응용”, 기전연구사, 2021.

이국환, “수퍼 엔지니어링 플라스틱 및 응용”, 기전연구사, 2021.

이국환, “플라스틱 응용과 재활용“, 기전연구사, 2021.

이국환, “복합 엔지니어링 플라스틱 및 응용”, 기전연구사, 2021.

이국환, “플라스틱 제품개발 사례 및 활용”, 구민사, 2023.

이진희, “섬유강화 플라스틱, 기전연구사, 2009.

황한섭, “사출성형공정과 금형”, 기전연구사, 2014.

이국환, “이국환 교수와 함께하는, 스마트폰 개발과 설계기술“, 기전연구사, 2020.

이국환, “스마트폰 개발전략(Development Strategy of Smart Phone)”, 기전연구사, 2020.

이국환, “스마트폰 해석과 개선설계(CAE & Improvement Design of Smart Phone)”, 기전연구사, 2022.

이국환, “이국환 교수와 함께하는, 스마트폰 부품목록과 설계도면“, 기전연구사, 2021.

이국환, “4차 산업혁명의 핵심소재, 플라스틱 미래산업에 답하다”, 기전연구사, 2019.

이국환, “플라스틱성형 특론 강의 · 교육자료”, 2021~2025.

이국환, “교육 · 강연 · 세미나 자료 등”, 2016~2025.

이국환, “연구개발 및 기술이전 자료, 논문 등”, 2017.

이국환, “전자제품 기구설계 강의자료 등”, 2016~2025.

桑嶋 幹, 久保敬次 공저, “기능성 플라스틱의 기본”, SoftBank Creative, 2011.

동아일보, “전기차 ‘게임체인저’ 전고체 배터리… 앞서가는 日, 추격하는 韓”, A31면, 2023. 06. 27.

동아일보, “한애란 기자의 딥다이브“, B3면, 2023. 07. 27.

한국특허정보원(www.kipris.or.kr), 키프리스 특허정보넷

구글 특허검색, www.google.com/patents(patents.google.com)

구글 논문검색, www.google.com/scholar(scholar.google.com)

위키피디아(www.wikipedia.org)

미국 특허청(www.uspto.gov)
유럽 특허청(www.epo.org)
세계지적재산권기구(WIPO, World Intellectual Property Organization) https://patentscope.wipo.int
삼성SDI 자료
LG에너지솔루션 자료
SK이노베이션 자료
한국세라믹기술원 자료

맺음말 - Epilogue

기술 패권의 시대, 배터리의 시대가 활짝 열리다.

현 시대 과학기술의 발전은 4차 산업혁명의 범주를 뛰어넘을 만큼 가히 엄청나다.

우리 인간들은 능력과 지혜를 받았는데, 그 능력과 지혜의 한계는 어디까지일까 감히 상상하기도 어렵다.

단지, 인간의 지혜와 능력이 인류의 발전과 성장 그리고 평화로운 번영을 위해 올바르게 선용되기를 기대하며, 한편으론 올바르지 못한 방향으로 쓰이지 못하게하는 제어와 규제가 반드시 필요하다고 본다.

세상에 없는 기술, 지금껏 생각지도 못하고, 상상하지도 못한 기술들이 하루하루 쏟아져 나오고 있다.

인류의 역사와 함께 해온 과학기술은 현재 AI(인공지능), 반도체, 양자컴퓨터를 비롯해 전기자동차는 우리의 이동수단으로 일상생활에 필수적인 도구이다. 전기자동차를 움직이는 핵심은 바로 배터리다. 그리고 배터리에 있어 소재는 너무 중요하다.

본 저서의 특징은 다음과 같다.

내용을 알기 쉽고 정확히 이해하도록 각 장마다 앞서 설명한 내용에 좀 더 내용을 보충 및 추가해 저술하였다.

이는 여러 분야의 독자들이 2차전지와 소재에 대한 지식의 이해와 습득을 원활하게 하기 위함이다.

전공에 관계없이 학습하도록 많은 그림과 사진, 도표들을 발췌하고 인용해 폭넓은 내용을 아주 상세하게 다루었다.

저자는 학부 3학년, 4학년에게 기계시스템응용설계와 대학원 석사·박사과정 대학원생들과 전기자동차 및 2차전지 관련 세미나, 토론 등을 한 내용을 심층적으로 정리하여 새로운 차별화된 내용을 담았다.

저자는 기계시스템응용설계로 박사학위를 받은 공학자로 리튬이온 2차전지, 리튬인산철 배터리, 슈퍼커패시터 배터리 등을 연구개발과 기술사업화를 한 실무경험을 기반으로 저술하였다. 2차전지 관련 기술개발 및 활용에 도움이 될 것이다.

저자의 연구개발 자료를 부분적으로 접목하여 저서의 차별성을 기하였다.

저자의 플라스틱을 활용한 저서는 10여 권 이상 이미 출간되어 판매되고 있다. 이 분야 전문가이며, 공학자로 2차전지의 융복합 관련 다양한 내용으로도 집필하여 2차전지 및 소재 그리고 전기자동차 관련 기술개발에도 도움이 될 것이다.

한편 다양한 사례연구(Case study)를 제시하여 향후 연구개발 및 기술개발 그리고 개선 등에 도움을 줄 것이다.

본 저서의 집필에 너무 많은 수고와 노력, 열정으로 배터리를 비롯한 전기자동차 그리고 과학기술 및 관련 공학발전 등에 기여를 한 분들의 업적과 결과를 분석하고, 검토하고, 가르치고, 세미나 등을 하면서 나름대로 저자의 차별화된 내용을 추가했다.

독자들 앞날에 발전과 성장이 있기를 기대하며, 기술보국의 주인공이 되길 바라는 바이다.

다시 한번 2차전지의 발전과 성장에 기여를 한 분들의 노고에 진심으로 찬사와 감사를 드리는 바이다.

〈사례〉 새로운 분리막 소재의 선정과 적용

현재의 문제점과 해결책 - 셀(Cell) 과열로 인한 열폭주 현상

외부 충격이나 충돌 등으로 인한 분리막의 파손, 손상이나 찢어짐 등으로 인해 주행 중 또는 시동이 켜져 있는 상태에서의 발생하는 전해액의 섞임 현상으로 배터리가 과열되는 것은 BMS(Battery Management System)가 감지할 수 있지만, 주차 중에는 과열이 되는 현상을 BMS가 감지하지 못하므로, 사전에 예방과 사전 대응 조치를 할 수 없다는 문제가 생기는 것이다.

주차 중에도, 충전 중에도 과열을 방지해 주는 BMS의 감지를 위해서는 무선시스템 등 전력 소모가 계속 발생하므로 배터리 용량이 증가되거나 보조 배터리의 사용 등으로 배터리의 무게가 무거워 질 뿐 아니라 차체 중량도 커지고 가격도 상승하기 때문에 나름대로 전기차 제조사는 검토할 점도 있을 것이다. 그러나 이는 반드시 필요한 사항이라 저자는 주장한다. 왜냐하면 현재 배터리 팩을 구성하고 있는 배터리 셀들이 직렬과 병렬로 조합돼 연결되어져 있어 병렬로 연결된 셀에서의 과충전 · 과방전 시의 과열로 인한 이상 현상을 전혀 센싱(sensing, 감지)할 수 없기 때문이다.

배터리 셀의 과열로 인한 열폭주에 의한 화재는 배터리 자체가 화학적 반응이라 물이나 여타 방법으로 진화하기가 너무 어렵기에 원천적인 문제점을 사전에 예방하며 차단하는 것이 안전을 위한 최선의 솔루션(solution, 해결책)이다.

배터리 소재에 있어 협의의 내용으로 선택과 집중을 하면, 나름대로 분리막의 파손은 어느 정도 예상이 된다. 문제의 원인은 배터리의 충 · 방전 시 리튬이온의 이동에 따라 발생되는 전기장력에 의해 수없이 반복되어 분리막에 가해지는 반복피로하중(부하, load) -그것도 양방향에서- 에 대비한 즉, 부하에 잘 견디며 · 대응하는 단단하면서도(강도도 좋고) 내피로성과 탄성을 갖는 그리고 안전에 신뢰성 있는 최적의 분리막을 위한 지속적인 시도와 노력으로 혁신적인 기술개발이 필요하며, 한편으론 문제를 야기시키는 근본 원천 즉, 근본 원인(root cause)을 해결해, 사전에 야기되는 문제점을 방지하기 위해서 반드시 해야하는 시도라고 저자는 주장하는 바이다.

저자소개

이국환(李國煥)

한양대학교 정밀기계공학과와 동대학원을 졸업한 후 한국산업기술대학교에서 기계시스템응용설계 관련 박사학위를 받았다. 40년 이상 대우자동차 연구소, LG전자 중앙연구소, 대학교에서 기계시스템 및 부품·소재, 전자·정보통신, 모빌리티, 2차전지, 환경·에너지, 의료기기 산업 등에서 아주 다양한 융·복합기술 분야의 첨단 R&D, 제품개발 및 프로젝트를 수행하였다.

주요 내역은 다음과 같다.

- LG전자 특허발명왕 2년(1992년~1993년) 연속 수상(회사 최초)
- LG그룹 연구개발 우수상 수상(1996년) – 국내 최초 및 세계 최소형·최경량 PDA(개인휴대정보단말기) 개발로 1996년 한국전자전시회 국무총리상 수상
- 문화관광부선정 과학기술분야 우수학술도서 저술상 3회 수상(1998년, 2001년, 2014년)–국내 최다
- 2021년 제39회 한국과학기술도서상 출판대상 수상(과학기술정보통신부장관상) – "이국환 교수와 함께하는 스마트폰 개발과 설계기술" 시리즈 총 3권
- "중소기업을 위한 지식재산관리 매뉴얼" 자문 및 감수위원(특허청, 대한변리사회)
- LG전자, 삼성전자, 에이스안테나, 만도 등 다수 기업(BM발굴, 개발 및 현업문제해결 컨설팅, 특강)과 현대·기아 차세대 자동차 연구소(창의적 문제해결 방법론 교육)
- 삼성전기에서 제품개발 및 설계 직무교육
- 정부출연연구기관, 한국산업단지공단, 중소기업진흥공단, 한국생산성본부, 울산테크노파크(TP), 지자체, 대학교 등에서 창의적 제품개발, 신사업발굴, R&D전략 및 기술사업화(R&BD), 창의적 문제해결 방법론, 전기자동차 핵심요소기술과 2차전지 화재·폭발의 전반적 원인분석 및 대책 등 기술세미나, 교육 및 강의
- 첨단 제품 및 시스템 관련 미국특허(2건), 중국특허(2건) 및 국내특허 20여개 보유

한국공학대학교에서 기계시스템응용설계, 창의적 공학설계, ICT 제품설계·개발 등과 더불어 대학원에서 기술사업화 및 R&D전략, 특허기반의 제품·시스템개발 및 기술사업화(IP–R&D, R&BD), 기술경영(MOT) 등을 가르치고 있으며, 정부 R&D 개발사업화 과제 선정 및 평가위원장 등 다수 역할을 수행하고 있다.

또한, 다양한 융·복합기술 분야에서 창의적이며 혁신적인 특허·지식재산권(PM : Personal Mobility, 전동개인이동수단 관련 다수의 국내 및 미국특허등록, 중국특허등록, 해외특허 PCT 출원)을 보유하고 있으며 이를 활용한

글로벌 혁신적, 창의적이며 차별화된 첨단 제품과 시스템 개발에도 열정을 쏟고 있다.
㈜피엠모터스(www.pmmotors.co.kr) 창업자 겸 원천기술 개발자(30여 편의 국내외 특허 보유)로 과학자, 공학자, 발명가로 활동 중이다.

다음과 같은 전문 분야에서도 활발한 활동을 하고 있다.

- 창의성, 창의적 문제해결의 방법론 및 창의적 개념설계안의 도출 . 구체화
- 혁신적·창의적 개념설계(Concept design) R&D 및 연구과제 . 아이템 창출
- 선행 연구개발 및 창의적(Creative) 도전기획과제 발굴 및 창출
- 특허기술의 사업화(Open innovation), 특허분석 및 회피설계
- 제품개발과 기술사업화 전략, 사업아이템 발굴 및 BM(비즈니스 모델) 전략수립
- 제품·시스템설계 및 개발공학, 동시공학적 개발(CAD/CAE/CAM), 원가절감(VE) 및 생산성(Q.C.D) 향상
- 기술예측, R&D 평가 등

저서로는 〈꿈의 이차전지 전고체 배터리 개론〉, 〈이차전지 기본 및 활용〉, 〈전기자동차 화재·폭발 원인 분석과 안전성 확보〉, 〈이차전지 공정제조기술〉, 〈이차전지 슈퍼커패시터 개론 및 활용〉, 〈이차전지 공정제조기술〉, 〈이차전지 슈퍼커패시터 개론 및 활용〉, 〈2차전지공학 개론〉, 〈다이슨 '날개없는 선풍기' 선행개념 연구개발〉, 〈플라스틱 제품개발 사례 및 활용〉, 〈냉각장치·냉각시스템 개발 및 활용〉, 〈알기쉬운 도면연습〉, 〈알기쉬운 기계제도 도면해석〉, 〈제품·서비스 플랫폼 개발전략〉, 〈스마트폰 해석과 개선설계〉, 〈플라스틱 응용과 재활용〉, 〈플라스틱 금형·사출성형과 제품설계〉, 〈복합 엔지니어링 플라스틱 및 응용〉, 〈수퍼 엔지니어링 플라스틱 및 응용〉, 〈엔지니어링 플라스틱 및 응용〉, 〈플라스틱 개론과 제품설계〉, 〈설계사례 중심의 기구설계(개정증보판)〉, 〈스마트폰 부품목록과 설계도면〉, 〈스마트폰 개발전략(Development Strategy of Smart Phone)〉, 〈스마트폰 개발과 설계기술〉, 〈최신 제품설계(Advanced Product Design)-ICT 및 융 . 복합 제품개발을 위한〉, 〈4차 산업혁명의 핵심소재, 플라스틱 미래산업에 답하다〉, 〈최신 기계도면 보는 법〉, 〈메커니즘 사전〉, 〈제품설계·개발공학〉, 〈제품개발과 기술사업화 전략〉, 〈동시공학기술(Concurrent Engineering & Technology)〉, 〈설계사례 중심의 기구설계〉, 9〈2차원 CAD AutoCAD 2023, 2022, 2021, 2020, 2019, 2018, 2017, 2016, 2015, 2014 등〉, 〈3차원 CAD SolidWorks 2015, 2013, 2011 등〉, 〈SolidWorks를 활용한 해석·CAE〉, 〈3차원 CAD Pro-ENGINEER Wildfire 2.0 등〉, 〈기계도면의 이해 Ⅰ·Ⅱ〉, 〈2D 드로잉 및 3D 모델링 도면 사례집〉, 〈미래창조를 위한 창의성〉, 〈알파고 시대, 신인류 인재 육성 프로젝트〉 등 제품설계 및 개발, R&D, 기술사업화, CAD/CAE, 특허, 창의성, 창의적인 혁신제품의 개발전략 분야 등 상품기획, 제품설계 및 생산에 이르는 전분야·전주기에 걸친 총 85권의 관련 저서가 출간되어 있다.